2022—2023 中国建筑学会论文集

2022—2023 Proceedings of ASC Annual Conference

中国建筑学会　主编

中国建筑工业出版社

图书在版编目（CIP）数据

2022-2023 中国建筑学会论文集 = 2022-2023
Proceedings of ASC Annual Conference / 中国建筑学
会主编. — 北京：中国建筑工业出版社，2023.1
ISBN 978-7-112-28065-0

Ⅰ. ①2… Ⅱ. ①中… Ⅲ. ①建筑学 – 文集 Ⅳ.
① TU-53

中国版本图书馆 CIP 数据核字（2022）第 200967 号

本书是配合2022-2023中国建筑学会学术年会的成果图书，收录了主题论文70余篇，涵盖建筑理论与建筑文化、建筑教育与建筑评论、建筑设计与城市设计、乡村营建与城市更新、低碳建筑与生态环境、绿色建筑与宜居城市、施工建造与工程管理等专题。本书适用于建筑行业、城市设计等专业从业者，建筑师、工程师、科技工作者、院校师生等人士阅读。

责任编辑：唐　旭
文字编辑：孙　硕
责任校对：李美娜

2022-2023 中国建筑学会论文集

2022-2023 Proceedings of ASC Annual Conference

中国建筑学会　主编

*

中国建筑工业出版社出版、发行（北京海淀三里河路 9 号）
各地新华书店、建筑书店经销
北京鸿文瀚海文化传媒有限公司制版
北京中科印刷有限公司印刷

*

开本：880 毫米×1230 毫米　1/16　印张：35¼　字数：1088 千字
2023 年 1 月第一版　2023 年 1 月第一次印刷
定价：**158.00** 元
ISBN 978-7-112-28065-0
（40046）

前　言

主题为"人民情怀 时代担当"的2022-2023中国建筑学会学术年会，以习近平新时代中国特色社会主义思想为指导，贯彻"创新、协调、绿色、开放、共享"的发展理念，坚持"适用、经济、绿色、美观"的建筑方针，牢记一切为人民的宗旨，围绕城乡建设高质量发展，就宜居城市、绿色城市、安全城市、韧性城市、智慧城市、人文城市和美丽乡村等内容进行学术交流研讨；围绕城市更新行动，引导城市历史文化保护传承，推动中国建筑文化事业繁荣发展。

《2022-2023中国建筑学会论文集》自2021年11月发布论文征集第一号通知以后，得到了全国广大建筑科技人员和高校师生的积极响应和踊跃投稿，截至2022年1月31日共收到论文368篇，投稿地区覆盖了全国大部分省、区、市，论文作者来自广大建筑院校、相关企业和科研机构等。经过全文审查、论文评审、学术不端检测等阶段，论文集最终收录76篇。论文内容涵盖建筑理论与建筑文化、建筑教育与建筑评论、建筑设计与城市设计、乡村营建与城市更新、低碳建筑与生态环境、绿色建筑与宜居城市、施工建造与工程管理等方面，代表了新时代我国建筑领域所取得的一系列研究成果，相信对促进本土建筑文化与相关学科的相互融合，推动建筑理论与实践的创新发展将起到积极作用。

本论文集征集受理和组稿等相关工作由哈尔滨工业大学建筑学院负责完成。在本书出版之际，中国建筑学会谨向为论文集的出版给予大力支持的论文集编委会、哈尔滨工业大学建筑学院以及中国建筑出版传媒有限公司（中国建筑工业出版社），表示诚挚感谢。

由于出版时间紧、周期短，疏漏之处在所难免，还望读者谅解。

中国建筑学会
2023年1月

目 录

专题 1 建筑理论与建筑文化

专题 2 建筑教育与建筑评论

专题 3　建筑设计与城市设计

专题 4   乡村营建与城市更新

专题 5   低碳建筑与生态环境

专题 6　绿色建筑与宜居城市

专题 7　施工建造与工程管理

专题 1　建筑理论与建筑文化

The Reflection on the Built Environment and Collective Memory Based on S. Agnese and Piazza Navona

LIU Mingjia

Company
China Northwest Architectural Design and Research Institute Co.,Ltd.

Abstract: Piazza Navona and S. Agnese usually are regarded as a unified whole, becoming the very centre of civic life all the time. They are all changing functionally over time, but this place can meet the needs of diverse activities in different times. Rossi uses permanence to define urban artifacts which have survived precisely because of their form - one that is able to accommodate different functions over time, and he also points out that permanence is determined by its having been the site of a succession of both ancient and more recent events. The succession of events constitutes its collective memory. It can be seen that site and collective memory are essential elements for permanence, which is a result of the interaction between the collective memory and the built environment. Therefore, this essay will discuss why the built environment, including S. Agnese designed by Borromini and Piazza Navona, is regarded as an integration and unity, and how the collective memory interacts with the built environment in this place.

Keywords: Piazza Navona; S.Agnese; Baroque; Collective Memory; Permanence

1 Borromini and S. Agnese

without Borromini and the stimulus he provided, the Roman Barque, judged even in the light of the contribution of his most able and famous contemporaries, would have completely exhausted its formal message in the hedonistic and contemplative exaltation of this life and the present (Portoghesi 1970, p.163)[1].

Baroque architecture not only are based strictly on the classical orders, but also concentrated upon curved plans, flowing forms and the merging of naturalistic sculpture and realistic painting with the structure (Busch 1962, III)[2]. From Borromini's works, it can be seen that the curved facade and steps were his invention. In his first church, S. Carlo alle quattro Fontane, curves are everywhere. It caused a sensation among his contemporaries. He gave the re-evaluation of the Gothic and his references to archaic forms of the early Renaissance, including a new way of regarding tradition, which contributed to the architectural creativity in Rome. Therefore, Borromini's art is an integration of recent tradition and contemporary production, and he is the only one to place the accent on method, the only one to reject every type of compromise and to prefer logical conviction to rhetorical persuasion, and the only one to concentrate on the construction of the future than on the celebration of the present (Portoghesi 1970, p.164)[3].

In 1652, Borromini took over from Carlo Rainaldi at the church of S. Agnese in Piazza

① Portoghesi, P. Roma Barocca: The History of an Architectonic Culture [M]. trans. by Barbara Luigia La Penta, Cambridge, Mass: MIT Press, 1970.
② Busch, H. & Lohse, B (eds). Baroque Europe [M]. London: Batsford, 1962.
③ Portoghesi, P. Roma Barocca: The History of an Architectonic Culture [M]. trans. by Barbara Luigia La Penta, Cambridge, Mass: MIT Press, 1970.

Navona. He maintained the church's size and scope, but a slightly concave front was designed for it (Figure 1). Eight tall, sturdy columns framed three large doorways (Figure 2). Above the columns Borromini placed a striking pediment which would also have drawn the viewer's eye up the dome (Morrissey 2005, p.220)[1]. Because of Borromini's facade, The dome of S. Agnese, a primary and bodily manifestation, is brought into contact with the square.

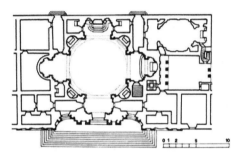

Figure 1　the plan of S. Agnese (source: website)

Figure 2　the facade of S. Agnese (source: website)

The large semioval concavity, that brings the plane of the facade almost directly in line with the dome, accenting and exposing its bold static *structure, very explicitly reflects the longitudinally developed space of the piazza. In this way the analogy between unity and fragment, which is an architectonic compositional rule both classical and Gothic, is projected on an urbanistic scale, creating an immediate connection that felicitously allows a clear tangential reading of the organism (Portoghesi 1970, p.176)[2].*

His facade of the church is unrelated to the interior, because when it was begun by Borromini Bernini's Fountain with the obelisk was already there. The large Fountain of Four Rivers designed by Bernini is the real focus of the Piazza Navona (Figure 3). Its obelisk marks a vertical axis which limits and centralises the horizontal movement of the space. However, Borromini managed to provide a harmonious architectural counterpoint to this sculptural melody. Besides the slight outward curve of the wings of the church, a set of low, curved steps that ended at

Figure 3　Bernini's Fountain (source: website)

① Morrissey, J. P. The Genius in the Design: Bernini, Borromini, and the Rivalry that transformed Rome [M]. London: Duckworth, 2005.
② Portoghesi, P. Roma Barocca: The History of an Architectonic Culture [M]. trans. by Barbara Luigia La Penta, Cambridge, Mass: MIT Press, 1970.

an oval landing seems to draw the whole piazza towards itself and prompt a visitor to try to catch the eye of the statue (Morrissey 2005, p.220)[①]. To some extent, S. Agnese is splendid enough as a background to the Fountain of the Four Rivers. The ingenious use of water furthermore adds to its persuasive impact on the beholder, which finds its consummation in the inviting facade and crowning dome of S. Agnese (Norberg-Schulz 1971, p.44)[②].

2　Piazza Navona with S. Agnese

There exists an accentuated dynamic rapport between S. Agnese and Piazza Navona. This relationship represents the typical space of Roman Baroque architecture that pursues integration and unity. Now they are a centre for human activities. In history, Piazza Navona also plays a particular role. Its main shape was established in advance and it was used for the first time in A.D. 86. The houses around this square were built on the Roman ruins in the Middle Ages, at the same time the square became the stage for popular games. Pope Sixtus IV made the square a market-place. In the time of Pope Innocent X, this square was transformed into a characteristic focus of the period and because of its singular spatial qualities, it managed to dominate its environment. During the seventeenth century, in fact, Piazza Navona became the Salotto dell' Urbe, the very centre of civic life. Today, the square is still a magnet, which more than any other urban space in Rome attracts the visitors (Norberg-Schulz 1971, p.43)[③].

Piazza Navona is a node and continuation of the surrounding streets and it may be characterized as an enlarged street because of its narrow and long shape. In Rome, the street does not separate the houses it unifies them. The mentioned character may be emphasized in Piazza Navona. Firstly, the streets leading into the square are quite narrow and irregular, which can enhance the character of enclosure (Figure 4). Secondly, the buildings in Navona have the same general scale and its continuous wall makes the whole space being an integration and unity (Figure 5). Compared with the simpler houses, the statement for the facade of S. Agnese is elaborate, but they are in the same language with the same classical elements. They are the entirety of Piazza Navona, and because of simpler variations of surrounding buildings, this church serves as the main focus. The bordering wall of the square has a Baroque hierarchical structure (Norberg-Schulz 1971, p.44)[④]. The facade of S. Agnese forms an organic part of this wall, and helps the square become a unified whole.

Figure 4　the plan of Piazza Navona (source: website)

Also, its continuous orange-brown walls also play a crucial role in the enclosure of Piazza

① Morrissey，J. P.The Genius in the Design：Bernini，Borromini，and the Rivalry that transformed Rome [M]. London：Duckworth，2005.
② Norberg-Schulz，C. Baroque Architecture [M]. New York：H. N. Abrams，1971.
③ Ibid.
④ Ibid.

Figure 5　surrounding buildings of Piazza Navona (source: website)

Figure 6　activities in Piazza Navona (source: website)

Navona and recall the tufa of Etruria. The tufa is a thick crust of old lava and ash which covered the west land of the Roman region. Then deep valleys and ravines were formed because of millennia water courses, in Italian called forre. The forre appear as surprising interruptions of the plat or rolling campagna, and as they are ramified and interconnected, they constitute a kind of "urban" network of paths, a kind of "underworld" profoundly different from the everyday surface above (Norberg-Schulz 1980, p.144)[1]. In the forre one has the feeling of rootedness in a "known" natural environment. So that is why the Etruscans transformed the natural rocks into continuous walls of architecture to discover a strong sense of protection and belonging.

3　Collective Memory and Permanence

The buildings in Piazza Navona are all changing functionally over time, but this place can meet the needs of diverse activities in different times. Rossi uses permanence to define the urban artifacts which have survived precisely because of their form - one that is able to accommodate different functions over time (Rossi 1984, p.7)[2]. Activities or events in different times can be converted to a collective memory, and then it will be introduced into buildings. They serve to bring the past into the present, providing a past that can still be experienced. So one can participate in place which is also a carrier full of collective memory. Although Piazza Navona and S. Agnese now have modern functions for different activities, they still record fragments of the memory in the past. One memory will not replace another, and they coexist in architecture. This is a romantic description of memory:

not the labile mists of memory nor the dry transparence, but the charring of burned lives that forms a scab on the city, the sponge swollen with vital matter that no longer flows, the jam of past, present, future that blocks existences calcified in the illusion of movement (Calvino 1997, p.89)[3].

To a larger extent, Piazza Navona with S. Agnese is a past that we are still experiencing.

① Norberg-Schulz, C.Genius Loci: Towards A Phenomenology of Architecture [M]. New York: Rizzoli, 1980.
② Rossi, A. The architecture of the City [M]. trans. by D. Ghirardo & J. Ockman, Cambridge, Mass: MIT Press, 1984.
③ Calvino, I. Invisible Cities [M]. trans. by W. Weaver. London: Secker & War burg, 1974.

Meanwhile, Rossi also points out that permanence is determined not just by space but also by time, by topography and form, and, most importantly, by its having been the site of a succession of both ancient and more recent events, it can be seen that site is also an essential element for permanence (Rossi 1984, p.7)[①]. The reasons that diverse activities or events happened in this place is a strong sense of protection and belonging can be provided. Firstly, the material usage for walls of surrounding buildings – tufa can recall the memory of the past, which can enhance the sense of place. Secondly, compared with surrounding streets, the shape of piazza will highlight the character of enclosure so that a sense of protection is easy to obtain in this place. Then the language of the walls designed for this Piazza is unified because of the same general scale.

It is a unified whole that is the most important for the built environment. Due to this, a strong sense of belonging and protection can be provided, leading to this piazza to be the very centre of civic life. Therefore, it can accommodate a series of events and the succession of events constitutes its collective memory. That is why this place has already survived all the time. With these considerations, it can be said that Piazza Navona with S. Agnese is permanence, which is a result of the interaction between the collective memory and the built environment which includes architectural forms, materials and the form of open space.

4　Conclusion

Today, many events are held in S. Agnese, such as music concerts, opera, etc., and the ground floors of surrounding buildings in the square have transformed into cafe, restaurants or retails, etc. Piazza Navona has been a central Rome's elegant showcase square, with a colorful cast of street artists, hawkers and tourists. You can enjoy the coffee or meal, sitting by the fountains in the sun and watching people, or interact with street artists, listening to some old jazz songs and buying your portraits at a reasonable price (Figure 6). Piazza Navona with S. Agnese may not have changed much from antiquity up to today, but this is not to say that the actual way of living has not changed. It is a college of history and real life, reflecting the past and present, and the future combined. All of them are continuous.

Reference

[1] Blunt, A. Borromini [M]. London: A. Lane, 1979.

[2] Blunt, A.Guide to Baroque Rome [M]. London: New York, Granada, 1982.

[3] Busch, H. & Lohse, B(eds). Baroque Europe [M]. London: Batsford, 1962.

[4] Calvino, I. Invisible Cities [M]. trans. by W. Weaver. London: Secker & War burg, 1974.

[5] Fehrenbach, F.Impossible: Bernini in Piazza Navona [J]. RES: Anthropology and Aesthetics, 2013,Vol.63/64(1): 229-237.

[6] Huemer, F. Borromini and Michelangelo, II: Some Preliminary Thoughts on Sant' Agnese in Piazza Navona [J]. Notes in the History of Art, 2001, Vol. 20, No. 4: 12-22.

[7] Morrissey, J. P. The Genius in the Design: Bernini, Borromini, and the Rivalry that transformed Rome [M]. London: Duckworth, 2005.

[8] Norberg-Schulz, C. Baroque Architecture [M]. New York: H. N. Abrams, 1971.

[9] Norberg-Schulz, C. Genius Loci: Towards A Phenomenology of Architecture [M]. New York: Rizzoli,

---

① Rossi，A.The architecture of the City [M]. trans. by D. Ghirardo & J. Ockman，Cambridge，Mass：MIT Press，1984.

1980.

[10] Portoghesi, P. Roma Barocca: The History of an ArchitectonicCulture [M]. trans. by Barbara Luigia La Penta,Cambridge, Mass: MIT Press,1970.

[11] Rossi, A.The architecture of the City [M]. trans. by D. Ghirardo & J. Ockman,Cambridge, Mass: MIT Press,1984.

冲突与颠倒的矛盾美学
16 世纪意大利手法主义建筑师的探索及影响

杨丹　宗德新

作者单位
重庆大学建筑城规学院

摘要： 16 世纪上半叶意大利的政治形势与社会经济发生剧变，盛期文艺复兴落下帷幕。激进的建筑师们试图在焦虑中找寻新的突破，他们反叛古典、渴望自由，形成了一种新的、自成一格的建筑风格，后世称之为手法主义风格。本文通过回溯梳理16 世纪手法主义产生的社会背景，通过对手法主义时期两个标志性建筑作品加以分析，梳理其建筑作品中的主要思想，阐述其对 17 世纪巴洛克艺术以及 19 世纪现代主义建筑的影响。

关键词： 手法主义；文艺复兴；巴洛克；现代主义

Abstract: In the first half of the 16th century, the political situation and social economy of Italy underwent drastic changes, and the Renaissance in its prime came to an end. The radical architects tried to find a new breakthrough in the anxiety, they rebelled against the classical and longed for freedom, and formed a new, self-contained architectural style, which was called Mannerism in later times. This paper analyzes two landmark architectural works of the Mannerism period, and compares the main ideas in their architectural works, and explains their influence on the Baroque art of the 17th century and the modernist architecture of the 19th century.

Keywords: Modalism; Renaissance; The Baroque; Modernism

手法主义（Mannerism）[①]兴起于16世纪20年代，在17世纪初发展到极致，由于背离了文艺复兴的和谐秩序，一度成为炫耀技术与反复无常的代名词。1920年，艺术史学家德沃夏克（Max Dvorak）对手法主义进行了重新定义，引起了艺术史学界的反思。手法主义标志着与文艺复兴的和谐秩序相比更新奇的理念的出现，是当时艺术家们试图打破理性的完美而作出的一种反抗，它扎根于传统，又渴望革新。我们无法将它从当时的艺术氛围中脱离开来，也无法使之从属于任何单一概念，它具有自身的独立性和不可取代的历史价值。[1]

1 变革年代的理论发展

1.1 手法主义的兴起背景

14世纪意大利社会经济的空前繁荣为盛期文艺复兴的到来提供了肥沃的土壤，将艺术的发展推向了高潮。15世纪20年代，意大利经历了宗教改革、劫夺罗马、教会危机、反宗教改革运动、宗教战争等一系列内忧外患，昔日的繁华不再，文艺复兴也开始走向衰落。加之达·芬奇和拉斐尔等大师相继离世，一些蠢蠢欲动的新思想逐渐萌芽，出现了多种风格对抗的局面。许多艺术家开始打破常规，试图探索不同于古典的新风格。于是，手法主义应运而生，它虽脱胎于文艺复兴的母体，却对盛期文艺复兴静态的完美进行了刻意颠倒，更加强调艺术家的主观色彩，热衷于用极端的手法来传达内心的骚动与压抑，自由而放纵地打破完美的规则。

1.2 手法主义的发展阶段

手法主义并没有严格的时间界限，一般认为它1520年始于佛罗伦萨，根据发展特征，以1540年为节点，可以分为前后两期。

1520～1540年的意大利社会动荡、经济停滞，不少艺术家四处流浪，社会的压抑导致人们身心倍受

---

① 又译作"样式主义""风格主义""矫饰主义"。

摧残，古典的秩序失去了其地位，前期的手法主义创作呈现出一种焦虑不安、乖戾躁动的风格，其中反古典主义倾向表现得尤为强烈。

1540年之后，意大利的贵族政权逐渐稳定，艺术家们的生活也随之稳定下来，对古典主义的排斥心理减弱，开始在实践创作中将手法主义与文艺复兴的理念进行杂糅。因而后期的手法主义创作既有感性的自由，也有对形式美的苛求。1563年，以瓦萨利（Giorgio Vasari）为代表的手法主义大师在佛罗伦萨开设了第一所近代形式的艺术学院，手法主义在前期的基础之上又带有了学院派的倾向。

1.3 手法主义时期的两种倾向

手法主义前期思想混杂，艺术风格多元化。大致可划分为两派，一派致力于研究名家杰作，对他们进行全方位的学习创作；另一派则完全相反，他们不甘于一味模仿，追求反叛和创新，无所适从却又渴望突破的矛盾使他们的作品呈现出一种焦虑不安的奇特性和冲突性。

手法主义后期，随着艺术学院的创立，这两种思想的分化越来越显著，倾向于保守的艺术家们致力于研究文艺复兴的艺术语汇，对其理念进行借鉴重组，将传统文脉和技艺传承下去，被称为"学院派手法主义者"。另一派则更加注重对传统的突破和大胆的创造。他们的作品中总是充满着各种怪异造作的手法，是一种追求新奇的，背离古典的艺术创作，被称为"自由派手法主义者"[2]。

2 16 世纪手法主义建筑师的探索

在欧美的建筑传统中，建筑被视为艺术的一个分支，许多伟大的艺术家同时也是建筑师，比如米开朗琪罗（Michelangelo Buonarroti）、朱利奥·罗马诺（Giulio Romano）、维尼奥拉（Vignola），等等。他们费尽心思、不断尝试、寻找突破，既拒绝文艺复兴那种静态的完美空间，也不愿意像巴洛克那样使空间完全异化和自由。他们注重用不同的手法突出建筑的矛盾性与戏剧性，主张对古典元素进行继承和创造性的运用，在一定程度上拓展了古典建筑语言的可能性。

2.1 代表性建筑作品

1920年之后，受德沃夏克的影响，威特科沃（Rudolf Wittkower）和贡布里希（Ernst Hans Josef Gombrich）先后将米开朗琪罗的劳伦齐阿纳图书馆（Biblioteca Laurenziana）和罗马诺的德尔泰宫（Palazzo del Te）认定为手法主义建筑。

1. 劳伦齐阿纳图书馆

威特科沃在他1934年的研究中指出，米开朗琪罗在整座建筑的总体和细节上都融入了冲突的理念，这种无法解决的冲突和两个对立极端之间的不安波动，是整座建筑的主导原则，在前厅中表现得尤为明显。首先是对楼梯的革命性改革。原本供参观者休息通过的门厅几乎完全被楼梯占据，仅留一条狭窄的通道通行，楼梯仿佛一个被珍藏在盒子里的巨大雕塑，外墙同时成了房间的边界和雕塑的外壳。整个中央楼梯被分为三部分，正中的楼梯踏面为富有动感的曲线型，像瀑布一样从上方直落下来；两边的直线型楼梯则有自下而上的动势（图1）。在这里，上下两种倾向发生了冲突。人们永远在向上和向下的趋势之间徘徊。其次是对墙面和入口门洞的特殊处理，采用两对双柱以及有断裂感的檐口突出入口，楼梯四周的墙面上开了多扇窗户，窗户之间出现了以往只运用于室外的柱式分隔，双柱排列以起到装饰作用，在这里，墙和柱式常规组合顺序被直接颠倒，柱式退到了墙的后面。壁柱、山花、线脚等起伏都比较大，强调体积感、光影感和动态感（图2），形成一种空间延伸的奇妙感觉，使人仿佛置身室外，观察者在不知不觉间

图1 图书馆门厅楼梯俯视（来源：网络）

陷入了怀疑和模糊的境地。在外墙上，米开朗琪罗运用多种元素，赋予了立面含混性，在视线和想象力上造成了不稳定的状态。[3]

图2 图书馆门厅内部西立面
（来源：Michelangelo's Biblioteca Laurenziana，P138）

2. 德尔泰宫（1526-1534）

罗马诺原是拉斐尔的门生，活跃在罗马一带，拉斐尔逝世后，罗马诺流浪到了意大利北部的曼图亚，为当地的宫廷贵族服务，在这里，他建造了德尔泰宫（简称泰宫）。在这座建筑中，罗马诺通过精致的建筑细节和粗糙的乡村特色形成的强烈对比制造冲突，并在使用的模块中不断地寻求变化，为整个建筑带来了不稳定的特征。贡布里希曾将其描述为悬浮在心理上的僵局。瓦萨里则称赞罗马诺的建筑表现方式"既是现代的，又是传统的"[4]。

在对泰宫立面的处理上，采用了一系列反古典的方式，几乎每个部分都能发现对建筑规范的矛盾使用，充满了难以解释的不规则性和对传统建筑认知的颠覆，传递出一种令人不安的焦虑。每个立面都有单独的处理方式，其中北厅和南厅共用一套构件系统，西厅和东厅则被赋予另一套系统，同时罗马诺也不允许对立的两个立面完全相同，它们之间通过单重拱门或三重拱门、壁龛两侧的单壁柱或双壁柱、开窗或盲窗等进行区分。除东侧外立面之外，其余立面均采用粗凿石块，乡村特色强烈，东立面中部为一个三开间的柱廊，表现出了一种胜利的开放和帝王式的优雅（图3），沉重的罗马式风格和轻盈通透的拜占庭风格在这里产生了戏剧性的冲突[4]。此外，整个建筑对古典柱式的使用十分灵活，抛弃了柱式的比例和规则，也不刻意讲究秩序和对称。除了建筑本身之外，泰宫室内大量的手法主义壁画和雕塑也同样引人注目，它们以一种冲突而怪异的方式融入建筑中，制造出复杂与强烈的视觉幻象，凸显出手法主义打破规则的趣味。

图3 东立面与其他立面对比（来源：Google 艺术与文化）

2.2 手法主义时期的建筑特征

手法主义建筑具有更强烈的主观性，它热衷于对古典主义秩序的颠覆，对空间的非理性布局，不同建筑元素的组合以及对建筑表面的个性化处理，它总是伴随着丰富的装饰和精心设计的幻觉，试图制造一种充满内在张力的冲突，引起观者精神上的紧张与不安。

1. 平面的复杂性与含混性

手法主义时期的建筑在平面组织上更加灵活，

完美的对称形不再是首选的使用要素，建筑师们开始对平面进行中心化的纵向延伸，采用中心加长的平面来烘托强烈的动势和紧张情绪。椭圆等不规则的几何元素开始被应用于教堂和广场平面，通过平面构图的复杂性与含混性，或多或少的对文艺复兴的理性进行打破。

在1564年米开朗琪罗设计改造的罗马市政广场中，抛开传统的平行原则，以倒梯形的广场平面矫正透视，削弱了建筑围合带来的沉闷感。广场中心的雕塑与倒梯形的广场利用椭圆形的铺地来形成中心形式，整个广场灵活且富有张力（图4）。

图4　罗马市政广场俯视（来源：网络）

2. 建筑构件的功能两重性与颠倒原则

1934年威特科沃的研究中将手法主义的特征总结为"双重功能"与"颠倒"[3]。由于打破完美的欲望和对复杂建筑的渴望，手法主义时期的建筑总是呈现出一种矛盾性，建筑中的构件经常一语双关，使观者产生视觉上的含混性和不稳定性。例如上文提到的劳伦齐阿纳图书馆的门厅外墙，既是房间的边界，又是楼梯这个雕塑的外壳。此外，"颠倒原则"也是手法主义立面处理的基本法则之一，它们或打破常规的元素组合方式，比如劳伦齐阿纳图书馆中的墙柱组合关系就是通过改变传统的元素排列顺序来刺激人们的感官以达到戏剧性效果；或改变构建规模，忽视构件比例，劳伦齐阿纳图书馆门厅中壁龛周围上下小的壁柱以及泰宫中灵活使用的塔斯干柱式则是手法主义打破古典比例的明显例证；或通过并置不同尺度的元素以产生强烈的冲突[5]，例如罗马市政广场两侧的建筑立面上以两种不同尺度柱式来适应建筑的复杂性，其中，两层高的巨柱适应大的广场尺度，小柱子则满足建筑细部刻画的要求（图5）。

图5　罗马市政广场两侧建筑立面（来源：网络）

3. 故意的过渡性装饰元素

手法主义建筑更加注重对于建筑表面的处理，善于运用大量壁画与雕塑在室内外形成强烈的视觉幻象，在观者心理上造成空间延伸的假象。这些雕塑与壁画也具有极强烈的手法主义风格，大胆的色彩、夸张的透视、扭曲的人物比例、突出的光影关系，试图以此来体现艺术家极端矛盾的心态，唤起观者的共鸣。在泰宫建成后，罗马诺等艺术家用了将近10年的时间完善其内部装饰，他奇怪的、梦幻的想象在这些壁画中得到了极大的释放，同时也使建筑本身充满了复杂和意想不到的效果。

4. 室外环境的融合渗透

手法主义时期开始考虑建筑与周围环境的关系，注重建筑与城市空间和自然环境之间的融合渗透，在园林与广场设计中体现的尤其明显。通向罗马市政广场的台阶的设置使得广场向城市延伸，增加了广场和城市间的互动，同时也使广场空间远离城市的喧嚣，保证了广场上安静祥和的氛围。

3　16世纪手法主义建筑的影响

手法主义与盛期文艺复兴甚至巴洛克风格在编年史上都是交替存在的，因而在很长一段时间里都被视作是一种矫揉造作的艺术，甚至被许多学者忽视，直到20世纪才逐渐得到认可。事实上，对于手法主义，我们不能将其简单看作是文艺复兴的式微，或是巴洛克的前身，它的确深受文艺复兴影响，并且直接孕育了巴洛克那种明媚的张扬。但手法主义自身的特点亦不可忽视，它有着不可取代的独立性与独特性，不仅在16、17世纪发挥着艺术价值，更是潜移默化地影响到了20世纪的现代主义建筑。

3.1　手法主义对巴洛克的影响

手法主义一直持续到16世纪末，在此之前，巴洛克风格就已初见雏形。诚然，一个历史事件的出现总是与诸多因素相关，为巴洛克的起源寻找任何单一的解释都是不明智的。但是，手法主义对巴洛克的影响是毋庸置疑的，巴洛克在某种程度上可以视为是手法主义发展到巅峰的一种表现，继承了许多手法主义中的开创性的处理方式。

在平面上，巴洛克建筑延续了手法主义中利用椭圆和梯形等几何形体来调整透视的处理方式，这种手法最早见于米开朗琪罗劳伦齐阿纳图书馆的楼梯踏步上，在后来的圣彼得大教堂前广场上，伯尼尼通过一个椭圆形的大广场和梯形的小广场的前后并置，使得常规透视造成的纵深感被消解，增强了教堂的亲切感与包容感（图6）。

图6　圣彼得大教堂前广场（来源：引自维基百科）

巴洛克时期对形式的炫目、华丽的追求达到了巅峰，它更加强调建筑外观带给人的感官刺激。巴洛克建筑师波洛米尼曾说自己只效法三位老师"自然、古代和米开朗琪罗"，在他的建筑中，那些看似怪诞的不规则平面，却受到严格的几何系统的约束，建立在理性的图式基础之上（图7）[6]。可见同手法主义一样，巴洛克也同样脱身于古典主义，它不拒绝透视、明暗对比或自然主义，并试图将它们都纳入一种新的情感统一体中[7]。它在手法主义的基础上对古典元素的运用更加自由，发展出更多更具创造力的建筑语汇，同时在设计方法和空间所传达的精神气质方面进行了革新。手法主义时期多表现出一种紧张与焦躁的

暧昧与不安，到巴洛克时期，这种不安转化为明确而又坚定的动态感。布鲁诺·赛维曾称"巴洛克建筑上整片墙壁呈波状起伏弯曲，创造出了一种新的空间概念。巴洛克的动感不是由已经形成的空间所表现的，而是一个形成空间的过程。"①

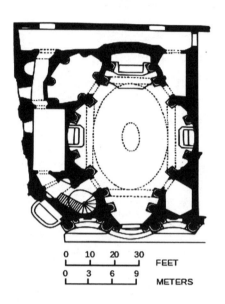

图7　四喷泉圣卡罗教堂平面（来源：网络）

巴洛克建筑师亦继承了手法主义所追求的心理效果，利用装饰制造出视觉幻象和无限延伸的感觉[7]。例如在米开朗琪罗的山花和雕塑结合的思维的启示下，建筑师们将山花在顶端断开，拼接以圆形、椭圆抑或方形的装饰物，使得山花的完整性被打破，形成强烈的感官刺激。

在与城市环境的融合上，巴洛克对手法主义的理念也有所继承，建筑随环境灵活变化。在四喷泉圣卡罗教堂中，四个街角均设置了喷泉，四个喷泉分别组织和形成广场，整合了城市空间。波洛米尼巧妙地将教堂置于街道转角处，并对转角和教堂的穹窿之间的矛盾进行了整合，在转角处设计了钟塔，使教堂成为城市空间中的一个标志，凸显了教堂的地位（图8）[6]。

3.2　手法主义对现代建筑的影响

建筑风格总是与当下的社会背景紧密相连。16世纪，一场震撼意大利文明的危机催生了手法主义；同样的，20世纪初，第一次世界大战爆发，文化没

---

① （意）布鲁诺·赛维.建筑空间论——如何品评建筑[M].张似赞译.北京：中国建筑工业出版社，1985.

图8 四喷泉圣卡罗教堂街角立面（来源：网络）

落，人们流离失所，对工业化社会的信心逐渐丧失。相同的困境使得一些艺术先驱们开始回溯400年前那场被定性为荒唐的艺术潮流，并为之正名。随后，威特科沃、贡布里希、柯林·罗、文丘里等建筑师受其影响，纷纷开始对手法主义进行研究。第二次世界大战之后，由于政治和社会等诸多因素的影响，越来越多的建筑作品中开始出现了手法主义的倾向。

正如16世纪的手法主义既模仿又反对古典主义一样，现代主义建筑与早期的现代派建筑之间的关系同样也是矛盾的，企图反抗早期现代主义建筑中保守的、虚伪的信仰主义，开始追求一种复杂的、含蓄的、多样性的空间氛围。1950年，柯林·罗发表了《手法主义与现代建筑》[8]一文，指出了手法主义同现代建筑之间的一些关联：一种不连续的含混与复杂，故意造成视觉上的模棱两可，而非直接的愉悦。柯林·罗认为：第二次世界大战前，柯布西耶等建筑师的作品中就开始出现了手法主义的处理方式。20世纪60年代以后，手法主义已经成为现代建筑的一种重要倾向，以文丘里为代表的后现代主义建筑学派提出了"建筑的多样性"这一概念，批判现代主义的

冷漠与不近人情，在《建筑的复杂性与矛盾性》中文丘里提到含混既是建筑复杂性与矛盾性的体现，也是"手法主义"的重要特征，并将建筑的形式复杂性与当下的文化背景联系起来，主张用复杂的建筑去取代早期现代主义那种简洁的形式，允许建筑中各种矛盾因素的共存[9]。美国的纽约五人组对柯布西耶晚期创立的手法主义技巧的模仿和日本的矶崎新对手法主义与东方建筑特点的融合也受到了文丘里观点的影响[10]。

4 结语

威特科沃曾对手法主义进行定义，他认为手法主义是指一种难以调和的冲突，一种对立极端之间的不安徘徊，冲突与颠倒是它的主旋律[3]。然而，不论是想打破古典的秩序，寻求新的艺术表达方式，还是想要制造冲突与矛盾，手法主义绝不仅仅只是传统所认为的那种矫揉造作的创作风格。它承袭了文艺复兴的精华，拒绝恪守规则却并不漠视规则，在历史的舞台上，推动了艺术的前进，它不仅在16世纪是有价值的，在今天，同样具有不可替代的历史意义。正如翁贝托·艾柯所说：手法主义并不只局限于16世纪，而是当人们发现世界上并不存在固定中心，必须以自己的方式驾驭世界、寻求支点时，手法主义就诞生了。①

参考文献

[1] 李稚. 手法主义艺术的观念史读法 [J]. 文艺评论，2009（01）：90-92.

[2] 许宁. 手法主义再认识[D]. 南京：南京师范大学，2006.

[3] Rudolf Wittkower（1934）. Michelangelo's Biblioteca Laurenziana[J]. The Art Bulletin, 16: 2, 123-218.

[4] Kurt W. Forster and Richard J. Tuttle, The Palazzo del Te[J]. Society of Architectural Historians, 1971, 30（4）, 267-293.

[5] 曾引. 立体主义、手法主义与现代建筑——

① 原文 "mannerism is born whenever it is discovered that the world has no fixed center, that I have to find my way through the world inventing my own points of reference." 摘自Stefano Rosso and Umberto Eco, "A Correspondence with Umberto Eco", trans. Carolyn Spring, boundary2 12, No.1, 1983-1, p.3.

柯林·罗的遗产（三）[J]. 建筑师，2016（01）：33-51.

[6] 夏娃. 波洛米尼与17世纪意大利巴洛克建筑风格[J]. 世界美术，2015（03）：96-100.

[7] Smith, Bernard. Mannerist architecture and the Baroque[D].The University of Melbourne, 1956-1966.

[8] Colin Rowe. Mannerism and Modern Architecture[M]. //Colin Rowe.The Mathematics of the Ideal Villa and Other Essays. Cambridge: The MIT Press，1976：29-57.

[9] VENTURI R. Complexity and contradiction in architecture：selections from a forthcoming book [J] Perspecta，1965（9）：17.

[10] 菲利普·德里欧，罗征启. 手法主义与现代派建筑——谈建筑艺术的异化现象[J]. 世界建筑，1981（03）：67-71.

从赫淮斯托斯到制陶女：论早期人类建筑文化中的"物与物性"①②

陈蔚③　邹晔④　胡斌⑤

作者单位
重庆大学建筑城规学院

摘要：人类建筑建造文化的起源与造物活动的象征性意义密切相关。本文从神话造物观的隐喻出发，从不同的历史切片分析了早期人类建筑文化中的"物与物性"的问题，对西方造物知识体系的历史建构过程以及制造活动中隐含的物性与神性矛盾发展演变形态，以及哲学观念话语中技术与权力、技术与创造性观念演化的承袭关系进行分析，阐释了"时空观、数学、建构性"与建筑建造文化的关系。

关键词：造物观；建构文化；物性；维特鲁威；森佩尔

Abstract: The origins of human architectural construction culture are closely linked to the symbolic significance of the activity of making things. This paper analyses the issue of "Thing and Thingness" in early human architectural culture from different historical perspectives, starting from the metaphor of the mythical view of creation. An analysis of the historical construction process of the Western knowledge system of creation and the contradictory developmental patterns of thingness and divinity implied in the manufacturing activity, as well as the inherited relationship to the evolution of technology and power, technology and creative ideas in the philosophical conceptual discourse. The relationship between the "spatio-temporal view, mathematics, constructivity" and the culture of architectural construction is analysed.

Keywords: View of Creation; Tectonic Culture; Thingness; Vitruvius; Semper

1 前言

"物与人"的二元对立性，一直被认为是西方物质文化最根本的矛盾之一。而东方工艺精神持续强调人"身体—精神—物"三者的统一。本文从古希腊工艺神话的隐喻解读入手，对西方造物知识体系的历史建构过程以及制造活动中隐含的物与物性矛盾发展演变形态，以及哲学观念话语中技术与权力、技术与创造性观念演化的承袭关系进行分析，以海德格尔"物性"理论为支点，反思维特鲁威提出的"适用、坚固、美观"工艺思想以及森佩尔材料、工艺和功能为基础的"原动机"建筑理论的历史价值与局限，关照现代人类社会跃进式发展的技术背后深刻的物质文化

之殇。

2 早期希腊文明中的技术隐喻与造物观

古希腊工匠之神赫淮斯托斯以其精湛的工艺技术成为制造之神，关于他的故事和他所制造的器物的故事无疑构成神话造物历史的重要篇章。通观古希腊神话全貌，这些故事中我们却没有看到因为技艺获得更多尊严与幸福，反而充满悲剧、欺骗与背叛。赫淮斯托斯的孕育是母亲嫉妒出轨的不忠苦果；身体的先天残缺和容貌丑陋使他与整个希腊男神形象格格不入；令人惊叹的"宝座"和"金网"背后是亲情的背离和遭受嘲笑的爱情。锻造炉中铁与火的冲突注定

① 《建筑十书》第一书中，维特鲁威提出"物性"（science），指自然物性。海德格尔称"物性"（die Dingheit），即物之存在。在哲学语言中，自在之物和显现出来的物，根本上存在着的一切存在者，统统被叫作物。
② 国家自然科学基金项目：藏彝走廊地区氏羌系民族建筑共享基质及其衍化机理研究（项目编号：51878083）；重庆市科技局：山地湿热环境砖木历史建筑"劣化"评估体系建构与应用（项目编号：cstc2019jscx-msxmX0151）。
③ 陈蔚，重庆大学建筑城规学院，教授，重庆大学建筑与历史理论研究所副所长，400044，jzx2007cw@126.com。
④ 邹晔，重庆大学建筑城规学院建筑历史理论研究所，硕士研究生，400030，569617786@qq.com。
⑤ 胡斌，重庆大学建筑城规学院建筑历史理论研究所，副教授，401331，32083942@qq.com。

"造物"的悲壮性，似乎隐喻着西方"造物"思想的原罪论——精湛的技艺可以创造完美的"物"却不一定会带来健康、美貌、爱和胜利这些人类追求的美好结果，提示着创造与命运之间矛盾与冲突性的思考。希腊众神使用"物"的过程延续了这一思想，由赫淮斯托斯制造的爱神之箭，在达芙妮和阿波罗这对情侣身上却导致了痛失挚爱的悲剧；精巧的阿波罗太阳战车使太阳神失去了凡间的儿子法厄同；众神创造的美丽少女潘多拉却带给人类疾病和灾害。除了赫淮斯托斯，凡是对自己的技艺盲目自信缺少敬畏的人也会面临悲剧的结局，阿莱克涅变成蜘蛛正因她执着于自己

纺织技艺的卓越。在人间，天才的工匠也难逃厄运，代达罗斯和他儿子卡伊洛斯的故事说明，一个创造了迷宫宫殿的人也可能就此困住了自己，即使再完备的逃脱技术却无法抵抗命运的轮回。追究"造物"活动的本质，古人似乎很早就意识到它是在挑战神的权威，因为只有神被称为"造物主"。僭越从根本上是不被接受的，正如太阳神阿波罗忧伤地对凡间的儿子法厄同说："你希望做的却是神做的事。"从这些神话之源我们或可窥见西方造物与技术思想的基本逻辑和心理原型（图1～图6）。

但是人类终究是要战胜神谕开启属于人的世界。

图1　赫淮斯托斯发现维纳斯与阿瑞斯
（来源：《Mars and Venus Surprised by Vulcan》，油画现藏于印第安纳波利斯艺术博物馆）

图2　阿波罗与达芙妮
（来源：王康《女性美的不同诠释》，雕塑现藏于罗马博尔盖塞美术馆）

图3　代达罗斯与儿子卡伊洛斯
（来源：《The Fall of Icarus》，油画现藏于普拉多美术馆）

图4　与雅典娜比赛纺织失败而变为蜘蛛的阿莱克涅
（来源：《神曲·炼狱篇》）

图5　太阳战车与法厄同
（来源：《The Fall of Phaethon》，油画现藏于普拉多美术馆）

图6　潘多拉与魔盒
（来源：约翰·威廉·沃特豪斯作品《Pandora》）

在最初，这种能力是和神力联系在一起的。"木马计"取胜的关键既在于特洛伊人被精巧的木马战车迷惑心智，也因为希腊人获得希腊工匠之神雅典娜和赫淮斯托斯的支持。雅典城四年一度的节庆上，编织的羊毛长袍被挂在大船桅杆上由海上带来，经过整个游行过程，最终被披在最古老的木质雅典娜神像身上。编织之物成为人与神沟通延续的象征。这些都表达了早期人类对于自身拥有的"造物（创造）"冲动和能力的敬畏之心。造物与对世界的秩序、人的命运等问题的思考联系在一起。希腊神话中善良的菲勒蒙和包喀斯简陋的茅屋变成大理石神庙的故事反映出神话时代茅屋和神庙之间联系在一起的正是神性和德行。

材料的神圣价值来自万物有灵时代，在那个时候人类将身边的木、石、土、水看作和自己一样的存在，甚至比自身更具原初力量。创世神话中，"土"与宇宙创生的"土生陆地说"联系在一起——大地由可以自我生长的原始土壤孕育。"原始之丘"不仅是古埃及神话混沌之海上"拉"神出生之地，也是中国神话鲧试图围堵大洪水可以自己生长的"息壤"。人类起源的"物生型"神话则表明身体与泥土相关，中国女娲和希腊的普罗米修斯不约而同都以泥土和水造人，古希腊诗人赫西俄德讲述了宙斯用白蜡树创造第三代人类的经过，神话使得自然物被赋予神圣性，人类加工和处理自然材料也成为一件重要的事情。在器物的形态中，人们也将自己和材料联系起来，尤其是容器。容器是最具有实用性的器物类型，而它与混沌宇宙模型的相似性，使制作容器变得神圣，陶罐在祭祀仪式和墓葬中被大量发现。埃及神话象征永生的奥西里斯神的死亡与重生也与"包裹"（以树和织物构成的容器）相关，它是木乃伊和陵墓的来源。"立柱和结界"是最初的对圣域的筑造，产生于仪式再加入围栏筑造活动而使神圣的空间围合形成。[①]它既包含划分"神圣—世俗"界线也包括创造容器（圣所）。这种行为可以是轻松的，也可以是非常艰难的，比如伯里索斯平原上的巨石阵。人类通过智慧的头脑和体力的充分投入表达态度和信仰，在选择"造物"与否的问题上，人类很早就陷入矛盾但是并没有陷入虚无主义。不过很显然，不同地区和文化走向的人类选择的道路是不同的，中国早期墨子造物论的"适用论"就有着属于自己民族的造物态度。一些民族的"临建性"造物观无疑打破了关于纪念物永恒价值的单一判断标准（图7~图11）。

图7 雅典娜节庆游行人群中肩扛陶罐的形象
（来源：帕提侬神庙上的大理石浮雕，藏于希腊雅典卫城博物馆）

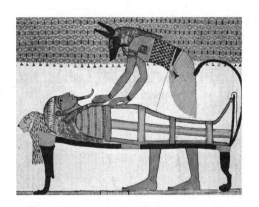

图8 奥西里斯复活神话与织物"包裹"身体
（来源：《History Today》Volume 71 Issue 4 April 2021）

图9 雅典娜向潘多拉送上长袍礼物
（来源：约翰·巴顿作品《the stunning Pandora》，藏于雷丁大学）

① "围栏"作为最早的筑造行为和形式在森佩尔《建筑四要素》中得到充分阐释。

图10　索尔兹伯里石环（来源：《西方艺术史》）

图11　伊势神宫鸟瞰
（来源：赵赫，《基于民族性对近现代建筑的研究》）

3　筑造的早期建构性和作为神圣权力的象征

"擎天神话"表达了创世与建造的相关性，或许它应该被视为人类所有空间建造文化之源。擎天柱是混沌宇宙分离出天与地的最重要的基础，统一的固体

穹苍观更使"支撑"概念普遍得到认识。后来"通天神话"代替擎天神话，能够帮助人类沟通天地的神树成为大地上神圣中心的原点。随着原始崇拜从野祭向庙祭发展，除了神树向神像（木）转化，与"立柱"相关的建造活动，包括"择木、取木和立中（柱）"等都贯穿着神圣的意味。《山海经》中神树"建木"一词，从建造角度来理解，恰好表达了对"立柱"这一行为神圣性的肯定。体现"支撑"这一结构概念的擎天神话里面还记录了人类对建筑材料使用的变化。从早期自然材料到人工材料，反映出材料加工和利用技术的增强。希腊德尔斐圣地阿波罗神庙的六次建庙，材料从"月桂树枝（神木）—蜂蜜（神物）—青铜—大理石"的转变也可以看出建造材料与神圣意义之间的关系（图12~图14）。

在人类社会活动逐渐复杂化过程中，筑造行为的神圣性和政治统治、社会组织体系结合在一起。国王接替巫觋掌握沟通天地的技术，并以"绝天地通"让其他人无法再拥有这样的能力，建造神庙更有助于新的权力阶层树立政治权威。苏美尔神庙建设过程就充满了对"君权神授"地位的表达。在目前发现的拉伽什第二王朝统治者古迪亚德滚筒铭文A和B的记录中，国王修建拉伽什城邦主神宁吉尔苏建造神庙的目的之一就是通过神庙建筑准备活动获得神灵认可，通过自己亲自参加制砖活动获得权力合法性的再次认可，"国王象征性举起砖模，篮筐于头顶，制造出第一块神庙用砖"的形象镌刻于神庙锥形奠基石上，埋在神庙基址中心，后来的亚述、巴比伦神庙中也有发现，说明这一传统被一直延续。在古埃及

图12　古希腊陶罐上画的"早期圣坛与神像柱"
（来源：藏于维也纳艺术史博物馆）

图13　古罗马祭祀橡树的仪式
（来源：《The Sacred Grove of the Druids》，藏于法国巴黎歌剧院图书馆）

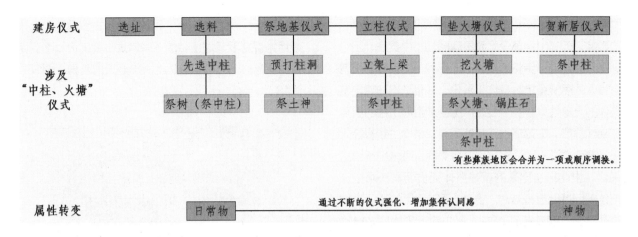

图 14 建房仪式中的"中柱"的作用
（来源：许文宇，《藏彝走廊地区彝族聚居区的空间人类学研究——以神话典籍和宗教文化为线索》）

壁画中，法老在神的见证下扶正神庙内神圣的"节德柱"的过程，也表达着君权神授的意义（图15、图16）。

图15 埃及法老立节德柱的壁画——权利的象征
（来源：Bodsworth, Jon. "Djed Pillars, Hall of Osiris, Abydos." World History Encyclopedia, 02 Mar 2016.）

图16 苏美尔、亚述、巴比伦神庙的"锥形物"
（来源：左：Foundation figure of Ur-Namma holding a basket, 藏于大都会艺术博物馆；中、右：Stela of Ashurbanipal, 藏于大英博物馆）

4 柏拉图哲学中分离的"理念与造物"

柏拉图哲学最重要的是他的"理念论"，与造物活动相关的论述集中在"床喻说"中。出身贵族的柏拉图思想中的"二元对立"性和对工匠阶层的天生不屑，也可以说是希腊新兴城邦贵族阶层对传统艺匠阶层的敌意，使他不再像出身工匠的老师苏格拉底那样继续坚持听从神喻和造物神圣说，而是提出"（神）理念世界与（人）可知世界"的分离说。在《蒂迈欧篇》中，他区分了"恒常之物"与"流变之物"，前者经由理性思辨可被人理解，它永远不变，后者只是感官的对象。虽然，他也创立了"分有说"和"模仿说"试图在两者之间建立沟通，但是"模仿论"是从神话中脱胎而来的超验的理念，经由工匠、艺术家等人作之物都只能是摹本。这从根本上否定了远古时代以圣匠之名从事的一切造物实现神性再现的行为。在神的理念之床——本质的床、工匠实用之床——制作的床和画家绘画之床——模仿的床三者之间，基于万物有灵和万生平等的联系性和整体性宇宙意识和物的知识被撕裂，人类的制造技艺、艺术创作与上帝之手的创造不再有联系，只是低等级的摹仿。柏拉图不仅在神与人之间划定了界限，而且通过模仿的分级，还在人类创造活动中，在（直接）实用性技艺（工匠）和（间接）艺术性技艺（画家）之间划定了等级和界限。人类的造物能力也从神话时代工匠圣人的"神授说"，发展为柏拉图的"灵感说"。虽然

"灵感说"①仍然可以看出非常强烈的原始通神仪式的影响，但是"神灵凭附和灵魂回忆"中灵魂、回忆等概念无疑进一步将人拖离"人神同一"世界。灵魂与身体的思辨直接将身体工具化、异化，逐渐否定了身体的具身性体验在"灵感"（创造活动）中的重要基础性价值。在苏格拉底被处死前，与学生斐多等人探讨着死亡说："死亡只不过是灵魂从身体中解脱出来。"由此衍生出来的就是身体死亡而灵魂永生，柏拉图则就此展开其对"身体-灵魂观"的论证。柏拉图认为"灵魂是纯粹的、永久的，身体是多样性的、短暂的，身体甚至会成为灵魂的障碍，因此智慧者应当藐视和回避身体，尽可能独立，所以哲学家的灵魂优于其他所有灵魂。"②这种观点将实体作为基础的工艺价值贬低，"回忆"作为知识的来源与工匠"言传身授式"的技艺传承体系也产生了隔阂。直到20世纪，知觉现象学家梅洛·庞蒂针对柏拉图"身体-灵魂"观点的批判，重新提出"非可见性的可见性"，③自身的在场才是技艺价值存在的根本的现象学观点。

罗马人维特鲁威写作《建筑十书》的年代，愈加普遍和广泛的建造活动使技艺"神授说"不再为帝国政治的社会环境所接受，为了强化规范与技术治国的社会伦理，接受了职业建筑师训练的维特鲁威发展了贴近现世生活的造物观和技术理想。"坚固、适用、美观"的基本原则无疑是工匠所造之"床"遵循的准则，它是否就是"理念之床"，作者没有直接回答。神话时代造物思想中的敬畏之心演化为对现实技术问题审慎的解决之道。在"第一书"中他就讲到，"此卷不谈建筑起源于何处，只谈构造的源头，是根据哪些原理培育成熟的，是如何一步一步前进，达到精致优雅的境界的。"④逝去的神话时代的知识在维特鲁威书中几乎没有渲染，仅在"科林斯柱式"⑤的产生和"落叶松的发现"两则故事保留些许古希腊神树文化的影子；在"选择健康的营建地点"一节中，他也只是提到古老的"埃特鲁斯坎占卜规则（脏卜）"与选址的关系，但是并没有以类似"七丘之城"这样的

神话来示例说明。比较公元前365年古罗马政治家卡米卢为保留罗马城所做的精彩演讲，我们可以看到两者对城市价值理解与表达上愈加明显的差异（图17、图18）。

图17　"上帝建筑师"寓意的插画
（来源：Brunetto Latinis《Tresor》手稿，藏于巴黎阿森纳图书馆）

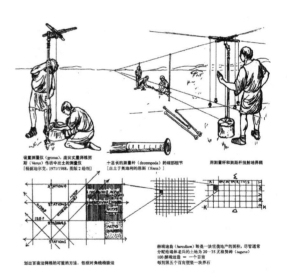

图18　《建筑十书》记录的古罗马建筑师的测量术
（来源：维特鲁威，《建筑十书》）

褪去神话时代全能建筑师的光环，维特鲁威为建筑活动确立了六个要素，他将自然主义的"得体"和"配给"转化为建筑伦理，补充对适用原则的理解。不等同于实用原则，《建筑十书》的适用与维特鲁威的"类属"⑥概念是协调的，它指建筑物不仅需要满

① 主要包含的四部分：源泉——美本身及其体现者的神；途径——神灵凭附和灵魂回忆；表现——迷狂；结果——诗神的作品。
② 胡鹏林.柏拉图的身体——灵魂观考辨[J].湖北师范学院学报（哲学社会科学版），2010：50-53.
③ （法）梅洛·庞蒂.可见的和不可见的[M].北京：商务印书馆，2008.
④ （古罗马）维特鲁威.建筑十书[M].北京：知识产权出版社，2001：89.
⑤ 有关"科林斯柱式"的起源，19世纪维也纳艺术史学家里格尔《风格问题》已经证明维特鲁威德说法并不够准确。
⑥ "类属"概念在《建筑理论史——从维特鲁威到现在》第一章，被理解为神庙建筑的不同类型以及其风格气质。

足具体功能，也要满足造物传统。[①]而坚固问题从古希腊自然主义哲学初始观念中的核心观念"质料实体本原存在"、"永固"出发，[②]专业性的开始"涉及静力学、构造及材料等领域，"[③]是关于建造作为物质生产活动客观性的最早的正式表达。在实体存在论的基础上，形式作为"实体"本身甚至高于物质实体，[④]维特鲁威开始推崇建筑比例结构协调一致的视觉形式美，为此他提出以"秩序"（ordering）为第一位的"匀称、均衡"诸要素，而且直言"秩序的建立是通过量（quntity）及模数来实现。"[⑤]以"秩序（Ordinatio）"来统领一座建筑物之每一独立部分的各种关系，同时归于数（posotes）与比例，维特鲁威以"视觉形式"法则重建"造物"与宇宙秩序的同一，延续了毕达哥拉斯数学哲学将本体论与数学结合的学术传统。[⑥]在抽象的数和身体之间，表达尺度和关系的"维特鲁威人"成为支点，隐喻着"世界之脐"[⑦]神话里的天地之中转换为"身体之中（肚脐）"；将"化生神话"[⑧]以身体比拟万物的观念转换为"身体比拟建筑"，衔接远古时代人类建构

的神话宇宙模型，并经由古老的人体测量学构成新的秩序。古埃及就存在的"肘尺"[⑨]度量法，希腊人的"teleion"完美数概念，被应用在建筑比例控制中。对于这样做的合理性，《建筑十书》"论对称：神庙与人体"提到，"既然自然已经构造了人体，在其比例上使每个单独的部分适合于总体形式，那么古人便有理由决定，要使他们的创造物变得尽善尽美，并要求单个构件与整体外观相一致。因此，他们将所有类型的建筑，特别是诸神居所的比例序列传给后代，同时这些建筑的成败也会永远流传。"[⑩]这种思想，在文艺复兴时期"神人同形同性论"发展之下，建筑比例和形式研究成为建筑理论核心。到17世纪劳吉耶"原始棚屋"原型理论，进一步强化了将一些基本形式和基本建造视为建筑原型的道路。比较人类历史上将身体与建筑进行类似的"神体秩序化"比拟的做法，印度古老的"曼荼罗"宇宙图示则更执着于表达多重宇宙时空层级秩序的样貌。东西方在建筑象征意义的表现方式上出现了一些差异（图19、图20）。

  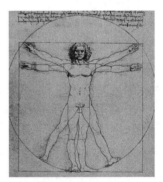

(a)"世界之中"神话与德尔斐阿波罗神庙的皮提亚神谕（来源：《Priestess of Delphi》，油画现藏于南澳美术馆）　(b) 古埃及"肘尺"示意图（来源：网络）　(c) 达芬奇绘制的"维特鲁威人"比例分析（来源：达芬奇，威尼斯，学院美术馆藏）

图19 东西方在建筑象征意义的表现方式上的差异

---

① 《建筑十书》"第一书"写道："得体，指的是静止的建筑物外观，由哪些经得起检验的、具有权威性的构件所构成。注重了功用、传统和自然，便实现了得体。"

② 主要有泰勒斯米利都学派的"始基"说（将神圣事物自然元素化）、恩培多克勒德"四根说"和亚里士多德"四因学"。

③ （德）汉诺-沃尔特·克鲁夫特.建筑理论史——从维特鲁威到现在[M].北京：中国建筑工业出版社，2005：4.

④ 柏拉图《蒂迈欧篇》中说："形式是'真实明确的自然实体'。称之为'类型'。形式所以是'实体'，乃缘于它的独立性。亚里士多德提出，"就独立性而言，形式作为'实体'乃高于物质之作为实体。形式作为实体除了'理念'之外，还有其'数学'的方面，后者包括数和几何形式。"

⑤ （古罗马）维特鲁威.建筑十书[M].北京：知识产权出版社，2001：74.

⑥ 在《建筑十书》第八书的前言，他强调了数学与几何学的重要性，并且勾画了一个宇宙的模型。

⑦ "世界之脐"神话曾广泛出现在古希腊、中东、印度等地。

⑧ "化生性神话"指世界万物的创生是由神的身体化生而来。比如中国的"夸父逐日"神话。

⑨ 肘尺是古代的一种长度测量单位，等于从中指指尖到肘的前臂长度，或约等于17~22英寸（43~56厘米）。人体的比例安排如下：四指为一掌，四掌为一足，六掌为一腕尺（cubit）（指前臂的长度）四肘尺合全身。

⑩ 维特鲁威.建筑十书[M].北京：知识产权出版社，2001：107.

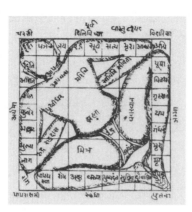

(a) 印度大神梵天诞生　　　　(b) 梵天曼荼罗早期形式　　　　(c) 西藏桑耶寺曼荼罗空间
（来源：网络）　　　　　　（来源：王贵祥，《东西方的建筑空间》）　（来源：Yang Jia, Terese Bartholomew,
　　　　　　　　　　　　　　　　　　　　　　　　　　　　　　　Mingxing Wang,《Precious Deposits:
　　　　　　　　　　　　　　　　　　　　　　　　　　　　　　　Historical Relics of Tibet》）

图 20　东西方在建筑象征意义的表现方式上的差异

5　《建筑四要素》与《嫉妒的制陶女》之技术象征性异同

对于建筑，森佩尔始终是抱有对当时正在兴起的文化人类学视角，在他眼中"音乐和建筑的起源，是最高最纯的两种非模仿性宇空艺术（cosmic nonimitative arts）。"同时，受到结构主义和本质主义哲学的影响，对于自己的研究任务，他这样描述，"去探究成为显露在外的艺术现象的过程中的内在秩序（德语原文Gesetzlichkeit），并从中推导出普遍原理、与经验艺术理论的本质。"[①]通过借鉴居维叶及其在巴黎植物园中有系统的动物类型收藏和人类学家考察原始社会获得的建筑成果，森佩尔提出从建筑"要素（elemente）"[②]构成的角度认识建筑"基本动机"的方法。对于造物活动本身，森佩尔坚持"以材料为前提，从更高的位置来理解事物，即艺术应用的主旨或主题，"[③]提出"人们是在制作器具以及艺术品的过程中来满足精神和物质的双重需要。"[④]目的在于重启世人对于建筑文化与象征起源的思考，以及从手工艺和工艺美术研究入手弄清建筑历史风格问题，以此对抗当时建筑设计以"数"为唯一标准的形式理论权威观点和劳吉耶的原始棚屋模仿论（图21~图24）。

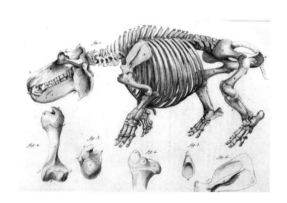

图 21　居维叶动物骨骼"河马骨架的化石"
（来源：Georges Cuvier,《Recherches sur les ossemens fossiles de quadrupèdes》）

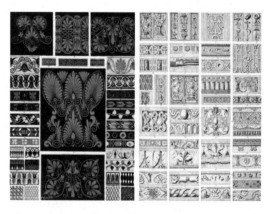

图 22　欧文·琼斯1865年出版的《装饰语法》
（来源：欧文·琼斯，《装饰语法》）

---

① 《技术与建构艺术（或实用美学）中的风格》，转引自《建筑四要素》第164页。
② 《建筑四要素》导言中谈到，"这里的要素指的是建筑的'动因'或'理念'，以及以实用艺术为基础的技术手段。"
③ （德）戈特弗里德·森佩尔.建筑四要素[M].北京：中国建筑工业出版社，2016：239.
④ 史永高.森佩尔建筑理论述评[J].建筑师，2005：51-64.

图23 美国考古学家古德耶尔（Goodyear）《莲花语法学：作为太阳崇拜进化的古典装饰新史》
（来源：Goodyear, William Henry,《The Grammar of the Lotus; A New History of Classic Ornament as a Development of Sun Worship》）

图24 19世纪非洲沙漠地区土著的"编织毯－服饰－女人"
（来源：网络）

摆脱了古典主义的束缚，"火塘为中心"的建筑四要素论无疑是19世纪建筑历史理论最重要的突破，森佩尔比其他建筑师更早意识到"仪式空间的象征意义"与建筑学空间本质的联系。[①]后来造物技术性思维使他以建筑要素与材料－技术类型对位联系的方式，归纳了"汇聚—炉灶—陶工；抬升—平台—

砌筑；遮蔽—屋顶—木工；围合—墙体—编织"的关系，成为森佩尔造物理论的核心。但是，受制于时代局限，虽然他敏感地认识到火的精神性与"陶（容）器"作为早期祭器之间的隐约联系，但是他并没有能够进一步深究这种制陶技艺背后的宇宙时空象征意义。直到一个世纪以后，法国人类学家克洛德·列维-斯特劳斯《嫉妒的制陶女》从神话分析角度归纳出了制陶工艺中"陶土、水、火与手作"之间关联的本质意义。他谈到，"在以天上的世界为一方，以水中或地下的世界为另一方的两者之间，制陶人或制陶女以及他们的产品扮演了中间者的角色。这种观念是宇宙进化论的一种观念。"[②]"陶土首先呈现出的是一种不完全定型的状态，制陶人或制陶女的工作，是使一种原本不具有一定形状的物质材料变得具有一定的形状。制陶的本质就是人用火将柔软的物质变成坚硬的物质，制陶人或制陶女的技艺是对一种没有固定形状的物质材料来加以限定、压缩、拿捏和塑性。"[③]"在原始族群那里，陶罐在烘烤时出现裂缝，这些缺陷源于精神活动，而不是源于技术方法不当或所使用的原料不佳。"[④]正因为，陶土材料和制陶技艺隐含的"神性"，使原始人遵循关于"取土、烧制"过程的诸多禁忌与习俗，比如奉献祭品给陶神；陶盆支在村公所大厅的中央（寓意世界中央）焙烧，支架由三个陶制的立柱构成，它们象征着支撑宇宙的天柱。[⑤]

回看森佩尔，他的兴趣从文化人类学关注的空间"中心—聚集"转向了建筑材料和技术影响中的"边界—围合"及表皮形式发展问题，并以此作为建筑原型和发展动机。[⑥]在《建筑四要素》导言中，森佩尔写道："围墙是南方民族古代建筑的第一要素，是神庙和城市的原始种子（Urkeim）。通过界定一个新的空间性，围墙获得了建筑学价值。"[⑦]他

① 《建筑四要素》导言中谈到，"森佩尔认为纪念碑式建筑并非源于简单的原始棚屋，而是源于节日庆典。"在《建筑四要素》"四要素"森佩尔谈到，"在人类社会的各个发展阶段中，火炉都是神圣的核心空间，周围的一切都处于这个核心形成的秩序和形态中。建筑的精神要素是最早出现的。"详见《建筑四要素》第93页。
② （法）克洛德·列维-斯特劳斯.嫉妒的制陶女[M].北京：中国人民大学出版社，2014：14.
③ 同上，第9-12页。
④ 同上，第20页。
⑤ 同上，第23页。
⑥ 这一点，弗兰姆普顿《建构文化研究》中这样描述，"森佩尔自己来说，建筑在世俗化过程中已经失去了宇空性，这导致森佩尔认为他所处的时代除了再现历史风格之外别无选择。"，同时批判森佩尔的建筑过分沉溺于装饰性外部表现，而对建筑的内部空间无动于衷的还有施马索夫。详见《建构文化研究》第91页。
⑦ （德）戈特弗里德·森佩尔.建筑四要素[M].北京：中国建筑工业出版社，2016：导言。

个人学术生涯早期《古代建筑与雕塑的彩绘初评》中的彩绘研究在《建筑四要素》中与墙体的这种建造动因和围合空间本质探讨结合起来，[①]最终演化为"穿衣服（Bekleidungkunst）"和"材料转化"[②]的观点以及后来的"面饰（表皮、围合）—本体（基层、构架）"二元对立论辩。这种对立性的观点在《纺织艺术：考虑其自身及其与建筑之关系》一文中体现于他总结的两个面饰发生的动机与原则"出于纪念性目的而形式化；对真实结构的装饰性掩饰。"森佩尔认为"用来支持、保障和形成这种空间围合的构筑物，是与空间及空间分隔完全无关的一项需求。它不关乎原始的建筑思想，从一开始就不是决定形式的要素，"[③]通过"穿衣服"，人们以一种富于表现力的艺术形式来隐匿建造的物质性。这种将装饰的物（非结构性元素）和基层的物（结构性元素）[④]剥离开的"二分性"，是在"火塘—围合"二分基础上的进一步分化，与西方古典哲学主客体二元对立观一脉相承，实质上进一步撕裂了建筑作为"造物"活动整体的象征性价值。

回溯到森佩尔"建筑学最原始的形式原则基于空间的概念和结构的独立性艺术中真实的掩饰"[⑤]这个原则提出的具体依据，他以"喜庆的设施——那些为欢庆而设的临时脚手架"作为"永久纪念物的动因"[⑥]显然是过于"冒险的尝试"[⑦]。神庙围墙固然是由最初的围栏演化而成，但是却非简单的"临时的脚手架"，而是围绕神物和至圣所的"神圣-世俗"二分边界，以神圣空间为核心，希腊神庙浮雕的内容与形式，神庙空间以及结构需要服从于建造神的居所这个根本价值和建造意图，它们从来没有作为某种独立的艺术或技术形式存在。位于帕提农神庙内墙长达160米的浮雕被认定为"向雅典娜献新衣"仪式，如果脱离了对古老圣地祭祀仪式"环绕性"行为特征的理解，就很难把这片浮雕背后的和圣庙内部空间的绕

行行为仪式联系起来，其原本的社会、文化和宗教功能就会被清除，必然滑入形式主义和物质主义的渊薮。所以，对于"面饰隐喻"背后的危险性，森佩尔自己在《风格》一书中也提出了疑问，"如果面饰后面的东西是虚假的，那么面饰如何处理也无济于事。"[⑧]

6　海德格尔现象学的"物性"与弗兰姆普敦的"建构文化"

马丁·海德格尔的晚期作品《物》（1950）直面物的纯粹本质"物性"展开讨论，他提出关于物与物性的"三段式"回答，充分展示出其作为现象哲学家的思辨力和西方物质文化研究的高峰。首先，他肯定物"器皿"的物质性，"不论我们是否对壶进行表象，壶都保持为一个器皿。作为器皿，壶立于自身中。这是通过一种摆置而发生的，也就是通过置造发生的。陶匠专门为此选择和准备好的泥土制造出这个陶制的壶。壶由泥土做成。通过壶由以构成的东西，壶也能站立于大地上，或是直接地，或是间接地通过桌凳的媒介。"在此之后，他进一步提出，"'自立'乃是置造的目的所在。但即使如此，这种自立始终还是从对象性的角度被思考的，然而，从对象和自立的对象性出发，没有一条道路是通向物之物性因素的……什么是物之物性呢？的确，置造使壶进入其本己因素之中。但壶之本质的这种本己因素绝不是由置造所制作出来的。壶之物性因素在于：它作为一个容器而存在。'虚空'乃是器皿的具有容纳作用的东西。"以上关于"置造实体与虚空"关系的思辨让我们很容易联想到老子关于器物"有与无"之论。从功用主义出发的空是否就是物之物性本质？海德格尔的回答仍然是否定的。他追问到，"然则壶果真是虚空的吗？物之为物究竟是什么？唯有'倾注（聚集）'

---

① 《建筑四要素》森佩尔谈到，"与围栏相关的原始技艺是什么呢？首先要提到的自然是墙壁装饰艺术。"在《纺织艺术》森配尔谈到，"建筑之始，即是纺织之滥觞。"

② 这一理论受到发表于1843~1851年间克莱姆《人类文化通史》"文化转变理论"影响。

③ 《建筑四要素》P225.对于这段表述的解读与科特斯特《辛克尔柏林中心规划中的全景视野》有明显不同，相关论述转引自《建构文化研究》第65页。

④ 这种表述出现在《建构文化研究》"建构的视野"章节。

⑤ 《建筑四要素》"纺织艺术：考虑其自身及其与建筑之关系"一文中，该原则被作为次级标题提出。详见第225页。

⑥ （德）戈特弗里德·森佩尔.建筑四要素[M].北京：中国建筑工业出版社，2016：226.

⑦ 同上，导言第17页。

⑧ （美）肯尼思·弗兰姆普敦.建构文化研究——关于19世纪和20世纪建筑中的建造诗学[M].北京：中国建筑工业出版社，2007：92.

才能使这个器皿的容纳作用得以成其本质……故在壶之本质中，总是栖留着天空与大地。"由此完成了现象学角度的物之物质存在和"物性"本质之间关系的探讨。造物不仅仅是实现技术再现，更在于提供容纳与居留四重要素的可能，从而实现真正的物性，即"在倾注之赠品中，同时逗留着大地和天空、诸神与终有一死者。"海德格尔建立的"造物"观念，借鉴了中国道教物"空"的思想，同时超越了空间有用论，提示人们关注"倾注、馈赠、容纳"中蕴含的物联系"四重"的神圣性。

　　从"物"的本质来看，无论在人之栖居中物以怎样的方式来照面，物都是人工筑造之物，物与身体的关系在于物的产生始终处于人参与下的创造与筑造。通过海德格尔追溯的所有"物"，我们可以回归"最初的筑造"以及技艺与身体的关系，重新发现了"物性"蕴含的本真价值。推而广之，他所表达人类借助"物"空间为媒介，寻找到"栖居和筑造"的本意。海德格尔《筑·居·思》中谈到"栖居与筑造相互并存，出于目的与手段的关系中。筑造不只是获得栖居的手段和途径，筑造本身就已经是一种栖居。"[1]循着这一思路，在《技术的追问》中，海德格尔针对现代技术的"集置（das Ge-stell）"现象，提出技术的本质是"解蔽（das Entbergen）"，也就是通过技术手段最终将隐藏的理念揭示出来。这个过程如何避免成为促逼自然的集置行为，海德格尔认为要在技术与艺术的相关性中寻找，因为在古希腊人那里，"techne"的另一种含义就是艺术，"艺术乃是一种惟一的、多重的解蔽。"[2]

　　在《建构文化研究》中，弗兰姆普敦肯定了海德格尔对技术文化含义的反思。[3]他所建立的"建造诗学（the poetics of construction）"理论是在20世纪建筑无法再从形式比例分析和历史风格角度肯定建筑本身的价值和品质之后，回归人类造物本原的一种方法论尝试。他沿袭了1673年克劳德·佩雷在《古典柱式原理》提出的"实在美"有别于"相对美"学说和森佩尔《风格论》一书中有关"面罩（mask）"的隐喻，并且将之解释为"一种能够表

现结构形式的精神意义的建构外罩，或者说是一个联系事实的实用世界和价值的象征世界的纽带。它的发展动力孕育了艺术形式的古典传统。"[4]"建造"成为现代社会重获造物本义的新支点（图25、图26）。建构的表现以"连接—节点"为核心，从工艺角度，"节点"往往代表将不同的材料、部位连接成为一个整体的重要步骤，是转化的临界之处，许多早期工艺品和建筑都可以看到"节点"意识产生的工艺细节。从人类学角度，古老的"绳结"无疑是具备建构性的，在《建构文化研究》"建构与文化人类学"章节中，他对日本结绳技艺在建造活动中所表达的意义

图25　巴蜀铜戈，四川省博物院
（来源：战国虎纹铜戈，藏于四川省博物院）

图26　卡洛·斯卡帕建筑中的"节点设计"
（来源：网络）

①　（德）马丁·海德格尔.依于本源而居——海德格尔艺术现象学文选[M].孙周兴编译.杭州：中国美术学院出版社，2010：62-63.
②　（德）马丁·海德格尔.技术的追问.出自《演讲与论文集》[M].北京：商务印书馆，2018：35.
③　（美）肯尼思·弗兰姆普敦.建构文化研究——关于19世纪和20世纪建筑中的建造诗学[M].北京：中国建筑工业出版社，2007：21.
④　同上，第92-93页.

进行了分析，肯定了原始造物技艺所表达的"宇空性"。节点与结绳记事联系起来更赋予它可以作为信息符号与表意象征的价值。从现象学角度，它与"连接、聚集"之间的关系正是海德格尔造物观落实到实体一个重要的切入点，由此，建构使建筑回归一种整体文化观之上的结构主义的建筑观，涉及创造的本质，建构可以和宇宙时空观、数并列为造物本质问题，而不仅局限于争论技艺本身的美学价值和伦理价值，比如真实性。

7 结论

在《资本论》中，马克思明确地指出技术的社会批判要从现实生活关系中发展。人类造物的历史丰富性为这一目的提供了足够的材料。本文从早期人类制造与筑造行为相关联的几个文化切片来分析我们对于"造物"的态度，借此对当代造物的工具理性和完全的中性态度进行反思。正如海德格尔所说，"技术的危险之处在于它无视事物的内在本质，一旦技术达到全球规模，无论自然、历史还是人类自己都无法抵抗技术的非世性。"[①]在人类社会早期，造物活动的神圣性，来自视万物有灵的思想，它是"有用性和可靠性"的来源；[②]技术与材料的物性，来自于人类生活的直接生产过程，是对材料物质的把握、感知的过程的历史发展，贯彻在"制造、铸造、筑造"的全过程中。物与物性联系着人类造物活动中精神与物质的两端，并且密不可分，是海德格尔对于人工造化

与自然互为依存又对立存在关系的直接表现。关于这种关系，海德格尔隐晦地谈到，"艺术作品中，制作物与这个别的东西结合在一起了。"在《嫉妒的制陶女》中，作者则很好地回答了这个别的东西是什么。重新回到人类通过造物最终获得生命和幸福的那个神话"皮格马利翁的雕像"，追求极致的技艺之美的背后如果没有虔诚的奉献和爱，人类不可能让石头长出生命。

参考文献

[1]（美）肯尼思·弗兰姆普敦.建构文化研究——论19世纪和20世纪建筑中的建造诗学[M]. 北京：中国建筑工业出版社，2007.

[2]（德）马丁·海德格尔，孙周兴，王庆节. 海德格尔文集 演讲与论文集[M]. 修订译本. 北京：商务印书馆，2018.

[3]（法）让-皮埃尔·韦尔南，皮埃尔·维达尔-纳凯. 古希腊神话与悲剧[M]. 张苗等译. 上海：华东师范大学出版社，2016.

[4]（英）简·艾伦·哈里森. 古代艺术与仪式[M]. 刘宗迪译. 北京：生活·读书·新知三联书店，2008.

[5]（法）克洛德·列维-斯特劳斯. 嫉妒的制陶女[M]. 刘汉全译. 北京：中国人民大学出版社，2014.

[6]（德）戈特弗里德·森佩尔. 建筑四要素[M]. 罗德胤，赵雯雯等译. 北京：中国建筑工业出版社，2016.

---

① （美）肯尼思·弗兰姆普敦.建构文化研究——论19世纪和20世纪建筑中的建造诗学 [M]. 北京：中国建筑工业出版社，2007：24.
② 海德格尔《存在与时间》中已经得出：事物存在的意义首先在于它的"有用性"，但这种"有用性"却根植于"可靠性"。有关阐述见于《依于本源而居——海德格尔艺术现象学文选》编者引论。

关于"拼贴城市"理论中的传统与乌托邦的再认识

汪佳磊 钱锋

作者单位
同济大学建筑与城市规划学院

摘要:《拼贴城市》是20世纪60年代末、70年代初针对现代建筑的理论批判思潮的重要著作之一。本文简要介绍了"拼贴城市"背后的意识形态立场以及柯林·罗的行文逻辑与写作目的。接着通过对"拼贴城市"理论中的"传统"与"乌托邦"的梳理,文章认为对传统与乌托邦的再认识对于打破整体性思维、实现拼贴操作以及更好地阅读当代城市都具有必要性。

关键词: 柯林·罗;拼贴城市;传统;乌托邦

Abstract: "Collage City" is one of the important works of the theory and criticism of modern architecture in the late 1960s and the early 1970s.This article briefly introduces the ideological position behind "Collage City" and Colin Rowe's writing logic and purpose.Through the sorting out of "tradition" and "Utopia" in the theory of "Collage City",the article holds that the re-recognition of tradition and utopia is necessary for breaking the holistic thinking, realizing collage operation and better reading contemporary cities.

Keywords: Colin Rowe; Collage City; Tradition; Utopia

20世纪60年代末、70年代初是现代建筑思潮的一次震荡期,重要的时代性交融与变革在此时发生,许多理论批判针对现代建筑进行全面而认真的反思,并导致了整体思潮从现代主义向后现代主义的转变[①]。长久以来,《拼贴城市》作为这股批判洪流里的中坚力量,以其批判的彻底性与思想变革的深刻性一直影响着城市设计的分析思维与操作手段的发展。自《拼贴城市》出版至今已近半个世纪,21世纪的城市相较于20世纪60年代的城市要求我们以更多尺度与更多维度的视角来阅读,柯林·罗经由"拼贴城市"表达的"文脉主义(Contextualism)"在今天的城市语境中已有一定的局限性,但罗提供的一种连续而丰富的城市阅读框架依旧值得我们学习,而"传统"与"乌托邦"作为贯穿《拼贴城市》全文的主要线索也应该被再认识。

1 "拼贴城市"的写作概况

1.1 "拼贴城市"背后的意识形态立场

第二次世界大战后,日益普及的大规模生产和消费不仅破坏了人与自然的关系,也造成了人际与社会的危机,传统的价值体系和道德观念逐渐被现代性所磨灭,西方掀起了一股股反资本主义理性的浪潮[②]。极权主义在各个领域强势,冷战日益非政治化,西方知识分子对政治观念全面失望,采取某种中性的意识形态立场成为主流选择。与此同时,现代建筑意图建立与现代科学平行的权威性的尝试落空,在政治环境的影响下,对现代建筑的意识形态立场分析也迫在眉睫。

回溯柯林·罗的早期历史研究,在《理想别墅的数学》中使用"网格法"对比分析帕拉迪奥的梅尔肯顿别墅与柯布西耶的斯坦因住宅,但明显可见的是,

---

① (美)柯林·罗,(美)弗瑞德·科特. 拼贴城市 [M]. 童明译. 上海: 同济大学出版社, 2021.
② 童明. 关于现代建筑的凝视《拼贴城市》的写作背景及其理论意涵 [J]. 时代建筑. 2021, (05): 176-184.

罗在其形式分析上还可见康德与沃尔夫林的影响，这可以从罗对形式的内部结构以及形式的自主性的关注上看出。罗接着批判柯布西耶的单一"理想形式"，认为理想形式应随环境的改变而改变①。罗借"理想形式"的单一性，直指现代建筑的欺骗性——一场声称中性、自由、美好的宣言却对于形式选择总具有偏好。再回到上文的政治语境，罗认为偏好某种形式的现代主义同样具有某种鲜明的意识形态立场，受当时政治环境影响，为建筑与城市发展建立某种中性的意识形态立场便是"拼贴城市"在此方面的诉求表达。

1.2 "拼贴城市"的行文结构与写作目的

《拼贴城市》以对现代建筑的批判为出发点——现代建筑试图为战后残败不堪的城市建立新的秩序，其许诺的艺术与自然的城市、民主与自由的秩序最终化为泡影（图1）。柯林·罗认为现代建筑对理想城市美好蓝图的追求是一种行动派乌托邦的体现，通过对乌托邦理念的发展脉络分析，罗指出行动派乌托邦必然失败。在第三章与第四章中，罗分析论证了科学畅想与城镇景观作为两种新的城市设计策略的荒谬走向，接着引用传统城市的公共空间案例指出现代实体繁殖的危机，似乎需要一种介于传统与现代之间、保持城市形态连续性与多样性的思维逻辑与操作方式。在书的最后两章，罗借用列维·斯特劳斯使用的"拼贴"概念、卡尔·波普尔的"零碎社会工程"理论诠释了"拼贴"作为一种思维逻辑与设计技巧的可行性。

图1 勒·柯布西耶：当代城市，1922年
（来源：《Collage City》）

柯林·罗在序言中清楚地交代了本书的写作目的，"这就是本书想要讨论的。其目的就是驱除幻象，与此同时，寻求秩序与非秩序、简单与复杂、永恒与偶发的共存，私人与公共的共存，创新与传统的共存，展望与回顾的结合②。"倘若对这些词语做分类，显然每组词的前者归属于现代建筑与其代表的行动派乌托邦的特点，而后者则归为传统城市与传统乌托邦的范畴。可见，若要更直白地归纳本书的写作意图，探究其对于阅读21世纪城市的价值体现，那么对于贯穿全文的"传统"与"乌托邦"的再认识似乎是一件势在必行的事。

2 "拼贴城市"中的"传统"

2.1 作为一种设计要素

建筑与城市作为承载记忆连贯性的载体，在作为一种"预言剧场"展望着未来的同时，也作为一种"记忆剧场"回顾着传统。在20世纪中期英国的"城镇景观"中，传统作为集会广场参与在哈罗新城的设计中，作为旧有的建筑形式出现在戈登·库伦的方案里，而在迪士尼乐园里，传统体现为希腊神庙、帕拉迪奥门廊、歌剧院与纪念碑的组合③。毕加索在《公牛头》的创作中，通过将自行车坐垫与把手的组合与公牛头做变型，提供了一种可以在传统与未来之间切换的阅读语境；罗还引用了柯布西耶在萨伏伊别墅和马赛公寓中应用船形与山形的屋顶形式，以及卢贝特金在他的高点住宅群的入口处使用的伊瑞克先人像柱的例子。传统作为一种设计要素参与在建筑、艺术、文学乃至我们的各个生活领域中，它作为人类记忆的一端支撑着我们的存在。

2.2 作为补救实体缺陷的手段

罗对整体与部分的关系看法受格式塔心理学与卡尔·波普尔的影响，即整体除了包含一个事物的所有属性或所有方面的总和之外，还内含着使得各方面构成某种联系的结构。罗将其转换到对城市的阅

① BİNGÖL ebru. "Colin Rowe'un "Bağlamsalcılığı" na Yirmibirinci Yüzyıl Kentleri Üzerinden Yeniden Bir Bakış" [J]. MEGARON/Yıldız Technical University, Faculty of Architecture E-Journal, 2020.
② （美）柯林·罗，（美）弗瑞德·科特. 拼贴城市 [M]. 童明译. 上海：同济大学出版社，2021.
③ （美）柯林·罗，（美）弗瑞德·科特. 拼贴城市 [M]. 童明译. 上海：同济大学出版社，2021.

读中发展出了"图底分析法（figure-ground）"，罗认为在传统城市这一整体中，建筑实体是图底（ground），虚空间是图像（figure），整体的"结构"由虚空间提供；而在现代城市这一整体中，虚空间是图底，建筑实体是图像，但现代城市的实体无法提供整体的"结构"。

罗以马赛公寓和乌菲齐市政厅为例做对比，马赛公寓作为私人化社会的产物，因其极强的自我性而致使其周围的公共空间松散而不明确，相比之下乌菲齐市政厅则表现出一种"集体"性结构，除了赋予自身功能价值外，其还作为环境秩序的一部分被容纳。罗指出传统城市作为一种"肌理的城市"相比于现代城市作为一种"实体的城市"更能提供具有围合感的公共空间，建筑本身作为一种"poche"（边角料空间）与城市的关系更融洽，城市界面也更具连续性[①]。

2.3　作为社会发展的重要工具

《拼贴城市》的最后一章以波普尔的话开篇，"我们希望在科学中进步，意味着我们必须站在前辈的肩膀上，我们必须继承某种传统……[②]"，柯林·罗以波普尔的论证强调传统对于社会发展的重要性。波普尔将社会与传统的关系类比于科学与猜想的关系，波普尔认为科学进步的基础是猜想的可证伪性，猜想是科学的出发点；而传统体现了社会环境的结构性，记忆的连贯性依赖于传统，传统作为社会改良的批判工具，任何既定的社会"氛围"都与传统相关。因而传统在社会中扮演的角色几乎等同于科学中的猜想——即传统为社会这一整体的结构形成奠基或提供奠基的原材料。

3　"拼贴城市"中的"乌托邦"

3.1　传统乌托邦的衰落

传统乌托邦，也就是由普遍的理性精神和公平思想所激发的批判性乌托邦。传统乌托邦最早可以追溯到柏拉图的《理想国》，柏拉图以理念论为基础，

建立了一个真、善、美相统一的政体。而文艺复兴的理想城市（图2）则是传统乌托邦的一种新的表现形式，且都以理想的圆形为基础，其目的在于给君王提供建设一种美好国家的参照，这种参照后来体现在托马斯·莫尔的乌托邦模型中。而随着启蒙理性的发展与道德观念变革，这种苦行僧式的乌托邦逐渐衰落。但显而易见的是，传统乌托邦一直是作为某种参照物而存在，作为理想形式的参照，作为政治未来的参照，归根结底是作为一种真、善、美的道德标准。

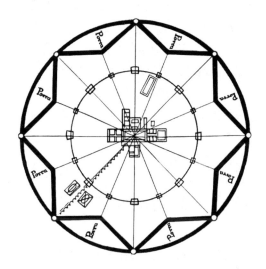

图 2　菲拉雷特，斯福辛达
（来源：《Collage City》）

3.2　行动派乌托邦的消亡

行动派乌托邦起源于启蒙运动时期，以实证主义（positivism）为强有力的武器。现代建筑意图成为平行于自然科学的学科，因而作出要将乌托邦的美好愿景变为现实的伟大承诺，柯林·罗也因此将现代建筑归为行动派乌托邦的一员。罗认为现代建筑乌托邦对城市历史和传统的忽视导致了其的必然失败[③]。而罗批判行动派乌托邦的思想再次基于波普尔的观点：波普尔认为乌托邦主义者与历史决定论者是"邪恶的同盟"，它们都属于整体主义和集权主义。历史决定论者和乌托邦主义者都在寻求发展的普遍规律，前者通过研究历史

① 王群.柯林·罗与《拼贴城市》理论 [J].时代建筑，2005，（01）：120-123.
② （美）柯林·罗，（美）弗瑞德·科特.拼贴城市 [M].童明译.上海：同济大学出版社，2021.
③ 曹海婴.乌托邦、乌托邦批判与异托邦——《拼贴城市》与《建筑与乌托邦》的启示 [J].建筑与文化，2016，（04）：124-125.

的发展，后者通过探究未来的发展[1]。而未来指向的乌托邦主义和历史决定论的融合，只能用来抑制任何连续性的进化，以及任何真正意义上的解放。

3.3 作为隐喻的乌托邦

虽然柯林·罗对现代建筑所代表的行动派乌托邦的批判是基于卡尔·波普尔的思想，但罗对于波普尔并没有对作为隐喻的乌托邦（即传统乌托邦）和作为处方的乌托邦（即行动派乌托邦）作出区分感到遗憾[2]。良好的社会总是建立在"民主与法律的必然冲突"与"自由与正义的必然碰撞"之上。它需要在对立物之间不断作出判断：秩序与自由、必然性与偶然性、传统与乌托邦、工程师的理性思维与拼贴匠的野性思维。波普尔支持传统作为社会发展的重要工具，那与之对立的乌托邦也理应被接受。罗认为，尽管乌托邦是一场注定无法实现的愿景，但作为一种美好寄托，作为一种道德标准，作为社会发展的参照，乌托邦将作为一种隐喻继续存在[3]。

4 对传统与乌托邦再认识的必要性

4.1 作为打破整体性思维的切入点

柯林·罗调和传统与乌托邦的解决方案受到波普尔的"零碎社会工程"理论影响。波普尔认为社会工程师是实现以技术为基础的极权主义与整体乌托邦的重要代理人。针对整体性社会工程师，波普尔提出了"零碎性社会工程师"，其可以通过"小调整与再调整"来不断完善社会[4]。柯林·罗由此将建筑和城市发展的问题定义为"整体问题"，罗反对现代建筑的"整体性""单一性"设计观，这种"整体设计"在意识形态层面表现为价值一元论，在形式操作层面表现为单一理想形式。相比于整体设计，罗更喜欢碎片化的设计。罗认为传统城市的街道、公共空间、肌理能为城市设计带来连续性与多样性，而乌托邦的发展也从未脱离过城市意象，即乌托邦也可以作为城市设计的一种参照。通过对传统、乌托邦的再认识，我们能更好地回应城市历史与社会生活的多样性。

4.2 作为实现拼贴操作的基础

时至今日，柯林·罗在"拼贴城市"中表达的文脉主义（图3）操作手法虽然饱受诟病，但作为一种城市设计方法依旧流行着。但发人深思的是，拼贴是作为一种思维方式和操作方法同时为学界所知，而今天的拼贴操作却多流于形式化操作或者单纯的图底分析[5]。风格间的融合已成为常态化，拼贴早已失去原初的目的[6]。不基于对拼贴要素的认识而直白地进行拼贴操作能为历史创造新的价值吗？所以，当我们把传统和乌托邦作为拼贴操作的对象或目的时，首先应有构建社会连续性与包容性的思维，其次应结合今天的社会语境认识传统与乌托邦在使用中的价值，最后再结合相应的操作尺度考虑相应的操作方式。想要通过拼贴操作赋予传统与乌托邦当代条件下新的价值，是需要我们更好地认识传统、乌托邦以及城市的其他阅读维度的。

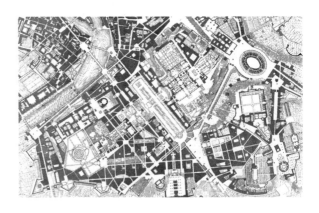

图3　柯林罗，断裂的罗马，1978
（来源：《Collage City》）

① KÖMEZ DAĞLIOĞLU E. Karl Popper's Architectural Legacy: An Intertextual Reading Of Collage City [J]. METU JOURNAL OF THE FACULTY OF ARCHITECTURE，2016，33（1）：107－119.
② （美）柯林·罗，（美）弗瑞德·科特. 拼贴城市 [M]. 童明译. 上海：同济大学出版社，2021.
③ （美）柯林·罗，（美）弗瑞德·科特. 拼贴城市 [M]. 童明译. 上海：同济大学出版社，2021.
④ KÖMEZ DAĞLIOĞLU E. Karl Popper's Architectural Legacy: An Intertextual Reading Of Collage City [J]. METU JOURNAL OF THE FACULTY OF ARCHITECTURE，2016，33（1）：107－119.
⑤ 杨怡楠. "拼贴城市"的思维和手法——当代语境下城市的历史环境更新 [J]. 建筑师，2018，（06）：68-73.
⑥ EISENMAN P. Not the Last Word：The Intellectual Sheik [J]. ANY：Architecture New York，1994（7/8，）：66－69.

4.3 作为阅读当代城市的角度参考

在拼贴美学的引领下，我们重新审视了城市，城市应当被看作一个片段的集合、一个拼贴的过程。21世纪的城市则要求我们用更多层次和更多尺度的角度去阅读城市：城市的复杂性意味着再也不能以单一的建筑物去评价城市，实体与虚空间也被当作一个片区的整体来审视，对"文脉"的关注也转向对土地的关注。土地是一个复杂的综合体，产权、使用性质、人的行为、景观与文化都与其相关。经济全球化引发了城市全球化，这引发了混合肌理的可能性，当地的传统肌理可以在异地再现，肌理也无法再以单一尺度审视①。

柯林·罗的"拼贴城市"似乎已不再适用于今天的语境，但"拼贴城市"提供的城市阅读方式始终提醒着我们应以一种连贯而丰富的框架去解读今天的城市发展动态。城市应当从政治、经济、社会、历史、文化等多角度进行阅读，每一种视角都应该是独立的，而不是局限于某种单一性、整体性思维。作为阅读城市的视角之一，传统与乌托邦之所以被我们再认识，是为了发现其在当代的价值体现，正如"拼贴城市"时隔半个世纪依旧熠熠生辉着。人类从未只是活在当下，因为对历史的回顾与对未来的展望并存，文明得以延续。

参考文献

[1] （美）柯林·罗，（美）弗瑞德·科特. 拼贴城市 [M]. 童明译. 上海：同济大学出版社，2021.

[2] BİNGÖL ebru. "Colin Rowe'un "Bağlamsalcılığı" na Yirmibirinci Yüzyıl Kentleri Üzerinden Yeniden Bir Bakış" [J]. MEGARON/Yıldız Technical University，Faculty of Architecture E-Journal，2020.

[3] 童明. 关于现代建筑的凝视《拼贴城市》的写作背景及其理论意涵 [J]. 时代建筑，2021，（05）：176-184.

[4] 王群. 柯林·罗与《拼贴城市》理论 [J]. 时代建筑，2005，（01）：120-123.

[5] 曹海婴. 乌托邦、乌托邦批判与异托邦——《拼贴城市》与《建筑与乌托邦》的启示 [J]. 建筑与文化，2016，（04）：124-125.

[6] KÖMEZ DAĞLIOĞLU E. Karl Popper's Architectural Legacy：An Intertextual Reading Of Collage City [J]. METU JOURNAL OF THE FACULTY OF ARCHITECTURE，2016，33（1）：107-119.

[7] OCKMAN J. Form without Utopia：Contextualizing Colin Rowe [J]. Journal of the Society of Architectural Historians，1998，57（4）：448-456.

[8] 杨怡楠. "拼贴城市"的思维和手法——当代语境下城市的历史环境更新 [J]. 建筑师，2018，（06）：68-73.

[9] EISENMAN P. Not the Last Word：The Intellectual Sheik [J]. ANY：Architecture New York，1994（7/8，）：66-69.

[10] ROWE C，KOETTER F. Collage City [J]. Architectural Review，1974（8）：66-91.

[11] ROWE C，KOETTER F.Collage City [M]. Cambridge，Mass：The MIT Press，1978.

---

① BİNGÖL ebru. "Colin Rowe'un "Bağlamsalcılığı" na Yirmibirinci Yüzyıl Kentleri Üzerinden Yeniden Bir Bakış" [J]. MEGARON/Yıldız Technical University，Faculty of Architecture E-Journal，2020.

基于建构主义理论的建筑观培养①

黄勇　张睿　王靖

作者单位
沈阳建筑大学建筑与规划学院

摘要：建筑学是自然科学与人文科学交融的学科，具有技术和艺术相结合的属性，培养和树立正确的建筑观是建筑教育的首要任务。基于建构主义的教育理论，建筑观的培养问题就是探讨学生在艺术、技术和技艺三个方面的建筑认知结构的建构过程。以建筑观培养在沈阳建筑大学教学体系中的探索实践为例，提出了环境熏陶、设计参与和实践体验三种有效方法。

关键词：建构主义；建筑观；环境熏陶；设计参与；实践体验

Abstract: Architecture is a discipline in which natural sciences and humanities are intertwined also it has the attribute of combining technology and art. Cultivating and establishing a correct view of architectural view is the primary task of architectural education. Based on the educational theory of constructivism, the problem of cultivating architectural view is to explore the process of constructing students' architectural cognitive structure in the three aspects of art, technology and skill. Taking the exploration and practice of architectural view cultivation in the teaching system of Shenyang JianZhu University as an example, three effective methods of environmental incubation, design participation and practical experience are proposed.

Keywords: Constructivism; Architectural View; Environmental Edification; Design Participation; Practical Experience

1 引言

建筑学是自然科学与人文科学交融的学科，具有技术和艺术相结合的属性。因此，建筑学专业就是培养具有设计思想、艺术修养和专业技能的专业人才，其终极目标是培养具有创作个性的建筑师。因此学生在校学习期间培养和树立正确的建筑观是建筑教育的首要任务，科学的建筑观引领着学生艺术能力、技术能力及上述两者的综合技艺能力，在学习过程中不断提高。

建构主义源于瑞士著名心理学家皮亚杰（Jean Piaget），他认为"认识既不能看作是在主体内部结构中预先决定了的……也不能看作是在客体的预先存在着的特性中预先决定了的"。[1]世界是客观存在的，人对事物的认知却是不同的，认知是具有主动性的，每个人都是以自己的经验为基础来构建其对客观世界的理解。因此，建构主义认为知识应该是自主建构的，而不应是传授的，知识是学习者以社会和文化的方式为中介，在认知、解释和理解世界的过程中进行知识的自我建构，在人际互动中通过社会性的协商进行知识的社会建构。[2]

以建构主义为依据，建筑观的培养就是探讨学生在艺术、技术和技艺三个方面的建筑认知结构的建构过程。学生的建筑观应当具有开放性和包容性，在生活和学习过程中，不断丰富自身的思想内容，建构起完善的建筑认知结构。[3]建筑观的培养贯穿于建筑教育的全过程，从启蒙、形成到完善始终是理论、知识和技能内化至心灵的前提，建筑观的形成非一朝一夕，仅从课堂的专业学习和基本训练也是远远不够的，沈阳建筑大学建筑与规划学院通过环境熏陶、设计参与和实践体验三种方法，探讨了培养学生艺术、技术和技艺结合的整体建筑观的有效途径。

2 环境熏陶——艺术观培养

建构主义认为认知是主体与外部环境不断相互作用的结果。主体的认知是在一定环境情境之下，借助第三者的帮助，利用必要的媒介，通过意义建构的方式而获得。环境情境就是主体可以在其中学习的场

---

① 辽宁省教育厅，新常态下建筑类高校发展战略研究（JG15DB338）。

所。建构主义学习观所强调的师生互动、社会性互动、情景教学和丰富的学习资源支持，要求我们的学校表现出更加开放、包容、平等的环境氛围。[4]

2.1 场所感悟——校园十一个半院落和建筑里的城市 [5]

环境造就人，近朱者赤，近墨者黑。大学的生活几乎都是在学校中，所以校园环境对学生的成长起着重要的作用，校园环境中的人文环境对教书育人为务的学校尤为重要。[6]场所是具有清晰特性的空间，是由具体现象组成的生活世界，场所则是空间这个"形式"背后的"内容"。[7]沈阳建筑大学从校园环境建设无处不在打造为广大师生提供交流的学术场所。

学校按照整体性的设计思路，以方格网的形式集中布局，打造了一个"室内大学城"的空间意向。四通八达的走廊犹如加了顶棚的街道，为人们的交通、交往和交流提供了便利与机会。以校园环境为手段和载体，在全校形成一种浓郁的建筑氛围，对于沟通专业之间的内在联系，促进学科发展和深化办学特点，是十分有益与符合校情的（图1）。[8]

2.2 空间感悟——建筑博物馆

沈阳建筑大学建筑博物馆集教学实验、研究收藏、展示交流于一体。它是开放的学术平台，起到了教化之"器"的作用，对学生潜移默化的影响是深远的。建筑博物馆是建筑文化的载体，空间的结构、尺寸、比例、线条、色彩等都在表达一种观点、一种思想，它已成为一种特定的建筑文化符号（图2）。[9]

图1 校园鸟瞰（来源：王靖 摄）

(a) 建筑展厅   (b) 中庭

图2 建筑博物馆（来源：黄勇 摄）

建筑博物馆空间通过墙体引入、空间渗透和视觉导引等设计手段凸显了建筑自身的空间示范价值，提供了学生直接感受空间、比例、材料的足尺度的学习对象，超越了设计课堂讲授和图像式案例的局限。学生置身其中可以充分体验各种空间处理技巧创造的空间变化，在体验中去理解和解释空间最基本的构成和围合手段，获得图纸之外身临其境的现场体验感受，这种体验有助于他们树立起空间属性和追求空间本真的建筑观念。

2.3 文化感悟——校园文化景观

沈阳建筑大学新校区建设体现了以人为本、与自然和谐共生的理念，经过近二十年的着力打造，形成了以中央水系、稻田景观、生态湿地等为主体的自然生态景观区和以雷锋庭院、历史建筑保护园、老校门[10]等为代表的历史人文景观区。学校以特色文化引领和谐校园建设，以特色环境提升育人效果，文化育人已经成为重要的办学特色和学校提升社会影响力和辐射力的重要名片（图3）。

校园本身就是教育者，它以不同的形式、不同的时机在不经意间实现着育人的效益和作用。学校坚持文化育人理念，构建了以十大文化为核心的特色文化育人体系，如打造建筑文化，加强学生专业教育；打造景观文化，提升学生文化素质；打造状元文化，培养大学生学术精神；打造工匠文化，努力培养更多的大国工匠（图4）……

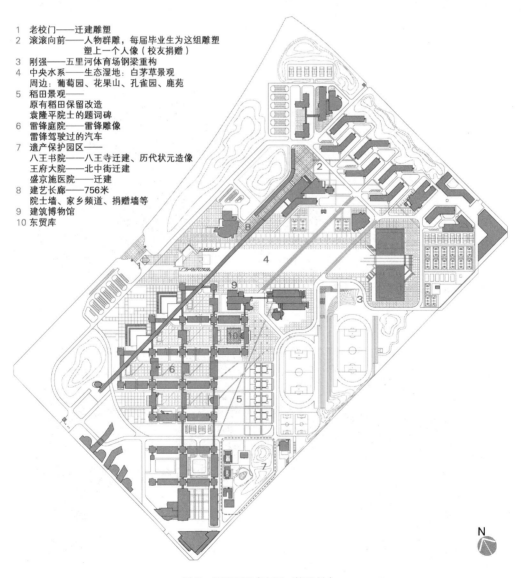

1 老校门——迁建雕塑
2 滚滚向前——人物群雕，每届毕业生为这组雕塑
         塑上一个人像（校友捐赠）
3 刚强——五里河体育场钢梁重构
4 中央水系——生态湿地：白茅草景观
    周边：葡萄园、花果山、孔雀园、鹿苑
5 稻田景观——
    原有稻田保留改造
    袁隆平院士的题词碑
6 雷锋庭院——雷锋雕像
    雷锋驾驶过的汽车
7 遗产保护园区——
    八王书院——八王寺迁建、历代状元造像
    王府大院——北中街迁建
    盛京施医院——迁建
8 建艺长廊——756米
    院士墙、家乡频道、捐赠墙等
9 建筑博物馆
10 东贸库

图3 总平面图（来源：黄勇 绘）

(a) 老校门

(b) 滚滚向前

(c) 雷锋庭院

(d) 水稻之父袁隆平题字
(2021年5月22日去世同学们
自发的祭奠活动)

(e) 院士墙

(f) 刚强

(g) 状元造像

(h) 罗哲文题字"八王书院"

图4 校园景观（来源：王靖、黄勇 摄）

3 设计参与——技术观培养

建构主义理论强调学生的主体地位，高等教育越来越重视学生从经验中的学习。这种范式的转变就是从教师指导知识创造向以学生为中心的协作式知识创造转变。建构主义倡导的教学是知识的处理与转换，实现对知识的意义建构和能力培养，使学习者成为一个真正富有创新精神的终身学习者和实践者。沈阳建筑大学一直非常重视学生实操能力的培养，尤其是学生们在研究生阶段参与导师团队的创作实践，受益匪浅。

3.1 历史建筑观——八王寺复建工程

2004年沈阳建筑大学迁入新校区，那时恰逢国内大拆大建的风潮，许多城市历史建筑或工业遗存遭到破坏，学校一方面呼吁保护，另一方面也适时收集和收购了一些拆除老建筑，在校园复建或重构，相继完成了八王寺、王府大院和盛京施医院复建工程及20世纪30年代重型机械厂钢结构厂房的重构设计，打造了历史建筑保护园区，丰富了校园文化，更为建筑学科的学生们提供了深度学习历史建筑知识和实训的机会。

明永乐十三年（1415年）的老"八王寺"大殿于2005年拆除，沈阳建筑大学将拆除后的构件购入学校，并于2008年在校园内进行复建，取名"八王书院"。历史教研室的师生组成了实践团队，其中还包括热爱中国传统木构建筑的外国留学生。一方面对拆建对象进行价值综合考察与判断、制定合理的拆迁策略与重构方案；另一方面对拆建对象进行详细的整体测绘、结构分析和特征描绘，为复建提供了参考资料与技术支持。[11]八王寺的整体拆迁与重构，既是对建筑教育改革的有益尝试，也是对历史建筑保护模式的一次实践，过程中强化了同学们的历史建筑观（图5）。

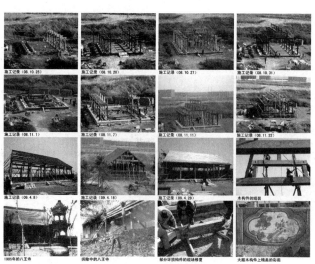

(a) 建成照片(来源：王靖 摄)   (b) 过程记录(来源：汝军红、吕海平团队 提供)

图5　八王寺复建

3.2　空间建造观——建筑博物馆的设计和施工

天作建筑团队主持完成了建筑博物馆、已一馆、五里河足球博物馆和校史馆等若干校内改建工程。2009年开始了建筑博物馆空间设计，其间经历了数次设计与施工的调整、推敲、修缮和变更，到2010年5月建筑博物馆开馆，完成了构思、设计、施工到布展的全部工作，形成了独具地域特色的布展风格。

团队有15名研究生参与了改造设计和布展工作，体验了从方案到施工图再到施工过程最终完成的全过程。领悟了空间设计诸多方法，学会了如何运用各种材料，懂得了空间生成应依托结构型材（新加墙体的支撑结构）、实体材料（空间的"强分割"）和半透材料（空间的"弱分割"）的组合方式，掌握了细部设计的方法，了解了施工操作程序和安全事项，提升了同学们的建造观（图6）。

3.3　遗产保护观——东贸库迁建更新设计

"东贸库"始建于1950年，木屋架结构清晰，具有20世纪50年代仓储建筑的典型特征，在沈阳乃至东北地区仓储物流业发展史上具有重要地位。2020年年初，政府决定保留7栋有特色的历史建筑和1条铁路线，其余用地作为项目开发用途。

经多方协调，"东贸库"拆除中的一栋将迁建于学校。既能够保留沈阳历史记忆，又是有机更新的生态举措，重新利用木屋架焕发了旧建筑生命体新的活

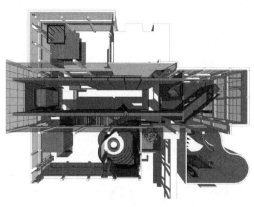

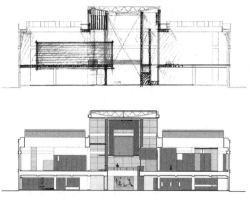

(a) 剖视图   (b) 剖面构思与设计图

图6　建筑博物馆设计图（来源：天作建筑团队 提供）

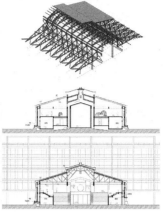

(a) 设计效果图　　　　　(b) 屋架和纵剖面

图7　东贸库（来源：天作建筑团队、王飒团队 提供）

力，对于延续建筑艺术和发展学科建设等方面具有较强的学术意义。学院3名教授领衔团队近30人完成了现场测绘、图纸绘制、施工记录和迁建施工图设计等工作，在整个过程中广大同学建构了建筑遗产保护与更新观念（图7）。

4　实践体验——技艺观培养

学生的建筑观不会自发地从个体内部产生的，而是在与环境对话、在实际操作和学习经典中逐步建构起来的，这种建构需要经历一个从外部心理过程向内部心理过程的转变。学生建筑观尚未正式形成时，通过参加以特定符号表现和特定形式展开的实践活动，在实践过程以及在这个过程中的参与融入而获得关于建筑观的外部心理过程，这些从实践活动所获得的关于建筑的认知会内化为个体内部心理过程，构建出学生完整的建筑观。

4.1　建筑认知

《建筑认知》是一门建筑入门课程，对初入大学校门学生建筑观的培养尤为重要，旨在通过对建筑空间的现场踏勘和调研，使学生从专业的视角理解和认知建筑空间，建立初步的空间概念；并掌握基本的手绘表达技法，提升图解分析问题的能力。成果要求每人完成徒手黑白墨线图纸1张，强调线条清晰、字体工整、构图美观、比例尺度准确。

认知地点选择了校园内的特定空间，包括建筑博物馆、甲三大教室、学校图书馆、天作建筑研究院工作区和装配式建筑研发中心五处场所，在完成课程的同时，让初入大学校门的青年学生对生活和学习环境有更多的了解。每一个认知地点都有具体责任教师做深入的介绍讲解，学生在过程中可以反复体验认知地点，理解建筑空间和尺度的关系，逐步掌握建筑观察与记录方法（图8）。

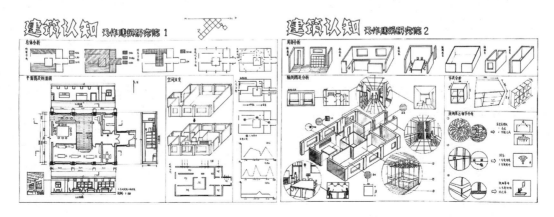

图8　建筑认知作业（沈阳建筑大学规划1803 仇思凡，指导教师：王靖、戴晓旭）

4.2 搭建认知

实体搭建是《建筑设计基础》系列课程设计与训练中的一个，使学生了解材料、结构、构造与建造过程相互制约的基本关系和相关技术问题，初步掌握基本的建造逻辑。实体搭建能够激发学生的创造性潜能，培养富于想象力和创新精神的设计人才。实体搭建是一个培养学生将创新理念转化为动手实践成果的过程，同时加强学生间的学术互鉴与情感沟通。

实体搭建在2011年拓展为辽宁省大学生实体搭建设计竞赛，现已成为东北地区唯一的大规模校际联合竞赛，每年吸引了大批省内建筑专业师生参加，慕名而来参观游客络绎不绝，充分地展现了校园风采。搭建尝试运用不同材料进行实践，如纸板、木材、金属、竹子等，近年要求运用木材这一传统材料进行创新设计，取得了较好的效果（图9）。

(a) 2021年现场　　(b)《木莲》一等奖(沈阳建筑大学陶思学组，指导教师：沈欣荣、满红)　　(c)《零℃空间》一等奖(辽宁传媒学院刘浩组，指导教师：郝佳、于墨，摄影：王靖)

图9 实体搭建

4.3 经典认知

沈阳建筑大学建筑学专业的主干课程中在正常的理论讲授的同时，还增加了若干训练动手能力的实践环节，在知识学习的过程中增强经典认知。在《中国建筑史》《外国建筑史》《建筑结构选型》和《建筑构造》等课程中设置模型制作，并以小组的形式完成最终成果，优秀作品将由建筑博物馆收藏展览，增强了学生们的关注度和荣誉感。

通过经典建筑的实例"模型创作"，培养学生全面的建筑观与品评建筑的理论素养，教学过程中要求同学抓住建筑的特征，创造性地完成模型制作，这就需要思考和判断。《建筑结构选型》课程的案例分析，训练结构选型与构思的图面表达，并以结构模型为核心形式，完成对特定结构形式的探究，培养结构形态创作的意识和信心（图10）。

5 结语

教育的核心是人才培养问题，沈阳建筑大学在育人环境、设计参与和实践体验三个方面探索了学生建筑观的培养问题。尤其是参与性的环节，从本科生、硕士生到博士生，再到教授共同完成的实践活动对建筑观的培养具有耳濡目染、潜移默化的作用，对学生具有深远的影响。希望通过我们在沈阳建筑大学多方位、多层次的实践，能够给广大建筑教育工作者更多的启示，这将有助于建筑学专业人才的培养。

(a) 徽州民居(建筑10-1班，曾珠、汪庭卉、孔春晓，指导教师：付希亮、王飒)　　(b) 坦比哀多(建筑09-3班，邢润婷、李晨曦、李晋阳、宋煜，指导教师：付希亮)　　(c) 台北101(建筑08-3班，林建辉、宋捷翘、宋阳，指导教师：付希亮、张圆，摄影：黄勇、王靖)

图10　建筑博物馆藏品

参考文献

[1] 皮亚杰. 发生认识论原理 [M]. 王宪钿，等译. 北京：商务印书馆，2011.

[2] 段爱峰. 美国教育技术思想发展研究 [D]. 保定：河北大学，2016.

[3] 黄勇，张伶伶，陈磐. 建筑创作主体的建构 [J]. 中国建筑教育，2018（02）：96-103.

[4] 夏冰. 建构主义理论下的学习空间设计初探 [J]. 华中建筑，2014，32（04）：153-157.

[5] 汤桦. 十一个半院落和建筑里的城市——沈阳建筑大学浑南校区设计 [J]. 时代建筑，2007（6）：6.

[6] 黄勇，张伶伶，张群，等. 建筑教化——沈阳建筑大学建筑博物馆实践 [J]. 新建筑，2014（6）：86-90.

[7] 诺伯格. 舒尔茨. 存在·空间·建筑 [M]. 王淳隆译. 台北：台隆书店，1985.

[8] 陈伯超，徐丽云，王晓晶. 沈阳建筑大学新校区设计解读 [J]. 建筑学报，2005（11）：4.

[9] 黄勇，陈磐，张群，建筑专业育人环境的拓展 [C]//2011全国建筑教育学术研讨会论文集. 北京：中国建筑工业出版社，2011，9：340-344.

[10] 陈伯超，张福昌，王严力. 现代校园中的历史情结——沈阳建筑大学新校区文脉传承的实践 [J]. 建筑学报，2005（05）：58-59.

[11] 于德建，汝军红. 历史建筑异地重构的设计与建造技术 [C]//创新沈阳文集. 2009：230-233.

类型图解与设计：迪朗理性的建筑设计方法

熊祥瑞[1]　王彦辉[1]　杨豪中[2]

作者单位
1. 东南大学建筑研究所
2. 西安建筑科技大学建筑学院

摘要：建筑的图解是建筑设计过程的一种表达，其背后不仅包含着设计师对建筑方案的理解思考，也反映了建筑的构成要素和生成方法。在迪朗理性的设计思想中以图解的方式，将大量建筑几何解析、分类而获得建筑类型，并以此为根本语言生成新的建筑来揭示普遍原则。本文以历史观和逻辑论证方法从学术背景、理性建构、认识论和方法论四个方面深入分析，认为迪朗将纯粹的几何组构作为一种理性的根本，依此寻找建筑设计的言说途径。对迪朗设计方法的深刻认识能够获得从图形逻辑到类型再到形式等抽象语义的设计过程对建筑生成的启发。

关键词：类型图解；迪朗；几何组构；逻辑；设计方法

Abstract: Architectural illustration is the representation of architecture design process, which not only includes the designer's ideas of architectural schemes, but also reflects the elements and methods of building construction. In Durand's rational design thought, a large number of geometric analysis and classifications are used to getarchitectural types by a graphical way, and they are takenas the fundamental language to generate a new building to reveal general principles. Based on the historical and logical reasoning methods in terms of four in-depth analysis, including academic background, rational construction, epistemology and methodology, this paper thinks that Durand regards the pure geometrical fabric as the rational essence to seek an approach to architecture. The profound understanding of these can get the inspiration of architecture design from the abstract semantics that is from graphic logic to type and then to form.

Keywords: Type Diagram; Durand; Geometrical Fabric; Logic; Design Method

17世纪以来，随着资本主义社会的兴起和启蒙运动的影响，欧洲自然科学和社会科学发展突飞猛进，以笛卡尔（Rene Descartes）和培根（Francis Bacon）为主对之前欧洲经院哲学和封建意识进行了哲学层面的彻底重建，同时以伏尔泰（Voltaire）、孟德斯鸠（Montesquieu）和卢梭（Jean-Jacques Rousseau）为主要阵营的无神论自然哲学大大促进了新科学分支和知识体系的发展[1]。而建筑学尚处在文艺复兴后的漩涡中，其真正的设计革命与其他科学相比还处于落后状态，因此18世纪是西方建筑革命和创新的重要时期，此时的建筑创作在方法和理论上追求新的建筑认知。J.N.L迪朗（Jean-Nicolas-Louis Durand）[①]作为当时重要的建筑师、建筑理论家、教育家反对固有教条，大胆批判文艺复兴以来对古典美学的尊崇，尝试建立符合科学理性的建筑创作的一般原则，并为此在实践和理论上作出深刻探索，对建筑学进程具有重要作用，也率先把建筑类型的概念以图解的方式清晰呈现出来，并作为一种建筑创作的客观方法介入实践当中。

1　前置的历史问题

1.1　建筑学固有矛盾的认识

自维特鲁威（Vitruvius）基本上界定了较为完整的建筑学知识体系后，在建筑传统认知里对于建筑学本质的追问从来没有中断过[2]，这也使得建筑学的发展在不同的历史时期因为不同的意识形态、价值导向、审美要求等而多元并存，同时也暴露了建筑学始

---

① J.N.L迪朗（1760—1834），18世纪法国巴黎综合工科学校的建筑师、教授和建筑理论家。他的教学对后来的建筑师产生了显著影响。这些以建筑的经济性、功能性和合理性为基础的教义，是20世纪现代建筑的先驱。

终无法避免其固有的困境和矛盾：特殊与一般，主观与客观，具象与抽象，艺术与科学。当时在巴黎综合工科学校的教学中，迪朗也深刻意识到这些困境和矛盾，一边投身于新的建筑变革探索中，一边试图寻找打破这种长期存在困境的方法，建立一种能够超越任何历史时期限制的永恒的系统化的建筑知识体系。当时作为对工程师教授建筑通识的迪朗认为，建筑教育不应该只研究特殊的建筑或风格，需要客观认识到历史上建筑科学产生的普遍意义，能够从这种意义中抽象出不受历史因素干扰的建筑设计的一般方法，尤其摒弃古典建筑对比例、形式、柱式等的过分强调，应该寻找一条简洁而科学的建筑设计方法。因此迪朗对世界各地的历史建筑进行图录汇编[3]，并从中寻找答案。

1.2 特定时期的建筑革命

迪朗的一生正好处在法国国家动荡的年代，从路易十六王朝的衰败、拿破仑帝国到路易十八王朝[4]。这个时间段内法国的建筑教育和实践正好是以J.F·布隆戴尔（Jacques-François Blondel）为核心的巴黎皇建筑家学院思想为主，提倡建筑的理性原则，向古希腊、古罗马甚至法国古典建筑学习，但是反对装饰，强调建筑的功能与象征性[5][6]。迪朗早年也在皇家建筑学校学习，深受学院观点的影响，并且后来受到当时在建筑创作中最具革命精神之一的著名建筑师E.L·部雷（Etienne.Louis Boullee）的亲自指导，部雷在建筑设计上热衷于古希腊、古罗马的纪念性风格，用简明的方形、圆形、锥形等几何构图，具有严谨的柏拉图式的理性逻辑（图1），在形式上追求纯粹性、内向性、集中式和规范可控性。但是部雷

图 1 E.L·部雷：巴黎卡鲁塞尔广场剧院方案
（来源：单踊. 西方学院派建筑教育史研究 [M]. 南京：东南大学出版社，2012）

大多数的作品由于尺度超大或技术限制很难实现。迪朗批判学院派对古典形式的不舍，同时继承其功能观点，也继承了部雷建筑设计中简明几何逻辑的形式创造。迪朗把前人经验与现实结合起来，尝试建立高效经济的建筑设计和建造方法。

2 迪朗的理性建构

2.1 科学基础

18世纪因为启蒙运动的影响，西方自然科学发展迅速，在整个科学氛围中，迪朗图解实践的理性建构首先是源自建筑学对其他自然学科的借鉴，尤其是生物学中的分类方法，这直接使得迪朗后来通过对历史建筑的对比分类而获得类型特征。当时著名的生物学家林奈（Carl von Linné）、布冯（Buffon）对生物学的分类方法影响最大。林奈通过解剖动物，按动物内部的组成结构特征将其进行分类，这也启发迪朗对建筑类型的判定必须抛开外在的建筑形式，而回归到建筑内在结构特征[7]。其次，迪朗在综合工科学校教授建筑时，不仅学生的专业为筑桥、铺路、机械制造、水利等工程专业，而且同事是著名的数学家加斯帕·蒙热（Gaspard Monge）、拉格朗日（Lagrange）、天文学家拉普拉斯（Laplace）等，这也要求迪朗在建筑学教学中既要满足工程学的高效，又要保证建筑学像其他科学一样具有严谨的逻辑[8]。因此，迪朗尝试借助理性的几何方法来创造全新的建筑设计逻辑，具体方法便是从大量的既有建筑中梳理出科学肯定的几何图解，并以简洁的几何逻辑实现组构。

2.2 建筑的一般原则

迪朗所追求的一般建筑原则是面对建筑学固有困境的永恒原则，也是正面反对威特鲁威（Vitruvius）"坚固、适用、美观"建筑三原则而重新制定的原则。在《建筑学课程概要》（Precis of the Lectures on Architecture）开篇绪论中，迪朗对建筑做了描述："建筑是构成、实施遍及所有公、私建筑物的技术，在所有技术中，建筑产品是最耗费钱财的技术。"[9]在这里迪朗注意到建筑的构成、建造和经济性问题，远不止维特鲁威的三原则。在对建

筑艺术的理解上，迪朗认为建筑的美来自于功能的合理性，功能自然就能证明建筑的美观性，如果脱离了建筑的使用目的和现实的建造成本去讨论建筑的美学问题是没有意义的。因此在长期被狭义所约束的威特鲁威三原则的对应内容上，迪朗作了明确的补充，坚固、适用、美观不光是关乎结构、布局和装饰的问题，还关乎建筑的便利性、卫生、规则性、科学性等相关的一般问题，最后迪朗所革新的建筑一般原则为：建造、适用和经济[9]。这是把威特鲁威三原则范畴扩充到更具备工程师理性的建筑原则。

3 类型图解的逻辑

对前置历史问题的认识和理性的建构是迪朗在认识论上对建筑革新所做的思辨，而类型图解的实践则是从方法论层面展开具体的操作手段。

3.1 建筑的分类

迪朗图解实践的第一步是对建筑的分类，1799年迪朗出版了《古代与现代各类大型建筑对照汇编》，把宫殿、神庙、住宅、剧院、教堂等建筑类型按照平面、立面、剖面汇集在一起，类似生物学创建了建筑各种类型的参照图谱，尝试从大量不同特征的建筑案例中找到支配建筑形成的普遍原则[10]，其实在迪朗之前，大卫·勒罗伊（Julien David Leroy）已

经开始了对神庙和教堂建筑的对比分析，这与迪朗的出发点是一致的（图2）。迪朗执着于建筑拥有自身的科学性，能够脱开历史发展而存在的绝对相对性，也即建筑的自主性。事实证明，在迪朗对大量建筑草图整理对比的努力之下，确实不同的建筑之间存在某种密切的相关性，但是不能忽略的是这种相关性是建立在简明的几何逻辑基础上的，甚至在对比过程中为了使相似性呈现更为明确，迪朗对部分图纸做了修改[9]。实际上这种分类的架构方式剥离了建筑也应具之的软性因素，诸如历史、社会、文化、政治等，这种完全摒弃时间约束的几何路径难免会有法西斯式的冷酷，但在一个自然科学理性主导的氛围中，也正是这种尽量减少外部干扰的纯粹的建构逻辑尚能说明建筑自主性的存在（图3）。

3.2 正向的抽象逻辑

建筑设计是从无到有、从抽象概念到具体实物的过程，这是生成的正向逻辑。迪朗起初通过对各类建筑的对比分析，认为建筑生成的普遍原则是从对几何形式的图解开始，通过对几何形式从简单到复杂加法的描述过程，而最终获得完整的建筑平面、立面、剖面[11]。在迪朗正向的抽象逻辑里，建筑平面始终存在十字形轴线，以此为中心建立点和线的几何轮廓，进而完善网格，用墙体代替网格线，用柱子代替点，然后完善门廊、台阶、大厅等建筑要素，最后根据平面图绘制出立面（图4）。

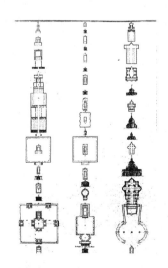

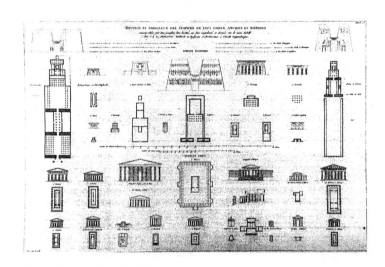

图2 J.D.勒罗伊：神庙和教堂的对比分析　　图3 迪朗：神庙的对比分析

（图2、图3来源：Jean-Nicolas-Louis Durand. Precis of the Lectures on Architecture：With Graphic Portion of the Lectures on Architecture [M]. Los Angeles：Getty Research Institute，2000.）

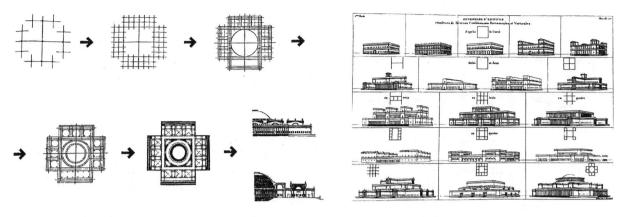

图4 抽象几何生成建筑的步骤　　　　　　　　　　　　图5 迪朗对建筑和几何类型的对应梳理

（图4、图5来源：Leandro Madrazo.Durand and the Science of Architecture [J].Journal of Architectural Education，1994（48：1）：12-24. ）

这种加法方式完全是绝对的建筑空间概念的表达，忽略了除物理边界以外的其他建筑要素，其本质还是从抽象的几何构成开始，在设计之初并没有从真正建筑的角度出发，而是一种对几何组构可能性的平面想象或建筑师（工程师）对某一既有模式的模仿再现。虽然表面上几何图形和线条是肯定的，但如何确立这些点和线的位置与形式，便不可避免操作过程中会出现对既有模式偏差的主观性。迪朗立论之初的目的就是要克服建筑原则的主观性，然而这样的逻辑生成使得迪朗对建筑客观原则的阐释不具有说服力，因此也使得他对建筑的科学性信念产生怀疑。

3.3 逆向的抽象逻辑

迪朗意识到正向的抽象逻辑只能证明几何图像是建筑的抽象存在，并不能推导出建筑明确的类型以及借此生成一系列可靠的平面、立面、剖面之后，他反向从实际案例中推导建筑的几何特征，通过历史上曾经出现过的既定建筑案例来获得普遍几何类型，再从几何类型出发生成建筑。这样的反向逻辑保证了在设计之初能够以某一案例为参照，确定生成建筑的几何组构的客观有效性，因为这些几何形式是从普遍类型中产生的，这也就意味着建筑生成的普遍性被清晰表达出来[11]。迪朗在1821年出版的著作中特意加入了自己从实际建筑中总结出来的对应的几何特征，并认为这就是建筑的普遍类型，能够作为建筑生成的客观依据（图5）。同时，迪朗通过把建筑类型抽象为几何组构，进一步说明了几何组构完全能够被认为就是类型，这在接下来图解实践的具体方法中至关重要。

4 从类型图解到设计实践

虽然迪朗对建筑的普遍原则在认识论的层面做了严密的逻辑推导，但他最终的目的还是要回归到具体实践中，用自己的理论方法来指导建筑的设计过程，尽管他本人的大多数方案都停留在图纸。

4.1 类型与几何特征

关于类型的理解和认识，一直以来争论从来没有断过，但德·昆西（Quatremere de Quincy）率先提出了概念上的类型，是基于对古典秩序的理想模式的建构，既是对形式特征的模仿描述，又是超越单纯模仿的理性和感性的叠加表现[12]，在有关类型的认识上，德·昆西很明显受到了勒罗伊对神庙和教堂对比分析的启发，因为尽管在定义上出现了不同，但是有一个约定作为共同基础，那就是一个新的类型需要通过解释、分析、组织和再生来超越古典形式的限制。这样也把建筑从重复的模仿之中解放出来，赋予建筑一种自主性，以及产生一些完全不同的新的东西。基于这一点，迪朗的类型图解工作是与类型学问题相关最为紧密的。类型和图形的关联需要在概念和形式之间作一个区分，这与德·昆西关于类型概念和模型观点相一致。从迪朗对圣彼得教堂在保留几何组构特征的基础上用两个矩形重新设计方案（图6），以及对苏弗洛（Soufflot）设计的巴黎万神庙几何组构特征保留的基础上用一个完整的圆形替换希腊十字式平面的批判构思，这种同一类型的形式可变而几何特征（组构特征）稳定的建筑实验，可以清楚看到类型和几何特征之间的密切关联（图7）。

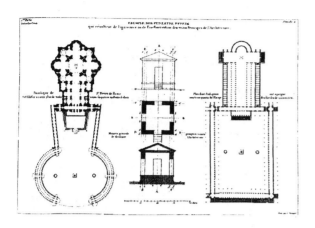

图6 迪朗根据圣彼得教堂做的新方案构思
（来源：同图2）

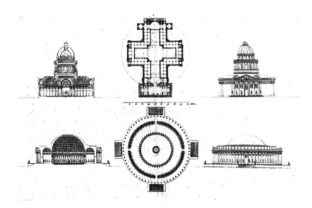

图7 迪朗对巴黎万神庙方案的批判构思草图
（来源：同图2）

4.2 作为元语言的几何元素

迪朗尝试将建筑知识图形化，让更为几何化和精确化的建筑形式抽象成建筑要素，减少建筑的复杂形式变体，而还原到一个普遍的根本几何组构上，这样就能够剔除风格参照的干扰而揭示建筑的基本特征[13]，因此迪朗建立了建筑生成元语言的图示库，用四边形、圆形和线条等几何元素和一些简单的组合变体作为建筑的元语言，尽管没有建筑呈现在这个图示中，但是每一种几何元素是一个或多个建筑的抽象（图8）。获得建筑语言的过程是逆向逻辑的转变，而从图示库出发组合形成建筑的过程是正向逻辑的转变，这清晰表达了迪朗的这个设计程序是一个双向的过程[13]，设计开始于最初设定的一类建筑的几何图解，而完成于对几何图解的重新组构，过程是清晰简明的，但始终围绕着一个核心，也即类型，也是迪朗图解实践的普遍原则。

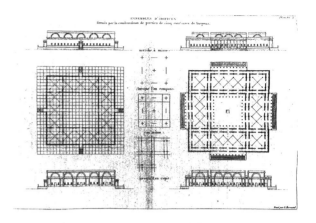

图8 迪朗建立的几何元素形成的语言图示库图
（来源：同图2）

4.3 元素变体构成建筑的无限可能

通过前后两次逻辑推演和语言图示库的建立，迪朗对类型设计方法做了清晰的图解表达，即一种严格推导的几何组构方法。同时他也界定了设计过程中的主观和客观部分，客观性在于对类型的推演与选择，主观性在于对源自类型的形式变体的创造[9]。在元素变体构成建筑的科学性上迪朗也作了相应的解释，在他的著作中展示了由同种元素变化形成的不同建筑的平面、立面和剖面（图9），同一个几何组构形成不同的建筑，表明了从原始几何到建筑生成的一种科学程序，只要认识到这种程序，那么在同一组构逻辑下基本的几何元素能够形成多种构成可能。在迪朗之前，帕拉迪奥（Palladio）的众多实践有着同样的说服力，其目的是通过实践案例的完成来定义几何原则，而迪朗紧接着通过几何组构的逻辑操作分析来指

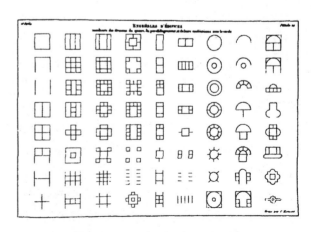

图9 迪朗由同样的几何语言形成的两种不同建筑
（来源：同图2）

明由元素变体形成无限可能的科学程序，而且是能够被其他建筑师广泛运用的。

5 总结

迪朗对建筑的图解实践旨在建立建筑设计具有普遍操作意义的方法体系。在形成方法论之前迪朗在认识论层面作了大量的革新，从类型的实证逻辑到几何特征分析，奠定了他对建筑学的理论认知基础，也促成了以图解为核心的类型学设计方法。迪朗有关建筑普遍原则和自主性的阐释其影响力持续到现代主义之后。一方面，其图解的建筑方法符合工业社会的科学建造体系，在理性的高度契合了快速、简洁、高效的模式；另一方面，迪朗剥离外部干扰，仅以由建筑"躯干"抽象而来的几何策略实现建筑设计，这种回归建筑本体且直截了当的类型实验，不仅是现代主义建筑发展的基础，也为建筑类型学发展作出了贡献。

如果从一个工程师的立场去思考建筑设计，莫不如迪朗这样。就当下而言，随着科学技术的不断革新和建造模式的巨变，第四次工业革命已然到来，同是这样的关口，回过头来再研究迪朗的建筑思想，或许能促成面对智能化、装配式建造的一些思考。

参考文献

[1] 马林韬. 西方自由主义文化的哲学解谱. 第二部 "第二周波"：西方自由主义的文化革命：从启蒙运动、法国大革命到德国古典主义哲学革命 [M]. 北京：社会科学文献出版社，2012.

[2] 马龙. 对西方建筑理论特征的研究 [D]. 西安：西安建筑科技大学，2000.

[3] 曲茜. 迪朗与综合工科学院模式 [J]. 华中建筑，2005，23（04）：173-177.

[4] Werner Szambien, Jean-Nicolas-Louis Durand, 1760-1834 [M]. Paris：Picard，1984.

[5] 单踊. 西方学院派建筑教育史研究 [M]. 南京：东南大学出版社，2012.

[6] 日本建筑学会. 建筑论与大师思想 [M]. 徐苏宁译，北京：中国建筑工业出版社，2012.

[7] 吴绉彦. 分类学与迪朗的建筑类型学 [J]. 建筑与文化，2014（5）：121-123.

[8] Jean-Nicolas-Louis Durand, Introduction by Antoine Picon, Translation by David Britt. Precis of the Lectures on Architecture：With Graphic Portion of the Lectures on Architecture [M]. Los Angeles：Getty Research Institute，2000.

[9] Leandro Madrazo. Durand and the Science of Architecture [J]. Journal of Architectural Education，2013，48（01）：12-24.

[10] 薛春霖. 类型与设计：建筑形式产生的内在动力 [M]. 南京：东南大学出版社，2016.

[11] 熊祥瑞. 让·尼古拉斯·路易斯·迪朗建筑图示类型思想及设计方法研究 [D]. 西安：西安建筑科技大学，2018.

[12] 沈克宁. 建筑类型学与城市形态学 [M]. 北京：中国建筑工业出版社，2010.

[13] Sam Jacoby, Typal and typological reasoning: a diagrammatic practice of architecture [J]. The Journal of Architecture，2015，20（06）：938-961.

[14] 朱永春. 建筑类型学本体论基础 [J]. 新建筑. 1999（2）：1-6.

[15] 薛春霖. 仲德崑. 迪朗和他的类型学 [J]. 华中建筑. 2010（1）：11-16.

[16] 曲茜. 迪朗及其理论 [J]. 建筑师. 2005（8）：40-56.

秩序、失序与隐序
——探析谱系学方法对当代建筑实践研究的揭蔽①

郭思同　刘刊②

作者单位
同济大学建筑与城市规划学院

摘要：随着建筑学科视野和研究工具的演进，谱系学正在发挥其对当代建筑实践研究的深远影响。谱系学的思想源于后现代主体批判理论，推动了建筑史研究秩序的重构，亦有可能因主体失序而引发学科危机。通过探析当代建筑实践谱系的编绘策略，重宄谱系方法与建筑实践研究之间的价值关系，为谱系学视野下的建筑学研究提供启发，激活建筑学的知识自明。

关键词：建筑实践；谱系学；建筑师；建筑设计机构

Abstract: With the evolution of the field of vision and research tools of architecture, genealogy is exerting its profound influence on contemporary architectural practice research. Genealogy originated from the post-modern subject criticism theory, which promotes the reconstruction of the subject order of architectural history research, and may also lead to the crisis of disorder of the subject. Through the analysis of the compilation strategy of the genealogy of contemporary architectural practice, the value relationship between the genealogy method and the study of architectural practice is studied again, so as to provide inspiration for the architectural research from the perspective of genealogy and activate the knowledge self-disclosure of architecture.

Keywords: Architectural Practice; Genealogy; Architect; Architectural Institution

1　背景：建筑学的主体批判进程

　　19世纪下半叶，尼采提出了对主体形而上学的批判，这一主体批判理论被米歇尔·福柯（Michel Foucault）继承和发展，在历史学、哲学、文学、社会学以及建筑学领域留下了印记。直接运用在《词与物—人类科学的考古学》《纪律与惩罚》中的"异托邦"（heterotopia）"全景敞视监狱"（Panopticon）等词语被视作福柯探向建筑领域的触角，提供了一种新的设计灵感或理论解释方法。然而实际上，福柯原著中的无论监狱、医院还是工厂，都喻指机制与结构的复合产物——机构，承认"建筑"的物质性而非物理性，非是对具体构筑物的描述；与此同时，从另一层面看，由主体批判理论衍发的谱系学向历史学渗透，进而启迪了建筑历史的考察方法，这一影响还将长久地持续下去。

　　谱系学（Genealogy）一词源于尼采所著《道德的谱系》（On the Genealogy of Morality），国内又译作系谱学，源于古希腊的宗谱学（希腊语：γενεαλογία）。传统的谱系学以家族为研究对象，当代流行的知识谱系则为观念史、思想史提供了更加新颖的视角。谱系学方法介入了建筑学的多个研究范畴：对形式谱系的建立充实了既有的类型学模式，对建筑师群体谱系复兴了个体史并呈现出关联个案间的复杂线索；在知识量化研究中，谱系天然衔接了知识主体与实践主体，填补了数据分析过程中的经验空白。究其根源，谱系学方法使得建筑研究得以打破主体边界，重新评估实践情境中纷繁复杂的要素。

　　在全球化背景下，将中国建筑师纳入当代国际实践谱系的编绘成为呈现"全球—中国"建筑发展关系的一条途径，有效的谱系编绘策略使中国建筑师通过"共时性"而识读出"现代性"[1]。因此，在未来的建筑谱系编绘之前，应该先对现有的谱系学方法和

① 国家自然科学基金面上项目（51978467）；上海市哲学社会科学规划一般课题（2018BCK005）；上海市"科技创新行动计划"国际合作项目（19510745000）。
② 通讯作者，邮箱：liukan@tongji.edu.cn。

工具进行批判,以确认其背后的主体批判理论与建筑学科的价值关系。乐观地看来,谱系学方法或许能使建筑学视野里的观史者后退一步,在"现代—历史""全球—地方"等二元对立话语中寻求新解。

2　三类当代建筑实践谱系的编绘策略

2.1　以建筑师为核心的谱系

需要指出的是,传统的西方历史学中不缺少"系谱法"(Pedigree Method,亦译作"家系法")。Pedigree一词源于遗传学,仅追溯研究对象的直系亲属,虽在以往的考古中被使用,但并不具备主体批判的意义,而福柯及其学派所倡导的谱系学(Genealogy)应将个人视为个案。建筑师群体研究为数甚多,而将作品从个案剥离、仅仅考察其职业源流的谱系研究则相对罕见,较为典型的研究案例有美国学者R.K·威廉姆森(Roxanne Kuter Williamson)在《美国建筑师与成名机制》(*American Architects and the Mechanics of Fame*)中[2]根据工作简历,依据代际建筑师之间师徒和雇佣关系绘制的职业谱系图(图1)。

以建筑师为核心的研究吻合谱系学要义,原因首先在于作为研究对象的"人"有异质性观念里的多面性、不稳定性、颠覆性,矛盾地拥有稳定的主体对象性和易于消解的主体性;其次在于将个案扩展为个体史的书写这一行动本身便意味着将边缘的、细节的元素聚沙成塔,打破个体史被专业史压制的局面。甚至一项纯文字的建筑师群体研究也可以被视作广义的谱系学应用,因为研究不会避讳成长、教育、人际等微观主题,呈现出建筑师史中的复杂信息。

作为后现代主义研究的领衔者,查尔斯·詹克斯(CharlesJencks)所绘制的"20世纪建筑之树"谱系广为人知。由于这份图谱所考察的对象类型相对杂糅,本文将其归入第二、第三类讨论,而詹克斯早期的一些其他谱系则紧紧围绕建筑师来绘制。出版于1993年的"洛杉矶的'异'建筑谱系"(*L.A Hetero-Architecture Genealogy*)[3]图谱囊括了洛杉矶当地的知名建筑设计者,包括盖里、穆勒、墨菲西斯、穆氏等建筑师,以及迪士尼、捷得、KMD等相对大型的、商业化的设计机构。在这样的谱系里,建筑师之间偶发性的人际关系显然置于实践聚类之前,建筑师本人的职业高峰影响了绘制者对"风格活跃时期"的判定,或多或少影响了图谱对聚类信息的呈现(图2)。

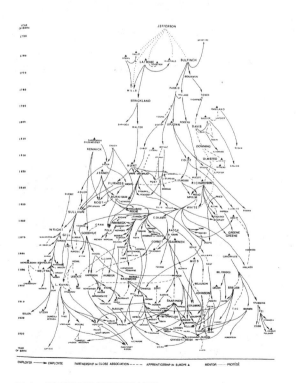

图1　美国重要建筑师职业关联
(来源:*American Architects and the Mechanics of Fame*)

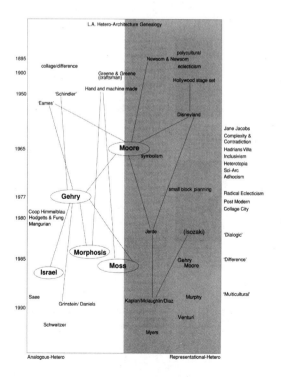

图2　20 世纪洛杉矶建筑师实践源流
(来源:*L.A Hetero-Architecture Genealogy*)

反之看来，由于人的有死性（mortality）决定了谱系中与人紧密关联的各项元素的时序效度，移除时序因素不失为另一种谱系编绘策略。2016年，建筑师兼建筑理论家杭德罗·扎拉-波罗（Alejandro Zaera-Polo）通过对当代建筑实践分类，用181家当代建筑师/建筑事务所编绘了"建筑学的'政治罗盘'"（Political Compass）。而相比于詹克斯清晰的代际观法、甚至隐约透露的历史进步主义思想，"建筑罗盘"的体系则更像是一个剖面；如果说詹克斯的谱系是"河流式"的，那么杭德罗所绘的则是"漩涡"。时间秩序的消弭意味着该谱系的效用或许会受时间的影响，换而言之，它所形成的结论有可能面临来自未来的时序考察者的质疑（图3）。

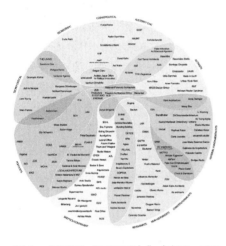

图3 "建筑学'政治罗盘'"（来源：*El Croquis*）

2.2 以建筑物为核心的谱系

在遗产保护领域，谱系学已成为先驱性的研究纲要，对不同区划方法下风土建筑进行溯源与分类研究。谱系学视域下的风土建筑关联了自然、人为因素，拓展为气候、地貌、聚落、民族、营造风习等一系列因素[4]，确然体现出谱系学创立之初所承诺的复现细节、翻掘意义、追踪元素的新史学观，打破了以《弗莱彻建筑史》为代表的"风格"（style）和"比较方法"（comparative method）的架构，翻新了与艺术史密切相关、以形式理论为范畴的形式分析（Formal Analysis）方法。20世纪80年代，美国学者楚尼斯（Alexander Tzonis）和肯尼斯·弗兰姆普敦（Kenneth Frampton）提出"批判性地域主义"（Critical Regionalism）的概念，打破了现

代主义概念所套的"国际性"枷锁，将地域建筑的谱系视角及其所重视的多样性、复杂性引回现代建筑史的讨论[5]，使得现代建筑物的谱系要素，如地域、时域、构造、文化隐喻得到重视，一批以现代建筑为考察对象的谱系图绘由此应运而生。

查尔斯·詹克斯的现代建筑谱系图绘时隔30年的更新阐明了建筑物元素在实践图谱中的重要性。这份图表的最初面世是在1973年，随《现代建筑运动》（*Modern Movement in Architecture*）一书出版，在《2000年的建筑及其超越》（*Architecture 2000 and Beyond*）一书中呈现出了全新的面貌。相比旧版本，詹克斯不仅在新版的图表中更新了他为20世纪建筑所区分的6个实践流派，还将能阐释这些流派思想源流的建筑作品一并附入图绘，承认了建筑学科不可回避的实践性与物质性[6,7]（图4、图5）。

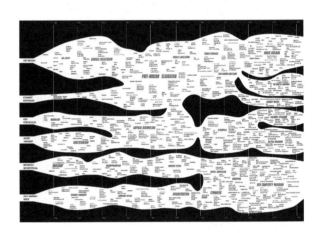

图4 现代建筑进化历程，1973年版
（来源：*Modern Movements in Architecture*）

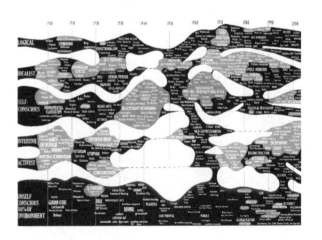

图5 现代建筑进化历程，2000年版
（来源：*Architecture 2000 and Beyond*）

围绕建筑物的谱系既使全球建筑史叙述成为可能，也能揭示中国建筑现代化的面貌。2005年前后，国内主流媒体曾有一波对于国际建筑师在中国实践的聚焦，学者朱剑飞的谱系图绘"20片高地"在2005年深圳城市\建筑双年展参展，尝试用谱系方法叙述中国建筑的现代化脉络。谱系以20组建筑叙述了中国自1920年来的五种现代主义倾向，点明实践源流的"发端"并以连线揭示各流派之间继承交错的复杂关系，为中国现代建筑发展提供了一个全景视角（图6）。

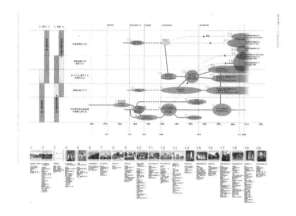

图6 "20片高地"中国大陆现代建筑系谱
（来源：《时代建筑》2018年02期）

2.3 以实践聚类与建筑知识为核心的综合谱系

知识谱系的研究方法从人文社会学科转移到建筑理论及其实践研究，其学问形制必然与具体的空间形态或实践行为发生关联。如前文所述，詹克斯本人的谱系学形制经历了从以建筑师为核心到以实践聚类为核心、杂糅不同性质的实践主体，最终表现为对建筑知识及其实践谱系的综合呈现。

国内建筑学领域的知识网络、话语体系研究方兴未艾，运用新兴的思想方法和研究工具，尝试翻新中国当代建筑史的纲目。以《时代建筑》2020年第4期的"第五代中国建筑师"探讨为例，在6篇从宏观角度进行的群体研究中，有一半使用了知识计量工具，或以建筑师、建筑物、建筑设计机构，或以聚焦专业媒体和专业活动，与其说对实践谱系进行了考察，毋宁说对当代建筑背后的知识与实践网络进行了细微多元的探析。

实践聚类与知识谱系的构建揭示出谱系学方法背后隐藏的主体批判意图：此类研究从建筑的知识载体或实践主体出发，追索主流知识和实践动态，最终指向建筑知识或行为网络，为谱系的重新规划提出可能性，即谱系研究内在地批判它自身开展的框架。唯一需要提出的问题是，实践成果的聚类和有效的学科知识能否等量齐观？研究规模受制于它对精确性的追求，但认为小量实践主体代表了知识的视角可能很难疗愈建筑学科理论与实践长期分离的痼疾。对标知识谱系学的实践谱系学是否能修被现代破坏的建筑职业身份？这些问题有待通过更多的谱系编绘来找到答案。

3 谱系方法与建筑实践研究的价值关系探析

3.1 知识地图的折叠

西班牙有一句民谚："El mundo es un pañuelo"（世界像一块手帕）。说话人通常用这句话来抒发"世界之小"的感慨，生动刻画了人类活动基底的不稳定性，好比世界是像一块手帕那样充满柔性、易于团缩和翻折的，这一坐标系中原先相距甚远的物体点经过神秘的扭转，会在意外地相遇和交叠。詹克斯和Alejandro分别绘制的现当代建筑实践谱系便是一次对现代建筑知识地图的重新折叠：在詹克斯那里，历史主义（Historicism）与复兴主义者（StraightRevivalism）在1970~1975年间汇合，此后扦出三条分支，而Alejandro剖切了带有历史进步主义倾向的时间轴，对实践聚类集合进行了拆分与重组，罗盘中新历史主义者（NewHistoricists）的身份意涵更为多元，始终与修正主义者（Revisionist）、宪政主义者（Constitutionalist）混沌并列。相比于詹克斯，Alejandro认为在历史主义者之中有另两类无法剥离的政治倾向，同时与怀疑论者和物质本质主义者有不可解除的嵌套。可见，历史观念的折叠和变异会来完成陌生身份的重新交叠，赋予身份以新的坐标。谱系学方法为现代知识地图构织了一张柔性的表面，随着知识地图的翻折，各个知识点灵活地交叠和重组，主客体翻转和易位，研究对象的类型弥散、关联方式不断变化，最终均匀地显现在研究成果中。

3.2 有效身份的建构

知识地图的"柔性"同时有一种潜在的身份危险性。建筑实践的参与个体能否进入这一谱系，取决于建筑师/建筑事务所是否拥有与集体谱系相适应的个体谱系，社会身份或知识身份是否给予它准入资格。进入这一谱系后，知识地图的柔性、主观性折叠会使被考察对象不断遭受碰撞。当主体被瓦解成碎片而闪现于"地图"的各个角落，以为拥有了足够的身份立场，它的主体性已经消弭了。雷姆·库哈斯在现代建筑史中难以定位，不仅与他本人、拥有荷兰籍和美国实践的双重文化语境身份有关，更需要归因于他涉身的复杂职业谱系：曾在OMA工作，而后走上独立执业道路的"Rem学徒"多达几十余位。如果将库哈斯看作个人的元谱系，又将每个"Rem学徒"所开展的建筑实践与OMA关联，可以看出，已没有一个明确的历史坐标能被给予库哈斯。在谱系学研究中，有时恰是复杂信息所堆砌的极端特异性在挑战身份建构，谱系叠合之中坐标的"任性自由"破坏了个体先前的归属。

3.3 工具型制的约束

即便已有良好的知识地图参照和身份建构序度，知识工具能否恰配于功能仍然是一个值得思索的问题。得益于网络信息储备和量化工具，基于宏观计量来刻画当代建筑谱系的可行度不断增加；何况无论计量方法或网络计算，一件宣称理性的新工具应遵守启蒙时代的传统接受理性批判的砥砺，工具理性也需完成工具理性批判的议题。对于传统的建筑史来说，打破已然的秩序意味着失序，谱系方法似乎是一个中间阶段，安置秩序被打破后暂时无法重组的建筑实践与知识信息，提供一个呈现建筑史的隐序的混沌场域。如果仅仅停留在掌握工具形制，而非掌握工具之后思考方法的阶段，很有可能陷入非规范的知识研究与混沌历史信息的叠合，使建筑史掉入信息爆炸的陷阱，力图以混沌来摸索"隐序"，却最终走向"失序"。

4 结语：建筑史的河流与漩涡

综上所述，谱系学思想正在推移建筑史研究的范式，无论是以建筑物、建筑师为对象，还是考察知识与实践的综合谱系，都已有成功的编绘实践，呈现出先驱性的研究成果。谱系学方法向建筑史引入了新的叙述方法，拆分、糅合、重定向建筑史中既存的研究主体，揭示了愈加综合多元的建筑实践与学科研究模式，回应了21世纪的复杂命题。

中国当代建筑研究者尤其应抓住全球建筑史叙事变更的机遇，积极把握包括谱系学在内的多种新叙事策略，一方面，打破中国现代建筑史中启蒙现代性对现代性多样内涵的压制，另一方面，与不断前进的全球建筑进程对话。如果说传统的建筑史研究是学科里的"河流"，那么当下提倡强综合性和混沌倾向的谱系方法更像是"漩涡"，富集信息、吸纳急湍。形而上的是河流，形而下的是漩涡，而建筑史所追求的是追求奔腾与汇流。

参考文献

[1] 李翔宁，莫万莉. 全球视野中的"当代中国建筑"[J]. 时代建筑，2018，（02）：15-9.

[2] WILLIAMSON R. American Architects and the Mechanics of Fame [M]. Texas：University of Texas Press，1991.

[3] JENCKS C. Heteropolis：Los Angeles，the Riots and the Strange Beauty of Hetero-architecture [M]. Academy Editions，1993.

[4] 常青. 风土观与建筑本土化 风土建筑谱系研究纲要 [J]. 时代建筑，2013，（03）：10-5.

[5] FRAMPTON K，SIMONE A. A Genealogy of Modern Architecture: Comparative Critical Analysis of Built Form [M]. Lars Müller Publishers，2015.

[6] JENCKS C. Architecture 2000 and Beyond: Success in the Art of Prediction [M]. Wiley，2000.

[7] JENCKS C. Modern Movements in Architecture [M]. Penguin，1973.

试论"城市可阅读"的重构与熵增[①]

崔仕锦[②]

作者单位
上海大学上海美术学院
湖北美术学院环境艺术学院

摘要： 城市空间是映射人类社会文化价值的载体和容器，既是具象的物理场域，又是人民情怀的发生器。"城市可阅读"是整合历史、文化和社会等空间营造和情感共情后，完善基层社会文化治理，实现"人民城市人民建，人民城市为人民"的终极语境。本文结合长沙"文和友"与武汉"利有诚"两个叠化的叙事空间矩阵，探究城市的空间营造和情感共情，通过物质感知、文化构想、虚拟智造和社会共振四个面向，试论"城市可阅读"的重构与熵增。

关键词： 城市可阅读；物质感知；文化构想；虚拟智造；社会共振

Abstract: Urban space is the carrier and container of human social and cultural values. It is not only a concrete physical field, but also a generator of people's feelings. "Urban readability" is the ultimate context of integrating historical, cultural and social space construction and emotional empathy, improving social and cultural governance at the grassroots level, and realizing "people's city is built by people, and people's city is for people". Based on the overlapping narrative space matrices of "Wenheyou" in Changsha and "Liyoucheng" in Wuhan, this paper explores the spatial construction and emotional empathy of cities, and tries to discuss the reconstruction and entropy increase of "urban readability" from four aspects of material perception, cultural conception, virtual intelligence and social resonance.

Keywords: Urban Readability; Material Perception; Cultural Conception; Virtual Intelligence; Social Resonance

"场所精神"是建筑学家诺伯舒兹于1979年提出的，尤以将个体的地方认同感与建筑和室内设计营造的氛围作出辨析，"场所"即为个人情感的物化。身处后工业时代，城市文化认同的张力给设计学科发展带来了诸多思考和机遇。正如扬·阿斯曼所指的"文化记忆"理念，既传承着图像化及符号化的外象表征，又促发着单个文化主体和共同客观世界的相互作用，是整体认同对个体认同的塑造。[1]时代背景和物质环境的融合，是城市生活历时性的独特呈现。步入至2022新纪元，人们很难从城市规模扩张的粗放建设中寻得心灵的栖息，城市更新的脚步也逐渐放慢，向着渐进性有机化发展。20世纪初的《欧洲城市更新》指出城市更新涉及的几个面向，即社会功能的修复、社会关系的融合以及社会生态的复原，并展开社会综合治理，直至疗愈人心。

在城市演进与既有文化交互的过程中，更具鲜明符号特征的环境设计，裹挟着生活气息、文化元素和在地属性，弥合着后疫情时代下城市濒临消失的社会情感。虽然亨利·列斐伏尔在其"空间生产理论"中指出，空间是物质空间、精神空间和社会空间的统一体。[2]但随着物联网和数字化的迭代发展，虚拟交互平台崛起，塑造着意识形态同质化的主客体，在此"虚拟"亦加入后文要探讨的版块。作为承载城市文化记忆的沉浸式商业综合体，前有红极一时的长沙"文和友"，后继刚开业不久的武汉"利友诚"，笔者试从"物质感知""文化构想""虚拟智造"和"社会共振"这四个面向展开，叩问新时期城市更新视角下"城市可阅读"的空间意象。

1 物质感知，共情式沉浸裂变

吴细玲在探讨西方空间演进研究中率先提出物质

---

① 基金项目：本文系2021年教育部首批新文科研究与改革实践项目"深化艺教协同，拓展多维融合：建设综合性大学一流环境设计专业"（教高厅函<2021>31号）阶段性成果。
② 作者简介：崔仕锦（1990-），女，满族，湖北武汉人，上海大学上海美术学院设计学博士研究生，湖北美术学院环境艺术学院讲师，中国建筑学会室内设计分会会员，主要从事环境艺术设计、艺术文化治理研究。

空间是空间意象的实体存在，[3]借助仪器工具的精准丈量和测绘，进而设计成为可被人所触摸和感知的物理空间形态。建筑肌理、交通布局、街道景观，裹挟着人的交往和交流，组成了城市的空间格局。随着物联网多媒体的裂变传播，信息流的多感官冲击力蕴藏在建筑与景观之中，不断提升着穿梭于城市的人们的视知觉共情，强化着城市鲜明外在下的空间演进（图1）。与此同时，伴随社交媒体的持续性强输出，城市物质空间获取了更多的共情观照和场景体验，诸如西安古城墙、长沙橘子洲、重庆洪崖洞和成都太古里等城市的特色场域，都是城市物质空间的沉浸式显映，亦是新时期中国城市更新进程中的崭新现象。

图2 武汉大型公共建筑——民众乐园（来源：笔者整理）

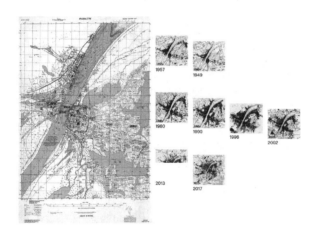

图1 武汉城市空间场域衍变 1957 ～ 2017 年（来源：笔者整理）

图3 武汉租界区风貌建筑——江汉关（来源：笔者整理）

斑驳的石板墙、市井的旧街景，在超高跨度和尺度的城市中心内，糅合着人们旧时的生活场景，绘制着棚户区自由生长的非常规空间，"文和友"囊括高辨识度符号空间的怀旧场景，"利有诚"还原老武汉百年岁月的地标印象和市井市集，无不给予观者强烈的视觉冲击和社会共情。可以说，这样的场景是中国城市千城一面背景下一抹沁人心脾的甜，不同于高楼林立与市井街巷的对峙（图2、图3）。两者以"和而不同"的设计语言，将引起共情的叙事场景置入纵横动线、空间次序及视觉元素中，物质空间的叙事结构被打散重组、自发生长，叙事主体和场景转译出情感与记忆的载体，通过"共时性""多事件"和"同空间"，将多场景与跨时空堆叠，唤醒城市中社会关系与集体意识的裂变。

物质感知，即为"城市可阅读"的载体。

2 文化构想，秩序化精神熵增

亨利·列斐伏尔提及的空间理论第二点，人们将对应的知识、符号和秩序进行维度上的建构，整合为精神空间。通过对城市媒介的中介化处理，提炼和建构出具备传播属性的空间意象，将实体空间形态用秩序化的叙事口吻加以展现，赋予城市更饱满的文脉符号和象征意蕴。城市文化是随着历史演进和变迁，地域异质化发展的整体文化参酌体系，其本身所附着着的特有精神符号以及当地文化要素的业态延续，便是城市特有文化内涵的具象化解读，在城市与人不断的交流与互动中，深化着两者的关系。"熵增"一词本为力学概念，是一个自发的由有序向无序发展的过程，而哲学界定事物的存在本质就是由有序向无序迭代演进的。放在当下的"城市可阅读"的语境中，"精神熵增"是在混乱自搭建空间中寻求深处的情感秩序，从记忆载体中，汲取情感养分，来孕育滋养高楼商厦与错落旧楼的情愫。

传统底蕴结合现代氛围的物理场域下，文化扮演着人类社会的记忆载体。不同于一般性质的商业综合空间，以武汉"利友诚"举例：通过文化要素的提取和文化记忆的重建，将情节关联性与故事建构性结合，还原武汉老武汉代表性地标，展现老武汉市井生活方式。从少男少女爱情起点的"江汉路天桥"，到历经离愁悲欢的"京汉火车站"，从心向往之的"武大牌坊"，到见证百年岁月的"江汉关码头"，将极具城市烟火气的文化社区赋予功能完备、内容庞大和动线齐全的载体，不断挖掘处在后疫情时代下的武汉故事，将英雄城市的宏大画卷，凝练场所特征和文化元素，赋予在地的观者更为厚重的感染力（图4）。文化是物质空间与人文精神的纽带，亦是可解读的精神符号，是城市符号的凝视和在地特色的唤醒：一步一寸，充斥着熟悉又陌生的叫卖声，一幕一景，封存着历史岁月的人和事，而这何尝不是精神与物质的联结？

文化构想，即为"城市可阅读"的旁白。

图4 武汉"利有诚"（来源：笔者自摄）

3 虚拟智造，圭臬式业态共存

虚拟智造是消费行为、消费环节和消费空间的集合，它立足万物互联背景下强社交性、高流量和高浏览率，突破具体空间狭隘性，促发空间和地域上"去中心化"壁垒，实现现实场域与虚拟场景"既在场又不在场"的耦合，延伸城市形象。后工业时代契机下的城市文化空间被赋予了更多改变的可能性：城市人文价值的善用、城市社会结构的迭代、城市功能结构的转变、城市空间意象的转移以及城市与人情感交迭的根本改变等等。从施密特的《体验式营销》中不难得出消费者体验的五种构成要素：感官感受、情感需求、思维模式、行动导向和事物关联性，这也得以让

我们反观在体验式经济形态下城市文化空间的业态共存现象：城市不是被创制的形式，而是突破主客观主体的局限，审视现实并介入现实，与未来科技合流的发展内核。"圭臬"是中国古代古时测日影的器具，比喻准则或法度，在此尤以表达借助经济和文化全球化趋势影响的消费业态，经过图像和符码转译，跨越到意识形态的争斗范畴，塑造意识认同的"同质化"主客体。

随着互联网交互平台的崛起，长沙"文和友"率先营造情景合一的复合型体验消费模式，精准界定集空间形式、感官享受和人景互动的高人气聚焦场域。[4]正如爱德华·索亚提出的第三空间理论，长沙"文和友"充分利用了"城市IP""城市名片"的公共效能，促发消费者自发建构多维的空间形态意识，打造多元业态共振的聚媒体"实体空间+虚拟空间"的传播矩阵。"文和友"的独到和率先之处，是多业态穿插后的空间要素重构；多场景置入后的声光电凝结；借助媒体之力，提升信息化传播语境，与城市同频共振（图5）。

虚拟再塑，即为"城市可阅读"的注脚。

图5 长沙"文和友"（来源：笔者自摄）

4 社会共振，情感化迭代建构

社会空间是亨利·列斐伏尔提出的第三维空间，是物质空间与精神空间的耦合与超越，亦是虚拟空间的叠化与显映。社会群体共情为核心的关系纽带，引发社会个体的共鸣与驻足，情感卷入环境设计的具体实践中，不断促发着空间意向中新的社会关系，深化着城市情感的文化解读。城市社会空间由"故事"和"话语"构成，前者为发生事件的当下环境，后者为

体验事件的叙述角度，在两者的结合下，经过唤醒和激发，促使在场观者迸发出饱满的情绪，使其在达到情感认同的同时动身前往，与场所空间产生持续的关联和对话。

长沙"文和友"以异质性表现形式呈现市井文化记忆，结合20世纪80年代部分社区功能与当下流行的用语与词汇形成了魔幻现实主义的社区感，突出规划布局的体系性时间性，展现沉浸式环境设计的新形态和新思路。[5]武汉"利有诚"在此基础上梳理城市背景，整理现代历史上"大武汉"概念的出现与延伸，从城市文化背景、时代背景、建筑风格、街头文化、社区文化、小吃文化、品牌文化、牌匾沿革和方言语系等九方面进行剖析，展现城市发展与社会情感的前世今生（图6、图7）。两者均是从设计本土化族群性的在地属性出发，以颠覆传统的建造语言打破

图6 武汉市井街区风貌——汉正街（来源：笔者整理）

图7 武汉市井街区风貌——保成路夜市（来源：笔者自摄入）

"常规化"的空间氛围，精准拿捏住日常生活场景的现实写照，通过故事化空间和场所性记忆，凸显场所的主体间性和本土表达，策划不同主题的文旅服务与文创产品，构筑文化符号的特殊语境，营造社会情感意象并持续输出城市文化。

社会共振，即为"城市可阅读"的驱动。

5 结论

上海市在十四五规划率先发起"街区可漫步、建筑可阅读"活动，从建筑、故事和人三个面向，漫步城市，走读上海，彰显城市发展理念的跃迁。城市既是物质文明的记忆器官，又是社会情感的文化容器，是集物质感知、文化构想、虚拟智造和社会共振的多体验集合体。人栖居于此，与城市空间产生相互作用，赋予场所独有的价值构想和情感共鸣，进而产生"城市可阅读"的文化认同和身份归属。正如埃罗·沙里宁所指"城市是一本打开的书，从中可以看到它的抱负。"这便是，始于城市、终于民众，"人民城市人民建，人民城市为人民"的终极语境。

参考文献

[1]（德）阿斯特利特·埃尔，（德）安斯加尔·纽宁. 文化记忆研究指南 [M]. 李恭忠，李霞译. 南京：南京大学出版社，2021.

[2] 夏铸九. 重读《空间的生产》——话语空间重构与南京学派的空间想象 [J]. 国际城市规划，2021，（3）：33-41.

[3] 吴细玲. 西方空间生产理论及我国空间生产的历史抉择 [J]. 东南学术，2011，（6）：19-25.

[4] 吴宗建，练绮琪. 蒙太奇式内建筑装饰在餐饮空间中的应用研究——以超级文和友为例[J]. 装饰，2020，（8）：108-111.

[5] 傅才武，王异凡. 场景视阈下城市夜间文旅消费空间演进——基于长沙超级文和友文化场景的透视 [J]. 武汉大学学报（哲学社会科学版），2021，（6）：58-69.

藏彝走廊氐羌族群住屋建造传统与保护研究

傅佳琪

作者单位
重庆大学建筑城规学院建筑学系

摘要： 本文以藏彝走廊氐羌族群住屋建造传统为研究对象，评析了关于住屋建构文化和该地区建造体系传统的研究现状，对该片区住屋建造材料、结构的特征和共享文化基质在建筑学方面的体现进行梳理，从宏观到微观层面探究了保护与传承所遇困境的起源并辨证性地阐述其诉求，提出了通过优化包含识别性、原真性、系统性、适应性的四方面因素来营造地域性创作的策略。

关键词： 藏彝走廊；氐羌族群；建造传统；保护与传承

Abstract: This paper takes the housing construction tradition of Tibetan Yi corridor Di Qiang ethnic group as the research object and analyzes the research status of housing construction culture and construction system tradition in this region. In addition, it sorts out the building materials, structural features and the architectural embodiment of shared cultural matrix in the area. From macro to micro level, it also explores the origin of the dilemma of conservation and inheritance and dialectically expounds its appeal. Finally, this paper puts forward the strategy of creating regional creation by optimizing the four factors including identification, authenticity, systematicness and adaptability.

Keywords: Tibetan Yi Corridor; Di Qiang Ethnic Group; Construction Tradition; Protection and Inheritance

1 引言

在全球化势不可挡的今天，藏彝走廊地区的文化现象为"一带一路"的策略实践提供了一个典型样本。与此同时，该地区民族建筑文化的研究也可以在一定程度指引文化遗产的保护传承的方向。处于城镇化高速发展的时代浪潮，藏彝走廊地区的物质与非物质文化遗产的形态乃至内核都受到外界的巨大冲击，民族传统住屋建造文化越来越趋于弱势，亟待后人深度探索其传统建筑内隐藏的文化现象[1]。通过对藏彝走廊氐羌族群研究现状、共生文化基质影响下的传统建造体系进行深层次分析，总结出住屋建造传统的保护与传承中所遇困境，并提出针对当代地域性创作的设计策略要素。

2 藏彝走廊氐羌民族建筑历史的发展概况

2.1 藏彝走廊沿线地区氐羌族群背景

藏彝走廊位于横断山脉峡谷地区，因东西向交通不便利而造成在一定历史时期，氐羌族群的文化与建筑进程较中部及沿海地区相对滞后，适才留有值得考察和探究的建筑遗存。氐羌族群的分化带来的该地区文化与建筑形式呈多元化发展趋势，结合本土自然环境、宗教信仰和民族风俗的住屋建造传统汇聚了先民的智慧与汗水，更体现了早期文明中人与自然和谐共生的关系。

2.2 研究综述

1. 国外研究综述

"住屋文化"概念是阿莫斯·拉普卜在《住屋形式与文化》中被首先提出，但他忽略了材料构筑因素对民族建筑形式不可或缺的影响。对于建构文化的探索是根据建构体系的框架准则而逐渐完善的，即戈特弗里德·森佩尔凝练的"火炉、屋顶、墙体和高台"。赛克勒也通过比较结构、建造和建构之间关系来表达自己对建构的理解。不同学科间的交流促使国外学者对住屋建造传统的理论研究更加深入，这也给国内学者的研究途径提供了许多参考。

2. 国内研究综述

涉及西南地区少数民族建筑住屋传统的翁素馨通过挖掘其各类特性来阐释地域条件下建筑建构文化内涵[2]。直到杨昌鸣叙述了火塘文化这一共享特质，中心柱也被季富政描述为古氐羌民族游牧时期的遗制。最终是邵陆在《住屋与仪式 ——中国传统居俗的建筑人类学分析》中提出"中柱通天，火塘驻祖"的经典论述。

重庆大学建筑城规学院在该领域的持续研究也成果颇丰。陈蔚教授带领团队通过多年对民族建筑的钻研，梳理出川藏茶马古道文化线路上聚落文化生成机理，而且在"藏彝走廊地区氐羌系民族建筑共享原型及其衍化机理研究"国家自然科学基金项目的支持下，其团队对该地区沿线重要历史遗存与传统聚落民居等进行详尽地实地田野调查和基础资料数据库的创建，从而运用理论和技术成果来寻求研究的突破点并建立总体框架。

3 藏彝走廊氐羌族群传统建造体系

3.1 住屋建造材料与结构

1. 材料的建造逻辑

王骏阳在对弗兰姆普顿的建构文化进行研究时也曾说建造使材料和材料的使用更加符合其特性，如果没有建造，那建筑也就不复存在，所以好建筑总是始于有效的建造。虽然建造技术和材料并非优秀建筑的唯一标准，但如果能够恰当运用材料本真特性的作品的确会给建筑增色颇多。

藏、羌碉楼的选材为了适应于环境多为本土材料，即以石、木混合为主，同时由于防御性功能的需要，石材的优越性也慢慢显现出来。最终能在多代衍化后形成材料与形制的最佳配比。云南彝族一颗印则因为受到汉族文化影响而形成了以木材作为主体结构的建造体系，所以不难看出，不同民族建筑材料（表1）的运用也受多种因素控制，这些因素也将造成不同时期建造体系的演变[3]。

2. 传统木结构的类型

在众多建筑材料中，运用最为频繁的还是木材。其作为中国传统建筑材料的元老，一直被认为是祖先崇尚自然的象征，同时也与西方追求不朽而使用的石材形成鲜明对比。木材的生命力是古代中国人赋予生活居住场所最美好的憧憬，随着建造工具的不断完善，搭建技术也在不断提高，故而木结构类型（表2）也逐渐丰富起来，以便为适应不同地理与人文需求进行适当的调整[4]。

按材料分类的建造体系　　　　　　　　　　　　　　　　表1

材料	地区	民族	分型	图示
石	西部藏族羌族地区、四川西部和西藏、甘孜藏族自治州东部丹巴、甘孜藏族自治州道孚县南部和雅江县北部鲜水河峡谷中的扎巴地区	藏族扎巴支系	石砌碉楼	
土	四川省主要分布在甘孜藏族自治州的乡城、得荣、巴塘、白玉、德格、新龙等县;西藏许多地方都有分布，如山南、日喀则、昌都等地区（最多为山南地区的隆子县）	藏族	夯土碉楼	
木	云南丽江、大理	白族、彝族、纳西族	汉合院"一正两耳""三房一照壁""四合五天井""一颗印"	
			瓦板房（穿斗搁架房）	
			井干式住屋	
石+木	青藏高原向平地的过渡带（羌族聚居区）、西藏隆子县	羌族	羌寨碉楼（又称庄房，羌语叫"窝遮"）	

续表

材料	地区	民族	分型	图示
土+木	云南南部、中部山区（彝族中部）	藏族、彝族	闪片房（香格里拉藏族、彝族）	
石+土+木	滇中和滇东南的高山和合谷地带、南迪庆、滇南红河流域	彝族、藏族、哈尼族	土掌房（又称土库房）	
石+土+木	藏彝走廊南部的乌蒙山脉地区	彝族	土石夯筑房	
木+牛毛/棉布	藏北高原那曲、阿里等牧区	藏族、羌族	游牧帐房（又称"黑帐房"）	

（来源：作者根据资料自绘）

按木结构类型分类的建造体系   表2

	井干	干阑	穿斗
地区	滇西北、川西南泸沽自然生态环境湖一带的高海拔山区	滇西北、川西南（怒江流域的高山陡坡环境）	四川凉山彝族自治州，主要分布于民族文化保留较为完整的梁山东部和北部
民族	彝族、藏族、纳西族、普米族、摩梭人、怒族、独龙族、傈僳族、白族、羌族	傈僳族、独龙族、怒族	彝族
分型	木楞房（又称垛木房，藏族） 井干板屋（彝族、纳西族） "井干-土墙"民居（怒族）	"干脚落地"干阑式 "平座式"垛木房（怒族）	瓦板房 搕架房
图示	  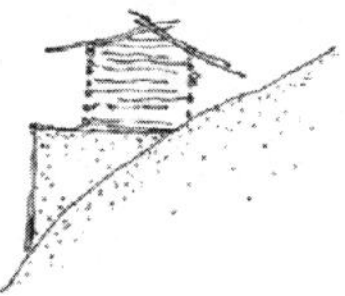	 	 

（来源：作者根据资料自绘）

有别于湘西土家族的干栏式吊脚楼，藏彝走廊地区的干栏式多与井干式搭档以适应于多变的地形和气候。然而，井干式本身也在不同民族间展现出"同源异流"的现象。总体而言，穿斗式仍然普遍运用于各民族，尤以彝族占比最多。彝族搕架房便以穿斗为母题进行拓展，起源于对高大宽敞室内空间的需求，终止于塑造出极具民族特色和木构件交叠美感的建筑结构。而后搕架结构也成为营造神圣中柱崇拜空间的有利功臣，宗教祭祀等仪式常依托其中空间而发生。还需要强调的是瓦板房的屋面一般选择具有较好耐久性并且韧性上乘的优质树木，各部件相嵌套，可以不使用一个连接铁件就可以完成住屋建造，展现出匠人超群的智慧与技术水平。

3.2 住屋建造的共生文化基质

1. 火塘——家族的核心

"火神驻祖"一直是氐羌族群精神世界中象征家庭的重要观念,即使外部环境发生改变,家族仍然代代相传着关于对自然和祖先崇拜的信仰。其中羌族家庭中火塘的三支脚就分别对应着不同神灵,而彝族火塘象征灶神的寓意也反映了对世俗生活的美好愿景。除了寄托情感和运用于生产生活以外,火塘对于建筑的平面形制以及纵向空间都具有深刻的影响,首先是主室以火塘和佛龛连线为轴线,并据此划分尊卑及其他方位。

2. 中柱——庇护所的支柱

对于比原始棚屋还要久远的建筑起源求索,可以追溯到帐篷和半地穴屋。在定居生活期间,形成了中位神圣化意识,受到"中柱通天"思想和万物有灵概念的支配[5]。天作为神居住之所自然成为人类最原始朴素的向往,这也是通天柱或擎天柱之所欲被赋予社会和空间双重权威的原因,而这种心理需求也在住屋文化中沉淀下来,即使当代已经改头换面,但在深入的调研走访中依旧可以从氐羌族群的习俗中发现蛛丝马迹。

3. 碉楼——神圣的高度

根据民族志材料可以解锁碉楼建筑的神性来源于对自然的崇拜与敬畏,尤其是人类无法触及的天空更因充满神秘色彩而被赋予了神圣的意义,从而使得象征"高度"的神圣性空间演化成高耸的碉楼。虽然没有实证说明碉楼起源于防御性功能,但在隋唐之后抵御外敌的作用慢慢鲜明。所以在精神与物质双重需求的驱动下,碉楼建筑群一直延续至今。可见其历史遗产价值不言而喻,其文化内涵与建造体系也值得被深度挖掘并应用于现当代的建筑创作中。

4. 白石——神山的符号

从藏彝走廊地区的神话传说中读取到白石崇拜往往具有多层次、多方面的象征意义,并且它们也在潜移默化中渗透进氐羌族群的宗教信仰与文化习俗生活中。辩证地看待文化互动对于不同民族间的交流,以"白石"及其扩展的其他核心神圣空间在各宗教仪式中承担的功能略有差异且神圣构筑物的存在状态也有所不同。而涉及白石崇拜的建筑学相关内容包括纳西族的玛尼堆、羌族的墙面图案和檐部白石带、摩梭人火塘边的白石构件设施。

4 藏彝走廊氐羌族群民居当前的困境

4.1 困境的来源

1. 宏观:保护中缺乏对于建造技艺与建筑文化的重视[6]

从长远的角度来看,对于民族传统文化与工艺技术的保护与传承不是一蹴而就的。由于国家民族之间不同新兴文化的交流,一代代先人口手相传的文化理念与风俗习惯,都在电子信息产业光芒的映衬下显得黯淡。一方面传统的文化与思想确实残存封建陋习,但其中仍有凝结几千年祖先智慧的精华需要我们去挖掘,另一方面少数民族聚落在美丽乡村建设的推动下,老百姓生活水平虽然得到提升,但也有很多传统民居被钢筋混凝土所覆盖。文化原型思维的消极转变会造成更多建筑遗产消逝于眼前,而传统住屋的需求减少必然也会引起工匠和他们所习的技艺告别于历史的舞台,这样的恶性循环是我们所不能接受的。

2. 中观:规划中缺乏多维度的系统性思维

在全球化发展的影响下,遭受重创的固然是颤颤巍巍走在历史中的分支:西南地区的民族地域文化,其中藏彝走廊地区氐羌族群的许多传统聚落都因为人口的外流而渐渐没落。虽然近些年来国家时有方针下达,却少有政策能药到病除,只能留下了千村一面的现状。这也不乏个别地区为了片面追求经济水平的提升,间接致使传统文化与住屋建造体系的进一步衰败。究其原因是多角度多层级的系统性思维不能在规划的制定与实施中得到很好体现,所以才做不到统筹兼顾,即将原住民的精神文化与物质生活都纳入评价体系范围内[7]。

3. 微观:设计中缺乏理论与实践的结合

具体到小片区或单个民居的保护、修缮与改造,方法与策略的准确性是重中之重。时下古色古香的传统巷道成为一种潮流,也常常被用于激活一个古村落规划设计的方案中,但千篇一律的山墙与亘古不变的骑楼恐会与当地的文化、村落肌理格格不入[8]。事实上,对传统要素的提取与现代的转译也是需要建立在实践生活的基础上，滥用民族符号只会让文化底蕴埋藏得更深，照搬他地构思是没有办法为当地困境解围的。同时这也体现了原住民对生活品质提升的追求与传统建筑保护之间存在的矛盾，若要化解这些冲突便需巧妙交织文化精神与生活场景，不断寻找二者间的平衡。

4.2 困境的诉求

1. 保护

首先由于视角不同，从业者会将民族传统聚落视为中华文明灿烂的文化遗产，但站在原住民的角度，世世代代生活的山水屋舍相较于城市的高楼大厦根本不值一提。所以针对使用者关于住屋建造传统价值的普及既是艰难的也是急切的，提升他们对于本族身份的认同与归属也有助于当地民众参与进规划设计方案的拟定中，激励他们不对古迹做出破坏性的改动与修缮并且能自觉加入保护的阵营中。其次住屋建造体系的传承需要传统技术工艺的指导，这也就反映了工匠的培养迫在眉睫，必须尽可能多的招募传承人，加大宣传力度。最后是自上而下的策略指导，根据不同传统村落类型和风貌要进行分类建档，独栋建筑的修缮和维护更加需要挂牌保护，同时借助BIM技术的应用实现古建保护与数据管理，也能促进村落复兴的全面信息化和现代化[9]。

2. 发展

发展与保护如果可以基本控制在一个恒定的水平，就不存在所谓的冲突。为了探索适应于不同传统村落发展更新的道路，有以下三点措施：①打造以旅游产业为导向的聚落、完善利益分配机制。在发展城乡一体化的同时，利用文旅产业来整合传统文化资源，为原住民创造生态宜居的幸福家园；②建立高校—传统民居合作实践基地，通过系列学业任务与实践项目的结合来让青年人有机会与藏彝走廊地区的传统住屋近距离接触；③营建独具地域特征的新传统民居，就意味着除了要辩证地看待传统住屋材料的原始特性，还要提高材料在建构关系中与构件的契合度，真正做到与当代的建造现实相适应。

5 当代地域创作方法

谈及地域性创作，早在对现代主义的反思中就已

经渐渐萌芽发展，它曾被一代代人从不同角度进行释义。但无论是新地域主义还是批判性地域主义都始终围绕着建筑的更高维度空间进行讨论。那便是将时间纳入其中，看得见或是看不见的历史一并融入空间的塑造里[10]。私以为针对建筑的地域创作来源可以归纳为以下两个方面：其一是依靠物质实体留存下来的建筑意涵空间，氐羌系族群传统民居的典型形制、结构样式、构件元素都传递着先民的生活痕迹。但这并不单纯是对于某一时期的传统构件的复原，而是追求新时期传统材料与现代建构的结合，深挖传统建筑的内在逻辑和结构与造型的统一性，求神似而非拟态。其二是非物质形式的残响，包括传统民族村落的祭祖仪式、节庆仪式和人生礼仪以及日常生活中种种具有生活存续价值的场景。相较于前者，没有实体的人文历史要素保护和传承的道路更加坎坷，需要借助文化景观和场景构筑功能来强化它们的存在感，追求"以形传神"的设计效果[11]。接下来将通过攀枝花四处民居设计案例来具体阐述设计策略所需的四项要素。

5.1 因地制宜——强化可识别性

新山村位于优质梯田的自然地理环境（图1）中，蜿蜒的等高线和高差也为村落片区的空间形态设计提供了暗示。因地制宜从宏观视角是为了最大限度利用当地的优越景观，本案中即利用天然的三层台地打造丰富多变的"廊"以联系不同视野需求的公共空间节点；而从微观视角则需要重视当地的人文与自然资源，尽量不造成人力和物力上的浪费[12]。

在传统民居聚落中进行现代建筑创作时，因地制宜是地域性手法中最为关键的一环，在考虑地域特征与自然规律的同时，穿斗式木构架民居的保护与更新应以可持续发展为前提进行良性修缮，从而增强片区可识别性，避免千村一面的现象继续泛滥。

5.2 内外兼修——传承原真性

在阿蜀达村的民居改造中，既需要考虑外部市场人群的需求，还要将村落"地方身份"的表征纳入改扩建的评价标准中去，权衡两者成为设计过程中最大的突破点。而想要做到内外兼修，通俗解释就是把握开源发展与利用保护的天枰，其中的关键点不失为村落原真性的传承[13]。

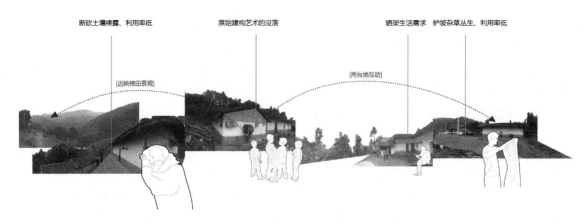

图1 新山村基地现状调查成果（来源：作者自绘）

通过深入的调研考察，文旅产业可以刺激本案的聚落肌理更新并且能通过强化感官体验来植入灰空间，不仅能勾起原住民的场所记忆，还能吸引观光客驻足参与。针对村落原有的邻里情感需求，也在公共与私密空间的联系上煞费心思，力求在水平和垂直空间上多营造互通共融的空间[14]（图2）。

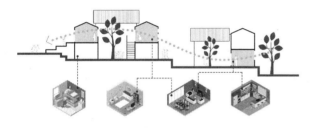

图2 阿蜀达村民居空间的流动与渗透
（来源：作者根据资料自绘）

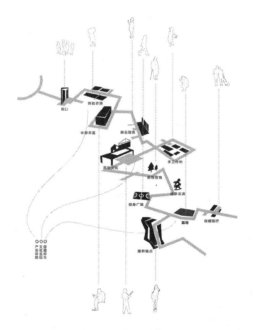

图3 迤沙拉村古道系统规划（来源：作者自绘）

5.3 推陈出新——完善系统性

迤沙拉村中的方案除了要对合院式民居的结构与建构技艺进行保护以外，还要推陈出新，将统筹兼顾的思想充分融入村落的规划中，系统性考量公共广场、古道路径、景观节点，为片区的再生提供更多的可能。本案中建筑则另辟蹊径，虽不与环境相争，但也不卑不亢，在尊重原有村落格局与立面限制的前提下，期望成为拥有示范性作用的试验基地。细致来说就是将傈颇彝族民俗文化作为推动该片区有效发展的重要因素。步行街两侧的过渡带景观区，也可以结合当地特色产业和建筑景观小品，为古道插入机动性节奏空间用来消解其尺度感（图3）。

5.4 雅俗共赏——提高适应性

公众参与度是金家村项目设计中的关键一环，当代的民居保护与改造已经逐渐从自上而下的政策方针转变为自下而上与自上而下相结合的策略，在兼具专业性与技术性的宏观指导下，尽可能调动原住民的主观能动性。让"屋子"不仅仅是设计者的作品，更是使用者的家，无论是一个几平方米的房间还是多少公顷的聚落都保有传统民居的归属感。这就意味着要对使用者的生产生活习惯以及思想理念进行深入挖掘（图4），也是现今缔造雅俗共赏新乡村的必要条件，让每一个精心设计的空间都能让使用者感觉到。

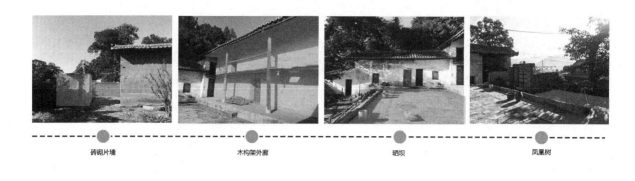

砖砌片墙　　　　　　　　　木构架外廊　　　　　　　　　晒坝　　　　　　　　　凤凰树

图 4　金家村传统民居环境的要素提取（来源：作者根据资料自绘）

6　结语

　　文化内涵鲜明的氐羌族群在拥有优越景观资源的藏彝走廊地区孕育了独具特色的历史遗产宝库。但在漫长的岁月长河之中，也因为地理和民族因素导致向现代化转型的脚步受到限制，因此该地区的住屋建筑遗存显得格外珍贵，传统的建造技术与建构文化也理应得到有效的保护与传承。透过国内外研究的分析评述和从建构视角对建筑共享文化基质的洞察，揭示了该地区建造传统陷入窘境的原因。依据四个小案例简要阐述当代地域性创作策略需要优化的方向，以期构建该地区的传统建筑保护范式，为住屋建造传统的延续提供绵薄之力。

参考文献

[1] 石硕. 关于认识藏彝走廊的三个角度与研究思路 [J]. 广西民族大学学报（哲学社会科学版），2008，30（06）：29-34.

[2] 翁素馨. 西南民族地域特征的建筑文化内涵初探 [J]. 家具与室内装饰，2016（12）：118-119.

[3] 林晨. 云南彝族民居的建构技艺启示[D]. 昆明：昆明理工大学，2012.

[4] 李东海，杨大禹. 沙溪白族传统民居营造体系在时代发展中的改进与遗弃探析 [J]. 安徽农业科学，2014，42（09）：2534-2536.

[5] 杨旭明，巩文斌. 大开发背景下藏族民居传统建造技艺保护与传承[J]. 四川建筑，2012，32（06）：35-37.

[6] 原璐，覃琳. 文化影响下的技术发展对建筑型制的影响——《东南亚与中国西南少数民族建筑文化探析》的多元史学观解读[J]. 西部人居环境学刊，2014，29（01）：65-68.

[7] 刘国伟. 西藏江孜老城聚落与民居研究 [D]. 重庆：重庆大学，2012.

[8] 许骏. 哈尼族传统民居建造体系研究 [D]. 南京：南京大学，2016.

[9] 周巍. 基于BIM技术的"侗族木构建筑营造技艺"保护与传承对策[J]. 大众科技，2017，19（0）：5-18.

[10] 李建华，张兴国. 从民居到聚落：中国地域建筑文化研究新走向——以西南地区为例 [J]. 建筑学报，2010（03）：82-84.

[11] 黄印武. 从"以形写神"到"以形传神"——榫卯逻辑与沙溪传统木结构建筑保护实践[J]. 建筑遗产，2016（02）：120-131.

[12] 李纯. 地域建筑文化研究范式新探索——基于中国地域建筑与文化研究院"地域建筑文化"专题研究、实践的总结[J]. 建筑与文化，2012（06）：40-41.

[13] 宋丽宏. 探析中国传统木构建筑保护的真实性 [D]. 昆明：昆明理工大学，2006.

[14] 郦大方. 西南山地少数民族传统聚落与住居空间解析[D]. 北京：北京林业大学，2013.

茶马古道影响下的滇西北藏族民居比较研究
——以德钦县阿墩子古城、奔子栏镇和古水村为例①

李旺胜　王颖　熊付爱　王旨

作者单位
昆明理工大学建筑与城市规划学院

摘要： 特殊的自然人文环境下的滇西北藏族民居有着与众不同的风貌。滇西北段茶马古道沿线的村镇聚落藏族传统民居在受到自然环境影响的同时，也受到茶马古道的经济和文化影响。滇西北德钦县的阿墩子古城、奔子栏镇和古水村是历史上三种茶马古道贸易层级的聚落代表，又有较多保护较好的藏族传统民居。本文选取其作为案例分析，分析藏族民居选址、平面形制、结构构造、立面造型，并总结茶马古道影响的差异性，为聚落和建筑的保护提供参考。

关键词： 滇西北茶马古道；藏族民居；贸易层级；民居形制；差异性

Abstract: Under the special natural and cultural environment, the Tibetan folk houses in Northwest Yunnan have a unique style. The traditional Tibetan houses in villages and towns along the Tea-horse Ancient Road in Northwest Yunnan are not only affected by the natural environment, but also affected by the economy and culture of the Tea-horse Ancient Road. The ancient city of adunzi, benzilan town and Gushui village in Deqin County, Northwest Yunnan Province are the representatives of the three trade levels of Tea-horse Ancient Road in history, and there are many well protected traditional Tibetan houses. This paper selects it as a case study to analyze the site selection, plane shape, structural structure and facade modeling of Tibetan folk houses, and summarizes the differences of the influence of the Tea-horse Ancient Road, so as to provide reference for the protection of settlements and buildings.

Keywords: Tea-horse Ancient Road in Northwest Yunnan; Tibetan Folk Houses; Trade Hierarchy; Residential Form; Difference

　　滇西北指的是云南西北部，是云南与西藏接壤的部分，包括迪庆藏族自治州、丽江市和怒江傈僳族自治州。滇西北段茶马古道是历史上云南与藏区的重要贸易路线，其沿线密布着以藏族为主的多民族聚落。由于茶马贸易和交通条件便利，这些聚落的藏族民居受到自然条件影响的同时，也受到茶马古道的带来边贸经济和族群间文化的影响。

　　德钦县位于迪庆藏族自治州西北部，不仅处在滇西北段茶马古道干线上，还是云南省内的出藏口和汉藏文明在云南的第一道交流节点。2007年以后，德钦县的四条现存茶马古道被列为文物保护单位，其沿线地区存在着密集、多样的藏族聚落。而德钦县的阿墩子古城、奔子栏镇、古水村是这几条茶马古道上的重要节点，并根据现有文献和居民口述推断，它们依次扮演着中心枢纽城镇、地域性村镇、自然村落三个

等级的贸易地位[1~3]。这些聚落中存在建造历史较久远、风貌保存良好的藏族民居，可以作为滇西北茶马古道影响下的藏族民居典型样本。

　　近年来，学者们相较于早期传统民居形制研究，开始关注于建筑形制背后的自然、社会、经济、人文的影响。藏族民居已有较多民居形制研究[4][5]，但讨论茶马古道影响下的藏族民居形制及其差异的研究相对较少。在此背景下，本文选择滇西北茶马古道三个重要聚落点作为研究对象，是对相关藏族民居形制研究的补充。相比传统单个或者一种聚落类型研究方式，本文选取了三类茶马古道影响下的聚落及其内部多组藏族民居作为研究对象，其更能全面反映藏族民居形制的多样性。同时，研究茶马古道沿线藏族民居形制及影响因素可以为今后遗产廊道沿线的聚落保护提供参考。

---

① 基金项目：国家自然科学基金，时空连续续视野下滇藏茶马古道沿线传统聚落的活化谱系研究（51968029）。

1 茶马古道与聚落

1.1 德钦县段茶马古道概况

德钦县段茶马古道穿行于金沙江、澜沧江、怒江三江流域，并连接着云南和西藏。德钦县境内现存古水古道、阿墩子古道、格里甲朗古道和梅里古道四条古道。其中，阿墩子古道，南起德钦县升平镇，北至阿东村之间，全长16公里。格里甲朗古道，南起德钦县霞若乡格里村，北至奔子栏镇之间，全长39公里。古水古道，位于德钦县佛山乡古水村境内，全长5公里。

1.2 茶马古道对聚落影响

德钦县段茶马古道是在茶马互市贸易的基础上形成的。自唐以来，汉藏人民以茶易马为中心的贸易活动逐渐展开，自元至清贸易不断发展，茶马交易便成了日常的贸易。它不仅是一条经济贸易路线，也是多民族文化交流的通道和桥梁。本文主要分析茶马古道对于沿线聚落经济和文化的影响。

1. 经济影响

随着茶马贸易的兴起，大量的马帮带着货物进藏交易。此时，贸易带来了大量的商业机会，比如贸易场所需求、居住需求、交通需求、饮食需求。沿线的聚落发展起来，位于交通要道之处的发展为沿线的贸易中心枢纽城镇，如阿墩子古城，次之的交通沿线则发展成为地域性村镇，如奔子栏镇，而支路或经过性的聚落则发展为自然村落，如古水村。

据文献记载和居民口述，阿墩子古城以及奔子栏因地理区位的优势，处于茶马古道必经之地，形成商贸交易点。阿墩子甚至还在清朝雍正年间形成了地区商人集中交流的会馆场所。尤其是江西会馆以及鹤丽会馆规模庞大，影响力显著。而作为经过聚落的古水村无驿站以及商贸交往中心。这种影响下，贸易相对频繁和经济相对发达的聚落中的当地民居的在功能上就会发生变化，如阿墩子古城存在着多种多样商贸新民居，如商业住宅、旅店等，而古水村的民居总体还是传统藏式民居。

2. 文化影响

改土归流后，由于贸易需求和交流需求的增加，

滇西北地区的人口出现较大增加，茶马古道是内地往滇西北地区的主要通道。到了清代之后，民间移民潮更盛，相当多的移民已经沿着茶马古道落脚到滇西北的山区中。这种移民潮极大地影响了茶马古道沿线聚落的民族结构。这也将大量中原的文化带入滇西北中，影响着聚落的发展。在移民中，建筑工匠及其营造技术、复杂工具如锯、凿也会带入滇西北地区，进而影响藏族民居的结构和装饰等方面。越是交通便利、商业发达的聚落，这种趋势和交流就越明显。

阿墩子古城、奔子栏镇、古水村中，有不少的汉族人是清代迁徙至此的[6]。此外，居住在此的藏族人许多习俗、饮食、节日习惯都有中原汉族文化的缩影，这也体现在建筑的平面形制、结构、雕刻装饰等方面。

2 茶马古道影响下藏族民居的比较

本文以茶马古道影响的视角切入并讨论其建筑形制背后的影响因素和规律，因此，传统藏族民居的形制不再谈论，而本节主要阐述阿墩子古城、奔子栏镇、古水村内的藏族民居在茶马古道影响下的变化及差异。

2.1 选址

根据现有资料和实地调研处理得到的三个聚落的民居肌理与茶马古道关系图。阿墩子古城民居整体沿茶马古道呈线性生长，形成线性带状聚落的空间形态；奔子栏镇民居整体呈现点状聚集式，有明显的核心，受茶马古道影响较小；古水村作为茶马古道途径点，建筑自然分布，呈分散带状布局，茶马古道对其影响最弱（图1、图2）。可以看出，阿墩子古城民居生长趋势受到茶马古道影响最强，茶马古道对奔子栏民居生长趋势影响较强，对古水村民居生长趋势影响并不明显。

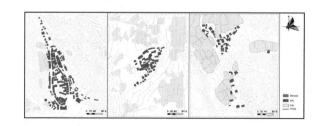

图 1 选取民居位置（来源：作者自绘）①

图2 聚落民居与地形、茶马古道的关系
（来源：作者自绘）①

2.2 平面形制

从中心枢纽城镇到自然村落，茶马古道影响下传统藏族住宅建筑功能划分与平面布局呈现一定差异性

和渐变性。

1. 功能类型

实地调研三个聚落民居显示，不同聚落的民居功能都较为多样，但也体现一定的差异性。在阿墩子古城和奔子栏镇上，出现了丰富多样的有关贸易的新建筑，如锅庄、商住混合民居、客栈。商住混合民居多为一层或二三层碉楼的院落，前半部分临街底层作为商业功能，后面作为库房、客房或者厨房。这是典型的前店后宅的民居形式，有着商住功能、流线互不干扰的优点。在古水村中出现了供人停留的旅店，但相较于阿墩子古城和奔子栏镇的民居，其内部功能种类仅有客房、管理室、厨房三种（表1）。

三地藏族建筑功能类型对比表　　　　　　　　　　　　　　　　　表1

聚落	建筑类型	功能类型	种类数量
阿墩子古城	商业型住宅、旅店、锅庄	库房、账房、仓库、客房、管理室、厨房	6种
奔子栏镇	商业型住宅、旅店	库房、账房、仓库、客房、管理室、厨房	6种
古水村	旅店	客房、管理室、厨房	3种

（来源：作者自绘）

2. 院落

阿墩子古城和奔子栏镇的藏族建筑其院落形式多样，建筑内含天井或者中心庭院。这里藏族碉楼建筑院落多为一进院落，家庭富裕者的藏族建筑有两进甚至三进院落布局。而从院落位置上看，又可以分为有后院的藏族建筑和无后院的藏族建筑，这明显是受到汉族合院形式的影响。而古水村里的建筑，以传统西藏地区藏族住宅为主[7]，布局紧凑，不设天井或天井较小（图3）。

入口通道直通中心庭院，庭院四周有内走廊并且外围围绕着商铺、储存、厨房等房间。二层房间围绕庭院呈中心对称，在角落设置上设楼梯。整体布局向心性强。而奔子栏镇藏族院落式住宅与汉族的小天井庭院有多处相似，以中心庭院或者天井为中心布置各类方向，房间整体呈中轴对称。自然村落的古水村藏族院落式较为传统，入口通常在建筑一侧，整体空间形态的向心性不强（图4）。

图3 三地藏族民居平面图对比（来源：作者自绘）①

图4 三地藏族民居向心性对比（来源：作者自绘）①

3. 空间向心性

阿墩子古城的许多藏族院落式住宅整个平面为长方形，入口设置在底层沿街处且在外立面的正中央。

2.3 结构构造

从中心枢纽城镇到自然村落，茶马古道带来的汉族工艺柱子檐口做法种类呈现减少的特点。

---

① 左：阿墩子古城，中：奔子栏镇，右：古水村。

1.柱子

阿墩子古城内的部分藏族住宅出现了藏族结构与穿斗结构的结合体,也称为整合柱式碉房。这种楼层构筑技术对木材和工艺要求相对较高。这种技术将一根整柱贯穿竖向结构并支撑房屋,强化了房屋的整体性,很好地应对了地震等灾害。而奔子栏镇和古水村并没有出现这种结构。

2.出檐

出挑枋是汉族民居常见的出檐结构。在汉藏交融较为频繁的地区会出现藏式挑檐和汉式挑檐结合的做法。构件出挑式是典型汉族建筑的技术,从简单的单挑结构,到装饰繁复的斗栱都是汉族建筑发展的缩影。阿墩子古城的藏族住宅出现了汉藏结合的崩空出檐做法,它是汉式单挑出檐结构与藏式结构的融合(图5)。在奔子栏镇和古水村未发现住宅存在结合的做法。

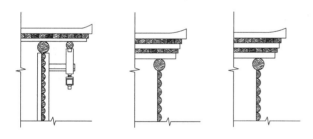

图5 三地藏族建筑檐口对比(来源:作者自绘)[①]

2.4 立面造型

1.屋身立面

阿墩子古城的近邻茶马古道的藏族民居外形基本是典型的汉式民居做法,由台基、屋身和屋盖构成(图6)。其台基下铺石材,屋身两侧为收分的石材墙面,其余部分是传统汉式建筑的木材质立面。其屋顶为传统的女儿墙平屋顶。不同的是,位于奔子栏镇和古水村的近邻茶马古道的多数民居有屋身和屋盖,

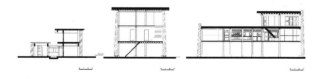

图6 三地藏族建筑建筑剖面对比(来源:作者自绘)[①]

且上大下小,是典型的藏族民居。屋身采用传统的天然防水石材,无需底座也可以防止雨水对墙体的破坏侵蚀。

2.装饰

阿墩子古城的藏族民居建筑沿街部分的门窗装饰含有大量汉式的风格元素。正面完全仿照白族和汉族建筑,立面设置木制格扇和雕花门,门构件上出现了凤凰、牡丹、白鹭等典型的汉族元素;窗构件上出现梅花的元素;走廊楼梯的栏杆扶手,梁柱造型也大量采用汉族工艺,穿插枋使用兽梁,有双兽纹和莲花要素。奔子栏镇的藏族民居内部出现少量的汉族要素,如格扇窗。而其余装饰和要素都是藏族样式,如日月图案和藏族出挑的装饰物[8]。古水村所调查藏族民居未发现汉族元素,内部都是典型的藏族元素,例如三角纹、藏族出挑装饰物等[10]。总的来说,中心枢纽城镇(阿墩子古城)有大量住宅有汉藏结合的雕花及装饰,而地域性村镇(奔子栏)和自然村落(古水村)住宅汉藏结合的雕花及装饰较少(表2)。

3 结论与思考

茶马古道对藏族民居选址、平面形制、结构构造、立面造型四个方面产生了较为显著的影响。同时,这种带来的影响呈现出一定渐变性、过渡性特点。由城镇贸易层级相对较大的聚落至较小的自然村,其形态由沿古道生长到自由发展的趋势,其内部的藏族建筑的平面形制、结构构造和立面造型的民族交融元素和多样性也呈逐渐减少的态势。可以说,中心枢纽城镇—地域性村镇—自然村落三个层级,聚落与建筑的受到茶马古道影响程度是层级递减的态势。

滇西北段茶马古道主要通过经济和文化两方面去塑造沿线聚落建筑的形态。沿线的聚落经济的发展依赖于茶马贸易的展开和茶马古道交通的运输,进而在贸易的同时,商人、本地居民和移民等各个方面的人群文化交流进一步展开,最终影响到聚落与内部建筑的多个方面。在这种情况下,聚落的商品交换和客商消费需求越高的聚落,其聚落和内部建筑的变化会愈加显著。这种规律也体现出由茶马古道不同层级的聚

三地藏族建筑构件对比表 表2

	构件	门	窗	梁坊椽
德钦阿墩子古城	汉族元素	格扇门、凤凰、牡丹、白鹭	格扇窗、梅花	双兽纹、垂莲柱
	藏族元素	卷草纹	—	—
	照片			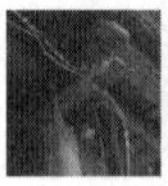 
奔子栏镇	汉族元素	格扇窗	—	—
	藏族元素	日月图案	藏族出挑的装饰	—
	照片	 		
古水村	汉族元素	—	—	—
	藏族元素	藏族出挑的装饰	藏族出挑的装饰、三角形纹	三角形纹
	照片			

（来源：作者自绘）

落的汉藏文化交融程度的不同，展示出一定的演变渐变性。

因此，在针对聚落的整体风貌管控时，要考虑三个层级聚落的风貌差异性。针对茶马古道沿线聚落风貌保护设计时，要进行针对性的保护管理。如针对阿墩子古城形成的茶马古道商业街，要注重保护其街巷空间、马帮停留空间、交易空间和公共活动场地等，也要注重汉藏建筑的平面形状、结构等特点修缮保护。而古水村在建筑层面保护时，可以增加建筑汉元素白名单等管理措施，保持自然村落内以藏族元素为主要的建筑立面风格。

参考文献

[1] 李翔宇. 川藏茶马古道沿线聚落与藏族住宅研究（四川藏区）[D]. 重庆：重庆大学，2015.

[2] 范宏宏. "茶马古道"滇藏线沿线聚落空间分布特征研究[D]. 昆明：云南大学，2019.

[3] 曹伟，高艳英. 茶马古道——云南驿站建筑遗址[J]. 中外建筑，2014，（2）：10-17.

[4] 杨大禹，朱良文. 云南民居[M]. 北京：中国电力出版社，2012：127-132.

[5] 蒋高宸. 云南民族住屋文化[M]. 昆明：云南大学出版社，1997：66-72.

[6] 周智生. 商人与近代中国西南边疆社会[D]. 昆明：云南大学，2002.

[7] 李程. 茶马古道北部大道城镇藏式居民形态研究[D]. 成都：西南交通大学，2015.

[8] 刘芳芳. 云南迪庆藏族建筑门饰艺术研究[D]. 昆明：昆明理工大学，2010.

[9] 刘朦. 藏传佛教影响下的香格里拉藏族民居装饰图案构形研究 [J]. 玉溪：玉溪师范学院学报，2014，30（02）：50-56.

[10] 王丽萍，秦树才. 论历史上滇藏茶马古道文化交融及其发展途径[J]. 学术探索，2010，（4）：92-96.

[11] 赵泽源. 香格里拉地区藏族民居文化要素特征研究_赵泽源[D]. 北京：北京建筑大学，2020.

城陵空间结合视域下西安陵墓类大遗址保护更新路径
——以杜陵为例[①]

刘佳琦[①②] 张磊[①③] 梁源[2] 王欢[3] 张博文[1] 高思琪[4]

作者单位
1. 长安大学建筑学院　2. 西安理工大学土木建筑工程学院
3. 西安建筑科技大学公共管理学院　4. 西安建筑科技大学建筑学院

摘要： 古都西安的大遗址数量众多，陵墓类大遗址是其重要组成部分。这些陵墓规模宏大、价值重大。但随着城市化迅速发展，陵墓类大遗址的保护、展示、利用和城市空间发展的矛盾逐渐突出，亟待解决。本文以杜陵为例，开展了西安陵墓类大遗址及其周边城市空间发展调研（包括无人机航拍）和空间使用适宜性评价（SD 法）。从城陵空间结合视域，探索西安陵墓类大遗址保护更新融入城市设计规划的路径，使之契合城市空间发展，实现"城陵结合"。

关键词： 城市空间发展；西安陵墓类大遗址；SD 法；城市设计；城陵结合

Abstract: Ancient capital Xi' an has a great number of large sites, and mausoleums are an important part of them. These mausoleums are of great scale and value. However, with the rapid development of urbanization, the contradiction between the protection, display and utilization of mausoleum large sites and the development of urban space has become increasingly prominent, which needs to be solved urgently. Taking the mausoleum of Duling as an example, this paper conducts a spatial development survey (including aerial photography by UAV) and space suitability evaluation (SD method) on the large mausoleum sites in Xi' an and their surrounding urban spatial development. From the perspective of the combination of urban and mausoleum space, this paper explores the path of integrating the protection and renewal of xi' an mausoleum sites into the urban design planning, so as to make it fit for the urban spatial development and realize the "combination of urban area and mausoleum".

Keywords: Urban Spatial Development; Xi' an Mausoleum Large Sites; SD Method; Urban Design; Combination of Urban Area and Mausoleum

1 西安大遗址与城市空间发展背景

1.1 大遗址[④]与城市空间发展的矛盾

中华民族历史悠久，历史进程中积淀下众多的遗址，这些遗址是我们民族珍贵的财富。改革开放以来，中国的城市化发展迅速，遗址与城市空间发展的矛盾逐渐突出，尤其是城市大遗址。如何使城市大遗址和城市空间发展更好地结合，既满足遗址的保护与展示利用，又能使其成为城市开放、公共、游憩、教育、科研的空间，是值得探索的。

1.2 西安城市空间发展与大遗址的矛盾

西安是中国四大古都之一，历史悠久，古香古色，大遗址数量众多（表1）。历史上中华民族鼎盛朝代周、秦、汉、唐均定都于西安。作为国家中心城市之一，西安实现了快速发展。为了能够获得包容、和谐、美丽的城市空间，实现历史文明和城市空间的迭代，城市的空间发展未与大遗址进行完美契合成了目前亟待解决的问题（图1）。

---

① 课题名称：陕西省科技创新团队，项目编号2020TD-029。

② 刘佳琦（1996-），男，河北石家庄人，硕士研究生，E-mai1: 635791645@qq.com。

③ 张磊（1978-），通信作者，男，河北张家口人，副教授，硕士研究生导师，E-mail: z1.wc@chd.edu.cn。

④ 2005年，由财政部和国家文物局联合发布实施的《大遗址保护专项经费管理办法》中指出，大遗址主要包括反映中国古代历史各个发展阶段涉及政治、宗教、军事、科技、工业、农业、建筑、交通、水利等方面历史文化信息，具有规模宏大、价值重大、影响深远特点的大型聚落、城址、宫室、陵寝墓葬等遗址、遗址群及文化景观。

西安大遗址分类和陵墓类大遗址分类部分整理				表1
城址类大遗址：	丰镐遗址	秦咸阳城遗址	汉长安城遗址	隋唐长安城遗址
宫城类大遗址：	阿房宫遗址	未央宫遗址	大明宫遗址	兴庆宫遗址
陵墓类大遗址：				
城中型陵墓	秦庄襄王墓	秦二世陵	董仲舒墓	明秦宣王墓
城郊型陵墓	西汉杜陵、霸陵	秦东陵	秦始皇陵	明秦藩王墓
郊县型陵墓	西汉十一陵（除杜陵、霸陵外）		隋文帝泰陵	唐十八陵

（来源：作者自绘）

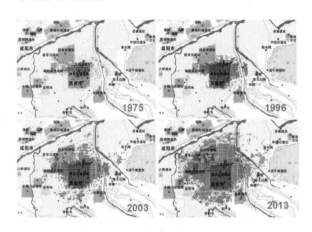

图1　西安大遗址与城区发展关系变迁图
（来源：吕琳.西安大遗址周边空间环境保护与营建研究 [D].
西安：西安建筑科技大学，2016.[1]）

1.3　西安陵墓类大遗址

从大遗址和城市空间发展的角度，根据大遗址距离城市建成区与城市规划发展状况，大遗址可分为三类：城中型遗址、城郊型遗址、郊县型遗址。

作为"十三朝古都"和周、秦、汉、唐鼎盛王朝都城的西安，陵墓众多。皇帝陵墓就有72座。在西安城市空间发展过程中，这些陵墓有的位于城中、城郊或者郊县（表1）。其规模宏大、价值重大，是大遗址的重要组成部分。本文主要探究西安陵墓类大遗址的城中型、城郊型大遗址。

2　西安大遗址保护与发展概述

2.1　原则：坚持考古支撑、坚持保护第一[2]

考古研究在大遗址保护利用中起基础作用，应贯穿大遗址保护利用全过程，推动"先考古、后出让"政策，同时促进考古、保护与展示有效衔接。

2.2　追溯：公园模式历史进程

对于一些城中型、城郊型大遗址，结合城市建设和民众生活需要，西安通过公园建设来对大遗址进行保护和利用。早期遗址公园大多建于21世纪以前，此阶段属于文物保护概念的萌芽时期，比如兴庆宫公园。这些公园侧重于公园设计理念，但没有考虑如何保护遗址及其文物。

之后以文物保护为核心理念的"遗址公园"发展起来，其特点为：对遗址和其环境进行融合，使其能够被科学保护和展示利用。但展示手段单一，文物价值得不到充分的展现。

2.3　新模式：国家考古遗址公园[3]

基于保护与展示利用的国家考古遗址公园是在2010年前后提出。在保护与利用的辩证下，考古遗址公园是遗址保护与利用的新模式。之后西安开展对城郊的秦始皇陵、城中的大明宫等国家考古遗址公园的建设，保护了遗址的真实度和完整性[4]。

① 吕琳.西安大遗址周边空间环境保护与营建研究 [D].西安：西安建筑科技大学，2016.
② 《大遗址保护利用"十四五"专项规划》。
③ 国家考古遗址公园，是指以重要考古遗址及其背景环境为主体，具有科研、教育、游憩等功能，在考古遗址保护和展示方面具有全国性示范意义的特定公共空间。国家文物局负责国家考古遗址公园的评定管理工作。
④ 江旭.陕西省文化遗址公园发展研究 [D].西安：西北大学，2019.

2.4　当代：现状与问题

在城市发展过程中，大遗址保护利用与城市空间发展建设出现的冲突有：一是城乡规划与国家考古遗址公园专项规划的冲突，二是城市发展与遗址公园规划间的冲突。目前，国家考古遗址公园"一园一策"未全面落实，使大遗址"活起来"的办法不多，遗址本体利用展示内涵模式相对单一。

2.5　展望：《大遗址保护利用"十四五"专项规划》与城市融合发展

《大遗址保护利用"十四五"专项规划》中提到要坚持融合发展，应该正确处理大遗址保护利用与城市空间发展、生态、文化的关系，推动大遗址融入现代生活[①]。

3　西安陵墓类大遗址及其周边城市空间发展调研——以杜陵为例

3.1　调研对象选取——陵墓类大遗址杜陵和周边城市空间区域

本次选取陵墓类大遗址杜陵（以杜陵国家遗址公园为主体进行空间建设发展）和杜陵周边城市空间区域两部分为调研、分析对象。调研方法包括田野调研法、无人机航拍法、问卷法、SD法等。

3.2　杜陵国家考古遗址公园概况

1．杜陵概况、考古背景

杜陵，汉宣帝刘询陵寝，位于西安少陵塬。帝陵陵园呈长方形，东西长443米，南北长418米。陵邑在陵园西北，陪葬墓分布在东南、东北和北部3处，现存封土62座。杜陵于1988年被国务院公布为第三批全国重点文物保护单位[②]，2005年时被列入国家100处重要大遗址。

西汉帝陵的修建一般都有统一规划，陵园建制模仿汉长安城，杜陵由杜陵陵园、陪葬墓群及杜陵邑等组成。1982～1985年间，中国社科院考古研究所对汉宣帝杜陵进行考古勘查（图2、图3）。

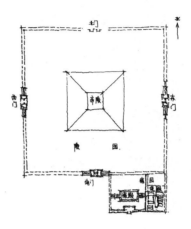

图2　杜陵陵园
（来源：祁睿.基于功能分区的杜陵考古遗址公园规划设计研究[D].西安：西安建筑科技大学，2018.[③]）

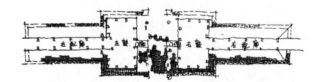

图3　北门复原图
（来源：祁睿.基于功能分区的杜陵考古遗址公园规划设计研究[D].西安：西安建筑科技大学，2018.[③]）

2．国家考古遗址公园规划

《西安曲江国家级文化产业示范区总体规划（2014-2020）》[④]（图4），曲江新区位于西安市东南部，大雁塔指向杜陵的汉唐文化脉络轴是曲江历史文化的核心载体；《杜陵文物保护规划（2012-2030）》[⑤]（图5），规划主要指导杜陵大遗址的保护工作。杜陵保护区分为重点保护范围、一般保护范围、建设控制地带、环境协调区。杜陵遗址保护范围占地约8.9平方公里，建设控制区面积约12平方公里；《杜陵国家考古遗址公园规划》[⑥]是杜陵大遗址

① 《大遗址保护利用"十四五"专项规划》。
② 郭旃.第三批全国重点文物保护单位中的古遗址和古墓葬[J].文物，1988，40-47+63+100-102.
③ 祁睿.基于功能分区的杜陵考古遗址公园规划设计研究[D].西安：西安建筑科技大学，2018.
④ 《西安曲江国家级文化产业示范区总体规划（2014-2020）》。
⑤ 《杜陵文物保护规划（2012-2030）》。
⑥ 《杜陵国家考古遗址公园规划》2017年，杜陵考古遗址公园被正式批复立项；2018年，杜陵国家遗址公园建设将被启动；2019年，编制完成《杜陵国家考古遗址公园规划》，获得国家文物局审批。

的指导性文件（图6），充分考虑遗址的保护和展示需要，确保遗址安全，重现历史格局；依托历史礼仪制度及地形环境特征，组织游览线路。

北侧为众多陪葬墓（图7）、三兆村（2021年7月拆迁）和开发中的杜邑遗址公园（部分建成），东侧为浐河，西南侧为明朝藩王墓葬群。

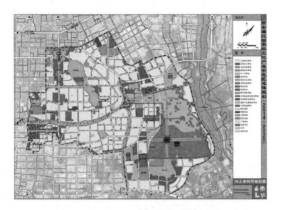

图4 西安曲江国家级文化产业示范区总体规划（2014-2020）

图7 陪葬墓分布（来源：同图2）

2．空间自然环境要素

方位：杜陵位于少陵塬，是西安市东南轴线的重要节点；气候：降水量为500～600毫米，相比市区降水量偏少，雨量多集中在夏、秋两季；地形：少陵塬是西安市城区东南方向的一块黄土塬地，东南小西北大，呈东南—西北走向；水文：少陵塬位于浐河和潏河之间，西北侧曲江池遗址；生态系统：生态林达12000多亩，是西安的城市"绿肺""氧吧"，是市民休闲的好去处。

3．空间展示利用现状、空间感知

通过人、石碑和封土的尺度对比，杜陵封土堆呈现庄严而肃穆的感知状态，其主要为游客登高、望远、纪念所用（图8）。开发中的杜邑遗址公园部分

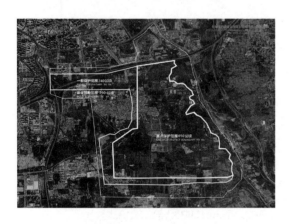

图5 杜陵文物保护规划（2012-2030）

图6 杜陵国家遗址公园空间构成（来源：网络）

3.3 杜陵国家遗址公园现状调研

1．空间构成、总体结构

由杜陵和皇后陵封土堆为主核和骨架的陵园，

图8 杜陵封土堆前（来源：网络）

考虑了遗址的保护和展示需要，确保遗址安全，重现历史格局。其中以陪葬墓（图9）展示为景观基础的多斑块群式开放公园（图10），贯穿了新理念、新方式，空间尺度宜人；路网（图11）依托历史礼仪制度及地形环境特征和陪葬墓位置，组织游览线路及观光旅游道路。

图9 陪葬墓与道路（来源：自摄）

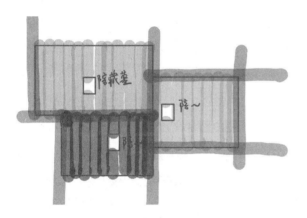

图10 斑块（来源：自绘）

图11 内道路尺度（来源：自摄）

3.4 杜陵周边城市空间区域概况

街道主干路：雁翔路、登高路、绕城高速、南三环、西康高速公路等，交通较为便利。周边建筑多为住宅小区，如果以杜陵遗址公园作为城市公共开放空间，将满足人们休闲、娱乐的需要。

3.5 无人机航拍

通过无人机视角高空俯视，更清晰、更宏观地分析大遗址与城市空间发展的关系（图12～图14）。

图12 消逝的三兆村（来源：自摄）

图13 开发中的杜邑遗址公园（来源：自摄）

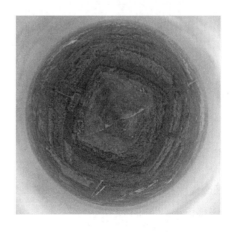

图14 杜陵封土堆鸟瞰（来源：自摄）

4 杜陵遗址片区空间使用适宜性评价

4.1 选取评价方法——SD法

SD法是用语义学中的"言语"为尺度进行心理实验，再对各种既定尺度的分析，最终能定量地描述研究对象的概念和构造的一种心理测定的方法，这种方法由奥斯顾德1957年提出[①]。SD方法运用建筑空间中时，这时的心理反应是以"建筑语义"上的尺度为指标，获得的心理、物理参量等参数运用多因子变量进行评价和分析，定量地描述空间目标的概念和构造。

4.2 评价语汇收集

针对杜陵空间氛围特征，选取了21对形容词（图15）来表达受访者对该历史文化街区空间的主观感知态度（取值-2~2，单位1）。

4.3 分析过程与结果

1. 绘制SD折线图（图15）

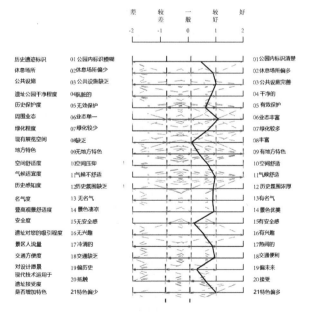

图15 调研指标与SD折线图（来源：自绘）

2. 可靠性统计、相关性分析、KMO效度检验和Bartlett球形度检验

---

① 郑路路.基于SD法的建筑策划后评价[D].天津：天津大学，2008.

经相关性分析表分析可知：变量之间存在一定相关性（图16）；克隆巴赫系数是心理测验中最常用的信度评估分析方法。克隆巴赫系数大于0.7、小于0.8，属于高信度，具有参考价值（表2）。

KMO值越接近1，Bartlett球度检验sig<0.05（p值<0.05），越符合标准。将20份有效的SD问卷数据输入SPSS，因子分析法降维，提取因子选择主成分法，旋转因子用最大方差法，得出KMO>0.7，Bartlett球形检验的显著性值<0.5，表明数据适合进行因子分析（表3）。

3. 因子分析及尺度确定

在主成分分析表中，有四个成分的特征值超过了1（表4）。特征根值大于1的主成分作为公共因子，因此通过旋转因子载荷矩阵并结合碎石图的坡度变化，可以进行公因子的提取。旋转因子载荷矩阵（表5）看，Q3、Q13、Q16、Q17没有通过效度检验，属于无效题项。最终根据旋转因子载荷矩阵中因子与变量的关系，我们可以提取因子的三个维度，并将维度1称为"空间现状和使用品质"，维度2称为"遗址公园对人吸引能力"，维度3称为"空间对人生理和心理感受"。

4.4 现状使用情况总结

根据表格可知（表6），空间现状和使用品质维度的描述性统计量均值在0（一般）到-1（差）之间，最小值接近-2（很差）；遗址公园对人吸引能力维度的描述性统计量均值接近-1（差），空间对人生理和心理感受维度的描述性统计量均值接近0（一般）。因此对于杜陵国家遗址公园的现状，可以认为其空间现状使用品质、建筑风貌有待改进；遗址公园对人吸引能力较差，空间对人心理和生理感受尚可改进。

结合问卷分析、调研分析和无人机航拍，可将西安杜陵现状总结为：从空间现状和使用品质来看，该遗址公园空间品质一般，缺少交流展览与游憩场所、公共设施也不完善；从遗址公园吸引人流的能力来看，游客少，历史遗迹没有发挥出文化遗产的效用，未与城市空间发展相结合；从空间对人生理和心理感受来看，有一定的场所记忆延续性，但场所精神仍需完善。

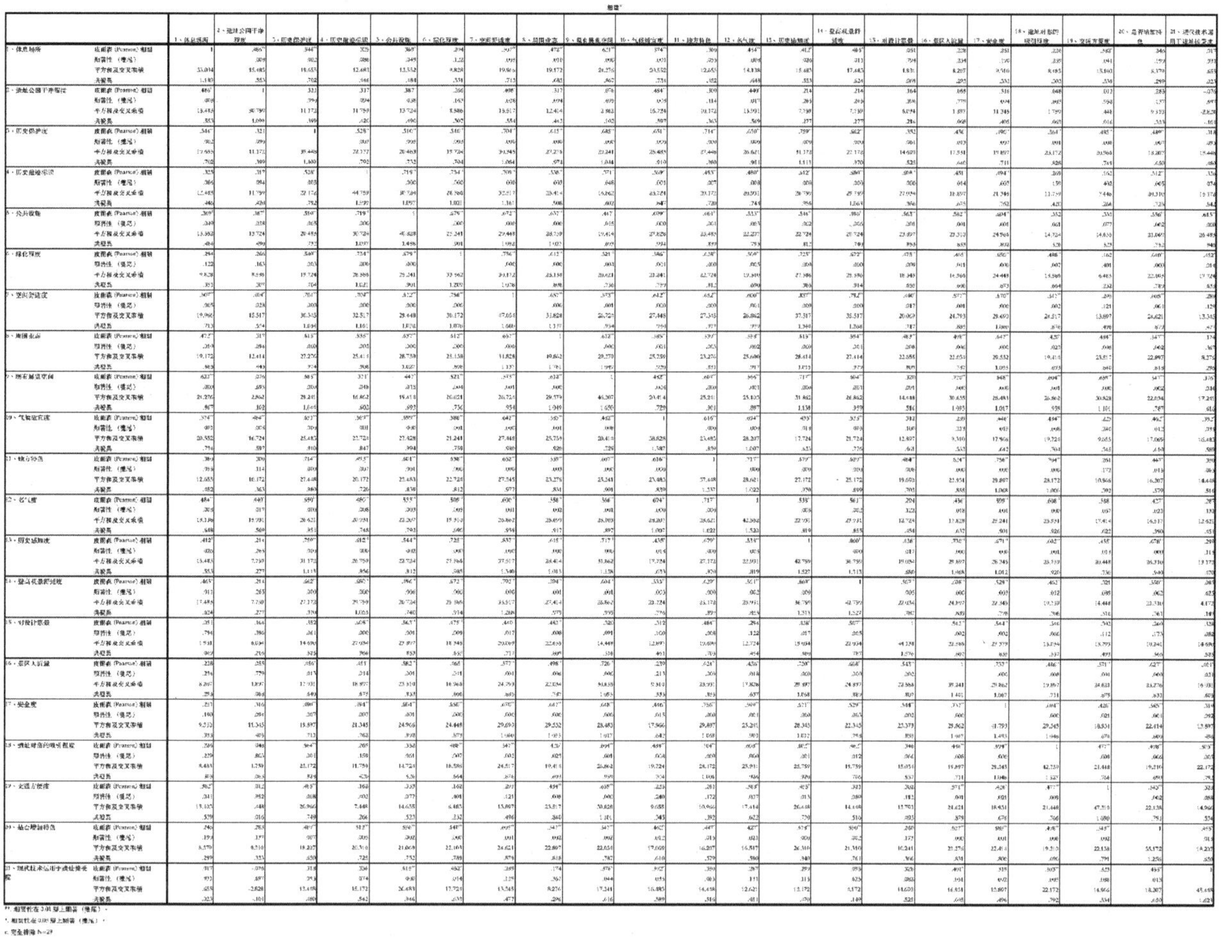

图 16　相关性分析（来源：自绘和软件生成）

克隆巴赫系数	表2
Cronbach's Alpha	项数
0.710	21

（来源：自绘）

KMO效度检验和Bartlett球形度检验	表3
Kaiser-Meyer-Olkin测量取样适当性	.636
Bartlett的球形检定 大约 卡方	575.835
df	210
显著性	.000

（来源：作者自绘和软件生成）

主成分分析表								表4
元件	起始特征值			撷取平方和载入			循环平方和载入		
	总计	变异的%	累加%	总计	变异的%	累加%	总计	变异的%	累加%
1	11.071	52.718	52.718	11.071	52.718	52.178	5.531	26.339	26.339
2	1.867	8.891	61.609	1.867	8.891	61.609	4.563	21.729	48.068

续表

元件	起始特征值			撷取平方和载入			循环平方和载入		
	总计	变异的%	累加%	总计	变异的%	累加%	总计	变异的%	累加%
3	1.559	7.423	69.032	1.559	7.423	69.032	3.640	17.333	65.400
4	1.194	5.687	74.719	1.194	5.687	74.719	1.957	9.319	74.719
5	.980	4.667	79.386						
6	.860	4.094	83.480						
7	.744	3.543	87.022						
8	.506	2.408	89.430						
9	.474	2.258	91.688						
10	.358	1.703	93.391						
11	.331	1.575	94.967						
12	.252	1.201	96.168						
13	.241	1.148	97.316						
14	.176	.838	98.155						
15	.140	.667	98.822						
16	.109	.517	99.338						
17	.075	.356	99.694						
18	.026	.124	99.819						
19	.017	.082	99.901						
20	.012	.058	99.958						
21	.009	.042	100.000						

撷取方法: 主体元件分析。
（来源: 软件生成）

旋转因子载荷矩阵　　　　　　　　　　　　　　　　　表5

	元件			
	1	2	3	4
4. 历史遗迹标识	.812			
6. 绿化程度	.747			
14. 登高观景舒适度	.732			
15. 对设计愿景	.729			
7. 空间舒适度	.694			
13. 历史感知度	.683	.596		
5. 公共设施	.609			.511
17. 安全度	.582	.506		
8. 周围业态	.521			
11. 地方特色	.505			
9. 现有展览空间		.833		
19. 交通方便度		.824		
16. 景区人流量	.584	.655		
18. 遗址对您的吸引程度		.646		
3. 历史保护度		.549	.530	
20. 是否增加特色				
10. 气候适宜度			.767	
2. 遗址公园干净程度			.763	

续表

	元件			
	1	2	3	4
1. 休息场所			.760	
12. 名气度			.621	
21. 现代技术运用于遗址接受度				.880

撷取方法：主体元件分析。
转轴方法：具有Kaiser正规化的最大变异法。
（来源：软件生成和作者自绘）

描述统计量					表6
N		极小值	极大值	均值	标准差
空间现状和使用品质	29	−1.75	1.00	−.4722	.73815
遗址公园对人吸引能力	29	−2.00	1.50	−1.5658	.96889
空间对人生理和心理感受	29	−1.50	1.50	.2222	.75107
有效的N(列表状态)	29				

（来源：作者自绘）

5　城陵空间结合视域下西安陵墓类大遗址保护更新路径

结合以陵墓类大遗址杜陵为例的西安城市大遗址及其周边城市空间发展调研和空间使用适宜性评价，从城市空间发展视域角度，提出西安城市大遗址保护、展示利用和城市设计与规划契合路径（图17）。

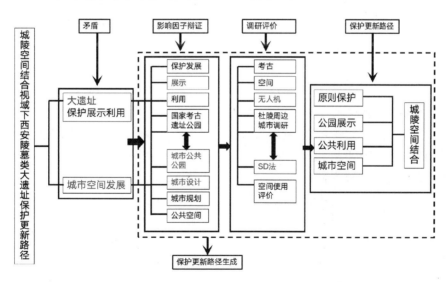

图 17　保护更新路径框架图（来源：作者自绘）

5.1　考古与保护

在大遗址保护的过程中，坚持考古支撑。不断突出大遗址价值内涵，明确大遗址的保护重点，丰富展示内容[1]。城市大遗址应坚持保护第一的原则，守住文物安全底线。

---

① 《大遗址保护利用"十四五"专项规划》。

5.2 展示

陵墓类大遗址对文物的利用展示大多限于文物本身，模式相对单一，应该重视展示内容。如杜陵国家考古遗址公园将陪葬墓进行展示且融入公园之中，游客在此休闲、娱乐，使其成为城市开放、公共、游憩、教育、科研的空间。

5.3 利用

合理利用陵墓类大遗址的价值，发挥大遗址的社会教育功能和实用功能。将大遗址的传统文化思想和美丽生态融入城市开放公园，塑造城市公园的文态与生态，为城市空间发展增添活力。这样能够改善大遗址周边环境、保护相关非物质文化遗产，使城市具有生命力；依托国家考古遗址公园建设，国家考古遗址公园实现"一园一策"，陵墓类大遗址应因地制宜，让其"活起来"；陵墓类大遗址的利用应发挥科技创新，提高科技成果转化。同时丰富保护、利用、传播技术手段，让大遗址活起来、传下去，促进中华传统文化有创新性的转化和发展。

5.4 城市设计、规划

基于大遗址的国家考古遗址公园规划是由规划专业牵头，涉及历史、考古、文物等学科交叉内容[①]，还有与政府协商，公众参与。同时应协同城市规划、保护规划、国家考古遗址公园规划等多领域规划；规划领衔，城市设计空间主导，与城市空间发展协调并坚持融合发展。应该正确处理陵墓类大遗址保护、展示利用与城市空间发展的生态、文态的关系。以人为中心，推动陵墓类大遗址融入城市空间发展，融入现代生活，实现"城陵结合"。

参考文献

[1] 吕琳. 西安大遗址周边空间环境保护与营建研究 [D]. 西安：西安建筑科技大学，2016.

[2] 吴承照，肖建莉，匡晓明，张松. 大遗址保护联动城市发展的自然途径 [J]. 城市规划学刊，2021，107-113.

[3] 江旭. 陕西省文化遗址公园发展研究 [D]. 西安：西北大学，2019.

[4] 祁睿. 基于功能分区的杜陵考古遗址公园规划设计研究 [D]. 西安：西安建筑科技大学，2018.

[5] 袁菲. 城乡发展历史与遗产保护 [J]. 城市规划学刊，2021：124-125.

[6] 金雪丽. 韩国庆州历史景观保护的经验与启示 [D]. 西安：西安建筑科技大学，2013.

[7] 单霁翔. 大型考古遗址公园的探索与实践 [J]. 中国文物科学研究，2010：5-15.

[8] 郑路路. 基于SD法的建筑策划后评价 [D]. 天津：天津大学，2008.

[9] 干立超，姚瑶. 城市型考古遗址公园与城市协调发展的规划探讨——以临安吴越国王陵考古遗址公园规划为例 [J]. 建筑与文化，2021：145-147.

[10] 杨静，成玉宁. "文态"与"生态"环境下的遗址公园建设 [J]. 建筑与文化，2019：181-183.

[11] 杨月梅. 明秦藩王墓石刻艺术风格研究 [D]. 西安：西安美术学院，2019.

[12]《大遗址保护利用"十四五"专项规划》.

[13]《大遗址保护专项经费管理办法》.

[14]《西安曲江国家级文化产业示范区总体规划（2014-2020）》.

[15]《杜陵文物保护规划（2012-2030）》.

[16]《杜陵国家考古遗址公园规划》.

[17] Lin Lv, Ren Yi Lv. Research on Interaction of Xi'an Urban Development with Great Heritage Sites Protection[J]. Applied Mechanics and Materials, 2013, 2546（357-360）.

[18] Ling Ling Chen, Jian Hua Sun, Ke Qin Sun. The Conflict and Development between Resource, Environment and Tourism: A Case of the Ruins of Koguryo as the World Cultural Heritage Site in Ji'an, China [J]. Advanced Materials Research, 2012, 1792（524-527）.

[19] Heidi K. Lam. Embodying Japanese Heritage: Consumer Experience and Social Contact at a Historical Themed Park [J]. Journal of Intercultural Studies, 2020, 41（3）.

---

① 干立超，姚瑶. 城市型考古遗址公园与城市协调发展的规划探讨——以临安吴越国王陵考古遗址公园规划为例 [J]. 建筑与文化，2021：145-147.

传统聚落空间形态特征识别与生成机制研究
——以重庆市域乡村聚落为例

潘提提 陈欣婧 张友成 刘璐瑶

作者单位
重庆大学建筑城规学院

摘要：传统聚落是中华民族农耕文明的载体，保存和传承了中华传统文化，具有历史、文化、社会和经济等方面的价值。以重庆市域传统乡村聚落为例，通过构建基础信息数据库，从聚落整体格局、街巷格局和建筑形态三个尺度分析其空间形态特征，发现重庆市传统聚落空间形态受自然环境、经济技术和文化的综合影响，为传统聚落保护与发展提供理论指导。

关键词：传统聚落；空间形态特征；生成机制

Abstract: Traditional settlements are the carrier of Chinese agricultural civilization. They preserve and inherit Chinese traditional culture and have historical, cultural, social and economic values. Taking the traditional rural settlements in Chongqing as an example, by constructing the basic information database, this paper analyzes its spatial form characteristics from the three scales of overall settlement pattern, street pattern and architectural form, and finds that the spatial form of traditional settlements in Chongqing is affected by the comprehensive influence of natural environment, economy, technology and culture, which provides theoretical guidance for the protection and development of traditional settlements.

Keywords: Traditional Settlement; Spatial Morphological Characteristics; Generative Mechanism

1 引言

聚落是人类社会化的一种初期社会关系形态，现多指村落和集镇[1]。我国传统聚落往往有数百年甚至上千年的历史积淀，其间蕴藏了人们将生活生产方式与自然条件巧妙结合的智慧，是最具中国特色的本土规划产物[2]。

我国传统聚落不但资源丰富，而且蕴含着大量的历史文化信息，具有较高的价值。国内对传统聚落的研究开始于20世纪80年代，金其铭等以人文地理学为视角，对聚落空间形态进行了辨识[3]；李红波等（2014）对苏南地区乡村聚落空间格局特征进行了深入分析，并探讨其背后的驱动机制[4]；浦欣成等（2018）构建了量化分析村庄形态的新方法，研究了聚落的边界形状、空间结构、建筑群体秩序等[5]。聚焦于巴渝地区传统聚落，从研究内容来看，主要分为空间形态特征和生成机制两个方面。在空间形态特征方面，宏观上，赵剑锋等（2009）从传统四川场镇入手，剖析其特征，并在此基础上对场镇空间发展与形态进行分析[6]；刘敏等（2014）提出了优化重

庆乡村聚落文化传承与聚落形态的发展策略[7]；微观上，黎杞昌（2012）对巴渝地区传统山地建筑的形态特征进行剖析，总结其地域特色与现代应用[8]；冯维波等（2017）分析了山地传统民居的形态特征，构建了建筑景观信息图谱[9]。在生成机制研究方面，戴彦（2002）深入研究了巴渝地区聚落形态特征与地域文化之间的内在联系[10]；闵婕等（2016）以三峡库区为研究对象，研究乡村聚落空间演变模式及其驱动因素的作用[11]。

由于保护工作内容繁杂等诸多原因使得传统信息往往不能被充分挖掘，致使保护工作中对建筑、街巷等的修缮结果与原有聚落风貌有较大出入。本文致力于探索重庆市域传统聚落的空间形态特征，归纳其生成机制，为重庆市域传统聚落的保护与发展提供理论指导。

2 研究对象与方法

2.1 研究对象

截至2020年11月，重庆市域范围内共有45个历

史文化名村，主要分布在东南方向，西南方向分布次之，中部零星分布一些。考虑到45个历史文化名村的地域形态特征以及基础资料的收集情况，本文从中选取20个历史文化名村作为研究对象，从聚落整体格局、街巷格局和建筑形式三个方面来分析重庆市域传统聚落的空间形态特征并探索其生成机制。

2.2　研究方法

基础信息数据库构建。运用AutoCAD对所研究聚落的建筑、街巷和水系等基本要素进行绘制，通过Global Mapper对DEM数据提取等高线，最后整合入ArcGIS中，构建出包含传统聚落所有基本形态要素的基础信息数据库，为传统聚落空间形态特征的研究提供基础（图1）。

3　不同尺度下重庆传统聚落的空间形态特征

地形多变的地域特征造就了重庆丰富的山水环境，从而孕育出具有地域特色的传统聚落空间。本文将从聚落整体格局、街巷格局和建筑形态三个尺度来分析传统聚落的空间形态特征。

3.1　聚落整体格局

1. 选址

重庆市传统聚落的选址主要受到了地形地貌和河流水系因素的影响。从地形地貌出发对山水特征进行分类可分为山地型和丘陵型两种，在此基础上，结合河流水系、微地形两大要素进行更细分类，可分为山地峡谷型、山地河谷型、丘陵河谷型、丘陵远水型四类（图2）。

2. 聚落平面形态特征

因本文研究对象受不同程度的地形影响，其平面形态可分为线型、向心型、多心型和离散型四种（图3）。

（1）线型

线型传统聚落多是沿山或河流等要素线性发展的。在本文选取的20个聚落中，属于线型传统聚落的有10个。沿山脊线的传统聚落有4个，其中3个与等高线平行——亮垭村、浪水坝村和芙蓉村，1个与等高线交错——金龙寨村；沿河流的传统聚落有6个，其中5个村落分布在河流一侧——大寨村、新建村、大顺村、司城村、文风村，1个村落分布在河流

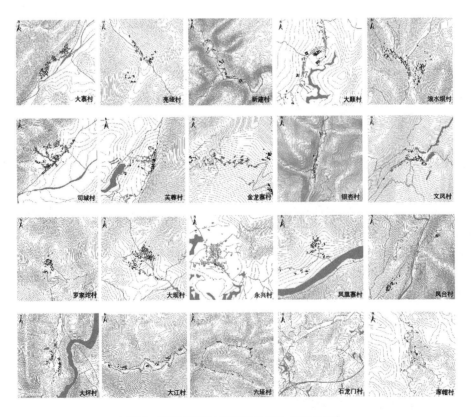

图1　研究对象基本要素图（来源：团队绘制）

两侧——银杏村，可以看出沿河流发展的线型传统聚落多以单侧发展为主。

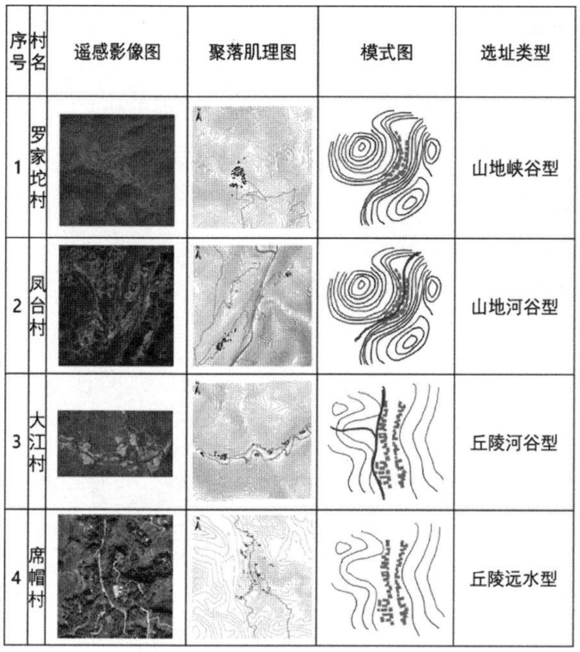

序号	村名	遥感影像图	聚落肌理图	模式图	选址类型
1	罗家坨村				山地峡谷型
2	凤台村				山地河谷型
3	大江村				丘陵河谷型
4	席帽村				丘陵远水型

图2 重庆市域传统聚落选址分类图（来源：团队绘制）

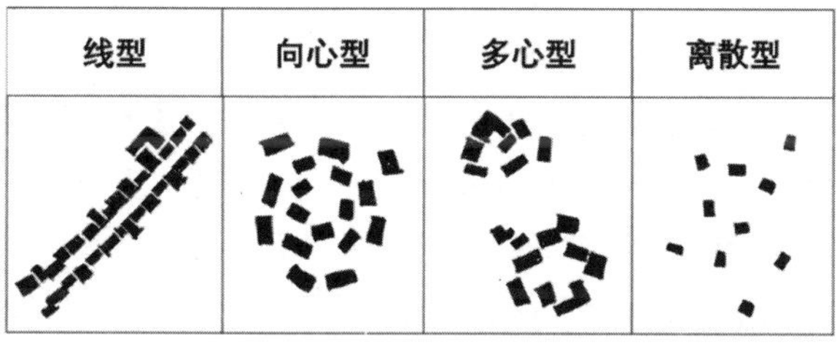

线型	向心型	多心型	离散型

图3 平面形态特征图（来源：团队绘制）

（2）向心型

向心型传统聚落一般布局较紧凑，具有良好的向心聚合力。相对于仅有一条主街的线型布局，向心型传统聚落一般有多条街道，向山坡、道观等集聚明显。本次研究中属于向心型的传统聚落有4个——罗家坨村、大坝村、永兴村和凤凰村。

（3）多心型

多心型传统聚落初期一般只有一个聚落组团，因发展需要而跨越山体、水系等，形成了形态、环境各异的多组团格局。本次研究中属于多心型的传统聚落有3个——凤台村、大坪村和大江村。

（4）离散型

离散型传统聚落多因地形的分割或是新旧村的发

展而使得形态比较分散。本次研究中属于离散型的传统聚落有3个——六垭村、石龙门村和席帽村。

3.2 街巷格局

1. 平面线型

重庆传统聚落街巷路网不如平原城市聚落规整，会形成各种类型的平面线型，且同一聚落的平面线型可能有多种。研究发现，案例聚落可分为直线型、折线型和曲线型三种街巷平面线型。

（1）直线型

因沿道路或顺应地形会出现整条或局部平直的街巷，如司城村的建设用地面积较大，主街因建于地势平坦处而形成直线型平面线型；芙蓉村街巷沿山谷，局部地段街巷较平直；永兴村位于平坦地区，街巷受地形影响小，易形成直线型的（图4）。

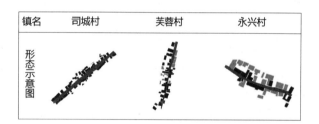

镇名	司城村	芙蓉村	永兴村
形态示意图			

图4 直线型街巷图（来源：团队绘制）

（2）折线型

随聚落发展演变，面对公共建筑或沟、崖等地形时，街巷会调整走向出现转折以突出此处的空间。罗家坨村街巷呈不规则线形，通往公共建筑时出现转折；因顺应地形六垭村街巷呈折线型；凤凰寨村在聚落中心处转折形成公共空间（图5）。

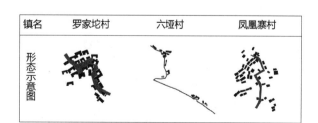

镇名	罗家坨村	六垭村	凤凰寨村
形态示意图			

图5 折线型街巷图（来源：团队绘制）

（3）曲线型

大顺村选址靠近河流，主街巷走向基本顺应河流走向，与岸线形成相向或相背的格局；文凤村在地势较高处，街巷随地形变化而变化；浪水坝村街巷沿山谷而行，街巷弯曲没有特定角度（图6）。

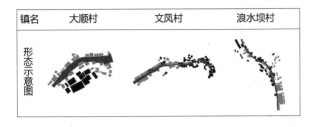

图6 曲线型街巷图（来源：团队绘制）

2. 街巷走向

街巷走向因受自然和社会环境的影响表现出自然的韵律感，有的平行或垂直河流，有的平行或垂直等高线，有的通向码头或城门。对案例聚落街巷走向进行研究，总结出五种类型街巷走向。

（1）平行或垂直河流

传统聚落选址虽会利用河流水系以方便农田灌溉，但考虑到洪水侵袭，选址建设会距河流水系一定水平距离或高差，如大坪村街巷与河流存在高差，街巷沿河流呈线型延伸。

垂直河流的街巷多位于地形平坦地段，如新建村居民点基本在河流转弯处发展，主街或垂直或平行河流。分析发现除主街与河流垂直外，多数传统聚落巷道走向也垂直河流。

（2）平行或垂直等高线

有的街巷顺应等高线以减少工程量，如浪水坝村和六垭村；有的街巷沿山而行形成爬山坡道，丰富自然景观，如大顺村和大坝村。

（3）其他类

其他类包括街巷与远处山丘形成对景，对接周边交通等。如凤台村与北面山丘形成视觉廊，从山丘望去街巷风貌一览无余；文凤村街巷可通往其他村庄，与周围村庄联系。

3.3 建筑形态

1. 建筑单体形态特征分析

（1）建筑形制特征

以建筑类型学的研究方法划分建筑形制，研究发现，案例聚落建筑单体类型可分为"一"型、"L"型、"凹"型和"口"型（图7）。"一"型是最常见、简单的形制，占地面积最少。不临街部分多为民居，临街部分有两种形式，一种面向街道形成多开间横向长方形，另一种是单开间纵向竹筒形；"L"型作为"一"型的变形，具有一定的围合性，受地形影响厢房可能与正房不在同一平面；"凹"型围合感较强，布局灵活，有较完整的院落开间。受地形影响，正房可建于较高处，厢房两层，一层为杂物、饲养用房，二层为居住用房，二层檐廊与正房连接；"口"型综合中原与南方天井形式特征，布局基本对称，但更加灵活，建筑组合不追求完全对称。

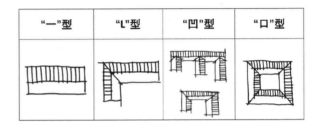

图7 建筑形制图（来源：团队绘制）

（2）建筑朝向特征

从传统聚落整体朝向来看，重庆传统聚落并不完全遵从南北朝向原则。进一步分析识别出"垂直等高线""垂直河流走向"的总体朝向特征。建筑整体朝向在选址时就已基本决定，重庆传统聚落大多位于地形起伏地带，整体建设往往顺应地形，以平行于等高线为最基本原则，故而导致朝向垂直于等高线；沿河具有便利的水运交通和生活用水优势，故聚落选址于河流两岸作为最初生活集聚区，后逐渐在周边形成聚集区。其居民大多从事与河流相关的工作，因此最初的聚落平行于江河修建。

2. 建筑群体形态特征分析

（1）建筑群体组合形态特征

聚落肌理在演变过程中，由于建筑间不同的组合方式，会形成多种不同的建筑群体形态，结合山地城市的地域特色，可分为串联式、并联式以及自由式三种（图8）。

①串联式

其主出入口位于侧面，个体间以山墙面相邻，布局紧密，大多位于同一轴线上，形成以线型延展为特征的建筑肌理，组合规律明显。案例中，除了亮垭村、金龙寨村外其他传统聚落都有此类建筑。以大

串联式　　　　　　　并联式　　　　　　　自由式

图 8　建筑组合形态类型图（来源：团队绘制）

顺村为典型案例，串联式的组合形式集中在聚落的西南部，串联关系出现在主要道路两侧，纵墙面面向街道，临街空间对外开放，具有一定的商业功能。建筑基本保持同一轴线，前后排列体现相互串接的关系（图9）。

②并联式

采用并联式组合的建筑，主要朝向街道开门，出入口位于正面，建筑以纵墙面相邻，相近建筑沿着平行的轴线进行组合，组合规律较明显。如永兴村，在生活性街道局部采用并联式，建筑以"小面宽大进深"的"一"字型为主，建筑间留有间隙，沿街界面

较为平顺。即使现代建筑主要是在原有基础上扩建的，出现体量较大的建筑形制，大体上仍表现出并联的组合关系。

③自由式

自由式建筑群体并未遵循特定规律，组合形式不明显，建筑朝向多变，间隔较大，自由松散。多体现于多心型及离散型传统聚落。以离散型聚落席帽村为例，建筑分布于距道路较近的地方，但受地形高差影响，建筑间间距不等、朝向不一，未体现较规整的建筑肌理形态（图10）。

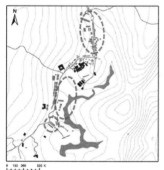

图 9　大顺村串联式建筑群体组合图（来源：团队绘制）

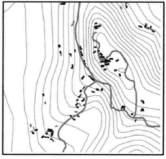
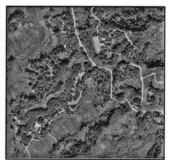

图 10　席帽村自由式建筑群体组合图（来源：团队绘制）

（2）建筑群体与地形关系

重庆市域传统聚落多分布于山间平坝，建筑顺山就势，最大限度地考虑了其与环境的关系，多样的山地群体空间形态也因复杂的自然环境应运而生。建筑群体与地形关系有两种：建筑群体平行于等高线或相交于等高线。

① 平行于等高线

在山地聚落营建过程中，建筑群体在布局时顺应山体走势，契合地形。道路走向也常常与等高线相适应，虽然道路自由曲折，但可适当减小坡度，增加联系，兼顾了聚落的适应性与通达性。这种布局方式常常出现在主要道路两侧或是沿江、沿山体部分。

② 相交于等高线

建筑群体在布局时与等高线垂直或斜向相交。这种方式是由于次级道路需与平行等高线的主要街道相联系，建筑群体跟随次级道路的走向布置，与等高线相交，在跨越高差的同时也加强了建筑间的竖向联系。以大顺村为例，大部分建筑群体顺应地形，平行于等高线。部分建筑在与平行于等高线的主街相接时需相交于等高线。建筑排列疏密有致，平行于等高线的建筑群体，建筑体量较大，排列整齐；相交于等高线的建筑群体，建筑体量相对较小，布局自由、细碎（图11）。

图 11　大顺村建筑群体平行、相交于等高线图（来源：团队绘制）

4　影响因素与生成机制的研究

4.1　自然环境的影响

自然环境是奠定聚落选址、定居、营建的基础，良好的自然环境为聚落发展提供良好条件，因地域自然特色使重庆传统聚落山水格局呈现独特性。自然环境对山水格局的影响主要体现在聚落选址、朝向、轴线、边界、尺度等方面。在聚落选址方面，传统聚落一般会选择在山体资源丰富、地势较为平缓，或选择在河流交汇、河流凸岸处，因地制宜进行生产生活活动；在朝向方面，一般选择能够面迎清风、背御寒风的山环水抱之地；在轴线上，山体制高点遥相辉映，水陆码头成为轴线端点；山河形成传统聚落的山水边界；传统聚落受山水影响通常尺度较小，采取一定的技术经济条件可跨山水发展以实现尺度突破。

4.2　经济技术的影响

传统聚落的形成和发展不仅与功能需求、交通需求有关，还与投资费用、建设难度直接相关，而建设难度和投资费用则直接取决于当时的经济和技术条件。历史时期经济水平有限，虽然有营造理念层面的指导，但无先进的技术支撑，因此传统聚落的营建只能顺应地域环境或者对当地环境进行微处理；现今技术发达，能对地形进行大规模改造，而且现代材料、工艺也有所不同，营造的聚落空间也具有差异。重庆市传统聚落的空间形态不像平原城市的那样相对规整，而通过现代技术的填挖能够弥补局部高差大的短板，有力的改变地形条件，因此，传统聚落与现代聚落在空间形态上各有不同。

如文凤村，由于社会生产比较落后，人口稀疏，小规模的建筑对自然环境的破坏较小，空间具有层次性与多变性，随着聚落的演变，经济水平有了一定的提升之后，一些现代建筑沿着以前的肌理继续发展下去，逐渐克服地形的影响，在地势较高处建造房屋，使得整个文凤村形成了具有一定规模的、较为完整的聚落空间。

4.3 历史和宗族文化的影响

1. 对聚落格局的影响

历史文化是传统聚落的根基，传统聚落的发展多以历史建筑或历史文化空间为核心。而传统聚落在当代往往又会因为历史文化而被再次开发，使得原本的历史建筑或历史文化空间的核心地位再次被加强，其对于整体格局的影响也会被再次放大。例如，大顺村由于受到了李蔚如烈士红色文化的影响，从李蔚如烈士故居出发，再到如今的李蔚如烈士陵园，其整体的建筑朝向呈现出"东北-西南"的形态特征。

同样，拥有宗族文化的传统聚落因早期共居的原因，聚落更具有凝聚性，结构更加缜密，空间形态也更紧凑，多呈现向心型、多心型的肌理特征。单姓与多姓村落的格局也有明显的不同，在建筑布局中，单姓村落的民居往往围绕宗祠等公共建筑布局，或是与重要建筑保持几乎一样的朝向，而多姓村落的内聚性不那么显著，聚落结构所表现出往往不止一个中心，而是多中心的现象。以多姓村落银杏村为例，全村有"余""彭"两姓，村内有"余家大寨"和"彭家大院"两处公共建筑。余家大寨位于聚落北部，周围建筑呈现向心式布局，局部体现了宗族文化的内聚性；而彭家大院目前位于聚落组团的外部，对宗族的控制力较弱，建筑在布局时更注重自然水系以及经济因素。但两处公共建筑仍然是土家民居中重要的活动场地，在建筑形式上延续了原有的宗族结构。

2. 对建筑风貌的影响

历史和宗教文化所形成的独特建筑风貌会长期影响传统聚落的建设。例如大顺村的典型地域及移民文化特色，保留着有从清代迄今的民居建筑、江浙和福建等地的祠堂式、桥亭式等建筑样式、有皖南民居和湘赣民居等建筑实体，对其后两百年的建筑风格影响深厚；由于受到了天保古寨的山寨文化的影响，大顺村至今还保留有占地28平方公里的48道寨门，成为大顺村风貌特色的一部分；由于受到了客家文化的影响，大顺村的古民居至今还保留了碉楼的修砌风格，使得其建筑风貌也独具一格。

5 结论与讨论

通过对聚落整体格局、街巷格局和建筑形态等不同尺度空间形态特征研究可以发现，重庆传统聚落的形成和发展有着独特的特质属性，其形成是主动适应自然地形和文化演变的结果。对重庆传统聚落空间形态特征及生成机制进行深入的探索，寻求保护方法客观科学，能够更加有效地指导重庆和重庆案例聚落之外的其他传统聚落保护的实际工作，并在实践中不断补充与完善。

参考文献

[1] 夏登江，黄东升.传统聚落开发与文化传承 [J].艺术评论，2016（01）：143

[2] 缪建平，张鹰，刘淑虎.传统聚落人居智慧研究——以福建廉村为例 [J].华中建筑，2014，08：180-184.

[3] 金其铭.农村聚落地理研究——以江苏省为例 [J].地理研究，1982（03）：11-20.

[4] 李红波，张小林，吴江国，朱彬.苏南地区乡村聚落空间格局及其驱动机制 [J].地理科学，2014，34（04）：438-446.

[5] 浦欣成，张远，高林.乡村聚落平面形态集聚性肌理特征的可视化研究 [J].建筑与文化，2018（12）：38-40.

[6] 赵剑峰，钟健.四川传统场镇中心空间的发展与形态分析 [J].四川建筑科学研究，2009，35（04）：206-209.

[7] 刘敏，李先逵.重庆乡村聚落传承与发展策略研究 [J].城市发展研究，2014，21（10）：6-12+16.

[8] 黎杞昌.巴渝传统山地建筑形态分析与现代应用 [J].中华建设，2012（09）：184-185.

[9] 冯维波，张蒙.山地传统民居建筑景观信息识别研究——以重庆市江津区中山镇龙塘村为例 [J].重庆师范大学学报（自然科学版），2017，34（04）：120-126+141.

[10] 戴彦.渝东南传统街区的人文解读及其现实启示——以重庆酉阳龙潭古镇为例 [J].规划师，2002（07）：45-48.

[11] 闵婕，杨庆媛.三峡库区乡村聚落空间演变及驱动机制——以重庆万州区为例 [J].山地学报，2016，34（01）：100-109.

从"遗忘"到"重塑"历史街区空间
——以马来西亚槟城为例

刘嘉帅　翟辉　王兆南　吴南杰

作者单位
昆明理工大学建筑与城市规划学院

摘要：城市化的快速发展往往导致人们会忽略历史街区的保护，在历史与当代矛盾的冲击下，街区失去场所感，空间失去亲密感。所以，如何在城市化快速建设进程中传承与发展历史街区文化与重塑居民的日常生活价值是当下极其重要的议题。只有深刻意识到历史文化的价值所在，才能促成历史文化与现代生活的和谐共享。基于包容性城市视角，以马来西亚槟城乔治市为例进行研究，选取乔治市中涉及不同种族的历史街区为对象，创新性地引入"共同体模式"，从历史街区空间被遗忘到被重塑，探析如何将外来人员与原居民情感融合及不同种族资源结合的空间微更新策略。

关键词：槟城；共同体模式；历史街区；包容性；微更新

Abstract: The rapid development of urbanization often causes people to neglect the protection of historic blocks. Under the impact of the contradiction between history and contemporary times, blocks lose their sense of place and intimacy of space. Therefore, how to inherit and develop the culture of historic districts and reshape the value of residents' daily life in the process of rapid urbanization construction is an extremely important issue at present. Only by deeply realizing the value of history and culture can we promote the harmonious sharing of history and culture and modern life. Based on perspective inclusive city, to Penang Malaysia George town as a case study, selection of George town involved in the historical block as an object of a different race, "community" mode, introduced innovative, forgotten to be recreated, from historical block space analysis and how to blend migrants and the original inhabitants emotional resources combination of different RACES space micro update strategy.

Keywords: Penang; Community Model; Historic District; Inclusive; Micro Update

1　引言

在城市化快速发展的背景下，人们往往会忽视对历史街区的保护与修复。在城市化建设进程中，人们要如何继承与发展城市中的历史文化是迫切需要正视的问题。唯有深入了解历史遗产的价值，才能促成历史文化与现代生活的和谐。对于历史遗产保护与利用而言，利用即是保护，利用恰恰能使历史建筑焕发新生，是更深层意义上的保护。恰当的利用能使历史建筑在新时代里重新寻找到自身的价值定位。

在消费文化以及居住模式发生转变的冲击下，传统历史街区的原居民如何寻找原有的归属感，寻找到邻里关系的共同情感以及重塑其丰富的人文气息？在包容性城市背景下，以传统文化为导向的共同体模式体现出共享的互助精神。本文以多文化主体的槟城乔治市东北部历史街区为共享街区更新范围，以共同体模式为创新理念出发来思考传统历史街区空间模式与社会发展之间的关系，并以此重新激发城市街区活力。

2　历史街区"考古"

历史街区的种群历史及文化历史（图1）要追溯到18世纪。1798年，欧洲人占领了有利的沿海地区，中国人形成了一个棋盘形状的"中国城镇"，街区文化还未正式形成。1803年，亚齐人继马来西亚人之后进入乔治城，并立即占领了该地，中国福建地区的五家中国公司占领了乔治城东部沿海地区进行进出口贸易。场地东部的中国公司是最早的历史群遗址。此时，海岸线基本保持不变。1893年，中国人扩大了海岸线，增加了中国移民的数量。场地的老城区已经完全被占领，西部的马来西亚文化和亚美尼亚文化混合，东部的中国五家公司不再具有沿海优势。2010年，接近场地现状，亚美尼亚文化融入场地，同时，受马来西亚和亚美尼亚文化影响的人口逐渐扩展到乔治城的西部内陆，分区变得混合无序。场地西边融合了马来西亚和亚美尼亚文化，而中国的五家公司在东边更接近大陆，占主导地位较小。受历史原因影响，有着多民族特征的马来西亚造就了不同宗教文化交融共生的人文状态。当然，也正是因为不同种族的共同存在才维系着马来西亚宗教文化地域性融合发展[3]。

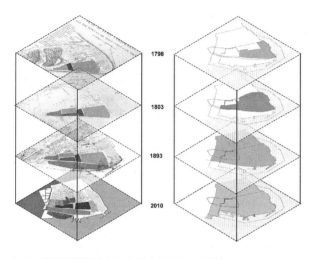

图1 街区种群历史及文化历史（来源：自绘）

3 共同体模式

德国社会学家斐迪南·滕尼斯的《Gemeinschaft and Gesellschaft》（《共同体与社会》）是最早提出共同体概念的著作，他将社会关系分成"共同体"和"社会"两种成分[1]。"共同体"成员间的关系源于他们之间有着非商业性质的相似性，比如有着共同的语言文字、风俗文化以及生活习惯等，而"社会"成员间的关系指的是以劳资雇佣、商业协作等纯粹的商业关系，他们由于拥有相同或相似的价值认同而形成利益共同体。由此可见，"共同体"成分更多引导居民拥有持久性且真实性的生活。本文正是以斐迪南·滕尼斯的共同体理论为参考，他认为共同体主要是基于自然基础上的群体关系里实现的。共同体以血缘、情感及伦理关系为纽带生长，包含地缘共同体（邻里）、血缘共同体（亲属）以及宗教共同体（文化）等多种形式，因为人们有着与生俱来的共同意志[2]。

4 共同体模式建立

消费文化的快速发展下，槟城乔治市历史街区的空间与生活方式都面临迭代问题，缺少活力，如何使消费者快速融入原住民的生活氛围，通过对槟城乔治市不同种族的各种资源结合，挖掘历史街区自身的历史价值，唤醒街区记忆，以共同体模式实现共同福祉。

4.1 共享街区结合基础

槟城乔治市的历史街区建筑结构稳定性低、生活条件恶劣、缺乏维护，整个街区在城市化进程中存在明显的物质性老化和结构性衰退问题，传统的生活形态随着时代推移所剩无几，传统的建筑类型无法满足当代生活的需求。历史街区是由多宗教融合以及多种群传统文化所构成的社会共同体，在城市更新发展过程中，由于历史街区的传统文化融合及延续意识淡薄，逐渐忽视了对当地居民主体能动性的客观反映及其情感需求，居住空间与商业空间之间存在着明显的脱节现象，人的情感联系逐渐弱化，因此历史街区网络面临着重建状态。

随着以华人、马来人和印度人为主的三大种族定居于此，槟城乔治市逐渐形成多元文化融合共生的族群和谐共存现状（图2）[3]。不同的宗教文化融入以及多种族的影响使槟城乔治市形成众多宗教场所。随着时间的推移，各宗教文化核心产生了空间上的联系，一条"宗教街"的空间序列形成。平等开放的宗教街的塑造成为街区的重要公共空间。各种族之间的信仰既相互依附又相互隔离，以血缘关系为基础的华人聚落，以地缘关系为纽带的种族联合以及以业缘关系为联络的行业从业者们，可见种族间的文化能将血缘或非血缘个体融合成新的共同体。宗教文化信仰与种族聚落通过紧密的地理空间进行情感联系，围绕其聚落建成的宗教场所形成聚居共同体文化。当然，因为其聚居性才造成了一定的社会隔离与空间隔离。

基于共同的记忆和文化价值观，人们有着依赖于空间和地域的文化认同感。因为有着共享目标和文化传统，形成了相互依靠的整体，这就是文化共同体。建筑空间对于文化归属感的形成起到重要推动作用，只有对文化认同才能对空间认同，通过更多空间的营造提升文化归属感和认同感[4]。

4.2 历史街区"微更新共同体"

在保留原有历史街区肌理与建筑物的前提下进行

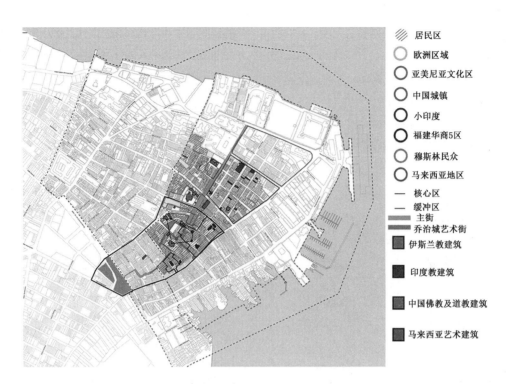

图2 槟城乔治市历史街区分析（来源：《GEORGE TOWN HISTORIC CITIES OF THE STRAITS OF MALACCA》改绘）

升级改造，通过见缝插针的设计手法介入历史街区空间内进行微更新设计，重塑历史街区公共空间[6]。微更新设计以原住民的主体需求为导向，以该历史街区商业功能单一、街区活力存在明显持续性问题、街区内条屋密度高、空间连通性差的调研分析为基础，探寻居民需求与街区空间的连接点，为主体需求的有序发展提供设计引导。采用文化再现的艺术化表现形式进行场景营造，改变消极空间成为街区新的活力增长点，新生活元素和谐地融入居民原有生活，融入上住下店的居住模式，实现历史街区与现代生活的完美对接，促进街区经济发展[7]。围绕历史街区空间更新而产生的公共性行为，增加原住民的参与性，重新激发原住民对街区的归属感。

基于对宗教文化的反复挖掘寻找到历史街区的主干道路轴线，该轴线经过的区域有中国佛教及道教建筑、印度教建筑、伊斯兰教建筑、马来西亚艺术建筑。为了不破坏历史街区的肌理脉络，同时原建筑（条屋）保留了基本结构特征，采用历史壁画营造、骑楼悬挂及拱廊挂屏（图3）等方式进行微更新改造。通过实地调研及查阅相关资料，历史街区是现代建筑与传统建筑的混合区域，类型包括商业建筑、居住建筑及商住混合建筑等，因为历史原因遗留下来的

房屋权属问题，只有极少的建筑可作改动。

当然，传统文化氛围的营造需要引导游客主动参与到历史街区的更新中。所以，通过对部分条屋进行改造，实现对历史街区"吸、收、放"空间的营造。首先吸引游客从附近的地铁站和公园渗透到街区后街，在白天，所有建筑呈开放状态来增加游客的渗透，晚上则封闭部分建筑，靠近主干道的建筑继续开放，保证游客的安全；然后通过后巷空间的趣味性设计改造继续引导游客观光；最后游客通过空间引导进入主干道，后巷空间将会归还给居民继续使用，保证了空间使用的私密性和居民的幸福感。

"吸、收、放"空间的营造是人类情感共享的设计体现，在街区内串联出全新的展陈空间、休闲娱乐空间和居住空间，不仅实现了功能置换，加强了物质空间的当代适应性，而且为游客与原住民提供了产生交流联系的空间，是对现有场地功能缺失的补充。展陈空间（图4）的改造策略是利用景观来吸引游客，与建筑对面的公园遥相呼应。景观通过玻璃砖墙渗透到建筑内部。大厅和纪念品区是完整的大空间，从展览走廊过渡到历史展览室的大空间，通过销售、参观等形式有效地引导人们进行空间移动，形成"大空间—小空间—大空间"的体验感。休闲娱乐空间（图5）的

图 3 骑楼悬挂及拱廊挂屏图（来源：改绘）

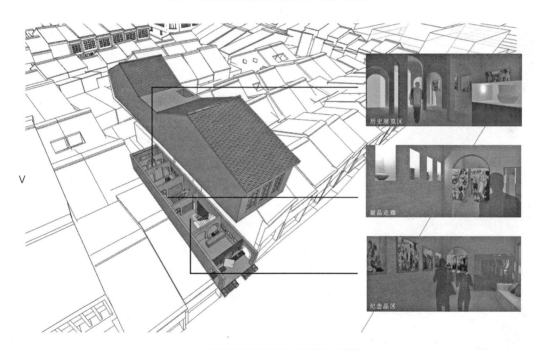

图 4 改造后的展陈空间（来源：自绘）

改造策略是建筑内部主路空间连接建筑前后的走廊，连接主路与后巷，对条屋内部原墙壁进行变形改造，同时嵌入多个玻璃拱廊和改善露台空间形成不同的体验区，比如玻璃拱廊形成的大厅空间及历史绘画展区、改善露台空间形成的下沉式游乐区等。居住空间（图6）的改造策略是归还原住民使用，恢复原住民的经营和生活方式，发展原住民私人经营产业，实现日常生活的重构。后巷空间存在明显的长期废弃使用问题，要对部分老旧墙体进行修正，铺设排水沟，保留部分渗水口，确保路面的完整性。同时，在道路中间增加垂直绿化，美化空间，提高空间的趣味性。在道路两侧增加底部照明设施，增强夜间安全性。

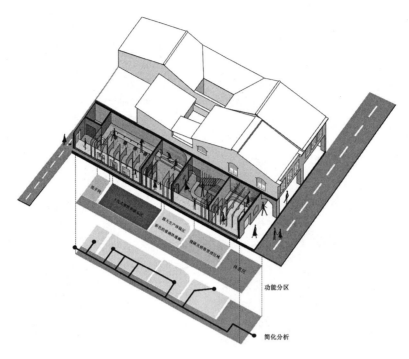

图 5   改造后的休闲娱乐空间（来源：自绘）

消费时代的业态不再是单一的供需关系，而应注重建筑功能的多样性，注重多功能混合的历史街区空间营造。当然，历史街区设计改造的前提就是原真性的表达，为了更好地延续传统，采取传统文化与现代生活相结合的功能置换方式。引导当地居民参与到历史街区空间更新的环境中，由游客与原住民共同参与形成的历史街区"微更新共同体"的构成便是实现历史街区共创共享的不竭动力，为街区生活带来深层次的价值提升[6]。

建筑是日常生活场景的载体。人们对于城市空间的体验感往往是以某些特殊的历史街区、建筑物或是其他公共空间为基础，在时间和空间维度上定义了人和街道之间的关系。对于历史街区的空间体验和生活留下来的记忆之间是紧密相连的，即便建筑会老化甚至于消失，但是这里曾经发生的场景故事依然存在并且被人所记住[5]。

5   结语

通过对宗教民族文化历史的研究而挖掘出历史街区范围内的主干道路，采用在墙面进行特色绘画等设计方式进行微更新处理，实现对既有空间不足之处的修复。同时，将三个带状住宅区进行吸引、释放、

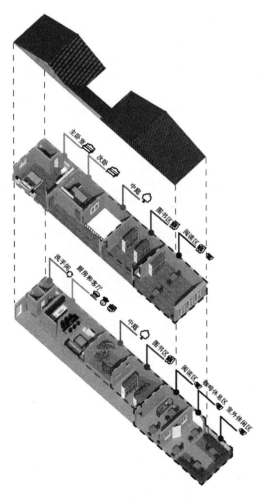

图 6   改造后的居住空间（来源：自绘）

收缩的设计方式进行处理，对传统条屋进行功能的更新改造且最大限度保留完整的条屋立面。通过改善空间的使用方式来吸引居民与游客，提高了空间流动性与邻里交往的可能性。历史街区的空间激活不仅要保留历史文化，更重要的是以共同体的模式激发空间活力，提高住民和游客的主动参与感。

在城市街区的迭代发展过程中，人、地域文化与建筑三者总是在不断寻求着最和谐的相处方式。选择空间形态在尺度、材料、形态逻辑、建构方式等都突显地方性特征的槟城历史街区为研究对象，通过空间设计的方式协调人与环境的关系，其包容性设计作为共同体模式下的公共空间更新策略的探索，旨在改善历史街区的物质空间环境与人文环境的相融性，实现新旧之间的融合，提高人文关怀，增强居民与居民之间、居民与游客之间以及居民与地域之间的情感联系，重新塑造居民的认同感与归属感，建立起具有可持续性的生活方式。通过对共享街区的改造来触摸历史脉搏，以此重新建构历史街区活力，重新赋予街区日常生活存在的意义。共同体模式不仅是对于时代变迁所造成的生活方式及空间模式的积极探索，而且是实现多元文化交融与共享的有力手段。

参考文献

[1]（德）斐迪南·滕尼斯. 共同体与社会 [M]. 张巍卓译. 北京：商务印书馆，2019.

[2] 黄杰. "共同体"，还是"社区"？——对"Gemeinschaft"语词历程的文本解读 [J]. 学海，2019，（05）：10-15.

[3] 康斯明. 十九世纪末槟城乔治市华人社会空间研究 [D]. 泉州：华侨大学，2019.

[4] 殷洁，罗滢. 历史街区共享社区化更新研究 [J]. 中国名城，2021，35（06）：46-50.

[5] 言语，徐磊青. 记忆空间活化的人本解读与实践——环境行为学与社会学视角 [J]. 现代城市研究，2016，（08）：24-32.

[6] 魏秦. 微更新视角下的公共艺术创作路径思考：从大栅栏历史街区更新计划谈起 [J]. 公共艺术，2020，（02）：16-25.

[7] 赵茹玥，赵晓龙，赵志强. 双修语境下的城市历史街区微更新模式思考——以哈尔滨道外十道街改造设计为例 [J]. 世界人居，2017：89-92.

革命文物展示利用线路研究
——以重庆市渝中区革命文物为例

陈桢豪 李和平

作者单位
重庆大学建筑城规学院

摘要： 将渝中区34处革命文物划分为三个时期、五大文化主题。以步行速度为分类标准，将渝中区可步行道路划分为三个等级，即重要步行道、一般步行道、城市道路人行道三个等级，设定不同等级道路的人行设计速度。以GIS为技术手段，借助其生成网络数据集，形成渝中区步行网络模型，以控制时间成本最低为原则，形成特定时期或文化主题下革命文物之间的最优游览路径。

关键词： 革命文物；展示利用；游览路径；交通模型

Abstract: 34 revolutionary cultural relics in Yuzhong District are divided into three periods and five cultural themes. Taking the walking speed as the classification standard, the walkable roads in Yuzhong District were divided into three grades, namely, the important walking path, the general walking path and the city pavement. With GIS as the technical means, the network data set was generated to form the walking network model of Yuzhong District, and the optimal tour path between revolutionary cultural relics in a specific period or under the cultural theme was formed in accordance with the principle of controlling the lowest time cost.

Keywords: Revolutionary Relics; Display and Utilization; Tour Path; The Traffic Model

1 引言

革命文物指1840年鸦片战争以来的民主主义革命和社会主义革命遗存下来的文物。党的十八大以来，习近平总书记高度重视革命文物工作，是当下城市建设的热点，同时也是城市遗产的重要组成部分。革命文物作为文化遗产中的特殊类型，见证了近代以来中国人民英勇奋斗的篇章。近年来各地陆续公布首批革命文物名录，对革命文物保护的意识逐步加强。就目前保护现状，革命文物保护情况不佳，文物点之间相对独立，联系性不足。保护方式以遗产的真实性、完整性为焦点，但却忽视革命文物的展示利用方式，使得文物点缺乏活力、无人问津。无论是现实发展需要，还是研究领域扩充，对革命文物展示利用方式的研究是亟待开展且不断重视的。

2 研究对象

本文的研究对象为重庆市渝中区现留存有34处不可移动革命文物。其空间范围占据整个渝中区，辖区面积23.24平方公里（陆地面积20.08平方公里）。渝中区革命文物从历史背景上呈现文化主题多元的格局，在空间上呈现密度大、分布广、成簇团状集中等特征，主要集聚于渝中区中山三路、四路、人民路等历史道路沿线。

根据中国近代史时期划分，将渝中区现存34处渝中区革命文物划分为三个时期（重庆革命萌芽时期、重庆革命发展时期、西南大区建设时期），五个革命文化主题（辛亥革命时期的重庆起义、重庆党组织创建及早期活动、统一战线建立和抗日救亡运动、重庆谈判、重庆解放与西南大区的建设）。其中"统一战线建立和抗日救亡运动、重庆解放与西南大区的建设"两个革命主题占比较大，分别含有13、11处文物点，分别占总数的38%、32%。

3 研究过程

将渝中区34处革命文物划分为五大革命主题，即辛亥革命时期的重庆起义、重庆党组织创建及早期活动、统一战线建立和抗日救亡运动、重庆谈判、重

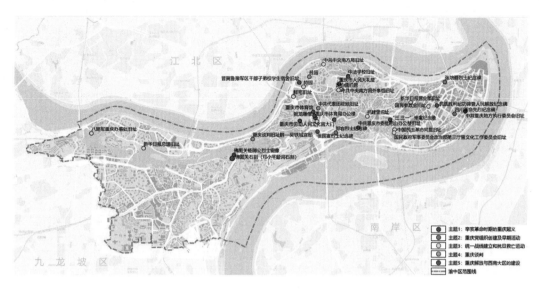

图1 渝中区革命文物主题类型分析图（来源：作者自绘）

庆解放与西南大区的建设五个主题（图1），并将其归纳为三个时间段。以城市步行网络为底图，借助GIS制定三条革命文物游览路径，以此达到完善革命文物自身展示利用方式，促进渝中区革命文物整体发展的目的。

3.1 革命文物数据导入

将革命文物的主题与现状评估得分导入GIS中，形成数据底图，针对主题分类，是划分34处革命文物到重庆革命萌芽时期、重庆革命发展时期、西南大区建设时期三条革命文物游览路径的重要依据；针对现状评估得分，是外显革命文物社会影响力的关键要素，而在三条路径的制定过程中，以优先联系高评分的革命文物点为原则，使得具有更大社会价值的文物能够得到充分利用。

3.2 步行网络模型构建

对于山地城市来说，步行具有特殊的意义，由于复杂起伏的地形使山地城市的交通构成方式具有典型的二元性，即步行交通和机动车交通是主要的交通出行方式，几乎没有自行车等非机动车交通。在本次渝中区革命文物游览路径研究中，因文物点大多成簇团状集中，所以仅构建出可步行的道路网络，并未囊括公交车、轻轨、地铁等公共交通系统，针对个别革命文物点之间路线冗长的情况，可根据公共交通系统进行游览路径调整。梳理渝中区现状道路，以步行速度

为分类标准，将渝中区可步行道路划分为三个等级，即重要步行道、一般步行道、城市干道人行道三个等级。其中重要步行道指城市正在规划打造的慢行道路，就渝中区而言，"西南大区步道"的步行性是最高的；一般步行道指支路两侧人行道和社区内外联系道路，虽然有车行交通干扰，但影响程度不大；城市干道人行道指主次干道和快速路两侧人行道，其受车行交通干扰较大。明确不同道路交叉口的连通性，若道路交叉口连通则设置交合点，若道路上跨或下穿则无交合点。以交合点为路段划分界限，形成本次步行网络的基本单位。针对不同等级的步行道路设置不同的设计步行速度，其中重要步行道不受机动车影响同时受地形高差影响较小，以行人步行速度（男性1.57米/秒、女性1.53米/秒）为参考；一般步行道受机动车影响较小，受地形高差影响较大，根据山地城市地形坡度步行速度之间的关系研究，确定重庆市渝中区的一般步行道路的步行速度为1.21米/秒；城市干道人行道受机动车影响较大，受地形高差影响较小，以信号交叉口行人设计速度为1.11米/秒为参考标准。以GIS为技术手段，借助其生成网络数据集，导入不同路段的单位通行时间，形成渝中区步行网络模型（图2）。

4 研究结果及优化

通过GIS的Network Analyst工具按照最少时间

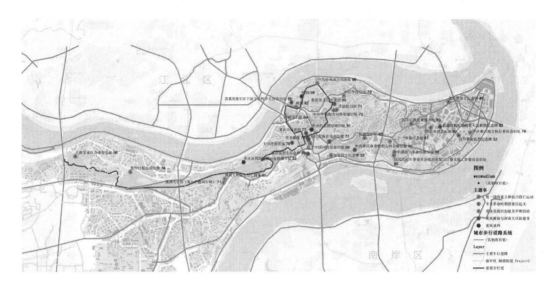

图 2　渝中区步行网络分析图（来源：作者自绘）

成本分析计算，得到了重庆革命萌芽时期、重庆革命发展时期、西南大区建设时期三个主要革命时期段落的游览路径。因本文城市步行网络数据只覆盖了可步行道路，并未囊括公共交通系统。同时，部分文物点相距较远，通过步行系统连接的实用性并不佳，以城市轨道交通为核心的公共交通系统进行替代比较切合现实需求。因此在得出三条游览路径后需要结合渝中区城市公共交通系统进行路线调整，最终得到优化后的游览线路（图 3）。

4.1　主题游线一：丹心映日月，热血铸丰碑

"丹心映日月，热血铸丰碑"游览线路是"辛亥革命时期的重庆起义"和"重庆党组织创建及早期活动"的展示载体，是重庆革命萌芽时期的缩影，映射出早期共产党的艰苦斗争和反抗军阀的英勇无畏。其中文物类型多以纪念碑、场所为主。

游线一以慢行环道为主题，串联八处重庆革命萌芽时期革命文物点。在展示利用方面，针对革命文物点自身的利用发展，应该结合文物自身的特性及文物所属空间都有一定的公开性与开敞性，是城市的公共空间。在这些文物点的展示利用发展中，应该以提升文物周边公共空间的品质与文化底蕴为内核。植入相关文化活动，促进"红色文化＋创意创新""红色文化＋演艺"等方向发展，改善公共空间的同时，为红色文化创意展示、作品展映提供平台。就革命文物游

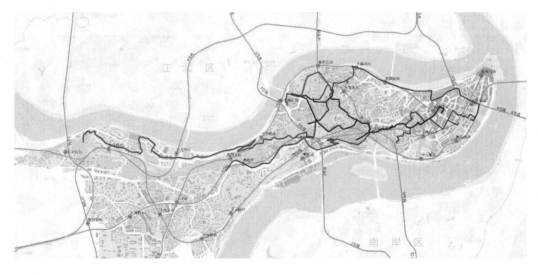

图 3　游览路径生成结果展示图（来源：作者自绘）

线的展示利用功能而言，环道联系的多处文化空间，是城市公共空间系统的重要组成部分，通过以线串点的方式，在加强空间关联性的同时，使得本无人问津的文物点得到利用。

虽然游线一中的革命文物的社会影响普遍较差，但是通过激活革命文物所属的文化空间，以空间的展示利用为发展方向，从而激活革命文物本身（图4）。

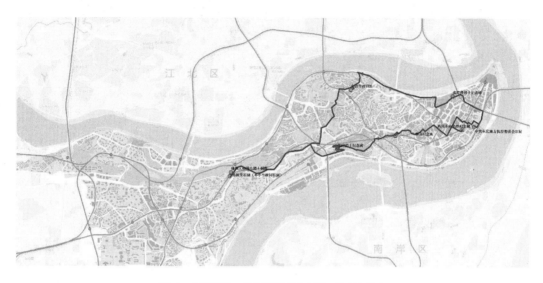

图4 主题游线一优化布局图（来源：作者自绘）

4.2 主题游线二：传承红岩精神，感受抗战历程

"传承红岩精神，感受抗战历程"游览线路是"统一战线建立和抗日救亡运动"和"重庆谈判"的展示载体，是重庆革命发展时期的缩影，其中中共中央南方局巩固抗日统一战线、新华日报吹响抗战号角、重庆谈判为该时期的核心事件内容。

游线二包含总计16处革命文物，其中全部都是以建筑物革命遗址为主，游线二革命文物密度最为聚集，各文物点之间相距较近。这部分革命文物时代较早，历史感较强，该时期的革命文物大多用于展陈和有关部门的办公，对外开放性较差，不利于融入革命文物游览路线之中，因此该游线文物的展示利用方式，应该考虑提高革命文物的开放性为主，对于现状用作展陈的文物点，需要进一步提升其展示利用功能，强化其标识引导作用。因为历史相距较远，无法让大多数人感同身受，因而大部分展馆对大众的吸引度并不高，各个展馆还是以静态博物馆为主，应以活态展览馆的形式进行优化。在其中植入现代信息技术，将虚拟现实（VR）、增强现实（AR）、可穿戴设备、智能机器人等技术引入革命文物的展示利用

过程中，将新兴的信息技术和人工智能产业与革命文物保护利用相结合，从而达到吸引年轻群体关注的目的。对于用于现状办公的革命文物，其开放性严重不足，首先促进功能闲置的革命文物功能转型，形成活态展览馆，将其得到充分的利用。而对于使用频繁的办公场所，现状勘察得知其开放性极低，一般不让大众进入参观，可保留其建筑内部空间的办公属性，不让外来游客打扰，但是尽量开放其建筑外属的公共空间或者院落，让游客能够进入该建筑环境，感受历史文化氛围。在开放建筑外空间后，可以将外空间进行展示利用的提升，在庭院或院落里打造文化展示等功能（图5）。

通过以上展示利用策略的实施，进一步提高革命文物的开放性与公共性，通过各个文物点自身展示利用的提升，再结合区域游览线路的构架，使得其串珠成链，将重庆革命发展时期的红色文化故事串接在一起，形成启迪人们心灵的红岩篇章。

4.3 主题游线3：心系人民，成就经典

"心系人民，成就经典"游览线路是"重庆解放与西南大区建设"的展示载体，是西南大区建设时期的缩影，见证了中国共产党对整个西南地区所付出的

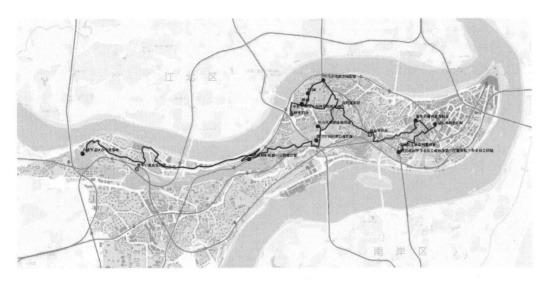

图 5　主题游线二优化布局图（来源：作者自绘）

赤诚初心和不懈努力，体现了西南大区的建设发展辉煌成就，也反映了重庆人民坚忍顽强、艰苦奋斗、积极进取的人文精神。

　　游线三所包含的革命文物都是西南大区建设时期的，与当代人们的记忆息息相关，其中大量革命文物还处在利用状态，是地方重视且热衷于改造的城市公共空间和场所。此类革命文物的类型多以建筑为主，且建筑的体量较大，反映西南大区建设时的辉煌成就。在这些革命文物现状展示利用的基础上，亟待形成革命文化片区，提高区域发展的整体性，例如大田湾体育场以及周边革命文物都是在"为人民服务"的文化背景下进行建设，各革命文物相互交融，在该文

化片区中能够感受体育文化的渲染，体验体育活动，重塑为人民服务的初衷。因此，西南大区时期建设的革命文物，相互集聚形成簇群，单个簇群的革命文物有着相同的文化底蕴，从而形成不同的文化片区，而游线三的作用则是将各个文化片区联系起来，加强其关联性，共建红色文化区域。进而扩大革命文物的社会影响力，形成红色文化品牌，如红船精神、井冈山精神、延安精神等。在该游线的深入发展中，因为此类革命文物是城市居民日常生活的重要公共空间，需进一步提高红色文化的影响力，将红岩精神融入人民的日常生活之中，使得红色文化成为其城市发展的重要背景（图6）。

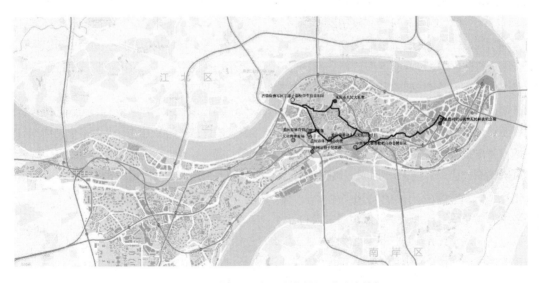

图 6　主题游线三优化布局图（来源：作者自绘）

在后续展示利用打造中，需从点—线—面的发展，通过游线的引出，形成红色文化片区、区域的概念，将红色文化植入各类城市公共空间和活动场所，以红色文化育人，将红岩精神融为生活的一部分，才是革命文物最好的展示利用方式。

5　结论

以渝中区的步行网络和革命文物点为研究基础。针对革命文物点，根据文物的历史背景，将34个革命文物划分为辛亥革命时期的重庆起义、重庆党组织创建及早期活动、统一战线建立和抗日救亡运动、重庆谈判、重庆解放与西南大区的建设五个主题，通过对其真实性、完整性、功能用途、展示方式等七个方面进行评估打分，形成可量化革命文物影响力的分值。针对渝中区步行网络，以步行速度为分类标准，将渝中区可步行道路划分为三个等级，即重要步行道、一般步行道、城市道路人行道三个等级，根据相关标准，设定不同等级道路的人行设计速度。以GIS为技术手段，借助其生成网络数据集，形成渝中区步行网络模型，同时导入渝中区所以步行道路的人行设计速度与34处革命文物点的评估分值。以时间成本为焦点，以联系高评分文物点为侧重，借助GIS的Network Analyst工具形成某一革命文化背景下文物之间的最优步行路径即游览路径。

参考文献

[1] 张松. 留下时代的印记守护城市的灵魂——论城市遗产保护再生的前沿问题 [J]. 城市规划学刊，2005（03）：31-35.

[2] 张松，镇雪锋. 从历史风貌保护到城市景观管理——基于城市历史景观（HUL）理念的思考 [J]. 风景园林，2017（06）：14-21.

[3] 阮仪三，张艳华. 上海城市遗产保护观念的发展及对中国名城保护的思考 [J]. 城市规划学刊，2005（01）：68-71.

[4] 韩洁，王量量. 社会网络视角下城市更新过程中的遗产保护——以西安回坊为例 [J]. 城市发展研究，2018，25（02）：32-37.

[5] 张艳华，卫明. "特质城市遗产"的保护——以上海市提篮桥历史文化风貌区为例 [J]. 城市规划学刊，2007（06）：90-93.

[6] 薛威. 城镇建成遗产的文化叙事策略研究 [D]. 重庆：重庆大学，2017.

[7] 刘亚琼. 基于GIS的大别山红色遗产保护与开发策略研究 [M]//中国城市规划学会. 共享与品质 2018中国城市规划年会论文集. 北京：中国建筑工业出版社，2018.

[8] 刘光新，李克平，倪颖. 交叉口行人过街心理及交通行为分析 [J]. 交通科技与经济，2008，49（5）：94-95，49（6）：15-16.

[9] TARAWNEH M. S. Evaluation of pedestrian speed in Jordan with investigation of some contributing factors [J]. Journal of Safety Research，2001，（32）：229-236.

嘉绒藏区土司官寨遗存现状与建筑特征探究①

蒋思玮　黄诗艺　熊薇　李西

作者单位
四川农业大学风景园林学院

摘要： 土司官寨是嘉绒藏区土司历史生活以地域模式呈现出来的重要文化标志，也是独具民族风格和地域特色的建筑遗产，其体现了土司文化的深厚内涵，也记录了嘉绒藏区土司制度的历史变迁。本文运用田野调查、文献查阅、图像分析等研究方法对比验证，初步理清嘉绒藏区土司官寨的遗存现状，从建筑选址、材料结构、功能布局、装饰艺术四个方面进行解读，提炼其地域特征，分析其文化内涵，以期为土司官寨的文化价值挖掘、土司遗产资源的保护与开发工作作基础性研究。

关键词： 嘉绒藏区；土司文化遗产；土司官寨；地域特征

Abstract: The Tusi Guanzhai is an important cultural symbol of the historical life of the Tusi in the Jiarong Tibetan Area presented in a regional pattern, and is also an architectural heritage with unique national style and regional characteristics, which embodies the profound connotation of the Tusi culture and records the historical changes of the Tusi system in the JiarongTibetan Area.This paper uses field survey, literature review, image analysis and other research methods to compare and verify the current status of the Tusi Guanzhai in the Jiarong Tibetan Area, interpret the four aspects of architectural site selection, material structure, functional layout and decorative art, refine its regional characteristics and analyze its cultural connotation, in order to do basic research for the excavation of the cultural value of the Tusi Guanzhai and the protection and development of the Tusi heritage resources.

Keywords: Jiarong Tibetan Area; Tusi Cultural Heritage; Tusi Guanzhai; Regional Characteristics

1 前言

土司建筑类遗产是土司文化最具可视性和重要性的物质载体，也是能够充分反映土司制度的民族属性和地域文化特征的代表性文化遗存类型。据中国建筑设计院建筑历史研究所统计②，我国尚存101处土司建筑类遗产，其中分布于藏区的土司建筑类遗产有7处，而嘉绒藏区就有6处（官寨类3处、单独建筑3处）。但实际上，嘉绒藏区现有遗存的土司官寨类遗产远不止这寥寥几处，其遗存数量较大，保存程度不一。基于此，本研究通过爬梳地方文史档案、社会调查材料、历史图像影像以及前人文献研究成果等资料，并结合长期的田野调查、实地踏勘测量、口述史

搜集分析，收集土司官寨零星的、合适的、能够验证的历史信息和田野材料，对其进行深入分析、对读互证，初步摸清嘉绒藏区土司官寨的遗存现状，再透过现存遗址样本和可信的文献图像资料解读土司官寨建筑的地域特征及其蕴含的文化内涵，以期为地域建筑文化遗产的保护与价值挖掘提供可资借鉴的参考。

2 嘉绒藏区与土司官寨

"嘉绒"作为地理区域范畴和族群文化概念的双重含义表述，它既是一个特定地理区域名称（俗称"嘉绒藏区"），即藏地四大农区之一，指墨尔多神山（丹巴县境内）周围靠近藏地东方河谷的"低湿温

① 基金项目：国家自然科学基金青年科学基金项目，少数民族地区传统聚落景观基因表达与图谱构建 ——以川西藏羌碉楼村寨为例（项目编号：52008277）；
四川省哲学社会科学重点研究基地地方文化资源保护与开发研究中心资助项目，岷江上游藏羌传统村落文化景观遗产保护与发展研究（项目编号：DFWH2021-019）；
四川省哲学社会科学重点研究基地现代设计与文化研究中心资助项目，藏彝走廊嘉绒地区传统藏族村落文化景观保护与发展研究（项目编号：MD21E014）。
② 资料来源于中国建筑设计院建筑历史研究所，后发表于《中国文化遗产（土司遗址申遗专辑）》。

暖的农区"；也是指藏族地域分支族群，即指生活在墨尔多神山附近从事农业生产、讲绒巴话的藏族[1]。嘉绒藏区是历史上藏族内部的地理区域概念[2]，主要是指今川西北大渡河、大小金川流域及岷江上游西岸的藏族聚居地，包括四川省阿坝州、甘孜州、雅安等部分地区。

自元代至清末，不同的历史时期中央朝廷根据嘉绒藏区的统治需求、政教特性以及分番割据形势等，或以旧部落首领递变为土司制系，分封世袭官职，奉行"以番治番"政策[3]；或以土舍、土官出兵协战而授予嘉奖，颁以土司名号的印信、号纸，实行"分土降袭"，使其成为具有地方行政统治意义的服属土司[4]。历史上陆续存在过的大大小小土司最终形成了"嘉绒十八土司"的统治格局[5]。各地土司作为一地之"土皇帝"（嘉绒语称"杰布"），各在境内选择肥沃之野，扼要之处。依山为城郭，依碉为门户，叠石架木，建立宫室，称之为官寨（嘉绒语称"甲色"），为驻牧之所[6]。土司花费大量的人力物力修建官寨以作为地位象征，又借此树立权威，施张权力。为统领地方，筹办事宜方便，也为战时搬迁易址，土司常增设数处官寨，习称之为主（母）、子官寨：主（母）官寨一般供土司长期居住，是土司辖区的政治、经济、文化中心；子官寨为土司行宫、临时住处，平时以供土舍、头人、宗教官（嘉绒语称"郎宋"）居住[7][8]。

3 嘉绒藏区土司官寨遗存概状

嘉绒藏区历史上官寨林立，数目众多，但随着清朝中晚期改土归流以及新中国民主改革及全面解放后，土司制度被彻底废除，土司官寨便成为嘉绒藏区建筑营造历史上的制度性产物。加上不同历史时期的重大事件、自然灾害和人为破坏等因素，嘉绒藏区的土司官寨受到不同程度的破坏，数量急剧减少，亟待保护。根据对现存土司官寨及建筑遗址的田野调查、实地探勘，结合文献图像资料、口述资料的对比考证，初步梳理了各个土司的历史信息和官寨建筑的分布及遗存概况（表1）。其中，作为历史建筑形式和土司文化遗产，仅部分官寨被作为一种文保单位得到较好的保护，入选中国《世界物质文化遗产备选名录》的"藏羌碉楼与村寨"有2处：马尔康松岗土司官寨遗址、小金沃日土司官寨经楼与碉楼遗址；国家级文物保护单位有4处：马尔康卓克基土司官寨（图1）、松岗土司官寨遗址（图2）、小金沃日土司官寨遗址、壤塘绰斯甲土司日斯满巴碉房；省级文物保护单位有2处：丹巴巴底土司邛山夏宫官寨（图3）、黑水梭磨土司芦花党康官寨（图4）；州（市）级文物保护单位有金川绰斯甲土司周山官寨遗址、汶川瓦寺土司涂禹山官寨遗址、穆坪土司官寨衙门遗址等；其余部分保护较好的官寨作为县级文物保护单位和文物遗产普查点纳入相关单位管理。

嘉绒藏区各土司官寨分布及遗存概况 表1

名称	官寨分布概况	遗存概况
梭磨土司宣慰司	主官寨原位于红原县刷经寺下二里，后迁至木尔溪村山脊上，占地约2300m²。子官寨四处，黑水县芦花党康官寨、中芦花尔尔安官寨；理县来苏沟为米亚罗、夹壁两处	主官寨于1928年后荒废，现仅存右侧一座四角碉楼和左侧碉楼残基。子官寨仅芦花党康官寨现存，为省级文物保护单位
卓克基土司长官司	主官寨在今马尔康市卓克基西索村山腰台地上，占地1400m²。子官寨包括纳足查果村小官寨、大藏官寨、沙尔宗从恩村甘木底官寨、龙尔甲官寨、草登日拉达官寨、阿木足寺院中的扎康（由宗教官郎宋长住并负责管理）	主官寨1936年毁于大火，1938~1940年重建。现存规模宏大，保存完好，为国家级文物保护单位，也是重要的红军长征文化遗产。子官寨现存沙尔宗官寨及四角碉、五角碉；大藏官寨、草登日拉达官寨建筑原貌形制犹存
松岗土司长官司	主官寨在马尔康市松岗镇西侧山梁子上。子官寨有沙佐官寨、日部头人官寨、科亚桑佐尔官寨、沙尔宁官寨、白赊土官官寨、沙市官寨、木尔宗卡尔伍官寨、卜志仓库（头人及寨首长住）、白湾官寨、日格米官寨	主官寨于1936年左右焚于大火，仅存两座四角碉楼和墙址地基，为世界物质文化遗产备选名录所在地和国家级文物保护单位。子官寨现仅日部头人官寨（今日部乡）留存，但主体已坍塌；另白赊土官官寨旁遗存一座八角碉（清咸丰、州级文物保护单位）、木尔宗卡尔伍官寨四角碉
党坝土司长官司	主官寨位于今马尔康市尕兰村山脊上，颇为雄伟壮观。子官寨有麻让官寨、斯多鸠官寨、盘龙河坝仓斯都官寨、卡尔伍官寨、达佐官寨，均已拆除用以修建民房	主官寨于1935年间被烧毁，现仅剩完整的西碉和部分建筑围墙、残壁，其选址占地、规模面积等还清晰可见。子官寨均已拆除用以修建民房
杂谷土司安抚司	因土司覆灭于乾隆年间，官寨已被毁。据文献史料和口述史分析，"数处番寨"位于杂谷脑、甘堡、孟屯、梭磨、松岗地区	治所为杂谷（今理县杂谷脑），官寨具体位置已无法考证。现存杂谷土司碉位于今理县境内营盘街，建于清乾隆初，现为州级文物保护单位

续表

名称	官寨分布概况	遗存概况
赞拉土司安抚司	常住美诺官寨（今县城境内），底木达（今抚边乡）、木坡、占固、布朗郭宗等处亦建有官寨	基本毁于清乾隆年间大小金川战役。现存有土司所修木坡碉楼和部分城墙遗址
沃日土司安抚司	主官寨位于今小金县官寨村河坝上。子官寨位于日隆、达维以及土司家庙达维黄教喇嘛寺	主官寨现存一座经堂碉和四角防卫碉（20世纪80年代，因修桥拆除河边的六角碉），为国家级文物保护单位
促侵土司安抚司	主官寨有噶喇依（今刮耳崖，官寨建于牧马山之山麓）、勒乌围（今金川县勒乌镇河对岸）两处，子官寨如马尔邦官寨、独松官寨、卡立叶官寨、斯年木咱尔官寨、甲杂官寨、纳木底官寨等	勒乌围官寨毁于清乾隆四十年（公元1775年），其余多数毁于清乾隆年间大小金川战役。现存马尔邦官寨遗址（今马尔邦乡）、曾达关碉（今曾达乡、国家级文物保护单位）
绰斯甲土司宣抚司	绰斯甲土司先后建有多处官寨行宫，包括位于撒瓦脚乡木赤的虎宫（规模最小）、卡拉脚乡玛目都村巴莱狮宫（最为宏壮，有警则移居巴莱）、集沐乡周山村龙宫（无事之秋则居周山）以及昌都寺郎宋衙门（宗教时节居住）、壤塘日斯满巴碉房（其胞弟、子嗣居住）	周山官寨主体部分已毁损无存，仅余经堂、六角碉和山坡上的四角残碉，为州级文物保护单位；撒瓦脚乡木赤官寨，现尚存一四角石碉；狮宫遗址现仅存大门围墙的残墙与一幢转经房；昌都寺原为土司家庙，郎宋衙门旧址现已扩建为寺庙；壤塘日斯满巴九层官寨原为土司行宫，是迄今发现的年代最久远、规模最大、层数最多、高度最高的传统碉房民居，今为国家级文物保护单位
革什扎(丹东)土司安抚司	革什扎土司先后在丹东、吉地、革什咱等（今丹巴县革什扎乡、边耳乡、丹东乡）居住，有四处官寨，有虎宫、狮宫、象宫、龙宫等传说	丹东官寨被毁，可见占地规模。今边耳乡卡斯土司官寨（又称巴登官寨，因末代土司得名），被称为"德吉布姆宗"译为龙宫，建于明代嘉靖年间。官寨依山而建，四面环山，坐东朝西，总建筑面积1200余平方米，呈回字布局，中间是天井，建筑主体坍塌沉降严重。官寨系典型的连碉建筑物，房屋高六层。一侧有一四角高碉，前面是八角古碉高五层，西面设为大门，东面为悬崖峭壁
巴底土司宣慰司	巴底土司官寨建筑有三处，位于今丹巴巴底镇狮子山两侧：一处为夏宫，坐落于邛山村，土司长住于此；一处为冬宫，坐落于沈洛村，因一场大火只剩残骸；另一处位于巴拉古	现仅存邛山村官寨，为典型的寨碉合一式土司官寨建筑，遗留部分包括建筑主体二层、碉楼、回廊、转经房等，现为省级文物保护单位
巴旺土司宣慰司	官寨仅一处于巴旺大渡河河坝台地上（今丹巴县聂呷乡境内），其辖地在今甘孜州丹巴境内巴旺、聂呷	官寨现存一座四角碉楼及残缺墙址，占地规模比较清晰
明正土司宣慰司	明正土司原嘉绒地区受封最早，势力最大的土司。驻于木雅地区（折多山以西），建衙于木雅营官寨。数易其址修建多处官寨，后迁至打箭炉（今康定市）	旧址位于色多，后迁于今甘孜州人民政府西南侧，称为新衙门，其后山所存的围墙可见
冷边土司长官司	其先属嘉绒藏族，驻牧泸定北部，辖佛耳岩以上至岚安河东地区	官寨建筑现已坍塌，入口大门及围墙尚存
沈边土司长官司	旧官寨位于泸定县海子村东侧山间台地上，左靠青龙山，右邻喇嘛山，背靠海子山。新官寨（衙门）位于旧官寨下约一公里，依山而建，因地势受限，规模较旧官寨较小	旧官寨坐北朝南，星天井围合式布局，建筑主体破败，外围墙体已经坍塌，剩余部分木结构房屋
穆坪土司宣慰司	穆坪土司官寨建筑有两处:宝兴县五龙乡东风村唐腰山官寨以及城关穆坪镇北侧衙门岗官寨	官寨今仅存部分石像雕刻、碉楼残墙、建筑地基和土司墓园。今宝兴县穆坪土司官寨属新修建筑以作展示宝兴历史文化的博物馆，与原土司官寨只有延续其名的关系
鱼通土司长官司	鱼通长官司衙门设于今麦崩村，土司常年住此；在舍奈（今舍联）没有一衙门。鱼通甲土司被正式授职后，以头人为副土司，择地大渡河东岸江嘴建正、副土司衙门	麦崩衙门基本形制依存，主题建筑现保存较好。江嘴衙门、舍奈衙门仅剩建筑零星遗址
瓦寺土司宣慰司	土司官寨衙门位于今汶川县涂禹山村山梁上，子官寨及衙署包括草坡衙署、卧龙关衙署、耿达衙署、三江官寨	涂禹山瓦寺官寨沿山梁蜿蜒修建，建筑结构精致，宏观布局协调，堪称藏汉建筑风格相结合的佳作。官寨衙门毁于大火（2002年），仅少部分木结构建筑存在，衙门东侧残存官寨木门、部分石墙、石雕、乾隆敕封残碑。子官寨惜已亡佚，金坡寺仅存两处碑刻

（来源：作者自绘）

4 土司官寨建筑特征

4.1 建筑选址

从可考证的土司官寨及建筑遗址的选址分布的地

形来看，大致分为两类：高山阶地型、河谷深沟型，当地人也常以山上（嘉绒语称"旦巴"）、河坝（嘉绒语称"脚木"）来描述其选址布局。"山上"的官寨沟深林密，险隘异常，地势险仄，官寨占据地形险要的山头（图5～图7），依托崖碉壁立形成"一

图1 卓克基土司主官寨（来源：左图由庄学本摄于1934年；中图由叶启燊摄于1959年；右图作者自摄）

图2 松岗土司主官寨（来源：左图由John W.Brooke摄于1908年；中图由阿坝州档案馆提供；右图作者自摄）

图3 巴底土司夏宫官寨（来源：团队成员拍摄）

图4 芦花梭磨土司党康官寨（来源：黑水县文体局提供）

图5 瓦寺涂禹山土司官寨旧貌
（来源：Ernest H.Wilson摄于1908年）

图6 党坝土司主官寨旧貌
（来源：John W.Brooke摄于1908年）

图7 梭磨土司主官寨旧貌
（来源：芮逸夫摄于1941年）

夫当关，万难措手"的防御性布局。官寨多背山向阳，靠山吃山，高山缓坡、台地形成了利于耕作的土地和牧场，也提供了蕴藏丰富的林木资源和水资源。

如藏文记述中的松岗土司官寨"东方河谷视线长，西边山势交错万状，南山如珍珠宝山，北山似一幅大绸帘。四边山似擎天柱，它们把守防地天险[9]"。"河坝"的官寨一般都修建于河岸缓坡，背山面河，环睹皆山，多为兵马往来、贸易商道等路线的关隘，扼守交通要道之咽喉（图8～图9）。如革什扎（丹东）土司官寨"临河陡立，架木桥为栈"（图10）；促侵土司勒乌围官寨"重关叠隘，架偏桥飞跨百余丈"[10]，东扼线碉沟之胜，北制日旁河之所。"河坝"的官寨各依河谷平衍腴美之区，谷地温湿宜居，

堆积土地"皆黄土层，宜农宜牧"，同时靠近水源也满足官寨及聚落的取水、动力和灌溉之用。总体来看，无论"河坝"还是"山上"的官寨都是一个独立而完整的军事防御堡垒体系，其建立的初衷都是以得天独厚的自然优势满足霸权思维、军事防御与生存生产需求，并呈现出易守难攻的环境格局和因地制宜、灵活立寨的布局特征。

图8 绰斯甲周山官寨遗址
（来源：《四川藏族民居图谱》[13]）

图9 沃日土司主官寨遗址
（来源：网络）

图10 革什扎（丹东）土司官寨旧貌
（来源：《嘉绒藏族古碉文明》）

当然，土司官寨的择基选址，除了诸多物质性功利因素，还与族群宗教信仰、自然神灵崇拜、相地堪舆之术等有关。土司借助苯教的"天神崇拜"观念来支撑其世俗权力，以示其为"天神之子"[11]，因而选择在聚落的制高点或是山梁上修建官寨，俯瞰整个聚落或河谷，占据着最好的朝向和肥沃的土地。官寨的基地选择会经过严格的宗教仪轨和堪舆观测（藏语称"萨谢"），参测天相、地相、山相、水相等征兆缘起，最后择吉以定建筑基址。在诸多文献及口述记述中①可以析出龙脉观念、佛苯信仰影响下的方位观、土地信仰及山神信仰等对官寨选址的深刻影响。

4.2 建筑材料结构

嘉绒藏区土司官寨属青藏高原东缘典型的碉房建筑体系，"凡川西诸土司直至西藏，人民所居皆同制"[12]。但受到族群的分化与融合、地域环境的区域差异及建筑乡土材料等的影响，官寨建筑经历多元化和边缘化发展而分异出多种区域性类型，但基本保留着碉房的基本造型和特征。据土司官寨及其所在地域的建筑分异状态来看，以建筑学的材料质地类型来划分，可以分为三种：石木结构型；土木结构型；石木

土混合结构型[13]。就建筑的具体承重结构类型而言，可归纳为两种结构类型：一种为墙承重结构类型，建筑室内无承重柱子，依靠横梁或椽子两端嵌入墙体，使其荷载都由石砌墙体负担；另一种为梁柱承重结构类型，这是一种典型而又十分普遍的藏式建筑结构。这种结构是将土石结构筑成外墙以作为建筑的围护和稳定结构，建筑室内以圆木作为立柱，与梁、椽子相互榫卯连接形成承重结构支撑承托楼面和屋顶，上下楼层梁柱位置相对，形成以梁柱承重的方格柱网。其中，大多数的官寨都是石木结构建筑，因地制宜，就地取材，利用当地盛产的天然石材、黄土以砌石技术砌筑墙体作为围护结构，建筑构件如门、窗、梁、柱、楼梯等用木材制作，以木梁、木柱作为承重结构；少部分位于多民族聚居交际地带的官寨建筑，受到羌、汉建筑文化和川西平原民居建筑的影响，为土木结构型和石木土混合结构型。如瓦寺土司虽为嘉绒藏族，但其辖地紧邻茂汶羌区，受此影响其官寨建筑囊括了石砌碉房建筑和穿斗木结构建筑的建造方式，屋顶结构又采用川西民居小青瓦屋顶和传统藏式木瓦片板屋顶两种形式，建筑构件及宗教节点装饰则沿袭藏族传统，体现出汉、藏、羌多元交互的建筑形式（图11）。

---

① 包括口述历史、藏文经书、吉祥赞颂偈语、土司杰布档案及族源记载资料等。

图 11　汶川瓦寺土司官寨历史风貌（来源：Sidney D. Gamble 摄于 1917 年）

土司官寨的建筑风格、材料技术及工匠技艺等无一不来自民间，其建筑的文化特征与其所在地域民居有很多相似之处，是一种相同地理环境和历史文化下形成的地域建筑类型。在同一土司辖区或族群的建筑中，土司官寨是极具代表的物质象征，也高度反映了所在地域建筑类型的营造水平和结构特征。部分不复存在的官寨建筑，从遗址周边的传统民居中可以窥探其建筑材料与风貌特征。可以明确的是，土司为彰显其特殊地位，巩固其统治权威的利益诉求，官寨在规模、高度、材料等方面是高于民居的建筑形制，体现出一些土司官寨专有的特征，并有一套特别的、未经土司许可任何人都不得逾越之规定。

4.3　功能布局

因山地地形环境的限定，嘉绒藏区土司官寨相比于汉式衙署建筑，其占地布局通常面积不大，多为近似长方形或近正方形的封闭围合式布局，其形态主要分为两种：四侧主体建筑围合成"回""凸"字形布局和三侧为主体建筑，另一侧为寨墙或碉楼围合而成"凹"字形布局（图12~图15）。官寨外墙坚实厚重，底宽顶窄，酷似堡垒；内部缘墙建屋，中留天井，层层相叠[14]；此外，主体建筑旁侧多数有一座或两座碉楼。这种围合式布局源自于早期部落在自然神灵、政教纷争、族群矛盾等动荡因素的驱使下逐步形成的民族防御心理[15]，也是土司族群为适应环境以实现"居者安居"的历史经验的真实体现。土司官寨以占据险要地势、砌筑坚固厚重的墙体和修建高耸的碉楼来对抗灾难和战争，而建筑内部形成的封闭围合式物理空间则满足了统治阶级所需的强烈的安全感和领域感。

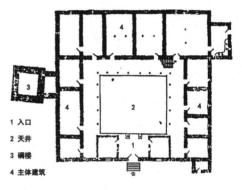

图 12　卓克基土司主官寨平面示意（据《四川民居》改绘）

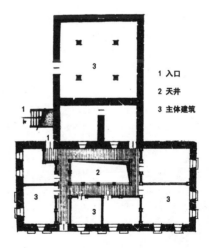

图 13　芦花党康官寨平面示意（据《四川民居》改绘）

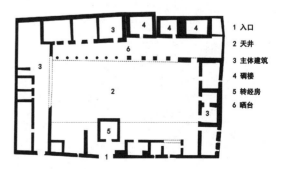

图 14　巴底邛山官寨平面示意（来源：作者据调查自绘）

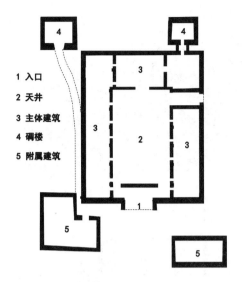

1 入口
2 天井
3 主体建筑
4 碉楼
5 附属建筑

图15 梭磨土司主官寨平面示意（来源：作者据调查自绘）

土司官寨是人为建构的集行政、居住、文化和军事防御等功能与布局为一体的综合性建筑，更是反映"人与神""人与土司"的等级秩序关系和族群文化习惯的载体。土司出于自身的官阶地位和族群身份，在其长期居住使用的建筑中极为重视内部空间的象征意义和对立秩序。官寨建筑层数一般为3~6层，多则7、8层。通常，建筑底部楼层用作身份低微的科巴（奴隶）、匠人杂役的住房以及马圈、牛圈、刑讯房、牢房、军火房等，底层空间阴暗潮湿、陈设

简陋，层高较矮且无窗；中间楼层为土司议政办公、司法大堂，土司及其家眷、管家的生活空间，靠北侧和左侧一般为土司的办公、居住、活动的空间，装饰精美豪华，采光通风甚好；顶层为佛殿、经堂等宗教祭祀空间，高大宽敞，雕梁画栋，且不被赋予其他功能。这种基于上下划分的纵向空间表征和层级秩序是土司基于族群神话叙事和苯教的宇宙三界结构观念异延出的空间认知，并基于此构建出土司自身与"他者"空间的界域关系，且严格规定"神与俗""主与奴""男与女"等对立关系的秩序和禁令。建筑内部由阶序等级结构明确划分的空间，寄托着土司关于族群、宗教、权利的信仰，也凸显其统治权威和精神上对自身地位的期许。

4.4 装饰艺术

从实物和图像上看，土司官寨的装饰艺术是根植于地域传统审美观和嘉绒藏区乡土技艺之上的，同时也吸纳了其他民族的装饰语言而构成的地区性装饰形态（图16）。土司官寨的雕刻装饰包括木作和石刻两部分，雕刻手法有浮雕、透雕、线刻、镂空雕等；在形式上，雕刻又和彩绘密不可分，工匠基于建筑构件的功能和用途将色彩装饰、造型符号等呈现出来。门楣、门框、挑梁、椽木、窗框、窗檐、窗楣等木构

图16 土司官寨装饰艺术概貌（来源：作者自摄）

件一般采用原木雕刻手法，重点部分施以沥粉贴金、彩绘平涂处理等。官寨的装饰纹样类型多种多样，题材大多是经过艺术加工成为表达吉祥、神圣的寓意和哲理观念的形象载体。宗教典籍中的牛头、青蛙、万字符、日月星辰等图腾纹样多次出现；有关于嘉绒土司祖源历史记忆的琼鸟图腾极其常见；烙有汉族民俗文化色彩的喜鹊、蝙蝠、饕餮、佛手、万寿纹等典型纹样；羌族的土地爷崇拜、白石崇拜也存在于官寨建筑装饰语汇中。官寨的装饰用色有着显著的民族性和地域性的特点，色彩的搭配与运用遵循着特殊的宗教指向和社会文化意义，并形成了约定俗成的用色习惯，基本是以蓝、黄、绿、红、白藏族传统五色系为主，色彩纯净而艳丽，质朴而壮美。此外，金色作为在等级社会中被视为级别最高的色彩[16]，在土司官寨建筑中也有大量运用。虽然部分彩绘装饰因风化侵蚀而褪去，但仍可以看出矿物宝石颜料的色性、色相及细节。

官寨中最精美的装饰艺术主要分布于官寨中的宗教空间，包括经堂、佛殿和经堂碉等。诸多繁复精美的壁画、雕塑、彩绘，是宗教精神的图像化和物态化的直观叙述，也反映出当时土司在强烈的宗教崇拜氛围之下世俗审美心理，其内容涉及了历史、政治、宗教、族源和社会生活等诸多方面，包括佛像菩萨、人物传记、传说神话等。其中，尤以卓克基土司官寨经堂、沃日土司官寨经堂碉、巴底土司官寨转经房的彩绘装饰最为惊叹。建筑内土司居所以及厅堂空间的装饰纹样与土司的身份地位、文化熏陶、爱好兴趣和工匠的流派技艺等有关，既有莲花、法器、吉祥八宝、五妙欲图等宗教图案，也有原始宗教和图腾信仰的日、月、星辰、牦牛、猕猴等符号，还有吉祥瑞兽、龙凤麒麟等表达吉祥寓意和身份等级的图案。官寨的装饰艺术整体呈现出庄严、高贵、精美的艺术效果，并承载着土司的宗教信仰、族群认同、审美情趣和心理慰借，反映了其中所隐含的地域文化内涵和民族独特的符号情感。

5 结语

土司官寨作为嘉绒藏区土司制度从创建到消亡的历史演进过程中所产生的一种特殊产物留存至今，清晰地反映了土司时期嘉绒藏区建筑的文化特点和历史

面貌，详实地记录了土司族群吸收多元文化、适应多种性质的功能需求以及有效利用山地自然环境建造居住环境的历史过程。在一定程度上，土司官寨代表着嘉绒藏区建筑营造的最高水平，其作为研究嘉绒藏区土司历史、地域建筑、历史景观的第一手宝贵材料，在了解和解读地域建筑的本体内涵和特色、建构和展示嘉绒地域文化体系两方面具有不可替代的作用。本文选用有限的田野材料和可信的史志文献资料，通过对嘉绒藏区土司官寨遗存状况及其地域性建筑特征的简要探究，以期传递一个重要的信息：土司官寨所具有鲜明的地域族群文化特征是其文化价值的真实体现，凝聚着土司时期族群历史和社会生活的内容，其背后所蕴含的深厚、丰富的文化内涵，是土司官寨区别于嘉绒藏区其他建筑遗产的根本之所在。目前，在嘉绒藏区土司官寨的保护工作迫在眉睫，基本摸清土司官寨的遗存现状，分析解读建筑特征与文化内涵等，对理性认识土司官寨文化遗产、官寨建筑的保护与开发工作以及延续和发展嘉绒藏区建筑文化有着重要意义。

参考文献

[1] 多尔吉等. 嘉绒藏区社会史研究 [M]. 北京：中国藏学出版社，2015：12-25.

[2] 杨嘉铭. 解读"嘉绒"[J]. 康定民族师范高等专科学校学报，2005（03）：1-5.

[3] 贾霄锋. 藏区土司制度研究 [M]. 西宁：青海人民出版社，2010：233.

[4] 都淦. 四川藏族地区土司制度概述 [J]. 西藏研究，1981（00）：98-104.

[5] 王玉琴，德吉卓嘎."十八土司"属地及语言探析 [J]. 西藏大学学报（社会科学版），2010，25（03）：95-103.

[6] 曾现江. 清中叶至民国嘉绒地方：社会、文化与族群 [M]. 北京：人民出版社，2018：146.

[7] 马长寿著. 周伟洲编. 马长寿民族学论集，嘉戎民族社会史 [M]. 北京：人民出版社，2003：142-157.

[8] 陈学志. 卓克基土司及土司官寨——兼谈嘉绒藏族民族建筑的一些特点 [J]. 西藏研究，1999（01）：106-109.

[9] 建德·东周. 马尔康县文史资料·第一辑（四土历史部分）[C]. 1992.

[10] 王惠敏. 从清代档案看金川战略地位及其与藏区和内地的联系 [J]. 藏学学刊，2015（02）：138-150+287.

[11] 石硕. 藏地山崖式建筑的起源及苯教文化内涵 [J]. 中国藏学，2011（03）：148-153.

[12] 王及宏. 藏族碉房及其体系化存在辨析 [J]. 南方建筑，2015（06）：50-54.

[13] 四川藏区民居图谱编委会. 四川藏族民居图谱·阿坝州嘉绒卷 [M]. 北京：天地出版社，2017.

[14] 叶启燊. 四川藏族住宅 [M]. 成都：四川民族出版社，1992：95.

[15] 何泉，吕小辉，刘加平. 藏族聚居环境中的心理防御机制研究 [J]. 建筑学报，2010（S1）：68-71.

[16] 丁昶，刘加平. 藏族建筑色彩探源 [J]. 建筑学报，2009（03）：24-27.

建筑使用后评价技术在建筑遗产的保护性更新中的反馈式介入

郭昊栩 ① 曾乐琪 ②

作者单位
华南理工大学建筑学院

摘要： 城市建筑遗产的保护更新是存量更新中的热点命题，涉及建筑、规划、文保、技术等多学科的交叉融合，传统依赖经验和主观判断的决策方式存在局限，容易产生争议。使用后评价的实证思维与反馈机制能够有效提高设计客观性与理性，对解决上述问题具有技术优势。以我国南方中心城市某近现代建筑更新实践为样本，探讨该技术应用的模式、程序与方法，提出修缮改造更新等方面设计策略，相关结论对近现代建筑遗产的保护更新工程有借鉴意义。

关键词： 近现代建筑遗产；使用后评价；保护；更新利用

Abstract: The conservation and renewal of architectural heritage in cities is a hot topic in the stock renewal, involving the cross-integration of architecture, planning, cultural relics conservation, architecture technology and other disciplines. The traditional decision-making approach relying on experience and subjective judgment has limitations and is prone to controversy. The empirical thinking and feedback mechanism of Post-Occupancy Evaluation can effectively improve the design objectivity and rationality of design and have technical advantages to solve the above problems. Taking a modern architectural renewal practice in a central city in southern China as a sample,this article explores the mode, procedure and method of the application of this technology, and propose design strategies for repair, renovation and renewal and presents conclusions that have implications for conservation and renewal projects of modern architectural heritage.

Keywords: Modern Architectural heritage; Post-Occupancy Evaluation; Conservation; Renewal and Utilization

1 引言

建筑遗产保护与更新是涉及当代与历史、技术与艺术、保护与利用等多领域多主体对接的复合命题。评判保护更新中具体关键技术措施选择的合理性是一个严肃的学术论证过程，不仅需要多方的求证，而且涉及严格的法规与程序。合理性评判的依据因对象而异，也因目标而异。其中，近现代建筑遗产在建造技术上与当代建造存在传承接续的同时，其使用功能往往也正在延续[1]。如何合理合法有效的对近现代建筑进行改造以及如何在更新保护中解决技术取舍中面临的困惑和争论是改造过程中的两大命题，命题的深度与广度甚至要远甚于古建筑。所有策略的思考都归于如何有利于建筑的可持续存在，实现建筑历史价值、艺术价值与使用价值的并举[2][3]。但现今在实践层面，普遍存在的现象是对决策起关键作用的建筑价值评估与使用现状及感受获取仍然流于主观判断和经验主义，理性分析的层次感和逻辑性往往不足，极大地制约了项目在可行性论证时的决策力与科学性。

使用后评价（Post-Occupancy Evaluation，下文简称POE）是控制论中的一种反馈理念[4]，其通过文献求证、实证调研与数理分析手段等形式能够多方面多层次的对建筑保护中的技术命题做出逻辑演绎和分析判断[5]。笔者认为，把该技术引入近现代建筑遗产的保护更新之中具有一定的技术先进性，应做出关于模式、步骤、程序与技术选择方面的进一步深入探索。

文章将以我国南方某中心市政府1号楼的更新工程的技术实践为样本，对上述命题做出第一手的实践研究。

① 华南理工大学建筑学院，亚热带建筑科学国家重点实验室，华工理工大学建筑建筑设计研究院有限公司，教授，邮编：510630，电子邮箱：hushkwok@126.com。
② 华南理工大学建筑学院，硕士研究生，邮编：510630，电子邮箱：773645232@qq.com。

2 研究设计

2.1 研究对象

研究对象始建于1931年，为民国时期市府合署，是城市近代中轴线上的重要节点[6,7]。1934年建成至今，一直作为政府行政职能所在地，承担办公、会议、招待等重要功能，是保存较好的近代办公建筑（图1）。建筑经历多次修缮、改造及适当加建，21世纪以来有：2002年，进行室内环境装修提升；2003年，进行外部保养性维修及屋面检修，对建筑外立面污损进行清洗，采用油漆饰面等材料对外墙、外柱、屋面、檐底、彩画进行保养修缮与恢复；2008年在建筑内庭院处加装电梯，提升建筑使用性能。

图1 建筑南立面（来源：自摄）

2020年，政府再次对建筑进行修缮维护工作，本次实践为近现代建筑遗产的保护性更新工程，工程内容包含文物本体修缮与性能提升，在修缮工程基础上，重点研究全面满足现代办公需求的功能及空间的提升改善工作。

2.2 研究程序与研究步骤

将POE的实证反馈特性[8]应用于建筑遗产更新设计的全周期，包含"前期评估策划、中期方案决策、工程实施与建成后评价"，形成"循环论证反馈"的设计程序（图2），有效的提高遗产保护更新工程实践的科学性与参考价值。步骤包含：①遗产建筑的重要价值与使用性能评估，涵盖不同主体（文保专家、政府、建筑师、使用者）所关注的本体价值、建筑

性能、使用感受等内容，平衡客观物质条件与主观需求，切实提出工程目标；②针对目标，参照已有案例，研究讨论提出各类保护与利用措施，进行审慎的试验与评估，进行方案比选，做出策略判断；③对已更新完成的遗产建筑进行跟踪或研究，获取反馈信息，为项目后期优化及其他遗产更新设计提供有效参照。本次样本研究以第一、二步骤为主，第三步骤为辅[9]。

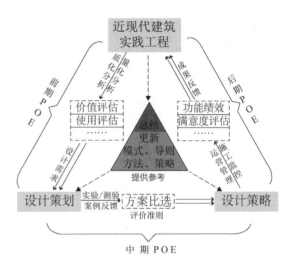

图2 建筑遗产保护更新的POE程序（来源：自绘）

2.3 研究方法

采用文献收集、实地调研、使用者满意度问卷调研及实验论证等方法[10]。

1. 实地调研

结合文献收集资料进行实地勘察，利用3D激光扫描（图3）、高精度点云、红外线探测、无人机航拍建模（图4）等技术对样本进行客观数据测量，获取建筑遗产本体价值信息及现状。

图3 三维激光点云模型剖面（来源：项目资料）

图4 无人机航拍建模（来源：项目资料）

2. 李克特量表设计

采用李克特量表构建使用者满意度调查问卷，利用可量化的语义标度，对很好、较好、一般、较差、很差分别赋值2、1、0、-1、-2，通过对主观态度进行结构转换与数理统计分析，评价结果可客观反映使用者对建成环境的心理与生理态度（表1），评价内容涵盖健康、舒适、便利、安全、美观、私密等各个要素[11]。问卷设计结合实际情况，选择恰当的评价指标。该样本案例在实地调研的基础上，选择建筑环境的物理感受、心理感受、空间感受、视觉感受及行为感受五大方面共24个指标（图5）[12]，采用问卷星对建筑内办公人员进行发放。

语义标度	表1
评价值	评价语义
1.5≤X	很差
-1.5≤X<-0.5	较差
-0.5≤X<0.5	一般
0.5≤X<1.5	较好
X≥1.5	很好

（来源：自绘）

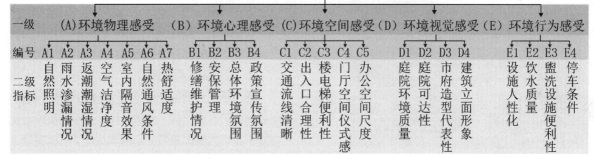

图5 某近现代建筑使用者满意度评价指标集（来源：自绘）

3. 实验性论证

从真实、完整保护遗产建筑目标出发，对设计涉及的工艺和材料特别是创新做法进行理论与实验，论证其对建筑遗产保存无害、无碍，结合专家论证确定适应性措施。

3 研究过程

3.1 建筑遗产更新需求诊断研究

1. 历史与艺术价值评估

从文物安全与文物风貌保护角度出发，首先对样本建筑进行历史与艺术价值评估，确定工程实践中的原则性问题，确保遗产价值的真实性与完整性，防止对遗产造成破坏。[13]经查阅文献、实地调研与访谈获知建筑由著名建筑师林克明先生设计，采用"中国固有式"风格，原设计为合院式布局，计划三期建设完成，由于经济及战争因素，仅完成一期工程，包括正面中座、东西边座、东西中座及连廊（图6、图7）。建筑造型庄重雄伟，主立面设计中西式结合，采用西式纵向三段、横向五段的构图，结合通高两层的红色水磨石圆柱划分墙面，营造出中国传统建筑的开间和面宽的构图效果。中座采用重檐歇山顶，铺黄色琉璃瓦，绿屋脊吻兽装饰，在细部构造上极为精细考究，整体装饰雅致，展现行政机关的礼仪特质[14]。建筑师在建造做法上大胆革新：全座采用钢筋混凝三

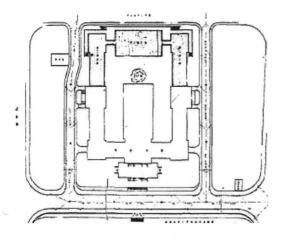

图6　设计总平面（来源：《广州市工务报告》1933）

图7　现状航拍（来源：无人机自摄）

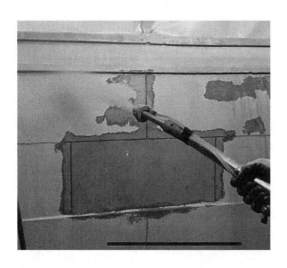

图8　外立面涂料覆盖（来源：自摄）

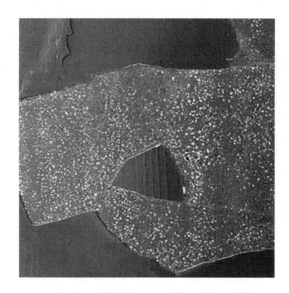

图9　红漆覆盖水刷石（来源：自摄）

合土建造，在坡屋顶上开设天窗，利用屋顶空间做储藏功能……建筑具有极高的历史、艺术与科学研究价值[15]。整体保存情况良好，但屋顶部位损坏较为严重，建筑的部分材料和构造做法在2003年的修缮过程中遭到覆盖和破坏。在评估的基础上，整理提出建筑存在的主要问题（表2）与保护要点，在后续设计中提出针对性的保护更新措施。

2. 使用者满意度评价

通过信效度检验确保问卷结果的可靠性（表3），问卷的均值、中位数、众数分析可直观的反映出使用者对于建筑的整体及各分项的满意度，在此基础上进一步采用单因素方差、主成分分析等方式探索各因子之间的数量、因果等关系，建立主客观评价之中的对应关系，分析建筑遗产使用中影响使用者满意度的主要问题，挖掘设计需求引导决策。

本次问卷调查共回收84份有效问卷，利用excel和SPSS26.0作为分析工具。样本问卷结果显示整体满意度为0.08，满意程度为一般。使用者在环境视觉感受（D）上满意度最高，在环境物理感受（A）满意度最低，结果为"较差"，同时该一级指标为使用者关注的重点（表4）。通过样本的主成分分析得到，在使用者视点下，影响其满意度评判的主要因素为舒适性因子、人性化因子、完整性因子、文化性因子与安全性因子（表5）。

问卷结果中单指标的满意度直观的反映出使用情况的不足（图10），辅助单因素方差分析发现其与所

建筑遗产本体的现状问题统计——部分重点问题 表2

建筑部位	构造特点/成因	现状问题
屋面	传统屋面形式，铺设黄色琉璃瓦	①瓦面变形、开裂、破坏；②植物入侵；③屋面防水措施不足；④屋顶天窗处渗漏严重……
外墙体	利用白蛮石与人造假石	①材料污损劣化；②2003年修缮用白色涂料覆盖原材料（图8）
红色立柱	采用洋红粉石米	①材料污损劣化；②2003年修缮用红漆覆盖原材料（图9）
平面布局	创新利用屋顶空间做储藏功能	①先将储藏功能转化为办公功能，增加隔墙对室内空间细分
设施设备	后期为满足需求逐步添置	①外立面逐步增添空调外机与管线，对立面造成破坏
……	……	……

（来源：作者自绘）

问卷信效度检验 表3

问卷信度检验		问卷效度检验		
信度分析结果		效度分析结果		
（当α≥0.8时表明问卷具有较好的信度）		（当KMO＞0.7，且置信水平＜0.05，具有参考性）		
可靠性分析		KMO和Bartlett		
克隆巴赫Alpha	0.913	KMO取样适切性量数		0.870
项数	24	Bartlett球形检验	显著性	0.000

（来源：作者自绘）

使用者满意度分析 表4

一级指标（按重要性排名）	平均分	满意度	重要性得分
环境物理感受（A）	-0.5942	较差	3.6267
环境空间感受（C）	-0.056	一般	3.5067
环境心理感受（B）	0.1875	一般	3.3467
环境视觉感受（D）	0.585	较好	2.2667
环境行为感受（E）	-0.11	一般	2.2533
建筑整体满意度	0.08	一般	

（来源：作者自绘）

主成分分析 表5

主成分	相关因子	荷载系数	因子分析	碎石图
F1	A1/A6/A4/C3/B3/E4	0.551	舒适性因子	
F2	E3/E2/E1/D1	0.202	人性化因子	
F3	A2/A3/A7/B1	0.098	完整性因子	
F4	D3/D4/C4	0.081	文化性因子	
F5	B2/B4	0.068	安全性因子	

F总分估计值 =(35.180F1+12.887F2+……+4.356F5)/63.795=0.551F1+0.202F2+0.098F3+0.081F4+0.068F5

（来源：作者自绘）

在楼层与方位存在差异化反馈评价，结合实地调研的客观现状，得到以下推断：①使用者对建筑遗产的历史价值、艺术审美价值有较高认同。建筑周边环境与空间氛围能够满足使用者的心理与行为需求；②物理环境因素A1、A4、A6、A7与空间尺度C5满意度较差，差异存在于四层使用者（表6）。由于原设计储藏空间尺度矮小，通风采光条件不足，功能改变后，

难以满足办公功能的需求，同时屋顶结构受损更加加剧室内潮湿、空气质量不佳的情况；③建筑前期修缮维护工程以外立面修复为主，未能对建筑室内使用品质进行提升改善，在声光热上难以满足当代需求，即便多次修缮改造，使用者在B1（建筑修缮情况）上满意度为-0.7（较不满意）。

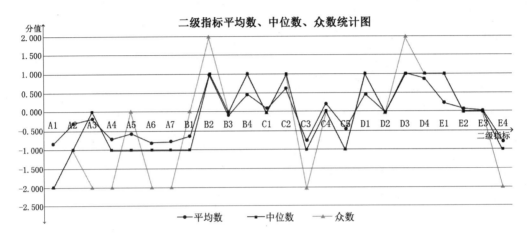

图10　二级指标满意度平均数、中位数、众数统计图（来源：自绘）

单因素方差分析（以楼层为变量）　　　　　　　　　　　　　表6

因子	平均值	F	显著性	差异来源
A1	-0.83	6.827	0.000	4层使用者
A4	-0.71	12.380	0.000	4层使用者
A6	-0.81	19.219	0.000	4层使用者
A7	-0.77	6.857	0.000	4层使用者
B1	-0.64	4.227	0.000	1层、4层使用者
C5	-0.45	4.031	0.000	4层使用者

（来源：自绘）

（显著性水平 < 0.01，可认为结果随楼层出现显著差）

3.2　设计策略目标研究

综合建筑历史艺术价值评估与使用者满意度的诊断结果，提出本次保护更新工程的原则与目标，作为后面设计决策的主要依据，主要是以下三点：①历史要素的修复：以真实性和完整性为原则，对建筑外观进行释放性修复，恢复原貌并进行加固修复，拆除或整理影响立面的因素。②建筑结构的修缮：对于屋面、天窗、檐口等由于历史原因存在于构造或材料缺陷等影响建筑物历史功能延续的问题进行加固与改善。③室内物理环境的提升问题：通过设备辅助，提升建

筑的热舒适性与光舒适性；适当恢复建筑原有的平面格局，拆除新增隔墙。

3.3　基于实验性诊断的技术策略研究

以设计目标和原则为出发点，参考借鉴同类案例，提出多种可行性方案。将同类型更新案例建成结果评价研究与局部实验诊断相结合，进行技术可行性论证与方案讨论比选，最终采取恰当适度的保护性更新策略，弥补主观经验设计带来的不足，达到对设计结果进行有效控制。

工程实践前，先进行局部试验与论证，根据工程

进展情况调整和确定最终方案。①屋面修缮：在进行保护性揭瓦，鉴定旧瓦情况后发现屋面瓦片损毁较为严重，决定替换新瓦，仅局部适当保留旧瓦，留存历史信息。②屋面防水：保护性揭瓦后确认建筑原构造未设防水层，讨论决定采用增设刚性防水层加强建筑防水性能，着重加强天窗位置屋面防水效果并重新订制钢窗，解决顶层空间漏雨潮湿的问题。③立面风貌恢复：依据案例信息，提出多种修缮方案（表7），在经过多轮测试后发现，现有清洗技术不可避免的会对原水刷石造成破坏（图11），因此本案例决定仅进行适当清洗，通过质感涂料进行罩面保护，待条件成熟再进行修复工作。

立面修缮方案比选 表7

方案	技术手段	优势	劣势
方案一	清洗、加固、修复、局部替换	更符合文物保护要求	施工难度大且繁琐，工期较长
方案二	全部重做、预制湿贴、局部保留	施工较便捷，效率较高	改变建筑遗产形体，影响文物历史风貌
最终方案	适当清洗，过质感涂料罩面保护	保护建筑原有构造做法	待技术提高恢复建筑真实性

（来源：作者自绘）

(a) 脱漆剂清洗

(b) 人工凿除

(c) 高压水枪清洗

图11 外立面清洗技术实验（来源：现场自摄）

项目实践中充分利用实验性诊断确保了技术的可靠性，避免再次对建筑遗产保护性破坏。

4 结论

实践样本证明了POE技术在近现代建筑遗产更新实践中的科学性、有效性，反馈介入主要包括：①项目前期现状评估：通过主客观结合的量化分析考量多主体需求，确定更新目标与原则，有助于在确保文物风貌得到有效保护的前提下，提升建筑遗产的当代适应性；②对策略进行实验性诊断与可行性论证：通过局部实验有效控制设计成果，确保措施对遗产的安全性与可逆性；③建成后评价与跟踪建成案例：以反馈结果为指导有助于进行设计优化，为新设计新工程项目提供指导。全周期可循环的POE技术介入，以实证反馈为依据提升更新设计决策的理性化与科学化，不断精进形成有据可寻的近现代建筑遗产保护更新设计模式、导则与方法，促进近现代建筑遗产在当代的活态再生。

参考文献

[1] 张松. 建筑遗产保护的若干问题探讨——保护文化遗产相关国际宪章的启示 [J]. 城市建筑，2006（12）：8-12.

[2] 单霁翔. 20世纪遗产保护的实践与探索 [J]. 城市规划，2008（06）：11-32+43.

[3] 金磊. 中国20世纪建筑遗产：建筑遗产保护的新类型 [J]. 建筑，2018（24）：45-47.

[4] W. F. E. Preiser et al, "Post - Occupancy Evaluation" VNR Company. New York. 1988.

[5] 吴硕贤. 建筑学的重要研究方向——使用后评价 [J]. 南方建筑，2009（01）：4-7.

[6] 广州市政府编. 广州市政府新署落成纪念专刊 [M]. 广州：广州市政府，1934.

[7] 李俊. 广州近代城市中轴线空间史研究 [D]. 广州：华南

理工大学，2019.

[8] 黄翼. 我国建成环境使用后评价研究发展趋势探析 [J]. 新建筑，2016（06）：124-128.

[9] 李琦，刘大平. 建筑遗产保护循证实践闭环中的后效评价 [J]. 新建筑，2021（01）：132-135.

[10] 郭昊栩，李茂. 居住保障性的户型体现——岭南保障性住房户型评价 [J]. 建筑学报，2017（02）：63-68.

[11] 郭昊栩. 岭南高校教学建筑使用后评价及设计模式研究 [M]. 北京：中国建筑工业出版社，2012.

[12] 蒋楠，沈旸. 中国"20世纪遗产"保护再利用中的"前策划"与"后评估"：以建筑师介入的视角 [J]. 建筑师，2020（05）：71-76.

[13] 常青. 过去的未来：关于建成遗产问题的批判性认知与实践 [J]. 建筑学报，2018（04）：8-12.

[14] 刘虹. 岭南建筑师林克明实践历程与创作特色研究 [D]. 广州：华南理工大学，2013.

[15] 林克明. 建筑教育、建筑创作实践六十二年 [J]. 南方建筑，1995（02）：45-54.

唐代渤海国城址群空间格局研究

周媛[1] 董健菲[2]

作者单位
1. 哈尔滨工业大学建筑学院
2. 寒地城乡人居环境科学与技术工业和信息化部重点实验室

摘要：近年来，有关唐代渤海国城址的研究存在精确度较低、全面性较弱的问题。因此本文以渤海国境内所有城址为研究对象，并基于考古信息和相关史料，运用 ArcGIS 10.6 软件建立渤海国城址空间信息数据库。进一步运用空间统计方法对渤海国城址的分布模式、密集区和空间聚类进行量化分析，使城址分布信息可视化，并直观展现城址的分布格局。本研究有助于揭示渤海时期的政治、经济、文化等特点，对丰富渤海国史的研究具有重要理论意义。

关键词：渤海国；城址；空间分布；GIS

Abstract: In recent years, the research on the site of Bohai State in Tang Dynasty is not accurate and comprehensive. Therefore, this paper takes all the city sites in Bohai as the research object, and uses ArcGIS 10.6 software to establish the spatial information database of city sites in Bohai based on archaeological information and relevant historical materials. Furthermore, the spatial statistical method is used to quantitatively analyze the distribution pattern, concentrated area and spatial clustering of city sites in Bohai State, to visualize the information of city site distribution and visually display the distribution pattern of city sites. This study helps to reveal the political, economic and cultural characteristics of the Bohai Period, and has important theoretical significance to enrich the study of Bohai history.

Keywords: Bohai State; City Site; Spatial Distribution; GIS

1 引言

古代城市作为国家或地区政治、经济、文化的中心，通常承载着特定时期的历史信息，其建设、发展、繁荣及衰败都与当时的历史环境息息相关。而其空间分布格局则蕴含着特定时期人类文明与自然环境之间相辅相成的关系，对研究文明的发展和兴衰具有重要的理论意义。渤海国作为东北地区重要的少数民族政权之一，在史书中被誉为"海东盛国"，其现存的城市遗址承载了渤海时期丰富的历史信息，对研究渤海时期的政治、经济、文化等方面具有重要的历史价值。

近年来，随着渤海国考古发掘成果的不断涌现，有关渤海国城址的研究也在逐步开展。但是目前关于渤海国城址的研究，多停留在对历史资料的挖掘和整理上，常采用文字和图表对城址的分布规律进行总结，分析的精确度稍显不足。此外，在研究范围上多以流域或现代行政区划进行区域划分，仅对局部地区的城址进行分析和讨论，割裂了不同地区之间城址的关联性，未将所有城址作为一个整体去进行系统的考察和分析，分析的全面性有待提高。

因此，本文选取渤海国境内所有城址作为研究对象，以相关史料和考古发掘报告作为数据来源，深入挖掘渤海国城址的空间位置信息，并对其进行筛选和整理。再利用ArcGIS软件建立渤海国城址的空间信息数据库，实现城址空间分布格局的可视化。最后运用ArcGIS中的空间统计工具，对城址的分布模式、密集区及空间聚类进行分析，以探讨渤海国城址的空间分布格局及其成因。

2 研究区概况和数据来源

2.1 研究区概况

在自然条件方面，渤海国疆域辽阔，全盛时期可达五千里，包括我国吉林省的大部分地区、黑龙江省的东半部、辽宁省的东北部、俄罗斯滨海边疆区以及朝鲜的东北部，共计65万平方公里。跨越北纬39°12′～48°28′，东经

123°20′~138°00′。地形以山地丘陵为主，水利资源丰富，遍布河流湖泊。气候上属于温带大陆性季风性气候，夏季高温多雨，冬季寒冷漫长。

在城市建设方面，渤海国"宪象中原"设立五京，分别是上京龙泉府、中京显德府、东京龙原府、西京鸭渌府和南京南海府。其中上京、中京、东京都曾作为都城使用过，而南京、西京则是因其经济、交通以及军事的优势而设立的。此外，渤海国还形成了以府—州—县为行政建制的城镇体系，并在全盛时期达到了"五京、十五府、六十二州、一百三十余县"的规模，使其成为东北地区重要的少数民族政权之一。

2.2 数据来源

研究所需的城址数据主要来源于《中国文物地图集·黑龙江分册》《中国文物地图集·吉林省分册》，以及各县市文物志和相关考古发掘报告。对所得城址数据进行筛选，去除年代不符和信息重复的城址数据，最终共收集154处渤海国城址的位置信息。渤海国的历史地图信息则主要来源于《中国历史地图集》，将历史地图导入ArcGIS10.6中进行地理配准，并对渤海国外部边界线和内部行政区划线进行绘制，作为研究区地图进一步使用。城址位置信息数据在ArcGIS10.6中进行地理配准和坐标转换后，对其进行矢量化处理，形成城址空间信息数据库。最后运用ArcGIS空间统计工具，对城址的分布模式、密集区及空间聚类进行分析，并进一步探讨渤海国城址的空间分布格局及其成因。

3 研究方法

本文拟运用ArcGIS中的空间统计工具，对空间分布的显著特征进行汇总，并识别具有统计显著性的空间聚类，从宏观尺度上探究城址的空间分布特征及成因。主要分析工具如下：

3.1 Voronoi 图

Voronoi图，又名泰森多边形，它是一组由连接两邻点直线的垂直平分线组成的连续多边形所组成的图形。其点集中的每个点都以相同速率向外扩张，直到彼此相遇。Voronoi图中各多边形的面积会随着点集分布特征的变化而变化。当事件点集群分布时，对

应的多边形面积较小；当事件点随机分布时，对应的多边形面积较大。因此本文将基于Voronoi图方法，运用ArcGIS10.6软件对各城址点的Voronoi面积进行计算，并将计算出的Voronoi面积作为属性赋值给对应城址点，并以此为基础进行空间自相关分析、核密度分析和空间聚类。

3.2 空间自相关

空间自相关可分为全局空间自相关（Moran I）和局部空间自相关（Anselin Local Moran I）。全局空间自相关是从总体上判断要素的分布模式，分析要素处于聚类模式、离散模式还是随机模式，但无法明确指出要素聚集或分散的具体位置。局部空间自相关则是从局部上识别要素聚集或分散的具体位置与程度。本文以城址的泰森多边形面积作为输入字段，首先运用全局空间自相关分析城址的分布模式，其次运用局部空间自相关将城址点划分为高值聚类（High-High）、低值聚类（Low-Low）、高值由低值围绕的异常值（High-Low）、低值由高值围绕的异常值（Low-High）以及不具有显著性的值（Not Significance），最后提取城址的密集区。

3.3 核密度分析

核密度分析主要用于分析某一区域内样本点的分布密度值，其值的大小可根据该区域内样本点的个数进行计算。在ArcGIS中核密度分析常用来计算样本点的空间密集程度，并以可视化的方式展现样本点的分布聚集区。本文选取Low-Low类型的城址点作为分析对象，运用多距离空间聚类分析中的Ripley's K函数计算最佳搜索半径值，最终选取40公里作为最佳搜索半径值，并在该半径下进行核密度分析以提取城址分布密集区。

3.4 DBSCAN 聚类算法

DBSCAN（density-based spatial clustering of applications with noise）聚类算法是基于密度对要素进行空间聚类的工具。本文选取渤海国城址点作为待聚类数据，利用k-dist图确定给定半径（用Eps表示）和给定半径范围内数据对象个数的最小值（用MinPts表示）。k-dist表示距离点p最近的第k个点的欧式距离，其中k值即为上述MinPts值。k-dist图

中的第一个突变点所对应的k-dist值即为所求的Eps值。根据上述参数配置方法，得到渤海国城址的Eps值为30公里，MinPts值为5，利用重新配置参数的DBSCAN聚类算法对渤海国城址进行聚类分析。

4 城址空间分布规律分析

4.1 城址分布模式分析

利用AcrGIS的全局空间自相关对城址的泰森多边形面积属性进行分析，检验结果如表所示（表1）。结果显示，全局空间自相关指数（Moran's I）为0.206612，z得分（标准差的倍数）为4.979491>2.58，p值（概率）为0.000001<0.01。Moran I>0表示空间正相关性，其值越大，空间相关性越明显，Moran I<0表示空间负相关性，其值越小，空间差异越大，否则，Moran I=0，空间呈随机性。z得分表示标准差的倍数，p值表示概率。当z得分<-1.65或>+1.65且p值<0.10时，置信度为90%；当z得分<-1.96或>+1.96且p值<0.05时，置信度为95%；当z得分<-2.58或>+2.58且p值<0.01时，置信度为99%。置信度主要用于估计输出值与总体参数在一定允许的误差范围以内的概率大小，置信度越高要素点随机分布的可能性越低，反之则越高。因此该结果说明城址随机产生此聚类模式的可能性小于1%，即城址整体上存在正的全局空间自相关，城址的分布存在密集区。

空间自相关检验结果		表1
Moran I 指数	z 得分	p 值
0.206612	4.979491	0.000001

（来源：作者自绘）

4.2 城址密集区分析

利用AcrGIS的Anselin Local Moran I对城址的泰森多边形面积属性进行分析，得出Not-Significance城址点共82个，High-High类型城址点共5个，High-Low类型城址点共5个，Low-High城址共1个，Low-Low城址点共82个（图1）。其中Low-Low类型城址点主要集中在渤海国的中东部地区，且形成三个主要密集区，其核心分别位于上京龙泉府、中京显德府、东京龙原府的周边地区，而其余

地区城址数量较少且分布较为稀疏，渤海国城址整体上呈现多核心且聚集分布的特点。经测算，城址分布聚集区的核密度最高值接近0.005个/平方公里，而其他地区核密度最高值均在0.0005个/平方公里以下，说明渤海时期五京所在区域的城市发展繁盛程度远高于其他区域（图2）。

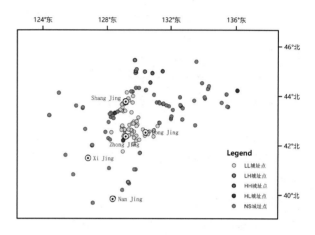

图1 不同类型城址点分布示意图（来源：作者自绘）

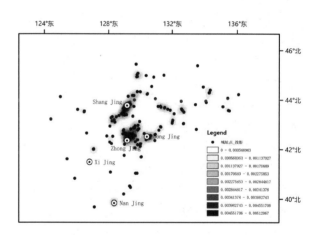

图2 城址核密度示意图（来源：作者自绘）

4.3 城址空间聚类分析

根据DBSCAN聚类算法对渤海国城址进行的聚类分析，共得到五个城址群。根据城址群所包含的主要京府，将其分别命名为：中京—东京城址群（聚类A）、上京—旧国城址群（聚类B）、率宾府（聚类C）城址群、南京城址群（聚类D）和西京城址群（聚类E）。中京—东京城址群是最大的聚类，为主体城址群。在其周围分布有四个城址群，除上京—旧国城址群外，其余三个城址群都相对较小。此外，还有少数城址散乱分布于渤海国西部和北部等区域（图3）。

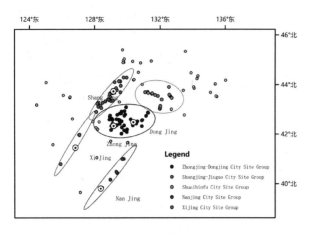

图3　城址群分布示意图（来源：作者自绘）

中京—东京城址群（聚类A）：城址群以中京显德府和东京龙原府为中心分布，主要沿东西向延伸且密度较高，共有54处城址，占城址总量的46.15%，是渤海国城址数量最多、分布最密集的城址群。其主要位于渤海国的中东部地区，此地属于长白山区，流经的河流分属图们江、松花江、绥芬河三个水系，大多数城址都分布在山地和丘陵之间的盆地或河流沿岸的平地上。该地区不仅是渤海国重要的交通枢纽，连接了多条交通要道，一方面用于五京之间的联系，另一方面用于和日本等海外各国的往来，此外还因其温和湿润的气候成为渤海国农业经济发展的重要区域。因此，该地区城址大多沿交通道或农业经济区进行建设，城址群呈团块状分布。

上京—旧国城址群（聚类B）：城址群以上京龙泉府为中心分布，主要沿东北—西南方向延伸且密度较高，共有30处城址，占城址总量的25.64%，是5个城址群中城址分布数量第二多的城址群，也是城址分布聚集区之一。其主要位于渤海国中部地区，此处属于牡丹江水系，大多数城址均分布于牡丹江沿岸。而牡丹江作为渤海国重要的水上交通道路之一，将旧国地区和上京龙泉府联系了起来。因此该地区由于旧国和上京的联系，成为渤海国重要的政治、经济、文化的中心地带，同时还是防御北部黑水靺鞨诸部侵略的重要军事阵地。因此，城址多因军事和政治需要分布于牡丹江沿岸，城址群呈线状分布。

率宾府城址群（聚类C）：城址群主要以率宾府为中心分布，呈偏东北—偏西南方向延伸，城址数量相对较多且密度相对较高，共有18处城址，占城址总

量的15.38%。其主要位于渤海国的东北部地区，此处属于锡霍特山脉，以山地为主，平原为辅，还有绥芬河流经于此，城址多分布于河谷地带和靠近河流的低地。该地区的城址主要用于防御北部黑水靺鞨诸部的进攻，以起到保卫上京的作用。因此，城址多为山城和军事堡垒，以军事功能为主，占据水陆要冲，扼守交通要道，城址群呈线状分布。

南京城址群（聚类D）：城址群主要以南京南海府为中心分布，呈东北—西南方向延伸，但城址数量少分布密度低，共有9处城址，占城址总量的7.69%。其主要位于渤海国南部地区，该地区属于咸镜山脉，北部有图们江流经，地形多为山区丘陵，城址多分布在较为平缓的山间盆地中。渤海时期，该地区作为长期与新罗对峙的军事中心，且有渤海国重要交通道之一——新罗道的存在，城镇建设多以山城和军事堡垒为主，用于防止新罗的侵略。因此，城址多分布于新罗道周边，且军事功能尤为突出，城址群呈散点状分布。

西京城址群（聚类E）：城址群主要以西京鸭渌府为中心分布，呈东北—西南方向延伸，但城址数量少密度低，共有6处城址，占城址总量的5.13%。其主要位于渤海国西部地区，该地区地处长白山腹地，境内山峰林立，绵亘起伏，沟谷交错，河流纵横。该地区原为前朝高丽故地，多高丽遗民，为加强对此地的控制，在此设立西京以平稳政局。还因此地有渤海国重要的交通道之一——朝贡道，在发展渤海国与唐朝的外交关系上起到了重要作用。因此，城址多围绕西京和朝贡道分布，城址群呈散点状分布。

5　城址空间分布规律分析

从上述分析可以看出渤海国城址呈现中部密集四周稀疏的分布特征，且有明显的聚集区。但是渤海国城址并非随机分布，而是受到自然因素和人文要素的双重影响从而呈现出一定的分布规律。

地形地貌和气候环境一直是影响人类生产生活的重要因素。渤海国地域广袤，其境内既有连绵不断的山脉，又有纵横交错的江河，地形地貌起伏不平，错综复杂。渤海国全境大都处于中高纬度地带，虽同属大陆性季风气候，但由于受到地形地势的影

响，各地区又呈现出不同的小气候。位于渤海国中南部的长白山地区，山地连绵起伏，气候温和且河流众多，对发展农牧渔猎都十分有利，是城址分布最密集的地区。位于渤海国中部的老爷岭低山丘陵地区，海拔多在600~1000米之间，且有牡丹江流过，非常有利于农业的开发，成为城址分布的第二大密集区。而渤海国北部地区气候寒冷，对农业生产的负面影响较大，不适宜人类生产生活，城址分布相对较少。

除了自然因素外，人文要素也是影响城址分布的重要成因。从渤海国城址的分布格局来看，渤海政权对各地区的控制是不均衡的，其对五京地区及其周边府州的控制力远高于对边远府州的控制力，而这一现象主要归因于渤海国实行的地方政权制度。渤海国对其五京统辖地区和临近府州基本实现了中央集权式的控制，而对于边远地区则采取部落组织的首领体制结合地方州县制度进行相对松散的统治。而且在渤海国统治期间，其周边局势一直动荡不安。军事防御的需求带动了军事重镇和军事堡垒的建设，对渤海国城址的分布格局产生了一定程度的影响。除此之外，渤海国在其全境内设置了交通网，不仅广泛运用于国内外的交通运输以及政治、经济、文化的交流，还促进了渤海国城市的建设和发展，对渤海国城址的分布也产生了相应的影响。

6　结论

综上所述，渤海国城址呈现聚集分布特征，主要分布在渤海国中东部地区，以中京、东京和上京周边最为密集，占城址总量的71.79%。此外，城址可以划分为5个具有明显聚类倾向的城址群，在空间上呈现主要城市被周边城镇环绕的分布格局，其中包括沿农业经济区和交通道呈团块状分布的中京—东京城址群，沿水系和交通道呈线状分布的上京—旧国城址群和率宾府城址群，以及沿区域中心城市呈散点状分布的南京城址群和西京城址群。由此可见，渤海国城址的分布受到了自然因素和人文要素的双重影响，蕴含了渤海时期人类文明与自然环境之间相辅相成的关系，对进一步研究渤海国城址的人地关系具有一定的借鉴意义。

参考文献

[1] 王禹浪，王俊铮.绥芬河流域的古代历史文化及其民族与城址[J].哈尔滨学院学报，2019，40(02)：1-14.

[2] 王禹浪，王天姿，王俊铮.黑龙江流域古代民族筑城研究综述(二)[J].黑河学院学报，2016，7(08)：9-14.

[3] 韩亚男.渤海国城址研究[D].长春：东北师范大学，2015.

[4] 于彭.牡丹江流域渤海古城初步研究[D].大连：大连大学，2015.

[5] 王禹浪，于彭.论牡丹江流域渤海古城的分布[J].哈尔滨学院学报，2014，35(08)：1-11.

[6] 赵永军.渤海中小城址的初步考察[J].北方文物，2000(03)：36-42.

[7] 魏国忠.渤海国史[M].北京：中国社会科学出版社，2006：169-182.

[8] 佟薇.空间视域下的渤海国五京研究[D].长春：东北师范大学，2017.

[9] 国家文物局.中国文物地图集：黑龙江分册[M].北京：文物出版社，2015：321-627.

[10] 国家文物局.中国文物地图集：吉林分册[M].北京：文物出版社，1993：1-218.

[11] 谭其骧.中国历史地图集[M].北京：中国地图出版社，1996.

[12] 肖阳，李凤全，王天阳，朱丽东，叶玮.长江下游新石器时代遗址的空间分布特征[J].海南师范大学学报(自然科学版)，2018，31(03)：338-345.

[13] 姜广辉，何新，马雯秋，等.基于空间自相关的农村居民点空间格局演变及其分区[J].农业工程学报，2015，31(13)：265-273.

[14] 禹文豪，艾廷华，杨敏，等.利用核密度与空间自相关进行城市设施兴趣点分布热点探测[J].武汉大学学报(信息科学版)，2016，41(02)：221-227.

[15] 毕硕本，计晗，杨鸿儒.基于DBSCAN算法的郑洛地区史前聚落遗址聚类分析[J].科学技术与工程，2014，14(32)：266-270.

文化景观视角下历史文化名镇文化风貌保护研究
——以重庆酉阳清泉古镇为例[①]

刘玉枝[②]　左力[③]

作者单位
重庆大学建筑城规学院

摘要：文化景观是物质要素与价值要素的叠加，是自然的反馈与文化传承的集合。本文从文化景观研究角度，以重庆酉阳清泉古镇为例，从物质要素与价值文化的对应出发分析其文化风貌特征，并从整体格局、物质、文化三方面提出文化风貌保护的策略，为构建全面有效的文化风貌保护体系提出了建议，以期为历史文化名镇的风貌保护提供一定的思路借鉴。

关键词：文化景观；历史文化名镇；风貌保护

Abstract: Cultural landscape is the superposition of material and value elements and the collection of natural feedback and cultural inheritance. From the perspective of cultural landscape research, this paper takes Qingquan Ancient Town in Youyang, Chongqing as an example, analyzes the characteristics of its cultural features from the correspondence between material elements and value culture, and puts forward strategies for the protection of cultural features from the overall pattern, material and culture, so as to put forward suggestions for the construction of a comprehensive and effective protection system of cultural features. In order to provide some ideas for reference for the protection of historical and cultural towns.

Keywords: Cultural Landscapes；Historic Towns；Landscape Protection

1 引言

　　文化景观概念最初产生于人文地理学与遗产保护学科内，20世纪以来传入我国并开始运用[1]。1920年由美国学者继承了早前19世纪奥托·施吕特提出的文化景观概念，并形成了文化景观学派，成为人文地理学的重要分支。在国际遗产保护学中，文化景观的引入是随着人们对遗产的价值与保护的实践而逐渐被引入。在地方性的保护过程中，自然遗产与价值文化往往交融在一起，文化景观辨识为了对自然遗产与价值文化进行更好的整合。文化景观概念自提出以来，国内外的许多组织和学者对此进行了多方面多角度的理论与实践研究，整体上以文化景观定义概念和类型划分等理论性研究为主。近年来，国内外学者对文化景观的运用与实践逐步涉及文化景观遗产以及对历史城镇的风貌保护中，并进行了一系列保护模式的实践探索[2~7]。

　　历史文化名镇蕴含着相对丰富的历史文化与自然生态资源，是承载地域文化的重要空间载体。重庆市人民政府办公厅于2002年发布《关于公布第一批重庆历史文化名镇（历史文化传统街区）的通知》，将清泉古镇列入重庆市第一批历史文化名镇中的亟待抢救的传统风貌古镇，并要求"保护清泉古镇，使之成为人文资源丰富、个性特色鲜明、历史传统悠久、环境景观优美的古镇。"清泉古镇因其独特的山地特色与山水格局、悠久的历史建筑古迹遗存以及多民族融合的文化风情，在重庆众多历史古镇中独树一帜，成为独具特色、不可或缺的一例。2005年，由于乌江彭水电站开建，水位上涨，清泉传统老街区被淹没，新街区选址老街标高以上的区域开发建设，仅有少量有价值的古迹遗产搬迁保存。因此，开展清泉古镇历史文化名镇文化传承与风貌保护的研究工作显得刻不容缓。本文以文化风貌保护的视角，选取重清泉古镇展开历史文化名镇的传统风貌保护研究，以期能为后续历史文化名镇风貌的全方位保护提供一定的参考与指引。

---

① 国家自然科学基金面上项目"基于层积规律分析的西南山地城镇历史景观适应性保护方法"（编号5177082412）。
② 重庆大学建筑城规学院硕士研究生。
③ 通讯作者，重庆大学建筑城规学院副教授，硕士生导师。

2　清泉古镇文化景观要素构成与特征

2.1　依山就势的山水格局

清泉古镇整体格局呈现背山面水之势，依山就势布局，具有西南山地典型特征。古镇位于酉阳县西部，地处渝鄂湘黔毗邻的武陵山腹地，西隔乌江与贵州毗邻，属渝黔结合部。集镇临水而建，依水而生，三面环山、一面邻水，具有独特的山水格局。另有三个少数民族传统村落通过乌江水道与古镇相连。整体布局以自然环境为基础，有机地附着于自然环境的形态之中，与周边茂密的山林、民居融为一体，山、水、城三者相生相息，形成了清泉古镇多层次的生态画卷（图1）。

图1　清泉古镇整体风貌
（来源：2014 年清泉古镇风貌影像资料）

2.2　层叠错落的簇群肌理

清泉古镇簇群肌理整体统一、沿山体层叠错落布置。古镇的主要道路与乌江平行，街道沿江岸自由延伸，平行于等高线自然曲折变化，同时也跟随等高线高差起伏布置。主街小巷呈鱼骨状有机连接，空间层次丰富。街巷尺度较小，同时与街道两侧的铺面融为一体，形成和谐紧密的空间环境，体现了对自然用地条件的充分尊重与适应。古镇建筑沿街道两侧高密度地布置，结合地形地势，自西向东，层级而上，高低错落，有机拓展（图2）。

图2　古镇簇群肌理（来源：自摄）

2.3　遗韵犹存的场所空间

清泉古镇的场所与街巷蕴含着丰富的历史印记，清泉老街虽已被淹没，但仍有少量位于淹没水位线以上的有价值的古迹遗产遗存下来，主要体现在以下方面：

① 院坝空间。风雨廊桥北侧的粮仓院坝，曾联系着古镇重要的特色公共建筑与民居，如今虽有部分墙体已垮塌，但依然可以清晰的看出其空间特征（图3）；

图3　院坝残垣（来源：自摄）

② 广场空间。位于清泉古街端部的桥头的广场空间，作为古镇内少有的完整平坦的场地，如今成为清泉人民日常活动集散与信息发布的场所（图4）；

图4　广场空间（来源：自摄）

③ 码头空间。古镇沿江仍有少量古码头遗存，少量船舶依旧停靠于此，与对岸的贵州省来往通航。

现状码头多由砖石结构层叠或狭窄的木栈道构成，缺少维护设施，现状情况较差（图5）；

图5　码头空间（来源：自摄）

④滨江栈道。清泉古镇滨江的栈道历经千年的风雨历史变迁，在古代交通条件受限时，它曾是重要的交通联系通道与经济与文化要道。这些古栈道见证了三四千年前巴人的迁徙流动和文化传播，同时也连接着众多特色民居建筑，成为清泉古镇重要的线性空间（图6）。

图6　滨江栈道（来源：自摄）

2.4　古朴典雅的地标建筑

清泉古镇内至今还保留着一批完好的吊脚楼院、古桥梁、大石磨、古民居等。整体布局较为分散，多

呈顺应等高线布置，整体风格古朴典雅，历史积淀厚实，文化底蕴丰富，具有较大的历史价值。结构形式上，多为穿斗式结构与"吊脚"结构形式。上层宽大，为主要居住使用功能，下层随地而建，有些立柱，有些也有围墙，做辅助使用功能；立面特征上，多为悬山屋顶，有起翘、举折、山墙批檐，有脊饰，但多有损坏，屋面铺小青瓦，墙身抹灰，以米白、灰色居多，立面用门、窗、柱划分。风雨廊桥是重要的地标建筑之一，桥长约29米，宽4.3米，桥面距水面约40米，六根木柱斜撑于峡谷两端岩石上，拱负整座桥体的重量。桥面铺木板为面，桥楼高5米。整座桥为木料穿斗，无铁钉扣铆，又称"无钉桥"[8]。此桥结构严谨，技艺精美，成为清泉古镇重要的节点空间，是乌江东岸一处壮美景观（图7）。

图7　风雨廊桥（来源：自摄）

3　清泉古镇文化景观价值

3.1　乌江山水文化

清泉古镇处于重庆的武陵山民族文化区域，以乌江为纽带，酉水古道为脉络，武陵山为依托，形成独特的山水文化。据《天下郡国利病》[①]记载，其酉阳系属九溪十八洞。惟九江、清泉一带，进为镇蛮残破，历代统治者对苗人进行镇压驱赶，清泉古镇也曾作为生漆交易的市场。古时基于航运移民与市场交易的需要，古镇选址于乌江口岸，依山面水，水运便捷，地势呈中间低四周高，为古代人们迁徙、水运

---

① 明末清初顾炎武撰，是记载中国明代各地区社会政治经济状况的历史地理著作。

货物都提供了便利的空间条件。在整体布局上，山水环绕，形成"两山夹一江"的空间格局。集镇临水而建，依水而生，南北向沿江边展开，依山就势，有机地附着于自然环境形态之中，整体形成了与自然山水相协调的布局。独特的山水文化宛如一幅天成的自然画卷。

3.2 巴渝移民文化

清泉古镇分布着土家族、苗族等少数民族，又地处乌江流域，有着便捷的水运资源，因其独特的地理位置，移民文化源远流长、丰富多彩。移民过程使得外来文化与当地文化有机整合，在文化的传播过程中，不同的地域文化碰撞、扩散、交融，古镇的生成发展、空间演化发生了很大变化。

新石器时期酉阳清泉乡清源村和秀水村附近的邹家坝遗址和清源村清源遗址的发掘，将清泉古镇的历史上推到距今5000年。人们通过迁徙、战争与贸易等行为不断地进行文化交流，少数民族也因为逃避战乱聚集于此，形成了最早期的聚落；古镇地处川、渝、黔三省交界处，加上拥有便捷的水运交通，使其成为古时重要的水陆码头，商贸的初步兴起，聚落呈现出早期离散的形态；清初，清泉古镇正式建镇，仅在乌江沿岸形成几处散点式布局的居民聚居点，并建有小码头等设施。此时，水运交通正逐步繁荣，古镇聚落呈现出向带状分布的趋势；清咸丰至民国时期，这里是生漆交易的重要市场。外地商人纷纷聚集于此，点状簇群相连呈现出带状分布的特征，并已初具规模。此时的清泉老街铺石板路，长度近1公里，古色古香的房屋毗邻而建，颇具韵味（图8、图9）。

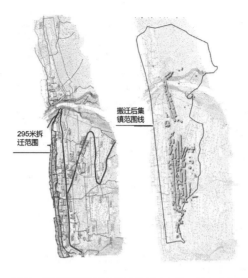

图9 搬迁前后的清泉集镇范围（来源：清泉乡保护规划）

3.3 融合建筑文化

清泉古镇民俗文化丰富，民族特色风情浓厚。苗家人和土家人创造了特色鲜明的地方文化，形成了风貌融合混搭的建筑文化。此外还有百年风雨廊桥、骑楼式建筑等风貌多元混合的建筑文化（图10、图11）。如特有的"吊脚"建筑，干栏式的木构架与土墙面体现着人民对当地特色材料的运用。此外，建筑虽有些已垮塌，仅留部分墙垣，但围合形成的院落依旧清晰可见，薅草锣鼓、竹编等民俗与工艺活动正是进行于此。建筑细部装饰上也体现着特有的民族风情，窗花多为木格纹饰，古朴而典雅，为典型的土家建筑风格；大量的传统民居中都有土家特色脊饰，脊饰做法简易，多取材于当地青瓦，拼合成不同的图案，生动而古朴（图12）。

图8 搬迁前的清泉老街（来源：何智亚《重庆古镇》）

图10 风貌多元的建筑1（来源：自摄）

图 11　风貌多元的建筑 2（来源：自摄）

图 12　门窗与脊饰（来源：清泉乡保护规划）

4　清泉古镇文化风貌保护策略

4.1　整体性保护

整体性保护即是将历史保护与城市总体规划、自然环境保护、人居环境改善相结合，与城市社会经济发展相结合的过程[9]。清泉古镇所处环境既具有景观生态意义，也具有历史文化意义，是清泉古镇文化风貌保护的重要内容。其典型的西南山地地形、江水相依的乡土风光已成为古镇环境的重要组成部分。在对其进行保护时，必须采取周边乌江、龙函沟、武陵山体等自然环境特色为一体的完整性保护措施，完整地延续古镇的山水结构景观风貌。

1. 划定保护范围

综合考虑场地特征的完整性、景观风貌的整体性、功能的完善性以及满足现状的诉求等方面，同时依据《历史文化名城名镇名村保护条例》和《重庆市历史文化名城名镇名村保护条例》将历史文化资源相

对集中、现存传统格局较为完整、传统风貌建筑集中布置的区域整体划定为保护范围，具体包括清泉古镇集镇、庙头盖、水麻井、廖家沟（图13）。

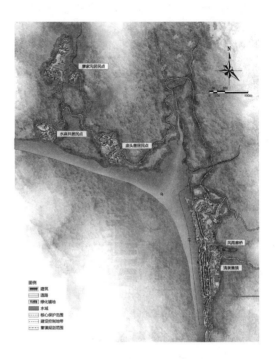

图 13　保护范围划定图（来源：清泉乡保护规划文本）

2. 区域保护内容

在划定保护范围的基础上，贯彻"保护为主、抢救第一"的方针，合理利用当地材料，坚持"修旧如旧"的原则实施保护。保护其传统肌理格局，严格保护村落内的标志性空间、特殊景观点等要素。保证整体风貌的统一性，在保护范围内与传统风貌不协调的建筑，应当整治更新或予以拆除。严格保护传统风貌建筑、古树名木等重要历史文化要素及其周边环境，体现原真性。在核心保护区范围内严格按照小规模整治修缮的方式进行保护和建设；在建设控制地带建设活动中，应严格控制建筑物的高度、色彩、材质等，做到与核心保护范围的传统风貌相协调。

3. 整体保护框架

本文根据城市文化景观方法构建了"识别——评估——保护"的整体性保护框架。首先，对历史名镇的景观构成要素与特征进行梳理，其次对景观风貌保护与发展价值分为"保护"与"利用"两方面进行评估，最后，通过塑造"集体记忆"的方式落实保护要求，从静态单一的保护方法向整体、动态的保护方法迈进（图14）。

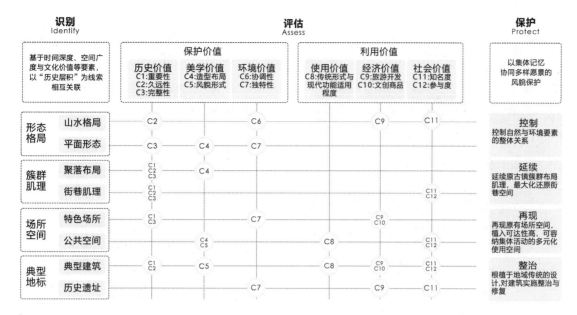

图14 清泉古镇整体性保护框架（来源：自绘）

4.2 原真性保护

原真性的保护是一种"活态"的保护，联系不同的学科如将考古学、旅游学、建筑学、历史学科有机地结合起来，从而建立起系统、完整的保护体系，格局上重视对原有肌理的重构，建筑上注重对当地材料与原有结构形式的运用，风貌上坚持以保护为主的原则。

对建筑风貌的原真性保护过程中也面临着许多挑战。对于过去的材料我们难以完整的修复和保护，例如门扇、窗花等构件，传统的砖石材料如今已停产，木材料更是难以找到合适的材料对其进行替换，一些历史建筑也出现了很多结构上的隐患。基于存在的这些实际问题以及此种保护方法，将建筑遗产原真性的保护分为"整治更新""保护修缮""落架重修"三类方式，需要根据建筑现实情况分析展开（表1、图15）。

清泉古镇建筑遗产原真性保护分类表 表1

类型	重构策略	效果示意
整治更新	说明：此类建筑现状情况较好，立面局部有破损，结构基本完整，但存在乱搭乱建情况	
	重构策略：在现有建筑基础上采用局部立面修复、架构加固、构建增加、场地完善等方式对建筑进行修复	
保护修缮	说明：此类建筑现存建筑质量情况参差不齐，部分建筑墙体、屋面有坍毁，建筑现存状况一般，多建于20世纪50～80年代	
	重构策略：在现有基础上通过对墙面、屋面等修复，结构加固，墙面抹灰，开敞沿江立面等方式达到对建筑的风貌整治效果	
落架重修	说明：此类建筑现状较差，部分仅有残留墙体，墙体范围内部功能缺失	
	重构策略：最大化保留遗存，并重新修建成原有风貌建筑，赋予文化、展览等功能，延续传统商贸集散文化	

（来源：作者自绘）

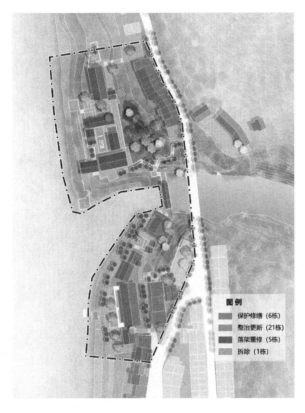

图15 建筑分类整治汇总（来源：自绘）

4.3 非物质文化保护

清泉古镇的非物质文化遗产底蕴深厚，形式多样。每一种非物质文化都有其特定的承载空间，这些承载空间有着不同的形态，它们的多元组合组成了传统古镇空间层面的文化肌理，是古镇形态的灵魂。在保护与合理运用非物质文化的同时，发展具有地方特色的文化产业和文化服务，激活非物质文化遗产，服务于日常生活。

1. 山水文化与文化廊道

清泉古镇特色的山水文化与移民文化以及得天独厚的地理位置是其成为特色名镇的重要因素。目前在建的酉彭高速将大大缩短清泉古镇至主城区的通行距离，为旅游发展带来机遇。与此同时，为保护码头文化与水运交通特色，可以考虑在乌江设立文化廊道，规划旅游线路，以清泉老街—滨水栈道—风雨廊桥—大石磨—三个少数民族传统风貌居民点为主要游览线路，感受历史遗迹、体验原乡市井生活。同时复原乌江沿岸的古码头，保护现有廊桥附近的码头，实现文化与风貌有机保护。

2. 民俗文化与院落场地

围绕各种民俗文化，依托乌江百里画廊，以"风雨廊桥"为核心，注入清泉场镇文化记忆，将竹编、草编、藤编、石木雕刻等民间工艺美术文化注入传统风貌建筑中，将打航歌、打渔歌、船工号子、薅草锣鼓等民俗文化注入院落以及清泉古街、古镇广场中，对濒危的民俗文化进行抢救性的保护。保护实践以文化传承与植入为线索，更新场镇功能，形成了五大功能分区（表2、图16）。

功能分区一览表　　　　表2

功能分区	类型说明
旅游综合服务区	以原粮仓改建的游客服务中心为核心，植入休闲社交、茶室、餐饮、纪念品售卖等服务功能，形成旅游服务综合体
民族风情居住区	以原居民楼为核心，结合局部具有传统风貌的单层民居，部分承担文化展示传承功能
滨水游憩休闲区	以风雨廊桥和传统梯步为载体，以滨水游憩、观景休闲功能为主，通过滨水步道连接风雨廊桥和古镇文化广场等景观节点
民俗风情体验区	依托中华第一大石磨景观节点和其他传统民居，融入清泉传统民族文化、民俗文化，打造清泉故事长廊
古镇文化休闲区	以清泉文化休闲广场为核心，连接古镇传统风貌区和清泉新集镇，形成传统体验与生态居住链接过渡的区域

（来源：自绘）

图16 功能分区与格局示意图（来源：自绘）

5 结语

　　文化是一个国家、一个民族的灵魂，也是我国历史文化名镇名村保护发展的灵魂，具有典型的区域特征和场所特征。清泉古镇作为重庆市级历史文化名镇，具有较高的历史文化价值，但由于交通不便、历史资料匮乏等因素导致现有研究极少。因此，本文以文化风貌为导向，在古镇保护路径中，切入文化景观学视角，基于古镇物质要素与文化价值对应关系，从文化景观的角度对清泉古镇的资源进行研究与整理。结合传统场所特征分析构建历史文化名镇的不同保护方面，针对不同方面的文化景观提出不同方向的保护与重塑策略，有助于构建更加全面的历史文化保护体系，为古镇彰显其历史与文化特色提供支撑。

参考文献

[1] 李飞. 基于乡村文化景观二元属性的保护模式研究[J]. 地域研究与开发，2011，(4)：85-88，102.

[2] 肖竞. 文化景观视角下我国城乡历史聚落"景观—文化"构成关系解析——以西南地区历史聚落为例[J]. 建筑学报，2014(S2)：89-97.

[3] 陈可石，李静雅，朱胤琳，周庆. 文化景观视角下"四态合一"的古镇复兴方法与路径——以黔东南下司古镇概念性城市设计为例[J]. 规划师，2014，30(05)：48-53.

[4] 李和平，肖竞，曹珂，邢西玲. "景观—文化"协同演进的历史城镇活态保护方法探析[J]. 中国园林，2015，31(06)：68-73.

[5] 辜婧玲，陈春华. 文化景观理论视角下的传统古镇保护——以绵阳市三台县郪江古镇为例[J]. 土木建筑与环境工程，2016，38(S2)：90-96.

[6] 赵万民，廖心治，王华. 山地形态基因解析：历史城镇保护的空间图谱方法认知与实践[J]. 规划师，2021，37(01)：50-57.

[7] 赵万民，杨光. 三峡地区历史城镇的景观特征及活态保护之路[J]. 中国园林，2021，37(02)：37-42. DOI: 10.19775/j.cla.2021.02.0037.

[8] 何智亚著. 重庆古镇[M]. 重庆：重庆出版社，2002.

[9] 李和平. 山地历史城镇的整体性保护方法研究——以重庆涞滩古镇为例[J]. 城市规划，2003(12)：85-88.

[10] 陶少华. 流域文化旅游开发研究[D]. 成都：四川师范大学，2007.

[11] 李啸川. 龚滩古镇迁建后的保护研究[D]. 重庆：重庆大学，2012.

[12] 李和平，杨宁. 基于城市历史景观的西南山地历史城镇整体性保护框架探究[J]. 城市发展研究，2018，25(08)：66-73.

[13] 张兵. 历史城镇整体保护中的"关联性"与"系统方法"——对"历史性城市景观"概念的观察和思考[J]. 城市规划，2014，38(S2)：42-48+113.

[14] 张松. 历史城区的整体性保护——在"历史性城市景观"国际建议下的再思考[J]. 北京规划建设，2012(06)：27-30.

[15] 马宏斌，郑海晨，赵文玉. 我国建筑学领域历史文化村镇研究综述[J]. 西北民族大学学报(自然科学版)，2020，41(03)：67-72. DOI: 10.14084/j.cnki.cn62-1188/n.2020.03.013.

[16] 魏晓芳，万丹. 山地历史文化城镇保护规划实施评估研究——以重庆山地历史文化名镇为例[J]. 小城镇建设，2019，37(06)：79-88.

[17] 蓝勇. 西南历史文化地理[M]. 重庆：西南师范大学出版社，1997.

[18] 张世友. 变迁与交融 乌江流域历代移民与民族关系研究[M]. 北京：中国社会科学出版社，2012.

[19] HEATH T, TIESDELL S. Revitalizing historic urban quarters[M]. Butterworth-Heine-mann Press，1996.

[20] Florian Steinberg. Conservation and Rehabilitation of Urban Heritage in Developing Countries[J]. Habitat Intl.1996，20(3)：463-475.

[21] Tim Townshend，John Pendlebury. Public participation in the conservation of historic areas：Case-studies from north-east England[J]. Journal of Urban Design，1999，4(3).

虚拟现实技术在历史建筑保护领域的应用探索
——以英国林肯大教堂为例

贲禹强[1] Chantelle Niblock[2] 郭晓慧[3]

作者单位
1. 华东建筑设计研究总院 2. 英国诺丁汉大学 3. 同济大学

摘要：本文在历史保护建筑的语境下，依托高精度３D激光扫描（TLS）和虚拟现实（VR）技术，探索了一个具有一定泛用性的制作交互式虚拟现实展览的工作流程，且已实现一个可以实际运行的英国林肯大教堂的 VR 展览程序原型。经评估，这一程序较好地实现了将三维扫描数据和历史建筑的文化叙事有机结合起来的目标，为大众深入参与历史保护建筑提供了机会、为修缮与保护的工作提供了辅助，并具有进一步发展成为线上访问多人共时交互平台的潜力。

关键词：三维激光扫描；虚拟现实；用户体验；历史建筑保护

Abstract: This paper explores a generalized workflow for the production of interactive virtual reality exhibitions in the context of historic buildings' restoration and conservation, relying on high precision 3D laser scanning and virtual reality (VR) technologies. The program produced in this study based on the 3D scanned data of the Lincoln Cathedral has been evaluated as a good combination of 3D scanned data and cultural narrative of the historic building, providing an opportunity for deeper public engagement with the historic conservation building, aiding restoration and conservation efforts, and has the potential to be further developed into an online access multiplayer interactive platform.

Keywords: 3D Laser Scan; Virtual Reality; User Experience; Building Heritage

1 研究背景

林肯大教堂是最典型的早期英国哥特式建筑之一，在1549年之前是世界上最高的建筑物，它分别在1141年和1185年经历过大火和地震的洗礼，至今依然屹立不倒。大教堂平均每年会迎来多达400万的游客，且在建筑结构的修缮上的花费高达每年150万英镑。2015年单独针对主教之眼（BishopEye）玫瑰窗的修复工作就花费了近40万英镑。由于修建时间过于久远，教堂内有相当多的楼梯与通道十分狭窄，且出于对建筑结构保护的需求，其有相当多区域是禁止普通游客进入的。这也是世界上很多其他历史保护建筑所共有的现状。改善这类建筑对世界开放程度的关键有效方法之一，或许便是提供进入这些区域的虚拟途径。

历史建筑的虚拟三维重建和可视化实则并非一个新鲜的研究方向，既有的例子包括罗马遗产展览[1]和大英博物馆的青铜时代展览[2]，或工业结构的可视化[3]。但大多数过往案例中的内容载体都是视频或者网页，然而这两种形式的呈现都依赖于传统的显示器，其体验相对比较被动。本文则依托于近几年突飞猛进发展的虚拟现实硬件技术，提出了一种新的呈现方式，通过结合沉浸式的虚拟现实技术，与游戏化的交互，达到能够让用户更直观且更充分地体验历史建筑的相关空间和文化的目的。

相较于虚拟现实技术在社会中曾激起广泛的话题性讨论，本文中另一个关键技术，3D激光扫描（TLS）技术则相对没有那么广为人知。TLS使用低功率的激光器来收集大型的三维空间点云数据，精度达到毫米级。例如，徕卡P20型号扫描仪每秒钟可以收集一百万个具有三维空间坐标和颜色数据的采样点，每个点的精度为3毫米。这项技术可以将真实世界的物体相对快速地转换为3D点云数据[4]。这种技术在建筑领域的应用也已经有过一些先例，比如苏格兰十区或Arc/k等这些为历史保护建筑或场地建立数字备份的项目。另外随着技术的发展和成熟，这种扫描技术的使用成本在过去十年中已经大幅降低，这也是另外一个使本文中这种虚拟重建的方式成为可能的重要原因。

当今许多数字化展览利用的都是如液晶显示器等的传统媒介，其交互界面仅限于触摸屏或声控。本文所探索的媒介则是基于完全沉浸式的虚拟现实技术，该技术最广为人知的应用场景往往是游戏或直播等娱乐行业。在过去的十年里，VR技术迎来了一个全新的阶段，主要是由于有机发光二极管（OLED）的发展[3][4]，使得头戴式显示器可以做到极高速地刷新画面且没有残影，基本解决了晕动症和显示质量差的问题[5]。且通过其先进的空间定位技术，用户可以借助手柄实现更多如空间抓取、推拉等以往无法实现的直观化交互动作。

虚拟现实技术和3D激光扫描技术的同步成熟带来了一些崭新的可能性，所以本文旨在提出并评估一种有机结合此二者的方法，通过利用开源和低成本的软件，将大型精细的3D扫描数据引入直观的虚拟现实交互平台。研究中所制作的原型程序已经实现了实机运转，其有机整合了TLS扫描数据模型和对教堂历史文化的讲述，成为一个可以很方便地在线共享的平台，进而让更多公众有机会深度了解关于如大教堂这样的历史建筑的艺术空间、雕塑与其背后的文化。最后，本文对所使用的方法和通过其制作出VR展览原型在技术和视觉性能、可用性和功能等方面进行了讨论和评估。

2 虚拟现实软件和硬件的选择

软件方面，本研究中采用虚幻引擎（Unreal Engine）其最近的一个正式本虚幻4（UE4）作为开发VR原型程序的主要工具。UE4是目前市面上最先进的VR程序开发工具之一，它包含许多专门用于创建具有高视觉质量的互动应用程序的先进技术和功能。虚拟现实环境中的交互功能对用户的使用体验是至关重要的，比如让用户通过空间控制器"亲手"与模型展品互动，又或者在虚拟的空间中舒适地漫游参观，但交互逻辑的编写不可避免地需要一定的编程技能。针对这一点，虚幻引擎内置的可视化编程工具Blue Print与市面上其他的同类工具相比更容易操作，界面逻辑与建筑师常用的Grasshopper等参数化工具类似，其直观的界面非常有助于互动功能的编写与整合。另外虚幻引擎先进的材质系统和性能优化工具对画面质量的提升有非常重要的作用，同时对PC硬件性能的要求也比较友好。此外，由于虚幻引擎是一个开源软件，其在建筑领域的所有使用是完全免费的，这也让使用其开发的成果更容易被其他研究人员迁移，进而加速整个研究方向的推进速度。

在本研究推进期间，市场上有数种虚拟现实硬件设备可供选择，本研究使用了由HTC公司开发的VIVE虚拟现实设备系统。选择它的首要原因是因为其空间定位技术是基于激光定位基站的，这一技术比其他基于摄像头的定位方式更加稳定且可靠；其次该设备是在PC平台上运行的，比PlayStation等游戏设备更适合学术目的的开发、研究和测试。

3 主要工作流程

开发交互式虚拟现实展览的工作流程可以分为四个部分：

1. 点云数据的收集；

2. 点云数据的可视化：分切；去噪；修补和精细化润色；

3. 设计展览场景的叙事内容和叙事形式；

4. 编写互动功能：传送、缩放、剖面、光环境操控、信息文本、配音等。

本文采取的具体步骤包括从TLS数据中提取的3D点云数据片段；使用Geomagic（一种专为处理点云设计的逆向工程软件）软件初步处理扫描数据；在犀牛3D（Rhino）软件中对模型进行简化；以及使用虚幻引擎4（UE4）软件及进行场景的搭建与交互功能的编写等具体步骤。故本研究与采取传统方式的主要区别之一就在于将过往通常仅用于专业用途的TLS数据引入了到了具有互动性和自由度的沉浸式虚拟现实场景中，在提升了展示内容质量的同时，使更符合直觉的自发游览体验成为可能[6]。

3.1 数据收集

出于对采集速度和精度的综合考量，林肯大教堂的数据采集是使用Leica P20 TLS进行的（图1）。TLS几乎已经完全取代了传统的全站仪或摄影测量方法[5]。初始采集到的TLS数据（点云）是非常精细但同时数据量也是非常巨大的，所以在使用扫描数据之前，需要对其进行如分离和去除噪声等一系列的预处理。

图1 林肯大教堂的数据收集（来源：作者拍摄）

3.2 数据可视化

从原始点云数据中提取和分离出关键的建筑特征区域，以便进行独立建模（图2），此过程中使用全局坐标系来保持物体之间的空间关系。

提取出的片段随后会被导入Geomagic，以便进

行去噪（平滑）和修补漏洞等一些列处理（图3）。

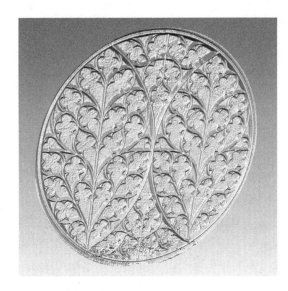

图2 从整体扫描数据中分离出的"主教之眼"玫瑰窗点云数据（来源：作者绘制）

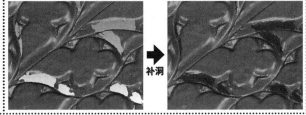

图3 去噪与补洞操作（来源：作者绘制）

3.3 展览叙事

虚幻引擎是一个免费的开源软件；而且由于其更加注重交互功能的制作，所以与建筑行业常用的3D建模软件（如Sketchup、Autodesk Revit或Rhino）相比，它天然对虚拟现实的开发更加友好。在UE4平台中，角色（Actor）指可以放在场景中的物体，其子类包括StaticmeshActor、CameraActor、PlayerPawn和LightActor。组件则是一种次级物体，可以被附加到一个Actor上。每个角色都有自己的BluePrint（虚幻引擎中的一个可视化编程工具）用一段程序定义属于每个角色在虚拟场景中的行为和行动逻辑。将经过处理的模型导入虚幻引擎并放置于指定的位置后便得到了数个展示的场景。而展品既可以是场景本身，也可以是放置于场景

中或根据需要随时生成的独立内容，且形式不局限于模型，也可以是文字，图片，音视频甚至是一段交互体验。

在本文的研究中所制作的游览流程里，参观动线在林肯大教堂的入口处开始；在这里林肯小精灵（英国林肯郡本地的一个神话中的角色）出现，并向参观者介绍教堂的基本情况，与引导其熟悉基本的VR互动功能（如在虚拟现实世界中环顾四周、行走和传送）。用户可以在小地图的指引下在每个场景之间随意穿梭（图4）。

3.4 交互功能的编写

在程序原型的开发中，主要涉及六种基本的交互功能：传送、抓取、缩放、自由剖面以及出现或消失等。在林肯大教堂的主厅场景中，参观者可以自由改变场景的时间，阳光的入射角度和色温也会随之变

化；参观者还可以与教堂中的石柱等物体互动，当程序感知到参观者对某一区域产生兴趣时，程序会自动给出关于此区域的额外信息。

除了林肯教堂的室内空间，本研究还独立制作了一个"数字文物修复虚拟工作室"的场景，在此处，参观者可以看到更多关于文物修复工作的幕后信息和关于相关技术的介绍，并且可以更近距离仔细观察柱头雕塑等在常规的游览路线上难以看清的内容。此场景也提供各种互动功能，如抓取、缩放、切片（自由剖切）和旋转。另外此场景还会提供数个缩小比例的教堂结构模型，可以供参观者将其抓在手上仔细研究（图5）。

当想要详细观看某个物体的时候，参观者可以使用空间控制器抓起一个物体，拿到面前并将其缩放到需要的大小。也可以直接缩放到1:1，让参观者在其中穿行。自由剖切则是本研究创建的一个强大功能（图6），可以帮助参观者更好地理解复杂的建筑结构。

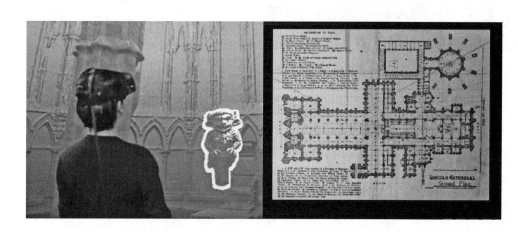

图4 林肯小精灵和地图可以引导用户在VR环境中游览的路线（来源：作者绘制）

图5 林肯大教堂的主教堂场景，具有互动信息功能（来源：作者绘制）

 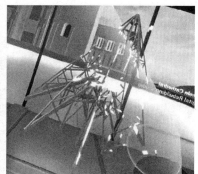

图6 "数字文物修复虚拟工作室"场景，具有独立的展品和自由剖切功能（来源：作者绘制）

动态小地图（图7）则允许游客在不同的场景和位置之间进行传送。目的地还可以在传送前进行预览。

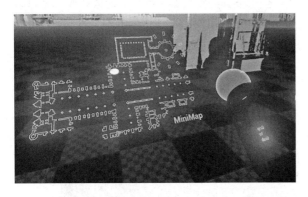

图7 迷你地图用于导航和场景间的传送（来源：作者绘制）

4 技术细节的优化

为了提高交互式虚拟现实展览的视觉效果和降低其对硬件的要求，本研究深入讨论了几个针对虚拟现实的技术细节，如对模型的简化、材质系统的潜力挖掘和动态细节水平（LOD）或虚拟几何体（Nanite）等。

4.1 简化模型

在本研究早期制作的虚拟现实展览程序中，由于场景模型过于复杂精细，所以经常会导致帧率过低。VR头戴显示器要求的最低帧数是每秒90帧，以避免屏幕抖动或延迟引起的动晕症。经过实验，增加帧数效果最显著的方法之一就是简化模型的面数，故此处使用Rhino 3D软件来减少网格面数，并导入UE4以满足每秒90帧的运行帧率。

简化模型在工作流程中分为两个独立阶段（点云和网格模型）。点云为3D激光扫描设备所生成的最原始文件，其体积往往是十分庞大的。所以在点云阶段的简化是为了让后续生成和处理模型步骤的时间加快，在网格模型阶段的简化则是为了直接提升最终的运行效率。点云阶段，Geomagic Studio软件中有四个可选的模式：均匀、曲率、网格和随机。在实践测试中，发现均匀（Uniform）是最适合的命令，因为这一算法会自动检测模型的边缘，然后分别为平面和曲面区域指定不同的网格密度。如此便可保留细节的同时尽可能减少模型的面数。

但在降低网格模型的复杂性方面，实际操作中Geomagic软件不并如Rhino软件有效。一旦数据的量超过某个限度，在简化过程中Geomagic经常出现"无响应"的情况，而Rhino在测试中从未出现这种情况。因此，在实际操作中，所有网格模型的简化都是用Rhino完成的。

4.2 材质系统

进行3D激光扫描仪的彩色扫描通常会使整个采集时间延长2～3倍，所以在本文中林肯大教堂的案例中，由于教堂管理方的限制和游客的日程安排，大部分区域并没有采集颜色信息。故本研究使用了虚幻引擎的材质系统为展品赋予材质。UE4中的材质系统是相当完善的，它不仅仅可以在视觉上表现质感和纹理，还有助于在互动功能中尽量减少系统性能的要求。例如，在自由剖面这一个功能的实现中，被剖掉的模型部分其实并没有被删除，而只是那部分的材质的透明度被改成了100%，就使得其看起来被剖掉了。这种方式有效地避免了运算量巨大的模型布尔切割，所以才实现了非常流畅自然的实时自由剖面功能。这一剖切的实现思路是相对比较新颖的，尤其适合复杂模型的实时剖切功能。但这种材质系统的使用方式在游戏等娱乐媒介的创作工作（也是虚幻引擎以往主要的应用场景）中却并不常见，故本文在此处做特别提及。

4.3 动态细节水平（Level of details）与虚拟几何体（Nanite）

出于对沉浸感的考虑，虚拟现实设备通常采用超广角视角，所以其相较传统显示器同屏往往需要渲染更多的物体。因此，虚拟现实场景对网格模型的复杂性比传统场景更为敏感。LOD是指模型的"细节等级"，也是虚幻引擎提供的相关功能之一。此功能可以根据用户摄像机在场景中的位置切换画面中模型的细节显示程度（图8）。实际使用中，如果一个模型在屏幕上所占面积大于一定的百分比（具体值可在细节面板中设置），系统就会显示被聚焦物体的精细版本，反之则会显示简化之后的版本。但需要注意的是，所有这些模型的版本都是需要制作人员逐一预先制作后导入场景中的。

LOD技术大大降低了VR场景对计算机性能要求的门槛，但由于VR中广角视角造成的画面失真拉伸，这一功能在应用于虚拟现实场景时可能会出现问题。笔者在实际测试中发现，由于广角失真，内容离图像中心越远，失真就越严重，进而屏幕上的边缘区域总是被急剧拉长。也就是说，物体在屏幕边缘附近显示时，反而会占用更多的像素，但视觉边缘附近的内容通常并非用户的注意力落点，可是由于其占用屏

幕的面积占用超出了设定值，很可能也会被引擎用高细节来显示。这一问题或许可以通过引入眼球追踪等方式，结合对虚幻引擎LOD功能更加深度和精细地编辑来优化解决。

另外值得一提的一点是，虚幻引擎最新的版本（虚幻5）中新增了一个叫作虚拟几何体（Nanite）的颠覆性强大功能（图9），这一新技术可以根据用户视点与模型的关系快速且全自动化地优化模型的面

图8 当用户注视模型时模型会以高质量显示（来源：作者绘制）

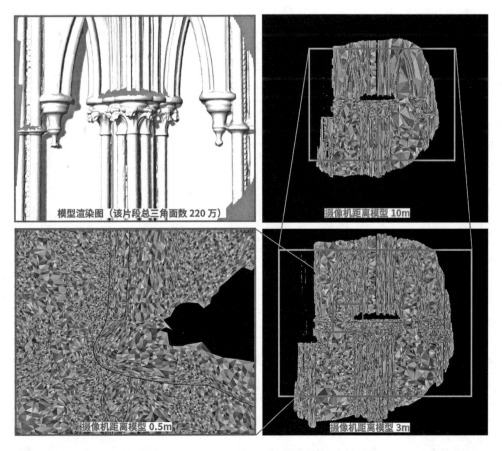

图9 一块未经简化的模型片段在Nanite技术下的三角面实时自动简化效果，图中彩色三角形为简化后状态（来源：作者绘制）

数。它允许制作人员直接导入一个最高细节等级的精致模型，而不必去逐个亲手制作不同细节精细度的多个模型版本，节省了巨量的工作时间，同时又最优化了显示效果。在图9中我们可以明显看到三角面的精细程度会随着摄像机的注视状态实时发生变化。除了节省制作时间外，这一功能对基于历史建筑的3D激光扫描数据的虚拟呈现尤其具有相当巨大的意义，因为它可以让用户有机会在VR场景中浏览精细无比的全精度激光3D扫描模型，而不必受制于机能限制只能欣赏其简化的版本，这无疑更加有利于历史建筑的空间体验与其文化的讲述。然而，由于本研究进行时虚幻5版本目前还处于测试阶段，相应功能在笔者的测试中尚不稳定，故在本次研究中并未实装采用。但可以肯定的是，虚拟几何体功能在未来具有极高的进一步探索价值。

5　成果与用户体验分析

本研究对交互式VR展览原型的表现进行了多方来源的评估。首先，来自诺丁汉大学的4名建筑系学生将他们对大教堂的实地参观体验与在VR场景内的体验进行了比较，其次笔者还收到了来自林肯大教堂管理处的官方反馈。

从学生反馈的结果来看，显然互动式VR展览有很大对传统形式的导游体验做出补充与改善的潜力。VR虚拟展览能让观展者仔细接近那些通常无法触及或由于距离过远看不清的物体，如教堂内精美的柱头与屋顶的雕刻细节，或中式建筑复杂的木结构屋顶。与传统的从远处观察物体的方法相比，互动式虚拟现实展览提供了一种更直观的方法来探索和分析建筑，且对普通民众更加友好亲切，符合直觉。另外学生体验后还指出了VR形式的另一个好处，就是能够整合几乎一切传统媒介的资料，如历史照片、绘画、视频和音频记录的扫描等几乎都可以很灵活而且友好地在VR场景中进行呈现。而且VR展览也可以很方便地远程访问，更可以做到与在线的其他参观者共处一室，这种优势在疫情肆虐的当下尤其显著。

林肯大教堂管理委员会在看过原型的演示后，Fern Dawson（林肯大教堂的展陈策划人）表示实际上一直都有公众提出要求希望能看到更多关于教堂传统工艺的展示内容，如石雕、木结构和精美的玫瑰

窗玻璃，并赞扬了本研究中根据3D激光扫描数据重建的礼拜堂屋顶结构的详细数字模型。委员会认为，可以互动的VR展览程序可以作为拓展与宣传林肯教堂文化的有力工具，可以让那些不能亲临现场的人参与进来。不过委员会也指出，当前这一版本原型程序只能由一个参观者体验，认为其缺乏社会性。他们建议，可以对原型进行改进，因为参观期间和同行者或导游的交流也是观展体验很重要的一个组成部分。

6　结论和未来研究工作的建议方向

本文展示了一次使用虚拟现实媒介对古建筑的空间和历史文化呈现的尝试，通过整合3D激光扫描技术（TLS）和虚拟现实（VR）技术的工作流程，扩展了历史建筑保护与文化宣讲这一领域的工作范围。虚拟现实的形式使得引导游客的虚拟体验来创造丰富的叙事路径成为可能，并且可以有效地在建筑的局部修缮期间补充缺失的部分游览内容，另外本身无法开放的区域（比如林肯大教堂的礼拜堂屋顶架空空间）也可以通过VR的方式让普通游客或无法实地访问建筑的研究者很直观地获取相关的信息和体验。

由于使用了通用的设备与开源的软件，本研究的成果具有低成本和泛用性较高的优势。首先，3D激光扫描技术提供了模型数据方面的灵活性，用于展示的数字化模型可以从最详细的状态逐步根据需求简化，比如可以专门为低性能的便携VR平台制作非常简易的模型版本，同时也可以为专业用途而制作复杂和非常详细（如针对修缮的用途）的模型版本。这种灵活性得到了大教堂管理委员会的积极反馈。

关于后续研究的未来推进方向，首先，色彩信息对历史建筑的维护也非常重要，所以笔者建议未来的相关研究可以尝试寻找针对颜色的更快、更全面的数据收集方式。比如利用灵活的小型3D扫描设备与主要的激光扫描仪协同作业。其次，随着VR形式的发展，虚幻引擎的不断迭代升级，其源生的交互功能必将逐步完善。但建筑目前还不是虚幻引擎的主要使用领域，所以针对建筑师，历史保护建筑和展览等细分领域的交互功能有待进一步的探索。

最后需要指出的是本研究的局限性，首要便是参观者缺乏物理世界的交互，所以关于触感与气味的信息并无法传达。其次因为每个用户都各自佩戴自己的

头戴显示器，甚至根本不在同一个房间甚至城市，所以用户之间的沟通也比较受限。但虚拟现实技术正在不断革新，相信关于触感与气味等更多信息维度的相关技术也会陆续出现，所以这也应该作为此类研究的下一步推进方向的建议。

鸣谢：笔者首先要感谢林肯大教堂委员会的大力支持，特别是Anne Irving博士（经理）和Fern Dawson（策展人）；计划中的展览是由保罗－梅隆英国艺术研究中心赞助的；另外笔者还需要感谢诺丁汉地理空间研究所及其工作人员特别是Sean Ince先生的鼎力支持。

参考文献

[1] KLAHR DOUGLAS M. D M. Traveling via Rome through the Stereoscope: Reality, Memory, and Virtual Travel. [J/OL]. 2016[2022-03-29]. https://rc.library.uta.edu/uta-ir/handle/10106/28198.

[2] Heritage Visualisation & Interpretation[EB/OL]// Soluis Group. [2022-03-29]. https://www.soluis.com/heritage/.

[3] IP K. 资讯分享：LCD、LED与OLED显示屏的分别[EB/OL]//资讯分享. (2010-12-25)[2022-03-29]. http://iikent.blogspot.com/2010/12/lcdledoled.html.

[4] TEMPLIER FRANÇOIS F. OLED Microdisplays: Technology and Applications[M]. John Wiley & Sons, 2014.

[5] What is Motion-To-Photon Latency?[EB/OL]. [2022-03-29].http://www.chioka.in/what-is-motion-to-photon-latency/.

[6] BRUNO FABIO F, BRUNO S, DE SENSI G, 等. From 3D reconstruction to virtual reality: A complete methodology for digital archaeological exhibition[J/OL]. Journal of Cultural Heritage-J CULT HERIT, 2010, 11: 42-49. DOI: 10.1016/j.culher.2009.02.006.

专题 2　建筑教育与建筑评论

基于"两性一度"的数字化建筑专题课程思政建设实践

韩昀松[1] 孙澄[2] 董琪[1]

作者单位
1. 哈尔滨工业大学建筑学院
2. 哈尔滨工业大学建筑学院，通讯作者

摘要： 面向建筑类拔尖创新人才培养的新需求与新挑战，基于"两性一度"金课建设标准，实践探索了数字化建筑专题课程思政建设。通过深挖课程思政要素，深化教学内容思想内涵；面向新工科建设目标，创新数字化建筑专题课程思政教学方法；结合虚拟教研室建设，建设课程思政云端基层教学组织。旨在推动建筑数字化专业课程与思政课程的同向同行，打造具有协同效应和"三全育人"特征的"双一流"高校建筑数字化课程群。

关键词： 课程思政；两性一度；数字化建筑；教学改革；高等建筑教育

Abstract: Facing the new demands and new challenges of cultivating top-notch innovative talents in architecture, the curriculum-based ideological and political education of digital architecture courses has been explored in practice based on the standard of being advanced, innovative, and challenging. By digging deeply into the curriculum-based ideological and political elements, deepen the ideological connotation of the teaching content; face the goals of emerging engineering, innovate the curriculum-based ideological and political teaching method of digital architecture course; combine with the construction of virtual teaching and research studios, innovate the curriculum-based ideological and political grassroots teaching organization. The purpose is to promote the coordinated development of the digital architectural courses and the ideological and political courses, and to create a "Double First-Class initiative" university architectural digitalization course group with synergistic effect and the characteristics of "three-wide education".

Keywords: Curriculum-based Ideological and Political Education; Standard of being Advanced, Innovative, and Challenging; Digital Architecture; Teaching Reformation; Architectural Education in Institutions of Higher Learning

1 概述

1.1 "两性一度"推动高等教育课程质量提升

建筑产业的信息化升级和工业化转型，推动了产业结构的优化和发展，也对建筑类拔尖创新人才培养提出了新的挑战和要求[1][2]。同时，在"四新建设"和"双万建设"下，我国高等教育也取得了长足的进步，高等教育课程质量要求持续提升[3][4]。"两性一度"包括"高阶性""创新性"和"挑战度"三方面要求[5][6]。"高阶性"要求知识、能力和素质深度融合，培养学生综合能力和高级思维；"创新性"要求课程内容反映科学研究与产业发展前沿，教学形式先进且充分互动；"挑战度"要求课程要具有适当难度。

1.2 "立德树人"根本任务下的课程思政建设

我国多部委推动立德树人根本任务实施[7][8]，旨在将价值塑造、知识传授和能力培养三者融为一体，全面推进了课程思政建设，掀开了我国高等教育课程思政建设的"新时代"[9][10]。在此背景下，高等建筑教育课程建设需在立足"两性一度"建设标准的同时，也亟待依托课程建设"主战场"和课堂教学"主渠道"践行立德树人根本任务[11][12]。

1.3 基于"两性一度"的数字化建筑专题课程思政建设思考

《数字化建筑专题》是哈尔滨工业大学建筑学院开设的专业核心课程，面向建筑学专业三年级本科生和智慧建筑与建造专业二年级本科生进行授课，其与

《人工智能与建筑设计》《算法与设计》《BIM设计技术基础》《参数化设计技术》《数字化技术应用实践》《参数化建筑设计模式研究》和《数字化建筑设计与建造实验》等课程共同构成了哈尔滨工业大学建筑学院本科阶段的建筑数字化课程体系（图1），并立足本研一体化人才培养理念，与《数字建筑理论与方法》《建筑数控建造方法与技术》和《建筑计算性设计方法与技术》协同组成了贯穿本、硕、博人才培养多环节、涵盖新生研讨、专业核心、实习实践多类型课程的建筑数字化课程体系，依托教育部"建筑数字化设计课程群虚拟教研室"开展课程建设。

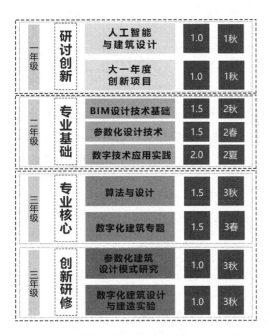

图1　哈尔滨工业大学阶段的建筑数字化课程体系
（来源：作者自绘）

教研团队基于"两性一度"金课建设标准，从教学内容、教学设计和教学方法三方面展开了课程思政建设实践。通过深挖课程思政要素，深化教学内容思想内涵；面向新工科建设目标，丰富教学设计体系结构；结合虚拟教研室建设，创新课程思政教学方法。旨在推动建筑数字化专业课程与思政课程的同向同行，统筹建筑类拔尖创新人才的显性教育和隐性教育，打造具有协同效应和"三全育人"特征的"双一流"高校建筑数字化课程群。

2　基于"两性一度"的课程思政教学内容改革

教研团队结合建筑学专业和智慧建筑与建造专业人才培养目标和特色，基于"高阶性""创新性"和"挑战度"三方面要求，结合《数字化建筑专题》课程包含的"数字建筑设计概述""数字建筑设计思维""数字建筑信息建模""数字建筑性能模拟""数字建筑优化设计""数字建筑智慧建造"六方面教学内容，深入挖掘课程专业知识体系内容中所蕴含的思想价值和精神内涵（图2）。

面向"高阶性"课程建设标准，深入挖掘了"人类命运共同体""一带一路""抗疫与智慧建造""健康中国2030"等相对综合、具有较高复合度的课程思政元素，向同学们讲授我国在可持续发展、疫情防控中广泛采用的数字化建筑设计方法、技术和工具[13][14]，培养同学们统筹多学科、协同多系统的综合性思维能力，引发同学们对"四个自信"的共

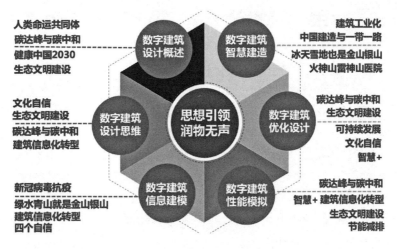

图2　《数字化建筑专题》课程相关的思政要素领域（来源：作者自绘）

鸣，坚定其理想信念，强化课程育人导向。

面向"创新性"课程建设标准，系统引入了"碳达峰与碳中和""新基建与新城建""中国建造""数字孪生与元宇宙"等能够充分反映我国当代"大人居"科学研究的前沿性成果[15][16]，以及"大设计"产业发展中的时代性元素，引导学生们理解国家大政方针，培育同学们的家国情怀，厚植爱国主义情怀，加强学生品德修养。

基于对上述思政要素进行系统、深入挖掘，形成了适于建筑学、智慧建筑与建造专业特点、符合我国国家战略与建筑产业发展趋向的《数字化建筑专题》课程思政要素体系。立足"高阶性"和"创新性"金课质量要求，凝练课程思政元素，创新数字化建筑专题教学内容的同时，通过拓简为原，溯本求源，让同学们对课程思政内容知其然，知其所以然。通过聚焦热点，触类旁通来揭示思政元素深层关联（图3）；剖析学科知识对国家战略的支撑，为教学设计体系结构丰富和新工科建设目标导向下的教学大纲革新奠定基础，深化教学内容思想内涵，提升课程难度，启发

同学们开展下课研习，力求实现"跳一跳才能够得着"的课程"挑战度"建设要求。

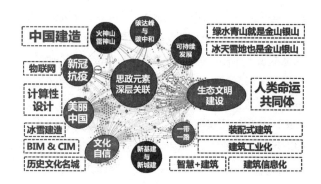

图3　课程思政元素间深层关联揭示（来源：作者自绘）

3　基于"两性一度"的课程思政教学方法改革

教研团队基于"两性一度"课程建设标准，以启发思想为引领，融知识传授与能力培养，以数字建筑设计工程问题求解为主线，培养学生融合跨学科知

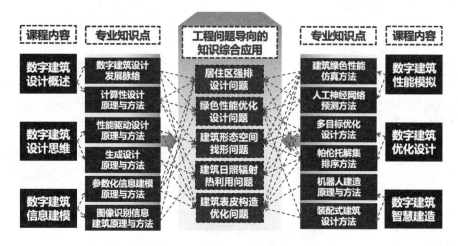

图4　教学设计体系构思（来源：作者自绘）

识解决工程问题（图4），并基于上述目标，结合打造的《数字化建筑专题》精品教学资源和优秀教学案例，开展了课程思政教学方法改革。

结合教研团队参与建设的国家虚拟仿真一流本科课程，在课程思政教学中融入虚拟仿真优势教学资源，融入生成动画、交互装置等教学新媒介，拓展教学方法和教学内容表达形式，将课程思政要素以案例剖析、多媒体演示、实践感受等方法进行讲授，提高

课程思政教学互动性，丰富课程思政教学方法体系，体现创新性、启发性、互动性和实效性，易于实现思想政治教育目标，并激发学生家国情怀，增强同学们的社会使命担当（图5）。

同时，拓展课程考核方式，强化价值塑造、能力培养和知识传授的有机融合，结合所构建的课程思政要素体系，依托建筑学院"双主体"协同人才培养模式研究与改革成果，在考核中融入对于学生良好

的职业道德操守、责任意识、敬业精神和家国情怀的多维度考核,力求达到同向同行、润物无声的育人效果。

4 基于"两性一度"的课程思政教学组织改革

面向"创新性"要求,结合教育部虚拟教研室建设试点,实践探索了基于云端的课程思政教学组织模式,旨在以互联网+智慧教育的教学新形式赋能课程思政基层教学组织,开展线上线下、虚实结合的"数字化建筑专题"课程思政教学研究活动及课堂教学实践,回应"两性一度"标准的教学形式先进性和互动性要求。

教研团队立足信息化与后疫情时代语境,依托哈尔滨工业大学建筑学院智慧建筑与建造教研室等实体基层教学组织,协同清华大学、东南大学、华南理工大学、重庆大学、西安建筑科技大学、南京大学、西南交通大学、上海交通大学、深圳大学、新疆大学、山东建筑大学、吉林建筑大学等国内高校的建筑数字化教学与研究团队,以育人目标为导向,拓宽教学改革维度,获批教育部首届虚拟教研室——"建筑数字

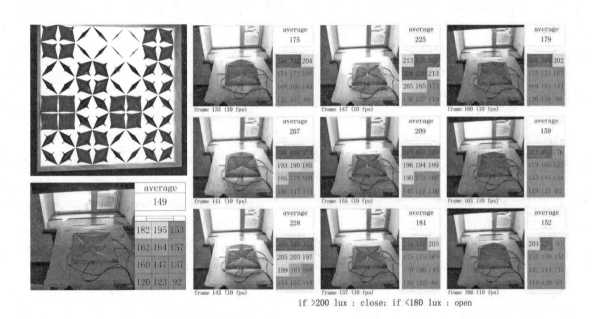

图5 虚实结合的课程思政教学方法革新(来源:作者自绘)

化设计课程群虚拟教研室"。

"建筑数字化设计课程群虚拟教研室"作为全国性的虚拟教研室,其覆盖了我国多气候区,其在纵向维度上贯穿建筑环境信息化建模、建筑性能数字化模拟、建筑多目标智能优化、建筑智慧建造的数字化建筑技术体系,在横向上跨越严寒地区、寒冷地区、夏热冬冷地区、夏热冬暖地区等地域气候特征。在教学设计中融入线上、线下教育资源,包括国家开放精品课程、工程案例等优质资源,能够发挥雨课堂、超星等互联网学习平台优势,能够基于所挖掘出的《数字化建筑专题》课程思政要素体系,依托其展开跨校、跨地域的课程思政教研交流。

5 层层递进与久久为功

5.1 "两性一度"下课程思政建设的层层递进

在"高阶性、创新性、挑战度"标准推动下,我国高等教育课程质量持续提升,结合课程思政建设,其教学内容、教学方法和基层教学组织均与时俱进地稳步发展。哈尔滨工业大学建筑学院面向我国建筑产业发展新契机及其对建筑类拔尖创新人才培养的新要求和新挑战,层层递进地开展了"两性一度"下的课程思政建设实践。立足"大人居"和"大设计",开展了课程思政教学内容、教学方法和基层教学组织改

革与创新，取得了良好的教学反馈。

5.2 "两性一度"下课程思政建设的久久为功

课程思政建设的层层递进，为我国高等建筑教育课程的"高阶性、创新性、挑战度"持续提升和改善注入了新动能。同时，"两性一度"标准也推动了课程思政教学内容、教学方法和基层教学组织的创新和发展。我国高等建筑教育的课程思政教学将立足"大人居"领域科学研究前沿性和"大设计"建筑产业发展的时代语境，面向解决复杂问题的综合能力培养需求，持续挖掘课程思政元素，革新课程思政教学内容，提升教学形式的先进性和互动性，依托教育部虚拟教研室建设，创新基层教学组织，以信息技术赋能建筑类拔尖创新人才培养，提升我国建筑产业应对新一轮科技革命与产业变革的竞争力。

参考文献

[1] 孙澄，韩昀松. 基于计算性思维的建筑绿色性能智能优化设计探索[J]. 建筑学报，2020(10)：88-94.

[2] 孙澄，韩昀松，任惠. 面向人工智能的建筑计算性设计研究[J]. 建筑学报，2018(09)：98-104.

[3] 王战军，刘静，王小栋. 世界一流大学高地：概念、特征与时代价值[J]. 高等教育研究，2021，42(06)：29-37.

[4] 刘海峰，韦骅峰. 高瞻远瞩：中国高教2035与世界高教2050[J]. 高等教育研究，2021，42(07)：1-10.

[5] 胡仁东. "一流多元"高等教育：基本特征与建设构想[J]. 高等教育研究，2021，v. 42;No. 315(05)：10-18.

[6] 刘文锴. 聚力特色"金课"建设办好新时代行业特色高水平本科教育[J]. 中国高等教育，2020，655(18)：20-22.

[7] 王秋怡. 推进课程思政落实立德树人根本任务[J]. 中国高等教育，2021，No. 663(02)：37-38.

[8] 郝德永. "课程思政"的问题指向、逻辑机理及建设机制[J]. 高等教育研究，2021，v. 42;No. 317(07)：85-91.

[9] 陆道坤. 新时代课程思政的研究进展、难点焦点及未来走向[J/OL]. 新疆师范大学学报(哲学社会科学版)，2022(03)：1-16.

[10] 时伟，张慧芳. 高校课程思政教学质量标准探析[J]. 中国高等教育，2020，654(17)：36-38.

[11] 戴天娇，陆涓，戴跃侬. 立德树人语境下之"金课"建设[J]. 中国高等教育，2020，654(17)：59-61.

[12] 杨祥，王强，高建. 课程思政是方法不是"加法"——金课、一流课程及课程教材的认识和实践[J]. 中国高等教育，2020，647(08)：4-5.

[13] Yunsong Han, Linhai Shen, Cheng Sun. Developing a parametric morphable annual daylight prediction model with improved generalization capability for the early stages of office building design[J]. Building and Environment，2021，200：107932.

[14] Yuxiao Wang, Yunsong Han, Yuran Wu, Elena Korkina, Zhibo Zhou, Vladimir Gagarin. An occupant-centric adaptive façade based on real-time and contactless glare and thermal discomfort estimation using deep learning algorithm[J]. Building and Environment，2022，214：108907.

[15] Linhai Shen, Yunsong Han. Optimizing the modular adaptive façade control strategy in open office space using integer programming and surrogate modelling[J]. Energy and Buildings，2022，254：111546.

[16] Cheng Sun, Yiran Zhou, Yunsong Han. Automatic generation of architecture facade for historical urban renovation using generative adversarial network[J]. Building and Environment，2022，212：108781.

将现代教育作为一种创新的方法：呼捷玛斯建筑系教学的创造

韩林飞　张斯妤

作者单位
北京交通大学

摘要： 本文系统梳理了呼捷玛斯（Vkhutemas，全称为苏联国立高等艺术暨技术创作工作室）自1920年成立以来至1930年解体，十年间的建筑教育探索进程与现代教学实践的具体方法。呼捷玛斯在现代建筑教育方法与空间构成理论方面对当时的建筑教育产生了巨大影响。本文重点研究了拉多夫斯基在空间造型教学训练方面的创新性尝试及其成功之处，论述了其在世界现代建筑教育中的地位，分析了呼捷玛斯的造型思想与训练手法对当代建筑学基础造型教育的借鉴意义。

关键词： 呼捷玛斯；理性主义；"空间"课程；心理分析；教育贡献

Abstract: This paper systematically sorts out the ten-year exploration process and teaching practice of architecture education history of Vkhutemas (full nam e of Soviet Union State Higher Art and Technology Creation Studio) from its establishment in 1920 to its disintegration in 1930. Its development in modern architectural education methods and space composition theory had a great impact on the architectural education at that time.This paper focuses on the innovative attempt of Ladovsky in the teaching and training of space modeling and the continuous improvement by later architects, so as to explore the reference significance of Vkhutemas' modeling ideas and training methods for contemporary architecture basic modeling education.

Keywords: Vkhutemas; Rationalism; "Space" Curriculum; Psychoanalysis; Education Contribution

1 现代建筑教育的早期探索——呼捷玛斯的起源

从20世纪初期，德国的包豪斯和苏联的呼捷玛斯对现代建筑的空间形态学和教学进行了近百年的探索。一百多年前，先辈们创立的空间造型理论和方法，在全球范围内广泛流传，成为近百年来现代派建筑创作的重要基石。但其成就并不止于此，他们也是当代建筑教学的重要指导和基石。

呼捷玛斯创建的前身是由斯特罗干诺夫斯基工艺美术学校和莫斯科绘画雕塑和建筑学校合并而成。其中斯特罗干诺夫斯基美术学院致力于为工业艺术培养人才，它根据不同的授学主体将课程分为基础教育课和专项教育课，课程内容分化得更为细致，将工艺课和艺术教育课分开设置，这为呼捷玛斯能够培养出全面的艺术素养的学生奠定了良好基础（图1）。

图1　米亚斯卡亚（Myasnitskaya）街上的呼捷玛斯教学楼（以前称为第二自由艺术与技术创作工作室，前莫斯科绘画、雕塑与建筑学校）。莫斯科，1927年（来源："现代建筑起源丛书"）

1.1 呼捷玛斯建筑系萌芽的兴起——古典学院派代表诺尔托夫斯基

伊万·诺尔托夫斯基（Ivan Zholtovsky，1867-1959年）是苏俄时期复兴古典主义的建筑领袖。20岁考入圣彼得堡美术学院，多年沉淀之后，诺尔托夫斯基将古典主义和文艺复兴两个时期的建筑主题巧妙结合在一起，形成了自己的风格。

十月革命爆发之时，诺尔托夫斯基受邀到莫斯科绘画、雕塑与建筑学校担任古典学院派建筑系主任。期间，诺尔托夫斯基常以古希腊和意大利文艺复兴时期的建筑为范例，进行建筑分析教学。除此之外，他还经常组织和鼓励同学们参加一系列的设计竞赛和研讨会。

诺尔托夫斯基主张将以"活古典主义"作为苏联建筑的主导方向，这一偏向于自治的教学研究环境使理性主义教师免受古典学院派的影响。在这样自由开放的教学背景下，1920年秋，左派联合工作室（Obmas）应运而生。它作为呼捷玛斯建筑系一个独立的教学研究单位而存在，积极探索符合时代和社会要求的教育教学模式。

1.2　早期建筑系的发展——现代建筑教育代表左派联合工作室（Obmas）

1920年，左派联合工作室（Obmas）由在呼捷玛斯任职的尼古拉·拉多夫斯基(Nikolay Ladovsky)、弗拉基米尔·克林斯基（Vadimir Krinsky）和尼古拉·多库恰耶夫（Nikolay Dokuchoev）三人共同组建。该工作室在成立之初就摒弃了传统的教学方式，学习借鉴当代艺术和科学的最高成就，创造了一套独特而新颖的教学模式。

在该模式倡导下，空间课程开始逐渐融入呼捷玛斯的教学之中。其第一阶段的教学方案是抽象训练和生产实践的练习，核心专注于"艺术形式的提升：建筑空间、雕塑形体、绘画色彩"，旨在表达质量和重量，质量和平衡，结构和空间，水平和垂直韵律等内容。而关于形态体积、空间及其组合"体积—空间"的练习则作为空间课程的训练核心，在整个进程中持续发展下来。第二阶段则是探索建筑其他元素和特性的练习。这一阶段的学习"任务"允许学生探索自己满意的形式，最初不会设置任何实际要求。整个训练体系从完成一个抽象练习开始，逐步深化至一个生产实践任务，让学生在持续学习中进步，将他们的设计思维从建筑学基础训练延伸至实际建造项目。值得注意的是，虽然建筑创作是教学的主要内容，但其他科目的教学也未曾被忽略，它们被融入建筑教学之中，其中最著名的就是雕塑学教学。

在左派联合工作室（Obmas）在成立三年后，为容纳其他系的学生，呼捷玛斯成立了一个核心基础教学部，其任务是为八个系的所有新生提供艺术基础培训。这将空间训练课程从纯建筑学科扩展到跨学科的所有艺术学科中。

2　现代建筑教育的蓬勃发展——拉多夫斯基的创新

20世纪30年代，与前十年相比，稳定性出现了，大规模的建设开始了，规划了住宅、工厂、发电站和新城镇，苏联建筑的风格得到了发展和传播，其发展主要分为两大趋势：理性主义和建构主义。尼古拉·拉多夫斯基注重艺术意象，他的研究都是以现代建筑材料和结构的大量应用为基础，注重对建筑形式的复杂构造的客观规律的思考（图2）。他还创立了苏联第一个前卫建筑师组织（ASNOVA），这一个理性主义者集团，所以拉多夫斯基也被视作理性主义的首领（图3）。

图2　拉多夫斯基（来源：网络）

2.1　基础：拉多夫斯基的前卫设计思想

1914年，拉多夫斯基进入莫斯科绘画雕刻营建学院的建筑系学习，毕业后加入了"绘画、雕刻、建筑综合艺术委员会"，该委员会是苏俄前卫建筑的前沿阵地之一。在委员会一次又一次关于艺术的讨论中，拉多夫斯基形成了自己的理性主义创作观念，并且在设计中进行了多次尝试。最终，拉多夫斯基成立了自己的工作小组，成员包括多柯林斯基、多库恰耶夫、彼得罗夫、叶菲莫夫等。1921年3月，

图 3　ASNOVA 杂志（来源：网络）

该工作小组召开第一次全体会议，确立了以拉多夫斯基创作思想为主导的创作纲领。并于 1923 年创立了以理性主义为指导的联盟——"新建筑师协会"（ASNOVA），这是对新古典主义和折衷主义建筑思想的突破，是前卫建筑思想发展的开端。

2.2　成熟：拉多夫斯基的创新教学方法

拉多夫斯基所引领的前卫建筑风潮在呼捷玛斯积极的开展着全新的建筑教育实践教学活动，开启了空间构成理论教学，为现代建筑及现代造型艺术教育奠定了基石（图 4）。

拉多夫斯基的教学大部分是通过口头、书面或草图来完成的，而不是参考历史例子。考虑到范式变化的新建筑学，其中理性主义者作为推动者，向学生展示的任何先例都可能限制他们自由勃发的创造力。另一方面，书面和口头作业建立了一个客观的框架，在理论上脱离了教师的直接参与，最终使得数量空前的优秀学生基础训练得以展现。

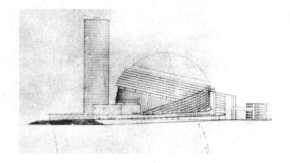

图 4　苏维埃宫设计草图（来源：网络）

在授课内容方面，拉多夫斯基尝试摆脱古典主义课程的限制，1926 年他根据明斯特伯格的工业心理学理论建立了一个空间感知实验室，对最基本几何形体的艺术表现力进行了不同的感知实验，从中总结出人对构图的感知规律。且在后来的教学大纲中，要求所有的建筑学学生设计都要遵循拉多夫斯基提倡的"形式结构第一"的设计理念（图 5、图 6）。至此，拉多夫斯基的新教学模式彻底推翻了古典学派因循守旧的教育体系，引起了专业教学方法和新的建筑造型方法的振荡，可见其在建筑教学理念上的思想的前瞻性和创造性。

2.3 高潮：拉多夫斯基的成功教学案例

拉多夫斯基在教学中曾经试图通过一种空间训练课程从而达到知觉的控制，以便准确的掌握空间形式的构建，他认为完全有必要以一种新的思考训练方式建立新的建筑几何学。"新建筑师联盟"在1920~1930年期间，参与了许多设计竞赛与实际项目的实践，积极表达理性的建筑设计思考。1924年，拉多夫斯基带领成员主持设计了莫斯科麻雀山国际红十字体育场竞赛（简称MKC，图7）方案并在竞赛中获胜，这次竞赛使拉多夫斯基和他的理性主义设计创作得到了社会的肯定。1925年，成员梅尔尼科夫①（Konstantin Melnikov）和拉多夫斯基分别在巴黎展览中的苏联馆比赛中获得第一名和第二名。1925年，拉多夫斯基和利西茨基②（Ellisitsky）合作，在伊万诺沃设计建造了一座现代化的新型住宅楼（图8），他们将住宅平面设计为整齐排列的锯齿形或星形，建筑的角度呈120°，这种设计方式大大节省公共楼梯、通风和管道的建造成本。由于项目的成功，而后拉多夫斯基按照同样的方式，在莫斯科卡莫文尼基区（Khamovniki）建成了一座由12段组成的公寓楼，以星形或锯齿形相互连接。

图5 拉多夫斯基和学生们（来源：网络）

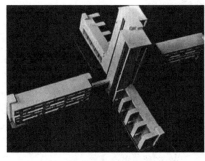

图6 拉多夫斯基颇具理性主义色彩的教学设计（来源：网络）

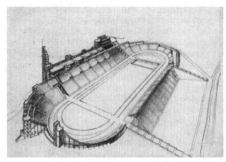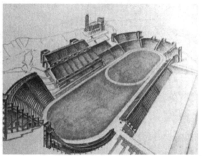

图7 "新建筑师联盟"莫斯科红十字体育场竞赛作品（简称MKC）（来源：网络）

---

① 康斯坦丁·梅尔尼科夫（Konstantin Melnikov）(1890.8-1973.11)是俄罗斯先锋派建筑重要的代表人物、构成主义建筑巨匠。
② 埃尔·利西茨基（Ellisitsky）(1890.11-1941.12)是俄罗斯至上主义、建构主义艺术家。

图8 伊万诺沃新型住宅楼 1925 年（来源：网络）

3 现代建筑教育的伟大成就——呼捷玛斯的发展历程

呼捷玛斯建筑教育的发展主要分为三个不同阶段，1920～1923年是最初实验探索阶段，各流派在呼捷玛斯得以施展拳脚；1923～1927年建立强制性跨学科课程，将心理分析法融入空间造型课程，核心基础教学部的教学模式逐步完善；1927～1929年由于社会政治环境僵化，前卫思想受到排挤和打压，呼捷玛斯也因此难逃毁灭的噩运。

3.1 初创：开放的学术氛围促进思想的传播

第一次世界大战（1914～1918年），莫斯科的艺术雕塑与建筑工艺学校受到了新的冲击，学院主义的影响力也在不断削弱，无法继续维持传统的教育方式。1917年，莫斯科艺术学院的建筑部开始出现了一些自由和叛逆的想法。在与折衷主义的抗争中，新古典日益显示出其强大的影响力。新古典的特征被莫斯科艺术雕塑与建筑工艺学校建筑系的同学们所接受，他们在完成一年级的任务时，已经学会了不同的"风格"。

在当时的苏联，各种艺术流派的学术争论达到了前所未有的高度，呼捷玛斯学院内部激烈地进行着创造性的争论，探讨了不同的艺术形式和教学思想，对学生的思考能力产生了很大的影响，让他们对艺术的追求有了清晰的认识，并在国际上产生了广泛的反响。

3.2 鼎盛：探索与创新"古典秩序"的新译本

在经历成立之初对基础课程设置的探索之后，1923～1927年，呼捷玛斯建立强制性跨学科课程，核心基础教学部成为主导力量，学院加强了理性的控制，将基础教学和专业课尽量分离开。还设计了最大化课程和最小化课程的体系，前者是让所有学生提升自己基础能力的课程，后者则是为不同专业的学生开设的专业课的预科教学。这样的课程设置使学生的思维得到解放，创造力得到了最大程度的激发，为社会培养出了新时代的设计人才。

3.3 衰落：僵化的政治环境限制未来发展

苏联成立初期，俄罗斯出现了一批具有先锋色彩的文艺团体，他们以新的艺术形态、新的观念，塑造出新的民族形象。所以，苏联前卫的早期艺术在全世界处于领先地位。但是1924年后苏联的政治风气改变，于是呼捷玛斯的新的造型艺术语言也就被迫中止。呼捷玛斯解体的另一个原因，苏联的大工业和欧美先进资本主义国家的交往被切断，社会化大生产已不能为现代造型艺术的发展创造有利条件。

4 现代建筑教育的当代贡献——独特的教学方法

呼捷玛斯教育思想的主要变化是根据传统古典主义与未来主义或生产主义艺术之间的对立来定义的，它处在一个工业迅速发展、与人们生活紧密联系的年代，国家对工业社会的新成员的需求尤为迫切。因此，呼捷玛斯的造型培训特别注重实用性，鼓励设计师们走进工厂和建筑工地。拉多夫斯基也是利用这样的大好时机，成功推崇空间构成的训练方法，并将其加入学生必学的课程当中（图9、表1）。

通过两种教学方式的对比可以发现，拉多夫斯基

图9 课程表
周一：雕塑工坊、政治、物理、讨论课
周二：绘画、测量、建筑工坊、构造艺术
周三：雕塑工坊、政治、建筑工坊、画法几何
周四：高等数学、水彩画、建筑工坊、科技理论、建筑材料学
周五：绘画、政治、高等数学、构造艺术
周六：雕塑工坊、政治、建筑工坊

学派很大程度上突破了古典主义课程的限制。首先，在课程设置上，古典主义注重延续经典，而相对的，

拉多夫斯基推崇的理想主义更加注重学员的自由创新，这就已经有了根本的不同；其次，在课程内容上，古典主义重视学员的平面意识，而理想主义更加注重空间意识，开发学员想象力和感知力。

4.1 呼捷玛斯的预科教育和专业教育

呼捷玛斯教育系统包括两大类：基础类预科课程与职业类专业课程（图10），我国的基础教育发展有三大历史时期。这是呼捷玛斯基础教育的一个重要组成部分，即1920～1923年，由各个系的基础预科向跨学科的过渡；第二个时期是在1923～1926年期间，在不同系以外的公共基础部门中，建立了一个新的基础教育系统；第三个时期是1926年，直到学校关门，在这个时期，由于社会及其他因素的影响，基本课程逐渐衰落。

呼捷玛斯在斯特罗干诺夫斯基艺术学院继续预科教育，预科课程经历了几次变革，大致可以概括为五大训练中心：色彩构成、平面构成、立体构成、形态构成和空间构成（图11、图12）。

古典学派与拉多夫斯基学派教育方式对比　　　　　　　　　　　表1

	古典学派	拉多夫斯基学派
课程目的	学生们通过学习经典的柱式，这一最完整、最有帮助的建筑体系，让学生们了解到建筑的逻辑。以训练为目的，让学生对古典艺术作品进行模仿或略加改变	传统的教学体系已经被放弃，拉多夫斯基主张学生们应该自己去创造新生艺术元素。课程目的是学生的课程作品可以在现实世界创造出来
学生的选拔	考核学生的二维图形创作，与建筑空间、形体设计没有必然联系	学生的选拔取决于学生的视觉空间协调能力。1927年，拉多夫斯基建立了一个"黑房间"实验室。运用他自己设计的工具来测试空间知觉（如角度、体积、线性等）
课程内容	首先，学生学习古典柱式的基本元素，其次，他们以这些元素为基础进行组合练习。最终，新作品总是遵循传统的体系	首先，开发学生们自己的思想和想象力，不受任何既定风格的限制。等他们的感知能力以及把握空间与形状的能力发展之后，才开始固定风格
成果	精心绘制的二维图纸	三维实物模型

（来源：网络）

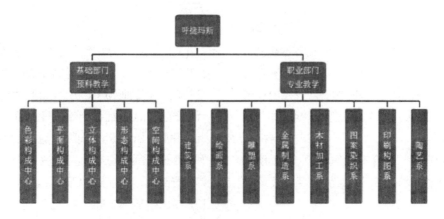

图10 呼捷玛斯的院系设置（来源："现代建筑起源丛书"）

呼捷玛斯专业设置八大专业：建筑、绘画、雕塑、金属制造、木材加工、图案染、印刷构图、陶艺。经过系统的初级预科班学习，学生将被分配到不同的专业进行职业培训。而在基础部被取消之后，其教学内容被融入各学科之中。例如：平面、空间、体积、空间形态的表现力，由原来的抽象训练，转为更多的实践性操作（图13、图14）。

4.2 空间课程训练

拉多夫斯基作为呼捷玛斯的核心建筑教育家，

与建筑师弗拉基米尔·克林斯基（1890-1971年）和尼古拉·杜库查·埃夫（1891-1944年）一起开发了一个名为"空间原则"（Distsiplina pros Transtvo）的设计规程。

拉多夫斯基的空间课程最初是为建筑师设计开发的，但很快就成了所有呼捷玛斯学生的必修课。他重新思考了古典传统的学术工作室制及学徒制，在师承制度的基础上，引入了基于系统指导和"同志"式竞争、团队工作的高级培训方式。空间构图训练的目的在于培养学生对空间的认识，包

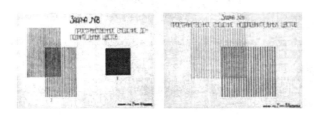

图11 左：补色的空间蔓延（一年级，1926～1927）；右：非补色的空间蔓延（一年级，1926～1927）（来源："现代建筑起源丛书"）

图12 四种材料的费彩色等级分析：墨汁、水粉、碳粉、石墨（一年级，1927～1928）（来源："现代建筑起源丛书"）

图13 简单几何构建的垂直结构；表面沿对角线运动的动态结构；相交和移动的动态垂直结构；平行六面体、倒锥体和球体构成的复杂结（自上而下、由左及右依次）（来源："现代建筑起源丛书"）

图14 人体模特的立体改造（来源："现代建筑起源丛书"）

括构图、光影、明暗、空间维度等。训练本着循序渐进的思路,从平面逐步过渡到空间,从半立构开始,到空间转角,再到整个空间形态(图15),以及通过对空间形体的表面处理和空间精神的掌握,使学生能够体会到与现实中的建筑形态联系在一起的空间结构,进而提高对空间的认识和塑造的能力。

拉多夫斯基对基本几何形体的艺术表现力进行了不同的感知实验,从中总结出人对构图的感知规律。拉多夫斯基通过心理实验的设计,深化心理分析法,研究建筑造型对人的影响及心理感知(图16)。这些研究成果不仅用于辅助建筑设计,更多的是用到呼捷玛斯建筑空间造型的教学课程之中。

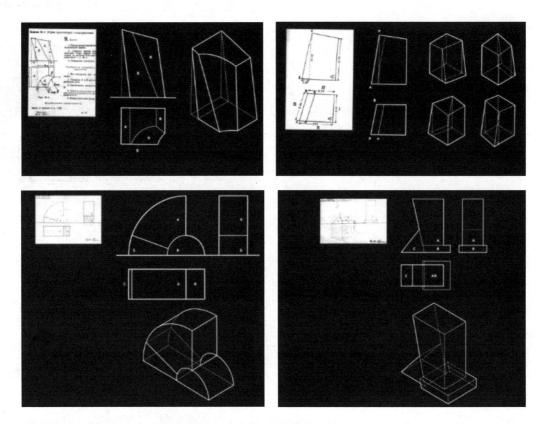

图15 空间构成训练 由平面过渡至空间(来源:书籍《Avant-Grade as Method,Vkhutemas and the Pedagogy of Space,1920-1930》)

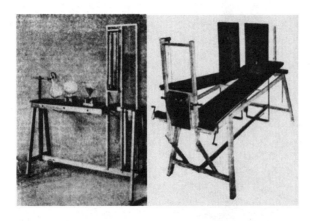

图16 拉多夫斯基"心理"实验室的装备,1927年(来源:书籍《Architectural Drawings of the Russian Avant-Garde》)

1927年,《呼捷玛斯建筑集》出版,其中包括建筑学院建筑系的毕业设计和《空间》的创作。同年夏季,《第一届现代建筑展览会》在呼捷玛斯举行,展出来自建筑系的毕业作品(图17)。此次展览所展示的前卫建筑设计与对当代艺术的认识,对后来的建筑师,甚至是包豪斯,都有着深刻的影响。我们从作品中可以看出,呼捷玛斯在很多时候忽略了结构和功能,而在这个过程中,他们打破了传统的界限,成为一个新的领域(图18、图19)。

图 17　拉多夫斯基指导的形体构成训练（来源：书籍《Architectural Drawings of the Russian Avant-Garde》）

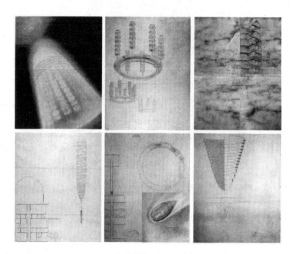

图 18　Krutikov G "未来之城"毕业设计，拉多夫斯基工作室，1928（来源：书籍《Architectural Drawings of the Russian Avant-Garde》）

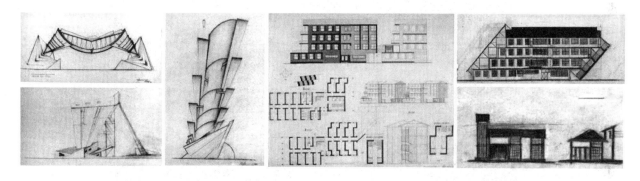

图 19　L.Lamzow 作品，拉多夫斯基工作室（来源：书籍《Architectural Drawings of the Russian Avant-Garde》）

4.3　拉多夫斯基教育思想的传承和发展

到了 20 世纪 60 年代，苏联政局稳定，经过十年间建筑教育风格的回转，苏联建筑教育、创作在 70 年代达到鼎盛期，莫斯科建筑学院的教育体系趋于完善，课程设置分为基础教育和专业化教育两部分。基础教育包括建筑制图、立体—空间构成两门课程，其中立体—空间构成课程，是拉多夫斯基建筑教育理论和实践的特有结合，由斯捷潘诺夫教授担任。斯捷潘诺夫教授的持续探索，使空间教学方法得到传承和完善（图 20）。

20 世纪 90 年代初期，苏联崩溃，整个社会的政治、经济都处于一片混乱之中，教育经费锐减。同时，由于当时的社会条件比较开放，大量的西方知识涌入，建筑师也逐渐意识到了西方的建筑艺术。1988 年莫斯科建筑学院在教学内容、教学方法、实践应用等方面进行了新的变革，吸取国外先进经验，加强了模型教学。由此学习空间形态的特性和尺度，培养学生的构图能力和想象力（图 21~图 23）。

在 1996 年，莫斯科建设学院在政府拨款、政策外保护和外国留学生的支持下，基本得到了资金支持，进入了新的教育领域。拉多夫斯基的"空间构图"教育思想，历经五代人、半个多世纪的继承与发展，积累了历代建筑设计实践的丰富经验，形成了一套完善、严谨的建筑设计理论与训练方法。拉多夫斯基的教学模式对当代建筑学的发展有着重大的指导作用。他对现代建筑思想的贡献，现代建筑教育的方法，建筑空间结构的发展，为后世的人们留下了宝贵的学术遗产。

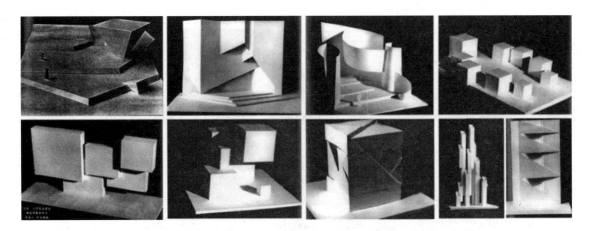

图 20　斯捷潘诺夫——立体空间构成学生作品（来源：作者自绘）

图 21　普鲁宁——模型数学（来源：作者自绘）

图 22　普利什肯——模型教学（来源：作者自绘）

图23　莫斯科建筑学院学生作品（来源：图集《ЕжегодникМАРХИ》）

5　结语

　　呼捷玛斯是近代建筑和现代建筑的主要发源地，在近代建筑运动中扮演着举足轻重的角色。其学术思想和教育基地的建立，为当代建筑的新理念和新风格的建立打下了坚实的基础。

　　新技术、新材料的使用使现代建筑脱离了传统建筑学原理的束缚，让建筑设计师能够充分地发挥自己的想象力，设计出具有极强视觉冲击力的作品。许多建筑设计师不断挑战传统建筑结构，推崇微重力感和失重感，推崇"反逻辑"设计。同时依托于现代材料的环保特性使得在建筑施工的过程中最大限度地降低其对环境的污染，从而在外形和功能上达到建筑生态美学的要求。数字时代的计算体系和三维立体概念也让复杂多变的结构得以实现，建筑形式更为感性和自由。

参考文献

[1] 李伟伟. 苏联的建筑教育[J]. 世界建筑，1981(03).

[2] 韩林飞. 呼捷玛斯：前苏联高等艺术与技术创作工作室——被扼杀的现代建筑思想先驱[J]. 世界建筑，2005(06)：92-94.

[3] 韩林飞. 莫斯科建筑学院建筑学教育与启示[J]. 世界建筑导报，1998(03)：41-43.

[4] 韩林飞. 90年代俄罗斯新建筑[J]. 世界建筑，1999(01)：17-21.

[5] 刘文豹. 尼古拉·拉多夫斯基，现代苏俄"建筑教育学派"创始者[J]. 建筑师，2012(02)：65-68.

[6] Jessica Jenkins. Building the Revolution：Soviet Art and Architecture，1915-1935[J]. Design Issues，2012，28(4)：86-92.

[7] 刘文豹. 世界现代建筑系谱纲要 19世纪末-20世纪中[M]. 南京：江苏人民出版社，2012.

[8] 童寯. 苏联建筑——兼述东欧现代建筑[M]. 北京：中国建筑工业出版社，1982.

[9] 吴焕加. 论现代西方建筑[M]. 北京：中国建筑工业出版社，1997.

[10] 韩林飞. 建筑师创造力的培养：从苏联高等艺术与技术工作室(BXYTEMAC)到莫斯科建筑学院(MAPXHH)[M]. 北京：中国建筑工业出版社，2007.

[11] 吕富珣. 苏俄前卫建筑[M]. 北京：中国建材工业出版社，1991.

[12] 刘军. 苏联建筑由古典土义到现代土义的转变(1950-1970年代)[D]. 天津：天津大学，2004.

基于行为的空间生成训练

郑越　孙德龙 [①]

作者单位
天津大学建筑学院

摘要："基于行为的空间生成训练"希望学生认识到行为是建筑空间生成的重要依据，在对行为需求进行调查和分析的基础上，以行为和要素的关系作为设计出发点，对建筑的空间结构进行探讨。同时，以住宅作为空间载体，认知行为－形式之间形式逻辑的内在联系，并培养形式操作的能力。

关键词：行为；要素；空间结构；建筑设计教学

Abstract: "Behavior-based space generation training" hopes that students realize that behavior is an important basis for the generation of architectural space, and based on the investigation and analysis of behavior needs, the relationship between behavior and elements as the starting point of design, to discuss the spatial structure of buildings. At the same time, with the house as the space carrier, we can recognize the inner connection of formal logic between behavior and form, and cultivate the ability of formal operation.

Keywords: Behavior; Elements; Spatial Structure; Architectural Design Teaching

1 背景

行为是当代建筑师关注的重要问题之一。行为需求定义了建筑空间，空间特征也反作用于人的行为。居住是建筑的原点，体现了建筑与行为最基本的关联。随着城市化进程的加快，城市居住空间的集约化现象日益凸显，有限的居住空间如何承载当代人日益丰富的生活对建筑师提出了新的挑战，而这也为当前的建筑教学提出新的需求。如何在基础教学中引导学生深入洞察人的行为需求，从行为视角认知建筑的空间组织方式，并探讨通过建筑空间组织回应和引导人行为模式的方法，是建筑教学中具有潜力的研究方向。此次课程以住宅为基础，围绕人的行为和建筑空间之间的关系展开深入的探讨。

2 基于行为的空间生成训练

"基于行为的空间生成训练"以对行为需求的认知为出发点，基于对行为的研究探讨人的行为和建筑之间的关联。并将行为作为设计的起点，训练学生将行为

诉求转换为建筑空间的能力。以建筑要素作为行为的承载对象，训练基于建筑要素进行空间结构组织的能力。

2.1 既往建筑师实践

人类文明初期身体一直作为度量空间的尺子，丈量的基本单位最初都与身体相关，如中国古代用手臂作为丈量的尺子，英国古代用脚长作为测量单位，至今英语中仍然沿用feet作为英尺的单词。柯布西耶基于人的尺度提出了模度理论（The Modulor），在柯布看来，人体尺度承担着指导空间服务身体的作用，并把模度和控制线作为理性的创作工具。[1]在各类建筑中，与行为最密切相关的是居住建筑，而空间对于行为的限定方式更多地呈现于贴近人行为的建筑要素之中。阿尔多·凡·艾克（Aldo van Eyck）是推动建筑从功能主义教条向多元化转型的重要人物之一，他的诸多设计都体现了行为对建筑要素形式的影响。在阿姆斯特丹游乐场设计中，他基于孩童玩耍行为设计了一系列模块化的游乐设施，融汇玩耍、交谈、表演等多种行为模式。斯卡帕在布里昂家族墓园的设计中，将墓室入口设计成为一个低矮的被倾斜围墙限定

的空间，人需要低头弯腰才能进入墓室，从而加强了进入空间的仪式感，强化了内外空间之间的氛围对比。在东方的日本，建筑师们对行为与空间的关系做了进一步探索。芦原义信曾经提到日本传统的"拉绳定界"行为，即用一种弱的物质边界和人心中既定已有的边界概念相扣合，从而限定行为并定义空间。他还结合席地而坐的行为，提出在东亚传统建筑中地板对于建筑空间的限定作用，并将日本及东方的建筑定义为"地板型"建筑，这类建筑强调开放的和自然充分交互的边界，房间之间的划分也是灵活而模糊的。[2]在日本的传统建筑中，行为对于边界空间的影响一直丰富而充满趣味性，日本的当代建筑发展很好地发掘并演绎了这一传统建筑精髓，并将之加以抽象提炼转化，通过几辈建筑师的努力，发展成了对当代建筑影响深远的行为建筑学派，代表人物如篠原一男、坂本一成、塚本由晴等。在基于行为进行建筑研究的建筑实践中，日本建筑师一直走在世界前沿，并对世界当代的建筑师和学界产生影响。

篠原一男以传统的日本建筑空间为原型，通过使用新的抽象建筑方法实现建筑的现代主义，在封闭的空间内探讨建筑的抽象性和纯粹性。他在作品中通过反常的尺度、抽象的几何元素诠释传统空间意向并强化身体的存在，使得人在新空间中的生活状态赋予一种传统的行为内涵。坂本一成则提倡一种反高潮的诗学，提倡空间的日常性，这种日常性提倡以身体的尺度为基础，反思现有制度对人需求的束缚。[3]他在《建筑构成学》中将建筑空间的构成类型加以梳理和总结，而这其中无不贯穿着人的行为方式对空间的影响。[4]塚本由晴在《东京制造》中基于人的行为和环境的综合作用对建筑的形式进行了观察和分析，而在他的《Behaviorology》中对人类、社会、建筑物的行为进行系统研究，他提出人的行为、自然行为以及建筑行为，三者有着不同的特征和时间节律，他认为设计师应该更综合地考虑三种行为之间的关系，以一种"鼓励性"而非"制度性"的姿态，让三者最终形成一种和谐的"交响"。此后系列研究书籍《窗》基于行为学理论对世界多个建筑的窗空间进行了细致的观察，依托要素去展陈身体、建筑和环境之间的关系。[5]长谷川豪作为年轻一代的建筑师，其作品深受空间构成学、行为学的影响，他在诸多实践中以行为需求为出发点，基于建筑的基本要素，在空间的不同

层级运用不同的尺度，使身体获得良好的空间体验。[6]中村拓志以身体微小的体察知觉来编织共感的方法，并提出复杂的行为观察能带来关系的不断丰富丰。[7]此外，诸多日本建筑师都进行了基于行为的建筑设计实践，增田奏在《住宅设计解剖书》详细的介绍了住宅要素设计的具体方法，大量的分类图解表达了居住行为需求对住宅空间布局的影响。在公共空间和行为的关系方面，猪熊纯在《共享空间设计解剖书》中基于共享的概念，诠释了群体行为需求如何在复合的公共空间设计中发挥作用。从20世纪末开始，行为已经成为指导日本当代建筑空间设计的重要影响因素，在而中国的一线大城市，和日本一样面临居住空间集约化的境况，住宅微户型的开发和既有小户型的改造将会成为将来建筑师面临的普遍问题，所以基于行为的空间生成训练有着充分的研究价值和教学必要性。

2.2 既往教学实践

不少欧美高校在建筑基础教学中将对行为的认知融入其中。建筑联盟学院(Architectural Association School of Architecture)在建筑基础教学在引导学生基于行为去进行创造性思维的开发。例如2013年AA的预科课程包括"通过文字虚构自己的身份，将自己描绘成城市的记忆融合者，在跳蚤市场寻找物品，便记录、解剖、复制、溶解和重建它们，新想象它们的功能并改变它们的用途。"[8]这个教案鼓励学生从生活中的行为体验入手进行场景的想象并进行创作。苏黎世联邦理工大学（ETHZurich）2015年Gion A. Caminada教授的工作坊"特别的车间"探讨植根于日常生活的工坊空间，工作室中工匠将精湛的技能运用于事物的触觉创造，空间、人、技艺融为一个有意义的整体。设计从事件的角度出发，发掘工匠、器具、发生的事件之于有形空间的作用。在建筑教学中引入行为研究，有利于培养学生对生活的观察能力和对行为和空间关系的感知能力，而感知会唤醒记忆和思考，进而从中触发创意和灵感。

当代国内建筑教学中也有不少基于行为的教学实践。同济大学的胡斌从2012年起"面向身体的教案"设计，提出对空间的感知源自相对尺度、氛围、身体行为、和人的身份对其产生的制约。[9]练习"身体的表演""网络中居住"从行为入手并过渡到空间结构的探讨，最后再进行"自然中栖居的设计"这

个综合训练。[10]在国内高年级的综合题目中，行为分析也成为众多教案设计的一个重要环节。如同济大学2010年邀请坂本一成指导的专家公寓设计中，要求在底层平民针对不同的人群形成不同的领域感，通过分析场所中人流与建筑的关系来处理建筑和城市的关联。同济大学的王方戟2012开始主持的实验班课程的小菜场的家，选择菜市场这个充满行为要素的建筑类型作为设计主题，要求同学们通过行为调研对设计任务书进行进一步的定义。[11]这些实践包括了对行为的感知和系统研究，以及对行为和形式关系的辨析，体现出行为在国内建筑教学中日益受到重视的趋势。

2.3 定位与认知

天津大学建筑学院实验班教学的总体目标是培养具有本土情怀和国际视野的优秀建筑设计人才。[12]其中二年级实验班尝试将基于设计基本问题的空间生成作为引导学生步入设计领域的方法：强调基于分析的建筑设计过程以及建筑与复杂因素之间的关联思考。[13]在二年级实验教学的三个设计中，分别强调三个基本议题：场所、行为、材料性，在每一个训练中，都将其中一个议题作为设计的起点和过程控制的重点。教案弱化建筑功能类型差异，强调基于经典分析和现实分析的设计推导过程以及建筑基本问题之间的协调和关联思考（图1）。[14]"基于行为的空间生成训练"，基于以下认知考虑：

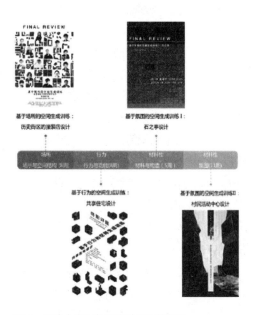

图1 天津大学二年级实验班训练单元
（来源：天津大学二年级实验教学组）

个人的生活经验作为概念的源头对设计具有重要作用。[4]个人对行为的观察和理解有利于启发设计思考的主观能动性，从行为的微观视角对行为和空间关系的认知有利于学生培养综合多种因素的总体设计思维意识。

分解式的设计练习对于初学者具有一定的重要意义。[4]分解式练习能够将复杂的设计问题拆解为几个阶段，降低难度，并提升针对单个问题深入思考的可能性。

本设计中第一、第二阶段分别针对建筑要素、建筑功能设定两个小的前期练习，第三阶段将前期训练中多种因素统筹考虑进行方案设计，强调个人感知与行为解读的关系，鼓励学生探索空间操作和行为需求之间的关联（图2）。

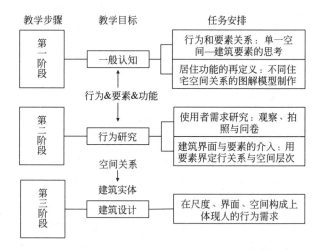

图2 基于行为的空间生成训练教学过程
（来源：天津大学二年级实验教学组）

3 教学目标及训练过程

3.1 教学目标

①理解建筑基本要素对人行为的影响。通过对建筑界面与要素的探讨，创造能够容纳多样行为的生动空间。②住宅为起点，理解建筑形式与功能之间的联系。学会灵活组织住宅中的公共与私密空间。③学会利用剖面推动设计的方法。

3.2 训练过程

1. 为与建筑要素的关系认知（0.5周，2人一组）

建筑的垂直和水平界面与行为的互动关系最密切，这些界面在建筑中体现为墙、屋顶、基面、楼板、门、窗、楼梯、家具等要素。设计者需要通过对典型建筑要素的分析，深入理解不同要素与行为之间互动的可能性。

练习一：局部剖面绘制与建筑要素模型制作。学生需选取一类建筑要素，并在众多案例中找出3处建筑要素，绘制局部剖面并制作局部剖面模型，并分析总结该类建筑要素与行为的关系（图3）。

2. 需求与空间的关系认知（0.5周，2人一组）

共享住宅融合了独栋住宅和集合住宅的属性，需要对三类住宅的空间组织结构进行分析，并阐述功能分化如何在空间中实现，认知住宅中公共与私密空间的组织关系。

练习二：空间关系模型制作。选取4个案例，用体块模型辅助颜色或材质标注呈现住宅中公共和私密层次，并用气泡图绘制组织关系图，阐述不同类型住宅的功能层级如何在空间中组织起来（图4）。

3. 阶段三：共享住宅设计（7周，1人一组）

这个阶段，学生需要基于上述两个阶段的认知，在已知地块中进行假想的拆除，以特定群体为目标使用者，从其行为需求出发结合对建筑要素的处理，这种处理方式将成为推进设计的核心。通过研究使用者的行为特征和生活特征，发现问题，提出设计概念，在场地中布置住宅体量，进行单体设计，重点关注建筑水平和垂直界面的操作与融合。在本设计中简化对于场地的回应，将周边建筑简化为体块，基地仅作为一个提供住宅合理性存在的环境。

学生需在天津原日租界义德里街区内给定的两个块地之中选择一个地块，假想拆除现有建筑，设计新的共享住宅。为便于对住宅尺度和设计主题进行把控，使用者被定义为单身建筑类从业者，住宅假设以住宅合作社的形式建造，服务于具有共同价值追求的集合体。要求每栋共享住宅能够容纳6~12人，住宅中需要包含独立的居住空间与共享空间。设计者需要对现有的群居模式提出批判性的思考，提出符合设计

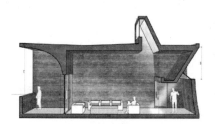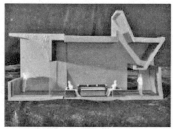

孤独图书馆剖面绘制与建筑要素模型制作（来源：罗新程、王嘉伟）　　　　　　　　　　　樱台之家建筑要素模型制作（来源：刘静媛、肖爽）

图3　局部剖面绘制与建筑要素模型制作

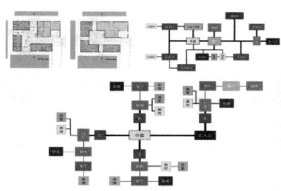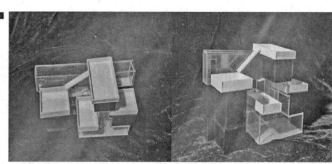

组织关系图绘制（来源：成进仁）　　　　　　　空间关系模型制作（来源：罗新程、王嘉伟）

图4　使用需求与空间的关系认知

者习惯的设计策略。

第一步使用者需求研究。基于对使用者需求的观察、拍照与问卷，并对类型相似的经典案例进行分析，通过图解模型体块定义住宅中的各类空间关系（图5）；第二步用建筑要素界定空间。通过制作结构模型探讨不同建筑要素如何界定行为关系与住宅空间层次（图6）；第三步通过剖面组合与体量研究进一步深化方案，并结合平面布局和模型推敲的工具对流线和场景组织进行深化处理（图7）。

方案深化过程中，对于要素所在位置的平面、剖面进行研究，进行1：20~1：50的局部剖面模型的制作。模型需要包含相对完整的要素，剖断周边的楼板和墙体，要求体现细节，并置入比例人模拟现实场景，场景要能够体现人的行为。

4 学生作业（图8~图10）

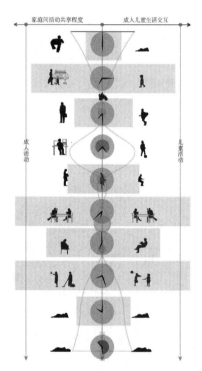

图5 王浩翼作业（从陪读人群中家长和孩子相互的交流和照应需求出发，设计了交织在一起的双重空间，二者之间可以通过丰富的界形式开展多种有趣的互动）（来源：王浩翼）

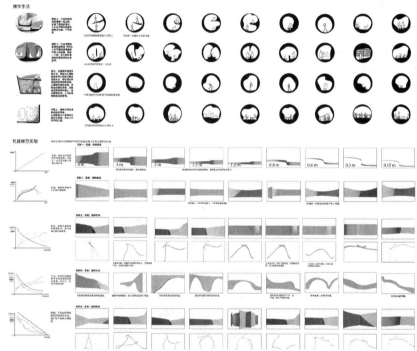

图6 张抒妍作业：柔软的住家（基于对人日常生活行为的分析，以柔软为目标对墙这个建筑要素进行分析研究，通过空间的延展、边界的弱化设计出一个让人放松心灵的场所）（来源：张抒妍）

手工模型实验

图7 张抒妍作业：通过剖面组合与体量研究对方案进行深化（来源：张抒妍）

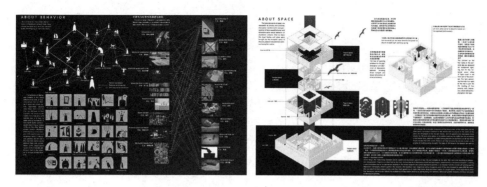

图 8 谢佳豪作业（这是一个给自闭症患者设计的定制化的共享住宅，设计者在沉入地下的住宅中空间中置入 4 层通高的"信庭"空间，这里承载了收信、展信、读信、寄信等行为，仪式感极强的空间和行为、事件和一系列生活场景交织在一起，体现了极强的叙事性）（来源：谢佳豪）

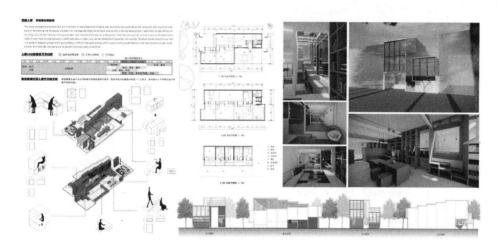

图 9 成进仁作业（基于对年轻人渴望交往的行为需求，提出城市客厅的设计概念，通过阶梯状的公共空间组织出与街区环境交互的城市客厅）（来源：成进仁）

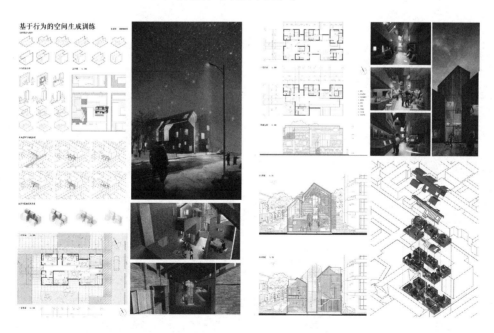

图 10 罗新程作业（基于对年轻建筑师和社区互动需求，将街巷的意向引入设计中，底层设计了一个灵活的展览和售卖空间，建筑成为社群活力的发生器）（来源：罗新程）

5 结语

从柯布的模度理论到冢本由晴提出行为学理论，行为指导空间生成的思想在当代建筑设计中发挥着越来越重要的作用。城市化带来了大城市居住空间的集约化，在有限空间中基于人的行为进行精准的空间设计成为了时代需求，建筑师通过对行为的洞察去探索居住空间的新可能性，创造更加人性化的空间场所，这也对当代建筑教育提出了新的方向。基于行为的空间生成训练教学通过对行为的深度观察，依托于行为和建筑要素关系的研究训练学生基于行为定义功能需求的能力，以及将功能需求转化为建筑空间的能力，激发学生基于生活体验探寻设计的原生动力的欲望，倡导一种开放和多元的设计思维。

参考文献

[1] Le C . The Modulor. 1955.

[2] 芦原义信. 外部空间设计[M]. 北京：中国建筑工业出版社，1985.

[3] 坂本一成，郭屹民. 反高潮的诗学[M]. 上海：同济大学出版社，2015.

[4] 坂本一成. 建筑构成学[M]. 上海：同济大学出版社，2013：10-50.

[5] 世界之窗，东京工业大学，冢本由晴研究室. [M]. 雷祖康，刘若琪，许天心 译. 北京：中国建筑工业出版社，2018：5-80.

[6] 胡滨. 空间与身体：建筑设计基础教程[J]. 中华建设，2020，No.203(02)：190-190.

[7] 郭屹民. 考现的发现：再现日常的线索[J]. 建筑师，2014(05)：6-20.

[8] 郑越、孙德龙、张昕楠. 基于场所的空间生成训练[J]. 全国高等学校建筑学专业院长系主任大会论文集，2020：70-80.

[9] 胡滨. 空间的感知[J]. 建筑学报，2019(03)：116-122.

[10] 胡滨. 空间与身体[M]. 上海：同济大学出版社，2018.

[11] 王方戟，张斌，水雁飞. 小菜场上的家2[M]. 上海：同济大学出版社，2015：30-44.

[12] 许蓁. et al.，天津大学建筑学院建筑设计教学[J]. 城市建筑，2015(16)：36-38.

[13] 孙德龙. 记忆与体验驱动的建筑设计课教学[J]. 全国高等学校建筑学专业院长系主任大会论文集，2017：20-50.

[14] 孙德龙，郑越，张昕楠，许臻. 基于氛围的空间生成训练[J]. 全国高等学校建筑学专业院长系主任大会论文集，2020：100-110.

回归"母体"
——解读超现实主义建筑师弗雷德里克·基斯勒

古佳玉

作者单位
重庆大学建筑城规学院

摘要： 20世纪，弗雷德里克·基斯勒作为一名超现实主义建筑师走在探索非线性建筑的前沿，提出新的结构原理并预言建筑实践中张力主义的到来。本文通过回顾他所处时代背景及人生经历，阐释其母体关怀思想发展的渊源和历程；解析以"无尽宅"为代表的非线性建筑设计作品；浅谈他的作品中对居者肉体和精神需求的回应，为当代建筑设计提供参考。

关键词： 弗雷德里克·基斯勒；母体关怀；超现实主义；非线性建筑

Abstract: In the 20th century, Frederick Keesler, as a surrealist architect, was at the forefront of exploring nonlinear architecture, proposing new structural principles and predicting the arrival of tensionism in architectural practice. By reviewing the background of his era and life experience, this paper explains the origin and course of the development of his thought of maternal care; analyzes the nonlinear architectural design works represented by "Endless House"; briefly discusses the physical and spiritual needs of the residents in his works response to provide reference for contemporary architectural design.

Keywords: Frederick Kiesler, Maternal Care, Surrealism, Nonlinear Architecture

1 引言

卡特梅尔·德·坎西于1785年提出建筑的三种原始"类型"——洞穴、帐篷和棚屋，分别对应于猎人、牧羊人和农夫三种生活方式。后来更多考古证据和人类学研究成果表明，"洞穴"原型是早期人类普遍存在的建筑类型。在第二次世界大战期间的奥地利建筑师弗雷德里克·基斯勒（1890~1965）希望在异国利用"洞穴"原型构建一种原始统一的精神氛围，治愈饱受战争蹂躏的生理和心理创伤。他通过对建筑发展和自然科学的研究预言连续张力壳结构的到来，将艺术、建筑与环境融合，着眼于史前文化和对人类"庇护所"空间的探索，抛离维特鲁威建立起来的古典建筑语言体系，回归"洞穴"原型以及所有生命机体本质需求的"弹性"形式，以此实现回到子宫内的幻想——摆脱曾经满布创伤的生活经历，重新获得产前的庇护与宁静。

2 时代与思想

2.1 新的形式

20世纪20年代，基斯勒跟随奥托·瓦格纳和约瑟夫·霍夫曼在维也纳学习建筑，他们与来自比利时和法国的新艺术主义者合作，为了在新的资本主义条件下保持艺术价值，将连续有机的饰面与建筑结构融合，创造出显示新工业材料性能的曲线形态。新艺术主义者推动从自然形式、流畅线型和植物形态中提炼的艺术创作过程也引发基斯勒用动态流体外观建造建筑的方式的思考和想象。同一时期，基斯勒也曾作为阿道夫·路斯的助手参与建筑实践。路斯与瓦格纳和霍夫曼的理论和实践形成了相反的两极。路斯在《装饰即罪恶》中谴责装饰工艺品，规定一种朴素的现代主义基调，以形成一种"完全平滑"的现代美学。在路斯的建筑中，内部与外部形成鲜明的对比，室外被剥去装饰露出冷漠的表皮，而在室内空间中使用丰富的材料营造温暖、可触碰的环境。基斯勒赞同路斯提倡平滑的现代美学，并从室外和室内空间的对立上获得启发，将建筑室外看作独立的保护外壳。而与路斯不同的是，基斯勒并不打算采用框架结构完成对外壳的建造。

由于物理学的新进展，物质概念已经发生了根本性的变化，固体以分子的形式被理解为能随时间发生移动和变化。以凡·杜斯堡为代表的荷兰风格派艺术家敏锐地捕捉到新的科学原理并将其运用到艺术创作中。1923年，基斯勒与凡·杜斯堡合作研究时空理论，在"元素主义"的基础上，凡·杜斯堡提出空间从中心向周围发展，边界随着开放和弹性的空间构成元素扩散开来，从而向现代建筑师提出新的塑性建筑，基斯勒也因此发展出将可感知的弹性状态与物理环境相结合的想法。

早期受到建筑与艺术多种观念的启发，基斯勒延伸路斯"保护壳"的概念，并把新艺术的曲线形态融入建筑正交的墙体中，构想一种具有张力的、连续的全新建筑形式，提出一种新的结构原理——形如蛋壳的张力壳结构，将墙壁、顶棚和地板统一成连续的整体环境。虽然当时的社会缺乏实现这一设想所需的工程技术，基斯勒从石头到铁的历史性转变中意识到，钢和混凝土的设计正朝着这种新的建筑形式发展，他预言"建筑实践中即将到来张力主义"。对于未来材料革新和技术进步的坚定信念，激发基斯勒一生对非线性建筑的持续探索。

2.2 史前时期的幻想

第二次世界大战时期，受到纳粹"文化清洗运动"和"反犹运动"的影响，德国以及当时属于纳粹势力范围内的奥地利等地的学者遭受驱逐，被迫流亡异国他乡。基斯勒于1926年离开维也纳，搬迁至巴黎，与来自柏林的超现实主义者特里斯唐·查拉、汉斯·阿尔普建立密切的关系。超现实主义者主张抛弃固有艺术与生活的束缚，以弗洛伊德的精神分析为理论依据，提倡依靠梦境和"自发状态"进行创作，通过解放人的潜意识、梦幻和想象力来获得精神自由。

基斯勒在超现实主义思想的影响下，试图融合"自发状态"下的幻想与现实，在不同的思想、文化、政治背景下追寻早期人类的共同记忆，于支离破碎的社会中建立原始主义的共同情感。通过对巢穴、洞穴、棚屋、金字塔和摩天大楼等建筑的研究，基斯勒意识到在人工环境中人类与自然出现分离，并且由于时间与空间的差异变得"个体化"。而史前人类在自然环境中寻找庇护所，其共同的起源约束着本能、直觉和思想的统一性。早在罗马时代，建筑师维特鲁威在追溯建筑的起源时就将自然和人体作为建筑参照物。文艺复兴时期，帕拉蒂奥在《建筑四书》中也明确表述建筑是对自然的模仿。因此基斯勒认为洞穴、巢穴和石头是建筑师应该模仿的基本元素，洞穴是第一个天然庇护所，代表人类最深处记忆中的重要支点。

2.3 重回母体的神话

战争不仅造成民族和社会的割裂，也对人们的精神世界带来灾难性的破坏，在大量伤亡的阴翳下社会中充斥着失去亲人的悲痛和对死亡的恐惧。在早期各个部落中普遍存在相信人死后灵魂不灭，附入某种动物体内继续生存，这种动物作为祖先受到崇敬进而产生图腾制度，而图腾作为不朽的集体祖先灵魂的化身是通过生殖保存下来的。弗洛伊德将女性与灵魂联系在一起，女性在保持自己灵魂的同时通过孕育孩子来延续"不朽的灵魂"，因此女性被理解为"灵魂的承载者"。奥托·兰克在《出生创伤》中提到，子宫是一个温暖且具有保护和养育功能的环境，在该环境中胎儿与母亲一起成长，而当离开母体后的婴儿被寒冷严酷的外部环境粗暴唤醒时，他渴望回到最初的庇护所。弗洛伊德对狼人的研究也表明狼人的最终目标是从母亲身上重生为婴儿，以摆脱现实中所有创伤性的生活经历。

基斯勒在他的研究中融入了更广泛的精神分析研究和对弗洛伊德理论的解读，自婴儿时期对母爱的缺失使人联想到他希望通过建筑来重建与母亲之间遥远的爱，并在他的建筑创作中发展出一种治疗意图，一改昔日以形式美、材料美等评价建筑的方式，以建筑维护并提升人精神和肉体上的状态的能力为评价标准。在他后期的建筑作品中通过模拟子宫的环境特征，试图重建与母体灵魂空间的联系以修复现实中的创伤和实现被压抑的潜意识幻想。

3 建筑作品特质解读

3.1 包裹与围绕

空间剧场于1923年设计，这个足以容纳十万人的大型空间被包裹在蛋壳状的外壳中，打破传统建筑以正交几何形态为基础的设计手法，以一种由直觉引发的对自然的体验，追求精神的放松和自由，在建筑、人、环境之间建立起联系。剧场内部空间层次丰富，有许多开放的观演平台和螺旋状的坡道，依靠钢索悬浮在玻璃与钢的双层壳体之中，壳体中部三部电梯是开放的垂直移动平台，剧场内部演员和观众在剧场内互相影响，经由螺旋坡道形成"无尽"的循环互动（图1）。基斯勒用动态的空间回应人流的运动，在他看来"我们需要有机的建筑"，平滑宁静的外壳包裹内在无限循环的活力，是对"外壳—生命"关于包裹和围绕概念的诠释。

而他晚年完成的无尽宅是对"母体空间"概念更深入、完整的表达。形似原始洞穴的建筑内部空间柔和、连续，基斯勒认为"无尽宅不再是一个由平直、弯曲或者曲折墙面构成的单一体块，而是更加感性的，相对于锐角的雄性建筑来说它更像女性的身体……"基斯勒在无尽宅室内设计许多交织缠绕的路径形似迷宫：底层三个基座各有一个入口，主要入口位于中间基座，包括通往二层的大楼梯以及两间辅助用房，中央大楼梯的尽端是起居空间，起居室连通主人房，并通过餐厅和厨房相连接，与儿童房一起形成空间环路。循环往复的流线探讨了空间中的连续性和无止尽，象征在混沌世界中无意识作用下人的无组织行为和自由的精神状态（图2）。

图1 空间剧场模型（来源：网络）

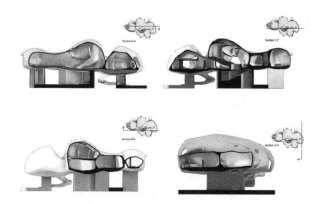

图2 无尽宅模型（来源：网络）

3.2 褶皱与压迫

1950年，基斯勒在纽约库兹画廊展出初版的无尽宅模型形似细胞，表面局部有凹陷和蚀刻的痕迹，从总体上看仍比较光滑。在之后的方案改进中，基斯勒致力于体现建筑随人体运动而发生扩张与收缩变化的"弹性"，但光滑的表皮不能将该特质充分体现。而具有弹性的限制性空间形态广泛存在生物体内，孕育生命的子宫无疑是容纳变形并随无意识的运动改变形态的空间的典型象征，对扩张和收缩的耐受力隐藏在凸起和低凹的不断延伸中。褶皱象征一种能够自我生发的有机生命组织在不断地成长，意味着无止尽的运动和变化，所以褶皱强调变形和差异、连续和通融。1961年的无尽宅终版与初版相比发生的剧烈变化：由四个形态各异的卵形"细胞"生长形成复杂机体，其表面布满褶皱和粗糙的颗粒，通过丰富的空间收缩与扩张模拟子宫环境的动态变化，内而外相互关联的连续流动使他的建筑具有生物学的特征——褶皱随着胎儿身体运动产生的收缩与扩张，回应人身体和精神的运动。

在母体内发育完成后，胎儿通过产道离开昏暗的子宫进入外部世界，封闭路径所带来的空间体验是令人窒息的压迫感。原始社会，大地被认为是生命的子宫，地下或者洞穴之中幽长黑暗的空间则被认为是实现死而复生的"产道"。例如位于马耳他的几座神庙平面都像母亲丰满的身体，入口和通道模仿产道，经过一段冗长的"产道"之后到达圆形平面、黑暗的子宫样的内室。书的圣殿是基斯勒唯一建成作品，沿着一条缓缓上升的长廊通向宽阔的广场，地下展厅的入口位于一面厚墙之后，随之进入长长的洞穴隧道，黑暗的氛围和压抑的空间将人从现实带到虚幻，穿越隧道的过程产生一种似曾相识的母体感官体验，极具梦幻色彩。沿着隧道最终进入圆形平面的主体展厅，空间氛围在此发生戏剧性的转变：光从顶部空洞中投射在圣坛上，隧洞带来的压迫感和恐惧得以消散，经过精神洗礼的人仿佛进入另一个神圣肃穆的世界（图3）。基斯勒运用狭长通道与圆形空间的组合形式表达在母亲子宫外"重生"这一复杂的精神体验，象征以色列人民在经历沉重的苦难之后重获新生，充分满足该建筑的展示功能和宗教精神的双重需求，完美回应建筑主题。

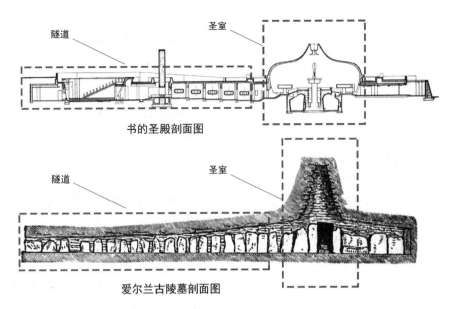

隧道　　　　　　　　圣室

书的圣殿剖面图

隧道　　　　　　　　圣室

爱尔兰古陵墓剖面图

图3　爱尔兰古陵墓与书的圣殿剖面对比图（来源：根据资料自绘）

3.3 温暖与记忆

基斯勒关注人的健康和生存环境，认为建筑是维护和提升人的精神状态和肉体状态的工具。他强调人是空间的主体，主体与环境之间的空间关联度是通过感官知觉构建起来的，因此将感官经验融入设计中有利于回归建筑本质的内涵，人的感官体验贯穿了基斯勒的建筑设计过程，并以此激发人与建筑的对话。

在空间宅的设计中，基斯勒认识到材料具有"心理功能"，他设想利用建筑空间诱发居者的知觉体验，以此影响人的精神超脱现实世界的束缚。他采用各种柔性材料将居者包裹在触觉的保护层中，所触及之处如母体般柔软、温暖，以此触动人潜意识中对于最初的庇护所的幻想和情感。而视觉器官作为人接受外部环境讯息的最直接的器官，非线性建筑的流动性和柔和性是基斯勒的设计作品中显著的特征，也是导向回归自然与母体的精神象征。影响视觉的另一个因素是光线，无尽宅曲线型的表面能够柔和地承载、扩散与控制自然光线。基斯勒特别设计"彩色计时器装置"，让光线穿过一个三棱镜晶体，一天之中光线随着日照角度改变射入角度，经由凹面镜反射进入室内的光线呈现不同色彩，居者通过周围光色感知时间。基斯勒利用光将时间与空间交织，引起居者对时空的无限想象，从而使建筑在提供物质环境的同时，也为人们提供了唤醒原始记忆的引导。

4 结语

自20世纪末以来，建筑风格呈现多样化的趋势，并且在技术与经济发展的推动下，各种流动的、不规则曲面的建筑作品在世界各地纷纷涌现出来，构成标新立异的景观。但非线性建筑的"柔软性"和以此产生的视觉冲击感不应被当作过度商业化的表演，并以此作为噱头。通过对基斯勒建筑作品中对"洞穴"原型的探索及子宫环境要素抽象化表达的解读，重现其以人为中心的母体关怀理念和对人类原始的精神需求的回应，为当代非线性建筑的设计提供参照——我们需要思考如何把内在的心理需求重新作为建筑设计的起点，构建具有治愈能力的精神庇护所。

参考文献

[1] 杨桂梅，杨搏. 二战时期德国流亡学者向美国大学的转移及其学术贡献[J]. 河北大学学报(哲学社会科学版)，2017，42(02): 31-36.

[2] 朱学晨. 当代建筑中的自然原型[J]. 华中建筑，2008，26(12): 1-6.

[3] 胡晓靖. 从图腾崇拜到英雄崇拜——论图腾崇拜的起源、发展与衰落[J]. 天中学刊，2002(04): 79-81.

[4] 庄鹏涛，周路平. 建筑中的"褶皱"观念——德勒兹与褶

皱建筑[J]. 湖南理工学院学报(自然科学版)，2014，27(02)：81-85.

[5] 王晖. 弗雷德里克·基斯勒——对一个前数字时代超现实主义建筑师的回顾[J]. 建筑师，2007(05)：42-51.

[6] Stephen J. Philips. Elastic Architecture：Frederick Kiesler and design research in the first stage of robotic culture[M]. London and New York：The MIT press，2017.

[7] Stephen J. Philips. Introjection and Projection—Frederick Kiesler and his dream machine[M]. London and New York：Routledge，2005.

由普利兹克建筑奖评语词汇看建筑评论的时代特征

闫文韬　刘渝

作者单位
1. 西安建筑科技大学　2. 珠海科技学院　3. 深圳市一境建筑设计有限公司

摘要： 本文通过普利兹克建筑奖历年评语中词汇的出现年代、频次、意义、内涵进行归纳和描述，并以此来分析建筑评论的时代特征，说明建筑观念会随社会时代演变呈现出一定的时代变化。

Abstract: This article summarizes and describes the appearance, frequency, meaning, and connotation of the vocabulary in the Pritzker Architecture Prize reviews over the years, and analyzes the characteristics of the times of architectural reviews, and shows that architectural concepts will show certain changes in the times with the evolution of social times.

关键词： 普利兹克奖；词汇；建筑评论；时代特征

Keywords: Pritzker Architecture Prize；Vocabulary，Architectura Rreview；Characteristics of the Times

1　语言、词汇与建筑

罗兰·巴特（Roland Barthes）在《流行体系》中以时装为例子说明了语言在分析时装时的作用，并以此建立了语言与物的分析体系。借鉴罗兰·巴特的时装分析，可以考察建筑与语言相类似的问题：即由建筑物、图像和语言建立的建筑评论模式。[①]在这个模式中，建筑呈现出图像形式、语言形式和真实形式三种不同的形式。普利兹克建筑奖对建筑师的评语，以文本形式记录了建筑的时代特征，并凭借其不同时期语言中词汇和意义之间不断发生的变化，揭示了真实建筑的异性和不同时代的建筑观念。

2　普利兹克建筑奖的话语语境

一种建筑风格拥有独特的批判语汇，可以由一套独特的语汇识别出来。例如，"柱式""比例""对称"等词汇识别了古典主义的话语语境。"空间""形式""结构""设计"等词汇的使用，则表明了现代主义的话语语境。[②]现代主义的出现，摒除了先前的所有语汇，即使在现代主义与声称脱离

了现代主义的交锋最激烈的20世纪70～80年代，交锋双方的语汇依旧是现代主义的语汇。普利兹克建筑奖创立的1979年就处在这样的现代主义的话语语境中。

2.1　词汇的聚类

词汇聚类的意义在于寻找某一时期内建筑最被人关注的方面，以及词汇意义随时间产生的变化。维特鲁威概括的建筑三要素反映了当时建筑设计最核心的关注。后世再提及维特鲁威或者他所处的时代，建筑三要素都是最清晰的词汇。作为词汇的词语应该能准确的表达建筑的含义，产生强烈的时代共鸣。在对历届评审词进行词汇的分析和提取后，将其聚类为人与社会、文化与传统、自然与生态、建筑要素、精神与象征、创新与个性、结构与技术七个方面。

在词汇聚类时，首先要考虑评语的语言特征，识别为避免用语重复而产生的同义词汇。更重要的是，谨慎的区别同类型词汇中相近词义的词汇。普利兹克建筑奖评语中使用词义相近的用语是对不同建筑师在处理某一相似问题时所用策略做出的一种恰如其分的判断。充分考虑词语意义的差别，有助于厘清建筑师

① （法）罗兰·巴特.流行体系：符号学与服饰密码[M].敖军译.上海：上海人民出版社，2000：3-7.
② （英）阿德里安·福蒂.词语与建筑物：现代建筑的语汇[M].李华，武昕，诸葛静等译.北京：中国建筑工业出版社，2018：9-18.

们在面对某一类型的建筑问题时采用的解决方法和设计理念发生的变化。例如，理查德·迈耶（Richard Meier）在1967年实施Manhattan's Greenwich Village一个改造项目时创造的词语"adaptive re-use"。用迈耶自己的话讲，他们开创了一个新的领域，创造了一个当时语言中没有的词汇。[①]适应性重新利用暗含着改造和更新项目中对待旧建筑的设计策略，反映了建筑师在平衡新旧建筑关系的巧妙构思。因此，辨析普利兹克建筑奖评语中，诸如"renovation""juxtaposition"等类似的词语的含义是十分必要的。

2.2　甘特图、桑基图与词汇的时间度量

普利兹克建筑奖的词汇意义不断的发展与变化，如果想进一步看清楚这种变化，可以利用甘特图和桑基图两种可视化图形提供的时间度量来显示其词汇意义。

甘特图主要呈现了不同建筑词汇在普利兹克奖评语中最早出现和最后出现的时间跨度，以及各建筑词汇集中出现的年代。用图形的颜色和长短表示词汇时间跨度的长短。图形的颜色越冷，长度越短表示词汇被关注的时间跨度越短，图形的颜色越暖，长度越长表示词汇被关注的时间跨度越长。通过对比词汇首次出现的年代，我们就可以清楚地看到每个年代对建筑关注的方面和对建筑关注点的变化。桑基图则是呈现某类建筑词汇（比如mankind|society）随时间不断细化的过程，用一种数据流的方式来展现不同时代的建筑师对某个建筑概念理解的不同角度（图1、图2）。

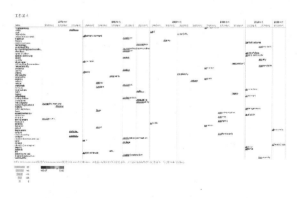

图1　甘特图与普利兹克建筑奖词汇（来源：作者自绘）

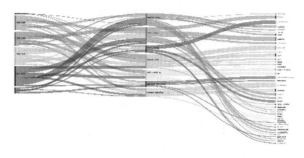

图2　桑基图与普利兹克建筑奖词汇（来源：作者自绘）

3　普利兹克建筑奖评语词汇的时代特征

杰伊·普利兹克夫妇设立普利兹克奖时说："如果说芝加哥的建筑让我们懂得了建筑艺术，那么从事酒店设计和建设则让我们认识到建筑对人类行为的影响力。因此，在1978年我们想到要表彰一些当代的建筑师。我的父母相信，设立一个有意义的奖项，不仅能够鼓励和刺激公众对建筑的关注，同时能够在建筑界激发更大的创造力。"[①]可以说普利兹克奖有着鲜明的时代背景，通过奖项的设立来传达时代对建筑师和其建筑作品的认可，这也让普利兹克奖在对建筑师和其作品的评价中表现出清晰的时代特征。

3.1　普利兹克建筑奖评语词汇的时代特征

结合笔者绘制的甘特图，可以发现普利兹克建筑奖评语词汇有三次比较明显的时代变化。在20世纪80年代以前，普利兹克建筑奖评论建筑的角度主要围绕建筑的空间、形式、细部、材料、技术等几个方面展开。这一时期，建筑的现代主义与后现代主义交锋，引发了建筑界对历史与文化的讨论，建筑如何反映、联系、再现历史与文化成为时代最关切的议题。普利兹克建筑奖获奖者如，菲利普·约翰逊（Philip Johnson，1979年获奖）、詹姆斯·斯特林（James Stirling，1981年获奖）、汉斯·霍莱因（Hans Hollein，1985年获奖）都是这个时期典型的代表人物。詹姆斯·斯特林的获奖评语说，"他是一位领导现代运动转变的领袖，他意识到建筑的历史根基，更将其融入建筑设计，使其成为一种新的传统"。戈特弗里德·波姆（Gottfried Böhm，1986年获奖）的获奖评语说，"从他设计不同种类的建筑

---

① 引自普利兹克奖官方网站，参见：https://www.pritzkerprize.com/cn.

中，其建筑元素是历史的见证，他十分乐于将祖先的遗产与现代需求融合起来。"①

从20世纪90年代到21世纪的第一个十年，普利兹克建筑奖将建筑的关切转移到设计师的设计才能和对自然生态的关注上。20世纪的90年代全球步入了科技、信息蓬勃发展的时代，建筑也愈发呈现出多样的形式。建筑师的个性与创造力被更多的人所关注，这体现在建筑师对材料、技术、结构等新知识的获得和新的使用方式等方面。最具有代表性的获奖建筑师如，伦佐·皮亚诺（Renzo Piano，1998年获奖）、扎哈·哈迪德（Zaha Hadid，2004年获奖）、让·努维尔（Jean Nouvel，2008年获奖）等。扎哈·哈迪德的获奖评语说，"她总是努力让自己的非常原创的作品得以建成，她把每次的竞赛都看作是一次实验，不断的磨炼自己的特殊才能，创造出独一无二的建筑风格。"①

2000年汉诺威世博会以"人文Humanity·自然Nature·技术Technology"作为主题，提出了与自然和谐、共存的设计原则，要求设计师勇于承担设计责任，并同时思考可能对人类健康、自然生态系统以及人与自然共存产生的不良后果。格伦·马库特（Glenn·Murcutt，2002年获奖）的评语说就清楚的传递了这一时期建筑对自然的回映："作为一名现代主义者，一名自然主义者，一名环境主义者，在实践中，他用建筑回应景观和气候。在选择材料时，会意识到生产这些材料所需要的能量以及它将如何对环境做出反应。"①

21世纪10年代到现在，普利兹克建筑奖将建筑的关切更多的聚焦在建筑所代表的社会责任上，通过建筑的建造作为回应社会问题的方式。2016年获奖的亚历杭德罗·阿拉维纳（Alejandro Aravena）用他的"半个好房子"巧妙的回答了建筑的现实关切。

3.2 普利兹克建筑奖评语词汇的意义演变与地域观念

从普利兹克建筑奖的评语，我们可以清楚的看到建筑关切和评论标准的时代变化，这是建筑语言词汇意义在现代建筑语境下的演变。纵观普利兹克建筑奖创立的时代背景，地域观念贯穿了历届普利兹克建筑奖的评语。地域观念首先由刘易斯·芒福德为代表的"湾区学派"对特定风格进行探讨。1981年，佐尼斯与勒费夫尔首次提出和讨论了"批判的地域主义"（Critical Regionalism）这一概念，并由肯尼斯·弗兰普敦指明了批判的地域主义采用的"抵抗"策略。与他们同时代的建筑理论家如艾伦·科洪（Alan Colquhoun）、威廉·柯蒂斯（William Cuitis）等建筑理论家虽然有不同的观点，但是在对地域的研究中，不断的思考在全球化背景下，地域观念的内涵与意义，并如何通过地域观念传达一种文化认同方式和面对固有文化和普世文化时的态度和责任。②

格伦·马库特（Glenn·Murcutt，2002年获奖）获奖评语中的一句话颇具代表性，"虽然他的作品有时被描述为密斯·凡·德·罗和澳大利亚本土羊毛棚的综合体，但他的许多满意的客户和排队等候他服务的更多客户，足以证明他的房子是独特的、令人满意的解决方案……他的建筑是地方的，建筑回应景观和气候。"③密斯·凡·德·罗的建筑形象鲜明的足以成为现代建筑普世价值的代名词，格伦·马库特以独特方式将普世价值和地域文化融合的做法，正是他能获奖的原因之一。

4 普利兹克建筑奖评语之外的时代观念

菲利普·约翰逊（Philip Johnson）获得第一届普利兹克奖时已经73岁，这或许在不经意之间给获奖年龄定下了一个基调。一个建筑师的成熟需要时间的洗礼，只有经过时间的淬炼，设计才能打磨成熟。在获奖的50位建筑师中50岁和60岁年龄段的建筑师群体人数最多，这也许能表明一位建筑师作品获得认可所需要的时间。年纪最小的获奖建筑师是西泽立卫（Ryue Nishizawa，44岁），年纪最长的建筑师是巴克里希纳·多西（Balkrishna Dosh，91岁）。

4.1 建筑师的素质与时代观念

年龄的长幼并不是决定性的，我们谈论年龄，更应该像谈八卦一样，是我们茶余饭后的谈资。一名

① 引自普利兹克奖官方网站，参见：https://www.pritzkerprize.com/cn.
② 李垣，李振宇.20世纪当代建筑地域主义理论的重建与争论[J].建筑师，2018(05)：66-74.
③ 引自普利兹克奖官方网站，参见：https://www.pritzkerprize.com/cn.

建筑师获奖的年龄会受到偶然因素的影响，普利兹克奖设立的初衷更多的是为了表彰设计师杰出的才能和建筑的创造力。多西作为一名年长的获奖者，他的成就大家有目共睹，但将时间拨回奖项设立之初，双方理念的差异会是决定性的。多西在2018年获奖，在他获奖的时候，普利兹克奖的评判价值开始发生了转向，建筑社会价值的评价成为一条不能忽视的因素。

普利兹克奖近年来被大家讨论最多的是获奖建筑师的个人实力是否具备获奖的资格。如果我们意识到建筑内涵的不断丰富，以及理解建筑的角度更加的多元，或许可以解释近年来普利兹克奖评选出现的一些"意外"。对于这个问题，我们可以结合建筑词汇的变化和普利兹克奖评审委员的变化来看普利兹克奖评选的转向，评审委员的个人建筑观点往往会对评选的结果起到重要的影响。

格伦·马库特（Glenn·Murcutt）在2011~2018年间担任评委。格伦·马库特不仅是一名建筑师，他还是一名自然主义者、环保主义者、人文主义者、经济学家和生态学家（普利兹克奖评语中对他的评价），这种多样的文化身份，决定了马库特在思考建筑问题时的角度更加多元，在评价建筑时的态度也会从特殊的建筑评价，转向更具包容的建筑—社会评价。

亚历杭德罗·阿拉维纳（Alejandro Aravena）在2016年获得普利兹克奖，当年的评委有格伦·马库特、斯蒂芬·布雷耶、张永和、克里斯汀·费雷思、理查德·罗杰斯、本妮德塔·塔利亚布和拉丹·塔塔。如果你足够了解这些评委，那么对阿拉维纳的获奖就不会太过意外，因为阿拉维纳被我们所熟知也是因为他强烈的社会责任感，何况在他获奖前的几年也一直担任普利兹克奖的评委。

在阿拉维纳获奖后，扎哈合伙人Patrik Schumacher发表过这样一段评论："普利兹克奖"现在已经变异成了人道主义工作奖。建筑师的角色现在是"服务于更大的社会和人道主义需求"，而新的获奖者津津乐道于"解决全球住房危机"和关心弱势群体。建筑失去了它的特殊社会任务和责任，建筑学的创新被高尚的情操示范所取代，卓越的学科标准瓦解于模糊的、自我感觉良好的追求"社会公

正"。我尊重亚历杭德罗·阿拉维纳一直以来所作的努力和贡献，他做的"一半的好房子"明智地回应了社会问题。然而，这并不是前线，建筑和城市设计应该致力于推进全球高密度的城市文明前往下一个阶段。如果人道主义关切这安慰剂是在现代建筑一个更广泛的趋势，我半点都不会反对今年的普奖选择亚历杭德罗·阿拉维纳。但是，我认为这释放了一个非常危险的信号："建筑学已经失去了检视自己为世界所作的贡献的自信活力和勇气。"

4.2　建筑师的性别与时代观念

年龄是一个并不怎么会引起争议的词汇，但是性别、种族和肤色就十分敏感。这些词汇已经有建筑理论家和建筑史学家从历史、语言、社会结构等多个方面对普利兹克奖评语进行过讨论，并指出其暗含。我们也看到了在这种批评下普利兹克奖发生的变化，2004年扎哈·哈迪德（Zaha Hadid）的获奖被看作是平权争斗的一个变革。如果说扎哈的获奖确实受到了这种讨论影响的话，那么我们应该意识到普利兹克奖受到了两种评价话语的影响，那么真正影响建筑师获奖的评判标准是什么？真正引起我兴趣的是建筑语言的性别化差异。今天，当我们以性别作为词汇谈论建筑或建筑师时，是受到了长久以来就存在于建筑评论语汇中性别式话语的影响，还是受到了社会式性别运动的影响？

英国建筑史学家阿德里安·福蒂在《词语与建筑物》一书中谈论了存在于建筑语言里的"男性化"和"女性化"。西方古典柱式的发明被视作是建筑性别化的起源，此后柱式的性别化成为了建筑评论使用的惯例。在这之后，建筑性别化经历了从性别差异到性取向的转变。"男性化"比"女性化"更加高级的看法，使"女性化"成为了对立面，带来性别二元对立的同时，也带来了性别优劣的隐喻。[①]

到了现代运动中，性别不再是谈论的词语，福蒂给出的解释是现代主义对语言设定的限制，他认为性别被形式和机器美学所代替。以海因里希·沃尔夫林为代表的形式理论含有男性化的隐喻，男性身体感在建筑形式上的移情投射，与现代建筑物所拥有的物理形式，在呈现力量感方面具有相同的形式意义。尼

---

① （英）阿德里安·福蒂.词语与建筑物：现代建筑的语汇[M].李华，武昕，诸葛静等译.北京：中国建筑工业出版社，2018：41-48.

尔·德纳里与加利福尼亚学派构建的机器美学呈现出一种柔软的、智能的、敏感的和无限可塑的状态，这是一种女性化的隐喻。建筑呈现出以坚硬的，具有金属感的外表和柔软内部的特征。

扎哈·哈迪德的建筑带有明显的女性化特征。她在阿塞拜疆的阿利耶夫文化中心就是一个例子。建筑的混凝土结构和空间网架完全消失在流动的、柔软的形式之下。整个建筑空间呈现出女性化的柔软与温柔（图3）。

图3 阿利耶夫文化中心（扎哈·哈迪德）
（来源：Archdaily 官网）

奥斯卡·尼迈耶的巴西利亚教堂同样呈现出女性化的特征。建筑外观中被高度塑性的混凝土柱，以一种隐喻式的形态表达了建筑的性质，柱子间精巧安置的玻璃给建筑室内带来了与传统哥特式教堂不同的空间感受，如果你意识到长久存在的对哥特风格男性化的讨论，便不难理解巴西利亚教堂的建筑特征与传统教堂之间的差别（图4）。

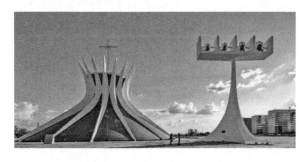

图4 巴西利亚教堂（奥斯卡·尼迈耶）
（来源：Archdaily 官网）

现代建筑中性别化差异依旧存在，但不是以建筑师的性别来进行区分，而是通过建筑的形式语言、空间感受、材料技艺来加以呈现。性别不再是一种对立性的或压倒性的，而以一种二元成对的方式促使我们去思考建筑的多元，普利兹克奖正是看到了扎哈·哈迪德这种独特的建筑气质，才将奖项授予她。

5 小结

普利兹克建筑奖作为建筑评论的一种媒介，其意义在于引导建筑师、公众、社会对于建筑时代问题的关注。每一位被提名或者获奖的建筑师都具有无与伦比的建筑才能，对于他们的褒奖是我审视建筑发展的一个阶段性的结果，在这过程中，普利兹克奖评语中的很多词汇从首次出现到再一次的出现，经过了相当长的时间跨度，这并不意味着建筑的某一个词汇已经死亡或者消失，这恰恰说明了我们评判建筑的态度会不断随社会与时代的发展而变化。其实我们完全有理由期待，在接下来的十年里，普利兹克奖带给我们的惊喜。

参考文献

[1] 普利兹克奖官方网站，参见：https://www.pritzkerprize.com/cn.

[2]（法）罗兰·巴特. 流行体系：符号学与服饰密码[M]. 敖军译. 上海：上海人民出版社，2000.

[3]（英）阿德里安·福蒂. 词语与建筑物：现代建筑的语汇[M]. 北京：中国建筑工业出版社，2018.

[4]（美）肯尼斯·弗兰普敦. 现代建筑：一部批判的历史[M]. 上海：生活·读书·新知三联书店，2004.

[5] 李垣，李振宇. 20世纪当代建筑地域主义理论的重建与争论[J]. 建筑师，2018(05)：66-74.

知觉现象学视角下有关建筑仪式感遗存的探讨
——以安藤忠雄作品为例

李娜

作者单位
重庆大学建筑城规学院

摘要： 从知觉现象学出发，意在回归身体感知与自然的属性。基于知觉现象学理论，从图像片段、叙事线索及象征内涵三个层面探讨建筑仪式感的存在方式。在此逻辑基础上，深度剖析安藤忠雄作品中存在的建筑仪式感，并从空间图像几何、空间叙事情节与自然观的表达等角度加以论述。最后，透过安藤忠雄作品讨论当下建筑仪式感该如何"留"下来，针对现象提出应对的措施，旨在寻回缺失的建筑仪式感。

关键词： 知觉现象学；建筑仪式感；安藤忠雄；空间感知

Abstract: Starting from the phenomenology of perception, it aims to return to the attributes of body perception and nature. Based on the theory of perceptual phenomenology, this paper discusses the existence of architectural ritual sense from three aspects: image fragments, narrative clues and symbolic connotation. Based on this logic, this paper deeply analyzes the sense of architectural ceremony in Tadao Ando's works, and discusses it from the perspectives of spatial image geometry, spatial narrative plot and the expression of natural view. Finally, through Tadao Ando's works, this paper discusses how to "stay" the current sense of architectural ritual, and puts forward countermeasures against the phenomenon, in order to find the missing sense of architectural ritual.

Keywords: Phenomenology of Perception; Sense of Architectural Ceremony; Tadao Ando; Spatial Perception

1 引言

城市化背景下，建筑增量与存量之间的博弈是当下建筑思考的重要命题。浮躁的社会语境，无故的心理负担，当生活、生产走向一种程序化的模式，人们心中的仪式感由于各类事物消磨而以悄然泯灭的方式退出内心的舞台。生活中所能见到的仅存的小小仪式或许不过是完成巨大系统正常维系的程序性任务。建筑作为人类生产生活的一环，其仪式感也伴随着机械运作而逐渐退化，这种仪式感的丧失很大程度体现在对自然的疏离以及感知的弱化。

2 从知觉现象学看建筑仪式感

"知觉"一词最早由胡塞尔提出，梅洛·庞蒂在胡塞尔基础上将知觉现象学发展成为成熟的理论。而纵观梅洛·庞蒂的研究生涯，可以发现其思想由最初的"身体"与"知觉"的内在关联到强调自然为起点的身心互动的整体回归，再到将两者深化的"介入"——"进入到物体中去感受我们自己"与"交织"——"与世界的交叉"的转变[1]。广义来说，建筑仪式感可理解为仪式感作为建筑空间的精神想象使得在有限的客观世界存在范围内产生了无限的思想延续，包含身体体验与精神情感两方面。对于人而言，建筑以载体的方式承载映射了人的行为习惯、生活方式，甚至精神信仰，进而与仪式感形成双向互动的构建关系。

知觉现象学强调"身体"的主体地位，而建筑仪式感关注意识层面的情感价值，看似相悖的两个体系，事实存在微妙的关联。当建筑回归身体的本质需求，其产生的情感依托往往是牢固且持久的，而仪式感正是建筑与人相连接的情感之一。人作为空间的主体，主体意识不仅以身体置入的方式处于其中，更以精神介入的方式参与其间。由此可见，知觉现象学是建立建筑仪式感的重要途径，换言之，经由"身体"输出的仪式感更具本质性特点，且产生的仪式感也会巩固"身体"的地位。建筑师对于建筑仪式感的表达，由身体知觉、自然归属、精神皈依出发，在对建筑仪式感的挖掘与探索中，发现其表达的方式可大致归为图像法、叙事法以及象征法三类，并且可通过三种存在方式理解建筑仪式感的核心内涵，即知觉现象学所反映的知觉体验与自然归属（图1）。

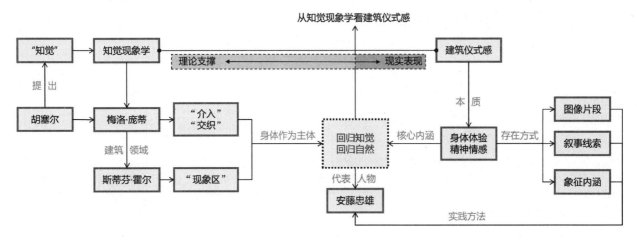

图1 知觉现象学与建筑仪式感的关系（来源：作者自绘）

3 建筑仪式感的存在方式

3.1 图像片段

"介入"与"交织"是梅洛·庞蒂思想的关键词，对于建筑仪式感与人的"图像"关联，可从这两个角度加以分析。梅洛·庞蒂所说的"介入"意指通过逐渐展开的身体去真实体验物体的结果[1]。在这个过程中，身体因空间透视的变化、开放或封闭的空间属性、高差的转变等而形成强烈的图像记忆，且往往呈现空间几何的特征变化。"交织"于梅洛·庞蒂而言是身体在体验物体的行为活动中"与世界的交叉"[1]。获得身体"交织"的建筑更具仪式感，因为它强化了人的身体知觉体验并在交叉互融的思考过程中感受人与建筑、与自然、与世界的关系。

3.2 叙事线索

仪式感叙事常以时间作为载体，基于持续不断的物理性流逝是时间性的体现之一。另外，时间的叙说还包含了无止境的探索与体验的意犹未尽。这种基于时间的仪式感叙事可通过材料、光线、自然等得以实现。人的知觉体验在时间中展开，同时在空间中也形成因时间变化而流动的空间组织形式与体系。如同小说结构，建筑空间也存在起承转合的情节故事，可以经路径的引导产生来自身体的知觉体验。在建筑设计过程中，建筑师常常采用空间叙事的手法来展现建筑的仪式感，换言之，物理空间的叙事性营造了精神层面的仪式感[2]。这种手法归根结底指向建筑与人的互动关系。

3.3 象征内涵

象征性具有借助某一具体事物或空间表达与之对应的抽象意义的特性。[3]建筑仪式感的象征内涵可以从两个角度加以分析。其一可通过可感知的且具有象征内涵的建筑空间元素来表达，这一角度是将仪式感具有的内涵寄托在实体物质上，即抽象与具象的叠加。另外结合知觉现象学，建筑仪式感可象征通过图像与叙事的方法得以实现的身体感知的回归，也可象征宏大的自然观、时空观等，这一角度则是将仪式感具有的象征内涵寄托在意识层面的主旨观念上，亦即抽象与抽象的叠加。简而言之，以象征方式存在的建筑仪式感可借助实体物质和意识情感来表达其象征内涵（图2）。

4 安藤忠雄与建筑仪式感

4.1 安藤忠雄："仪式感"本身

安藤忠雄是一位天赋型的建筑师，粗野的身份背景使得我们在他身上看不到任何流派与风格。他的建筑总是扎根于土地与生活，运用最基本的几何形式，将自然与光影引入建筑空间创作中，在其特有的设计

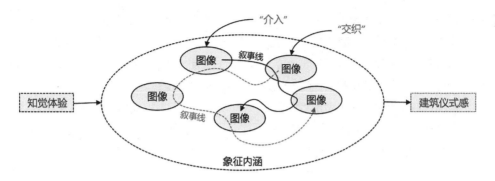

图2 建筑仪式感的存在方式（来源：作者自绘）

理念以及对材料、工艺的执着追求下把现代主义和日本传统美学很好地融合在一起。在时代潮流面前，他始终保持着对社会的批判，以其看似缺乏细部与装饰设计的建筑来表达对身体感官、空间体验的倔强与固执。而这一切正是他对建筑仪式感的纯粹表达。

4.2 空间图像几何

如前文所述，建筑仪式感的图像方式常以几何形式通过"介入"与"交织"产生和身体的互动、情感的连接，光之教堂则是这一方式的典型案例。光之教堂由一个矩形体量和与之呈15°角的墙体组成，两者形成单纯的几何形体关系。这道墙体将建筑巧妙地划分为礼拜堂与入口空间，人们经由素面清水混凝土墙体外侧缓缓前进，身体行进的过程恰似仪式感产生的过程。而后身体由室外空间逐渐进入室内，视线也由敞亮逐渐变得封闭。到达入口空间后，墙体与墙体围合成的转折空间提示人们进入，至此，身体均以"介入"方式与建筑产生关联，情感也不断推进。而就在经过门廊转身的那一刻，就在昏暗中那道十字架的光呈现在眼前的那一刻，人的情感就此迸发，身体更与建筑产生"交织"。自然光的透射包含视知觉的触动，十字形的几何形状则像符号般刻进记忆中，人们在此获得沉思，与自然、与生活、与世界产生深层次的感受交流。

4.3 空间叙事

建筑师在进行建筑构思时，将形态、运动流线和感知方向等组合建构空间的故事。对于水御堂，人们首先通过一条满眼苍翠的白沙小径通向山丘顶部。而后映入眼帘的是铺满白色碎石的开阔地带，被一堵笔直的混凝土墙挡住去路之后又由一堵弯曲的墙体引

导人走向入口。入口空间将莲花池一分为二并向下延伸，人们拾级而下，在这个过程中身体得到包裹，心灵受到洗涤。而由莲花池的另一面向外望，尘世被墙体分隔，只留下纯净的天空。到达台阶底部，经由一条神秘昏暗同时狭窄的通道进入大殿，瞬间被大殿充斥的红色唤醒。普拉默曾评价水御堂说："水御堂中体验到的这种空间序列，并不仅仅意味着要达到一种内在的精神，而且也通过一种光色的逐渐引导变化，最终给参拜者以理想境界的感受。这种礼仪化的行程实际上是神秘而迷茫的，它构成了一种精神上的探险，而这对于灵魂的洗礼是必要的。"[4]尽管水御堂的空间组成并不复杂，但安藤正是通过他的设计使人们宛如经历一场旅程，并感受到身体的流动与心灵的仪式变化（图3）。

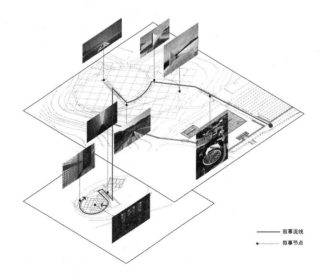

——— 叙事流线
•---- 叙事节点

图3 水御堂空间叙事（来源：作者自绘）

4.4 自然观

安藤忠雄曾说："我喜欢维特鲁威那种更为原

理，更为原始的东西，比如风从哪里来，水流向何处等，我觉得它们更有趣。"[5]纵观安藤忠雄的建筑生涯，除去教堂与博物馆，住宅设计占据了重要地位。住吉的长屋是他的处女作，尽管这个作品在问世时饱受争议与批评，但他执意认为住宅的本质是将生活变成自然的一部分，与自然的对话也是城市中的人类空间最需要的。如果说住吉的长屋是安藤对自然的初探，那么4米×4米住宅则是安藤对自然观的坚持与执着。

有趣的是，这个住宅的业主中田义成在一次杂志社的采访中曾表示，他在选择安藤作为住宅的设计师时就预感到安藤会答应，而这样的预感来自于住宅所处的海边地理位置会引起安藤的极大兴趣[6]。与住吉的长屋利用中庭作为与大自然对话的方式不同，在这个作品中安藤选择了静观。正朝大海的一面均开有窗户，当人从建筑临街一面进入到室内空间并逐级往上时，建筑宛如取景器，将阳光、大海以及隔海相望的岛屿等都纳入其中，而此时，自然像是从建筑中生长出来，人的视野与身体被自然包裹充斥，在这一方小

空间中感受到生活的仪式，看似均质的空间因为大海的介入也变得充盈。也许独立的空间单元会造成使用的不便，但正是这些"不便"造就了仪式感的生成，这其中不仅是居住者对于生活动态体验的仪式感，更是设计师对于建筑设计的仪式感表达。如中田所言"也许正是从这上上下下的过程中体会到了空间的乐趣"[6]。

4.5　以人为本

不管是教堂还是住宅，不管是空间图像几何、空间叙事还是自然观，这些方法理念在安藤的作品中都深有体现，而这几点都可以用"以人为本"的身体感知理念加以概况。安藤所关注的是给人以深层次的空间体验，通过这种交换，建筑开始揭示出人们生活与自然（如光）共生中的亲密感，揭示出安藤那种由连贯的清水混凝土构成的空间连续性。[4]在此过程中，安藤试以感知者的角度设计建筑，以求人在空间与场景中回归原始的身体感知，并以此构建心中的仪式感（表1）。

安藤忠雄与建筑仪式感　　　　　　　　　　　　　　　表1

人物	作品	与建筑仪式感的关系	具体特征	实景图
安藤忠雄——"仪式感"本身	光之教堂	空间图像几何	以几何形式通过"介入"与"交织"产生和身体的互动、情感的连接	
	水御堂	空间叙事	通过空间序列的叙事情节感受身体的流动与心灵的仪式变化	
	4m×4m住宅	自然观	将建筑作为取景器，使自然像是从建筑中生长出来，感知生活动态体验的仪式感	
以人为本				

（来源：作者自绘）

5　建筑仪式感的"留"

结合建筑仪式感的存在方式与安藤的作品分析，可采取以下措施来构建遗失的建筑仪式感。

5.1　增强场景体验感

建筑仪式感与建筑空间场景化相关，一个建筑的场景营造可以有效增强人在建筑环境中的真实体验。如中国山水园林的"移步异景"，利用假山、枯树、亭台等构成一个个充满诗情画意的场景，使人在行走过程中不觉枯燥，反增趣味。建筑亦如此，安藤运用几何形体的组织安排来打造富有视觉冲击力的建筑场景，营造出戏剧化的场所体验。这种冲击与戏剧来自于纯粹形体关系与深刻建筑语汇的反差，也来自于身体感知到的巨大变化。通过这样的场景描绘，建筑的仪式感也自然增强。

5.2　融入空间叙事线

建筑叙事学是将"叙事学"作为一种可选择的方法来分析、理解、创造建筑，重新审视建筑内在的要素属性、空间结构、语义秩序之间的关联性及其情感策略，在此过程中建筑学被转译为另一种语言体系，进而有效地建构建筑的社会文化意义。[7]在建筑仪式感的构建中，可以融入建筑叙事学原理，关注人最深层次的需求，进行故事性的空间设计。具体到抽象的空间，设计者则需要考虑空间如何通过体验被人所感知，以及在空间结构的叙事脉络中如何传递深层内涵。

5.3　强化建筑认同感

建筑仪式感或可称之为"建筑的倔强"，是其在形体之外赋予人类的意识创造，并在意识中注入身体体验与精神情感。无法想象一个建筑失去情感、失去体验、失去与参与者之间的心理链接后以何种方式延续生命。但建筑仪式感的缺失不可责于任何一位建筑设计者，社会的发展阶段与现存状态决定了建筑师对建筑仪式感的追求必须在最大化商业价值需求的基础上夹缝求生。而当事件发展到一定程度，"没有凶手"就成了"人人都是罪魁祸首"。因而尽管找寻建筑仪式感的这条路并不好走，也仍然需要建筑师增强内心的使命感，从而获得更多来自社会的认同感以延续建筑仪式感。

6　结语

梅洛·庞蒂的知觉现象学强调了身体对建筑空间物质性的整体感知，也强调了基于身体感知的精神空间想象[8]，而建筑仪式感塑造正是这两者的综合。对于建筑仪式感塑造的本质与方法，我们或可从安藤这里寻得答案——重新构建身体的感知体验以及生活与自然的密切关联。诚如安藤所言，"现在的我，或许还徜徉在建筑之旅中，从许许多多的偶然相遇之中，我感受到种种不同的刺激。在漫长的思考过程中，我深信将可以走得更深更远，迈向创造之旅的彼岸"[9]，建筑仪式感的重建之路亦如此。

参考文献

[1] 梁冰玉. 基于知觉现象学的当代建筑空间图像分析研究[D]. 北京：中央美术学院，2021.

[2] 朱子晔. 度假的仪式感与叙事性——安徽齐云山自由家树屋世界之"碟屋"设计手记[J]. 时代建筑，2019(05)：132-137.

[3] 苗保军. 仪式感建筑空间设计研究[D]. 北京：北京建筑大学，2018.

[4] 王建国. 光、空间与形式——析安藤忠雄建筑作品中光环境的创造[J]. 建筑学报，2000(02)：61-64.

[5] 成潜魏. 超越地平线——安藤忠雄[J]. 建筑师，2018(05)：115-129.

[6] 姚健. 小题大做——从安藤忠雄设计的4m×4m住宅说起[J]. 时代建筑，2006(03)：56-60.

[7] 陆邵明. 当代建筑叙事学的本体建构——叙事视野下的空间特征、方法及其对创新教育的启示[J]. 建筑学报，2010(04)：1-7.

[8] 同庆楠. 栖居与氛围——精神现象学与身体现象学差异分析[J]. 城市建筑，2021，18(22)：124-128.

[9] 马卫东，曹文君. 安藤忠雄·建筑访谈录[J]. 时代建筑，2002(03)：88-97.

专题 3　建筑设计与城市设计

后疫情时代养老院老年人心理健康需求和空间优化设计研究

单忱璐　于戈　秦淦

作者单位
哈尔滨工业大学建筑学院
寒地城乡人居环境科学与技术工业和信息化部重点实验室

摘要： 新冠肺炎疫情以来，我国养老院一直处于全封闭状态。为了缓解疫情封闭管理对老人造成的心理压力，促进老年人健康环境的建设，促进健康老龄化，本文对三个医养结合养老机构进行调研，通过对老年人的行为特征和心理状态调查，研究其在长期封闭状态下的心理健康需求和生活特征，并借此对后疫情时代的养老机构提出优化改进意见。

关键词： 健康建筑；适老化；心理健康；后疫情时代

Abstract: Since the novel coronavirus pneumonia epidemic situation, our nursing home has been in a totally closed state. In order to alleviate the psychological pressure on the elderly caused by the closed management of the epidemic, promote the construction of a healthy environment for the elderly and promote healthy aging, this paper investigates three medical and nursing combined elderly care institutions, studies the mental health needs and life characteristics of the elderly, and puts forward optimization and improvement suggestions for the elderly care institutions in the post epidemic era.

Key words: Healthy Buildings;Aging; Mental Health;Post Epidemic Era

1 新冠肺炎疫情后对老年人健康环境营造的新思考

近年来，国家政府机关和社会团体陆续发布了多项政策和措施，以建立和完善老年人健康服务体系。2016年10月，中共中央　国务院印发的《"健康中国2030"规划纲要》中明确要求促进健康老龄化，推动开展老年心理健康与关怀服务。2019年5月，《全国老龄工作委员会办公室关于支持开展中国老龄健康促进工程的通知》中提出，要发挥传统医学、自然医学、现代医学的综合优势，为老年人提供老年常见病和心理疾病的预防、保健和治疗服务。2019年7月，国务院发布了《健康中国行动（2019—2030年）》，其中再次要求政府完善医养结合政策，实施老年人心理健康预防和干预计划。

老年健康环境，是能促进健康老龄化，并满足老年人物质与精神需求的人性化宜居环境[1]。在既有的关于老年人健康环境的研究中，建筑学方面大多数为构建社会健康老龄化体系、适老化社区环境、疾病居家预防与控制[2]~[6]，其落脚于促进老年人身体健康水平，而对老年心理健康的重视不足。老年人自身随着年龄增大，生理上会表现出视觉、听觉等感官的退化，免疫力减退、行动不便等特点，心理上则表现为逐渐与社会发展脱节，人际交往减少，甚至感觉自己被家庭和社会抛弃。另外，老年人作为此次疫情的高危易感人群，在面对新冠肺炎时，由于焦躁、恐慌，易产生急性应激反应，加重心理健康问题。

后疫情时代，是疫情得到控制，但尚未完全平息，随时可能小规模爆发的时代[7]。它对生产生活方式、社会经济等都产生了深远影响，也对老年人长期居住于养老院造成了巨大的心理负担，是对老年人心理健康建设的重大挑战。为针对性地解决老年人健康环境营造中的心理健康问题，本文以后疫情时代为大背景，调研老年人生活状况，探讨其心理需求，从养老设施内老年人的心理健康问题出发，提出建筑学角度的老年心理健康问题空间设计策略。

2 后疫情时代养老院老年人心理健康需求调研与解析

为了准确掌握受疫情影响长期在养老院居住的老年人心理需求，本研究主要采用了问卷调查、观察和访谈的研究方法，在黑龙江省海员总医院、青岛市城阳区社会福利中心、即墨区天海一元康复修养中心三家医疗养老服务机构，进行实地调研。

2.1 问卷设计与被调查者概况

1. 问卷设计

本研究共发放两套调查问卷。调查问卷1的标题为"健康养老建筑内老年心理舒适度相关影响因素调查问卷"。问卷主要分为三部分：第一部分为老年人基本情况调查，包括了被调查者的性别、年龄、自理程度、婚姻状况、学历情况、健康状况；第二部分为行为特征与需求调查，包括了老年人的兴趣爱好、室外活动时间、感到疲劳的步行距离、空间喜好情况、睡眠状况；第三部分为养老院心理舒适度影响因素调查，主要调查某些要素对养老院老年人心情的影响，以及老年人在选择养老院时对该要素的重视程度。

调查问卷2的标题为"老年人心理健康水平调查问卷"。该问卷主要包括了对于养老机构内老年人的性格、负面情绪、环境适应能力、人际交往和认知能力[8]这五方面的测评，共46题。

2. 调查对象

调查问卷发放对象为选择养老机构进行养老且智力正常，能与之正常交谈的老年人。本研究调查了黑龙江省海员总医院、青岛市城阳区社会福利中心、即墨区天海一元康复修养中心三家养老机构，共发放144份问卷，其中有效问卷141份，问卷有效率97.9%。长期居住于养老机构的老年人生活圈子封闭，娱乐生活相对缺乏，容易出现心理健康问题。由于疫情的影响，养老院封闭，外出困难，更难以与自己的亲人团聚，因此老年人的心理状态需重点关注。青岛市和哈尔滨市自从疫情开始以来，对养老院的疫情防控监管严密，要求严格，对疫情反应迅速，封闭时间长，其老年心理问题较为典型，在一定程度上可以反映出我国健康养老建筑老年心理舒适度建设的要求。且医疗养老机构在发生疫情时，相比于非医养结合养老设施，其老年人与外界人员接触的机会更多，

感染风险更大，需要更为严密的防范。

除对老人进行问卷访谈外，也与机构的服务人员进行了简单的交流，以确保受访对象选择的准确性、信息了解的真实性。图1和图2为养老设施内老年人生活环境现状。

图1 楼层之间设置了隔离门
（来源：作者自摄）

图2 老人们仅有的娱乐活动——打麻将
（来源：作者自摄）

2.2 老年生活特征与心理健康问题分析

1. 问卷结果

调查对象中，女性占比约58.1%，男性占比约41.9%；绝大部分年龄在76岁及以上，大部分已丧偶，配偶健在的老年人则多与配偶一同入住养老院；学历主要集中在初中及以下；身体方面，80.5%的受访者患有基础疾病，其中大部分为心脑血管问题和关节问题（图3）；行动方式上，38.3%的受访者腿脚利落，无需借助工具行走，近一半（44.5%）的受访者需要借助拐杖或助步器行走，还有一小部分则需要使用轮椅（图4）。

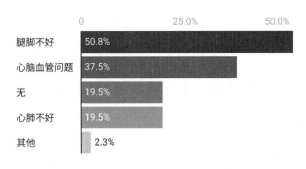

图3 基础疾病情况（来源：作者自绘）

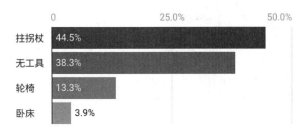

图4 行走是否借助工具（来源：作者自绘）

在调研中严密观察老年人的举止行为，与老人进行交谈，了解其生活状态和心理诉求。另外还向部分老人发放了心理健康评价量表，量表中共有46个项目，采用五级评分的方法，涵盖了关于躯体化、紧张、抑郁、焦虑、自卑、过度恐惧、社交问题等的评价因子。调查结果显示，养老院中大部分（66.7%）老人的心理评分总体良好，得分位于70~80分之间，有待改善；小部分老人心理状态极好，乐观平和积极向上；另外还有极少数老人心理量表得分较低，出现明显的人际关系敏感、心情焦虑等症状。另外，在统计中笔者发现，有47.7%的老人出现了躯体化症状，

其重要的表现是心情烦闷导致失眠（图5）。

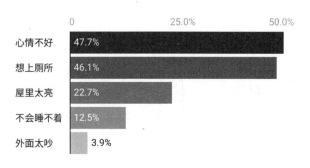

图5 失眠原因（来源：作者自绘）

2. 生活特征与心理需求问题分析

由图6可知，疫情前，除卧室以外，老年人最常去的地方是棋牌室和室外广场，去往图书馆和活动室的人则相对较少。而疫情后，由于养老院封闭，老人们无法外出散步，作为室外空间的替代品，卧室阳台和走廊便成了大家经常坐着聊天和散步的场所。活动室使用率低，老人们更愿意在棋牌室聚集，除了兴趣原因外，有许多老人认为是由于活动室距离太远，他们不愿意走太久。绝大部分老人经常参加团体活动（图7），频率为一周两次及以上（50.8%）或一周一次（36.7%），他们认为团体活动可以使自己更快乐。由图8可知，在养老院的条件上，有82%的人认为医疗水平是他们选择养老院时需要考虑的重要因素，其次有78.1%的人选择了舒适性，认为养老院建筑环境的舒适性是选择养老院的条件之一，另外，有57%的人认为对于养老院的选择来说，安全性是必要的指标。对于房间人数的选择，72.7%的老人认为自己最多能接受两

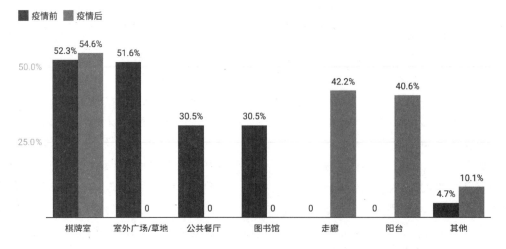

图6 疫情前后老人活动地点（来源：作者自绘）

人住一间卧室，18.2%的老人认为自己只能接受单人间。

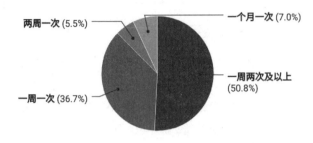

图7 参与团体活动频率（来源：作者自绘）

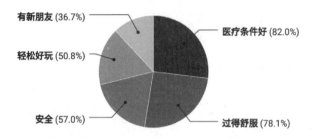

图8 选择养老院时关注的条件（来源：作者自绘）

由此可见，疫情后的养老机构内老年人的生活特征，具体表现为对自然的向往、封闭且狭小的生活圈、普遍的医疗需求、密切的人际交往、适度的私密空间。其心理健康需求更多地建立在对于情感和物质的寄托之上，物质体现在老人在养老院的生理舒适度，满足自己的基本生活需求，情感则是如自然景观、亲情、友情等对于情绪和心理支持的正向反馈。因此，通过调研对后疫情时代养老设施老年人的心理健康问题总结如下：

（1）对疫情和自身慢性病的焦虑和恐惧

后疫情时代老年人的恐惧大多来自于对疫情的未知和自身慢性病的症状，受访者中超过80%都患有冠心病等慢性疾病。慢性病的病程长，患者长期遭受病痛折磨，身心俱疲。另外老年人由于自身生理与心理结构的变化，对环境的适应性减弱，导致了对周围环境变化较为敏感，安全感降低。疫情发生以来，老年人作为传染病的高危易感人群，是新型冠状病毒性肺炎的主要重症患者[9,10]，在访谈中，许多老年人都表现出对疫情再次爆发的紧张和恐惧，并自述会胡思乱想，有时甚至还会因此失眠。

（2）离退休后无法适应生活的突然改变

老年人退休或离休后，他们的社会角色发生变化，由主宰者变为依赖者[11]，生活重心开始由社会向家庭转移。而由于体力和知识等能力的限制，常常会与产生自己对家庭毫无贡献的无用感，怀疑自我存在的价值，甚至认为自己"一旦染上新冠肺炎，会连累他人，浪费医疗资源"。在谈话中，老年人谈起家庭琐事经常会叹气，说自己"瞎操心"，"帮不上忙"。这些表达正是其自我无用感的体现。另外他们由于失去工作，社交减少，整日在养老院内无事可做，同时缺少获取信息的途径，时间久了觉得自己落后于时代的脚步，陷入自卑，对于外界的否认会尤其敏感，进而脾气暴躁，自我封闭，陷入恶性循环。

（3）感觉到被束缚，不自由

青岛市养老院从2020年1月疫情爆发起便封闭，其中有近四个月时间为禁止所有人员（包括工作人员在内）出入的全封闭状态。而哈尔滨市养老院更为严格。在养老院全封闭期间，老年人出行、交往受到很大限制。即便是在疫情已经得到控制的后疫情时期，其活动监管也相当严格，控制室外活动时间。老人们无法自由活动，心理上产生了强烈的被束缚感，感到不自由，进而对养老院的生活产生抵触情绪，容易抑郁伤感、情绪激进，妨碍身心健康。

（4）远离家庭的孤独感

疫情原因，老年人与家庭成员之间沟通交流减少，探望频率下降。在调研中，不少老人反映家人的探视次数由一周一次或两周一次下降到一个月一次甚至更少。长期的封闭管理加重了其对家人的思念和对回归家庭的渴望，老人对家人的思念得不到缓解，感到孤独寂寞，长此以往会导致性格悲观，容易产生被家庭和社会抛弃的错觉。

（5）缺少娱乐设施，环境单调，生活寂寞

在生活圈子单一不变的情况下，文化娱乐的需求显得更为迫切。而由于疫情影响，为防止聚集，养老院内的多功能活动室关闭，老人们本就不多的娱乐活动更加匮乏，只剩下打麻将和看电视。在调研中，许多老年人表示"没什么可干的""以前喜欢唱歌跳舞，现在年纪大了，跳不动了"。老年人自由支配的时间较多，若缺少娱乐活动，日复一日的枯燥生活，会令他们觉得乏味，逐渐丧失生活兴趣，甚至丧失对未来的希望。

3 针对后疫情时代养老院老年人心理健康的优化设计策略

3.1 安全感的建立

建筑角度对老年人安全感的建立主要表现在生活空间的安全保障和医疗康复设施的水平提升。疫情形势下生活空间的安全保障除了防滑、无障碍设计等必要措施之外，还要重视室内消杀，保证老年人生活场所的干净卫生，提升老人对战胜疫情的信心。除以上措施外，后疫情时代医养结合养老设施还需要提升医疗康复水平，整合社会医疗资源和养老资源，除满足基本的诊疗功能外，还要针对老年人多发慢性病为其提供适宜的康复理疗设备与场所。医疗服务区增设心理咨询室，按时对老人进行心理健康排查，科普疫情防控知识，防止老人过度恐惧引起的精神问题，及时对有问题的老人进行心理疏导。

3.2 强化自我认知与自我提升

为强化老年人自我认知，促进他们的自我提升，需要创造足够的与文化和自然接触的机会。养老设施需要定期组织文化活动，如读书、唱歌跳舞等，为老人提供进行文化活动的场所，保证其可达性。提升生活场所和活动空间的艺术性，避免空间组织和装饰都过于单一。另外根据王阳明的格物致知理论，可将水景和自然植物引入室内（图9），采用自然采光，充分发挥自然景观的疗愈作用（图10、图11），正向引导老年人心境和看待事物的角度，使其获得正确的自我认知。

图 9 金斯福德露台公寓养老度假村休息空间
（来源：网络）

图 10 Jin Wellbeing County 社区养老综合体景观
（来源：网络）

图 11 Frauensteinmatt 看护中心花园景观
（来源：网络）

3.3 自由的生活环境

在后疫情时代，养老设施应为各个活动单元的老年人提供独立的室外活动场地，如广场（图12）、室外通廊、露台（图13）等，以防止新冠肺炎疫情或其他重大公共卫生安全事件再次发生后，养老院封闭管理，老年人只能长期待在室内导致其焦躁不安的情况。对于医养结合的养老院，需要将老年人活动广场与医院广场分离，保持安全距离，即使在疫情封闭期间也要能正常到达，拥有环境适度的便捷性，从而让老人在保证安全的前提下获得最大程度的自由。除自由外出以外，老人自由感的建立还表现在其室内生活的自在感。

图 12 巴黎养老院外广场和内院
（来源：网络）

图 13 位于巴黎养老院四楼的通廊和露台
（来源：网络）

3.4 营造归属感

养老设施的空间设计除了要满足功能性要求，也要达到使用者的个人心理感官要求。养老院的老人长期居住在室内，其中在卧室的时间最多，而每个人的卧室千篇一律的设计不易使其产生居家的感受。因此可以允许老人从家中携带物件或者家具放置在卧室中，或让老人自己选择其居室空间布置和室内装饰，以此来构建老年人个性化空间。另外可以通过明确不同的领域范围，如通过营造地形高差、空间大小、虚实变化，或是灯光亮度和冷暖的不同、色彩和材质区分、使用屏风或帘子、设置标志性元素等手段，来区别常住老人与外来人员的空间使用范围，加强老人的领域意识，从而获得归属感。

3.5 创造社交条件

老年人的社会交往主要包括家人和朋友两个方面[12]，养老设施更为关注的是后者。为了提高医养结合养老设施的服务水平，满足老年的社交需求，除了保证基本的安全与方便以外，还需要给予场所上的社交支持，营造和谐的人际交往环境。需要从老年人精神层面出发，关注娱乐空间环境营造，设计丰富多样的休闲娱乐设施（图14、图15）。而为防止疫情的再次爆发，养老院的娱乐空间设计应更针对小范围的社交活动，避免十人以上的聚集。养老设施设计中，可以针对老人的个人爱好，在各个护理单元分别设置多种休闲娱乐用房，如带有合作型、竞争型健身器材的健身房[13]、棋牌室、书法绘画教室、咖啡厅（图16）等，并可以让各功能之间进行视线交流（图17）。

娱乐用房的设计要考虑老人的身体状况和心理偏好，尺度和流线考虑轮椅老人，体现养老院设计的人性化。

图 14 金斯福德露台公寓养老度假村集聚空间
（来源：网络）

图 15 法国退休之家养老院交流空间（来源：网络）

图 16 奥地利退休和养老中心咖啡厅（来源：网络）

图 17　奥地利退休和养老中心中庭空间（来源：网络）

4　结语

　　新冠肺炎疫情给我们带来了巨大的改变，即使是在疫情逐渐平复的今天，我们依旧要防患于未然，为防止疫情再次爆发做准备。后疫情时代下，老年心理健康面临更大挑战，本文对养老机构的老年人生活特征和心理健康现状进行调研，并通过对其心理需求的分析，重点提出了在保障有效防护空间的前提下，后疫情时代的养老院尤其是医养结合养老建筑的优化设计策略，希望能以此给相关专业的学者以启发，引起更多对老年心理健康的思考和研究，真正实现健康老龄化。

参考文献

[1] 李斌，林文洁，王羽. 老年人健康环境建设[J]. 建筑技艺，2019(12)：6.

[2] 梅光亮，陶生生，朱文，杨威，胡志，秦侠. 我国健康老龄化评价测量指标体系的构建[J]. 卫生经济研究，2017(11)：58-60.

[3] 罗玲玲，李爽. 基于可供性理论的老年健康环境设计探索[J]. 建筑技艺，2019(12)：58-62.

[4] 郑华. 基于建筑医学理论的老年健康住宅环境优化方案研究[J]. 美术大观，2020(06)：120-126.

[5] 汪丽君，卢杉，舒平. 社区公共空间适老化健康环境与优化策略研究——以T市为例[J]. 理论与现代化，2019(06)：77-86.

[6] 于文彬，杜融，肖龙，等. 老年人宜居环境体系的系统设计与应用[J]. 河北省科学院学报，2011，28(03)：10-13.

[7] 王竹立. 后疫情时代，教育应如何转型?[J]. 电化教育研究，2020，41(04)：13-20.

[8] 吴振云，许淑莲，李娟. 老年心理健康问卷的编制[J]. 中国临床心理学杂志，2002，10(1)：1-3.

[9] 何萍，陈井芳，宁香香，等. 新型冠状病毒性肺炎疫情期间整合心理治疗干预模式对养老机构老年人心理健康的影响[J]. 心理月刊，2021，16(05)：3-4+6.

[10] 黄艳钦. 新冠疫情下社区老年心理服务的挑战与应对[J]. 家庭科技，2021(03)：36-38.

[11] 白贺伊，陈程，谈笑. 老龄化社会背景下老年心理健康管理研究[J]. 知识经济，2016(08)：27+29.

[12] 于民善. 老年人心理特点与心理保健的建议分析[J]. 心理月刊，2021，16(03)：202-203.

[13] 黄薇，卢晴淑，吴剑锋. 满足老年用户社交需求的社区户外健身空间设计研究[J].建筑与文化，2020(03)：162-164.

环境行为学视角下的城市旅游区街道空间品质优化研究

——以天津市五大道文化旅游区为例

王天[①] 康晓琪[②] 信鹏圆[③] 回景淏[④]

作者单位
天津城建大学

摘要： 随着地理信息系统与大数据的快速发展，人群需求随之发生转变，了解人群需求成为空间优化提升的关键环节。以环境行为学为视角，采用街景图片数据、POI数据，针对城市旅游区街道空间的天空可视度、绿视率、界面围合度、设施配备度、交通识别性、机动化程度分析，结合人群行为偏好及空间环境展开研究，最后提出"开放性、舒适性、互动性、社交性"空间品质优化对策，实现空间高效利用，提升公共空间服务水平。研究表明：天津市五大道文化旅游区街道空间品质仍有待提升，因此，基于环境行为学，从人、行为、环境融合发展视角，提出开放性场所营造、舒适性设施优化、互动性空间塑造、社交性区域构建，促进城市旅游区街道空间品质提升。

关键词： 环境行为学；城市旅游区；街道空间品质；街景图片数据；优化对策

Abstract: With the rapid development of GIS and big data, the needs of people have changed. Understanding the needs of people has become the key link of spatial optimization and promotion. From the perspective of environmental behavior, using street view picture data and POI data, this paper analyzes the sky visibility, green visibility, interface enclosure, facility allocation, traffic recognition and motorization of street space in urban tourism area, combined with crowd behavior preference and spatial environment, Finally, it puts forward the countermeasures to optimize the space quality of "openness, comfort, interaction and sociality", so as to realize the efficient utilization of space and improve the service level of public space. The research shows that the quality of street space in Tianjin five Avenue cultural tourism area still needs to be improved. Therefore, based on environmental behavior, from the perspective of the integrated development of people, behavior and environment, this paper puts forward the construction of open places, the optimization of comfort facilities, the shaping of interactive space and the construction of social areas, so as to promote the improvement of street space quality in urban tourism area.

Keywords: Environmental Behavior;Urban Tourist Areas; Street Space Quality; Street View Picture Data; Optimization Countermeasures

1 引言

旅游区街道空间是人群开展户外活动的基本单元与载体，是城市公共空间的重要组成部分，亦是城市整体形象的体现。《"十四五"旅游业发展规划》中提到"构建新发展格局，努力实现旅游业更高质量、更有效率、更加公平、更可持续、更为安全的发展"。旅游区街道作为展示城市文化与特色的公共空间，须及时向人群需求靠拢，从使用者和场所的相互作用关系出发，在提升街道空间品质的同时，也为人群带来优质的服务与体验[1]。

环境行为学以人与环境为基础，通过环境中人类活动和人类对物理环境响应两方面来研究人与环境之间的关系，并将这种关系反馈到设计过程中。环境行为学主要研究人、行为、环境之间的关系，人作为空间的主要使用者，针对不同场所的物理建成环境，结合人群反应和情绪，由人群活动与环境产生互动，从而形成多样化的人群行为特征[2]。通过人与环境相互作用，使环境为人类提供更加优秀的场所，达到一种更加平衡的关系。

---

① 王天（1996-），天津城建大学硕士研究生，研究方向：城乡规划与设计，联系电话：18335190363，E-mail：249596534@qq.com。
② 康晓琪（1998-），天津城建大学硕士研究生，研究方向：城乡规划与设计。
③ 信鹏圆（1996-），天津城建大学硕士研究生，研究方向：景观数字化。
④ 回景淏（1997-），天津城建大学硕士研究生，研究方向：建筑热环境形成机理与绿色建筑技术应用。

当前，基于环境行为学理念的已被众多学者所关注。张霞、刘宇飞[3]从环境行为学视角出发，运用时空轨迹数据及空间句法对万林艺术博物馆的内外空间人群使用规律进行分析，归纳出未来展演类公共文化建筑设计的发展趋势。Disterheft A[4]系统性的对校园中不同功能的空间进行分类，并提出了相应的设计准则，对今后高校校园的建设与发展具有重要的指导意义。屈张、李宛蓉[5]从环境行为研究角度，以加州大学伯克利分校学生活动中心为例，说明场地信息、空间信息和运营信息的处理内容以及在历史环境既有项目更新中的作用。袁丰、罗晓霜[6]通过分析空间环境对游人行为的影响及游人的行为偏好，探求人与空间环境的共生关系，针对现存问题提出优化建议。黄善洲[7]依据环境行为学理论，通过对人的行为与空间要素相互关系的探讨，探索提升商业步行街广场入口空间形象与提高使用者舒适度的设计策略。张璐、郝赤彪[8]引入环境行为学的概念，对特定环境下的游憩者行为模式和影响因素进行分析，从游憩者的行为需求和心理需求两个层面对第一海水浴场进行品质优化策略研究。罗希路[9]以环境行为学为统领，分析不同人群对文殊院历史文化片区公共空间的需求与公共空间的空间形态，最后得出公共空间是环境与行为相互影响、相互渗透的结论。洪辰雨轩[10]以环境行为学理论为基础，以昆明市呈贡区的新天地商业广场为例，运用环境行为学的理论依据和使用后评价（POE）的研究方法进行研究。

综上，基于环境行为学的理论视角，结合大数据，设计满足公众需求的城市旅游区街道空间，成为当前所面临的时代挑战。事实上，街道空间应随着功能做出相应改变，街道断面、绿化建设及空间要素配置存在较大差异，进而影响人群使用感受。因此，本研究以天津市五大道文化旅游区为例，运用环境行为学理念，采用街景图片数据、POI数据，对旅游区街道空间现状进行分析，结合人群空间行为偏好展开研究，最后提出"开放性、舒适性、互动性、社交性"的空间品质优化对策。

2 研究设计

2.1 研究区概况

选取天津市五大道文化旅游区作为研究案例。

天津市五大道文化旅游区是天津市最具代表性的旅游区，面积约为128.21公顷，临近天津市滨江道购物区，与天津市中心城区相望，是天津市乃至中国保留最为完整的洋楼建筑群。

图1 研究范围图（来源：作者自绘）

研究范围如图1所示。研究范围北至南京路、南至西康路、西至成都道、东至马场道，包含天津市民园体育场，马占山旧居、关麟征旧居、龚心湛旧居、孙殿英旧宅等名人旧居旧宅。旅游区内建筑建设时间跨度较长，街道空间形态存在差异。

2.2 研究数据

研究数据包括城市路网数据、城市建筑底图数据、街景图片数据、POI数据。城市路网数据与城市建筑底图数据由天地图获取，因免费、便捷等优点被广泛运用于各类研究中。街景图片数据为静息全景街景图片数据，通过百度API获取，能够弥补以往街景图片因获取角度不同以及拼接所造成的误差，更能够满足人群对空间要素的观察需求。POI数据由高德API获取，包括餐饮服务、风景名胜、公共设施、公司企业、购物服务、交通设施服务、金融保险服务、科教文化服务、商务住宅、生活服务、体育休闲服务、医疗保健服务、政府机构及社会团体服务十三大类。

本研究以50m为间隔获取静息全景街景图片，同时获取所有大类的POI数据。最终获取到803个街景点，803张静息全景街景图片及980个POI点。

2.3 研究方法

研究方法包括GIS空间分析法与视觉语义分割

法。应用GIS空间分析法中路网分析、叠加分析、核密度分析，分析设施分布与密度，剖析区域空间品质，直观分析城市道路、建筑及设施分布之间的关系，使研究结果更精确并将其可视化表达。运用视觉语义分割法对街景图片分割，分割天空、建筑、植物、道路、铺装、车辆、路灯、交通指示牌、座椅、垃圾桶、公共卫生间等11类要素占比，衡量指标之间的相互关系，从而进行精准且批量计算。

3 街道空间品质研究

适宜的街道空间是人群开展各种活动的基础，包括天空可视度、绿视率、界面围合度、设施配备度、交通识别性、机动化程度，均会对人群活动及出行产生影响。其中，天空可视度为天空所占比例，由视野可见范围决定；绿视率为绿化占比，由空间中绿化种植所决定；界面围合度为道路两侧界面对街道空间的围合程度，由街道两侧建筑和植物种植所决定；设施配备度为街道空间中各种设施占比，由座椅、路灯、垃圾桶、交通指示牌、公共卫生间建设所决定；交通识别性为街景图片中信号灯及交通指示牌占比；机动化程度体现街景点的交通性，由街道空间道路、铺装及汽车出现率所决定。

街景点品质分析图如图2所示。根据研究可知：

（1）天空可视度影响人群在街道空间中的使用感受，街道天空可视度分布较为均匀，且大多分布在街区中交通性较好的道路，尤其是等级较高道路。其中，旅游区内民园广场天空可视度较高，睦南道、马场道、大理道因街道与周边建筑比例较好，三条道路平均天空可视度较高。

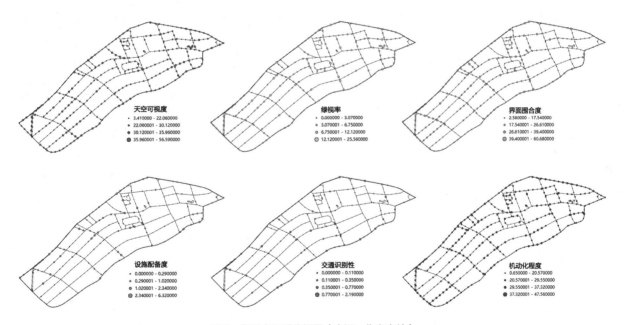

图2 街景点品质分析图（来源：作者自绘）

（2）绿视率是街区绿化种植程度体现，影响人群感官体验。街区内部街景点绿视率多分布在0～10%之间，尤其是0～5%之间，整体绿化建设有待提升。总体而言，绿视率较高的街景点多分布于非交通性道路，而对于交通性道路而言，街道空间绿化建设较差，尤其是民园广场等开放性空间，绿化建设仍有待提升。

（3）界面围合度是街道空间开敞程度的重要体现。旅游区因功能性影响街道两旁建设，建筑建设程度相对较低，街道较为开敞，导致界面围合度较低。仅有适宜的界面围合度，才能为人群提供更优的出行服务。

（4）设施配备度是区域建设发展的重要条件，在一定程度上体现街区基础设施发展水平。旅游区内街景点设施配备度多分布在0～1%之间，而部分街景点设施配备度大于3%，提高区域整体设施配备度。总体而言，旅游区内公共座椅、景观小品、路灯、垃圾桶等设施配置相对较少，设施配备度有待提升。

（5）交通识别性影响着人群出行的便捷性与安全性，良好的交通识别性可以帮助人群快速、安全的到达目的地。旅游区内整体交通识别性多分布在0～0.35%之间，尤其是0～0.11%之间。交通识别性较好的街景点多位于街区中部。

（6）机动化程度是区域建设的重要目标，是区域交通建设程度的体现。区域内街景点机动化建设较为均匀，机动化程度多分布于15%～45%之间，已具有一定水平，区域空间品质较好。

POI核密度分析图如图3所示，旅游区内设施多分布在区域东北部、中部与西南部。结合空间品质分析可知，设施密度较高区域的街道空间品质较好，而设施密度较低区域，空间品质也相对较差。

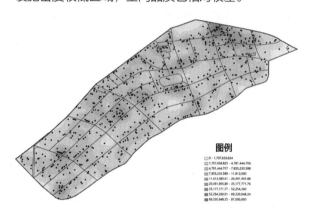

图3 POI核密度分析图（来源：作者自绘）

4 基于环境行为学的街道空间品质优化对策

天津市五大道文化旅游区位于天津市中心区，区域建设已有一定基础，内部用地类型为文化旅游、商业办公、居住、商业混合形态，需根据本次研究，基于环境行为学，以人、行为、环境平衡角度提出优化对策。因此，本研究将重点调整开放性空间，营造活力场所，以及绿化与公共设施建设。

4.1 开放性场所营造

从人、行为、环境平衡视角，塑造开放性场所，营造开敞性活动空间，形成流动性与便捷性的人群活动流线。首先，在不破坏历史性建筑的前提下，可将院落开放，对建筑进行围挡，使院落绿化与景观向大众开放，达到人与环境和谐共处；同时在院落出入口及内部设置相关标识，为公众营造开放性场所。其次，将大空间分散为单一且联合的小空间，营造适宜

的空间流线，引导人群流线。例如，将民园广场进行空间划分，分为不同的主题空间，以组团的形式回应总体空间，使空间整体更为开敞。最后，设置多样化、特色化的交通标识，依据人群出行行为营造观光步道，为人群出行提供便捷，建设环境空间。此外，将建筑立面修缮，考虑界面韵律感，在重要节点处，如街区边界、建筑底部、重点路段等进行细部处理，丰富视觉体验；建设积极的商业界面，引导商家进行定期维护，注意与城市整体风貌的协调性，塑造活力街道，提升城市街道活跃度。

4.2 舒适性设施优化

舒适性的设施优化要根据不同群体需求进行人性化的尺度设计，配备足量"以人为本"式的精细化设施，创造优越的旅游活动空间，为人群带来更为舒适的出行体验。首先，基于人群行为及使用需求分配道路空间，根据人群流量合理分配交通路权，形成低碳、安全、活力的街道空间。优化区域内部慢行空间，增设机动车限速措施，包括限速标识、街道小品、自行车停车架、阻车桩、路灯、行人座椅等，如图4所示，在增加设施配备度的同时，提升旅游区交通识别性与机动化程度，从而营造安全活力的空间环境。其次，营造区域特色设施，将道路中景观等为主的设施进行统一设计，与地区风格相呼应，同时将慢行空间标识设施风格化，突出文化底蕴。此外，设置特色创意小品及公共艺术品，实现特色元素识别功能，提升区域设施配备度。最后，调整绿植布局，设计多品种种植，考虑综合观赏效果，充分表现植物形态，如丁香、大叶黄杨、绒毛白蜡、悬铃木、碧桃、

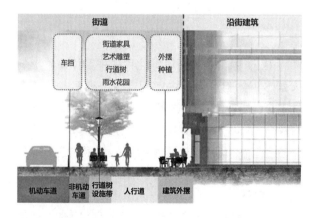

图4 设施营造示意图
（来源：作者自绘）

迎春等植物配置，保证四季有景；重视景观与现状结合，因地制宜种植植物，设置海绵设施使种植与维护一体化，如利用行道树设施设置雨水花园，提高街道空间绿视率。

4.3　互动性空间塑造

作为活动模式与空间场地交通性的集中体现，空间承担着尤为重要的作用。旅游区需注重人群的多维感官交互性感受，以视觉为中心，通过感观使人群之间产生交流。例如在街区内设置多媒体显示屏与VR体验区，通过数字化发展使人群感官交互，围绕视觉、听觉、触觉结合的方式，建成以人群为中心的数字化设计，实现人群与景观空间互动，通过网络化促进人群与空间互动，既能展现城市文化，又能促进旅游区街道品质提升。

4.4　社交性区域构建

为保证旅游区社交性，在保证街道空间功能性的同时提升城市形象。首先，设置利于人群交往的设施，如设计层次性休息座椅，保护绿化完整性的同时，通过高低层次设计为人群社交行为提供空间；增加钝角空间，为人群带来更多的交流机会，激发社交行为。其次，触发微空间建设，结合绿化种植，在树下或树的周围设计桌椅与铺装等，利用绿化围合加强微空间的围合度，保证人群社交性。最后，合理利用铺装空间，将铺装空间打造为人群休憩娱乐的场地，放置与城市风貌及文化相关的景观小品，吸引人群驻足，既可以强化城市文化形象，增加游客游览行为，又可以提高区域人群社交性。

5　结语

人群行为与需求可以通过空间塑造与提升进行刺激与引导，增加城市生活的丰富性，促进城市活力营造。基于环境行为学，根据街景图片数据与POI数据研究结果，从人、行为、环境角度针对街道空间提出优化对策，包括开放性场所营造、舒适性设施优化、互动性空间塑造、社交性区域构建，最终实现空间高效利用与服务水平提升。

参考文献

[1] 裘蕙若.基于环境行为学的城市公共空间使用后评价——以洛龙公园为例[J].中国建筑金属结构，2021(8)：3.

[2] 李里，储凯锋.环境行为学视角下的老城区广场"社会向心空间"改造研究[J].佳木斯大学社会科学学报，2021，39(03)：78-79+83.

[3] 张霞，刘宇飞.环境行为学视角下的公共文化建筑设计研究——以武汉大学万林艺术博物馆为例[J].华中建筑，2021，39(12)：34-39.

[4] Disterheft，A.，Caeiro，S.，Azeiteiro，U.M & Leal Filho，W. Sustasinable universities-a study of critical success factors for participatory approache[J]. Journal of Cleaner Production，2014.

[5] 屈张，李宛蓉.基于环境行为学研究的历史校园环境设计——以加州大学伯克利分校学生活动中心为例[J].华中建筑，2021，39(12)：29-33.

[6] 袁丰，罗晓霜.基于环境行为学的城市滨湖公园空间设计探究[J].现代园艺，2020，43(20)：101-104.

[7] 黄善洲.环境行为学视角下的商业步行街广场入口空间设计策略探究——以重庆市三峡广场北门入口空间为例[J].建筑与文化，2021(03)：174-175.

[8] 张璐，郝赤彪.环境行为学视域下的海水浴场空间优化策略研究——以青岛市第一海水浴场为例[J].建筑与文化，2021(09)：102-103.

[9] 罗希路.环境行为学视域下文殊院历史文化片区公共空间的空间形态研究[J].房地产世界，2021(09)：44-48.

[10] 洪辰雨轩.基于环境行为学的城市公共空间使用后评价——以昆明市新天地商业广场为例[J].城市建筑，2021，18(21)：69-71.

基于 BPNN-MOO 的高层办公建筑形态优化设计研究①

陈平②　刘畅③

作者单位
山东建筑大学建筑城规学院

摘要： 以寒冷地区高层办公建筑为研究对象，将冬夏两季建筑太阳辐射得热作为优化目标，基于同一平台引入耦合 BPNN 与 MOO 的优化技术，建构基于 BPNN-MOO 的参数化建模 - 性能模拟 - 神经网络预测 - 多目标优化的优化设计流程，探索面向寒冷地区冬夏太阳辐射得热最佳利用为目标的高层办公建筑扭转设计最优形态，通过对实践案例的设计流程验证，总结分析不同侧重下的扭转设计参量范围值及太阳辐射得热值。

关键词： 太阳辐射得热；BPNN-MOO；寒冷地区高层办公建筑；扭转；形态优化

Abstract: Taking high-rise office buildings in cold regions as the research object, taking solar radiation heat gain of buildings in winter and summer as the optimization target, the optimization technology coupled BPNN and MOO was introduced based on the same platform, and the optimization design process based on BPNN-MOO parameterized modeling - performance simulation - neural network prediction - multi-objective optimization was constructed. To explore the optimal form of torsional design for high-rise office buildings oriented to the optimal utilization of solar radiation heat in cold areas in winter and summer, and to summarize and analyze the range of torsional design parameters and solar radiation heat value under different focuses by verifying the design process of practical cases.

Keywords: The Sun Radiates Heat; BPNN-MOO; High-rise Office Buildings in Cold Areas; Reverse; Morphological Optimization

1　引言

2020年我国从战略高度出发提出了力争2030年前碳达峰、2060年前碳中和的宏伟目标，作为能源消耗占比近四成的建筑业[1]继续推进节能减排，是实现这一伟大目标的必由之路。伴随着几十年来城镇化的快速发展，象征着现代化的高层办公建筑成为城市公共建筑的主体类型，逐渐呈现出能耗密度高、建设规模大的特点，不仅如此，随着办公人群对舒适度要求的不断提升，寒冷地区办公建筑使用过程中，出现了冬季采暖需求、夏季制冷需求不断增强的趋势，借助传统暖通空调设备改善舒适度需求，进一步推高了建筑能耗和碳排放量。面向气候适应性的建筑节能设计，注重挖掘地域性环境条件，充分利用太阳辐射得热开展高层办公建筑优化设计，必然有利于

降低建筑能耗和碳排放量。当前性能驱动的建筑节能设计方法，普遍获得了业界的认可，相对于建筑师依靠设计经验试错进行数值模拟分析的设计方法，依靠人工智能尤其是机器学习领域的相关技术，可以为高层办公设计充分利用太阳辐射获得最佳建筑形态设计，提供更加快速、高效、科学的支撑。研究旨在探讨基于反向传播人工神经网（Back Propagation Neural Network，BPNN）和多目标优化（Multi-Objective Optimization，MOO）的高层办公建筑形态优化设计方法，提升方案阶段面向太阳辐射得热综合利用的设计效率，提出设计建议。

2　国内外研究综述

建筑形态的优化设计可以提升建筑性能从而降

①　基金支持：山东省自然科学基金面上项目（ZR2021ME133）。
②　陈平（1983~）：山东建筑大学建筑城规学院，副教授。
③　刘畅（1997~）：山东建筑大学建筑城规学院，硕士研究生。

低建筑能耗与碳排放[2]，在以往的建筑形态优化研究中，主要以太阳辐射[3][4]、热负荷[5]、风荷载[6]为影响因素、以能耗[7]~[10]作为主要优化目标，开展表皮优化[11]、窗洞口优化[12]、采光优化[13][14]等方面的研究，少数采用太阳辐射得热作为优化目标[15]。在优化设计方法上，有学者针对优化效率问题，提出了引进人工智能解决建筑节能设计问题，如Jian Yao[16]构建了人工神经网络对建筑能耗进行了预测、Rajesh Kumar[17]等总结归纳了使用人工神经网络技术在建筑能耗预测上的应用、刘倩倩[18]训练出了高精度的神经网络并在参数化平台上完成了建筑性能的优化，人工神经网络技术得到了广泛的应用。在优化数量上，学者们已尝试针对多目标展开优化，兼顾多要素条件对建筑的作用效果，优化目标涉及能耗[19]、采光[20]、遮阳[21]等多个方面。区别于以往简单的模拟和优化方法，耦合BPNN与MOO的设计方法，通过数据的抽样以及神经网络的训练将输入数据与输出数据建立联系，实现数据的快速流动，避免输入与输出数据通过运算器的反复运算，提升了效率并简化了流程，是一种以机器学习技术为依托的新型优化方法。该方法可在同一平台中实现，面对建筑形态的优化设计问题，可以通过抽取经模拟引擎运算所得到不同参数化形态下的模拟数据并设置数据的精度、相关度等指标对其进行优化，得到较为准确的神经网络预测模型，最终通过多目标优化工具以神经网络的输出端为优化目标对输入端进行优化，记录数据并总结形态优化规律得到结论。

3　基于 BPNN-MOO 的高层办公建筑形态优化设计流程

相较于跨平台、高学习曲线的MATLAB平台或TensorFlow平台构建神经网络预测模型，采用基于Rhino与Grasshopper平台的神经网络与多目标优化工具箱，可以解决多平台数据对接与交互处理问题，提升运算效率并实时可视化呈现，因此研究使用Grasshopper平台中的Lunchbox神经网络建模工具训练和构建BP神经网络，分别采用参数化建模、性能模拟、训练及构建BP神经网络预测模型、多目标优化、数据处理与分析等五个步骤构建高层办公形态优化设计流程（图1）。

3.1　参数化建模

寒冷地区高层办公建筑由于气候环境的影响，平面形态上以矩形居多，其他也有圆形、三角形以及H形等（表1）。选择矩形平面作为研究对象原因有三：首先，寒冷地区办公楼大部分采用矩形平面形式，是最常见的平面形式，具有广泛性；其次，其他类型平面都是在矩形平面基础之上产生的变体，通过对于矩形平面的研究可以归纳总结出其他类型平面的规律，具有代表性；最后，由矩形平面生成的建筑形体往往比较规整且成正南正北布局，其外表面接收到太阳辐射量不均匀分布问题较其他类型最为突出，对于矩形平面的研究将可以有效解决其自身存在的热量分布等问题，具有突出性。

在高层建筑设计中常用的形态变化手法主要包

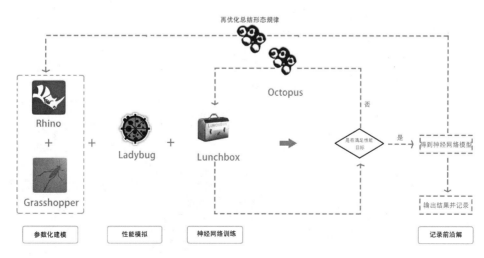

图1　基于 BPNN-MOO 的高层办公建筑形态优化设计流程图（来源: 作者自绘）

括三种：切削、扭转及收分（表2），其中切削手法多是对于建筑四角进行处理，面积比较有限，对于建筑太阳辐射得热量的影响也较小，收分对于一般的高层办公建筑较少采用，且由于收分的技术条件限制，其对建筑太阳辐射得热的影响也较小，很难成为影响优化目标的主导因素，而扭转则是对整个建筑进行变形，其外立面与外表面积都将产生较为明显的变化，对于辐射得热的影响较大，因此研究将主要针对扭转这一手法对建筑进行形态优化。

建模以基本矩形为原始单元，经过偏移、数列旋转、放样等操作生成基本建筑形体，如图2、图3构建出了24层，长宽均为25米，层高为3.9米的标准高层办公楼。在参量的设定上，研究主要探讨扭转手法下的形态优化，因此以每层扭转角度作为优化参量，建筑长宽、层高以及层数不再作为优化参量，扭转角度以度作为基本单位，范围取0～10°，超过10°后不仅形体比较臃肿且工程上较难实现，造价也相对较高（表3）。

高层办公建筑类型统计表　　　　　　　　　　表1

名称	类型	外观	总平面图示
济南市舜泰广场7号楼	矩形		
济南市山东能源集团	H形		
济南市舜泰广场5号楼	三角形		
济南市银座商城西区	圆形		

（来源：作者自绘）

高层办公楼形态设计常用手法图示　　　　　　表2

建筑	类型	外观	平面图
上海环球金融中心	切削		

续表

建筑	类型	外观	平面图
梦露大厦	扭转		
北京中信大厦（中国尊）	收分		

（来源：作者自绘）

高层办公楼调研参数 表3

长度	宽度	柱网	跨数	层高	层数
25~50m	25~50m	8.4m	3~5跨	3.8~4.2m	12~26层

（来源：作者自绘）

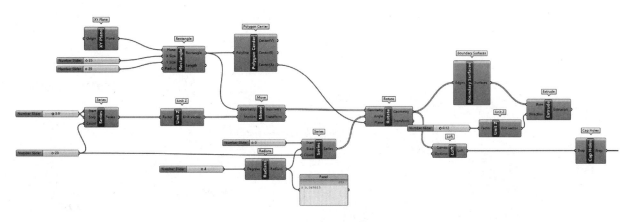

图2 典型高层办公建筑参数化建模（来源：作者自绘）

3.2 性能模拟

性能模拟主要是模拟外部环境对建筑本体的作用效果并得到相关模拟数据，对于高层办公建筑的模拟将针对太阳辐射得热这一目标展开。寒冷地区冬季严寒、夏季干热（图4、图5），因此需要对冬夏两季分别进行考虑，冬季应使得建筑太阳辐射得热量最大以提高室内温度，而夏季则应相反，需最大程度减少建筑太阳辐射得热量以降低室内温度，同时为兼顾冬夏两季还需考虑二者的差值，避免出现极端情况。

济南市地处我国北方，属于寒冷地区，具有较为典型的寒冷地区气候特征，研究将以济南市作为研究区域进行模拟分析，模拟使用Grasshopper平台中的Ladybug插件分别对冬夏两季进行仿真分析（图6、图7）。

图3　参数化模型效果（来源：作者自绘）

图4　济南市全年干球温度 3D 图（来源：作者自绘）

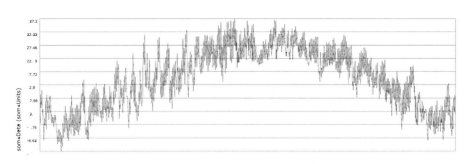

图5　济南市全年干球温度 2D 图（来源：作者自绘）

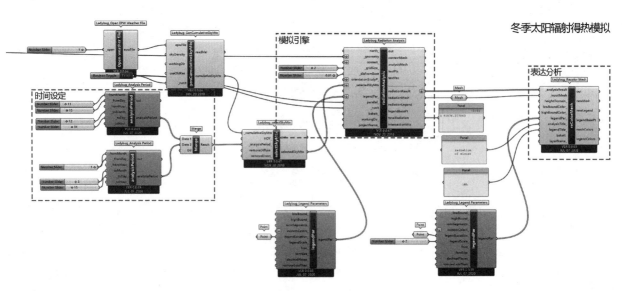

图6　冬季太阳辐射得热模拟（来源：作者自绘）

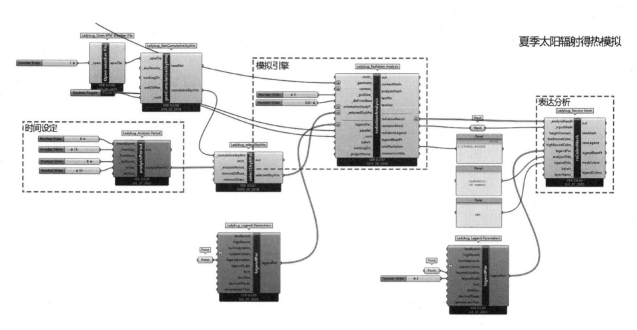

夏季太阳辐射得热模拟

图 7 夏季太阳辐射得热模拟（来源：作者自绘）

3.3 训练及构建 BP 神经网络预测模型

传统优化过程时间长且效率低，为了解决这一问题研究引入机器学习技术，通过建立BP神经网络预测模型来替代模拟软件的反复运算，从而提高效率、节约时间成本。这个过程需要通过三步来完成：首先需使用拉丁超立方抽样（LHS）抽取训练样本（图8），相关研究表明大于两倍设计变量数目的样本就能较好地代表建筑设计空间[22]。其次需要将抽取的参数输入到模拟运算器中，分别记录对应参量得到的太阳辐射得热值，并将参量和对应结果进行归一化处理。最后需要将归一化后的数据进行处理并输入给神经网络运算器，根据常规神经网络训练方法，需要将80%的数据用于训练，20%的数据用于验证训练的准确性，同时为保证神经网络的精度，应使得训练误差最小。为保证神经网络预测模型无过度拟合现象，应使预测值与模拟值的线性相关系数最大，实现这一步可使用多目标优化工具Octopus对神经网络各参数进行优化，从而得到准确的神经网络预测模型（图9）。

Octopus插件的优化过程基于遗传算法，需对每代种群规模、精英保留率、突变率以及交叉率进行设置，当各参量数值趋于稳定后，可选择非支配解（帕累托前沿解）作为神经网络预测模型的参数，并将其作为训练好的神经网络保存。最后需对经过训练后的冬季与夏季情况下构建的神经网络进行误差和线性相关系数的计算，确保神经网络预测模型的准确性。

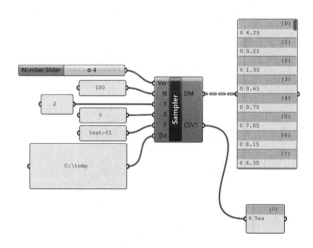

图 8 拉丁超立方抽样（来源：作者自绘）

3.4 多目标优化

神经网络预测模型训练好之后就可以将其替代模拟运算器，接入输入端对输出参数进行优化，这个过程需要将输入数据作归一化处理以及对输出数据作去归一化处理，最后用多目标优化工具对输出端进行优化。Octopus插件默认向最小值优化，因此夏季太阳辐射得热值可以直接连入优化插件，而冬季太阳辐射得热值期望向最大值方向优化，因此需要取其倒数再连入优化运算器，夏季与冬季太阳辐射得热值的差值期望向最小值优化因此可以直接连入。Octopus插件仍需进行遗传算法相关设置，与上文所述相同，

当各参数值趋于稳定停止后可得到帕累托前沿解曲线，从曲线图像上可以得到各优化目标之间的关系（图10）。

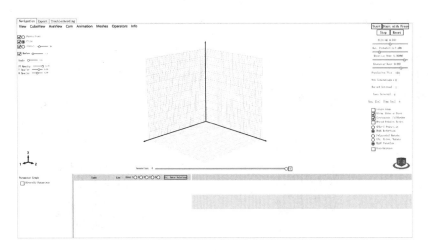

图9　Octopus优化界面（来源：作者自绘）

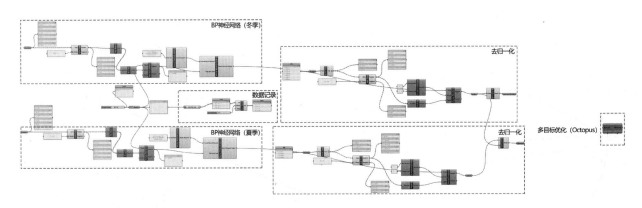

图10　通过神经网络预测模型进行多目标优化（来源：作者自绘）

3.5　数据处理与分析

将得到的帕累托前沿解进行分析归类，找到这些优化解的分布区间范围，以便知道在哪些区间容易取得最佳性能。为了更清楚的了解各目标相互之间具体关系，可以通过记录参量变化下目标值的变化得到结论。通过对变化图像的绘制可以找到各目标的定量变化规律，结合之前的定性结论可以得到最后的策略，为提升建筑性能提供科学建议。

4　优化设计实践

本节选择实地具有代表性的高层办公建筑进行优化设计实践。通过前期调研，选定具备典型高层办

公建筑特征的万达1号写字楼，该建筑位于寒冷气候区城市济南市高新区颖秀路与工业南路交叉口（图11），采用框筒结构，长宽均为42米（图12），平面布局中心设置交通核，周围布置办公，共25层，标

图11　地块位置（来源：作者改绘）

准层层高为3.9米，地块内有三栋相同形态的写字楼（图13），相邻建筑间距为32米。

14、图15）。

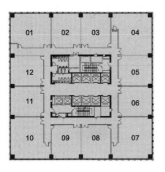

图12 标准层平面（来源：作者改绘）

图13 地块南侧调研实景（来源：作者自摄）

4.1 基础数据搜集与模型制作

办公建筑北侧主要为一些低矮加建的商业建筑，对于高层办公建筑太阳辐射得热基本没有影响，因此建模上主要考虑周围两栋办公建筑对研究对象的影响。目标建筑通过偏移、数列旋转、放样等操作生成参数化建筑形体，以单位扭转角度作为设计参量（图

4.2 太阳辐射得热模拟

性能模拟上主要是对目标建筑进行冬季和夏季两种情况，根据《济南市城市集中供热管理条例》设定采暖季（冬季）时间为当年11月15日至次年3月15日，结合调研实际设置制冷季（夏季）时间为6月15日至8月31日。太阳辐射得热模拟分析流程见图16～图19。

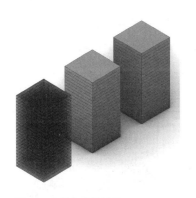

图14 参数化建模效果
（来源：作者自绘）

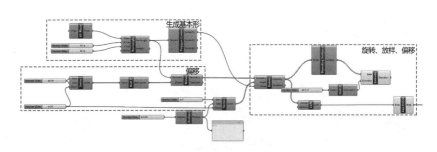

图15 参数化建模流程（来源：作者自绘）

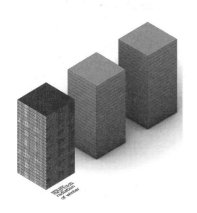

图16 冬季模拟效果（来源：作者自绘）

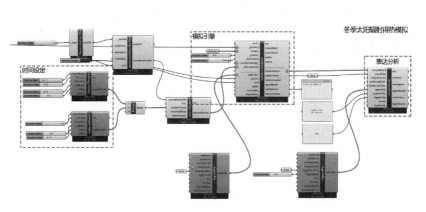

图17 冬季模拟流程（来源：作者自绘）

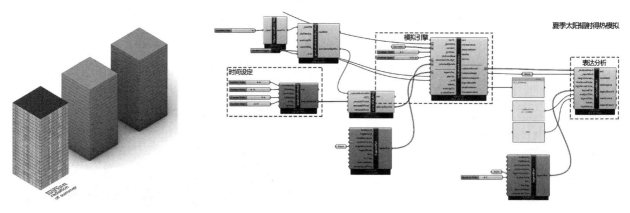

图 18　夏季模拟效果（来源：作者自绘）　　　　　图 19　夏季模拟流程（来源：作者自绘）

4.3　BPNN 预测模型构建

BPNN预测模型的构建需要分三步，首先需要抽取训练样本，使用拉丁超立方抽样（LHS）抽取100组样本数据，其次需要将抽取的数据输入到太阳辐射运算器中，记录对应参量得到的太阳辐射得热值，并将数据进行归一化处理，最后将归一化后的数据分组后输入给神经网络运算器进行训练，训练数据与验证数据以8：2的比例分组进行预测模型的训练，训练的目标是误差值和线性相关系数，误差值应尽可能小，线性相关系数则应尽可能大且趋向于1，对于隐藏层神经元数量、学习速率、迭代次数等进行反复优化，得到较为精确的冬夏季太阳辐射得热预测

模型（图20、图21）。

通过Octopus优化设置输入每代种群规模为100，精英保留率为0.5，突变率为0.2，交叉率为0.8，30代运算之后冬夏目标下的各参量值趋于稳定，经50代停止运算，整个过程使用i7-9750H中央处理器共耗时1h，最终选择了最后一代的非支配解作为神经网络预测模型的参数，并将其作为训练好的神经网络保存。经过训练后冬季与夏季情况下构建的神经网络误差均降低至0.1以下，冬季条件下最终误差为0.07051，夏季条件下最终误差为0.05234，线性相关系数冬季条件可达0.992001，夏季条件可达0.998028（图22、图23）。

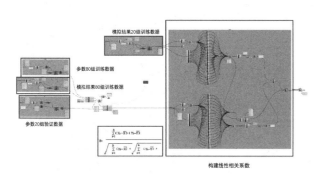

图 20　冬季神经网络训练（来源：作者自绘）

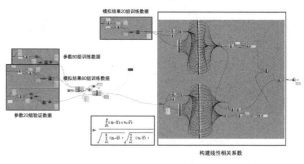

图 21　夏季神经网络训练（来源：作者自绘）

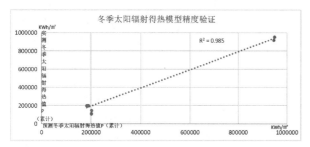

图 22　冬季太阳辐射得热模型精度验证（来源：作者自绘）

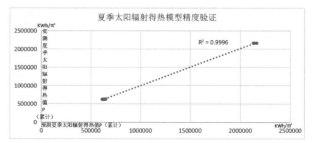

图 23　夏季太阳辐射得热模型精度验证（来源：作者自绘）

4.4　多目标优化

完成神经网络预测模型训练后则可将预测模型接入输入端对输出参数进行优化，输入数据作需作归一化处理，输出数据需作去归一化处理，最后对输出端进行多目标优化。优化目标有三个：夏季太阳辐射得热值、冬季太阳辐射得热值以及夏季和冬季太阳辐射得热值的差值。保持优化设置不变，优化20代左右各参量值趋于稳定，运算100代手动设置停止，整个过程使用i7-9750H中央处理器共耗时20min，得到帕累托前沿解曲线。从生成的图像上看（图24），冬季太阳辐射得热量与夏季太阳辐射得热量两个优化目标呈相反变化趋势，冬季目标和差值总体上是负相关关系，夏季目标与差值总体上是正相关关系（越靠近原点优化越好）。

4.5　测试结果分析

经过多目标优化过程共得到约13000个帕累托前沿解，将解集以散点图的形式绘出，可看出（图25）非支配解（参量）集中于0~3°区间范围内，且越向后优化越明显，即参量在0~3°范围内三个目标较易取得较好效果。为了更清楚地了解各目标相互之间具体关系，可以记录参量变化下目标值的变化来进行定量的分析（图26~图28），通过对图像的绘制可以发现，扭转参量在3°之前冬季目标总体较佳，夏季目标及二者差值相对较差，但距最佳数值相差不多；扭转参量超过3°之后夏季目标及二者差值相对较好，冬季目标总体较差，但距最佳数值差距不大，参量在2°~3°时目标值存在突变。

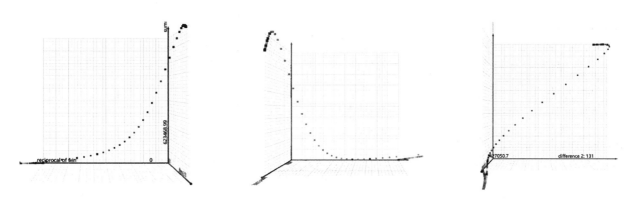

图 24　各目标之间关系图（夏与冬，冬和差值，夏和差值）（来源：作者自绘）

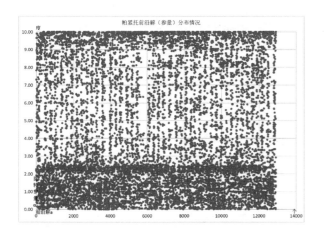

图 25　参量分布情况（来源：作者自绘）

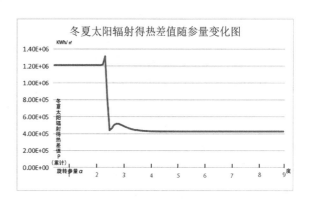

图 26　冬夏差值随参量变化图（来源：作者自绘）

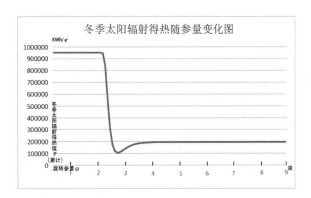

图27 冬季太阳辐射得热随参量变化图（来源：作者自绘）

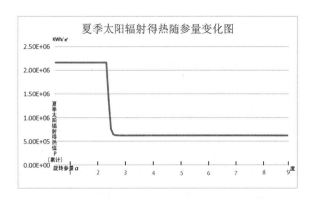

图28 夏季太阳辐射得热随参量变化图（来源：作者自绘）

5 结论

研究以寒冷地区高层办公建筑为研究对象、冬夏季太阳辐射得热综合利用为优化目标、建筑扭转单位角度作为优化设计参量，通过耦合BPNN与MOO技术开展了高层办公建筑形态优化设计，得到如下结论：

1）建筑扭转参量控制的高层办公建筑形态对于建筑太阳辐射得热有显著影响，通过对于扭转参量的控制和调节可以有效改善建筑室内热环境。

2）对于寒冷地区高层办公建筑每层扭转参量值宜在0～3°范围内选择，根据情况不同可进行调整，若调整则范围宜在2°～3°范围内，若更侧重冬季太阳辐射得热则参量值宜稍小，若侧重夏季太阳辐射得热以及兼顾冬夏两季则参量值宜稍大。

3）经过优化冬季太阳辐射得热累计最高值为120万千瓦时/平方米，相较于原形态增加25.18万千瓦时/平方米，夏季太阳辐射得热累计最低为60万千瓦时/平方米，相较于原建筑形态降低149.6万千瓦时/平方米。

参考文献

[1] Yuan T，Yan D，Qiang Z，et al. Thermodynamic and economic analysis for ground-source heat pump system coupled with borehole free cooling[J]. Energy and Buildings，2017，155.

[2] 林波荣，李紫微.面向设计初期的建筑节能优化方法[J]. 科学通报，2016，61(01)：113-121.

[3] St A，AY A，Raj B，et al. Optimization of building form to reduce incident solar radiation[J]. Journal of Building Engineering，28.

[4] Caruso G，Fantozzi F，Leccese F . Optimal theoretical building form to minimize direct solar irradiation[J]. Solar Energy，2013，97(nov.)：128-137.

[5] Jin J T，Jeong J W . Optimization of a free-form building shape to minimize external thermal load using genetic algorithm[J]. Energy and Buildings，2014，85：473–482.

[6] Zhou H，Lu Y，Liu X，et al. Harvesting wind energy in low-rise residential buildings：Design and optimization of building forms[J]. Journal of Cleaner Production，2017，167(nov.20)：306-316.

[7] Lu S，Li J，Lin B . Reliability Analysis of an Energy-Based Form Optimization of Office Buildings under Uncertainties in Envelope and Occupant Parameters[J]. Energy and Buildings，2019，209(6)：109707.

[8] Karaguzel O T，Zhang R，Lam K P . Coupling of whole-building energy simulation and multi-dimensional numerical optimization for minimizing the life cycle costs of office buildings[J]. Building Simulation，2014，7(2)：111-121.

[9] Lin Y H，Tsai K T，Lin M D，et al. Design optimization of office building envelope configurations for energy conservation[J]. Applied Energy，2016，171(Jun.1)：336-346.

[10] 任惠. 基于节能的寒地办公建筑性能优化模型构建与应用[D]. 哈尔滨：哈尔滨工业大学，2019.

[11] Rapone G，Saro O . Optimisation of curtain wall

faades for office buildings by means of PSO algorithm[J]. Energy & Buildings，2012，45(Feb.)：189-196.

[12] Sy A，Hk A，Th A，et al. Determining the optimal window size of office buildings considering the workers' task performance and the building's energy consumption[J]. Building and Environment，177.

[13] 陈航. 基于多目标优化算法的寒冷地区办公建筑窗口设计研究[D]. 天津：天津大学，2017.

[14] 周白冰. 基于自然采光的寒地多层办公建筑空间多目标优化研究[D]. 哈尔滨：哈尔滨工业大学，2017.

[15] 马卉. 基于日照得热的非标准形态高层办公建筑优化模型建构[D]. 哈尔滨：哈尔滨工业大学，2018.

[16] Jian Y . Prediction of Building Energy Consumption at Early Design Stage Based on Artificial Neural Network[J]. Advanced Materials Research，2010，108(1)：580-585.

[17] Kumar R，Aggarwal R K，Sharma J D . Energy analysis of a building using artificial neural network：A review[J]. Energy & Buildings，2013，65(oct.)：352-358.

[18] 刘倩倩. 方案设计阶段建筑高维多目标优化与决策支持方法研究[D]. 哈尔滨：哈尔滨工业大学，2020.

[19] Li K，Pan L，Xue W，et al. Multi-Objective Optimization for Energy Performance Improvement of Residential Buildings：A Comparative Study[J]. Energies，2017，10(2)：245.

[20] Futrell B J，EC Ozelkan，Brentrup D . Bi-objective optimization of building enclosure design for thermal and lighting performance[J]. Building & Environment，2015，92(oct.)：591-602.

[21] Fba B，Nra C，Vdf A . An efficient metamodel-based method to carry out multi-objective building performance optimizations[J]. Energy and Buildings，206.

[22] Asadi E，Silva M，Antunes C H，et al. Multi-objective optimization for building retrofit：A model using genetic algorithm and artificial neural network and an application[J]. Energy & Buildings，2014，81：444-456.

基于未来学校学习场景的小学普通教室边界空间设计研究

陈科　常远

作者单位
重庆大学建筑城规学院

摘要： 我国一线城市的学位紧张问题在三胎政策开放后将更加明显，教室空间的容量面临严峻挑战，而第四次信息技术革命让信息的获取更加扁平、透明，也让当代小学学校更重视培养学生自主化、多样化的学习能力。本文依托于我国未来学校理念的发展趋势，提炼新时代下教育理念对于空间的设计影响因素，着力于分析多样化学习场景下边界空间设计要素构成，寄希望推动我国小学普通教室的优化与更新。

关键词： 未来学校；边界空间；普通教室；学习场景；多样化学习

Abstract: The degree shortage in China's first tier cities will become more obvious after the opening of the three child policy, and the capacity of classroom space is facing severe challenges. The fourth information technology revolution not only makes the access to information more flat and transparent, but also makes contemporary primary schools pay more attention to cultivating students' Autonomous and diversified learning ability. Relying on the development trend of future school ideas in China, this paper refines the influencing factors of educational ideas on space design in the new era, focuses on analyzing the composition of boundary space design elements under diversified learning scenes, and hopes to promote the optimization and renewal of ordinary classrooms in primary schools in China.

Keywords: Future School; Boundary Space; Ordinary Classroom; Learning Scenes; Diversified Learning

1 起因：新时代未来学校理念下学习场景的转变与挑战

我国原教育部科技发展中心主任李志民教授指出，人类正在经历"第四次信息技术革命"，信息技术的出现和进一步发展将使人类生产和生活发生巨大变化，引起经济和社会变革。[1]在信息化、智能化社会驱动下，科技和产业迎来又一轮革新，这使得从工业革命以来的"教室与铃声"模式不再适用于当下信息开放的时代，学校从原本"传授知识"演变为"传授如何掌握知识"（图1），再伴随我国教育部"双减"政策推出，改变现有教与学空间环境已成为一种社会性期待。中国教育科学研究院未来学校实验室发布于2016年的《中国未来学校白皮书》[2]中提及未来学校应革新学习场景，学校应提供学生多样化的学习空间，并构建新型学习社区，次年教育部学校规划建设发展中心提出《未来学校研究与实验计划》[3]，通过应用新理念、新思路、新技术，面向未来推动学校形态变革和全方位改革创新，2018年和2020相继推出的《中国未来学校2.0：概念框架》[4]《中国未来学校2.0创新计划》[5]均是在讨论我国未来学校的发展趋势和独特性。因此，学习空间随着教育模式转变为具备多样化学习条件的多义性空间，小学普通教室空间服务核心对象应由授课老师转向自主学习的学生，授课、课间及课余活动也应由单一线性转变为灵

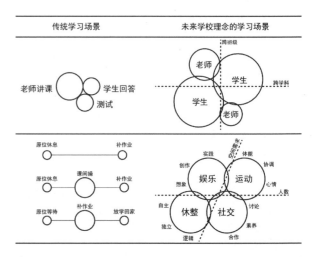

图1　小学学习场景转变（来源：作者自绘）

活、多线并存的组织模式，小学学校的学习场景正发生前所未有的变化。

尽管小学校园用地紧张，新建校园仍有指向未来学校理念的趋势。设计策略上大体可分为三类倾向。第一类是"福田新校园行动计划"为代表的[6]，以规范作为突破口，讨论《中小学校设计规范》GB 50099-2011[7]（后简称《规范》）的适用合理性，寻求针对地域特征、气候特点、场地特性、学生体能、空间可达性等角度，以设计策略、新技术、新理念、新型投标模式予以回应。第二类以空间复合利用为突破口，决策层、管理层、设计方共同沟通，将校园用地弹性化、分时段、分区域开放，从而实现节省用地、丰富教学的目的，例如土木石建筑设计事务所的深圳红岭中学（石厦校区）[8]以及汤桦建筑设计事务所的深圳市桂园中学方案设计[9]。第三类为空间环境品质提升的精细化设计，例如Crossboundaries事务所的北大附中朝阳未来学校改造项目[10]、中国西南建筑设计研究院的成都蒙彼利埃小学改扩建项目等[11]，他们聚焦于存量空间的变化，开发与探索空间利用最大

化为目的，以此改善校园教与学的空间环境。本文则聚焦于未来学校背景下小学普通教室边界空间变化，为小学学校争取更多可复合利用的空间面积，使之能有开展多样化学习场景的可能。聚焦于微观空间，关注于"边角料"地带，将有益于未来学校理念的具体实施。

2 小学普通教室边界空间的定义、趋势及特征

若设计具体场景，边界空间设计是其中不可或缺的一部分，在多数情况下边界空间被视为视觉性质的边界，而具备深度和厚度的边界空间在操作上有若干可能性。出于各类规范限定和主观设计倾向的影响，边界空间不局限于自身实体厚度，还承载一定容量空间，在广义上，墙体及其辐射的廊道、阳台、配套活动室等都可视为普通教室边界空间的一部分，与普通教室同样具备一定深度的研究价值（图2）。

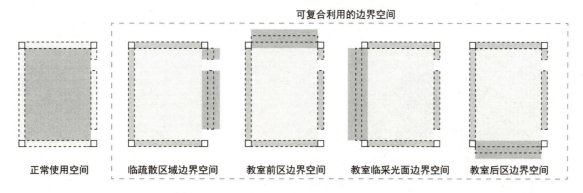

可复合利用的边界空间

| 正常使用空间 | 临疏散区域边界空间 | 教室前区边界空间 | 教室临采光面边界空间 | 教室后区边界空间 |

图2 小学普通教室边界空间范围（图片来源：作者自绘）

为明确普通教室边界空间的发展特征，笔者基于对近年深圳及上海三十余所中小学的调研情况，边界空间的发展具有三个较为明显的要素变化（图3）。一是教室空间容量的扩大现象，由于边界空间具有厚度带来空间容量，从使用途径上可分为功用性和展示性，包括规范层面要求的储物空间，以及其他支持未来学校理念开展的必要性收纳空间，在未来学校的教育理念推动下，对于纯粹、干净、好用的教室空间要求会更高，势必需要教室提供足够的收纳量。二是教室使用多元化带来的边界变动，教与学情境在小学学校中转向寓教于乐的趋势，师生、学生之间的联

系会变得更加灵活，空间的划分不再局限于具体某个班级，而是扩大到所有可以开放的空间，结合空间符合利用的特征，考虑学习空间分时、分段开放的管理原则，边界空间的可移动式设计需做出更多元的变化。三是媒介、技术影响下的场景互动性在小学的教与学环境中更加突出。垂直界面本身可以用于悬挂或展示，实体边界也可采用外挂、嵌入、相邻等操作置入设备或装置，边界空间与人的关系更加紧密，尺度也更适宜于人的使用，用于支持多样化学习的开展，可以进一步提供不同教与学场景的互动需求。

3 新时代教与学情境下普通教室边界空间设计要素分析

3.1 边界空间储量最大化

收纳空间作为小学普通教室中必不可少的一环，与边界空间的关联是紧密且协调的。《中小学规范》GB 50099-2011[7]的5.2.3条指出，要求为每个学生设置一个专用储物柜，这反映了收纳空间的重要性，在未来学校理念支持下的多样化学习空间对于环境的纯净程度的要求是较高的，对于物体的收纳是开展教与学场景的必要条件之一，仅提供满足教学的收纳空间是不足的。根据走访及调研结果，小学普通教室收纳对象分为学生储物、教师用具、学生展示、设备收纳、清洁用具、杂物堆放六种，可划分为两类，一类为支持、服务教学需求的功用性空间，包含学生个人用品储存、教师临时教具、清洁公共用具，以及部分临时道具、桌椅或杂物等的收纳。而另一类则是面向推广、宣传的展示性收纳空间，可用于表彰个人或班级的荣誉奖品，

也可以储存学生个人手工作品等，这类收纳空间往往具有一定透明性，学生可与其发生视觉或肢体的接触。

图3 小学普通教室边界空间发展趋势（来源：作者自绘）

为分析边界空间中收纳空间的比重关系，根据《规范》中小学标准普通教室要求，设定边界容量与收纳容量比值关系以求得容积参考系数，以图中为例（图4），求得收纳空间与边界空间的比值D_{max}，[①]故在不考虑边界空间的其他使用情况时，收纳空间随着边界空间的增大而增大。以收纳空间与墙、柱的容积比值可知，$E \geq 1.00$则收纳空间在边界空间中占主要成分，这意味边界空间的有效储物空间是教与学空间环境优化的必要条件之一，是边界空间最主要的功能承载，以此作为评判小学普通教室边界空间的储物空间利用效率，同时作为边界空间储物量的设计参考。

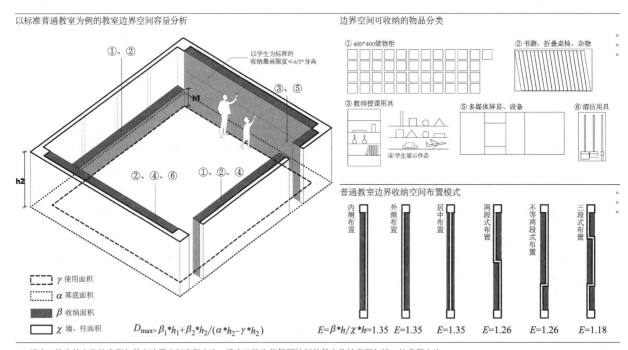

设定D值为教室收纳容积与教室边界空间容积之比、设定E值为相邻两柱间的教室收纳容积与墙、柱容积之比

图4 教室边界空间容量分析（图片来源：作者自绘）

---

① 设定D值为教室收纳容积与教室边界空间容积之比；设定E值为相邻两柱之间的教室收纳容积与墙、柱容积之比

3.2　普通教室空间尺度灵活化

除了作为收纳空间，普通教室边界空间还作为普通教室尺度变化的"闸门"，小学普通教室作为学生主要的学习场所，不可避免在学习场景转换时发生人流的潮汐性变化。根据边界空间设计策略不同，边界空间的类型可总结为分隔、虚实以及移动三类（图5），其中移动化的边界空间可产生空间尺度的变异，是边界空间的互动要素之一，因此结合边界空间的可移动性，可转换普通教室不同尺度的学习场景。

在现有的小学学校教与学环境中，学校的边界多为如图6所示的常规授课模式，但在近年新建的学校中，设计方意识到教学空间流动的可能，对教室边界做出改变。在现象层面，大致将普通教室面向五类空间开放，分别是阳台、廊道、公共休息室、公共空间以及相邻教室。结合普通教室的边界空间处理，能更大程度实现普通教室的不同学习模式转变（图6）。

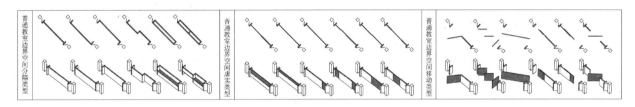

图5　普通教室边界空间变化类型图（来源：作者自绘）

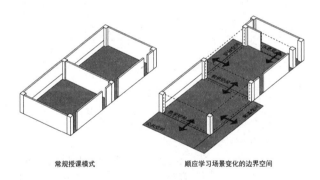

常规授课模式　　　　顺应学习场景变化的边界空间

图6　小学普通教室边界空间转换分析（来源：作者自绘）

3.3　学习场景互动要素多样化

在小学学校中要提供怎样的未来学校学习场景，除了上述的两类边界空间互动要素可用于支持教与学以外，还包括其他相关因素。经过实地调研及资料整合，对小学学校边界空间类型进行分类研究。从学习行为出发，以学生个人学习习惯作为参考点，依据边界空间的水平、竖向、厚度等特性，选取六个具备一定代表性的近年新建小学学校（图7）。针对六个学校中普通教室边界空间的设计特征，提取出边界空间互动要素，分别对应收纳、移动、展示、坐卧、操作五类，以此探讨基于新时代教育理念的未来学校小学普通教室营造策略，但仅提取要素是缺乏设计依据的，结合未来学校人才培养目标，以学习行为为导向，以此深入分析边界空间与行为的关系。

因此，为确定边界空间设计要素的可行性，提取新时代教育理念下的常见学习模式及行为，结合未来学校对于学习空间形式的要求，从边界空间的作用对象分析，回溯到学生学习模式与学生学习行为两个影响因素，建立与边界空间互动要素的关系。在普拉卡什·奈尔（Prakash Nair）等人设定了多样化学习的二十种学习模式。[12]从独立学习到团队的教与学，范围涵盖了个人及群体，再与未来学校白皮书的二十类学习方式进行对照分析，总结并将其作为空间表征的学习现象，该学习模式分类对建立边界空间互动要素具有一定参考性。另引用索恩伯格对于"学习的远古比喻"，[13]可总结为个人学习类、实验学习类、请教学习类、合作学习类四种学习类别，以此对应未来学校中多样化、非正式的学习需求，并结合具体的学生学习行为，例如思考、阅读、观看、写作等，分析边界空间互动要素在其中的作用，以此作为设计未来小学学校学习场景的参考系（图8）。

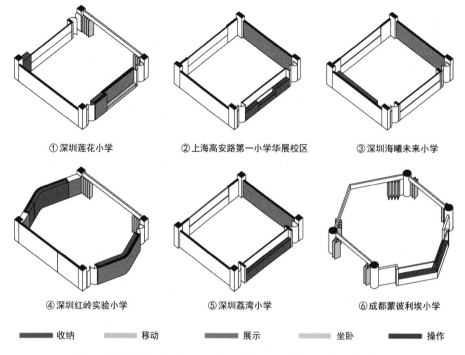

① 深圳莲花小学　　② 上海高安路第一小学华展校区　　③ 深圳海曦未来小学

④ 深圳红岭实验小学　　⑤ 深圳荔湾小学　　⑥ 成都蒙彼利埃小学

████ 收纳　　████ 移动　　████ 展示　　████ 坐卧　　████ 操作

图 7　小学普通教室边界空间互动要素类型分析（来源：作者自绘）

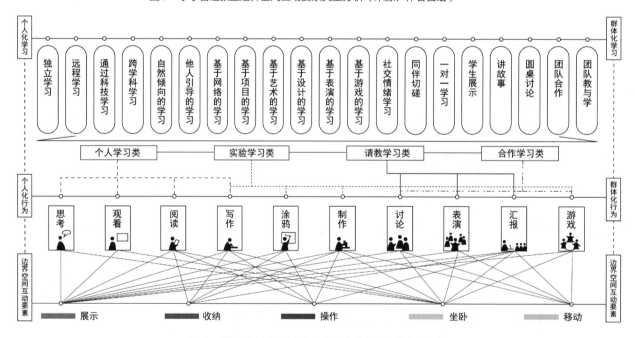

图 8　学习场景与边界空间互动要素（来源：作者自绘）

4　结语

依托于未来学校理念的教与学思想，我国小学学校普通教室边界空间设计目标是为了促进更多元、更自主、更灵活的学习场景展开，其核心目的是培养小学学生的自主学习能力，研究策略是从新时代教育理念影响下边界空间设计的要素特征。但不可回避的

是，设计者需要考虑学生正常收纳所需的容量问题、多样化教学带来的教室内部功能置换问题以及围护属性带来的采光、隔热、气密、降噪等物理影响因素，也有待更多学者研究技术背景下普通教室边界空间的设计特征转变，以更好促进小学普通教室的转型与更新。

伴随知识的扁平化，人们对于信息的获取将更加自如，智能化设备介入到生活后，边界空间也随之面临更新。结合投影、触控、音响、体感等多媒体设备开展多样化教学，在边界空间中嵌入智能设施已不是天方夜谭，同时，也应注意对于小学生身心健康的保护，减少电子设备所带来的辐射过强、电压过高、质感不佳等使用问题。本文着眼于小学普通教室边界空间的要素特性，作为研究未来学校理念下多样化学习场景的一类视角，为此后普通教室边界空间设计相关研究提供策略上的铺垫，寄期望推动小学学校普通教室的转型与优化，以促进小学生的身心全面发展。

参考文献

[1] 李志民. 人类历史上的四次信息技术革命[EB/OL]. https://ict.edu.cn/html/lzmwy/xxjs/n20180122_47253.shtml, 2017-12-12/2021-01-16.

[2] 王素，曹培杰，康建朝，苏红，张永军，赵章靖，张晓光. 中国未来学校白皮书[R]. 北京：中国教育科学研究院未来学校实验室，2016.

[3] 教育部学校规划建设发展中心. 未来学校研究与实验计划[EB/OL]. https://www.csdp.edu.cn/article/3467.html, 2017-10-10.

[4] 中国未来学校实验室.《中国未来学校2.0创新计划》[EB/OL]. https://www.sohu.com/a/366163900_793135, 2020-01-10.

[5] 中国未来学校实验室.《中国未来学校2.0：概念框架》[EB/OL]. https://www.sohu.com/a/274398696_793135, 2018-11-10.

[6] 朱涛. 边界内突围 深圳"福田新校园行动计划——8+1建筑联展"的设计探索[J]. 时代建筑，2020(02)：45-53. DOI：10.13717/j.cnki.ta.2020.02.012.

[7] 中华人民共和国住房和城乡建设部.《中小学校设计规范》GB 50099-2011[S]. 北京：中国建筑工业出版社，2010.

[8] 土木石建筑设计事务所. 深圳红岭中学（石厦校区）[EB/OL]. http://www.tumushi.com/news/201804/1524037842984.html, 2018-04-18.

[9] 汤桦建筑设计事务所. 深圳市桂园中学[EB/OL]. http://tanghuaarchitects.com/project/深圳市桂园中学, 2018.

[10] 蓝冰可，董灏. 北大附中朝阳未来学校改造项目[J]. 建筑学报，2018(06)：50-55.

[11] 中国建筑西南设计研究院有限公司. 成都蒙彼利埃小学改扩建[EB/OL]. https://www.gooood.cn/chengdu-montpellier-primary-school-extension-design-china-by-cswadi.htm, 2021-09-22.

[12] （美）约翰·杜威. 我的教育信条[M]. 上海：华东师范大学出版社，2015.

[13] （美）戴维·索恩伯格. 学习场景的革命[M]. 杭州：浙江教育出版社，2020.

基于折纸艺术的建筑自适应表皮形态设计研究

李彦慷 梁滢 夏梦骐 刘婧一 徐艺文

作者单位
哈尔滨工业大学建筑学院
哈尔滨工业大学寒地城乡人居环境科学与技术工业和信息化部重点实验室

摘要： 建筑自适应表皮是响应动态环境影响和使用者需求的重要系统。文章基于传统折纸艺术，提出了三种以折叠为运动形式的自适应表皮原型。通过参数化建模和光环境性能模拟，验证了三种自适应表皮形态设计原型能够有效改善建筑室内光环境。

关键词： 自适应表皮；折纸艺术；光环境；计算性设计

Abstract: Adaptive building façade is an essential system responding to dynamic environmental influence and user demand. Inspired by origami, this paper raises three adaptive façade prototypes with folding movements. Through parametric modeling and light environment performance simulation, three adaptive façade prototypes are proven to be effective in optimizing the indoor light environment.

Key words: Adaptive Façade; Origami; Indoor Light Environment; Computational Design

1 概述

随着建筑绿色性能标准的持续提升，主动式与被动式节能技术将综合应用于建筑设计与运维过程[1][2]。建筑表皮作为室内外环境的交互界面，对建筑能耗起着至关重要的作用[3]。国内外学者对于自适应表皮的相关研究已经开展多年，经过实践研究，逐渐形成了从物理环境出发的自适应表皮设计和在动态学意义上的表皮设计两个方面的理论体系[4]。建筑自适应表皮研究涵盖了多个方面，从案例分析[5]到建筑自适应表皮节能效果[6]、室内物理环境优化潜力[7]、自适应表皮控制策略[8]等，再到建筑自适应表皮设计方法，都已有了较为系统的研究。同时，代尔夫特理工大学的建筑界面研究小组基于气候适应性，提出了"环境参数化"的自适应表皮设计方法，以此展开了建筑表皮的自适应研究；在响应式建筑表皮设计方面，伦敦大学学院（UCL）的互动式建筑实验室（Interactive Architecture Lab）展开了自适应表皮的实验实践[9]，Jae Wan Park[10]提出且实验验证了互动式表皮构造的设计方法；面向建筑能耗和视觉舒适性能，哈尔滨工业大学韩昀松教授探索了基于计算性思维的建筑自适应表皮设计方法[11][12]。

随着我国公共建筑数量的不断增加，公共建筑的体量也在不断增大。据统计，我国建筑能耗的20%来自大型公共建筑其外围护结构作为传导媒介而产生的，注重建筑表皮的生态设计对减少能耗起到极其重要的作用。但在方案设计阶段，随着功能的多样化和复杂化，表皮设计的形态可能会出现矛盾，如通风、遮阳、公共建筑（大于200000平方米），这些大型公共建筑单位面积的耗电量是普通建筑的10到15倍[3]。不同的建筑类型产生不同能耗，也有不同的能耗源。与此同时，公共建筑的能耗多为采光、得热等[13][14]。当代自适应表皮设计正是融合雕塑的审美价值、建筑的实用性、表皮的动态物理性能，与环境因素的回应之间达到一种完美的平衡，逐渐引领当代建筑设计的一股潮流[15]。自适应表皮建筑由于建造成本过高、机械工艺繁琐以及后续的维护费用等一系列问题，始终无法在我国成为建筑重要分支[4]。建筑自适应表皮的国内外相关案例较少，目前的实践与研究刚刚起步，仍然多采用传统的设计模式与设计方法，对于表皮如何动态回应环境因素的变化缺乏考虑[2][16][17]。然而在衡量现实环境的不利因素与目前自适应表皮所能实现的作用后，甲方往往不被建筑自适应表皮打动。因此，对于自适应表皮的相关研究缺少实例也就难以进行[4]。故国内目前大部分自适应表皮为百叶状或双层玻璃幕墙[18]，缺乏美感的同时，不能够满足更多更复杂的表皮变换。但由于建筑表皮可变的特殊性，表皮的生成关乎环境因素，故自适应表皮的设计需着手全过程，并针对目前中国的建筑设计情况，首先建立建筑自适应表皮适应环境变化的设计流程[19]。

折纸与几何学结合形成的多变形态不仅能满足自适应表皮的设计，而且设计出的变换的表皮形态还十分美观[20]，因此我们尝试将折纸艺术结合拓扑几何应用于建筑自适应表皮的设计中，通过对表皮构件的智能调控，在Rhino中应用Grasshopper及Ladybug等插件模拟，重复调整各项环境因素数据，以适应不断变化的气候环境，满足建筑需求[19][21][22]。本文旨在提出基于折纸艺术的建筑自适应表皮形态设计原型，拓展建筑自适应表皮形态设计思路。

2　旋转折叠表皮

2.1　表皮设计概念

现有折纸方案"折纸螺旋"有折痕简单、形态美观多变、单体层数可调节等特点。单体初始形态近似正方形，适合紧密排列；在运动过程中由平面形态转变为空间形态，且投影面积变化趋势为不断减小，因此单体间的缝隙可利用。经过分析认为，该基本形态单元运动方式较为复杂，可以做到对建筑环境条件，如风、光的控制，有应用于建筑表皮的价值。因此经

过简单计算和性能模拟，由折纸方案改造获得旋转表皮方案（图1）。

2.2　物理模型分析

如图2所示，折纸方案材料为直角梯形，所得基本单元底层不是矩形，且每一层面积逐渐减小。为降低计算难度，生成初步旋转表皮方案时将材料改为矩形，获得投影为正方形的基本单元。在制作物理模型时，以层数为3或4的基本单元为例。

基本单元层数为4时，有四种中间状态。基本单元层数为3时，有三种中间状态（图3、图4）。

由物理模型分析可知：

（1）在旋转过程中，基本单元总面积与各层材料之间的重叠面积都是随着旋转角度的增加而先递增，后递减地变化。

（2）由最初状态旋转至最终状态时，最上层旋转角度与层数有关。$R=120°（m-1）$（R为旋转角度，m为单体层数）

2.3　参数化建模

该表皮的初始形态为正四边形，通过旋转形成正投影为莱洛三角 (Reuleaux triangle) 的立体几何图形。在Grasshopper中根据其几何特点进行建模，通过控制由中心放射的三条主要折痕曲线来控制几何形状的折叠，并利用 EdgeSrf 工具通过边缘曲线创造曲面，完成对表皮的参数化模型建立（图5）。表皮最终折叠形态如图6所示。

图1　"折纸螺旋"基本形态单元

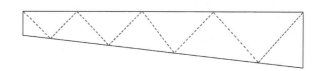

图2　折纸材料折痕示意图

图3　四层旋转表皮模型的四种中间状态

图4　三层旋转表皮模型的三种中间状态

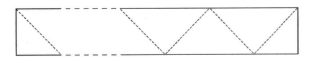

图5　旋转折叠表皮折痕示意图

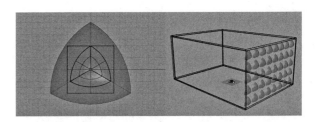

图6　旋转折叠表皮参数化模型

2.4　性能模拟验证

在Grasshopper中利用Ladybug及Honeybee插件进行DA性能模拟、光照模拟及眩光分析。验证该表皮对改善光环境的有效性。模拟参数设置（表1）主要包括几个方面：分析地区EPW文件、分析位置、精度等。

研究对象为哈尔滨地区某南向采光教室，开间8米，进深6米，净高3.6米。眩光分析测点为房间地面中心点往上1.2米。通过对该房间及自适应表皮进行建模和光环境模拟，表明表皮折叠状态下，房间光照比较均匀，能有效减少不适眩光的发生（图7~图9）。

模拟实验电池组输入端一览表　　　　　　　　　　　　　　表1

模块名称	参数	参数输入	参数说明
Ladybug_ImportEPW	_weatherFileURL	ladybug.tools/epwmap	输入哈尔滨气象资料
Ladybug_ComfortMannequin	rotationAngle_	341	输入旋转角度
	bodyLocation_	point	输入中心点
Honeybee_Generate Standard CIE Sky	_month	6	输入月份
	_day	21	输入日期
	_hour	10	输入时刻
Honeybee_RADParameters	_ab_	3	漫反射光线次数：3次

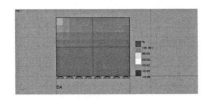

图7　旋转折叠表皮DA性能模拟结果

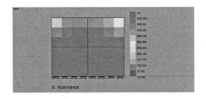

图8　旋转折叠表皮光照模拟结果

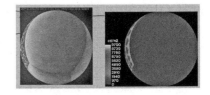

图9　旋转折叠表皮眩光分析

3　开合折叠表皮

3.1　表皮设计概念

受到某个具有独特打开方式的礼物纸盒启发，发现其折痕简单，且能够完全开合，可以在控制建筑的声、光、风条件等领域得到应用。

3.2　物理模型分析

首先折出原型纸盒，分析关键部分的折痕构

成及折叠原理，再在其基础上探索，对形态做出调整。展开纸张，在纸盒基础上将盒盖边缘部分上翻，便于清晰地展示出关键处的折痕。红线标出折痕的部分是可用于建筑可变表皮的部分。该部分的开合利用了三角形处缺口，各面之间互相容纳、契合，达到同步伸缩、最终铺满底面的效果（图10、图11）。

底面为正四边形时，构成底面的共四个元素，个数为底面图形的边数；每一块元素由两个互成镜像的梯形组成，其中较小角的角度为45°，即正四边形的各条对角线与其对应边形成的角度,以此折叠(图12)。依照此规律,就能够做出不同边数的等边图形。

当底边为正六边形时,构成底面的共六个元素,每一元素中较小角的角度为60°,以此折叠(图13、图14)。

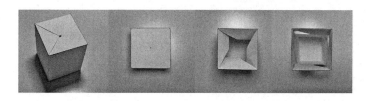

图 10 折纸纸盒

图 11 四边形折叠物理模型分析

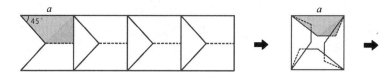

图 12 四边形折叠规律图示

图 13 六边形折叠物理模型

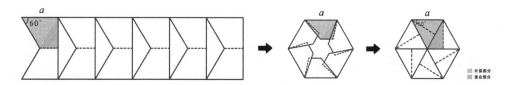

图 14 正六边形折叠规律图示

以此类推,当底边为正 n 边形时,构成底面的共有 n 个元素,每一块元素中较小角的角度为 $(n-2)$ $90°/n$。

3.3 参数化建模

该表皮采用了折叠和滑动运动的模式,在变化过程中表皮上下层结构逐渐重叠。在Grasshopper中创建控制折痕与上下表皮边缘的控制点,通过滑块(slider)工具控制点的位移。利用 Construct Mesh 工具将边缘点转化为网格。根据需要设置滑块的数值即可控制表皮的折叠与开放,实现折纸中的几何运动(图15)。

3.4 性能模拟验证

研究对象为哈尔滨地区某南向采光教室,开间8米,进深6米,净高3.6米。眩光分析测点为房间地面中心点往上1.2米。性能模拟参数输入如表1。

表皮折叠状态下DA性能模拟结果和光照模拟结果表明,表皮从折叠向展开过程中运动时,整体照度明显上升,且在完全展开状态时由于内表面漫反射作用,房间光照均匀,所有网格照度均在500lux附近。通过眩光分析得出,表皮折叠过程中,光线呈点状分布,不适眩光减少(图16~图18)。

图15 开合折叠表皮参数化模型

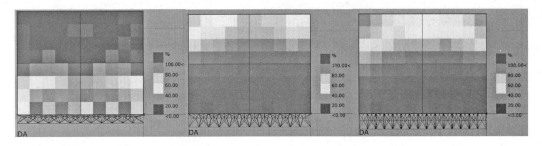

图16 开合折叠表皮三种状态下 DA 性能模拟结果

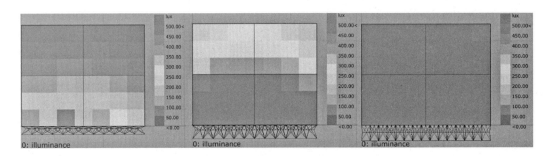

图17 开合折叠表皮三种状态下光照模拟结果

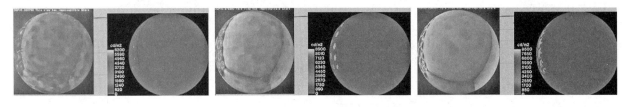

图18 开合折叠表皮三种状态下眩光分析

4 六边折叠表皮

4.1 表皮设计概念

该自适应表皮以正六边形为底板，切去6个三角形，在中心建立折痕，形成一个单体。连接相同但旋转60°的镜像单体，形成双层结构。随着向内的折叠，其可从平面状态过渡为立体状态，在变化过程中有遮光模式、漫反射模式和直射模式三种状态，可有效调节建筑内部光环境质量。且在直射模式下，可在

地面产生富有韵律感和节奏感的光影效果，在实现功能的同时兼顾美的需求。

该设计主要应用镶嵌几何学原理。根据镶嵌几何学，正三角形、正四边形和正六边形能覆盖整个平面，且每个几何图形之间不存在空隙、也不重叠。该自适应表皮设计思路可推广应用于正三角形和正方形等几何图形，具有广泛的适应性。

4.2 表皮物理模型

原型选用硬卡纸作为物理模型制作材料。实际

应用中外表面可选用太阳能板等光伏材料,内表面可选用漫射率较高的白色PVC板等材料(图19、图20)。

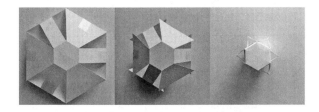

图19 六边折叠表皮运动过程物理模型

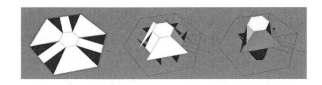

图20 六边折叠表皮参数化模型

4.3 参数化建模

该表皮由上下两层相同但对称且旋转60°的单体构成。在Grasshopper中首先绘制出外部的六边形轮廓及内部的六边形折痕并使用Endpoint工具提取折痕的端点。利用Construct Mesh工具将端点形成网格。通过滑块控制折痕角度来实现折叠运动,并保持边缘长度为定值实现折纸效果。完成单体建模后镜像对称,连接折痕对应点完成参数化模型建立。

4.4 性能模拟验证

研究对象为哈尔滨地区某南向采光教室,开间8米,进深6米,净高3.6米。眩光分析测点为房间地面中心点往上1.2米。性能模拟参数输入如表1。

通过DA性能模拟结果得出,表皮从闭合到开放的运动过程中可以有效控制室内采光量,在表皮完全打开时,房间内所有位置全自然采光百分比(DA)都达到了80%以上,显著改善了室内采光质量,且并未照成强烈眩光。根据光照模拟结果,表皮从闭合到打开过程中房间照度逐渐上升,且越靠近窗照度越高,稍有不均(图21~图23)。

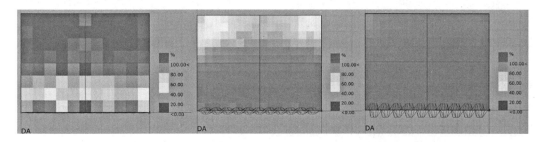

图21 六边折叠表皮三种折叠状态下DA性能模拟结果

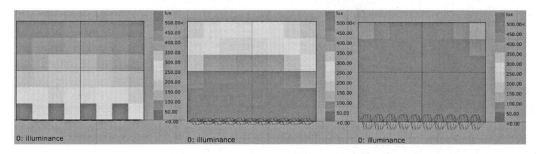

图22 六边折叠表皮三种折叠状态下光照模拟结果

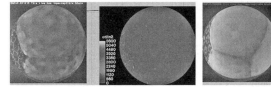
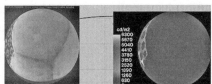
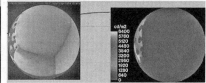

图23 六边折叠表皮三种折叠状态下眩光分析

5　结论

本研究提出了三种基于折纸艺术的表皮原型。表皮1通过扭转实现由平面正方形向立体三棱锥的转换，表皮2通过推拉实现在自身体量不变的情况下改变口径的大小，表皮3则是通过推拉实现自身形态的变化。在成功建成三种表皮原型的Grasshopper模型后，小组成员运用Ladybug与Honeybee插件对其进行了室内光环境分析，包括眩光分析、Daylight Autonomy(DA)全自然采光百分比计算以及Illuminance光照强度的计算。

本次模拟采取了表皮1透光率为55%的最终形态，表皮2透光率为5%、25%和90%的三种形态以及表皮3透光率为5%、25%、50%的三种形态。

通过模拟发现，随着表皮型态的改变，室内光环境也随之发生明显变化，随着透光面积的增加DA与Illuminance数值明显增加，且增长率逐渐减小。但3种表皮也各不相同，透光率上，表皮1范围是0～55%,表皮2是0～100%，表皮3是0～80%，可见表皮2的范围最广。此外，表皮1与表皮3均是通过改变自身的形态大小从而改变通光量，而表皮2则是在不改变自身体量的情况下，通过改变口径大小调节通光量。由眩光分析结果可得前者光线均匀呈片状分布，但更容易造成光线过强；后者光线分散且强度不同呈点状分布，较不容易产生过强光线。

总而言之，三种表皮各有优缺点，接下来的研究中，应综合考虑表皮形态、眩光分析结果、DA以及Illuminance计算结果，选择综合评价最优的表皮并不断进行深层次的改良优化，得出符合审美与功效的基于折纸艺术的表皮原型。

参考文献

[1] 韩昀松，王加彪. 人工智能语境下的寒地建筑表皮智能化演进[J]. 西部人居环境学刊，2020，35(02): 7-14.

[2] 孙澄，韩昀松. 基于计算性思维的建筑绿色性能智能优化设计探索[J].建筑学报，2020(10): 88-94.

[3] 殷青，邵滨荟，韩昀松. 建筑自适应表皮的环境响应方法研究与应用[J].世界建筑，2022(02): 100-107.

[4] Yuxiao Wang, Yunsong Han, Yuran Wu, Elena Korkina, Zhibo Zhou, Vladimir Gagarin, An occupant-centric adaptive façade based on real-time and contactless glare and thermal discomfort estimation using deep learning algorithm[J]. Building and Environment, Volume 214, 2022, 108907.

[5] BOWMAN R, SCHULZE F. Building a Masterpiece: Milwauke Art Museum[M]. London: Lund Humphries Publishers, 2009.

[6] AHMEDMMS, ABDEL-RAHMAN A K, BADY M, et al. The Thermal Performance of Residential Building Integrated with Adaptive Kinetic Shading System[J]. International Energy Journal, 2016, 16(3): 97-106.

[7] OLBINA S, HU J. Daylighting and Thermal Performance of Automated Split-controlled Blinds[J]. Building & Environment, 2012, 56: 127-138.

[8] YUN G, YOON K C, KIM K S. The Influence of Shading Control Strategies on the Visual Comfort and Energy Demand of Office Buildings[J]. Energy and Buildings, 2014, 84: 70-85.

[9] 福伦，沈晓飞. 环境参数化气候协同与适应性建筑界面原型设计[J]. 时代建筑，2015(2): 42-47.

[10] PARK J W, HUANG J, TERZIDIS K. A Tectonic Approach for Integrating Kinesis with a Building in the Design Process of Interactive Skins[J]. Journal of Asian Architecture and Building Engineering, 2011, 10(2): 305-312.

[11] SHEN Linhai, HAN Yunsong.Optimizing the modular adaptive façade control strategy in open office space using integer programming and surrogate modeling [J].Energy and Buildings, Volume 254, 2022, 111546.

[12] HAN Yunsong, SHEN Linhai, SUN Cheng. Developing a parametric morphable annual daylight prediction model with improved generalization capability for the early stages of office building design[J]. Building and Environment, Volume 200, 2021, 107932.

[13] 梁静，冯白宇. 浅谈建筑自适应表皮组织结构和运动方式[J]. 建筑与文化，2019(09): 34-36.

[14] 冯白宇. 光舒适导向下的寒地办公建筑自适应表皮设计研究[D]. 哈尔滨: 哈尔滨工业大学，2019.

[15] Estelle Cruz, Tessa Hubert, Ginaud Chancocoe, Omar Naime, Natasha Chayaamor-

Heilf，Raphaël Cornetteg，Christophe Menezoh，Lidia Badarnahi，Kalina Raskina，Fabienne Aujardb Design processes and multi-regulation of biomimetic building skins：A comparative analysis(2021)

[16] 刘畅.小城镇中心商业区空间形态对建筑能耗影响研究[D].哈尔滨：哈尔滨工业大学，2020.

[17] 舒欣，季元.整合介入——气候适应性建筑表皮的设计过程研究[J].建筑师，2013(6)：12-19.

[18] 石峰，郑伟伟，金伟.可变建筑表皮的热环境调控策略分析[J].新建筑，2019(02)：97-101.

[19] 石峰，周晓琳.基于Ladybug Tools的可变建筑表皮参数化设计方法研究[J].新建筑，2020(03)：70-75.

[20] Le-Thanh Luan，Le-Duc Thang，Ngo-Minh Hung，Nguyen Quoc-Hung，Nguyen-Xuan H. Optimal design of an Origami-inspired kinetic façade by balancing composite motion optimization for improving daylight performance and energy efficiency[J]. Energy，2021，219.

[21] R.C.G.M.Loonen，M. Trčka，D. Cóstola，J. L. M. Hensen. Climate adaptive building shells：State-of-the-art and future challenges[J]. Renewable and Sustainable Energy Reviews，2013，25.

[22] 石峰，胡赤，郑伟伟.基于环境因素动态调控的可变建筑表皮设计策略分析——以国际太阳能十项全能竞赛作品为例[J].新建筑，2017(2)：54-59.

老年人照料设施内
建筑环境与老年人跌倒的量化模型分析

刘奕莎[1]　尚晓伟[1]　黄海静[2]

作者单位
1. 西南科技大学　　2. 重庆大学，通讯作者

摘要： 近年来老年人照料设施中跌倒问题频发，给老年人的身心造成了严重伤害，为了阐明与老年人跌倒相关的建筑环境影响因素，本文对四川、重庆地区的8所老年人照料设施中的165位老年人进行调查，采用多元回归分析和结构方程模型来分析满意度和建筑环境之间的定量关系。结果显示：踏步高度、扶手设置、地面防滑、日照通风、温度和室内照明对预防老年人跌倒有积极影响（$p < 0.05$）。据此，我们提出老年人照料设施设计的实用性建议。

关键词： 老年人照料设施；老年人；跌倒；建筑环境

Abstract: In recent years, falls in elderly care facilities have become a frequent problem, causing severe physical and psychological harm to the elderly. To clarify the factors influencing the building environment related to elderly falls, this paper surveyed a sample of 165 older adults in 8 elderly care facilities in Sichuan and Chongqing. We used multiple regression analysis and structural equation modeling to analyze the quantitative relationship between satisfaction and building environment. The results showed that the height of steps, handrail settings, anti-slip flooring, sunlight, ventilation, temperature, and lighting in the building ($p < 0.05$)positively influenced the prevention of falls in the elderly. Elderly falls were not significantly related to the anti-reflective treatment of walls, interface color patterns, and floor clutter placement ($p < 0.05$). Accordingly, we propose practical suggestions for the design of elderly care facilities.

Keywords: Elderly Care Facilities; Older Adults; Falls; Building Environment

1 引言

跌倒是指身体的任何部位因失去平衡而意外地触及地面或其他低于平面的物体[1]。我国60岁及以上老年人中每年约有4250万人发生一次及以上的跌倒，一年内跌倒率为16.08%①。2018年，美国65岁以上老年人平均每年的跌倒概率为27.5%，且跌倒老年人中有37.1%需要治疗[2]。跌倒作为老年人意外受伤死亡的首要原因，严重影响老年人的身心健康、生活质量、预期寿命，同时带来了严重的家庭、社会经济负担[3]。

老年人照料设施（以下简称照料设施）是为老年人提供集中照料服务的设施[4]，由于中国人口老龄化速度加快，近年来我国照料设施需求与建设量激增，《2018年民政事业发展统计公报》[5]显示，全国共有注册登记的养老机构2.9万个，比上年增长10.0%。照料设施数量增长的同时，老年人的安全问题却未受

到应有的重视，据统计显示，我国养老机构和住院老年人的跌倒发生率高达22.00%～46.67%[6]。

老年人跌倒是一个复杂且综合的过程，国内外专家学者对老年人跌倒的发生率、后果、风险因素、评估方法及干预措施进行了大量的研究[7][8]。在跌倒风险影响因素方面，WHO（2007）将影响跌倒的风险因素分为：生物、行为、环境和社会经济四类。"生物"是指年龄、性别、身体、认知和情感等生物相关因素；"行为"是指用药、缺乏运动、情绪等个人行为因素；"环境"是指老年人与家庭或所处空间的环境因素，如建筑设计不合理、灯光昏暗、地面光滑等；"社会经济"则是指个人收入、自我价值等因素。我国关于老年人跌倒风险的影响因素研究主要集中在医疗、社会安全领域[9][10]，在建筑环境领域对老年人跌倒的研究相对较少，照料设施与老年人跌倒之间的影响机理不明确，以老年人跌倒为核心的设计意

① 根据2015年第四次中国城乡老年人生活状况抽样调查（SSAPUR，2015）全国代表性数据计算得到。

识不清晰。故本文基于老年人照料设施，建立建筑环境-老年人跌倒模型，试图探索建筑环境因素与老年人跌倒的量化关系。

2　研究方法

2.1　研究地点

我们选取了四川、重庆地区8所不同类型的照料设施进行调研，搜集他们的类型、建筑面积和床位数等基本信息，并针对典型照料设施创建空间结构模型。下表为照料设施概况以及其建筑环境实况总览（表1）。

2.2　建筑环境因素提取

起初，我们基于大量现有的建筑学相关研究[11][12]，

将建筑环境因素分为建筑功能环境、建筑物理环境和建筑辅助设施三类。但随着研究的深入，考虑到跌倒发生与建筑环境因素的实际关系，我们最终将建筑环境因素分为行走支持（如扶手、楼梯踏步、地面防滑）、注意力支持（如标识、墙面反光、噪声）和舒适度支持（如通风、日照、温度）三类，这样更贴近跌倒的实际发生状况。

"行走支持"指空间环境因素在老年人在行走过程中的物理支撑与保护。已有研究表明充足的照明、防滑的地面以及连续适当的扶手均能降低老年人行走过程中的跌倒风险[13]。"注意力支持"指在行走或日常生活行为中，避免焦虑混乱，以便集中注意力、保证认知的环境因素。"舒适度支持"则是为照料设施内的人提供视觉和热学上的舒适、实用、高效和安全的环境，其中也包含私密性这个心理舒

								表1
老年人照料设施调研概况一览表								
V序号	类型	建筑面积（平方米）	层数	床位数（张）	开业时间	收住对象	建造类型
1	养老院	9000	2	300	2012年12月	自理、介助、介护老年人	独立建造
2	敬老院	—	2	106	—	自理、介助老年人	独立建造
3	养老院	—	1~3	300	2003年	自理、介助老年人	独立建造
4	日间照料中心	1100	1	30	2010年	自理、介助、介护老年人	合建
5	敬老院	2446	1~3	104	2018年	自理、介助、介护老年人	独立建造
6	养护院	8215	7	151	2018年11月	自理、介护、失智老年人	合建
7	社区养老中心	1819	1	60	2007年	自理、介助老年人	合建
8	养护院	4000	1	120	2019年7月	自理、介助、介护、失智老年人	独立建造

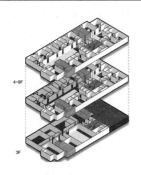
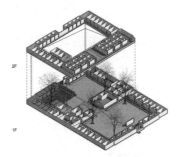
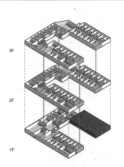

（来源：作者自绘）

适度[14]。

2.3 研究样本

在征得受访者允许的情况下，对照料设施内的老年人开展面对面问卷调查，以确保他们能充分理解问卷中的问题。参与者均为自理、介助和轻度护理的老年人，不包括长期卧床的重度护理老年人。本次调研共收集到171份问卷，其中6份问卷的受访者在目前的养老设施内居住时间≤3个月，居住时间过短不具代表性，因此这6份问卷被从样本中舍去，最终样本量为165份。这165份问卷中48.1%为男性，51.9%为女性，最低年龄为65岁，中位数为71岁，其中57.7%有跌倒史，42.3%没有跌倒史。

2.4 测量方法

研究采用问卷调查的定量方法来进行，每个项目都使用5点李克特量表进行测量，问卷符合伦理准则。

问卷由4部分组成：①受访者的背景信息，包括他们的性别、年龄、跌倒史、在照料设施的居住时间；②建筑环境因素三个分类中16个项目的满意度：数值从1（非常不满意）到5（非常满意）；③老年人跌倒恐惧（fear of fall，FOF）相关的自我表现效能评分：数值从1（完全没有把握）到5（有充足把握）；④对自己基本认知状况的自我评分：数值从1（总是发生）到5（从未发生）。

研究的自变量是对建筑环境的满意度，因变量借鉴跌倒效能量表（modified fall efficacyscale，MFES）的相关项目，以此作为跌倒测量评估工具。为了保证问卷的可靠性，本研究中与建筑环境相关的问题是根据以往研究中用于测量老年人对其生活环境主观感受的验证问题来制定，和老年人认知有关的问题借鉴了MMSE量表以及相关文献研究[15][16]。原始量表中所有提取的因子都具有可接受的内部一致性。

3 数据分析与结果

获取的数据通过Excel、SPSS23.0和AMOS26.0进行分析，其中Excel主要用于原始数据的整理，SPSS用于信效度检验与回归分析，AMOS用于进一步的结构方程模型建立。

3.1 效度与可靠性检验

在进行统计分析前，我们采用主成分因子分析及变轴旋转法来测试自变量因子的效度，在这里，"舒适度支持"分类中的一个项目（即"噪声"）被加载到了"注意力支持"的因子上。由于噪声对于认知注意力的分散也有较大影响，因此对后续分析中各个分类中的项目数进行相应调整，项目在相应因子上的载荷都在0.5以上。因子的可靠性由Cronbach's alpha值来确定，所有因子上的可靠性系数均高于0.8，有良好的内部一致性（表2、表3）。

老年人跌倒建筑环境因素的信效度分析 表2

自变量	编号	项目	因子载荷	α
E1-行走支持	E11	台阶踏步高度	.832	.883
	E12	扶手设置	.633	
	E13	地面防滑处理	.612	
	E14	大型家具的布置	.609	
	E15	室内照明	.595	
	E16	房间之间的距离	.575	
E2-注意力支持	E21	墙面防眩光处理	.860	.896
	E22	界面色彩与图案	.846	
	E23	地面杂物的摆放	.764	
	E24	电梯关门速度	.604	
	E25	标志标牌的设置	.601	
	E26	环境噪声处理	.519	

续表

自变量	编号	项目	因子载荷	α
E3-舒适度支持	E31	居室的私密性	.818	.827
	E32	居室的温度	.712	
	E33	居室的日照	.701	
	E34	居室的通风	.587	

（来源：作者自绘）

老年人跌倒与认知相关因子分析 表3

因变量	编号	项目	因子载荷	α
F-跌倒效能	F1	沐浴更衣	.94	.92
	F2	在房间内走动	.94	
	F3	上下楼梯	.93	
	F4	做日常家务	.87	
	F5	起身与坐卧	.84	
	F6	应门或接电话	.81	
C-认知效能	C1	忘记最近发生的事情	.92	.90
	C2	忘记自己身在何处	.91	
	C3	忘记他人的名字	.89	
	C4	思绪混乱注意力不集中	.87	
	C5	做决定犹豫不决	.84	

（来源：作者自绘）

3.2 回归分析

利用回归分析确定建筑环境因素满意度与老年人跌倒的关系。测试结果的统计学意义被设定为0.05，模型整体显著，可以解释72.2%的因变量。结果如表4所示，其中行走支持被认为是影响跌倒的最强相关因素，其次是舒适度和注意力，但是舒适度的影响并不显著。在多元回归分析过程中，三个支持因素的方差膨胀因子（VIF）值都低于临界值5，不存在多重共线性。

分析结果表明，行走支持因素与预防老年人跌倒呈正相关（β =.376，p < .01），是老年人跌倒中的最强相关因素，即与模型的其他变量相比，它在老年人跌倒中占最大方差。这表明在老照料设施建筑设计中为防止老年人跌倒行为发生，可以重点关注台阶踏步、扶手、地面防滑和大型家具布置等内容。老年人跌倒常为多因素作用的结果，其中平衡信心和跌倒时的情绪是影响跌倒的重要心理因素[17]。研究结果表明舒适度支持与预防老年人跌倒呈正相关（β =.299，p < .01），说明建筑环境的日照、通风、温度、空间私密性的合理设计能一定程度上预防老年人在照料设施内的跌倒问题。与传统认知相悖，研究结果表明注意力支持与老年人跌倒之间没有显著的关系（p =.493），这说明老年人并不认为墙面色彩图案、电梯关门速度、墙面无眩光处理等会导致他们跌倒。

回归分析结果 表4

自变量	β	t值
E1-行走支持	.376	3.707**
E2-注意力支持	.079	.692
E3-环境舒适度	.299	2.945**
F 调整后的R²	34.709*** .722	

注：因变量为跌倒效能评分；*p<.05，**p<.01，***p<.000.
（来源：作者自绘）

3.3 结构方程模型

由于跌倒的影响因素众多，除了环境因素还有前文提到的年龄、性别、认知情感、缺乏运动、用药等。而这些影响因素之间也是相互影响的，已有研究表明，老年人的认知状况会受到建筑环境因素的影响[18]，而有认知障碍的老年人，如痴呆症，由于执行功能障碍和注意力缺陷，跌倒和受伤的风险更高[19]。因此在多元回归分析的基础上，我们加入老年人认知状况的观测变量与潜变量，作为老年人跌倒的辅助因素（问卷4的内容），实现结构方程模型的建模。

如表5所示。我们采用七种统计数据来确定模型的拟合度，包括卡方、拟合指数（GFI）、修正拟合指数（AGFI）、比较拟合指数（CFI）、规范拟合指数（NFI）、Tucker-Lewis指数（TLI）和近似均方根误差（RMSEA）。所有的分析均基于AMOS软件实现。

结构方程模型结果　　　　　　　　　　　　　　　　　　　表5

模型拟合指数	X^2	X^2/df	GFI	AGFI	CFI	NFI	TLI	RMSEA
	440.2	1.42	0.91	0.87	0.93	0.86	0.89	0.07
路径		β		标准误差			P	
行走-跌倒		0.34		0.08			**	
注意力-跌倒		0.09		0.12			0.57	
舒适度-跌倒		0.28		0.09			***	
行走-认知		0.01		0.21			0.71	
注意力-认知		0.29		0.07			***	
舒适度-认知		0.07		0.10			0.51	
认知-跌倒		0.21		0.08			**	

注：*p < .05，**p < .01，***p < .000.

（来源：作者自绘）

分析结果显示测量模型与数据的拟合度较高，v2/df值为1.42，低于建议值3.0，GFI为0.91，CFI为0.93，超过了临界值0.9，RMSEA值为0.07，小于4临界值0.1，虽然AGFI=0.87，NFI=0.86，TLI=0.89小于阈值0.9，但也很接近0.9，在以往的研究中被证明是可以接受的。总体而言，测量模型整体拟合度良好。

图1显示了结构方程模型的路径分析结果。行走支持与跌倒（β=0.34，p<0.01），舒适度支持与跌倒（β=0.28，p<0.001），注意力支持与跌倒（β=0.17，p=0.57），行走支持与认知（β=0.01，p=0.71），注意力与认知（β=0.29，p<0.001）舒适度与认知（β=0.07，p=0.51），认知与跌倒（β=0.21，p<0.01）。分析结果与回归模型近似，但行走支持与认知，舒适度与认知，注意力与跌倒之间的路径系数不显著，而认知与跌倒的路径系数显著。

4 讨论与建议

基于效度测试、可靠性测试、多元回归分析和结构方程创建：建筑环境-跌倒-认知模型。建立建筑环境因素与老年人跌倒之间的量化关系。数据表明，行走支持对老年人跌倒有正向显著影响，且影响作用最大，行走支持相关因素包括台阶踏步高度、扶手设置、地面防滑处理、大型家具的布置、室内照明、房间之间的距离等。因此建筑师在老年人照料设施设计中应有的放矢，明确设计主要矛盾，通过合理的功能布局，减少老年人不必要的行走。过道、楼梯两侧均

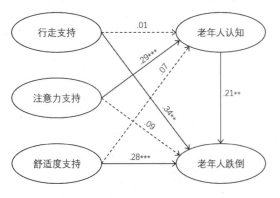

注：*p < .05，**p < .01，***p < .000.
图1　结构模型（图片来源：作者自绘）

应设置支撑栏杆与扶手，扶手设置应连续，并在转角处做倒角处理。地面材质选择宜防滑防涩避免跌倒，家具布置时重点考虑稳定性与可支撑性。室内照明采用多点布局的形式，可采用排布密集的荧光灯、照度均匀的发光顶棚，防止单灯光源过亮产生眩光，造成楼梯间踏步阴影。

舒适度支持对预防老年人跌倒有正向显著影响，影响作用仅次于行走支持，舒适度支持相关因素包括居室的私密性、温度、日照和通风联系密切。舒适度往往容易影响老年人的情绪变化，老年人由于慢性病长期缠身，常常情绪低落、精神不振、诱发猜忌甚至出现消极悲观、自暴自弃，可出现绝望厌世心理，极端情况下会狂躁不安、怒气冲天、大发雷霆，极易发生跌倒[20]。因此，建筑师在照料设施设计中应有效利用自然通风减少室内微生物繁殖，降低老年人感染致病的概率，进而保证他们良好的情绪状态减少跌倒。居室宜设计在南向，尽量提供床上直接日照。为控制微生物繁殖，建议室内温度以18℃～20℃为宜，夏天可适当调高4℃[21]。由于我国照料设施的居室以双人间为主，私密性相对稍差，在床位设计时应注重分隔保证私密性（图2）。

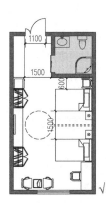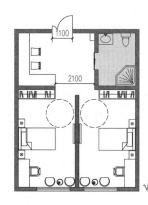

图2 床位分隔（来源：作者自绘）

注意力支持与老年人跌倒之间的联系并不显著，但其与老年人认知间的关系是显著的，在设计中建筑师在满足行走支持与舒适度支持后，可以从减少认知障碍负面影响的角度适当考虑注意力支持相关因素。具体建议措施包括在设计中可以适当降低电梯关门速度，墙面色彩以白色调为主减少多余的装饰，防止滑面反光。地面铺装选用整体性较强的图形以便突出墙面标志物、栏杆扶手和呼救设施，减少跌倒的风险。

5 结论

跌倒是老年人非常普遍和严重的公共卫生问题，跌倒的发病率与老年人死亡率相关，也是老年人提早住院的重要因素。在建筑环境设计中关注老年人跌倒问题并进行预防跌倒的相关设计，可以有效降低跌倒问题的发生概率，减少不必要的伤害与损失。

为梳理老年人跌倒与建筑环境因素之间的量化关系，本次研究先建立"建筑环境-跌倒"回归模型，再在回归模型的基础上建立"建筑环境-跌倒-认知"的结构方程模型。基于对模型拟合度的统计分析，得出以下结论：①跌倒问题受到踏步高度、扶手设置、地面防滑、大型家具布置、室内照明、房间之间距离的显著影响，影响作用强；②跌倒问题受到日照水平、居室通风、温度、私密性的显著影响，影响作用较强；③墙面防反光处理、界面色彩图案、地面杂物摆放、电梯关门速度、标志标牌设置以及噪声处理对跌倒的影响不显著。但他们对于认知有较为显著的影响，而认知对于跌倒有较为显著影响。最后针对统计结果提出老年人照料设施设计建议。

希望本文能引发更多的对老年人空间环境安全的关注，让老年人的生活有坚实的安全保障，为他们提供有尊严、高质量的晚年生活。

参考文献

[1] FEDER G，CRYER C，DONOVAN S，et al. Guidelines for the prevention of falls in people over 65[J]. Bmj，2000，321(7267)：1007-1011.

[2] MORELAND B，KAKARA R，HENRY A. Trends in nonfatal falls and fall-related injuries among adults aged≥65 years—United States，2012-2018[J]. Morbidity and Mortality Weekly Report，2020，69(27)：875.

[3] GANZ D A，LATHAM N K. Prevention of falls in community-dwelling older adults[J]. New England journal of medicine，2020，382(8)：734-743.

[4] 中华人民共和国住房和城乡建设部. JGJ 450-2018老年人照料设施建筑设计标准[S]. 中国建筑工业出版社，2018.

[5] 雷丽娜. 2018年民政事业发展统计公报[J/OL]. 中国民政，2018.http：//www.gov.cn/xinwen/2019-02/28/

content_5369270.htm 2019-02-28.

[6] 颜文，张雪梅，陈茜. 养老机构老年人跌倒效能及其影响因素研究[J]. 中国全科医学，2019，22(19)：2356－2360.

[7] 刘悦，米红. 居住环境对老年人跌倒风险的影响分析——基于中国城乡老年人生活状况抽样调查2015年数据[J]. 人口与发展，2021，27(03)：123-132+109.

[8] RUBENSTEIN L Z. Falls in older people：epidemiology，risk factors and strategies for prevention[J]. Age and Ageing，2006，35(suppl_2)：ii37－ii41. DOI：10.1093/ageing/afl084.

[9] 郭利云，李劲松，甘雨兰，等. 北京市养老机构老年人对预防护理安全问题需求的调查与分析[J]. 中国民康医学，2008(07)：683－685.

[10] 叶盛，陈利群，石丹，等. 运动锻炼对社区老年人跌倒预防效果的证据总结[J]. 中华护理杂志，2017，52(09)：1112－1118.

[11] ON BEHALF OF THE COUNCIL ON ENVIRONMENT AND PHYSICAL ACTIVITY (CEPA)－OLDER ADULTS WORKING GROUP，BARNETT D W，BARNETT A，et al.，Built Environmental Correlates of Older Adults' Total Physical Activity and Walking：A Systematic Review and Meta-Analysis[J]. International Journal of Behavioral Nutrition and Physical Activity，2017，14(1)：103. DOI：10.1186/s12966-017-0558-z.

[12] ZAVADSKAS E K，KAKLAUSKAS A，TURSKIS Z，等. Assessment of the indoor environment of dwelling houses by applying the COPRAS-G method：Lithuania case study[J]. Environmental Engineering and Management Journal，2011，10(5)：637－647.

[13] 肖春梅，周巨林，李阳，等. 老年人跌倒相关因素的国外研究进展[J]. 中国临床康复，2002，6(7)：1014－1015. DOI：10.3321/j.issn：1673-8225.2002.07.070.

[14] LEUNG M，YU J，DONGYU C，等. A case study exploring FM components for elderly in care and attention homes using post occupancy evaluation[J]. Facilities，2014.

[15] SMITH S C，LAMPING D L，BANERJEE S，等. Measurement of health-related quality of life for people with dementia：development of a new instrument (DEMQOL) and an evaluation of current methodology. [J]. Health Technology Assessment (Winchester，England)，2005，9(10)：1－iv.

[16] CHUA K-C，BROWN A，LITTLE R，等. Quality-of-life assessment in dementia：the use of DEMQOL and DEMQOL-Proxy total scores[J]. Quality of Life Research，2016，25(12)：3107－3118.

[17] 闫雅凤，侯惠如，杨丽，等. 跌倒功效量表用于老年人群跌倒心理信念和行为的评价[J]. 解放军护理杂志，2009，26(20)：4-5+14.

[18] LEUNG M，WANG C，FAMAKIN I O. Integrated model for indoor built environment and cognitive functional ability of older residents with dementia in care and attention homes[J]. Building and Environment，2021，195：107734. DOI：10.1016/j.buildenv.2021.107734.

[19] VAN SCHOOTEN K S，FREIBERGER E，SILLEVIS SMITT M，等. Concern about falling is associated with gait speed，independently from physical and cognitive function[J]. Physical therapy，2019，99(8)：989－997.

[20] 黄津芳.护理健康教育学[M]. 北京：科学技术文献出版社，2006.

[21] 陈露晓. 老年人心理与疾病[M]. 北京：中国社会出版社，2009.

与音乐互动的响应式建筑及表皮设计探索

柯少红 ①　刘伟 ②　何瀛 ③

作者单位
长安大学建筑学院

摘要： 在当今信息时代，数字技术为人们对音乐和空间的知觉体验提供了更为多元的渠道。研究将音乐作为最主要的动态响应环境因素，希望塑造出与建筑空间和音乐更为有趣的互动关系。本文根据建筑与音乐在内涵关系上的统一性，将研究中的建筑表皮与音乐响应式装置相结合，把以往常见的遮阳百叶化身为可随音谱节奏变化而转动的电动装置，对计算性设计范畴下的环境响应与实体建造进行了研究与探索。

关键词： 响应式建筑，音乐互动装置，空间，表皮

Abstract: In today's information age, digital technology offers more diverse channels for the perceptual experience of music and space. The study looks at music as the predominant dynamic responsive environmental factor, in the hope of shaping a more interesting interaction with architectural space and music. Based on the unity of the connotative relationship between architecture and music, the design study combines the architectural skin of the study with a musically responsive installation, transforming the previously common sunshade louvers into a motorised device that rotates in response to the rhythm of the musical score, to investigate and explore environmental response and physical construction in the context of computational design.

Keywords: Responsive Architecture; Music Interactive Device; Space; Skin

1　引言

随着数字时代的来临，越来越多的建筑展现出多环境物质驱动的"数智"设计趋向，依托数字化技术应运而生的"智能生成"设计在极大程度上呈现了当代建筑的空间表达意向。基于物联网技术支撑下的响应式建筑，是借助一系列材料与信息技术，依赖互联网与信号处理系统在建筑、环境与使用者之间形成的反馈机制，创造的一种人与空间互动的新范式。其物理空间可以根据环境改变以及人的行为活动而响应，与环境的"触点"从光线、风速、温度等拓展至声音、触碰、荷载等更多感应元素，甚至可以运用传感器来响应人群的情绪变化。此类设计促使建筑物不再成为一座座沉默的"雕塑"或"堡垒"，演变成为与环境有机相融合与协调的产物，其空间也变得更具场所效应，空间的交互不再停留于静态的几何构成和固化的功能限定，而是愈发重视对各类环境因素的响应与互动。本文探讨的是可与音乐互动的响应式建筑及其表皮的设计。

2　响应式建筑

响应式建筑（Responsive Architecture）的概念最初源于20世纪60年代，由美国计算机科学家，麻省理工学院媒体实验室的创办人尼古拉斯·尼葛洛庞帝（Nicholas Negroponte）率先提出。创建响应式建筑的初衷是减少能源浪费，主要目标有建筑内部环境改善、提升建筑物自身健康、空间利用率最大化三大类，其共同的途径是通过建筑形态的改变，对环境的变化进行反应。主要考虑的环境因素包括阳光、风、沙、雨水等自然气候条件，以及承重、振动等结构荷载，以降低能耗、改善建筑内部环境、提高建筑

① 柯少红，长安大学建筑学院，硕士研究生，电子邮箱：979594636@qq.com。
② 刘伟，长安大学建筑学院副教授，工学博士。
③ 何瀛，长安大学建筑学院，本科生。

物安全性和使用效率[1]。

随着跨学科整合与建造技术的飞跃，响应式建筑的发展经历了从实用性到艺术性，再到实用与艺术并重的演进过程。从物化的构筑层面上来看，响应式建筑的构建主要基于巧妙的结构动态设计。已采用的结构包括外壳、外墙、表皮、各式遮蔽结构，以及可变空间单元等。这其中，可变单元的灵活设计与拓展运用塑造了响应式建筑鲜明的表现特征，通过对幕墙、传感器、传动装置等的集成设计，此类建筑可以在其外部界面产生令人惊艳的艺术表现和动态效果。如著名建筑师努埃尔在20世纪90年代设计的法国阿拉伯世界文化中心，其南立面采纳了阿拉伯历史上的几何装饰母体。玻璃背面设置有240个电脑控制的类似照相机快门的装置，可根据阳光强度来调整进光量，保持室内的光线明亮且柔和，同时也在立面上塑造出了与众不同的美学效果（图1）。2007年完成的Kiefer Technic Showroom也是建筑动态响应环境因素的

代表，建筑外墙使用实心砖墙，墙下内置外保温系统，墙立面安装了112块大型电动多孔铝遮光板，由56个电机控制，实现建筑遮阳及采光的动态调节，这个智能遮阳系统也允许使用者根据自己的需求进行个性化调节控制（图2）。这类感应式建筑主要依靠机械单元的改变而实现，例如"可变桁架"已经使得建筑具备较强的结构可变性（图3）。而近些年的感应式建筑更加注重运用环境智能、感应式、互动性系统、增强现实、嵌入式技术、移动技术与定位等技术手段，使建筑具备环境感知和信息传达能力，例如可随天气变化的围护结构——"雾墙、树叶墙、雨墙"（图4），通过距离传感器及噪声大小而改变的"环境壁纸"等[2][3]（图5）。可见人与空间界面间的交互与感应机制更加依靠环境因素，而本研究将声音的更高艺术层面——音乐作为环境响应元素，通过对建筑空间与表皮的设计与研究，对计算性设计范畴下的环境响应与实体建造进行探索。

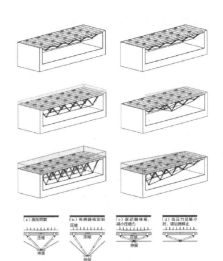

图1 法国阿拉伯世界文化中心（来源：网络）

图2 Kiefer Technic Showroom 办公建筑（来源：网络）

图3 可变桁架（来源：网络）

图4 "雾墙、树叶墙、雨墙"（来源：网络）

图5 "环境壁纸"（来源：网络）

3 建筑与音乐

18世纪德国哲学家谢林在《艺术哲学》中提出一句流传甚广的话——"建筑是凝固的音乐。"19世纪中期，作曲家姆尼兹·豪普德曼在《和声与节拍的本性》里也说到"音乐是流动的建筑"。人们对建筑与音乐的关联探讨早已发生在历史的长河之中，前者为使用者提供生活、居住、工作、活动的基本空间，是人们寻求庇护、革新世界的艺术手段，后者为人们提供精神寄托的港湾，成为人类放松心情、洗涤灵魂的独特方式。在这两种艺术中，无论是外在表现还是内涵特质上都有着十分紧密的相似与关联。在建筑的空间设计中，无论是空间区域划分或是空间形态组合，人们都能从中感受和体验到类似音乐中的前奏、序曲、高潮、尾声等艺术篇章，二者的关联要素主要体现于结构、序列、节奏、旋律等。

例如，对一段曲谱进行分析研究，依据乐谱中节奏的划分将建筑空间进行定位、扩散，将声音连续性的特点转化为空间交互式体验的最好注解，进而使得空间与音乐在一定程度上相互匹配；音乐可通过节奏的快慢变化作为定位投射到空间设计中；音乐自身具有的浮动性特征可以映射在空间的扩散中，以达到空间渗透的效果；除此以外，一首音乐中的小节、段落与篇章之间的层次变化同样可以在空间的划分阻隔上体现出来。这些音乐与空间特性匹配，可在物化构筑的建筑内外创造出独特的空间性格。[4][5]

4 建筑表皮与音乐的互动

4.1 表皮的装置化

随着建造技术进步、社会审美转变等因素作用，建筑表皮呈现出丰富多彩的表现形式。与建筑空间带来的整体知觉体验相比，其更像人体皮肤一样敏锐地感知着外部环境的变化，而今更体现出从被动"感知"到主动"感应"的设计趋势。同时，建筑表皮作为空间形态的物化界面，可以展现出最为明晰的可视化效果。建筑表皮动态化设计的直接实现手段即为表皮装置化，并可利用物联网技术使之与环境感应及互动，成为各类信息传达的环境响应界面。

建筑表皮的动态化既要满足安全稳定等基本功能，也需要建立有效的联动机制，并根据环境参数产生适当变形。研究利用数字化设计及信息编译软件，将传统的建筑材料结合感应器、信号转译器、传动电机等设施，实现表皮装置与音乐环境以及人们行为的积极互动，以达到建筑与音乐互通与响应，期望以音乐在无形间化解建筑实体内外的空间界限，促使"建筑可聆听，音乐可触摸"[6]~[9]。

4.2 音乐互动概念提取及分析

为增加人与音乐、音乐与建筑的联系，达到音乐互动的效果，研究分析音乐中的音频信号，观察声波的频率和形态，从不规则连续变化的声音曲线上获得设计灵感，并借用建筑表皮中常见的遮阳百叶化身为可随音谱节奏变化而转动的电动装置，使得建筑立面展现出丰富的可变形态。

研究首先分析音乐中连续的音频信号，并截取某段音频区间输出为音频数据，再将处理后的音频数据转换为控制信号，映射成为电动装置的旋转角度，通过控制转轴转动产生的形态效果，向人们展现出音乐中的声波形态。随音乐转动的遮阳百叶使得建筑表皮具有实时变化的特点，装置互动所蕴含的信息传达既呈现了音乐信号的可视化，还可为周边环境创造艺术氛围（图6）。

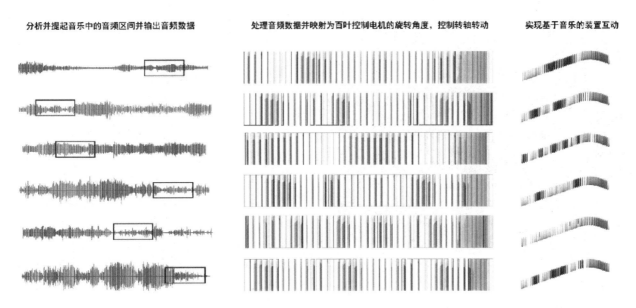

分析并提起音乐中的音频区间并输出音频数据　　处理音频数据并映射为百叶控制电机的旋转角度，控制转轴转动　　实现基于音乐的装置互动

图 6　截取音频数据并映射百叶旋转角度（来源：作者自绘）

4.3　音乐互动装置制作思路及流程

具体而言，此音乐互动装置的控制原理即将声音数据转化为数字数据，再将数字数据转化为角度数据的一个过程。在简化的系统流程设计中，即先输入音乐播放文件，通过数字语言编译信号数据，再通过编译器对电机发送旋转角度信号，最终连接外部电路为电机供电并实现遮阳百叶的转动。其中主要利用了

Grasshopper及Firefly插件进行程序编写，后者是专门用于拟合Grasshopper和Arduino等微控制器之间差距的插件，它允许在模型空间和物理模型中间的数据传输。音频信号映射到电机可以控制的旋转角度范围内，通过Firefly将信号传输给Arduino开发板并向电机发送信号，再利用开发板的舵机支持库来控制旋转角度与速度（图7）。

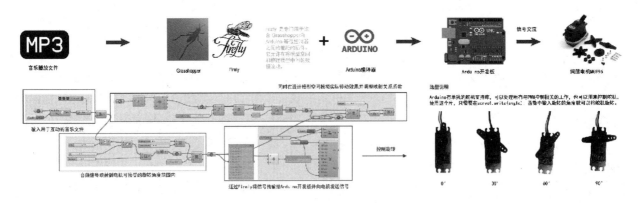

图 7　简化系统实现原理和选型示意（来源：作者自绘）

在整个音频信号的传播流程中，表皮装置主要进行了三次数据处理，第一次是音乐数据转换为数字数据，第二次是数字数据转换为角度数据，第三次是角度数据与开发板的连接处理：

（1）首先是处理声源数据。将声源以一秒钟为

单位分割为若干小节，并将每小节拆分为N个子片段，提取每个片段中的音波峰值数据，再将提取的每个间隔中音波峰值数据进行数据处理（图8）。

（2）其次是处理数据与百叶旋转角度之间的对应关系。调整声音数据转化后的数字数据，将处理后

的N个音波峰值数据映射到0～180°的数据区间内（图9）。

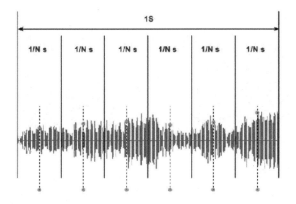

图8 处理声源数据（来源：作者自绘）

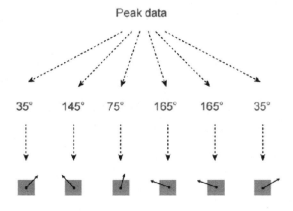

图9 数据与角度映射（来源：作者自绘）

（3）第三，将N个已转化成旋转角度的数据通过Firely插件及Arduino开发板输入伺服电机，控制电机旋转。

（4）最后，将伺服电机与外设连接，组装幕墙构件，实现音乐响应式百叶的转动效果（图10）。

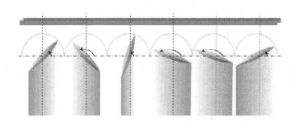

图10 音乐响应式百叶的实现（来源：作者自绘）

在实际建筑互动装置的建造项目中，装置的材料、尺寸和控制电路选型都需要考虑建筑环境因素，从而保证系统的稳定性问题。研究亦针对此建筑表皮的真实建造情况，设计了响应式电动百叶的主要构件及节点：在立面及地面之间预留电机安装空间，上方主传动轴承装置以及防水法兰固定板，再利用轴固定法兰和转动钢轴来固定梭形的穿孔铝板套轴百叶，并且在上方配置可拆卸连接器和固定配重杆。装置构件可以快速组装完成，展现表皮装置的集成化优势（图11）。

研究制作了表皮装置模型，装置控制电路利用

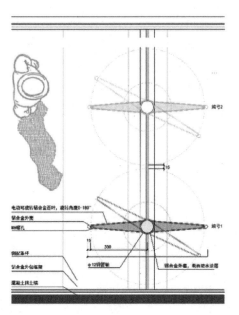

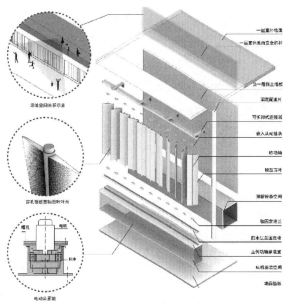

图11 响应式电动百叶节点设计图（来源：作者自绘）

Arduino面包板、杜邦线、伺服电机和独立电源组装完成。装置整体板材选用黑色半透明亚克力板，预留M3螺孔。配以旋转轴承、轴固定法兰、不锈钢光轴、M3螺丝若干完成基本组装。虽然对控制电路和百叶装置进行了一定程度的简化，但模型制作完成后的良好实验效果印证了其可行性（图12）。

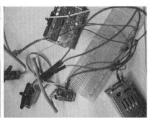

图12 表皮装置模型（来源：作者自摄）

4.4 响应式动态表皮的运用特征

与音乐互动的响应式表皮基于参数化设计所产生的数字模型，运用计算机数据处理技术，展现出了数字化美学——以数理逻辑所建构的响应式建筑形态，动态的立面变化营造丰富的光影变化，其建筑界面不再是冰冷的材料，而是在光影下可与场地环境中的声音、感受，甚至艺术行为形成互动，提升城市公共空间的知觉感受和艺术氛围。

同时，此类与音乐互动的响应式表皮依旧是建筑立面上的百叶构件。对光线、自然通风、视线以及光伏太阳能的利用都有着良好的效应。使用者可以结合日照变化，利用百叶转动的角度方式改变光照面积。响应式表皮亦可利用遮阳百叶的转动形成与建筑的空隙，可以根据外部环境变化达成更多的自然通风，减少能源消耗。并且，表皮装置可为原封闭界面形成动态变化的空隙，为室内外人群的交流带来趣味性。在下一步的研究中，还可以将成熟的光伏组件运用在转动百叶的材料之上，通过日照角度和音乐设置的定向匹配，进行有效的可持续能源采集及利用。

5 结语

综合而言，随着以移动技术为代表的物联网、大数据与云计算等信息技术的广泛普及，引发对时间、维度、空间等概念的一系列变革，并日渐模糊虚拟与现实、人与机器、艺术与科学之间的界限，智能与互动成为未来生活日趋显现的发展趋势。今后的响应式建筑会越发丰富，其发展对城市规划、建筑和信息技术等相关领域带来更多的机遇与挑战。适宜的建筑空间塑造和动态表皮构筑，不仅可以调控室内人居环境，提高人体舒适度，减少建筑能耗和碳排放，同样展示出明晰的环境艺术特征。而音乐作为在即时最能打动人的艺术形式之一，在旋律和音调的起伏下，借慰心灵、感受世界。如何利用建筑空间及表皮与音乐进行结合，运用怎样的技术手段将建筑表皮和音乐实施联动，等待着人们不断地研究与探索。

参考文献

[1] 秦俊.探讨响应式建筑发展[J]. 绿色建筑. 2020（1）: 68-71.

[2]（美）鲁道夫·埃尔-库利等. 感应式建筑 物联网时代的建筑[M]. 魏秦, 张昕译. 北京: 中国建筑工业出版社, 2021.

[3] 冯刚, 陈达, 苗展堂. "动态封装"——可变建筑表皮系统设计研究[J]. 建筑师, 2018（01）: 116-123.

[4] 吕学军. 观演建筑空间特性及空间组合研究[D]. 长沙: 湖南大学, 2001.

[5] 王昀. 建筑与音乐[M]. 北京: 中国电力出版社, 2011.

[6] 周姚熠. 动态适应性建筑表皮理论及其若干关键技术的研究[D]. 杭州: 浙江大学, 2014.

[7] 李芃. 建筑表皮材料演绎建筑形体的"轻"与"重"[J]. 装饰, 2014（03）: 135-136.

[8] 崔轶, 苗展堂. 基于视觉消费文化的动态表皮研究[J]. 新建筑, 2014（05）: 115-117.

[9] 徐跃家, 郝石盟. 镶嵌, 折叠——一种动态响应式建筑表皮原型探索[J]. 建筑技艺, 2018（04）: 114-117.

雨洪韧性视角下校园建筑空间的设计策略启发

王扬 谢梓威

作者单位
华南理工大学建筑学院 华南理工大学建筑设计研究院有限公司

摘要：雨洪韧性是城市韧性理论针对特定暴雨灾害而提出的一个分支，但是目前的设计策略研究主要集中在规划、景观、水利等领域，建筑领域由于自身缺乏可直接干预洪涝结果的手段，用常规的设计思路会面临无法深入和开展研究的局限性。本文重新梳理雨洪韧性相关理论的发展，总结其应用到建筑设计实践上的难点与突破点，获得"综合—策略"的设计思路启发，强调建筑领域应通过综合不同领域的韧性研究成果来拓展自身的设计策略，间接协作发展。

关键词：雨洪韧性；校园建筑；设计思路；暴雨灾害

Abstract: Rain flood resilience is based on urban resilience theory and proposed for specific flood hazards. The current design strategy research on flood resilience is mainly focused on planning, landscape, water conservancy and other fields, and rarely on architecture. Due to the lack of means to directly intervene in flood results, we would face limitations and cannot be further studied while doing architectural design. So, we review the studies on flood resilience with its development of definition, design strategy as well as resilient campus, summarize the difficulties and breakthroughs in the application of flood resilience theory to architectural design practice, and put forward the design idea of "Integrate – Strategy" to emphasize building areas should develop its own design strategy through the achievements of resilience research in different fields. Rain flood resilience is an interdisciplinary collaborative issue.

Keywords: Rain Flood Resilience; Architectural Design; Mentality of Designing; Rainstorm Disaster

1 引言

随着全球气候变化影响加剧，极端自然灾害事件频发，韧性建设成为当下研究的热门课题。河南暴雨灾害的突发更是引发了社会对雨洪韧性的关注热度，但从目前对雨洪韧性的报道来看，内容较为局限，研究成果只集中在部分领域。人们谈到雨洪韧性的设计策略，会定式思维地联想到规划、景观层面的相应对策，而当雨洪韧性需要落到建筑及空间层面的设计问题时，就发现很难深入下去。因为相比于规划可直接作用于蓝绿网体系和基础设施分配、景观可直接作用于湿地、公园、水坝等载体，建筑领域对雨洪韧性的作用没有太直接的联系，建筑载体在雨洪灾害中也更多是受害客体而非调解主体。因此，当我们想要探讨雨洪韧性视角下校园建筑空间的设计优化方法时，我们需要重新梳理已有的研究成果，并且转换思路。

2 雨洪韧性相关文献研究进展及存在问题

2.1 韧性和雨洪韧性的定义研究进展

"韧性"的概念最初应用于机械学的领域，自1973年加拿大学者霍林（Holling）将其引入生态学领域后，正式进入现代韧性的研究发展阶段，而后经历了从工程韧性到生态韧性再到演进韧性（社会—生态韧性）的发展过程，从最初单一、静态的稳态认识观点，发展到如今摒弃了对稳态的追求，强调动态的适应性循环观点（表1）。目前学者们对韧性的具体定义虽然会有所差别，但在内涵上是达成共识的，强调韧性是一个持续性的过程，包含灾前的日常性、遇灾时的适应性和灾后的恢复学习能力，灾后恢复的状态无需回到原点，可以是一个新的能持续运转的良好状态。正是由于有了对现代韧性的认识进步，才有了设计介入的合理性，设计从某种意义上说是对原环境系统的介入与干预，从设计介入开始，生态

不同时期的韧性定义 表1

时期	韧性定义	文献来源	核心观点
早期韧性阶段	描述物体回到原始状态，源于拉丁文"resilio"	词源学	
	描述金属受到外力作用发生形变后又能恢复原状的能力	机械学	
工程韧性阶段	韧性是指受到干扰的生态系统恢复到原来平衡状态的能力	Holling. 1973[1]	单一稳态
	韧性通过扰动后的系统恢复平衡所需的时间来衡量	Ives. 1995[2]	
	韧性指系统具备低故障率，即工程系统发生故障时能快速切换回正常功能	Wang, Blackmore. 2009[3]	
生态韧性阶段	强调韧性为系统对扰动的吸收过程并保持运作的能力	Holling. 1996[4]	多重稳态
	韧性系统存在多个稳态，受到扰动后，可从一个稳态转化到另一个新的稳定状态	Berkes, Folke. 1998[5]	
	生态韧性可视作系统即将跨越门槛前往另外一个平衡状态的瞬间能够吸收的最大的扰动量级（杯球模型）	Gunderson. 2000[6]	
演进韧性阶段	韧性基于适应性循环和多尺度嵌套的模型理论，包含"开发-保存-释放-重组"四个阶段，重复嵌套循环	Gunderson, Holling. 2002[7]	摒弃稳态 动态循环
	韧性是动态系统在经历变化时吸收、适应和转换的能力，从而维持相类同的功能、结构、特性和反馈	Walker, Hollin. 2004[8]	
	韧性指社会生态系统转变和适应以保持在临界阈值的能力	Folke, et al. 2010[9]	

（来源：笔者根据参考文献整理汇编）

系统就不应恢复到原点，而是会追求更好的可适应的状态。

韧性城市的概念在2002年[10]被首次提出，之后在国际上开始陆续出现韧性联盟、全球100韧性城市等组织，国内也开始了对城市韧性的探索（表2）。城市韧性是复杂的综合问题，大体上可分为生态韧性、适灾韧性、经济韧性和管理韧性[11]，而雨洪韧性的理论基础是基于单一种类的灾害适应提出的，是目前城市韧性实践成果相对丰富的一个分支，代表城市有荷兰、巴黎等，其核心可概括为区别于传统防御型治水模式，强调与水为友理念，一种应对内涝、洪涝等极端水灾害的抵抗、适应、恢复和自我学习的能力[12]。

2.2 韧性和雨洪韧性的设计策略研究进展

目前，城市韧性主要还是围绕理论框架、韧性评价方法以及提升策略三个方面开展研究工作[13]，其中，雨洪韧性更偏重于提升策略方面，并且主要集中在规划、景观学专业领域，以及负责提供技术支持的水利相关领域、灾害预测监控的电子信息领域，以及提供组织管理服务的社会学领域等。江苏省城乡院的陈智乾等人提出了要将韧性城市规划理念融合到国土

① Holling C S. Resilience and Stability of Ecological Systems[J]. Annual Review of Ecology and Systematics, 1973: 1-23.
② Ives A R. Measuring resilience in stochastic systems[J]. Ecological Monographs, 1995, 65（2）: 217-233.
③ Wang C H, Blackmore J M. Resilience Concepts for Water Resource Systems[J]. Journal of Water Resources Planning and Management, 2009, 135（6）: 528-536.
④ Holling C S. Engineering Resilience versus Ecological Resilience[M]. Engineering Within Ecological Constraints. National Academies Press, 1996.
⑤ Berkes F, Folke C. Linking Social and Ecological Systems for Resilience and Sustainability[M]. Linking Social and Ecological Systems: Management Practices and Social Mechanisms for Building Resilience. Cambridge: Cambridge University Press, 1998: 13-20.
⑥ Gunderson L H. Ecological Resilience - In Theory and Application[J]. Annual Review of Ecology and Systematics, 2000, 31: 425-439.
⑦ Holling C S. Understanding the complexity of economic, ecological, and social systems[J]. Ecosystems, 2001, 4（5）: 390-405.
⑧ Walker B, Holling C S, Carpenter S R, et al. Resilience, Adaptability and Transformability in Social-Ecological Systems[J]. Ecology and Society, 2004, 9（2）: 5.
⑨ Folke C, Carpenter S R, Walker B, et al. Resilience Thinking: Integrating Resilience, Adaptability and Transformability[J]. Ecology and Society, 2010, 15（4）: 20.
⑩ 陈智乾, 胡剑双, 王华伟. 韧性城市规划理念融入国土空间规划体系的思考[J]. 规划师, 2021. 37（01）: 72-76, 92.
⑪ Leichenko R. Climate Change and Urban Resilience[J]. Current Opinion in Environmental Sustainability, 2011, 3（3）: 164-168.
⑫ 马伯. 雨洪韧性视角下海绵城市建设控制指标的多层级分解研究[D]. 长沙: 湖南大学, 2019.
⑬ 臧鑫宇, 王峤. 城市韧性的概念演进、研究内容与发展趋势[J]. 科技导报, 2019（22）: 94-102.

空间规划体系中①；日照市规划院和上海同济城市规划院分别围绕雨洪韧性从规划设计的角度提出了构建区域雨洪控制系统②、蓝绿空间融合策略③；珠海市规划院从景观设计角度提出了沿海堤岸提升防风浪潮能力的策略④；华南理工大学孙一民团队专注于研究三角洲区域的韧性规划策略⑤；香港中文大学廖桂贤提出了可浸区百分比的设定，来促进雨洪韧性理论落实到规划层面的实践⑥；同济大学周艺南详细讲述了城市设计在雨洪韧性驱动下的具体实践方法，案例以城市公共空间为主⑦。国外雨洪韧性实践的经典案例包括有鹿特丹水广场改造、纽约曼哈顿Big U滨水公园、荷兰洪水防治公园改造等，可以看出都集中在公园、湿地、广场等景观设计的领域；国内案例像武汉长江主轴滨水公园、珠海淇澳红树林湿地、上海后滩公园等，应用还不是很成熟。整体而言，当前还缺乏雨洪韧性在建筑领域的系统的设计策略归纳和经典的实践案例，雨洪韧性涉及建筑层面被提及最多的是偏向日常水管理（海绵城市方面）的花园屋顶设计和集水排水措施。

城市韧性的相关概念发展 表2

地区	城市韧性的相关概念	来源
国外	城市韧性是指城市系统能够消化承受外界干扰与变化，并能保持原来的主要特征、结构和功能的能力	韧性联盟（Resilience Alliance）
国外	城市韧性是指城市系统在保持结构和功能不变的情况下吸收干扰，能自组织与适应压力、变化的能力	政府间气候变化专门委员会（IPCC），2007⑧
国外	韧性为准备、计划、吸收、恢复和更成功地适应不良事件的能力，包含暴露、损害、恢复三个要素，以及脆弱性和适应性两种关系	美国国家研究委员会（NRC），2012⑨
国外	城市韧性是指一个城市的系统、机构、社区及其他组织，甚至个人无论经受怎样的长期压力和急性冲击，保持可持续发展的能力	100韧性城市计划（100RC），2013
国内	韧性城市是指城市系统通过合理的准备、缓冲和应对策略，保障公共安全、社会秩序和经济建设，维持社会正常运作的能力	邵亦文，2015⑩
国内	城市韧性是指城市保持自身基本功能、结构和系统特征的同时能够吸收未来社会、经济、体系和设施所受到的冲击和压力的能力	仇保兴，2018⑪

（来源：笔者根据参考文献整理汇编）

2.3 雨洪韧性和韧性校园的关系研究进展

在经历2020年疫情后，韧性城市研究的深度得到更全面、多分支地拓展，雨洪韧性的研究也是如此（图1）。自2020年起，"韧性"主题相关的学术会议频繁召开，2021中国城市规划年会也专门设立了"沿海高密度城市韧性发展"主题分会场，探讨韧性的建设与实施路径。城市韧性是基于整个城市系统而言，而城市系统下又有很多更小尺度的子系统，研究这些子系统，能让我们更方便、深入地研究韧性底层的实施策略。其中，社区韧性是目前大家研究较多的，类似的尺度其实还有校园韧性。校园的功能复合性与城市系统很相近，同样拥有水系、绿地、广场、建筑及丰富的活动内容，可以说校园系统是城市的一

① 陈智乾，胡剑双，王华伟. 韧性城市规划理念融入国土空间规划体系的思考[J]. 规划师，2021.37（01）：72-76,92.
② 郑英，韧性城市理念下的区域雨洪控制系统构建分析[J]. 中国建设信息化，2020（22）：70-72.
③ 陈竞姝，韧性城市理论下河流蓝绿空间融合策略研究[J]. 规划师，2020.36（14）：5-10.
④ 孙丽辉，曾娇娇，李连聊. 基于韧性城市理念的珠海市沿海防风浪潮堤岸提升策略[J]. 园林，2020（09）：40-45.
⑤ 戴伟，孙一民，韩·迈尔等. 气候变化下的三角洲城市韧性规划研究[J]. 城市规划，2017.41（12）：26-34.
⑥ 廖桂贤，林贺佳，汪洋. 城市韧性承洪理论——另一种规划实践的基础[J]. 国际城市规划，2015.30（02）：36-47.
⑦ 周艺南，李保炜. 循水造形——雨洪韧性城市设计研究[J]. 规划师，2017.33（02）：90-97.
⑧ IPCC. Climate Change 2007-the Physical Science Basis: Contribution of Working Group I to the Fourth Assessment Report of the IPCC[M]. Cambridge：Cambridge University Press，2007.
⑨ National Research Council. Disaster Resilience：A National Imperative[M]. Washington，DC：National Academies Press，2012.
⑩ 邵亦文，徐江. 城市韧性：基于国际文献综述的概念解析[J]. 国际城市规划，2015，（02）：48-54.
⑪ 仇保兴. 基于复杂适应系统理论的韧性城市设计方法及原则[J]. 城市发展研究，2018.25（10）：1-3.

个简化版缩影，通过研究校园韧性，可以把重点从谈论韧性城市的大框架理念转移到具体的空间设计的层面上，能更好地深化，拓展包括建筑领域在内的雨洪韧性实践经验。在校园建筑上的应用实践也可以对社会起到一定的先行示范作用。然而，截至目前，将雨洪韧性和校园设计优化结合一起讨论的仅有一篇会议论文（2018城市规划年会）[①]，雨洪韧性结合校园建筑设计的研究与实践还需继续发掘。

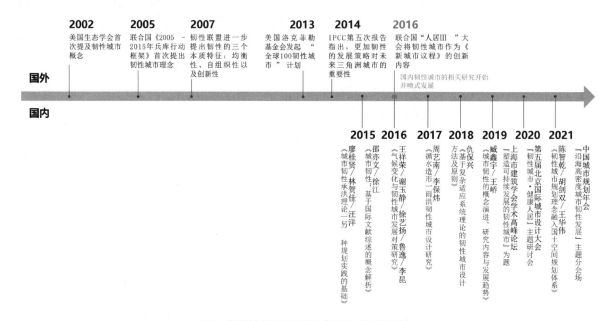

图1 韧性城市研究发展轴（来源：笔者自绘）

2.4 存在问题总结

通过对韧性相关文献的重新梳理，我们可以归纳出一些在探讨雨洪韧性视角下的校园建筑空间设计时会遇到的一些问题：①在韧性框架上，缺少区域组织层面或者城市微观组织层面的韧性研究，如城市某一个区域组团、社区组团、大学校园组团等，大多数学术探讨还是在比较宏观的针对整个城市框架的韧性城市层面；②在韧性策略方面，与韧性直接关联度最大的规划领域的研究成果较多，给出的策略方法也是较为宏观的手段，并且很多与社会学领域的组织管理、公众参与、教育宣传等内容相关；③具体的且落地的雨洪韧性设计策略停留在直观地对公园、湿地、绿道等景观系统进行调蓄、下渗、疏导、净化等设计，适用范围比较局限；④虽然学界对韧性的定义、内涵、基本框架等有着比较统一的共识，但是评入韧性案例的标准不一，例如一些公园、湿地的设计容易将常规生态设计和雨洪韧性混为一谈；

⑤在文献中韧性的分类没有统一的体系，例如雨洪韧性、气候韧性等都是作为独立的一个分支被提出来，而韧性建设实际上是一个跨学科的课题，不系统的分类增加了跨学科的联动难度。

3 难点与思路转换

3.1 雨洪韧性落实到校园建筑及其空间的难点

雨洪韧性本质上要解决雨洪相关灾害的应对问题，包括灾前准备阶段、灾时适应阶段和灾后恢复阶段，与之最直接相关的就是对水系统的控制，在这方面，规划和景观专业都有一定的直接调控手段，例如规划上可以通过整合蓝绿网系统来给予整体的总图布置，通过暴雨模拟预测可浸区域百分比，通过GIS、Fragstats和Depthmap等软件进行景观连接度、空

---

① 武中阳，丁庆福，徐涵，王作为，田蕊，孙常元. 基于SWMM模型的海绵校园雨洪韧性提升策略研究——以哈尔滨某高校校园为例[C]//共享与品质——2018中国城市规划年会论文集（05城市规划新技术应用）. 2018：1129-1142.

间集成度和雨水存储量的分析，从而提供对建筑布局、水系廊道路径等指导建议；景观上可以通过设置地景分层应对不同时期的雨水浸没状况，通过有组织疏导形成日常雨水渗透区、蓄洪区、水净化区等。但是作为和规划、景观密切联系的建筑专业，对于雨洪灾害却没有很好的可直接应对的策略，当灾害突发超出了排水基础设施最大承受能力时，建筑底层只能面临被洪涝淹没的结果，我们可以主动采取的策略只能是提供可替代的功能和路径，从而减少洪涝带来的生活影响，以及尽可能降低淹没后的经济损失。尽管如此，建筑设计策略对于雨洪韧性的提升没有规划和景观策略产生的作用大，这也是雨洪韧性要落实到校园建筑及其空间上的难点。因此，我们需要先突破固有的想要通过建筑策略主动干预洪涝结果的常规思路，鉴于建筑和规划、景观的处理手法不同，建筑策略对雨洪韧性的作用应该是间接实现的。

3.2 "综合——策略（适应）"的设计思路启发

在琶洲中东区城市设计案例中，华南理工大学

陈碧琳、孙一民构建了适用微观城市组团层面的"分析—策略—方案—反馈"的韧性城市设计框架[①]，通过对环境脆弱性问题的分析，一步步提出相对应的策略，完成能有效适应洪涝干扰三角洲区域规划方案设计以及后评价反馈。从分析策略到方案反馈，这种思路适合大部分韧性设计的工作展开，尤其在规划、景观设计领域，可以有针对性地提出应对洪涝的策略，再进行模拟验证，最终得到反馈信息并可选择性地进行方案完善。而站在建筑设计立场考虑，在应对洪涝灾害问题上，要理解建筑方是被动方而非主动方，是间接配合问题解决而非直接解决问题根源，所以在规划、建筑、景观一体化的过程中，建筑方面应更多地配合规划、景观两方面针对雨洪韧性提出的有效策略做出相应的反应。因此，在"分析—策略—方案—反馈"的韧性设计框架基础上，建筑方面在从分析到策略的环节中更明确需要的是"综合"到"适应性策略"的能力。

"综合——策略（适应）"设计思路在这里是针对建筑方面的设计难点和专业特点有所侧重地提出来的（图2），着重强调建筑与其他各个专业领域的韧性策略成果的综合协作能力。雨洪韧性设计是一个跨

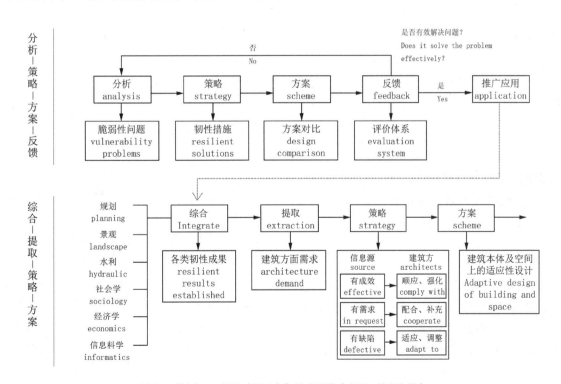

图2　"综合——策略（适应）"技术路线（来源：笔者自绘）

① 陈碧琳，孙一民，李颖龙. 基于"策略——反馈"的琶洲中东区韧性城市设计[J]. 风景园林，2019.26（09）：57-65.

学科的系统性综合课题，与很多不同领域的专业学科都有密切联系（图3），不同领域学科都有着各自需要解决的问题，当不同领域都履行好解决相关问题的职责，并共享成果相互配合时，才能真正地整体提升城市的韧性、校园的韧性。在研究建筑策略时，可以通过综合处理不同领域学科的韧性策略反馈回来的信息，来思考建筑层面该怎么配合，有什么需求，或者怎么去适应，从而打开建筑及空间设计的思路，不再局限于常见的主动排水、调蓄、屋顶花园等措施。所以，有一些建筑层面的韧性策略是服务其他领域学科而设计的，与防洪无直接关系，但站在雨洪韧性的整体视角下，其实也是在间接发挥作用。

图3　雨洪韧性涉及专业网络（来源：作者自绘）

4　尝试用"综合——策略（适应）"思路指导雨洪韧性校园建筑设计实践

4.1　建筑与规划协作

一般思路下，规划专业通过对雨水的存储量、径流量等测量指标进行分析，然后从总图上给出合理的功能布局、水系、绿地等基础设施配置，引导建筑尽量往高地势区域排布，以此降低受洪涝灾害的风险。

在校园的韧性规划中，尤其是以平地居多的高密度校园布局中，无法实现所有建筑都位处高地，因此会有部分建筑处于劣势地势，即洪涝风险区域，我们可以在这个规划基础上，借助SWMM等暴雨模拟软件[①]核实既定的校园规划布局，分析每一栋建筑的可能受灾程度，然后利用架空层设计、功能空间可变性等策略有差别地处理不同建筑的底部空间，从而弥补规划上的不足，使校园韧性提升更加完整。

4.2　建筑与景观协作

在鹿特丹水广场改造案例中[②]，作为雨洪韧性落实到公共景观上的成功案例，三个不同大小和深度的下沉广场在应对暴雨灾害时，可依据不同受灾程度转换成蓄水池，有效化解暴雨灾害造成的破坏。水广场周边的建筑则会配合景观韧性的设计相应地作出改造，例如从屋顶花园到建筑底层都设计了完整的集水排水路径，统一引导雨水到中央广场的专门装置中集中处理，再连接到城市排水系统中；不同建筑单体的底层通过架空过道、廊桥连接、主入口朝向等设计手法，完善广场的人流集散路径，降低暴雨淹没的损害程度，并强化围绕水广场活动中心的向心性和社区凝聚力。

4.3　建筑与社会学协作

雨洪韧性在社会学领域的主要策略包括制定灾害发生时的避难应急措施，疏导与转移社会人员，组织群众参与韧性建设，科普宣传韧性理念等。雨洪韧性与传统治水模式最根本的区别就是从与水对抗转变为与水为友的思想，而这种"与水为友"的先进理念不仅仅需要硬件设施的支持，更需要软性思想的引导。在建筑学层面，我们可以借助建筑载体加强宣传效果，围绕"与水为友"目标，在建筑的公共活动空间和屋顶、中庭、架空层等地方考虑加入有趣的日常水交互装置（图4），从而丰富学生的空间体验并开发学生与水交互的新思维，寓教于乐；对于临水建筑，可以通过增加临水面观景平台，利用错落、悬挑、退台等形式，营造亲水空间，虽然没有涉及干预洪涝，但也配合社会学工作践行了提升雨洪韧性的价值。

① 武中阳，丁庆福，徐涵，王作为，田蕊，孙常元. 基于SWMM模型的海绵校园雨洪韧性提升策略研究——以哈尔滨某高校校园为例[C]//共享与品质——2018中国城市规划年会论文集（05城市规划新技术应用）. 2018：1129-1142.
② DE URBANISTEN. Water Square Benthemplein in Rotterdam, the Netherlands[J]. Landsc Archit Front. 2013，1（4）：136-143.

图 4　江西陶瓷工艺美术职业技术学院学生活动中心方案中庭水景观装置（来源：华南理工大学建筑设计研究院）

4.4　其他专业领域的协作

　　还有很多其他专业领域的学者在研究雨洪韧性策略或雨洪相关灾害问题，除了上面列举的规划、景观、社会学领域，还有与雨水分析直接关联的水利工程领域，自然灾害分析的地理学领域，智能化监控与预测的信息领域等。雨洪韧性的提升建立在多个学科共同组成的系统网络上，建筑作为一种实体载体，建筑设计作为一个综合解决问题的介入手段，需要综合考虑不同专业领域反馈的信息与韧性成果，在力所能及的范围内实现协作，从而最大化发挥建筑策略方面的韧性积极作用。

5　总结

　　本文在讨论雨洪韧性视角下校园建筑方面的设计思路时是站在系统的全局观上思考的，目的是突破建筑常规策略在提升雨洪韧性方面的局限性，通过"综合——策略（适应）"的深化思路来分析拓展建筑策略的设计方法。韧性，包括雨洪韧性是当下热门且具有长远社会价值的关于可持续发展的课题，其理论的实现需要众多学科的投入与参与，但在当下跨学科领域研究还未建立起完善的体系。在各个学科领域的韧性实践成果不断增长的同时，建筑领域在研究韧性提升方面有自身的局限和难点，本文希望能回归系统性视角，为建筑领域参与雨洪韧性的策略提升提供一种可行的新思路，完善规划、建筑、景观一体化的环节，也能将雨洪韧性的视野从大的城市框架上落到如校园韧性这些微观组织层面的建设问题上。

参考文献

[1] Holling C S. Resilience and Stability of Ecological Systems[J]. Annual Review of Ecology and Systematics, 1973: 1-23.

[2] Ives A R. Measuring resilience in stochastic systems[J]. Ecological Monographs, 1995, 65（2）: 217-233.

[3] Wang C H, Blackmore J M . Resilience Concepts for Water Resource Systems[J]. Journal of Water Resources Planning and Management，2009, 135（6）: 528-536.

[4] Holling C S. Engineering Resilience versus Ecological Resilience[M]. Engineering Within Ecological Constraints. National Academies Press，1996.

[5] Berkes F，Folke C. Linking Social and Ecological Systems for Resilience and Sustainability[M]. Linking Social and Ecological Systems: Management Practices and Social Mechanisms for Building Resilience. Cambridge: Cambridge University Press，1998: 13-20.

[6] Gunderson L H. Ecological Resilience - In Theory and Application[J]. Annual Review of Ecology and Systematics，2000，31: 425-439.

[7] Holling C S. Understanding the complexity of economic, ecological, and social systems[J]. Ecosystems, 2001，4（5）: 390-405.

[8] Walker B，Holling C S，Carpenter S R，et al. Resilience，Adaptability and Transformability in Social-Ecological Systems[J]. Ecology and Society，2004，9

（2）：5.

[9] Folke C，Carpenter S R，Walker B，et al. Resilience Thinking：Integrating Resilience，Adaptability and Transformability[J]. Ecology and Society，2010，15（4）：20.

[10] IPCC. Climate Change 2007-the Physical Science Basis: Contribution of Working Group I to the Fourth Assessment Report of the IPCC[M]. Cambridge: Cambridge University Press，2007.

[11] National Research Council. Disaster Resilience: A National Imperative[M]. Washington，DC：National Academies Press，2012.

[12] 邵亦文，徐江. 城市韧性：基于国际文献综述的概念解析[J]. 国际城市规划，2015，（02）：48-54.

[13] 仇保兴. 基于复杂适应系统理论的韧性城市设计方法及原则[J]. 城市发展研究，2018.25（10）：1-3.

[14] 陈智乾，胡剑双，王华伟. 韧性城市规划理念融入国土空间规划体系的思考[J]. 规划师，2021.37（01）：72-76，92.

[15] Leichenko R. Climate Change and Urban Resilience[J]. Current Opinion in Environmental Sustainability，2011，3（3）：164-168.

[16] 马伯. 雨洪韧性视角下海绵城市建设控制指标的多层级分解研究[D]. 长沙：湖南大学，2019.

[17] 臧鑫宇，王峤. 城市韧性的概念演进、研究内容与发展趋势[J]. 科技导报，2019（22）：94-102.

[18] 郑英，韧性城市理念下的区域雨洪控制系统构建分析[J]. 中国建设信息化，2020（22）：70-72.

[19] 陈竞姝，韧性城市理论下河流蓝绿空间融合策略研究[J]. 规划师，2020.36（14）：5-10.

[20] 孙丽辉，曾娇娇，李连盼. 基于韧性城市理念的珠海市沿海防风浪潮堤岸提升策略[J]. 园林，2020（09）：40-45.

[21] 戴伟，孙一民，韩·迈尔，塔聂·巴顷. 气候变化下的三角洲城市韧性规划研究[J]. 城市规划，2017.41（12）：26-34.

[22] 廖桂贤，林贺佳，汪洋. 城市韧性承洪理论——另一种规划实践的基础[J]. 国际城市规划，2015.30（02）：36-47.

[23] 周艺南，李保炜. 循水造形——雨洪韧性城市设计研究[J]. 规划师，2017.33（02）：90-97.

[24] 武中阳，丁庆福，徐涵，王作为，田蕊，孙常元. 基于SWMM模型的海绵校园雨洪韧性提升策略研究——以哈尔滨某高校校园为例[C]//共享与品质——2018中国城市规划年会论文集（05城市规划新技术应用）.2018：1129-1142.

[25] 陈碧琳，孙一民，李颖龙. 基于"策略——反馈"的琶洲中东区韧性城市设计[J]. 风景园林，2019.26（09）：57-65.

[26] DE URBANISTEN. Water Square Benthemplein in Rotterdam，the Netherlands[J]. Landsc Archit Front. 2013，1（4）：136-143.

极端环境下的充气膜建筑设计

费腾[1, 2] 张明鑫[1] 杜保霖[1]

作者单位
1. 哈尔滨工业大学建筑学院 寒地城乡人居环境科学与技术工业和信息化部重点实验室
2. 哈尔滨工业大学建筑设计研究院

摘要: 从极端环境的背景出发,总结极端环境具有安全性、适应性、应激性、临时性及系统性的建筑设计要点。同时,探究极端环境下充气膜建筑的优势与劣势,以充气膜建筑为设计基础进行优化和改良,提出骨架式充气膜建筑方案,以期为极端环境下的充气膜建筑设计提供参考。

关键词: 充气膜建筑;极端环境;骨架支撑结构;可展开;安全性

Abstract: Starting from the background of extreme environment, this paper summarizes the architectural design points of extreme environment with safety, adaptability, stress, temporary and systematic. At the same time, the advantages and disadvantages of inflatable membrane buildings in extreme environments are explored, and the inflatable membrane buildings are optimized and improved based on the design, and the skeleton inflatable membrane building scheme is proposed, so as to provide reference for the design of inflatable membrane buildings in extreme environments.

Keywords: Inflatable Membrane Building; Extreme Environment; Skeleton Support Structure; Can be Expanded; Security

联合国政府间气候变化专门委员会(IPCC)在第六次气候科学评估报告中指出:"人类活动引起的气候变化已经影响了全球各个地区的极端天气与气候事件,未来任何的持续增暖都会引起愈加频繁和严重的极端事件"[1]。为探索全球气候变化的影响,很多科研团队奔赴两极地区、沙漠等极端气候环境中进行考察。此外,人口爆炸、资源耗竭、全球变暖、环境污染、社会及经济动荡等问题导致自然生态系统开始失衡,不仅极端天气事件的发生越来越频繁,地震、海啸、飓风、洪涝等突发灾害的爆发频率也远远超出20世纪[2]。为满足科研团队考察的安全性需求,应对不断出现和增加的极端事件,极端环境中的建筑应运而生。本研究正是基于极端环境的背景,希望通过充气膜建筑设计来为极端环境中的人们提供临时屏障,以达到适应极端、化解危机、安全探索的目标。

1 极端环境下建筑设计概述

1.1 极端环境概念

极端环境是指远离已成熟的人居环境的区域,而且这些区域环境条件不适合人类长期居住与生活[3]。结合相关研究,现阶段极端环境主要包括三个方面:极端气候条件下的环境、突发灾害条件下的环境及外太空环境。其中极端气候包含南北极的低温、沙漠的高温和干旱等;突发灾害不仅包含地震、泥石流、沙尘暴等自然灾害,也包含传染病疫情、战争等非自然灾害;外太空环境则主要体现为超低温、强辐射、高真空,还有高速运动的尘埃、微流星体和流星体。很显然,这些极端环境不利于人们生存,但出于对极端气候环境、外太空环境的科研探索以及对突发灾害环境的灾后救援的需求,需要在极端环境中设计特殊的建筑为人们提供庇护的场所。

1.2 极端环境下建筑设计要点

在极端气候环境中,建筑要具备抵御严寒、承受高温、适时转移的能力,保证科研团队考察过程连续、安全;在突发灾害环境中,建筑需要有一定的坚固性和防御力,可在灾害中抵挡一定的伤害,安全转移灾民;在外太空环境中,建筑需为人们提供一个坚硬的护盾,用来抵挡太空碎片的撞击,避免重力、压强及光线等因素的不利影响[4]。综合以上极端环境对建筑设计的影响，整理为以下五方面设计要点：

（1）安全性。依据建筑设计三原则"坚固，实用，美观"，坚固安全是对建筑最基本的要求。在极端环境中，提高安全更应该被作为建筑设计的首要任务。其中包括建筑自身的结构安全以及建筑系统的生命安全。

（2）适应性。由于极端环境的恶劣性会给建筑施工带来诸多困难，所以建筑一般会提前预制，缩减施工时间。因此建筑需具备可量化生产、可拆卸、易安装等特点，以满足快速安装的需求。

（3）应激性。极端环境同时还存在很多不确定性，如在地震中，考虑到余震及次生灾害的发生，需要对受难群众进行迅速转移；再如，2020年出现的新冠肺炎疫情中，需要在疫情严重的地方迅速建立隔离区。因此建筑需要具备轻质化、可移动、便携性等特征，以满足快速转移的需求。

（4）临时性。处于极端环境中的建筑一般不考虑使用者的长期居住与生活，具有临时性建筑的特征。因此建筑需要考虑可回收利用，在使用完之后可以应对其他极端环境，从而减少资源浪费。

（5）系统性。处在极端环境中的建筑除了提供阻挡外部环境冲击的屏障，还需要保证建筑内部环境舒适的技术系统，包括供人呼吸的通风系统、调节温度的冷热系统、提供基本照明的电系统等。

2 极端环境下充气膜建筑分析

2.1 充气膜建筑概念及类型

充气膜建筑是膜结构建筑中的一种，通过使用特殊的膜质材料在膜内外形成气压差，使其整体始终处于一种紧绷的状态，来支撑建筑自身形态及抵抗外部存在的荷载。根据力学性质，充气膜建筑可以分为气承式和气囊式两种结构形式[5]。气承式膜结构维持建筑形态并抵抗荷载的方式是对膜内持续鼓入气体，使膜内的气压高于外界环境气压。气囊式膜结构则是将气体充入固定形状的气囊内，使之成为具有一定刚度的结构或构件，并以此作为建筑外界面。

2.2 充气膜建筑应对极端环境的优劣分析

1. 充气膜建筑应对极端环境的优势

充气膜建筑最大的优势在于建造快速，满足极端环境中建筑适应性的要求。面临极端环境特别是突发灾害时，快速的建筑搭建可以及时地为人们提供避难场所，实现传统建筑无法达到的应急速度。同时，充气膜建筑凭借其良好的施工性能和可回收的材料特点具有很强的灵活性，符合极端环境中临时性建筑及需要移动的建筑的条件，因此在应对人员的快速撤离和转移方面具有极大的优势。此外，充气膜建筑独立的建筑系统一方面可以有效阻隔极端环境中的危险因素，另一方面可以为内部使用人群提供相对舒适的生活环境，满足极端环境中建筑系统性的需求。例如气承式膜建筑独特的结构形式，需要供风系统不断地为膜内补充空气，保持室内外的压力差。因此，空气净化装置可以结合供风系统对排入室内的空气进行过滤处理，从而达到隔绝污染、净化空气的作用，这一优势在应对类似新冠肺炎疫情的传染性极端环境中极为有效[6]。

2. 充气膜建筑应对极端环境的劣势

极端环境的条件都较为恶劣，一般膜材的充气膜建筑易发生损坏并引起安全事故，且维护较困难。同时，充气膜建筑的结构稳定性较差，特别是在极端环境中容易受到自然灾害的冲击，造成膜漏气、气压控制系统不稳定与屋面下瘪。例如在寒地常见的损坏现象是膜结构损坏漏气，原因是膜材表面容易积累冰雪引起膜体下凹，下凹处容易积累更多的冰雪，从而引发"袋装效应"[7]。此外，既有的充气膜结构多应用于体育建筑、商场、展览中心、交通服务设施等大跨建筑中，充分发挥的是其膜结构跨度大的优势。但在极端环境中，建筑很难拥有开阔平整的地形，且建筑需要具备轻质化、便携性的特征，以应对突发的各类灾害，造成充气膜建筑这一优势无法充分发挥，甚至成为制约建筑便携性的劣势。

3 骨架式充气膜建筑设计方案

基于对充气膜建筑在极端环境下的分析，可以发现其符合极端环境下建筑设计要求。为了更好地发挥充气膜建筑在极端环境中的优势，降低其安全性、便携性不足的劣势，笔者对充气膜建筑的形体、结构和材料分别进行了优化。首先，建筑与地面脱离，形成独立球状形体，以提升建筑在极端环境中的适应性[8]；其次，在充气膜建筑的基础上增加可展开收缩的骨架式建筑结构，以解决建筑便携性问题，加强整体结构的稳定性；最后，对充气膜材进行多维复合设计，增强膜材性能，提高充气膜建筑在极端环境中的安全性。

3.1 球状建筑形体设计

（1）外形优势。球状建筑相比传统的方形建筑更具识别性，容易在极端环境中被人感知。此外，球状建筑凭借其流体外形可以很好地减少风阻，例如球形篷房的抗风能力可达12级以上。因此，球状建筑可以较有效地抵御地震、飓风等自然灾害的袭击。该设计方案将形体设计为球形也是利用了这个特点，把极端环境带来的冲击压强减到极低的状态，从而提升充气膜建筑的安全性（图1）。

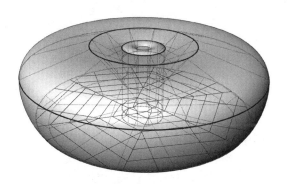

图1 骨架充气膜建筑形体设计效果图（来源：作者自绘）

（2）结构优势。球状建筑的结构要比其他形状建筑更为牢固。例如鸡蛋就是由壳封闭而成的球体，在握紧鸡蛋时能够感受到其结构的稳固，正是由于球体受力面积大且压强小，因而鸡蛋不易碎。对于该设计方案而言，球状的形体可以使鼓风装置充入的空气更快地扩散，大大减少膜材的展开时间，使建筑更快的投入使用。此外，由物理学可知，球体表面各处压强是均匀的，因此球状充气膜建筑展开之后膜材表面受力均匀，利于建筑整体的稳定性。

（3）节能节材。相同容积的球状建筑与传统方形建筑相比，球状建筑具有更小的外表面积，可以节省建筑材料。同时，较小的外表面积减少了建筑内部空气与外界环境的冷热交换，降低了建筑的体形系

数，达到节能的设计效果。此外，球状建筑可以更好地利用光线和周围流通的空气，对于减少建筑内部能耗也有帮助。

3.2 骨架式建筑结构设计

骨架式结构设计的关键在于解决展开与收缩的问题，其中涉及充气膜建筑外界面围护结构、骨架支撑结构及可展开地面结构。在展开状态前，整个建筑结构体系为收缩的圆筒形状（图2），减小了建筑体积，提高了建筑的便携性。在展开状态后，整个建筑结构体系为外层膜材提供结构支撑，增强整体建筑的安全性（图3）。

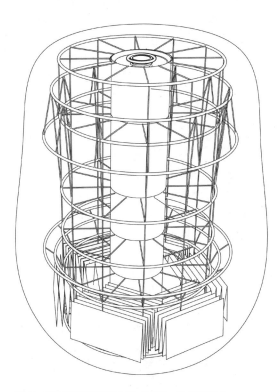

图2 展开前建筑结构体系（来源：作者自绘）

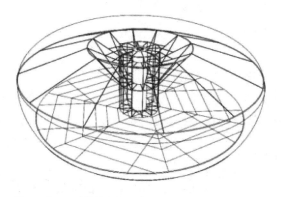

图3 展开后建筑结构体系（来源：作者自绘）

1. 外界面围护结构选择

基于前文对充气膜建筑类型的分析，气承式膜结构充气前后的体积压缩比高，可预制量化生产、可折叠拆卸、可快速安装，因此可以方便地运输至极端环境中，快速地投入使用。在2020年突发的新冠肺炎疫情中，苏运升团队研发制造的火眼实验室也验证了气承式膜结构建筑的可行性[9]。而气囊式膜结构则是依靠固定的气囊构件组合成外围护结构，不具备收缩和展开的能力。因此，该设计方案的外界面围护结构采用的是可展开收缩的气承式膜结构。

2. 可展开骨架支撑结构体系

如图4，可展开骨架支撑结构体系包括上固定圈杆-1，下固定圈杆-2，连接上、下固定圈杆的直线轴承光轴撑杆-3，上滑动圈杆-4，中滑动圈杆-5，下滑动圈杆-6，带动上、中、下滑动圈杆运动的滚珠丝杆-7及滚珠丝杆固定轴承组件-8，上活动圈杆-9，中活动圈杆-10，下活动圈杆-11，连接上滑动圈杆与上活动圈杆的上展开短杆-12，连接上活动圈杆与中活动圈杆的连接长杆-13，连接中滑动圈杆与连接长杆的展开长杆-14，连接下滑动圈杆与下活动圈杆的下展开短杆-15，滑动圈杆与直线轴承光轴撑杆之间的滑动连接构件-16，以及活动圈杆、展开短杆、连接长杆之间的转动连接构件-17。

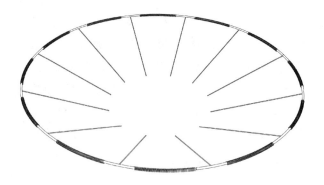

图 5　活动圈杆详图（来源：作者自绘）

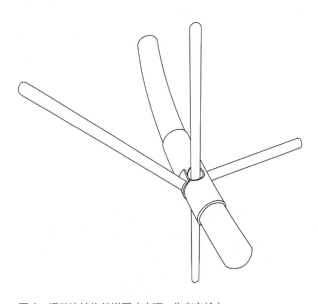

图 6　滑动连接构件详图（来源：作者自绘）

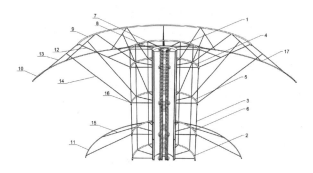

图 4　可展开骨架支撑结构体系剖面示意图（来源：作者自绘）

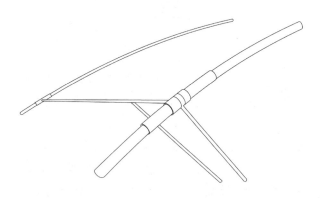

图 7　转动连接构件详图（来源：作者自绘）

其中所有活动圈杆均为可伸缩的构件，均包括若干杆段和若干个弹簧，相邻两个杆段之间通过一个弹簧连接，若干杆段和若干弹簧围成闭合的圆环结构（图5）。滑动连接构件为套设在滑动圈杆上的套筒，且套筒形状与滑动圈杆相配合，在套筒上开设有通孔，直线轴承光轴撑杆穿过套筒上的通孔及滑动圈杆上的通孔（图6）。转动连接构件为转动铰链（图7）。

可展开骨架支撑结构体系的展开方式学习雨伞伞骨的展开方式，具体展开的步骤如下：启动动力装置带动滚珠丝杆-7转动，借助滚珠丝杆固定轴承组件-8将力传递至上滑动圈杆-4和中滑动圈杆-5，使这两个构件向上运动，同时带动下滑动圈杆-6向下运动；由于展开长杆-14、上展开短杆-12和下展开短杆-15分别通过转动连接够件-17与滑动连接构件-16相连，因此随着上滑动圈杆-4和中滑动圈杆-5的向上移动，转动连接构件-17可以使展开短杆灵活转动，滑动圈杆上的滑动连接构件-16带动上展开短杆-12和展开长杆-14进行活动，使得与上展开短杆-12连接的上活动圈杆-9展开，上活动圈杆-9展开的同时以及在展开长杆-14的共同作用下使得中活动圈杆-10展开；与此同时，随着下滑动圈杆-11的向下运动，带动下展开短杆-15进行活动，同理使得下活动圈杆-11展开；由于上展开短杆-12、下展开短杆-15及连接长杆-13的长度不同，因此上活动圈杆-9、中活动圈杆-10及下活动圈杆-11的展开半径大小不同，中活动圈杆-10展开的半径最大，上活动圈杆-9展开的半径最小。由最初的收缩状态最终展开呈现为球状梭体形状（图8），至此完成可展开骨架支撑体系的展开过程。

3. 可展开地面结构设计

在既有的充气膜建筑中，膜材应用的位置是建筑的顶界面及侧界面，地面不作为膜材覆盖的范围。因此，充气膜建筑的气密性除了要考虑膜材自身材料的完整性，还需要考虑膜材与地面交接的处理方式。在极端环境中，无法保证地面的条件是否适合搭建充气膜建筑，另外，直接与地面交接需要对原有地面进行处理，提高了施工建造时间。因此，该设计方案将地面结构直接包含进充气膜建筑内部，使建筑真正与极端环境脱离，提升建筑的适应性与可移动性。

由于整个建筑的结构体系需要进行收缩和展开，因此地面结构也需要进行可展开的设计。在该方案中，可展开地面结构与可展开骨架支撑结构体系中的滚珠丝杆固定轴承组件相连接固定，在骨架支撑结构体系展开的同时地面结构进行同步展开。结合折叠技术的相关研究，NASA喷气推进实验室在2015年开发了一种新颖的Flasher折叠模型，该折叠模型的所有折叠面都围绕中心轴方向折叠聚拢，因此能够以单自由度展开。同时，这种折叠方式混合了对角线折叠和矩形折叠，折叠的形状可以是四边形、五边形乃至多边形折叠，通过研究比较后，六边形折展方案是最佳的折叠形状。此外，Flasher折叠模型在大型太阳翼、光学系统的衍射薄膜等方面均已有实际应用，证明这种折叠方式的有效性。基于以上理论和实践的研究，该设计方案的可展开地面结构最终选用了六边形Flasher折叠方式，其折痕使地面能够折叠成一个类似玫瑰花瓣图案的紧凑螺旋形（图9）。

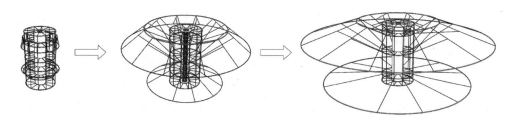

图 8　可展开骨架支撑结构体系的展开过程图（来源：作者自绘）

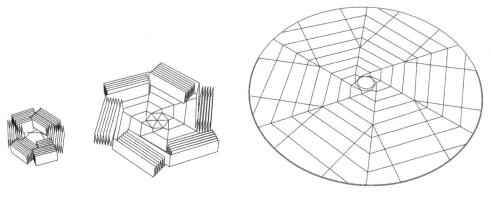

图 9　可展开地面结构的展开过程图（来源：作者自绘）

3.3 多维建筑膜材料设计

在既有的充气膜建筑中，常见的膜材有PVC（聚氯乙烯）、PVDF（聚二氟乙烯）、PVF（聚偏氟乙烯）、PTFE（聚四氟乙烯）、ETFE（乙烯—聚四氟乙烯共聚物）等。其中使用最广泛的是PVC膜材，多用于临时建筑；ETFE膜材则是目前最理想的膜材，能在-200～150℃的温度中长期使用，具有易清洗、可伸缩、耐火性好、质量轻、耐腐蚀等优点，为充气膜建筑走向永久性建筑提供了可能[10]。但在极端环境中，即便是性能最好的ETFE膜材也不能完全保证建筑的安全性，因此对该方案膜材进行多维复合设计，由内而外共分为四个层次：内衬层、密闭层、承力层及防护层。

（1）内衬层。内衬层在建筑外围护结构的最内层，与内部空间的使用人群直接接触，因此这一层的膜材需要具备无毒、阻燃、容易清洁、持久耐用、易于折叠等特性。宇航服、消防服常用的Nomex材料可以满足这些要求。Nomex材料是一种无毒的耐高温阻燃纤维，其强度非常高，耐辐射性、抗撕裂性及耐磨蚀性都良好，且具有弹性和柔韧性，非常适合运用到内衬层。

（2）密闭层。密闭层用来保证充气膜建筑内部的空气不会泄露到建筑外，因此这一层的膜材需要具备较好的密闭性、伸缩性和耐用性。用于包装航天食品和封装太空站废水的聚合物材料Combitherm由聚酰胺和乙烯组成，气密性很好，可以作为密闭层的使用材料。

（3）承力层。承力层负责承受极端环境中的外界冲击力，因此这一层的膜材需要具备满足建筑安全性的强度以及可伸缩性。Kevlar纤维材料强度高、密度低、柔韧性好、耐高温，其强度为同等质量钢铁的5倍，拥有非常好的防护性能，被广泛应用于装甲车、防弹衣等军工领域。而且该材料能轻松折叠，非常适合承力层。

（4）防护层。防护层是整个建筑外围护结构的最外层，也是最为关键的一层，需要对外界的温度、辐射、碎片撞击等多方面进行防护，因此防护层需要具备防冷热、防辐射、抗撞击等特性。KAPTON材料是一种由高分子构成的聚酰亚胺薄膜材料，具有优良的化学稳定性、耐低温性、耐高温性、抗辐射性、阻燃性、电绝缘性等，适合作为防护层材料。

4 结语

本文为极端环境下的充气膜建筑设计提供了一种解决方案。通过对极端环境与充气膜建筑的分析研究，总结充气膜建筑应对极端环境的优势与劣势。以充分发挥充气膜建筑的优势和弥补充气膜建筑的劣势两点为设计目标，优化既有充气膜建筑的形体、结构和材料，最终完成骨架式充气膜建筑设计方案。由于时间和精力有限，本文在具体方案的材料部分仅进行了初步探讨，在后续研究中笔者会进一步补充和完善。最后，希望本文可以为极端环境中的充气膜建筑设计提供一定参考，使更多建筑师关注极端环境中的建筑设计。

参考文献

[1] 孙颖.人类活动对气候系统的影响——解读IPCC第六次评估报告第一工作组报告第三章[J].大气科学学报：1-4.

[2] 臧文静.极端气候条件下的建筑形态研究[D].北京：北京建筑大学，2013：1-2.

[3] 钟卫.极端环境条件下的建筑设计[J].建筑工程技术与设计.2014，（17）：256-256.

[4] 姚刚，芮阅.极端环境应对、结构形态创新与宜居空间营造——舱体建筑的特征、趋势及其应用研究[J].美术大观.2019，（11）：126-128.

[5] 周涵.充气膜结构发展与研究现状的探讨[J].内蒙古科技与经济.2019，（17）：14-18.

[6] 宋立民.疫情下的设计反思[J].设计.2020，33（11）：7.

[7] 费腾，杨生辉.寒地气承式充气膜结构建筑适寒设计研究[J].建筑与文化.2021，（06）：210-212.

[8] 韩佳成，Martín Azúa.极简房[J].设计.2012，（05）：28.

[9] 苏运升，陈堃，李若羽等.火眼实验室（气膜版）[J].设计.2020，33（24）：43-45.

[10] 朱雨欣.膜结构建筑体系及适用性研究[J].江苏建材.2019，（05）：33-35.

基于 Legion 仿真模拟的大型交通枢纽换乘设计优化探析
——以西安站改扩建地下综合交通枢纽为例[①]

李冰　张宁

作者单位
中国建筑西北设计研究院有限公司

摘要： 大型综合交通枢纽的换乘人员密集、流线复杂，运用仿真模拟技术对其进行分析，可有效预判换乘流线和时间，通过模拟对比的量化分析找出最优方案，可辅助流线组织与空间设计，提高换乘效率。本文以西安站改扩建工程为例，针对初步方案出现的问题从换乘布局、衔接形式，接口数量以及设备配置几方面进行优化及模拟验证。结果表明 Legion 仿真模拟分析对于换乘设计具有显著的优化效果，可对以后的大型铁路枢纽换乘布局模式提供借鉴。

关键词： Legion 仿真；西安站改扩建；综合交通枢纽；换乘设计

Abstract: The transfer personnel of large-scale comprehensive transportation hub are dense and the flow line is complex. Analyzing it by using simulation technology can effectively predict the transfer flow line and time. Through the quantitative analysis of simulation comparison, the optimal scheme can be found, which can assist the flow line organization and spatial design and improve the transfer efficiency. Taking the reconstruction and expansion project of Xi'an railway station as an example, this paper optimizes and simulates the problems in the preliminary scheme from the aspects of transfer layout,connection form, number of interfaces and equipment configuration. The results show that Legion simulation analysis has a significant optimization effect on transfer design, and can provide reference for the transfer layout mode of large railway hub in the future.

Keywords: Legion Simulation;Reconstruction and Expansion of Xi'an Railway Station; Comprehensive Transportation Hub; Transfer Design

1　大型铁路客运站换乘设计现状分析

综合客运交通枢纽是指以几种运输方式交会、并能处理旅客联运功能的各种技术设备的集合体，是以旅客始发、终到为基本功能，强调并突出旅客在交通网络中的换乘[②]。为了方便不同旅客的换乘需求，主要采取的设计策略是将铁路干线与轨道交通进行一体化设计，同时连入公交车、出租车、社会车等，使其成为一个立体的交通网络，将流线设计立体化。以便捷、省时为目标的换乘空间组织是综合客运交通枢纽设计的关键，我国铁路枢纽的换乘空间也在迭代与发展。从"站台换乘"和"广场换乘"模式，发展到"综合换乘"和"站城融合"模式，以"集约利用空间""公交优先""零距离换乘"为理念，有效提高换乘效率和换乘舒适性，达到立体化的流线组织。

传统及现状的建筑方案设计多以设计师的理念和经验为主导，依据相关规范、标准或图集进行功能分区、流线组织和空间组合，基本不进行量化分析。对于人流量大、流线复杂的综合客运交通枢纽，有可能导致换乘空间不足、换乘客流交叉、换乘距离过长及换乘时间过长等问题，这就需要采用更为科学的预测及量化设计方法。

2　仿真模拟方法及适用性解析

2.1　行人仿真软件及流程

运动仿真是模拟行人在室内或室外如何从起点运

---

①　基金：中国建筑西北设计研究院有限公司科研课题"交通枢纽导向下的地下空间规划研究"（NB-2018-JZ-02）。
②　中国建筑工业出版社，中国建筑学会.建筑设计资料集（第三版）[M].北京：中国建筑工业出版社.

动到终点的过程，目前应用较为成熟的有Legion、AnyLogic、Steps等模拟软件。Legion 软件是被认为最有效的行人仿真与分析工具，广泛用于铁路、地铁车站、场馆、机场、重大活动等人流聚集区域的步行人流模拟[①]。Legion软件主要包括Model Builder及Simulator两部分，仿真分析时将车站的方案图导入Model Builder，设置站内各设施、设备的参数，输入客流数据，建立仿真模型；再使用Simulator可对模型进行数据模拟，通过输出不同的图形、图表体现仿真结果[②]。

大型综合交通枢纽的换乘人员密集、流线复杂，且换乘目的地不同，因此运用仿真模拟技术对大型综合交通枢纽进行分析，可有效预判换乘流线和时间，通过模拟对比找出最优方案，辅助流线组织与空间设计，提高换乘效率、保证交通枢纽的顺利运行。

2.2 西安火车站交通特征及发展需求

1. 项目概况

西安火车站位于明城墙国家遗址与大明宫遗址之间，建成于20世纪30年代，随着城市的发展，目前年客运量达到2680万人次。亟需对西安站进行改扩建，形成集城际铁路(含部分高速铁路)客运、普速铁路客运、城市轨道交通、中长途公路客运、城市公交、出租汽车、社会车辆于一体的大型综合交通枢纽中心。改扩建后车站规模扩大为9台18线，站房最高集聚人数12000人，成为拥有南北双广场、双站房、多通道的大型综合交通枢纽，同时实现与地铁4、7号线的无缝接驳换乘[③]（图1）。

图1 北广场地下交通枢纽位置图（来源：项目图纸）

西安站改扩建由于受到遗址保护的限制，规划设计充分利用了地下空间，遵循"到发分离，分层设置，负一落客，负二上客"的原则，负一层为各种交通车辆的落客区，负二层为各种交通车辆的上客区（图2）。

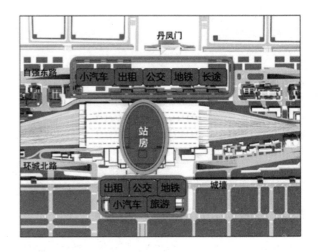

图2 功能分区图（来源：项目图纸）

2. 交通需求分析

根据《西安站枢纽改扩建可行性研究报告》，远期2035年旅客年发送量为4520万人，最高聚集人数12000人，高峰小时旅客发送量约9780人。旅客出行方式将以地铁、公交、出租为主，三者总和将占到总出行的80%以上（表1）。

由于远期地铁集散能力的提高，公交和出租车场的规模需求将小于中期，因此，模拟分析以中期规模控制各类设施规模。

2.3 研究对象参数确定

在对行人进行仿真模拟时，需要对模型参数和行人参数进行标定。

模型参数的确定可分为空间参数和设施参数两部分。其中空间参数是对建筑模拟范围内的墙、柱和障碍物等阻碍行人通过的边界进行设置。设施参数是指楼梯、扶梯、验票闸机等对行人运动产生影响的交通设施。自动扶梯段，固定运行速度为0.53米/秒，

① 余晶. 基于行人仿真模拟的地铁车站方案优化设计——以地铁佛山西站为例[J]. 中外建筑，2017（10）：147-150.
② 李耿旭，耿浩，王九州，朱小军. 基于Legion仿真软件的地铁车站设计优化[J]. 天津建设科技，2021，31（04）：75-77.
③ 张景娥. 西安火车站改造与地铁车站结合形式探讨[J]. 铁道工程学报，2015（6）.

西安站进期与远期客流量构成　　　　　　　　　表1

项别	年旅客发送量（万人）		日旅客发送量（万人）		高峰小时旅客发送量（人）	
	近期	远期	近期	远期	近期	远期
地铁	1140	1270	38270	42370	5360	5720
城际中转客流	280	310	9330	10340	560	690
公交	420	470	14000	15500	830	1030
长途汽车	199	220	6530	7240	390	480
出租车	360	400	12130	13430	720	890
单位及私家车	340	370	11200	12400	670	830
步行及其他	60	60	1870	2060	110	140
合计	2800	3100	93330	103340	8640	9780

（来源：《西安站可行性研究报告》）

行人上楼梯速度为0.8米/秒，闸机每次只允许一人通行，通行时间为2秒。

行人参数分为行人特性参数和行人数量参数两部分，行人特性参数根据相关文献的研究统计，行人半径设定为0.45米，行走速度为0.9米/秒，携带大型行李的行人占44%。行人数量参数根据《西安站枢纽改扩建可行性研究报告》中高峰小时旅客发送量，及乘坐不同交通设施的比例来确定。

3 换乘设计初步方案模拟

3.1 初步设计方案概述

西安站改扩建综合交通枢纽初步方案，遵循 "公交优先""人车分离""立体化布局""无缝衔接"等原则进行流线组织，尽量将大运量的换乘设施靠近主体交通设施。同时采用"零换乘"原则，设计国铁和地铁快速进站厅，将乘坐公交车、出租车、网约车

等其他旅客分流到北广场地下交通枢纽（图3）。

3.2 换乘仿真模型构建

在模型搭建过程中，首先需要梳理初步方案CAD图，对进出站出入口进行编号，确定实体类型，设置数据配置文件，将完成OD矩阵导入Model Builder中，对上下行楼梯、售票机、闸机、安检设施、描述，各路线以及各方向行人产生和消失的模块进行设置，最后使用Simulator进行仿真模拟，输出仿真结果，并对仿真结果进行分析（图4）。

3.3 模拟结果及问题

通过Simulator中输出的图表，统计旅客换乘各种交通设施的平均换乘时间（表2）。选择公交车站、出租车上客区、网约车上客区、快速进站厅入口等典型场所，进行人流密度分析，得出最大密度图，密度越高，颜色越偏红，说明越拥挤，密度低则越偏蓝色。

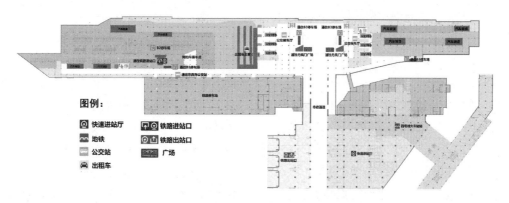

图3 初步方案换乘层平面功能图（来源：项目图纸）

上车入口。

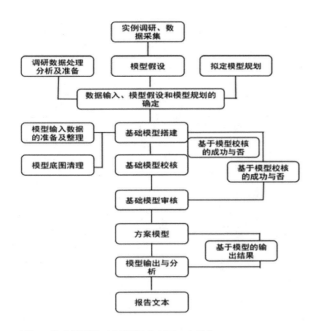

图4 仿真模型构建逻辑图（来源：自绘）

西安站初步设计方案换乘衔接
不同交通设施换乘时间　　表2

时间 （s）	轨道 交通	公交车	出租车	网约车	地铁 进站	社会车
平均值	224	420	496	382	208	380

（来源：自制）

1. 双厅式公交车站，换乘通道接口处形成拥堵

由最大密度图可见，市政通道末端与换乘大厅衔接处及公交指示信息观察区域形成拥堵（图5）。主要原因是公交车站采用双厅式布局，换乘公交车的旅客由地下二层出站后，在市政通道末端与换乘广场衔接处需确认公交车站，由于有38条公交线路，两侧公交站厅共设置6部楼扶梯通向地下一层公交车乘车岛，旅客聚集较多，且此处同时还有大量需乘坐出租车、网约车等其他乘客经过。可见双厅式公交车站布局造成人流聚集、交叉，使得换乘时间较长。

2. 出租车上客区形成瓶颈

出租车换乘区位于换乘大厅西侧，蓄车位147个，上客位20个，根据高峰小时客流预测信息可知，换乘出租车的人数为720人，在上客区形成瓶颈、拥堵较为严重（图6）。原因在于出租车上客区域只设置一处换乘入口，出租车到达后乘客要穿过车道再上车，造成旅客排队且停滞现象，需增加出租

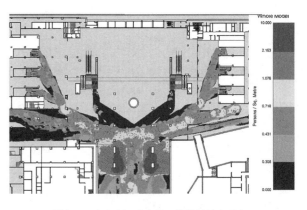

图5 通道接口最大密度图（来源：模拟软件出图）

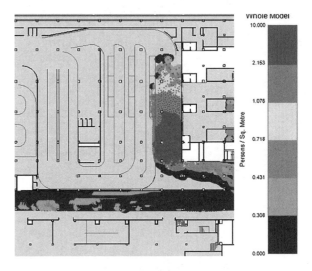

图6 出租上客区最大密度图（来源：模拟软件出图）

3. 网约车上客区拥堵混乱

网约车位于换乘区域的西侧，旅客需要经出站市政通道后，进入换乘大厅，然后经过公交车和出租车换乘点后，到达网约车乘车区域，换乘距离较远。且由于仅设置一处换乘入口，旅客进入换乘区域后，换乘速度较慢、造成拥堵（图7）。

4. 快速进站厅入口处拥堵

地下进站厅与市政通道及地铁通达紧密相连，实现轨道交通与国铁的"零距离"换乘。但模拟结果显示，在地铁通道与换乘通道的交接处，形成拥堵瓶颈（图8）。原因是紧邻地铁出站通道的安检大厅安检设置布置较少，导致过安检的旅客在安检大厅内排队较长，在安检大厅入口处导致人员密集，且与国铁出站的旅客发生流线上的交叉，导致出现瓶颈，需要增加快速进站厅的安检设施。

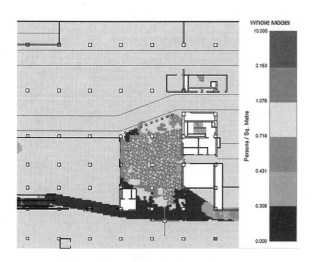

图7 网约车上客区最大密度图（来源：模拟软件出图）

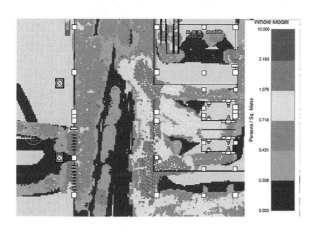

图8 进站厅入口最大密度图（来源：模拟软件出图）

4 大型铁路客运站换乘设计优化

根据Legion软件的仿真模拟分析，针对出现的问题从换乘布局、衔接形式，接口数量以及设备配置几方面进行优化及模拟验证，以缓解换乘拥堵、减少换乘时间、通过换乘效率、优化换乘设计。

4.1 换乘布局优化

将双厅式公交车布局，改为立体单厅式，并去掉2部通往地下一层公交车候车岛的扶梯组（图9）。换乘公交车的旅客经市政通道后，到达换乘大厅，左转进入公交候车厅，避免了在市政通道与换乘大厅形成拥堵，且换乘公交车的旅客在相对独立的公交候车厅内进行公交指示信息的查看，不会对换乘其他设施的旅客进行干扰，旅客确认信息后，经楼扶梯到达公交车通行的地面一层半封闭式公交车候车岛，乘车

离开。

图9 公交车分层立交透视图（来源：项目图纸）

4.2 衔接形式优化

出租车上客区按照同层人车立交设计，因出租车换乘区域人车频繁交叉，在同一层空间内设置人车立交，使换乘出租车的乘客与车辆立体交叉，将一层空间成功的划分为两部分，出租车在立交下行驶，旅客通过坡道进入人行立交，人车完全分离（图10）。同层立交设计不仅提高了乘坐出租车的旅客的换乘效率，也保证了旅客安全，使得旅客不需穿车道，就可以到达上车区。

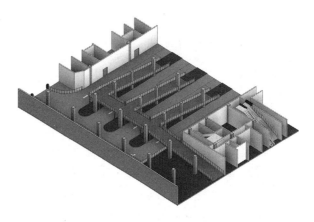

图10 出租车同层立交透视图（来源：项目图纸）

4.3 接口数量优化

在优化设计方案中，因将双厅式公交车候车厅调整为单厅式，所以在换乘大厅的东侧就可以有足够的空间增加出租车和网约车接口，换乘出租车与网约车

的旅客出站后经市政通道到达换乘大厅，东西两侧都可以选择，且出租车与网约车和公交车不同，不需设置公交指示信息观察区，左右两侧都可以乘坐出租车与网约车，换乘接口的可以有效地缓解出租车与网约车入口区的排队拥堵情况（图11）。

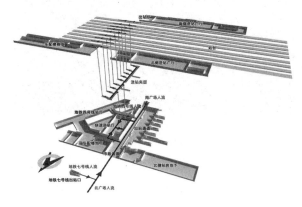

图11　优化后快速进站厅轴测图（来源：项目图纸）

4.4　设备配置优化

在快速进站厅的安检厅，增加2部安检设施，可以提高有地铁出站后快速进站乘车国铁旅客的换乘效率，且减少安检等候与排队，可以避免安检大厅入口处发生拥堵，与市政通道内旅客形成流线干扰与交叉。在西侧网约车上客区增设，添加部分流量分离屏障，缓解网约车入口区域的拥堵与混乱（图12）。

4.5　总体设计优化

根据对出站层的高峰小时密度图及换乘时间的对比可见，在Legion软件的仿真模拟基础上，从换乘布局、衔接形式，接口数量以及设备配置等方面进行的设计优化，使得换乘时间有大幅度的减少（表3）。

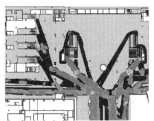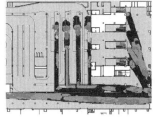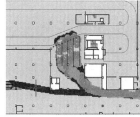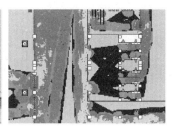

(a) 换乘通道接口处最大密度图　　(b) 出租车上客最大密度图　　(c) 网约车上客最大密度图　　(d) 快速进站厅最大密度图

图12　优化方案典型位置最大密度图（来源：模拟软件出图）

优化前后换乘时间比较　　　表3

换乘设施	优化前（s）	优化后（s）	优化率（%）
轨道交通	224	160	28.58
公交车	420	176	58.10
出租车	496	210	57.67
网约车	382	246	35.61
国铁进站	208	145	30.29
社会车	380	322	15.27

（来源：自制）

公交车换乘布局采用立体单厅式，换乘时间减少了4min，优化率为58.10%；出租车衔接形式的改变，使换乘时间减少了4.8分钟，优化率为57.67%。通过总体换乘层最大密度图可见（图13），在高峰小时密度图中也未见拥堵现象，表明Legion仿真模

拟分析对于大型铁路客运站换乘设计具有显著的优化效果，在此基础上进行换乘流线组织与空间设计（图14），可以提高换乘效率，并保证长远的使用需求。

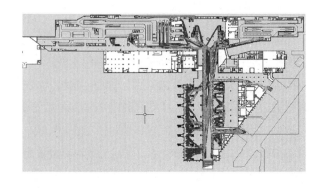

图13　优化后换乘层最大密度图（来源：作者自绘）

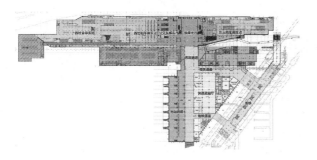

图 14　优化后北广场交通枢纽换乘平面图（来源：项目图纸）

图 15　西安站改扩建工程鸟瞰图（来源：自摄）

5　结论

大型综合交通枢纽换乘种类设施较多，如果换乘布局不合理，极易导致人流过密，而建成后再根据实际运营情况加以改造则难度较大。本文以西安站改扩建工程为例，针对初步设计方案出现的问题从换乘布局、衔接形式，接口数量等方面进行优化及模拟验证，结果表明Legion仿真模拟分析对于大型铁路客运站换乘设计具有显著的优化效果，可提高换乘效率，并保证长远的使用需求（图15）。

参考文献

[1] 郎玉凤. 西安站综合交通枢纽规划布局研究[J]. 铁道运输与经济，2013，35：39-43.

[2] 李鹏斌. 西安铁路枢纽客运系统布局研究[J]. 铁道运输与经济，2017，39：56-66.

[3] 王雪鑫. 基于Anylogic仿真的兰州西站客运枢纽换乘衔接优化研究[J]. 铁道运输与经济，2019，41（03）：100-105.

城市住区公共空间防灾能力提升策略

王田　张姗姗　慕竞仪

作者单位
哈尔滨工业大学建筑学院 寒地城乡人居环境科学与技术工业和信息化部重点实验室

摘要：目前公共卫生事件的频发，现有的城市防灾空间极易遭受突发公共卫生事件影响。在城市防灾空间系统构建的基础上，针对城市住区公共空间的防灾能力，以健康导向空间规划为原则，提出提升城市空间防灾能力的规划策略，对城市防灾空间规划设计具有理论意义和现实应用的紧迫感。

关键词：住区公共空间；城市防灾能力；城市空间设计

Abstract: With the frequent occurrence of public health events, the existing urban disaster prevention space is very vulnerable to public health emergencies. Based on the construction of urban disaster prevention space system, aiming at the disaster prevention ability of public space in urban residential areas, and taking health-oriented space planning as the principle, this paper puts forward the planning strategy to improve the disaster prevention ability of urban space, which has theoretical significance and practical application urgency for urban disaster prevention space planning and design.

Keywords: Residential Public Space, Urban Disaster Prevention Ability, Urban Space Design

1 前言

近年来，世界范围内突发公共卫生事件频频发生，我国人口数量众多、分布稠密、流动性大，而医疗卫生资源相对有限，极易遭受突发公共卫生事件影响。分析我国公共卫生现状，使应对突发公共卫生事件更加规范、有序、高效地进行，应在城市防灾空间系统构建的基础上，提出提升城市空间的防灾力的城市防灾空间系统规划。构建适合我国国情的城市空间秩序。在面对巨大的负面因素之前，城市空间的自组织是最有效的社会结构，也是缔结城市韧性的关键环节。"将健康融入所有政策"（Health in All Policies，HiAP）是世界卫生组织（WHO）在健康促进大会上提出的发展理念，是推进"健康中国"建设、实现全民健康的重要手段。针对突发公共卫生事件的应对流程，将其作为重要的原则融入城市空间结构与城市空间形态的规划之中。

2 城市防灾空间系统的协同应变

应对突发公共卫生事件的城市防灾系统从城市空间组合上由三个子系统组成，包括城市公共空间系统、城市防灾道路空间系统和城市防灾设施系统。三部分相互作用、相互联系、相互推动、相互制约下，形成一个循环的功能耦合圈。任何一个环脱节或薄弱，整个城市的生态经济系统的活动就会中断或成为这一系统不断向更高一级发展的"瓶颈"，既成为城市脆弱性的"短板"。提高系统的整体效应，使防灾空间系统的功能耦合圈向更高一层发展，从而提升城市韧性体系内防灾力（图1）。

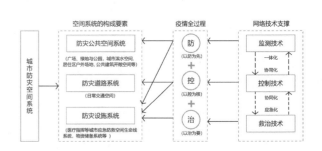

图1 城市空间防控研究框架图

城市防灾公共空间系统是城市或城市群中具备防灾机能的，在建筑实体之间存在着的开放空间体。空间"平时"承载公共交往与活动。"战时"作为隔离带，可有效降低城市空间的密度，从而有效回避致灾因素。城市防灾道路空间系统是城市交通空间除满足日常交通、布置城市基础设施、界定场域等基本功能外，在突发公共卫生事件发生时，需提供必要的防灾空间作为避难通道、紧急避难地、隔离带、救援通道等。城市防灾设施空间系统是在突发公共卫生事件等城市灾害发生前规划的、在灾害发生后应急响应过程中所动用的专业救援设施、人员、设备、物资等硬件资源。防灾设施空间的合理布局，可以保证在紧急应对阶段的时效性，尽可能减少人员伤亡和财产损失。提高城市空间的使用效率的同时，积极促进城市空间的秩序化发展，使其发挥城市日常使用功能的同时，形成有利于提升城市防灾力的空间布局，抑制灾害的扩散。

3 城市住区公共空间防灾能力与防灾空间的有机共生

从城市空间发展战略的角度来考虑城市防灾问题；其次是针对城市避灾空间的布局层面，对于城市物质空间的具体规划与设计；针对城市空间提出提升城市防灾能力的四个策略。

3.1 建立区域城市防灾网络

突发公共卫生事件所引发的城市"健康危机"，城市的健康维护需要在整个城市体系中进行。城市的空间结构在全球化的信息技术发展、交通联动，便捷的区域性的促进下，空间结构呈现开放的趋势，逐渐形成相互联动的城市网络。城市作为有机的整体，城市空间与区域整体都有着相互联系、相互制约的联动关系。故城市的"健康危机"也在城市网络中蔓延。建立区域城市防灾网络，加强城市的恢复性。

城市防灾公共空间的有机生长是以城市环境的承载力为前提条件，提前规划城市防灾公共空间，其中公共开敞空间体系可以维持城市环境的生态平衡，同时作为城市空间网络中的弹性空间，可以避免区域城市内或区域城市间的拥挤，满足城市的有机生长。在应对突发公共卫生事件时，公共开敞空间又可快速转换成区域城市间的隔离空间，有效防止公共卫生危机的蔓延，在切断灾害链的同时，也可作为备灾空间，增强整个城市防灾网络的恢复性。城市防灾

道路空间与城市防灾设施空间的有序运行，城市道路交通系统的正常运行与防灾功能在区域内的合理均质分布，形成了良好的运行模式，在应对突发公共卫生事件时，可以更及时地进行自救和互救。在建设城市自身防灾空间系统的同时，应注意防灾资源的分配与布局。

3.2 建立间隙式城市空间结构

城市宏观空间结构模式应避免高密度、高集约化的"摊大饼"式的同时，应具备城市规划的前瞻性与预测性。有必要建立间隙式的城市空间结构，是在保持城市用地集约化使用的同时，保留一些非建设的空间，在区域城市之间表现为跳跃型空间布局，在城市内部体现为建成区与农田、森林、绿地等生态绿地或开敞空间间隔相嵌的空间肌理。[2]这种间隙式的城市空间结构模式的建立，相当于城市空间中的绿楔，可以形成一个战略性的有利于应对公共卫生事件等灾害的城市空间格局。

城市各功能区之间的间隙中设置生态型过渡空间，改善城市生态环境，应对公共卫生事件时，作为城市空间预留用地，可满足临时性的救灾设施的布置与运转，如方舱医院、应急物资储备用房等。间隙式空间结构可以作为城市的独立防灾分区，相较于其他城市空间布局既有相对独立性又相互关联，提高城市的免疫力。为生命安全和公众健康提供环境福祉。

3.3 建立安全的城市空间形态

现代城市建筑的发展产生集聚效应，如城市空间形态会给城市通风、日照、消防、局部小气候等城市屏障空间，从而干预到防控突发公共卫生事件体系的建构。良好的城市形态可以减少致灾隐患，有效地抑制公共卫生事件等灾害的发生和发展，城市规划要从防灾的角度对城市形态、布局提出相应的要求和限制条件。

在城市建筑空间形态上，不仅要从城市景观、历史保护、容积率控制等角度来进行建筑的布局与高度控制，还必须从防灾的角度来研究街区层面和城市整体层面的建筑布局，并对其进行控制与利用，有意识地加大建筑间的间距，可以扩散大量城市污染物，改善城市的小气候；在重要防救灾通道两侧的建筑要红线后退，既形成丰富的建筑空间形态，又可以保证避

灾、救灾工作的快捷、畅通。其次，在城市开放空间形态上，将不宜建设区域设为防灾保育绿地，生态、景观保护地区建设国家公园、风景保护区等，沿河道、工业区等设置防护缓冲绿地，对城市建成区实行绿化隔离来建立城市灾害绿色防护空间。

3.4 建立系统化的城市防灾避难空间

城市防灾避难空间是指在突发公共卫生事件等灾害发生前能提前预防及早期干预，灾时用来进行灾害防护或对灾害的发生能够直接或间接起到防御作用的空间。[3]按空间所发挥的不同作用，可分为住区空间、交通空间、避难场所空间、隔离空间等几类。

1. 住区空间

公共卫生事件的爆发不可预测性强、影响深远，多发生在人群密集聚居的场所，如何有效地防止和控制公共卫生事件的发生与蔓延，在住区空间规划中显得尤为重要。现今的住区规划不仅要具备良好的基础建设条件，更应助力于营造卫生健康、舒适高质量的居住环境，从而更好地避免疾病的发生与传播。英国公共卫生部（Public Health England，PHE）于2017年发布了《健康导向空间规划：证据资源》，其中提出建成环境与自然环境对人们的身心健康和福祉具有积极的影响。提倡以健康导向的空间规划设计住区空间为主导，同时辅助结合应对突发公共卫生事件的避灾空间要素。[4]

住区室外空间基础设施提升，在保证住区具备适当规模的室外空间基础上，完善健康场地、提升健身设施，鼓励全年龄段参与，增加在自然环境中参加体育活，改善身体活动水平进而改善心理健康结果。住区内专设满足公共卫生体系需求的医疗空间，在住区的交通便利处设置医疗机构、保健中心等基层社区医疗组织机构，其建筑空间应对社区隔离及居家隔离情况提供有效的保障。以英国国家卫生服务体系（National Health System，NHS）为例，其作为当前欧洲最大的健康卫生组织，作为现代公共卫生的发祥地有着健全的社区医疗服务体系（图2）。社区卫生机构是NHS体系中最重要的部分，卫生财政预算的83%优先分配到社区，近90%的健康问题在社区基础医疗就得到解决。初级卫生服务机构除设全科医生（General Practitioner，GP）外，还包括健康中心（one stop health center）、社区医院（community hospital）、日间中心（walk-in center）、社区之家（community center）、24小时热线（NHS direct）等。[5]在以健康导向的空间规划设计应与我国公共卫生体系协同发展。

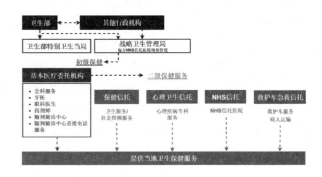

图2　英国国家卫生服务体系（NHS）

2. 交通空间

交通空间包含城市主干道、次干道及居住区道路。在规划设置时，多是利用原有的城市交通系统，在道路避灾空间规划中，应明确在灾害发生时作为避灾通道的功能。综合考虑在应对突发公共卫生事件前，避灾通道与避灾场所的连接情况、道路的便捷性、与城市快速路和主干道的连接情况以及道路布置的密度；公共卫生事件爆发时，人们的行为需求、道路周边的环境以及交通量大的避灾道路需设置人行专用通道。同时为确保与避灾空间连接的安全性与避灾疏散的效率，至少需设置不少于两条的避灾通道。在此基础上整个城市的交通空间规划系统中，均应设置备用通道，避免重大突发公共卫生事件爆发从而直接或间接地导致通道失效，备用通道可以起到有备无患的作用。

以健康导向的空间规划设计提倡积极出行交通系统的，城市规划设计应当尽可能促进人们的身体运动，增进健康和社交。鼓励步行和慢行的城市设计已经成为主流。[6]优先安排活跃出行可以带来大量的健康收益。居住区内道路应尽可能增加步行空间，设计成为出行尺度适宜的交互型社区。以尼德兰成熟的基础公共交通（火车、地铁、公交车、有轨电车）与自行车并行的交通模式为蓝本，提出居住区的交通分支及城市的交通网络宜提供步行和骑自行车的基础设施、改善公共交通模式，可以加强街道的连通性（图3）。如果在建成环境和公共卫生专业人员的帮助下进行良好的规划和设计，这些环境将有助于鼓励健康的活动并改善社会群体之间健康不平等的现象。以及规划未来基础设施时对健康的潜在影响。

3. 避难场所空间

避难场所空间为城市避灾空间的重要组成部分，其通常选择公共绿地、城市广场、体育场、学校运动场等城市空间。结合考虑突发公共卫生事件的发生规律及波及范围确定服务范围。考虑人均避难空间需求、物资需求和人口密度确定避难空间的规模（图4）。[7]同时应尽量与临近的住区空间隔离开。避难场所空间因其重要性与时序过程中的复杂性，应兼具防灾、避难、救灾的综合设施网络。

(a) 阿姆斯特丹自行车主要网络分布图

(b) 日常并行交通体系的现状

(c) 日常交通使用现状

(d) 乌特勒支交通通道布局情况

图3 尼德兰日常交通空间（图片来源：网络）

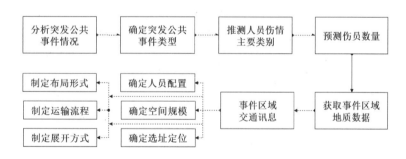

图4 考虑灾情复杂性的避难场所空间功能确定流程

网络伺服具备给予各类协同服务的核心功能，包括应急医疗站、应急物资储备用房、应急外联设施等。应急医疗站可利用避难所的辅助建筑空间或者在预留用地进行设置移动应急医院，如方舱医院、野战医院、医疗急救车、医疗船等（图5）。应急医疗空间从应急的组织行为要素和现场的空间位置关系角度进行组织，进而确定应急医疗空间的功能构成（图6）。应急物资储备用房应根据突发公共卫生事件爆发的规模、灾害范围及救治人数等预估紧急救灾物资的最小需求量进行规划，并应时刻保持其与应急外联设施的紧密联系。网络拓展包括生活基础设施、消防治安设施，在紧急状况下启动的辅助功能，其应均匀布置在应急避难疏散区附近，同时满足城市避灾空间的水资源、能源照明资源的供应与调配。

(a) 医疗直升机　　　　　　　　　　(b) 医疗船

(c) 方舱医院　　　　　　　　　　(d) 野战医院

图 5　多种类型的医疗救援设备[8]

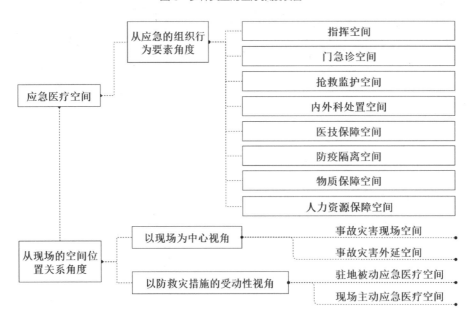

图 6　应急医疗空间的类型学分析

4. 隔离空间

　　隔离空间对于具传染性的突发公共卫生事件等灾害具有阻断作用，特别是在现代城市空间布局日益密集的情况下，显得尤为重要。公共卫生事件爆发的未知性，公共危机和健康隐患的区域具有不确定性，故应综合考虑城市的防灾、救灾空间的划分以及相应资源设置的调配，隔离空间的规划要以救灾空间作为基础，结合防灾分区的划分，设置综合防灾分区。隔离空间通常设置在综合防灾分区之间或社区防灾单元之间，在应对突发公共卫生事件时，隔离空间多为空间虚体，如城市的主干道、广场、河流等，其作为分隔城市的要素进行空间分隔。空间实体如建筑群等，偶尔也可充当起隔离空间的作用。社区层次可利用道路、停车场、公园等空间作为隔离空间。隔离空间的规模应与防灾分区与社区人口相适应，边界根据街区或自然要素的形状划设。

4 结语

人类面临的是来自突发公共卫生事件的一场持久战争，而医疗建筑也需要持续发展更新。正确的行动，源于正确的认识。城市是建成环境与自然环境的叠合，在城市具备承载防灾、救灾功能的空间结构以及能够充分发挥整体防灾能力的城市空间布局基础上，健康导向的引入将影响人们对环境的态度与行为感知，积极发挥空间要素对公共健康的积极效益。

参考文献

[1] 张姗姗. 应对突发公共卫生事件的医疗建筑设计[M]. 哈尔滨：哈尔滨工业大学出版社. 2019，1.

[2] 段进，李志明，卢波. 论防范城市灾害的城市形态优化——由SARS引发的对当前城市建设中问题的思考[J]. 城市规划. 2003. 7.

[3] 吕元，城市防灾空间系统规划策略研究[D]. 北京：北京工业大学. 2004.

[4] World Health Organization. The Helsinki Statement on Health in All Policies [R]. Helsinki，Finland：World Health Organization. 2013

[5] NHS England. About urgent and emergency care; 2018.Accessed 14 Aug 2018.https：//www.england.nhs. Uk/urgent-emergency-care/about-uec/.

[6] Xu，L. &Yan，Y. 120191. Restorative Spatial Planning Practice in Response to Isolation，Segregation and Inequality. Landscape Architecture Frontiers，7161，24-37. hops：//doi.org/10.15302/J-LAF-1-020016.

[7] 王田，张姗姗，刘艺. 适应寒冷地区的应灾急救单元设计探究[J]. 城市建筑. 2018，5.

[8] 李燎原. 严寒地区可移动应急医疗空间设计研究[D]. 哈尔滨：哈尔滨工业大学. 2017，12.

[9] 中华人民共和国应急管理部. 中华人民共和国突发事件应对法[EB/OL]. https：//www.mem.gov.cn/fw/flfg-bz/201803/t20180327_231775.shtml.

[10] Natalie Baier，Alexander Geisslera，Mickael Bech，et al. Emergency and urgent care systems in Australia，Denmark，England，France，Germany and the Netherlands - Analyzing organization，payment and reforms. Health Policy 123（2019）1 - 10.

非正规空间步行街巷路径的空间特征研究
——以湘西怀化市溆浦县城老城片区为例

蒋帆[①]

作者单位
北方工业大学

摘要：基于存量更新的背景，本文利用百度热力地图、POI爬取、GIS空间分析等方式，分析老城中非正规空间街巷路径的空间特征，发现：①老城基本服务设施基本沿道路分布，严重缺乏吸引Z世代人群、缺乏激发城市经济活力的服务设施；②非正规空间外部空间核心空间和空间活力核心重合；③自发形成的非正规空间的外部空间肌理自由，$D/H<1$的空间多为居民日常"近道"空间。最后，基于研究分析，从完善功能网络、重构街巷网络、织补公共空间网络等方面，提出老城非正规空间更新策略。

关键词：非正规空间；街巷空间路径；公共空间；Z世代；城市更新

Abstract: Based on the background of inventory update, this paper uses Baidu heat map, POI crawling, GIS spatial analysis and other methods to analyze the spatial characteristics of informal space streets and lanes in the old city. It is found that:①The basic service facilities in the old city are basically distributed along the road. , there is a serious lack of service facilities that attract the Z-generation crowd and stimulate the vitality of the city's economy;②the core space of the outer space of informal space and the core of space vitality overlap;③the spontaneously formed outer space texture of informal space is free, $D/H<1$ are mostly the daily "near-path" spaces for residents. Finally, based on the research and analysis, from the aspects of improving the functional network, reconstructing the street and alley network, and darning the public space network, it proposes an informal space renewal strategy in the old city.

Keywords: Informal Space; Street Space Path; Public Space; Generation Z; Urban Renewal

1 引言

改革开放以来，经济建设急剧增长，传统空间建设"痴迷"于新区建设，非正规空间常常被视为阻碍城市发展的"毒瘤"，但是，正如简·雅各布斯在《美国大城市的死与生》当中所提出的那样，老建筑对于城市发展是不可或缺的，如果一个地区缺少老建筑，那么能够在此生存下去的企业就必然只能是那些能够负担起昂贵新建筑成本的企业，在这样的情况下，街道和地区的发展将走向单一和割裂，失去发展的多样性，失去活力。[2]因而，经过时间沉淀的非正规空间，是我们这个时代的见证，对于这样的价值，我们需要去继承，而不是想方设法地消除。观察非正规空间的居民日程生活，发现在非正规空间的步行街巷中，居民会进行话家常、棋牌对弈、节日聚会、运动健身、商业交易等各类活动，正规空间的步行街巷具有提供活动和感受场所、

有机组织非正规空间中人的行为，是非正规空间活力的重要载体与表达。非正规空间的空间形态大多是自发形成，其步行街巷的网络关系十分复杂，在步行街巷的分析上，传统定量分析依托小样本数据，而大数据时代的到来为定量分析街巷路径提供了丰富详尽、实时动态的数据支撑，可以通过社交媒体数据、手机数据等，在时间和空间两个维度上对更新范围内的人口时空分布和街巷道路实时流量等进行收集，从而能够更加全面的了解自发形成的非正规空间的步行街巷的复杂网络关系，从而能够更好地创造满足居民需求的街巷空间体系。

2 研究分析

2.1 案例区域选择

本次研究选择湘西怀化溆浦县老城区作为非正

---

① 北方工业大学建筑学硕士。

规空间的步行街巷路径的空间特征研究的典型案例地。溆浦县位于湖南省西部，怀化市东北面，沅水中游，有革命老县区、屈原文化城、抗战绝胜地、湘西乌克兰之称。溆浦县县城在时代的发展和变迁中经历了五个阶段的演变，分别为汉代建城时期、迁城发展时期、跨河发展时期、沿道路放射式发展时期、分散组团发展时期（图1）。在城市的不断发展中，形成了典型的非正规空间，主要问题包括基础服务设施建设滞后、停车困难等，主要特色包括小而美的外部空间肌理、富有人情味和烟火气息的生活方式、尺度宜人的建筑空间肌理等，因此选择溆浦县城老城片区作为非正规空间的研究区具有一定的代表性。

2.2 非正规空间的概念

非正规空间发生在理性规划前，是一种基于特定的地理环境、文化习俗、历史条件等物质空间环境和人类生活相互"磨合"而自发生长形成的一种表面上看似没有秩序，但实际有其特有的内部空间秩序的空间。主要包括时间积淀下的老城中心、快速城镇化下的被城市建设用地包围的"城中村"，以及增量发展后城市边缘地区的城乡接合部等。由于城市非正规空间多为居民自发建设，因而基础设施较少，同时存在一定的安全隐患，如消防无法通过。但是与正规空间相比，城市非正规空间有着较大的活力和弹性，具备多样性、自发性的特点，往往也是地方特色的彰显之地。

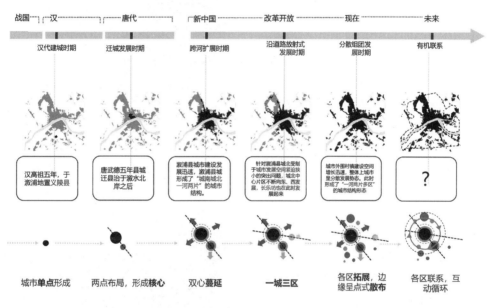

图1 溆浦县城肌理演变（来源：作者自绘）

2.3 街巷功能分析

1. 街巷功能空间分布特征

在规划云平台爬取溆浦县城的2435条关于服务设施的POI（兴趣点Point of Interest的缩写）数据，采集服务设施点的名称，设施点的经纬度，设施点的具体位置等相关信息。为了保证研究结果的精确性，依据研究范围的空间关系对数据进行清理，选取经纬度介于110.597128，27.912065~110.606219，27.913342之间的557条关于服务设施的POI数据进行分析。将数据导入

BDP，标记POI的空间位置，获得服务设施密度的热力图（图2），由图可见老城空间的服务设施基本沿城市车行道路分布，街区内部服务设施缺少，老城小街巷中设施处于空白阶段。

2. 街巷功能类型特征

溆浦县城老龄化问题严重，在应对老龄化问题时，街巷空间功能在考虑布局设施老适应人群需求的同时，也可考虑布局设施来吸引年轻人，激活街道空间活力，促进街道繁荣，从根本上增强街道经济实力。因此研究对Z世代的概念、人口情况、消费情况、全国分布情况、消费喜好趋势与街巷空间功能设

施进行进一步对比研究分析。

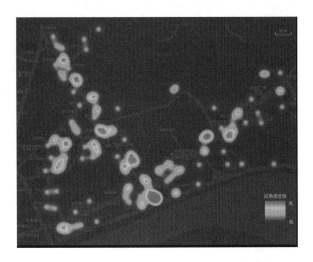

图2 溆浦县城老城服务设施分布密度（来源：作者自绘）

Z世代是指1998～2014年出生的一代人，他们一出生就与网络信息时代无缝对接，受数字信息技术、即时通信设备、智能手机产品等影响比较大，所以又被称为"网生代""互联网世代""二次元世代""数媒土著"等。[3]Z世代人口达到2.8亿，占全国总人口的19.86%（图3），相当于美国全体人口的0.85，2个俄罗斯，2.2个日本，3.4个德国，4.3个英国/法国；同时Z世代中乡村人口比城镇人口多16%（图4、图5），具有巨大的发展潜力。[4]Z世代年消费规模达到4万亿，占全国家庭消费规模的13%（图6），华兴资本发布的《中国创新经济报告2021》预测，中国Z世代整体消费规模到2035年将增长4倍至16万亿元人民币，是未来消费市场增长的关键。[5]Z世代消费特征表现为①网络消费，如微博、微信、哔哩哔哩、网络游戏等；②体验消费，如美妆、潮玩盲盒、汉服、JK、萝莉塔、剧本杀等；③品牌消费，如李宁、回力等国潮品牌；④种草消费，如李子柒直播、李佳奇直播带货、人买、明星都在用、KOL推荐、小红书等。湖南省Z世代人群规模达1264万人，位居全国第四，具有巨大的消费潜力，而溆浦县城商业娱乐服务设施类型多为传统服务设施（图7、表1），如服饰、美食等，在规划云平台检索"狼人杀、密室逃脱、剧本杀"等体验消费POI，发现只有1条POI，城市体验消费场景匮乏，对未来消费主力Z世代的吸引力较低。

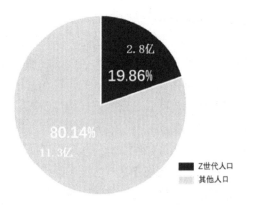

图3 Z世代人口占总人口的比例（来源：作者自绘）

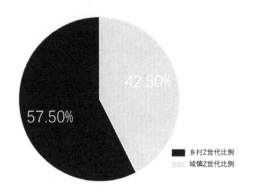

图4 Z世代人群城镇乡村比例（来源：作者自绘）

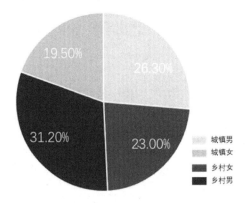

图5 Z世代人群城镇和乡村男女分布比例图（来源：作者自绘）

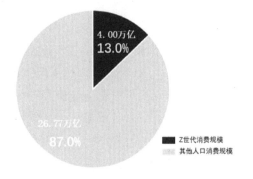

图6 Z世代消费规模占总体消费规模比例（来源：作者自绘）

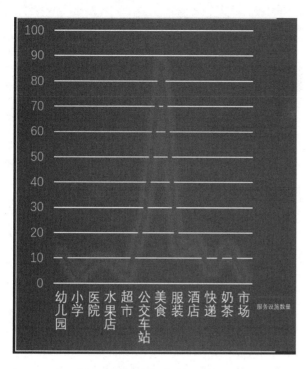

图7 溆浦县城老城服务设施类型及数量（来源：作者自绘）

溆浦县城POI爬取要素样表			表1
name	lng	lat	address
百汇超市	110.598961	27.909044	怀化市溆浦县警予南路36号
茉莉花时尚酒店	110.592311	27.910531	怀化市溆浦县警予西路太阳城一月亮湾北侧
好味小吃店	110.603474	27.90667	怀化市溆浦县静安路溆江花园西南侧约150米

（来源：作者自绘）

2.4 外部空间肌理分析

街道外部空间是居民日常生活的发生地，是街巷空间路径研究的重要内容。非正规空间的外部空间肌理不同于传统机动化背景下的城市街区的外部空间肌理，非正规空间的外部空间肌理尺度适宜，居民步行出行意愿极高，非常有利于街巷生活的展开。本次研究主要关注非正规空间街道外部空间与百度热力图结合，分析一周中工作日和休息日早中晚外部空间活力变化（图8）。从图中可见从早上6：00到22：00，旧城活力中心结构一直呈现多核心结构，早上核心集聚，中午核心呈现分散趋势，晚上核心再次集聚。将非正规空间的外部空间肌理和空间活力热力图叠加，发现不论早晚，活力核心点和非正规空间的外部空间核心空间重合，因此，非正规空间的更新设计中应该重视公共空间核心空间的提升。

此外，基于外部空间的主要街巷网络，设计儿童步行速度50米/分钟、青年人步行速度75米/分钟、老年人出行速度60米/分钟作为每条街巷路径的基本属性，计算时间成本，利用GIS平台建立网络数据集，构建步行出行网络模型（图9），在构建的街巷路径网络框架中选取出行网络模型的街巷汇合点作为OD出行模型的起点和终点，构建OD成本矩阵（图10），统计OD点出行的平均时长，利用反距离权重法进行步行可达性分析。从图中可见老城中心地区步行可达性较高，由中心向外围可达性呈

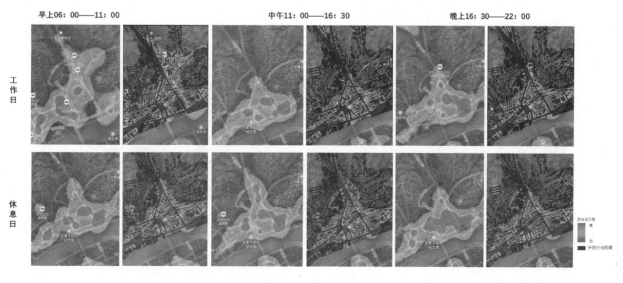

图8 溆浦县城老城活力空间热力图与步行空间外部空间比较分析（来源：作者自绘）

现下降趋势（图11）。

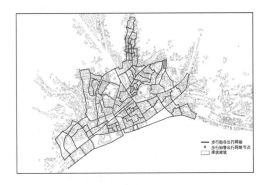

图9　步行空间出行网络模型（来源：作者自绘）

图10　步行空间路径 OD 成本矩阵（来源：作者自绘）

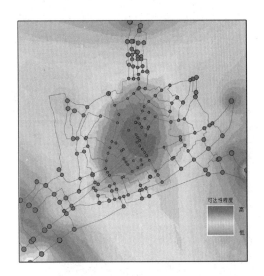

图11　溆浦县城老城步行空间可达性分析（来源：作者自绘）

2.5　*D/H* 比值分析

溆浦县城非正规空间肌理呈现出典型的自发

生长态势，并且有不断沿道路向自然空间发展的趋势，街区建筑空间肌理尺度较小，多为低层小尺度建筑（图12）。街道外部空间呈现线串联面的形态特征，线性空间贴线率较低，形成不断变化的外部空间肌理，同时，不同于正规空间的建筑统领街区广场形成没有边界的消极空间，非正规空间的街区广场多由建筑围合而自发形成的有边界的积极空间场所（图13）。街巷空间的 *D/H* 比值反映了街巷空间建筑高度与间距之间的关系，当 *D/H*<1时，形成建筑与建筑之间相互干涉较强的空间；当1<*D/H*<2时，空间实现了某种平衡，是最紧凑的尺寸；当 *D/H*>2时，空间开始分离，建筑之间的空间关系封闭性较弱。[6]分析溆浦县城老城空间的 *D/H* 比值和居民的日常活动，发现 *D/H*<1的街巷空间是居民喜爱的"近道"空间，常常是山墙之间的路径空间；1<*D/H*<2的空间是居民的公共空间，居民在此进行交流活动；*D/H*>2的空间是非正规空间与城市道路结合的空间，或者是非正规空间内部限制的消极空间和菜园等（图14）。

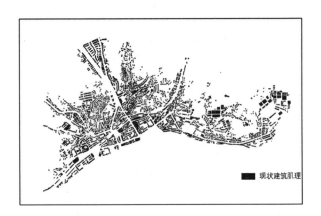

图12　建筑肌理图（来源：作者自绘）

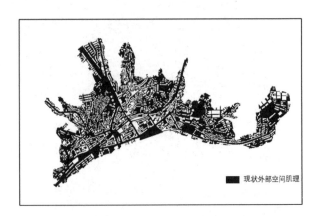

图13　外部空间肌理图（来源：作者自绘）

图 14　不同 *D/H* 的现状空间图（来源：作者自摄）

3　基于研究结果的步行街巷的优化策略

3.1　完善功能网络

基于街巷功能分析结果，布局完善街区内部服务设施，完善五分钟生活圈服务设施，补齐老城小街巷服务设施的空白，增加社区食堂、24小时阅读室、幼儿园、便利店式小型商业、夕阳花圃、老年棋社等基本生活服务设施，满足原住民日常生活需求。同时选择城市交通便利可达的待更新区域植入沉浸式消费场景，吸引Z世代消费人群，激活城市非正规空间的经济活力，从而带动非正规空间的自主更新。

3.2　重构街巷网络

基于街巷空间网络格局的分析，老城外部空间核心与公众活动的活动热力指数，重构非正规核心空间的步行网络体系，形成连续共享多层次便捷的街巷网络体系。同时，考虑Z世代人群的活动特征，倡导公共交通发展，将社区巴士与城市公共交通接驳衔接，提升非正规空间的可达性，形成"步行+公交""步行+BRT"的步行网络发展模式，增强对Z世代人群

到非正规空间活动的吸引力，为非正规空间进一步更新提供支撑。

3.3　织补公共空间网络

非正规空间受到历史条件及资源配置的限制，难以形成较大规模的公共空间，公共空间成为非正规空间的"稀缺品"，但是公共空间是非正规空间活力的主要载体。在更新设计中，根据非正规空间特性，利用零散存量外部空间与建筑，结合公共空间活力核心，完善织补公共空间网络，形成"大节点功能完善、小街巷路径互通"的步行空间网络，为居民创造宜人的步行空间环境与场所。

4　结语

存量规划时代背景下，非正规空间的更新是动态城市更新题中应有之义，自发形成的非正规空间已经形成稳固的步行街巷空间，更新设计中关注非正规空间步行街巷路径的空间特征，有利于形成步行友好、环境友好的街巷生活，同时，关注步行街巷路径的功能，在完善居民生活设施的同时，增加能够吸引新的消费主力Z世代的新消费场景，增加非正规空间的经

济实力，激发其自主更新的潜力。关注非正规空间的街巷空间路径的旧城更新，并不是单纯的关注非正规空间的街巷空间改造，而是以街巷空间路径中居民的生活方式为基础，以街巷空间路径的更新为骨架，整合土地利用、街巷功能布局、公共空间等城市要素，植入新的消费场景，提升旧城空间的物质空间环境的同时，增强旧城空间的经济实力，从根本上重构充满活力和人性化的非正规空间。

参考文献

[1] 楚建群，赵辉，林坚.应对城市非正规性：城市更新中的城市治理创新[J].规划师，2018，34（12）：122-126.

[2]（加）简·雅各布斯.美国大城市的死与生[M].北京：译林出版社，2006：207-220.

[3] 陈冰，陈婉姣. Z世代，这样一群人[J].新民周刊，2021（27）：46-51.

[4] 青山资本研投中心.Z世代定义与特征 | 青山资本2021年中消费报告[EB/OL].（2021-07-13）[2021-10-23]. https://mp. weixin. qq. com/s/8N_6lbGN9NjJeXLB7FMNew.

[5] 华兴资本. 中国创新经济报告2021[EB/OL].（2021-05-31）[2021-10-23]https：//max. book118. com/html/2021/0528/7161052125003125. shtm.

[6]（日）芦原义信.外部空间设计[M]. 北京：中国建筑工业出版社，1985：27-30.

[7] 金鑫，魏皓严. 步行网络修补理念下的旧城中心区城市更新设计策略——以遵义市红花岗区城市更新设计为例[J]. 规划师，2017，33（09）：64-69.

基于节点—场所模型的城市交换中心建设策略研究
——以雄安城市交换中心为例

许霄 李翔宇 陆萍 王子佳 潘小嫚

作者单位
北京工业大学

摘要: 为解决拥堵—治理—再堵—再治的大城市病,打造绿色智能交通,以雄安为试点,将城市交换中心作为城市交通系统的重要节点。本文通过对城市交换中心的建设特征、开发机制的深入剖析,提出建设模式;并提取与周边土地开发关系的参数,构建"节点—场所"模型,将雄安城市交换中心从失衡型到平衡型分为五类,对其进行分析并提出相应的优化策略;最后实现城市土地开发的高效、集约化,为后期城市交换中心建设和城市规划提供参考依据。

关键词: 城市交换中心;节点—场所模型;建设模式;土地开发

Abstract: In order to solve the problem of congestion, treatment, re-congestion and re-treatment in big cities, and build green and intelligent transportation, Xiongan will be taken as a pilot city, and the urban exchange center will be an important node in urban traffic regulation. Based on the in-depth analysis of the construction characteristics and development mechanism of urban exchange center, this paper puts forward the construction mode. The parameters of the relationship with surrounding land development were extracted, and the "node-place" model was constructed. The urban exchange center in Xiongan was divided into five types from unbalanced to balanced, and the corresponding optimization strategies were proposed. Finally, the efficient and intensive urban land development is realized. It provides reference for the construction of urban exchange center and urban planning.

Keywords: City Exchange Center; Node-place Model; Construction Mode; Land Development

1 引言

近年来,城市交通拥堵问题越来越严峻,成为制约城市发展的瓶颈之一,我国公共交通枢纽建筑的建设如火如荼。《河北雄安新区规划纲要》提出,要打造绿色智能交通体系,提高公共交通出行,提倡绿色出行。"构建'公交+自行车+步行'的出行模式,提升公共交通系统覆盖的人口数量,建设数字化智能交通基础设施"。CEC,即城市交换中心;城市交换中心功能为城市对外交通与市内交通的转换以及市内交通间的转换两种形式。CEC的建设是雄安交通体系的重大创新,为贯彻新区"90/80"绿色出行的总体要求(即绿色出行比例达到90%,公共交通占机动化出行比例达到80%)提供了有力的保障。

研究城市交换中心与周边开发的关系,实现城市交换中心建设与周边土地开发的互馈互惠,是本文研究目标。建设城市交换中心,提高公共交通出行便捷性,以减少城市人群对私家车依赖,同时带动城市交换中心周边开发。Bertolini提出的节点—场所模型,研究交通建筑场所功能与节点功能的关系。本文对城市交换中心与周边土地利用的协同性进行量化,能够为不同状况的城市交换中心地区提供设计依据。雄安城市交换中心作为全国首创的新型交通枢纽,本文采用定性、定量两种分析相结合的方式,通过定性研究城市交换中心与周边开发的关系,梳理其中的联系指标,将其指标带入节点-场所模型进行定量分析,反映城市交换中心与周边开发的协调程度,提出相应的优化策略。

2 城市交换中心建设模式特征

2.1 城市交换中心建筑特征

1. 功能特性
城市交换中心以"截、停、换"为功能核心。

截，即引导截停不符合新区交通通行政策的燃油车辆，鼓励市民采用公共交通绿色出行；停，即CEC最基本的功能，通过吸收区外及区内的大部分私家车，减少小汽车在快速路上的流量，保障公共交通顺畅出行；换，即提供便捷高效的小汽车和各类城市公共交通的换乘功能。通过CEC建设发挥其"交通海绵"重要功能，从而实现城市交通的快速吸纳，保障城市交通畅通运行。

城市交换中心主要功能分区包括工作人员小汽车停车区、游客小汽车停车区、公交停车区、工作人员接驳区、游客接驳区、自行车停车区、商业区及办公区。主要建设内容包括小汽车停车场、接驳候车棚、办公管理用房及商业服务用房。雄安新区的CEC整合了私人泊车、公交泊车、换乘中心、物流共配、商业配套、办公管理、引导标识及信息系统等多个功能。

2. 等级划分

根据城市交换中心规模与服务半径，将CEC分为四种：城市级、组团级、社区级、邻里级（图1）。城市级CEC：居民通过公共交通、私人汽车或其他交通工具到达城市级CEC，其服务半径在5公里左右。组团级CEC：居民通过非机动车、公共交通或私人汽车到达片区级CEC，其服务半径在1~2公里左右。社区级CEC：居民通过步行、非机动车或者1~2站公交车到达街区级CEC，其服务半径在1~2公里左右。邻里级CEC：居民通过步行、非机动车到达邻里级CEC，其服务半径在200米左右。

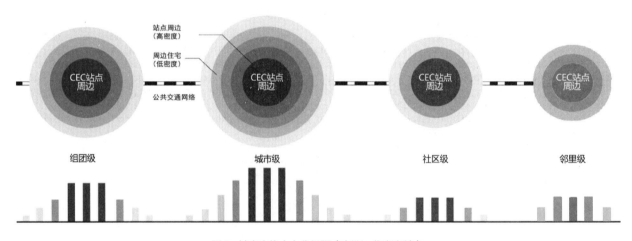

图1　城市交换中心分级图（来源：作者自绘）

3. 客流特征

城市级CEC结合高铁站、城际站等铁路客运站建设，承担区域轨道交通和城市公共交通之间的交通转换。客流主要是城市间的来往人群。组团级CEC邻近组团外围高速公路、干线公路等对外骨干道路出入口，结合社会车辆停车场、公交首末站、停车场建设，承担外来小汽车和城市公共交通换乘服务，客流主要是城市内流动人群。社区级CEC合社区中心、商业办公、物流配送中心建设，公交与公交、公交与慢行便捷转换，兼顾社区物流配送，客流主要是来往目标建筑的人群。邻里级CEC结合邻里中心，需求响应式公交与慢行便捷衔接，客流主要为周边附近居民。

2.2　城市交换中心与周边开发机制研究

1. 城市交换中心建设对周边开发影响

城市交换中心引导着城市空间形态的发展。依靠城市交换中心完成客流集中和疏散，客流的增加带动周边公共设施建设，从而促进多中心城市结构的发展。根据交通地理区位，城市中可达性越好的区位，越能促进城市交换中心周边区域的建设。根据极差地租理论，土地区位是产生不同地租的主要原因，城市交换中心的建设提高了周边的通行效率，产生极差地租，由此可说明城市交换中心影响了土地价格。[2]

城市交换中心作为公共交通的重要交通节点，周边居民的出行更加便捷，推动了相关产业设施的建设，影响城市土地的开发模式。城市交换中心用地开发性质和开发强度均发生相应变化。在用地开发性质方面，城市交换中心周边土地各类型用地均受到影响，商业、居住、办公等用地在其周边布局受到相应的影响。

2. 周边开发对城市交换中心建设影响

从城市发展的角度来说，城市交换中心开发的建设，要了解城市总体规划，其对城市交换中心的选址起着至关重要的作用；其次分析城市区域用地资源配置情况，其影响着城市交换的建设规模与选型，实现城市交换中心与城市土地的良好衔接[3]。城市交换中心建设与城市发展应是相互促进的关系，合理建设城市交换中心。城市中可能存在多种类型的城市交换中心。例如：城市级、区域级、组团级以及邻里级。

3 节点场所模型构建

3.1 节点场所模型

荷兰学者贝尔托利尼（Bertolini）1996年首次提出 Node-place（节点—场所）模型并多年持续开展相关实证研究[4]。贝尔托利尼的设想是：提高交通建筑的功能利用率，提高交通工具运载效率，促进周边开发；同时，实现城市土地开发的高效、集约化，为交通建筑设计有利条件。

如图2所示[5]，"节点—场所"模型量化展示交通建筑与周边开发的协调程度。国外学界从最初描述到分类、发展测评、发展预测以及对模型的修正、对规划和开发的推动；逐步深化为对交通建筑以及周边开发的协调性预测。现阶段国内将"节点—场所"模型主要应用于城市地铁站点、客运枢纽、区域铁路火车站点相关实证研究，对其他交通建筑与周边开发

协调性研究相对较少。本文研究对象为新型交通建筑城市交换中心，将节点一场所模型与其结合，探究新型交通建筑的建设策略。

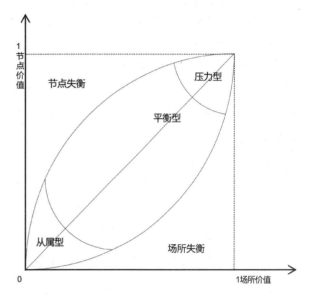

图2 节点—场所模型示意图（来源：作者自绘）

3.2 节点价值计算

节点价值为城市交换中心的建筑功能，建筑特性是其主要评价指标。通过对城市交换中心自身特性得出节点价值指标，节点价值包括了5个基础指标：指标 Y1 为城市交换中心的停车数量，反映其承载能力，数据通过图纸指标确定；指标Y2 测量服务于站点的公交车位数量，数据通过总图及经济技术指标获取；指标 Y3 表示城市交换中心的商业比例，通过图纸获取；指标Y4 为城市交换中心的办公区比例，通过图纸获取；指标Y5为城市交换中心的接驳功能比例，通过图纸获取。节点价值数据见表1所示。

城市交换中心节点价值数据								表1
节点价值指标数据								
CEC	P1	P2	P3	P4	1号	2号	3号	4号
停车位数量Y1	2063	1803	1889	3430	1886	575	2040	2578
公交车位数量Y2	55	86	86	55	36	16	54	58
商业面积比Y3	0.16	0.15	0.25	0.18	0.23	0.55	0.23	0.23
办公面积比Y4	0.24	0.25	0.22	0.23	0.37	0.16	0.37	0.37
接驳面积比Y5	0.57	0.61	0.53	0.56	0.40	0.23	0.40	0.40

（来源：作者自绘）

3.3 场所价值计算及数据处理

场所价值为城市交换中心周边开发，是对区域用地开发的评价。通过对城市交换中心与周边关系分析得出场所价值指标，场所价值也包括了5个基础指标。X1测量城市交换中心的建筑密度，通过图纸获取数据；X2测量城市交换中心的容积率，通过图纸获取数据；X3测量城市交换中心距离周边地区的平均出行距离，通过规划图测量获取数据，见表2～表6；X4测量城市交换中心的周边混合度，通过规划图测量获取数据，见表7；X5测量城市交换中心的周边建设度，通过规划图测量获取数据，见表8；场所价值数据如表9所示。

城市交换中心与邻里中心可达性 表2

邻里中心可达性					
站点	1号	2号	3号	4号	容东
距离	2778.5	1197	1435	2537.5	3229
图示过程	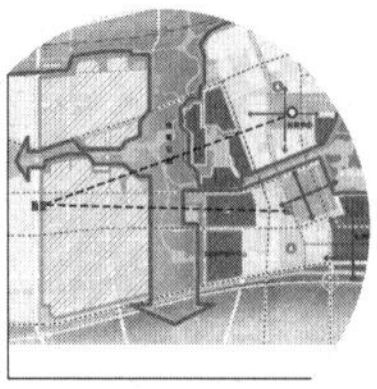	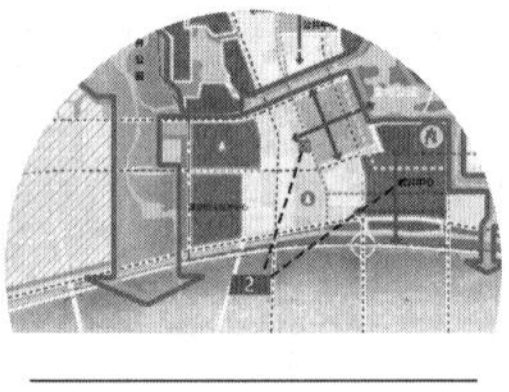	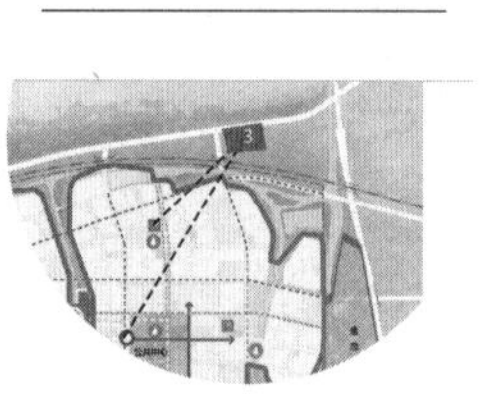	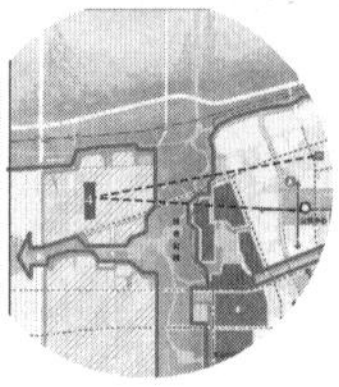	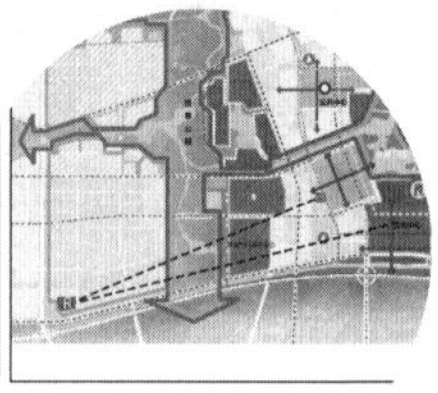

（来源：作者自绘）

城市交换中心与绿地游园可达性 表3

绿地游园可达性					
站点	1号	2号	3号	4号	容东
距离	2116.5	1523.272727	1304.727273	2037.833333	2253
图示过程	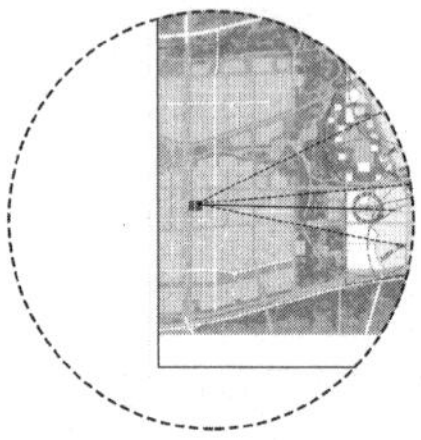	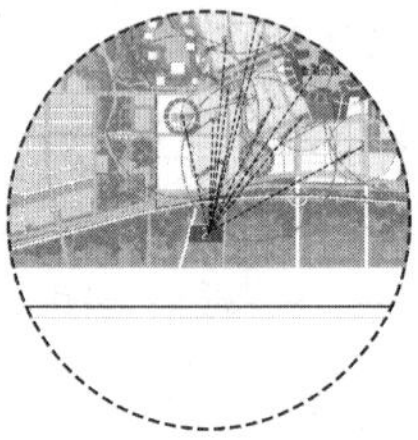	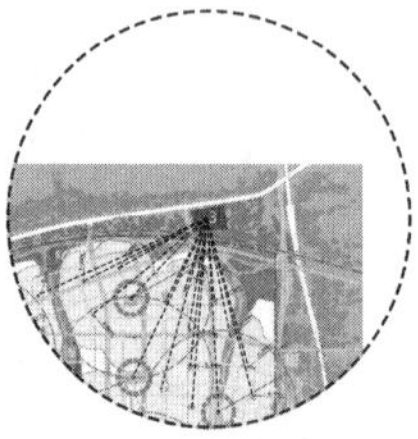	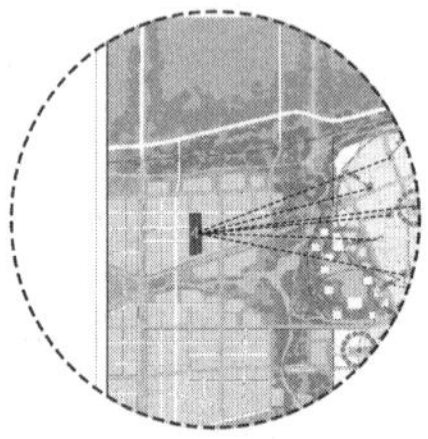	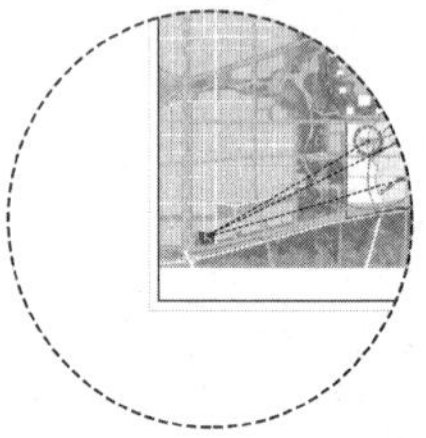

（来源：作者自绘）

城市交换中心节点与基础教育设施可达性 表4

基础教育可达性					
站点	1号	2号	3号	4号	容东
距离	2306	1473.142857	1380.636364	2152.428571	2483
图示过程	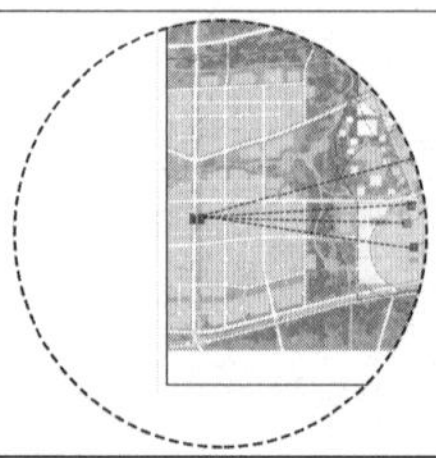	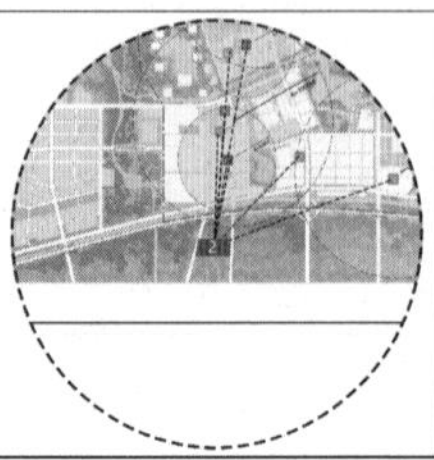	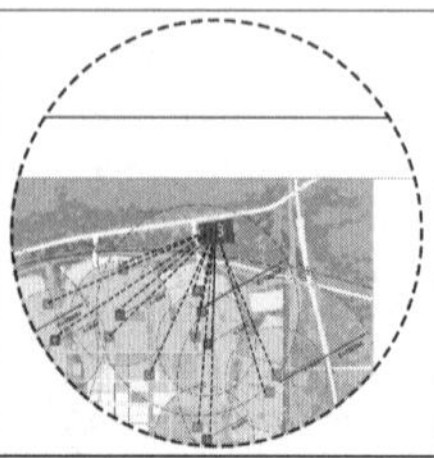	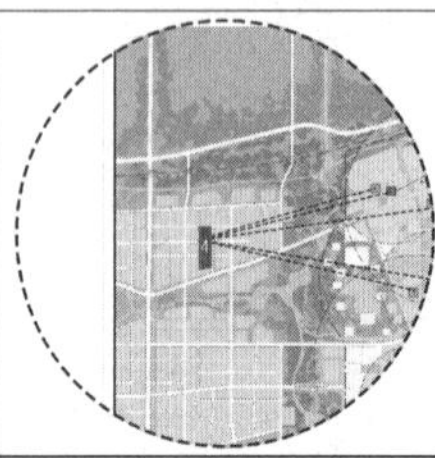	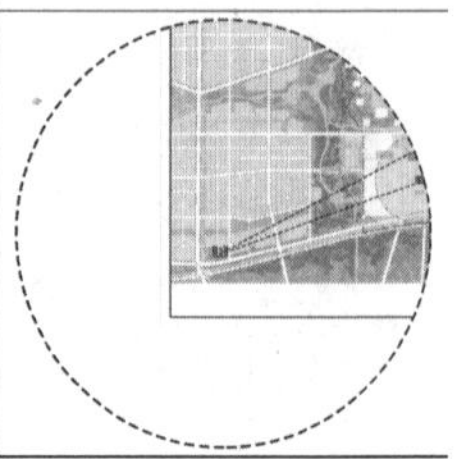

（来源：作者自绘）

城市交换中心与体育设施可达性

表5

站点	1号	2号	3号	4号	容东
距离	2324	1110.5	1282.090909	2046.25	2463.5

体育设施可达性

图示过程

（来源：作者自绘）

城市交换中心周边可达性数据

表6

周边可达性

1号	2号	3号	4号	容东
2381.25	1325.978896	1350.613636	2193.502976	2607.125

（来源：作者自绘）

城市交换中心周边用地混合度

表7

周边用地混合度

	1号	2号	3号	4号	容东
周边混合度	0.31450	0.4420313	0.3814000	0.367348	0.2509028
2公里范围用地	12566371	12566371	12566371	12566371	12566371
住宅	0	277940	1404488	178377	0
居住配套设施	0	30163	104601	7104	0
行政管理用地	53489	356347	0	0	90490
文化设施用地	17714	68957	334491	19199	0
基础教育用地	0	144889	208762	0	0
体育用地	0	0	14325	0	0
医疗卫生用地	0	0	125729	73028	0
社会福利设施用地	0	0	0	15387	0
商业用地	144017	230255	77476	238202	31992
商务办公用地	52957	225312	96525	124451	36799
居住复合商业用地	0	203372	300706	41266	0
综合发展用地	1946986	921163	18134	1880045	1468501
交通运输用地	36154	55665	44549	25202	26008
公共设施用地	44717	99363	90289	44717	30336
城市绿地	1984926	1717326	642418	1890400	1269510

图示过程

（来源：作者自绘）

城市交换中心周边用地建设度   表8

	1号	2号	3号	4号	容东
周边用地建设度					
周边建设度	0.300563771	0.594199	0.53106	0.291035	0.80623
建设面积	2904122	4683814	4358757	2832811	5609152
未建设面积	9662249	7882557	8207614	9733560	6957219
2公里范围总面积	12566371	12566371	12566371	12566371	12566371
图示过程					

（来源：作者自绘）

城市交换中心场所价值数据   表9

	P1	P2	P3	P4	1号	2号	3号	4号
建筑密度X1	8.60	6.82	7.30	7.42	31.19	7.23	23.06	25.94
建筑容积率X2	0.28	0.10	0.10	0.99	0.42	0.06	0.46	0.45
周边混合度X3	0.25	0.25	0.25	0.25	0.31	0.44	0.38	0.37
周边可达性X4	2607	2607	2607	2607	2381	1325	1350	2193
周边建设度X5	0.81	0.81	0.81	0.81	0.30	0.59	0.53	0.29

（来源：作者自绘）

3.4 模型结果分析

将上述节点价值与场所价值数据进行标准化处理后，利用熵值法计算各项指标的权重（表10），将权重带入指标数据计算各个城市交换中心的节点价值与场所价值（表11），同时将各个城市交换中心带入节点一场所模型（图3）。

熵值法权重数据   表10

项	建筑密度	建筑容积率	周边混合度	周边可达性	周边建设度
熵值法计算权重结果汇总					
信息熵值e	0.6532	0.7896	0.6727	0.873	0.8601
信息效用值d	0.3468	0.2104	0.3273	0.127	0.1399
权重系数w	30.12%	18.27%	28.43%	11.03%	12.15%
熵值法计算权重结果汇总					
项	停车位数量	公交车位数量	商业面积比	办公面积比	接驳面积比
信息熵值e	0.9199	0.9088	0.7558	0.8729	0.9166
信息效用值d	0.0801	0.0912	0.2442	0.1271	0.0834
权重系数w	12.80%	14.57%	39.02%	20.30%	13.31%

（来源：作者自绘）

城市交换中心节点—场所价值权重后数据　　　　　　表11

站点	P1	P2	P3	P4	1号	2号	3号	4号
节点—场所价值表								
节点价值Y	0.35	0.42	0.47	0.43	0.45	0.39	0.49	0.52
场所价值X	0.30	0.24	0.25	0.42	0.56	0.36	0.53	0.56
协调状态	平衡型	平衡型	平衡型	平衡型	平衡型	平衡型	平衡型	平衡型

（来源：作者自绘）

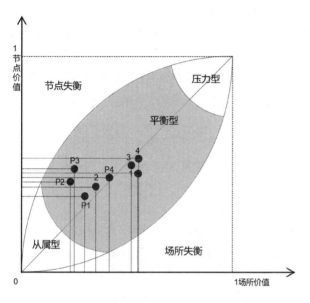

图3　节点—场所模型示意图（来源：作者自绘）

容东已建城市交换中心皆为平衡型，即场所价值与节点价值发展水平适宜，城市交换中心与周边开发相互匹配，两者相互协调、相互支持。这种状态下，城市交换中心能更好地促进周边的开发，同时，周边开发也会带动城市交换中心的高效运行。

4　城市交换中心设计策略

4.1　选址与城市发展相结合

各部门协同配合，从各自专业角度分析城市发展，研究城市交换中心的选址是否符合城市发展方向，合理确定城市交换中心选址，从而保证城市交换中心建设与周边协调开发。在城市建设过程中，城市交换中心同公交线路、服务设施同步规划设计。进而实现城市交换中心建设产生的出行效率提升、城市可达性提高等积极成果，引导周边的用地开发；同时，

周边合理开发促进城市交换中心功能的提升，进而形成需求，最终形成城市交换中心建设与周边用地开发互馈互惠的良性循环。

在评比多方案时，除考虑公众意见、规范标准、设计理念等因素之外，也要考虑未来城市发展、周边可开发程度等。建议针对城市交换中心选址问题，采用定量和定性两种测评形式，如：专家评价、专家打分、模型预测等方式，进而为确定方案选址提供依据。

4.2　小规模、慢增速开发

在城市交换中心建设中，需先对城市特色、城市特征、城市潜力、城市经济环境进行综合研究，进而找准城市交换中心的定位，分析城市交换中心在城市中的作用，包括：提高城市空间可达性、满足不同城市居民的多种需求、提高城市生活的便捷性等，以判断城市交换中心自身发展的潜力与阻碍，同时，明确城市交换中心在城市建设中能起到的作用。探索可以彰显城市地域特色的城市功能，结合城市交换中心功能设计，以形成具有针对性的城市交换中心类型。

在新城开发过程中，采取逐步建设、分区域开发的建设模式，协调社会经济关系，结合城市规划建设的实际情况，形成"全城共建"的最终成果。建设城市交换中心，需尽量保持城市空间结构，逐步开发周边地区，避免快速盲目建设。与此同时，应该放慢建设速度，不宜盲目扩张，以降低对周边地区的影响。采用针灸式的城市建设策略，塑造集约高效的城市空间。

4.3　注重人性化设计

城市交换中心是雄安交通系统的重要节点，兼顾交通功能和城市功能。在交通功能方面，作为雄安城市交通节点，城市交换中心承载着城市与外部的联系，以及城市内部间的交通转换功能；在城市功能层

面，城市交换中心是城市空间格局中的重要场所，其内部布置的商业空间用以服务周边以及来往人群。城市交换中心的设计大多着重于对功能的考量，缺乏以人为本的设计思考。城市交换中心换乘功能的提升，并不意味着适用人群舒适度的提升。因此，应该更多考虑不同人群的使用需求，将用户体验作为首要考虑因素，塑造人性化的城市公共空间，能够以提高城市交换中心的吸引力，增加其空间的使用率，从而促进城市交换中心的健康运营。在设计方面，不要仅仅考虑建筑形象，应当多方面考虑，挖掘城市文化元素，将城市的地域文化与建筑相结合，结合城市居民日常行为特征，进行特色化设计。

5 结论

本文首先阐述了城市交换中心的建筑特征以及其与周边开发的关系，提取指标数据，梳理了节点—场所模型的发展与应用，将城市交换中心代入节点—场所模型进行定量分析。通过定性、定量两种手段分析城市交换中心，从宏观选址、中观规划、微观建筑设计三个角度总结城市交换中心的建设策略。宏观层面要多方协同，选址需要专家学者打分，综合考虑城市发展方向；中观层面要结合城市本身的特征，适宜开发；微观层面要以人文本，将使用人群的体验放在首要位置，遵循本土特色、结合区域特征进行特色设计。本文对已建的8个城市交换中心进行了模型测评，同时为后期城市交换中心建设和城市规划提供参考依据。同时本文仅对新型建筑城市交换中心进行初步分析，还有待进步深入研究。

参考文献

[1] 蔡如鹏. 全方位解读规划纲要：雄安如何成为全国的样板[J]. 决策探索，2018（11）：6.

[2] 曹国华. 城市土地利用和交通一体化规划理论体系研究[D].南京：东南大学，2011.

[3] 周青峰，刘苏，王耀武.城市轨道交通站点周边土地利用与交通协调关系研究[J]. 铁道运输与经济，2018，40（4）：100-106.

[4] BERTOLINI L. Nodes and places：complexities of railway station redevelopment[J]. European planning studies，1996，4（3），331-345.

[5] 杨进原. 基于 Node-Place模型的深圳市土地利用与交通协调关系研究[D]. 哈尔滨：哈尔滨工业大学，2018.

[6] 赫特·约斯特·皮克，卢卡·贝托里尼，汉斯·德扬，等.透视站点地区的发展潜能：荷兰节点—场所模型的10年发展回顾[J]. 国际城市规划，2011，26（6）：63-71.

[7] 张开翼，曹舒仪. 基于节点—场所模型评价东京典型轨道交通站点周边地区[C]/ 规划60年：成就与挑战——2016中国城市规划年会论文集（05城市交通规划），2016.

基于空间句法的北京雍和宫片区对外、对内型商业空间分布规律研究

常林欢[1] 邓璟[2] 盛强[3]

作者单位
1. 重庆大学建筑城规学院　　2. 清华大学深圳国际研究生院　　3. 北京交通大学建筑与艺术学院

摘要： 本研究选取北京雍和宫片区的商业服务设施为研究对象，以空间句法为主要分析工具，探究路网流量与对外、对内型商业的空间分布关系，分析对外、对内型店铺总数与整合度、穿行度、选择度的相关性，总结其空间分布规律，以为对外、对内型商业选址布局提供参考性意见。

关键词： 空间句法；整合度；穿行度；选择度；对外与对内型商业

Abstract: This study selects the commercial service facilities in the Lama Temple area of Beijing as the research object, uses space syntax as the main analysis tool, explores the relationship between road network traffic and the spatial distribution of external and internal businesses, and analyzes the total number and integration of external and internal stores. , the correlation between the degree of passing through and the degree of selection, and summarize the spatial distribution law, so as to provide reference opinions for external and internal commercial location layout.

Keywords: Space Syntax; Degree of Integration; Degree of Traversal; Degree of Choice; External and Internal Business

1 引言

商业空间布局研究，一直是经济地理学、城乡规划学的传统研究领域之一。对城市商业空间进行合理布局，可以促进城市经济发展、资源合理化配置、满足居民消费需求[1]。北京作为中国四大古都之一，历史悠久，文化灿烂，拥有大量世界文化遗产，故宫、长城、天坛、胡同等特色景点扬名中外，每年都会吸引大量国内外游客前往。而许多名胜古迹都集中在北京二环以内的胡同片区内，使得原本以居住为主的胡同"开墙打洞"布置大量服务游客的商业，造成游客与居民流线相互干扰的尴尬局面。由此，本文以北京雍和宫片区为例，利用空间句法量化探析服务游客的对外型商业和服务于本地居民的对内型商业的分布规律，为对外、对内型商业的选址布局提供参考性意见，使对外、对内型商业人流尽量不互扰，同时兼顾商家盈利需求。

本次研究主要分为三个部分，首先运用实地观测、百度街景和访谈的方法收集机动车流、非机动车流、人流三类界面流量数据和商业类型与数量数据；然后利用Depthmap和Excel对原始数据进行标准化、均匀化处理，并进行不同半径（1000米、1500米、2000米、2500米、3000米、5000米、7500米、10000米、15000米、20000米）整合度、穿行度、选择度的空间分析，以及各类流量、商业空间布局与前面三个空间参数的相关性回归分析。最后根据分析结果，探析雍和宫对外、对内型商业空间分布与街道拓扑形态、各类截面流量的关系，并对的其空间分布规律进行总结。

2 研究范围与研究方法

2.1 研究范围概况

本次研究选取雍和宫片区140条街道，范围北起安定门大街，南至交道口东大街，东起雍和宫大街，西至宝钞胡同（图1）。范围内集中了雍和宫、孔庙、国子监等著名旅游景点，并围绕景点衍生出一大批以佛教文化礼品等为业态的商铺，吸引了大量国

内外游客。此外，由于此片区位于北京二环内的老城区，片区内保留了大量胡同。随着近年来胡同微更新的不断推进，片区内的五道营胡同、方家胡同等更新项目成为旅客的新晋打卡网红地，同时也保留着大量旧城原住民。

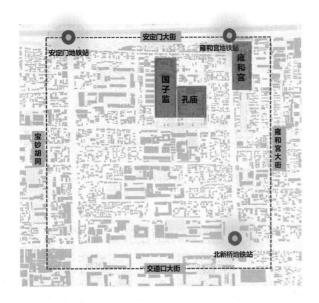

图1　研究范围（来源：作者自绘）

2.2　商业类型分类

对外型商业：主要的消费群体是游客，满足其餐饮、娱乐休闲等活动。主要的业态有大中型餐饮店、酒吧、佛教用品店、会所、精品店等（图2）。

对内型商业：主要的消费群体是周边的居民，满足其日常生活活动。主要的业态有便利店、药店、超市、洗涤护理、房屋地产、文印快照、五金维修等（图3）。

2.3　研究方法

空间句法从科学的角度揭示了空间形态、运动与功能三者之间的关系。一般来说，城市空间形态的变化会迅速影响城市交通流，进而影响城市功能，而交通流与城市功能又是相互影响的关系。因此以城市形态与交通流的量化为基本变量，可以分析城市中功能业态的各种具体现象。本文采取轴线模型的方法，利用Depthmap软件分析片区街道整合度、穿行度、选择度等数值与街道中对外、对内型商业数量的相关性，并将计算结果数据可视化呈现。其中整合度（Integration）主要反映一个空间单元与系统中其他空间节点的聚集或离散程度，衡量一个空间作为目的地吸引到达交通的能力，反映了该空间在整个系统中的中心性。整合度越高的空间，可达性越高，中心性越强，越容易集聚人流[1]~[3]。穿行度（Nach）反映网络中一个空间单元被其他两两空间单元之间的最短路径穿过的次数或概率，可衡量一个空间单元的可穿过性，即它被"偶然"经过的空间潜力[1]~[3]。选择度（Log Choice）表示一个空间出现在最短拓扑路径上的频率，选择度越高的空间，则更有可能被人流穿行[1]~[3]。

图2　对外型商业（来源：作者自摄）

图3　对内型商业（来源：作者自摄）

3 数据来源与数据处理

3.1 数据来源

本次研究数据包括:

1)研究区道路网数据,通过对雍和宫片区交通地图进行矢量化得到。

2)实地观测各类截面数据。本研究用到的机动车流、非机动车流、人流三类截面流量数据通过实地观测所得,共计140个观测点。数据收集分为四个时段,8:30-9:30、11:00-12:00、13:30-14:30、16:00-17:00,以手机视频为工具,实地记录各个观测点5分钟双向穿过性人流、机动车和非机动车(自行车和电动车)流量。

3)商业类型与数量数据。研究范围内的对外、对内商业类型与数量数据主要来源于百度街景图和实地调研统计。对于车行街道,主要运用百度街景统计商业类型与数量;针对无街景的步行街道采用实地调研的方式获取数据。部分较难直观区分对外、对内商业类型的,采用访谈和实地观察的方式确定商业类型。

3.2 数据处理

对收集来的实测数据需要做进一步处理。分时段实测的各类截面流量数据,需要先用Excel加总各测点的平均每小时流量(由于一天有四个时段每个5分钟,故计算平均每小时流量时需将四个数据加总后乘以3),每小时流量是国际交通和空间句法研究领域的通行做法,便于各个案例之间横向比较。再需要对各测点的平均小时流量原始数据做标准化处理,即无量纲化,因为空间句法中的整合度、穿行度、选择度等参数均无单位,要做与各空间参数的相关性分析,需要先做数据标准化,消除单位对结果的影响。本次研究主要采用对原始数据取log值的方法进行标准化。相对于动态的交通流量数据来说,对外、对内型商业设施数量是空间位置相对固定的数据,为静态数据。由于静态数据具有较大的偶然性,为防止偶然因素对模型分析造成影响而导致回归系数降低,需要先进行均匀化标尺处理[3]。

4 雍和宫片区对外、对内型商业空间分布特点

4.1 空间参数与对外、对内型商业空间分布的关系

1. 对外型商业

对结合百度街景图和实地调研的对外型商业现状分布情况进行可视化得到图4,可以初步直观发现,以服务游客为主的对外型商业主要分布在外围道路等级较高、靠近旅游景点和地铁站的街道上。安定门内大街、雍和宫大街分布的对外型商业最多。安定门内大街上有地铁安定门站,可达性强,人流量大,同时是连接孔庙和南锣鼓巷两处旅游热门景点的主要街道,有利用沿街布置对外型商业。雍和宫大街是地铁雍和宫站和北新桥站的主要道路,同时是游客到达雍和宫景点的必经之路,结合雍和宫的佛教文化,沿街形成大量佛教文化礼品店。此外更新成功的五道营胡同、方家胡同和连接孔庙的国子监街也分布着部分咖啡、酒吧、民宿酒店、特色餐饮、文创用品的对外型商铺。

进一步将标准均匀化的对外型商业数据与整合度、穿行度、选择度做相关性分析,研究在雍和宫片区不同半径下(1000米、1500米、2000米、2500米、3000米、5000米、7500米、10000米、15000米、20000米)城市路网空间形态与对外型商业设施数量的相互关系。如图4所示,基于拓扑关系获得的整合度、穿行度、选择度与对外型商业数量均呈正相关。对外型商业与穿行度的相关性最为显著,半径5000米以上穿行度相关性系数较高,均在0.51以上,尤其是在半径10000米时,R^2值最高为0.533。对外型商业与整合度相关性较弱,只有在半径1000米和半径20000米的尺度下,R^2值大于0.5,呈现先下降后上升的趋势。说明在局域尺度下对外商业主要分布在道路穿行度较高的空间。穿行度越高,道路被"偶然"经过的空间潜力越大,在这种地段布置对外型商业,可以吸引去往其他两个空间单元的游客。小尺度街区空间可达性和城市大尺度的区域可达性都会对对外型商业起作用。整合度描述的是空间单元的中心性,即它被用作出行目的地的空间潜力,城市尺度下的道路整合度越高的地方,游客前往更方便可达,越有利于布置对外型商业。

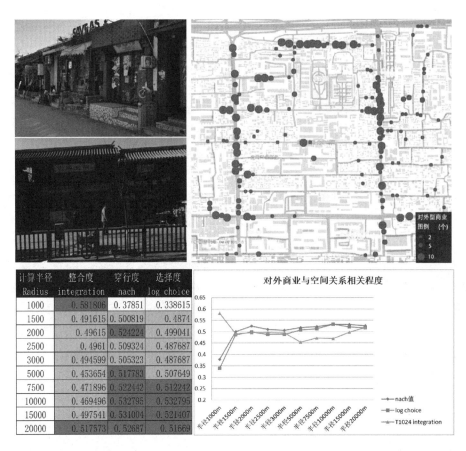

计算半径 Radius	整合度 integration	穿行度 nach	选择度 log choice
1000	0.581806	0.37851	0.338615
1500	0.491615	0.500819	0.4874
2000	0.49615	0.524224	0.499041
2500	0.4961	0.509324	0.487687
3000	0.494599	0.505323	0.487687
5000	0.453654	0.517783	0.507649
7500	0.471896	0.522442	0.512242
10000	0.469496	0.532795	0.532795
15000	0.497541	0.531004	0.521407
20000	0.517573	0.52687	0.51669

图4　对外型商业分布情况与不同尺度下空间参数的相关性（来源：作者自绘）

2. 对内型商业

通过对图5对内型商业分布现状的初步分析发现，雍和宫片区内服务本地居民的对内型商业分布比较分散均匀，没有出现对外型商业集聚分布的现象。对内型商业在安定门内大街、交道口东大街分布较多，这两条道路是连接周边主要胡同住区的街道，多为大型超市、日常餐饮、休闲美容等业态，方便周围4处胡同片区的居民生活。同时深入胡同的小巷也会零星散布少量对内型商业，主要以小卖铺、便民洗衣、理发、五金等业态。对内型商业分布大集中小分散的特点，更有利于满足居民日常生化所需。

同样运用上文对外型商业的分析方法，将标准均匀化的对内型商业数据与不同半径下的整合度、穿行度、选择度做相关性分析。如图5所示，对内型商业与整合度的R^2值明显高于穿行度和选择度，并且R^2值均在0.53以上，半径1000～3000m的尺度下R^2值均在0.61以上，在局域尺度半径2000m时整合度的R^2值达到峰值为0.663。而对内型商业与穿行度和选择度的R^2值均小于0.42。这说明整合度对内型商业

的空间分布作用更明显，穿行度、选择度对其空间分布的影响不显著；在城市尺度下整合度对内商业的分布作用不如局域尺度下整合度作用明显，对内型商业更加依赖于小尺度下目的性交通可达性。

3. 对外、对内型商业空间分布对比

上文分析了对外、对内型商业空间分布各自的特点，两者具体在空间分布上的差异可以通过对比与不同半径下整合度、穿行度、选择度的R^2值进行分析，进一步明晰对外、对内型商业空间分的规律。从整合度来看（图6），对内型商业空间分布对整合度依赖程度更高，其多属于目的性消费，更可能分布在目的性交通可达性好的地方。对于对内型商业来说，半径2000米时整合度达到峰值，半径2000米之后呈下降趋势，小尺度下的整合度作用更显著。从对外型商业看，在半径1000米时整合度达到峰值，但在城市尺度下整合度明显攀升，说明对外型商业在大尺度下也会依赖空间的目的性交通可达性，因为以旅游为出行目的的活动更多的是跨城市区域的交通流，更会考虑城市尺度的交通可达性。从穿行度来看（图7），对

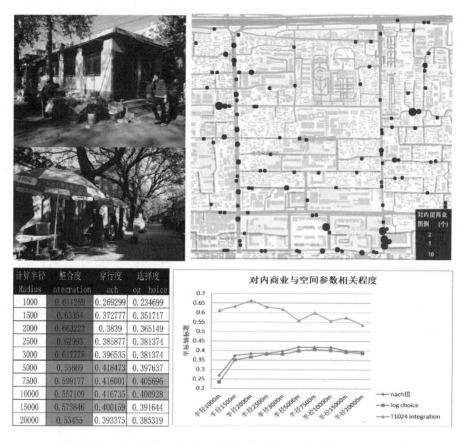

计算半径 Radius	整合度 ntegration	穿行度 ach	选择度 og hoice
1000	0.611259	0.269299	0.234699
1500	0.63354	0.372777	0.351717
2000	0.663223	0.3839	0.365149
2500	0.62993	0.385877	0.381374
3000	0.617778	0.396535	0.381374
5000	0.55869	0.418473	0.397637
7500	0.599177	0.416001	0.405696
10000	0.557109	0.416735	0.400928
15000	0.573846	0.400159	0.391644
20000	0.53455	0.393375	0.385319

图5 对内型商业分布情况与不同尺度下空间参数的相关性（来源：作者自绘）

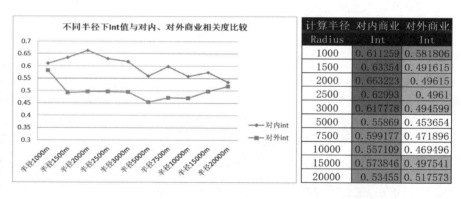

计算半径 Radius	对内商业 Int	对外商业 Int
1000	0.611259	0.581806
1500	0.63354	0.491615
2000	0.663223	0.49615
2500	0.62993	0.4961
3000	0.617778	0.494599
5000	0.55869	0.453654
7500	0.599177	0.471896
10000	0.557109	0.469496
15000	0.573846	0.497541
20000	0.53455	0.517573

图6 不同尺度整合度与对外、对内商业相关度对比（来源：作者自绘）

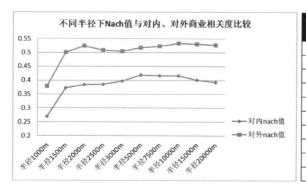

计算半径 Radius	对内商业 Nach	对外商业 Nach
1000	0.372777	0.37851
1500	0.3839	0.500819
2000	0.385877	0.524224
2500	0.396535	0.509324
3000	0.396535	0.505323
5000	0.418473	0.517783
7500	0.416001	0.522442
10000	0.416735	0.532795
15000	0.400159	0.531004
20000	0.393375	0.52687

图7 不同尺度穿行度与对外、对内商业相关度对比（来源：作者自绘）

外型商业与穿行度更相关，穿行度对对外型商业空间分布作用更显著，说明容易被穿越的空间更适合布置对外型商业，吸引潜在的交通流。从选择度来看（图8），选择度对对外型商业空间分布作用更显著，对外型商业比对内型商业更依赖空间的穿过性交通可达性，更易分布在空间吸引性高的位置。对外型商业与选择度的R^2值在半径10000米时达到最大值，曲线存在双峰状态，在局域尺度和城市尺度各存在峰值。

4.2 各类截面流量与对外、对内商业空间分布的关系

经过观测统计，绘制图9、图10，通过反应可达

性的客观指标——流量分布和实际道路等级，进行初步判断[1]。安定门东大街、安定门内大街、雍和宫大街、交道口东大街为该片区内道路等级高、机动车流和非机动车较大的道路；五道营胡同、国子监街、方家胡同、交道口二条等东西向的胡同道路等级低、人流相对较少。总体来说整体流量的分布与商业设施的分布相近，这一点也体现了城市交通流与城市商业功能的相互关系。

我们可以计算不同半径下整合度、穿行度、选择度与机动车流、非机动车流、步行流量三类流量的R^2值，来定量分析城市空间形态与流量间的相关性。当两组数据之间的R^2值高于0.5时，可确定二者

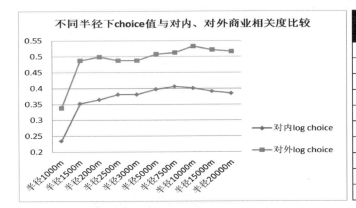

计算半径	对内商业	对外商业
Radius	choice	choice
1000	0.234699	0.338615
1500	0.351717	0.4874
2000	0.365149	0.499041
2500	0.381374	0.487687
3000	0.381374	0.487687
5000	0.397637	0.507649
7500	0.405696	0.512242
10000	0.400928	0.532795
15000	0.391644	0.521407
20000	0.385319	0.51669

图8 不同尺度穿行度与对外、对内商业相关度对比（来源：作者自绘）

机动车流量

非机动车流量

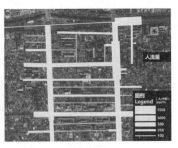
步行流量

图9 各类截面流量分布（来源：作者自绘）

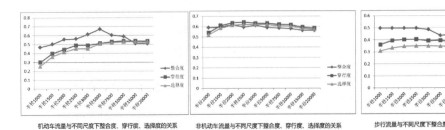

图10 各类截面流量与不同尺度整合度、穿行度、选择度的相关性（来源：作者自绘）

有较强的相关，在逻辑上具备因果关系时可以认为一组数据能够解释并预测另一组数据。经过分析和数据可视化发现，相比步行流量而言，机动车流和非机动车与空间整合度、穿行度、选择度三者的相关性较好。机动车流在半径5000米、7500米、10000米、15000米、20000米的尺度下，与整合度、穿行度、选择度三者的R^2值均在0.5以上，并且与整合度的R^2值最高，在0.6左右。说明城市路网形态在区域大尺度下对车流的影响更大，整合度是影响区域机动车流的主要因素，这主要是因为机动车更适合于长距离的出行，更依赖于大尺度的空间可达性。非机动车流与整合度、穿行度、选择度三者的相关性均较好，差异不大，穿行度的R^2值相对较高，并且在半径2500米和半径3000米出现峰值，随着空间尺度增大，R^2值呈现下降趋势。说明非机动车流更依赖于中小尺度下空间穿过性，这主要由于非机动车适合于中短距离的出行，并且对于胡同等小尺度街道机动车可达性相对较差，非机动车更具有优势。相比穿行度和选择度，步行流量与整合度更相关，同时随着半径尺度增大，R^2值逐渐下降，在半径1000米时，人流与整合度的R^2值最高为0.497。说明步行更依赖小尺度下的空间可达性，步行是最后门到门的主要交通方式，胡同内部更适合步行，其步行可达性更强，相比机动车流，步行流量更多。

进一步分析各类截面流量与商业设施的分布的关系，运用标准均匀化的对外型、对内型商业数量数据分别与标准均匀化的机动车流、非机动车流、步行人流三者的流量数据，借助Excel进行回归分析。如图11所示，可以发现三种流量中，机动车流量与对外型、对内型商业的R^2值最低，且对对外、对内商业分布影响程度差异不大；步行流量对两种类型的商业分布影响程度差异较大，其与对外型商业的相关性较高，这解释了对外型商业主要分布在干道街道，人流量大的地方，对内商业主要分布在人流量较少的胡同里。我们进一步分析每条轴线人流占总流量的比例与对外、对内型商业的相关性，得到图12，发现对内型商业与步行流量占比的相关性更高，进一步验证对内型商业主要分布在胡同内，而胡同内的主导流量为步行流量这一现象。此外，步行人流量占比与对外型、对内型商业分布呈负相关。步行人流量占比越大，商业分布的概率越小。我们推测是由于步行是最近端的一种交通方式，而骑车和驾车都依赖着更大的活动尺度范围，当空间满足一定尺度时，商业机会更多。

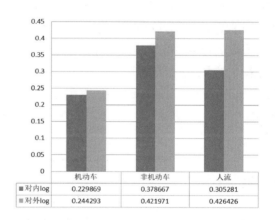

	机动车	非机动车	人流
对内log	0.229869	0.378667	0.305281
对外log	0.244293	0.421971	0.426426

图11 各类截面流量与对外、对内商业数量的相关性（来源：作者自绘）

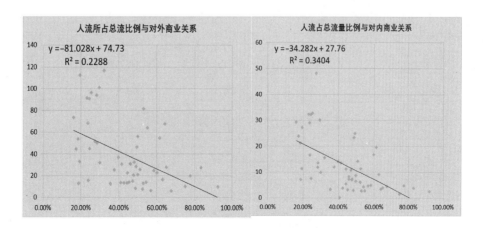

图12 人流占总流量比例与对外、对内商业数量的相关性（来源：作者自绘）

5　结论

经过对雍和宫片区对外、对内型商业设施分布的定量分析，现得到以下结论：①对外型、对内型商业与穿行度、选择度和整合度均有相关性。通过对比发现，对外型商业与穿行度、选择度的相关性比对内型商业与穿行度、选择度的相关性高；对内型商业与整合度的相关性比对外型商业与整合度相关性高，且更敏感。②对外型商业更依赖于局域尺度下的穿过性交通可达性和城市大尺度下的目的性交通可达性，所以对外型商业应尽量布置在半径5000～7500米穿行度高的区域，同时还应布置在半径20000米以上城市尺度整合度高，即有一定空间中心性的地方；对内型商业更依赖于小尺度空间目的性交通可达性，所以对内型商业最好布置在半径1000～2000米整合度高的地方。③机动车流量对对外型、对内型商业的影响程度差异不大；步行人流量对两种类型商业的影响程度差异较大；商业置时，设计师不应关注流量而是关注流量背后的机制，街道空间的可达性。④步行人流占比与对外型、对内型商业分布呈负相关。推测空间尺度需要达到一定尺度时，才能集聚人流，才会有更多的商业机会。

参考文献

[1] 徐泽潭，梁娟珠，许文鑫.基于空间句法的福州路网形态与零售商业空间布局的相关性研究[J]测绘地理信息，2020（12）：42-50.

[2] 盛强，杨滔，刘宁.目的性与选择性消费的空间诉求——对王府井地区及3个案例建筑的空间句法分析[J]建筑学报，2014（06）：98-103.

[3] 孔俊婷，李倩，倪丽丽，殷思琪.基于空间句法的老城区商业服务设施落位优化研究——以天津市英租界片区为例[J]现代城市研究，2020（05）：10-16.

[4] 汪琪.基于空间句法的合肥市老城区地铁站域步行空间认知研究[J]建筑与文化，2020（12）：61-63.

[5] 胡彦学，盛强.自组织功能的空间规律——以北京二环内自行车维修点的空间分布特征为例[J]新建筑，2020（05）：129-133.

[6] 宣红岩.城市零售商业布局成因探析[J]. 商场现代化，1999，（2）：9-11.

[7] 盛强，杨振盛，路安华.网络开放数据在城市商业活力空间句法分析中的应用[J]，新建筑，2018（3）：9-14.

[8] 盛强，韩林飞.北京旧城商业分布分析——基于运动网络的层级结构[J]. 天津大学学报（社会科学版），2013，15（2）：122-130.

[9] 倪波涛.福州市中心城区大型零售商业布局优化研究[D].厦门：厦门大学，2014.

[10] 肖毅强.基于空间句法的大型住区内社区商业规划设计研究[D].广州：华南理工大学，2016.

基于空间连续性测度的街道可识别性提升机制研究
——以杭州七条现代商业街道为例[①]

陈诗如[1] 庄可欣[1] 范浙文[1] 王嘉琪[2]

作者单位
1. 浙江大学建筑工程学院
2. 浙江大学建筑工程学院，通讯作者

摘要： 在街道设计中，哪些街道要素宜连续有序、哪些街道要素宜独具特色，对厘清街道可识别性的提升机制尤为重要。本文以杭州七条现代商业街道为例，通过对街道要素的连续性测度，探究街道连续性与可识别性的关联关系，揭示提升街道可识别性的街道要素组织特征。研究得出：断面类别复杂度、断面类别差异度、行道树及相关绿化连续度对街道可识别性有较显著正相关影响，路灯、广告牌、垃圾箱、人行流线通畅度对可识别性有较显著负相关影响。

关键词： 商业街道；可识别性；连续性；城市设计；杭州

Abstract: In street design, the question of which street element should be continuous or which street element should be unique is particularly important to clarify the mechanism of street identifiability improvement. Taking seven modern commercial streets in Hangzhou as an example,this paper, by measuring the continuity of street elements,explores the relationship between street continuity and street identifiability, and reveals the organizational characteristics of street elements to improve street identifiability. It shows that the complexity of section category, the difference of section category, the continuity of street trees and related greening have a significant positive correlation on the street identifiability, and the continuity of street lamps, billboards, dustbins and pedestrian streamline patency have a significant negative correlation on the street identifiability.

Keywords: Commercial Street; Identifiability; Continuity; Urban Design; Hangzhou

1 引言

简·雅各布斯在《美国大城市的死与生》中指出，"如果一个城市的街道看上去很有意思，那这个城市也会显得很有意思"[②]。在城市空间中，街道约占城市建设用地面积的15%~25%，是市民进行城市活动的主要空间，也是城市形象的重要载体。如何提升街道的可识别性，塑造尺度适宜又收放得当、形态有序又同时特色鲜明的街道，将是存量时代城市建设满足人民日益增长的美好生活需要的一个重要议题。

可识别性是指目标具有明显区别于周边环境并能展示其自身价值和内容的性质。在街道设计中，可识别性可被表征为街道的空间品质与风貌特色的可识别性。对于由复杂主体组成的街道空间而言，提升其可

识别性的重要思路之一即是提出切实可操作的设计引导。近年来，街道设计实践越来越重视"精细化"理念，将街道空间解构为多个街道要素（如行道树、街道家具、底层沿街界面、不同断面分区等），并逐一对这些要素进行设计与控制。从空间形式上看，不同于标志性建筑或构筑物、公园绿地、公共广场等非线型空间，街道空间是线型空间，其构成基础在于多个街道要素的连续排布。因此，对街道空间的设计与控制，不仅在于对街道要素本身提出要求，还在于对这些要素的连续性提出要求。

凯文·林奇曾指出，"可识别的街道，应该具有连续性"[③]。通过观察国内外著名现代街道，不难发现这些街道往往在其空间的秩序感与注目感之间达到了良好的平衡，即只有一部分要素有较强的连续性，

① 基金资助：浙江省自然科学基金项目（编号：LQ20E080017）。
② Jane Jacobs . The Death and Life of Great American Cities[M].New York：Random House，1961.
③ Lynch K A . The Image of the City[M]. Boston: MIT Press，1962.

而另一部分要素则更具备差异化的特征。例如，南京新街口商厦鳞次栉比、风格多样，但给人带来的街道空间步行体验是完整连续的（图1）。又如，位于日本东京的表参道商业街作为风格迥异的各色时尚精品店集中地，在街道设施、界面进退、建筑体量等方面保持着秩序感，从而向外展示了既独特、又有序的街道风貌（图2）。可见，在相同的设计品质之下，连续性高的要素易形成具有秩序感的品质空间，连续性低的要素易形成具有注目感的特色空间。

图1 南京新街口街景（来源：网络）

图2 日本表参道街景（来源：网络）

在街道设计中，哪些街道要素宜强调连续化的秩序、哪些街道要素宜强调差异化的特色，对厘清街道可识别性的提升机制尤为重要。目前，在面向中微观尺度的城市设计研究中，已有一些研究基于中国城市

街道的空间特征，针对街景特色的塑造[1][2]、空间意象的强调[3][4]、文化景观的彰显[5][6]等方面探讨了提升可识别性的关键街道要素对象及其导控内容。然而，现有研究多为针对街道要素本身的设计探讨，针对要素在线性空间组织中的连续性与街道可识别性潜在关系的探讨尚存空白。为进一步厘清影响街道可识别性的关键要素并提出相应的设计策略，本文结合既有研究，通过街道要素连续性测度的方法解析线型街道空间，探究街道连续性与可识别性的关联关系，进而揭示提升街道可识别性的街道要素组织特征，以期为街道设计的研究与实践提供参考，为"千城一面"难题的破解提供思路。

2 研究方法

2.1 研究对象

本文以杭州市中心城区范围内7条现代商业街道（表1）为案例展开实证研究。一方面，商业街是所有街道类型中功能较密集、空间特征较明确、要素类型较丰富的街道，有良好的数据可获性与代表性。另一方面，商业街上的步行活动往往较为频繁，因而街道近人范围内的空间布局有较好的基础，利于开展基于步行者视角的中微观尺度研究。此外，杭州作为浙江省省会和经济中心，近年来正在全面加快现代化国际大都市建设步伐。杭州已于2016年承办G20峰会，并即将举办2022年亚运会，近五年在街道空间品质提升方面已有规模化的成效，因而在街道空间组织上能够反映多个阶段的城市更新成果，具有较好的实证参考意义。

所选取的7条街道在建设时期、区位条件、交通等级、业态分布、人车流量、空间特征等方面能代表大多数大中城市主城区的商业街道特征，且不同街道在空间可识别性上存在差异，利于形成有效的分析结果。其中，延安路和凤起路是主城区内人流量较大，

① 朱海雄，朱镱妮，程昊. 城市设计中道路绿地系统特色风貌设计策略——以岳阳市为例[J]. 中国园林，2019，35（06）：99-104.
② 陈跃中. 街景重构：打造品质活力的公共空间[J]. 中国园林，2018，34（11）：69-74.
③ 张意. "可读性城市"及其街道空间的辩证法——以"宽窄巷子"和"大慈寺-太古里"街道为例[J]. 社会科学研究，2018（06）：178-185.
④ 刘璇，彭正洪. 城市符号——基于符号学的城市形象设计新方法[J]. 城市规划，2019，43（08）：89-94.
⑤ 周茜，刘贵文，马昱，戴彦. 基于认知评价的历史文化街区商业适宜度研究——以重庆磁器口为例[J]. 城市发展研究，2018，25（06）：175-180.
⑥ 丁聪，唐睿，祝遵凌. 地域文化特色城市街道景观设计研究——以南京长江路为例[J]. 美术教育研究，2019（15）：92-93.

杭州七条商业街道概况（来源：作者自绘）　　　　　　　　　表1

名称	延安路	凤起路	东坡路	南山路	中山中路	星光大道	高沙商业街
位置	上城区	拱墅区	上城区	上城区	上城区	滨江区	钱塘区
走向	南北	东西	南北	南北	南北	南北	东西
截取长度（米）	423	450	216	353	360	330	330
概况	街道南部临近湖滨银泰，街道风格现代；街道北部空间感受一般，风格普通，店铺招牌样式多变，存在一些较为古典的建筑外立面	街道两侧多为普通的居民楼与沿街商铺，街道空间变化频繁，特征不鲜明，基本没有杭州特色的体现	街道西临西湖，东临湖滨银泰，兼具现代风格与古典风格，搭配融合杭州特色的街道设施与西湖景观，使其能容纳大量人流，又具有鲜明的杭州特色	街道西临西湖，街道设计风格符合街道的历史文化氛围，建筑造型、地面铺装、树木造型、街边景观小品都表现了很强烈的杭州特色	建筑风格、街道铺装、树木造型、商铺特征，都保留了古杭州商业街的特点，与历史上南宋御街的地位相呼应，但空间感受比较混乱，人车混行	设计风格比较现代，多连廊	周边多居住区与学校，街道设计以实用为目标
照片							

为主要改造对象的商业街，东坡路是杭州市近期面临一轮改造的商业街，南山路和中山中路是在杭州西湖风景名胜区保护范围内[①]经历多次提升改造的商业街，星光大道与高沙商业街是新城区的主要商业街。

2.2　研究思路

为进一步概括街道中不同要素的空间形态布局对提升街道可识别性的影响机制，本文以30米为街道样本分段间距，以空间高度在15m以下的街道单侧近人步行区为主要采样范围，采用田野调查法对构成街道空间的关键要素进行了连续性测度，采用问卷调查法对街道的可识别性展开了评价。通过街道要素的连续性指标与街道可识别性的相关性分析，筛选出能够显著影响街道可识别性的关键街道要素及其连续性指标，并根据分析结果形成相应的城市设计导控建议（图3）。

1.　街道要素的选取与空间连续性测度

通过对既有研究成果中表征街道空间形态的典型要素[②]~[⑤]和街道设计导则的常用要素的梳理与总结[⑥]~[⑧]，结合杭州街道空间特征实际情况，抓取适宜测度的街道

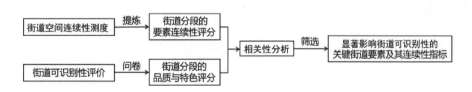

图3　研究思路（来源：作者自绘）

①　本文所指保护范围为西湖文化景观遗产区、缓冲区的范围。该范围根据《杭州西湖文化景观保护管理规划》确定，由市人民政府公布。
②　Galford G . Measuring Urban Design：Metrics for Livable Places[J]. Journal of planning education and research，2019，39（2）：258-259.
③　Fan Z，Zhang D，Yu L，et al. Representing place locales using scene elements[J]. Computers, Environment and Urban Systems, 2018, 71: 153-164.
④　龙瀛，唐婧娴. 城市街道空间品质大规模量化测度研究进展[J]. 城市规划，2019，43（06）：107-114.
⑤　Ye Y，Zeng W，Shen Q，et al. The visual quality of streets：A human-centred continuous measurement based on machine learning algorithms and street view images[J]. Environment and Planning B，2019，46.
⑥　高彩霞，丁沃沃. 南京城市街廓界面形态特征与建筑退让道路规定的关联性[J]. 现代城市研究，2018（12）：37-46.
⑦　王嘉琪，吴越. 基于全要素设计的街道导则——七部导则精细化程度测评及启示[J]. 城市建筑，2021，18（30）：166-170.
⑧　葛岩，祁艳，唐雯，刘淼. 街道复兴：需求导向的街道设计导则编制实践与思考[J]. 城市规划学刊，2019（02）：90-98.

要素,将其总结为景观设施、街道断面、建筑界面三大类(表2),并明确单个街道样本分段中各个要素的连续性测度方法。

其中,构成景观设施的街道要素主要为杆状设施(路灯、监控、广告牌)、大体量设施(行道树及相关绿化、景观小品、座椅)和小体量设施(设备箱、消火栓、垃圾箱),本研究对相应要素的连续性测度将以布局间距的连续度为主。构成街道断面的街道要素较多,包括街道总宽度、人行道宽度、断面各分区宽度、展宽宽度、盲道、断面分区、堵塞交通通畅度的节点、公交车站、自行车桩、盲道、地面铺装信息等。考虑到仅凭单一要素难以反映街道断面特征,本研究在对上述要素逐个测绘后,将能反应街道断面连续性的评价指标总结为断面类别复杂度、断面类别差异度、断面分区有效度、人行流线通畅度四个维度。断面类别复杂度与断面类别差异度依据街道所包含的断面类别情况,反映了街道断面类别的连续程度;断面分区有效度依据街道设计与街道使用情况的协同程度,反映了分区设计情况的连续程度;人行流线通畅度依据特殊节点的遮挡情况,反映了街道人行体验的连续程度。构成建筑界面大类的街道要素主要是建筑界面尺度、建筑立面构件、建筑进退距离等。本研究根据实地测绘与类型分析的结果,将能反应街道建筑界面连续性的评价指标总结为店面招牌协调度、建筑进退贴线率、建筑界面透明度、建筑风格协调度四个维度。

街道要素连续性测度指标分类及打分表 表2

要素分类	要素	评分指标	评分类					
			0	1	2	3	4	5
景观设施	行道树及相关绿化、消火栓、设备箱、路灯、垃圾箱、景观小品、监控、座椅、广告牌、公交站	杆状设施：路灯连续度监控连续度广告牌连续度	分段上没有该要素	分段有1个该要素	分段有2个该要素或分段上有3个该要素且分布不均匀	分段有3个该要素且分布均匀	分段有4个该要素但分布不十分均匀	分段有4个及以上该要素且分布均匀
		大体量设施：行道树及相关绿化连续度景观小品连续度座椅连续度						
		小体量设施：设备箱连续度消火栓连续度垃圾箱连续度						
街道断面	街道总宽度、人行道宽度、断面各分区宽度、展宽宽度、盲道等数据、断面分区、堵塞交通通畅度的节点,公交车站、自行车桩、盲道、地面铺装	断面类别复杂度	6种类型	5种类型	4种类型	3种类型	2种类型	1种类型
		断面类别差异度	断面形式区别非常大	断面形式区别很大	断面形式区别较大	断面形式有区别	断面形式类似	断面形式统一
		人行流线通畅度	5个及以上人行障碍	4个人行障碍	3个人行障碍	2个人行障碍	1个人行障碍	无人行障碍
		断面分区有效度	使用与设计区别非常大	使用与设计区别很大	使用与设计区别较大	使用与设计有区别	使用与设计细微区别	使用与设计符合
建筑界面	建筑界面尺度建筑立面构件建筑进退距离	店面招牌协调度	招牌排布极为混乱	招牌排布混乱	与建筑风格不搭整体较为混乱	与建筑风格统一整体较为整齐	形象良好设计统一	形象优秀设计巧妙
		建筑进退贴线率(计算方式:贴线率(ρ)=街墙立面线长度(B)/建筑控制线长度(L))	$0 \leq$ 贴线率(ρ)< 0.2	$0.2 \leq$ 贴线率(ρ)< 0.4	$0.4 \leq$ 贴线率(ρ)< 0.6	$0.6 \leq$ 贴线率(ρ)< 0.8	$0.8 \leq$ 贴线率(ρ)< 1	贴线率(ρ)$= 1$
		建筑界面透明度	玻璃全部被遮挡	玻璃基本被遮挡超过2/3	玻璃大部分被遮挡,超过1/2,但不超过2/3	玻璃有部分被遮挡,但不超过1/3	基本是玻璃,但也略有遮挡	全是玻璃
		建筑风格协调度	有三种建筑风格与街道整体较为不符	有三种建筑风格符合街道整体氛围	有两种建筑风格与街道整体较为不符	有两种建筑风格符合街道整体氛围	有一种建筑风格与街道整体较为不符	只有一种建筑风格符合街道整体氛围

(来源:作者自绘)

2. 街道可识别性评价

以垂直和平行于街道中轴线的两种拍摄方式，以6米为间距拍摄街景照片，总计拍摄照片1523张。分别从基于步行者视角的道路品质和杭州特色两个维度设计评价问卷（表3），邀请专家及学生根据每个街道分段的多张照片进行打分。最终共发放问卷300份，有效份数286份。

3 测度与评价结果

3.1 街道连续性测度结果

1. 景观设施连续性

在杆状设施方面，东坡路、中山中路连续度较高，凤起路、南山路中等，延安路、星光大道较低；在大体量设施方面，延安路、东坡路、南山路、高沙商业街连续度较高，凤起路、中山中路中等，星光大道最低；在小体量设施方面，东坡路、高沙商业街虽然此类设施数量较多，但分布不均匀，延安路、凤起路、南山路、中山中路、星光大道设施数量较少（图4）。

2. 街道断面连续性

在断面类别方面，凤起路断面类别最多，并且差别很大，存在5种以上类别，其次是延安路；南山路与中山中路断面类别较少，存在3种类别，并且风格差异不太大；东坡路、星光大道、高沙商业街断面小于等于两种，且差异性小。在人行流线通畅度方面，凤起路存在许多阻碍交通的节点，如通行区非常

街道可识别性评分标准						表3
评分	0	1	2	3	4	5
描述 道路品质	无法识别道路品质	完全没有场所品质	品质较低	品质一般	较有品质	品质非常好
杭州特色	无法识别杭州特色	完全没有杭州特色	杭州特色较少	杭州特色感一般	较具有杭州特色	杭州特色感非常好
照片示例						

（来源：作者自绘）

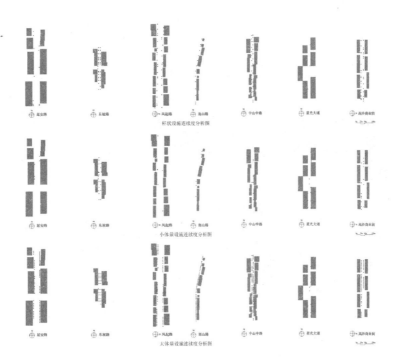

图4 景观设施街道连续性分析图（来源：作者自绘）

窄、停车位与通行区冲突等；中山中路与延安路存在一些阻碍的节点，人行通道常被路灯、非机动车位阻碍；高沙商业街偶尔存在外卖电瓶车停放于通行区堵塞交通的现象；其他街道基本不存在阻碍人行流线的情况。断面分区有效度方面，凤起路与中山中路非机动车与通行区间隔不清晰，非机动车经常侵占通行区；其他街道使用时基本符合设计初衷（图5）。

3.建筑界面连续性

东坡路和星光大道的店面招牌协调度最高，中山中路和下沙路则招牌较为杂乱，凤起路总体招牌风格较为统一。每条街道的建筑种类都有两种及以上，其中凤起路建筑种类最多，南山路和下沙路基本是以一种风格为主，凤起路、中山中路、下沙路都包含商业建筑，南山路和东坡路整条都是商业建筑，延安路、东坡路、星光大道多为现代商业建筑。凤起路的贴线率最低，东坡路与星光大道贴线率最高，下沙路一侧有较大的建筑退进，南山路街道存在弯折。星光大道与东坡路的透明界面占比最大，中山中路、下沙路与南山路的界面则较为密实，凤起路的透明界面占比变化较多（图6）。

3.2 街道要素连续性与街道可识别性的相关性分析

相关性分析表明，街道要素连续性与街道可识别性存在相关性（表4、表5）。其中，断面分区有效度、人行流线通畅度、行道树及相关绿化连续度、建筑进退与杭州特色可识别性存在正相关性，广告牌连

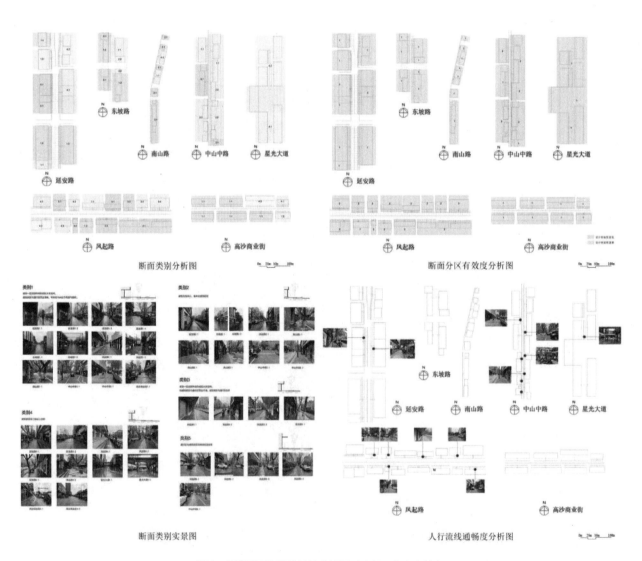

图5 街道断面街道连续性分析图（来源：作者自绘）

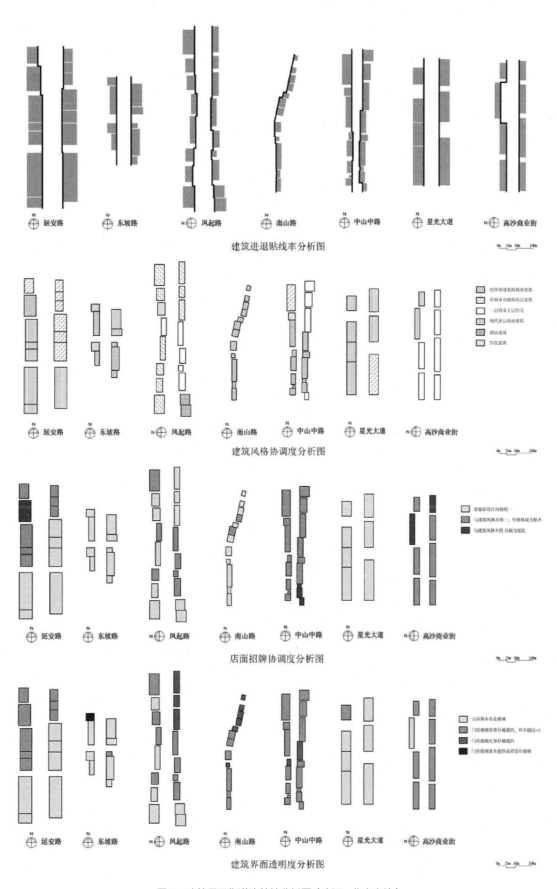

图 6 建筑界面街道连续性分析图（来源：作者自绘）

表4

街道连续性与可识别性评分表（以延安路为例）（来源：作者自绘）

要素分类	连续性评价指标		1 西	1 东	2 西	2 东	3 西	3 东	4 西	4 东	5 西	5 东	6 西	6 东	7 西	7 东	8 西	8 东	9 西	9 东	10 西	10 东	11 西	11 东	12 西	12 东	13 西	13 东	14 西	14 东
	杆状设施	路灯连续度	1.0	1.0	1.0	1.0	1.0	1.0	1.0	2.0	1.0	1.0	1.0	1.0	1.0	1.0	1.0	1.0	2.0	1.0	1.0	1.0	1.0	1.0	1.0	1.0	1.0	1.0	2.0	1.0
		监控连续度	2.0	1.0	2.0	1.0	1.0	1.0	2.0	2.0	1.0	1.0	1.0	1.0	1.0	2.0	1.0	1.0	1.0	1.0	1.0	1.0	1.0	1.0	1.0	1.0	1.0	1.0	1.0	2.0
		广告牌连续度	1.0	1.0	1.0	1.0	1.0	1.0	2.0	2.0	2.0	1.0	1.0	1.0	2.0	1.0	1.0	1.0	2.0	1.0	1.0	1.0	1.0	1.0	1.0	1.0	1.0	1.0	1.0	1.0
景观设施	大体量设施	行道树及相关度	3.0	2.0	2.0	4.0	4.0	5.0	4.0	3.0	2.0	5.0	3.0	3.0	2.0	1.0	3.0	1.0	2.0	2.0	2.0	3.0	5.0	5.0	3.0	5.0	5.0	5.0	1.0	3.0
		绿化连续度	0.0	0.0	0.0	0.0	0.0	0.0	0.0	0.0	0.0	0.0	0.0	0.0	0.0	0.0	0.0	0.0	0.0	0.0	0.0	0.0	0.0	0.0	0.0	0.0	0.0	0.0	0.0	0.0
		景观小品连续度	0.0	0.0	0.0	0.0	0.0	0.0	0.0	0.0	0.0	0.0	0.0	0.0	0.0	0.0	0.0	0.0	0.0	0.0	0.0	0.0	0.0	0.0	0.0	0.0	0.0	0.0	0.0	0.0
		座椅连续度	1.0	1.0	1.0	2.0	1.0	1.0	1.0	2.0	1.0	2.0	1.0	1.0	2.0	1.0	1.0	1.0	1.0	1.0	1.0	1.0	1.0	1.0	1.0	1.0	1.0	1.0	1.0	1.0
	小体量设施	设备箱连续度	1.0	1.0	1.0	2.0	1.0	2.0	1.0	1.0	2.0	2.0	1.0	2.0	2.0	2.0	2.0	1.0	1.0	1.0	1.0	1.0	1.0	1.0	1.0	1.0	1.0	1.0	1.0	1.0
		消火栓连续度	1.0	1.0	1.0	2.0	1.0	2.0	1.0	1.0	2.0	2.0	1.0	2.0	2.0	2.0	1.0	1.0	1.0	1.0	1.0	1.0	1.0	1.0	1.0	1.0	1.0	1.0	1.0	1.0
		垃圾箱连续度	1.0	1.0	1.0	1.0	1.0	1.0	1.0	1.0	1.0	1.0	2.0	2.0	2.0	2.0	2.0	1.0	1.0	1.0	1.0	1.0	1.0	1.0	1.0	1.0	1.0	1.0	1.0	1.0
街道断面		断面分区有效度	5.0	5.0	5.0	5.0	5.0	5.0	5.0	5.0	5.0	5.0	5.0	4.0	5.0	4.0	5.0	5.0	4.5	5.0	5.0	5.0	5.0	5.0	5.0	5.0	5.0	5.0	5.0	5.0
		断面类别复杂度	5.0	5.0	2.0	4.0	5.0	4.0	2.0	2.0	4.0	5.0	5.0	4.0	3.0	4.0	4.0	5.0	2.0	2.0	2.0	2.0	5.0	4.0	5.0	5.0	5.0	5.0	4.0	5.0
		断面类别差异度	5.0	5.0	3.0	4.0	5.0	5.0	2.0	2.0	4.0	4.0	4.0	4.0	3.0	4.0	4.0	5.0	3.0	4.0	2.0	2.0	5.0	4.0	5.0	5.0	5.0	5.0	4.0	4.0
		人行流线通畅度	5.0	5.0	5.0	5.0	5.0	5.0	5.0	5.0	3.0	5.0	4.0	3.0	4.0	4.0	5.0	5.0	3.0	2.0	4.0	3.0	5.0	5.0	5.0	5.0	5.0	5.0	5.0	5.0
建筑界面		店面招牌协调度	4.0	4.0	3.5	4.0	3.0	4.0	3.5	4.5	4.0	5.0	4.0	5.0	4.0	5.0	4.0	5.0	4.5	4.5	5.0	5.0	5.0	5.0	5.0	5.0	5.0	4.5	4.5	5.0
		建筑风格协调度	5.0	5.0	4.0	4.5	5.0	5.0	4.5	4.5	5.0	5.0	5.0	5.0	5.0	5.0	5.0	5.0	4.5	4.0	5.0	2.0	5.0	4.0	5.0	5.0	5.0	5.0	4.0	4.0
		建筑进退退贴线率	5.0	4.0	3.0	5.0	5.0	5.0	3.0	3.0	5.0	5.0	5.0	5.0	5.0	5.0	4.0	5.0	4.0	4.0	5.0	5.0	5.0	5.0	5.0	5.0	5.0	4.0	4.0	3.0
		建筑界面透明度	4.0	4.0	4.0	4.0	4.0	4.0	4.0	4.5	4.0	5.0	4.0	5.0	4.0	5.0	4.0	5.0	4.5	4.5	5.0	5.0	5.0	5.0	5.0	5.0	5.0	4.5	4.5	4.0

可识别性评价指标			1 西	1 东	2 西	2 东	3 西	3 东	4 西	4 东	5 西	5 东	6 西	6 东	7 西	7 东	8 西	8 东	9 西	9 东	10 西	10 东	11 西	11 东	12 西	12 东	13 西	13 东	14 西	14 东
道路品质		平行视角	3.3	2.5	3.8	2.8	3.8	2.3	3.7	2.3	3.9	2.0	3.4	2.4	3.6	2.4	3.5	2.3	2.8	2.6	3.1	2.6	3.3	3.3	3.0	2.7	3.3	2.8	3.3	2.8
		垂直视角	4.1	4.1	3.8	4.3	3.8	4.4	3.8	4.0	3.4	2.7	3.0	2.7	3.5	3.0	3.0	3.0	3.2	3.0	2.8	3.2	3.5	3.5	3.6	3.5	3.2	3.4	3.0	3.7
杭州特色		平行视角	1.7	2.6	2.3	2.2	2.4	2.4	2.2	2.5	2.7	2.9	2.7	2.8	2.7	3.3	2.4	3.5	1.8	3.1	2.6	3.1	2.2	3.3	1.8	3.3	2.1	3.2	2.3	3.2
		垂直视角	2.3	2.3	2.4	2.2	2.3	2.4	2.8	2.6	3.3	1.4	2.8	2.0	2.8	2.3	2.5	2.0	2.3	2.0	2.5	2.3	2.3	3.0	2.5	2.8	2.2	2.3	1.8	2.2

表5

街道连续性与街道可识别性相关性分析（来源：作者自绘）

道路名称	拍摄角度	测量方位	行道树及相关绿化	路灯	座椅	景观小品	监控	设备箱	广告牌	消火栓	垃圾桶	断面分区有效度	断面类别复杂度	断面类别差异度	人行流线通畅度	建筑店面招牌	建筑风格统一度	建筑进退	建筑界面透明度
南山路	垂直	东	-0.109	0.234	a	a	-.369**	-0.195	a	0.189	.431**	a	0.04	.306*	a	0.235	a	-0.026	-.315*
南山路	平行	西	-0.016	0.243	a	a	-0.254	-0.134	a	.343**	0.612	a	0.06	.372**	a	0.184	a	0.056	-.424**
高沙商业街	垂直	北	.470**	-0.172	a	a	-0.035	0.061	-.357**	b	b	b	-0.041	-0.041	b	0.093	-0.136	0.285	-0.093
高沙商业街	垂直	南	0.243	0.100	a	a	0.002	-0.062	0.024	.298*	-0.056	a	-.367*	-.367*	a	-0.096	a	.435**	a
高沙商业街	平行	北	.342*	-0.166	b	b	-0.018	0.268	-.371**	b	b	b	-0.190	-0.190	b	0.042	0.018	0.150	-0.042
高沙商业街	平行	南	0.167	-0.095	a	a	0.156	0.133	-0.254	0.216	-0.088	a	0.206	0.206	b	0.065	a	0.061	a
星光大道	垂直	东	-0.037	b	-0.037	-0.133	-0.133	-0.089	a	-0.089	0.157	a	-0.115	-0.115	-0.066	a	0.217	0.217	0.177
星光大道	垂直	西	0.089	a	0.089	-0.133	-0.266	b	a	a	-0.210	b	-0.155	-0.040	0.066	a	-0.110	-0.061	0.055
星光大道	平行	东	0.136	a	0.136	.294*	.294*	-0.016	.a	-0.016	-.305*	a	-0.038	-0.135	a	a	-0.225	-0.225	-0.251
星光大道	平行	西	0.139	a	0.139	-0.172	0.266	a	a	a	0.180	a	-.388*	-.321*	0.078	a	-0.104	-0.151	-0.104
延安路	垂直	东	0.083	0.185	a	a	0.039	-0.198	a	-0.046	a	0.097	-0.111	-0.111	0.175	-0.079	0.076	-0.014	-0.001
延安路	垂直	西	-0.119	-.260**	b	b	0.019	b	-.428**	0.195	.321*	b	-0.110	-0.110	-.366**	-0.190	.290*	0.093	-.252*
延安路	平行	东	0.059	-.209**	b	b	-0.001	-.243*	b	-.347**	b	-0.142	0.145	0.145	-0.196	-.694**	-0.078	0.151	.605**
延安路	平行	西	-0.144	-0.181	a	a	-0.208	a	-0.068	0.212	0.219	a	-0.070	-0.070	-0.180	-0.169	0.107	0.122	-0.199
风起路	垂直	北	-0.076	0.162	a	-0.102	-0.130	a	-0.102	0.130	0.160	a	0.162	-0.060	-.256*	-.318*	0.138	-0.064	0.228
风起路	垂直	南	-0.059	-0.106	b	a	-.263*	-0.201	-0.090	-0.133	-0.172	a	-0.151	-0.060	-0.014	0.060	-.299*	-0.053	-.395**
风起路	平行	北	-0.044	0.104	a	-0.076	-0.201	a	-0.076	0.196	0.044	0.190	0.032	-0.003	0.075	-0.054	-.228*	-0.032	0.188
风起路	平行	南	-0.073	-0.194	a	a	-.353**	-.293*	-0.204	-0.173	-0.194	-0.089	0.237	0.033	0.218	0.249	0.011	0.247	-.604**
东坡路	垂直	东	-.520**	-0.133	-.520**	b	0.373	0.353	-0.185	b	0.089	b	-0.159	-0.310	b	b	-0.214	-0.133	-0.295

杭州特色

续表

分类	道路名称	拍摄角度	测量方位	行道树及相关绿化	路灯	座椅	景观小品	监控	设备箱	广告牌	消火栓	垃圾桶	断面分区有效度	断面类别复杂度	断面类别差异度	人行流线通畅度	建筑店面招牌	建筑风格统一度	建筑进退	建筑界面透明度
杭州特色	东坡路	垂直	西	0.280	.[a]	0.280	-0.035	-0.055	-0.307	-0.339	-0.199	-0.163	.[a]	0.070	0.035	.[a]	.[a]	-0.075	-0.086	0.274
	东坡路	平行	东	-0.116	-0.059	-0.116	.[a]	0.260	0.129	-0.358	.[a]	.441*	.[a]	0.157	0.124	.[a]	.[a]	-0.077	-0.059	-0.085
	东坡路	平行	西	.406*	.[b]	.406*	-0.176	-.582**	-0.153	0.243	0.316	-.474**	.[b]	-.525**	0.176	.[b]	.[b]	.456**	0.141	428**
	中山中路	垂直	东	.286*	-0.097	.[b]	.[b]	0.101	-0.094	.[b]	0.271	-.326*	0.204	-.425**	-.425**	.388**	-.533**	0.236	0.372**	-0.12
	中山中路	垂直	西	.346*	0.165	.[b]	.[b]	.[b]	0.058	.[b]	.[b]	.[b]	.565**	-.459**	.293*	.635**	.[b]	-0.160	0.239	0.040
	中山中路	平行	东	.470**	-0.085	.[b]	.[b]	.451**	0.035	.[b]	0.056	-.270**	0.170	.617**	.617**	.421**	-.377**	.322*	.539**	-.348**
	中山中路	平行	西	.480**	-0.107	.[b]	.[b]	.[b]	-0.008	.[b]	.[b]	.[b]	.635**	.404**	-.433**	.679**	.[b]	-.388*	0.256	0.182
	数据分析	正相关系数负相关系数结论		6 1 存在正相关关系	0 0 无显著相关性	1 1 无显著相关性	0 0 无显著相关性	2 3 无显著相关性	2 1 无显著相关性	0 5 存在负相关性	2 1 无显著相关性	3 3 无显著相关性	2 2 存在正相关关系	2 5 存在负相关性	3 5 存在负相关性	4 1 存在正相关关系	0 4 存在负相关性	2 1 无显著相关性	3 0 存在正相关性	2 5 存在相关性
道路品质	南山路	垂直	东	-.438**	-0.123	.[b]	.[b]	-.287**	.444**	.[b]	-0.158	0.221	.[b]	0.046	-.368**	.[b]	.361**	.[b]	-0.120	0.091
	南山路	平行	西	0.022	-0.160	.[a]	.[a]	-0.113	0.126	.[a]	0.047	0.036	.[a]	0.07	0.037	.[a]	-0.101	.[a]	-0.060	-0.102
	高沙商业街	垂直	北	0.012	-0.227	.[a]	.[a]	-0.038	-0.114	-0.223	.[a]	.[a]	.[a]	-0.070	-0.070	.[a]	.502**	0.019	0.213	.502**
	高沙商业街	垂直	南	.396**	0.257	.[b]	.[b]	0.135	0.127	-0.156	0.153	-0.187	.[b]	.535**	535*	.[b]	-0.184	.[b]	.400**	.[b]
	高沙商业街	平行	北	-0.209	-0.095	.[a]	.[a]	-0.118	0.099	-.383**	.[a]	.[a]	.[a]	-0.168	-0.168	.[a]	-0.237	0.038	0.037	0.237
	高沙商业街	平行	南	0.182	-.332*	.[b]	.[b]	-0.064	-0.049	-0.148	-0.034	-0.199	.[b]	.319**	.319**	.[b]	0.172	.[b]	0.168	.[b]
	星光大道	垂直	东	0.045	.[a]	0.045	-.252**	-0.198	.[a]	.[a]	.[a]	-.253**	.[a]	-0.022	-0.104	.[a]	.[a]	-0.233	-0.213	-.284*
	星光大道	垂直	西	-0.102	.[a]	-0.102	-.252**	-0.009	0.199	.[a]	0.199	-0.010	.[a]	-0.022	-0.022	.[a]	.[a]	369**	369**	533**
	星光大道	平行	东	0.206	.[a]	0.206	0.142	0.185	0.149	.[a]	0.149	-.400**	.[a]	0.115	0.115	.[a]	.[a]	-0.158	-0.158	-0.069
	星光大道	平行	西	-0.266	.[a]	-0.265	-0.091	0.026	.[a]	.[a]	.[a]	-0.125	.[a]	0.174	0.109	-.300*	.[a]	-.341*	-.307*	-0.237

续表

道路名称	拍摄角度	测量方位	行道树及相关绿化	路灯	座椅	景观小品	监控	设备箱	广告牌	消火栓	垃圾桶	断面分区有效度	断面类别复杂度	断面类别差异度	人行流线通畅度	建筑店面招牌	建筑风格统一度	建筑进退	建筑界面透明度
延安路	垂直	东	0.104	0.242	a.	a.	0.037	-0.071	a.	0.158	a.	.391**	-0.019	-0.019	.444**	.699**	-0.024	-0.197	-.658**
延安路	垂直	西	0.198	-0.259	a.	a.	.514**	a.	-0.259	0.066	-0.156	a.	0.070	0.070	.270*	.384**	-0.021	-0.185	-.270*
延安路	平行	东	0.069	-0.097	a.	a.	0.101	-0.064	a.	-.282*	a.	a.	0.138	0.138	0.077	.362**	-0.016	0.038	.295*
延安路	平行	西	0.015	-.275**	b.	b.	0.237	b.	-0.138	0.110	.272*	0.024	0.015	0.015	0.085	-.549**	0.013	-0.099	-.497**
凤起路	垂直	北	-0.072	0.016	a.	0.046	-0.024	a.	0.046	0.067	-0.161	b.	0.040	-0.019	-0.061	0.218	0.184	0.061	0.085
凤起路	垂直	南	0.160	0.002	a.	a.	-.452*	-.384**	-.286*	-0.077	-0.241	a.	0.093	-0.169	0.204	.229*	-0.160	0.113	-.489**
凤起路	平行	北	0.116	-0.063	a.	-0.038	0.109	a.	-0.038	0.009	0.094	-0.025	0.073	0.092	-0.167	0.020	-0.010	-0.048	0.050
凤起路	平行	南	0.211	-0.037	a.	a.	-.446**	-.393**	-0.210	-0.081	-.209*	a.	.274*	-0.103	.474**	.630**	0.028	0.165	-0.254
东坡路	垂直	东	0.239	0.125	0.239	a.	-0.140	-0.207	-0.156	a.	.358*	-.309*	.421*	.406*	a.	a.	0.346	0.125	0.129
东坡路	垂直	西	0.239	a.	0.239	-0.125	-0.110	-0.316	-0.063	0.066	-0.215	a.	0.193	0.125	a.	a.	0.214	0.140	0.131
东坡路	平行	东	-.424**	-0.353	-.424**	b.	.412*	-0.208	-.511**	b.	-0.065	a.	-0.149	-0.012	b.	b.	-0.109	-0.363	-0.184
东坡路	平行	西	0.036	a.	0.036	-0.247	-0.247	-0.002	0.035	-0.049	-.455**	b.	.386*	0.247	a.	a.	0.134	0.040	0.042
中山中路	垂直	东	-0.105	-.281**	b.	b.	0.100	0.200	b.	0.037	0.162	a.	-.305*	-.395*	-0.262	.284*	-0.110	-.314*	0.225
中山中路	垂直	西	-0.011	.318*	b.	b.	b.	.287*	b.	b.	b.	-0.026	-0.020	-0.212	-0.148	b.	0.144	-0.246	-.470*
中山中路	平行	东	.425**	-.202*	a.	a.	0.234	0.137	a.	0.099	-0.104	0.206	0.086	0.086	-0.086	-0.011	0.108	0.071	-0.169
中山中路	平行	西	0.166	-0.199	a.	a.	a.	-0.188	a.	a.	a.	0.034	0.135	0.243	0.151	a.	-0.185	0.229	0.125
正相关数			2	1	0	0	2	1	0	0	1	1	4	3	2	6	2	2	2
负相关数			2	2	1	0	2	3	2	0	2	1	1	2	1	2	1	3	4
结论			无显著相关性	无显著相关性	无显著相关性	无显著相关性	无显著相关性	无显著相关性	无显著相关性	无显著相关性	无显著相关性	无显著相关性	存在正相关性	无显著相关性	无显著相关性	存在正相关性	无显著相关性	无显著相关性	存在负相关性

道路品质 数据分析

续度、断面类别复杂度、断面类别差异度、建筑店面招牌以及建筑界面透明度与杭州特色可识别性存在负相关性，其他要素无显著相关性；断面类别复杂度、建筑店面招牌与道路品质可识别性存在正相关性，建筑界面透明度对街道品质可识别性存在负相关性，其他要素无显著相关性。街道断面种类越多，差异越大，人行流畅度越高，断面分区越鲜明，行道树及相关绿化设施间距越统一，建筑店面招牌越多样，建筑进退越少，建筑界面透明度变化较大，杭州特色感越强烈；街道断面种类越少，各个断面差异越小，人行流畅度越高，广告牌分布层次越多，建筑店面招牌越统一，建筑界面透明度变化较大，人们所感知的道路品质就越高。

4　提升街道可识别性的设计建议

4.1　景观设施设计建议

行道树及相关绿化设施连续度与杭州特色可识别性存在正相关性，广告牌连续度与杭州特色可识别性存在负相关性。因此，街道设计在景观设施方面宜提升行道树及相关绿化设置的连续性，并强化广告牌的布局形式和层次，使其更易于被识别。

在布置行道树及相关绿化设施时，宜强调行道树的形式与树群的节奏与韵律。行道树树种、树形与叶片颜色应结合街道的氛围与色彩进行设计。同时，宜关注树篦子、绿化围护构件等行道树配套构件的整洁度与统一度。此外，应提倡多功能的绿化景观配置。例如，将绿化设施与路灯座椅结合，能增强街道的整洁感，减少设施对街道空间的占用，在充分发挥其美化环境提升视觉感受作用的基础上，还能对整体步行环境起补充作用。

在布置广告牌设施时，广告牌分布层次越多，行人对于街道的杭州特色感觉越强烈。因此在进行广告牌排布时，应适当结合道路实况有节奏、有韵律地放置。

4.2　街道断面设计建议

断面类别复杂度对杭州特色的可识别性存在负相关性，对于道路品质的可识别性存在正相关性。由此可知，当街道的通行区、设施带、绿化带等不同分区的连续性越强，行人对于街道的通行感受越好，但容易造成难以识别街道特色的问题。因此，可以考虑在保证街道

连续性、步行需求的情况下，适当加入具有城市特色的街道节点，以点带线地提升街道的可识别性。

在进行街道断面设计时，宜考虑保证街道各分区的宽度（特别是通行区宽度）在一个合理且相对稳定的尺寸范围中。通过设置高差、铺装、围栏等方式划分不同分区，达到行人流线不被干扰的目的。例如，应尽量在通行区与非机动车道间设置1.8米宽的绿化及设施带，用于集中布置行道树、垃圾箱、休憩座椅、非机动车临时停放区等设施，在满足行人需求的同时又能降低其他街道活动对步行通行的干扰。营造具有城市特色的街道节点往往需要与景观设施与建筑界面相结合。例如，街道的部分铺装材料可采用代表城市历史的传统材料，并融入反映城市形象的标识图案。又如，以适当间隔在街道上布置景观小品节点，并将节点与断面设计有机结合，使部分区域随节点需求适当放大或缩小。

4.3　建筑界面设计建议

建筑店面招牌与杭州特色的可识别性存在负相关性，与街道品质的可识别性存在正相关性。由此可知，当建筑店面招牌的连续性越强，行人对于街道的通行感受越好，但统一度越高则往往造成难以识别街道特色的问题。因此，在考虑招牌有一定统一度的情况下，也可以适当突出杭州的地域特色，利用店面招牌的设计营造杭州独有的街道氛围。

在进行建筑店面招牌设计时，宜考虑店面招牌的尺寸、离地高度在一个合理且稳定的尺寸范围中。同时，在布局、材料、配色等方面，应有一个较大的统一标准。例如，在布局方面，大型的百货类店铺招牌采用平行放置，而小型的服装品牌，则采用垂直放置或纵横放置；在配色方面要结合周边的建筑特色和人文环境，同时，根据商品本身的特点，巧妙运用色彩效应。在营造杭州独有的街道氛围方面，往往需要与杭州的历史文化相结合。例如，运用能体现城市文化元素的图案、色彩、材质等，对统一招牌设计进行合理布局规划且进行创新设计，甚至可以对部分传统老店招牌设计进行保留。

5　结语

本文以人本视角出发，通过对街道空间连续性的

测度，揭示了街道要素连续性与街道可识别性的关联关系，提出了通过控制街道要素的连续性提升街道可识别性的设计建议，为城市设计的精细化管控提供了具体的参考，亦为城市特色风貌建设提供了一种新的思路。

诚然，本研究仍有不足之处。首先，由于测量设备与拍摄设备的局限性，对街道要素的观测精确度尚未达到精确测绘的程度，难免会造成一些测度误差。其次，在评价过程中，主要采用的是基于形态地图进行人为判断打分，因而存在主观因素的影响。最后，由于案例仅考察了单个城市的现代商业街道，不能代表其他街道类型，故而研究结果的推广性有待进一步明确。因此，在今后的研究中将进一步优化测度模型，用更高效的数据获取手段和更严谨的分析方法得出更有力的研究成果。

参考文献

[1] 姜洋，王悦，解建华，刘洋，赵杰.回归以人为本的街道：世界城市街道设计导则最新发展动态及对中国城市的启示[J].国际城市规划，2012，27（05）：65-72.

[2] 邱书杰.作为城市公共空间的城市街道空间规划策略[J].建筑学报，2007（03）：9-14.

[3] Lynch K A, The Image of the City[M]. MIT Press, 1962.

[4] 彭钢.城市街道活力的营造[D].长沙：湖南大学，2006.

[5] 钟文.街道步行空间的人性化设计[D].长沙：湖南大学，2005.

基于深度学习的城市肌理生成探索

董智勇

作者单位
华南理工大学

摘要： 人工智能近年来在深度学习方向取得巨大突破。本文旨在探索利用深度学习技术中的生成对抗网络 (GAN) 模型实现城市肌理自动生成的策略。本文以欧洲近代的城市肌理为实验对象，首先收集城市数据；进行便于机器学习的数据处理；通过调节参数利用 GAN 进行训练。借助训练完成的模型，通过输入城市初始数据实现城市肌理的自动生成。基于深度学习的生成设计工具可以帮助在早期设计阶段释放建筑师的负荷，快速为城市设计任务提供有效的方案预览。

关键词： 城市肌理；生成设计；机器学习；生成对抗网络

Abstract: Machine learning has achieved rapid development in recent years and is widely used in data recognition and processing. This article aims to explore the strategy of urban layout generation based on neural network algorithm, and use the Generative Adversarial Networks (GAN) in deep learning technology to realize the automatic generation design of urban morphology. This article takes the modern European city morphology as the experimental object. First, collect the layout data of European cities; then conduct data processing that is convenient for machine learning, retain and label the main data in the city; use GAN for machine training by adjusting the parameters. With the aid of the trained model, the city form is automatically generated by inputting initial city data. This automatic design tool can help release the burden of architects in the early design stage and quickly provide an effective plan preview for urban design tasks.

Keywords: Urban Fabric;Generative Design; Machine Learning; Generative Adversarial Networks

1 研究背景

近年来人工智能技术蓬勃发展，整个社会正处于人工智能高速发展时期之中，机器学习在全球学者的共同努力下得到了飞速发展，在语音控制、文本识别、图像生成、自动驾驶等方面被广泛应用[1]，其在各方面的应用已经进入到大众生活之中。

人工智能在应用领域的巨大突破，主要集中在机器学习的深度学习方向。深度学习即深度神经网络，多指三层以上的神经网络算法。相较于基于规则系统的逻辑算法，神经网络不是直接处理输入的数据，而是模拟人类大脑神经的思维方式，使机器自行对数据进行分析归纳。也正因如此，神经网络算法被认为拥有一定的"自我意识"。深度神经网络算法在图形学、时装设计等艺术领域已经被广泛应用，表现出极强的创造力。随着生成对抗神经网络等模型的提出，深度学习在图像处理方面的能力也引起了建筑学领域的注意，并被快速应用到建筑学领域。目前，深度学习已经在建筑的能耗分析、方案评估等方面大量运用，而在建筑学形态设计及城市设计中的应用相对较少。

2 基于深度学习的生成方法

2.1 生成对抗网络

生成对抗网络（Generative Adversarial Networks）是一类生成式深度学习模型，最早由 Goodfellow 和 Pouget-Abadie 等在 2014 年提出[2]。通过生成模型和判别模型的互相博弈学习来进行图像输出，并大量运用到图像识别生成之中。随后，计算机领域出现了大量在生成对抗网络的基础上建立的神经网络框架。同年，Mehdi Mirza 等提出了条件生成对抗网络（Conditional Generative Adversarial Networks）[3]（图1），条件生成对抗网络在实验训练网络过程中加入限制条件，在这种情况下可以根据输入的条件来生成输出数据，进一步拓展了生成对抗

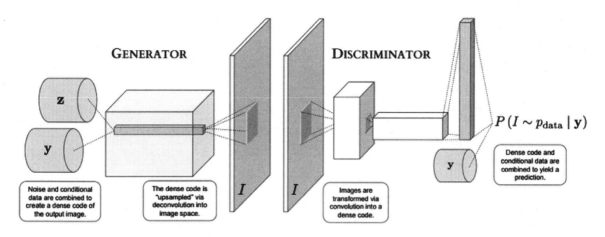

图 1 条件生成对抗网络（来源：Gauthier 等绘制）[4]

网络的使用价值。

生成对抗网络由生成器（Generator）和判别器（Discriminator）组成，生成器通常由卷积神经网络和反卷积神经网络组合而成，而判别器则由卷积神经网络组成。在生成对抗网络的训练过程中，首先由生成器生成一张备选图像，然后由识别网络对其进行评估。整个过程是由数据分布来组织的。通常，生成网络通过从潜在空间映射到意向的数据分布进行学习，判别网络将生成器生成的备选数据与真实的数据分布进行区分。生成器的训练目标是通过生成器与判别器的相互对抗使生成器生成判别器认为真实的图像。[5]在此逻辑下，整个训练过程是生成器和判别器相互博弈的过程，两者相互促进，直到判别器认为生成器生成的结果是真实的为止。也正因如此，两者之间的优势结合互补，进而提高机器的学习能力。而条件生成对抗网络的提出则进一步提高了生成对抗网络的应用意义。相较于生成对抗网络，条件生成对抗网络则是在其基础上添加了一个可以影响生成结果的条件，是基于给定的条件生成相应图像。在条件生成对抗网络的基础上，根据不同应用场景，大量学习模型被创造出来，如pix2pix、cycleGAN、DCGAN等。

2.2 工作流程

华盛顿大学心理学教授凯斯·索耶（Keith Sawyer）将创造过程分为八个步骤：发现问题、获得知识、收集相关信息、酝酿、产生想法、组合想法、选择最优想法和外化想法[6]。在现阶段，机器并没有发现和提出问题的能力，但机器在数据处理方面具有人所不能比拟的优势，机器可以凭借强大的算力

实现问题的复杂运算。

也正因如此，人机协同的工作模式是设计创作过程中的最优解。在基于深度学习的生成设计过程中，首先由建筑师对设计任务进行分析总结，随后机器进行数据学习训练，最后根据任务要求进行方案生成。这种人机协同的工作模式可以帮助建筑师摆脱基础、重复的设计任务，为不同任务快速生成预览方案。

2.3 研究目标

计算机技术与城市设计的交叉运用由来已有，基于规则系统的算法生成设计已被广泛使用，例如利用多目标优化、强化学习等算法模型进行居住区强排设计。但在使用时间中不难发现，基于规则系统的算法生成，必须由人工梳理其逻辑规则，选择适应的编码模式，才能建立有效的计算模型[7]。而随着深度学习的不断发展，基于数据的深度神经网络可以通过对数据的学习自行寻找一般性规律，为建筑设计提供更加全面的设计引导。

在此基础上，本文的研究目的是探索基于神经网络算法实现城市肌理生成的策略，利用深度学习技术中的生成对抗网络模型实现城市形态自动生成设计。经过有效训练，生成对抗网络模型能够在有限时间内，根据用地条件及周边环境迅速生成符合要求的城市布局方案，提供候选方案，同时启发建筑师在短时间内进行多样化设计思考。

3 城市肌理生成设计实践

本文以欧洲近代的城市形态为实验案例。首先收

集欧洲城市肌理数据；然后进行便于机器学习的数据处理，保留城市布局及建筑物的功能及高度数据，对其进行标记；通过调节参数利用生成对抗网络进行机器训练。最终使用训练完成的模型，通过输入城市基地信息等初始数据实现城市形态的自动生成。

3.1 数据收集及处理

按照实验目标，收集并筛选符合要求的城市布局案例，作为实验数据集的基础。本实验首先对数据集类型进行预先处理，训练集A为用地的主要道路及绿地水系，训练集B为现有用地内的城市布局，包括建筑形态、功能及公共空间等。

为了训练网络，收集了欧洲不同城市地图的数据集，选取112个城市的560个数据，这560个数据可以代表欧洲不同规模的典型城市设计项目，具有生成

对抗网络在机器学习中的比较和学习价值。

在数据处理中，对现有的城市图像采用颜色标记的形式进行简化，不同的颜色代表了地图中的各种元素。颜色标记作为一个监督信号，引导网络处理、提取和转换可视信息，实现网络在所需任务上的性能最大化。在本实验中，采用RGB颜色的三通道特性，R通道和G通道代表建筑功能，B通道代表建筑高度（R166G180代表商业建筑，R200G50代表居住建筑，R246G184代表工业建筑，R67G75代表公共建筑；B70代表1～5层建筑，B120代表6～10层建筑，B180代表11～20层建筑，B250代表20层以上的建筑）(图2)。另外，R183G255B255代表水系，R160G254B54代表绿地，R255G0B0代表道路，R0G0B0代表铁路。这些颜色以及相应的设计元素，可以代表城市设计中的多数因素。

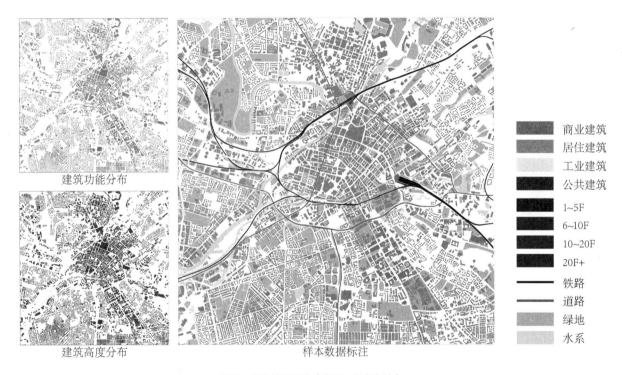

建筑功能分布

建筑高度分布

样本数据标注

商业建筑
居住建筑
工业建筑
公共建筑
1~5F
6~10F
10~20F
20F+
铁路
道路
绿地
水系

图2 样本数据标注（来源：作者自绘）

3.2 模型训练及测试

生成对抗神经网络通过利用收集到的数据进行学习。如前所述，训练集分两部分，训练集A（图3）包含启动城市设计项目所需的信息，即道路、绿地、河流等要素，训练集B（图4）包含了项目的设计内

容，即建筑功能、建筑高度和环境。因此，将所需信息的图像和包含城市建筑的图像分别送入机器学习神经网络，并将图像调整为512×512像素的样本匹配生成对抗网络的数据结构。

在训练过程中记录生成器和判别器的损耗值。训练过程是生成器和判别器相互博弈的过程。在平衡

点，也是极大极小博弈的最优解，判别器认为生成器输出的结果是真实数据的概率为0.5。同时，判别器损失值较高而生成器损失值较低，代表着训练过程趋于成功。在100个epoch前设置为恒定学习率的训练梯度，100个epoch后使用衰减学习率的训练梯度，这有利于更好地拟合数据。从损失值图像（图5）中可发现，在250个epoch此后，生成器和判别器的损失趋于稳定。最终，我们根据记录的图像效果变化，最终选择300个epoch的训练模型为最终的生成模型。在模型训练完成后，将道路、绿地、河流等基地预设信息输入到生成模型中，可迅速输出城市肌理方案。

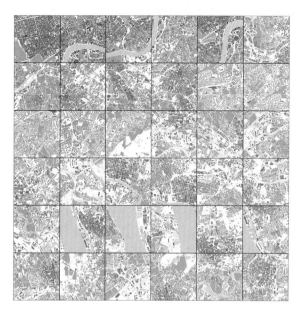

图 4　训练集 B（部分样本）（来源：作者自绘）

3.3　成果分析

经过训练后，神经网络可以根据基地信息生成全新城市布局方案。从生成的图像（图6）中不难发现，城市布局基本保持了数据集中现有欧洲城市的主要特征：在房屋建筑的适宜模数基础上构成的自然形态的街道；具有放射性轴网街区，甚至模拟出街区空隙间均匀分布的公共绿地。同时，城市布局也对输入的道路、铁路、水系等做出了有效的退让。

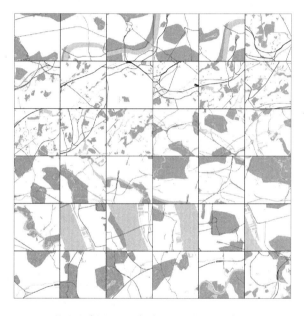

图 3　训练集 A（部分样本）（来源：作者自绘）

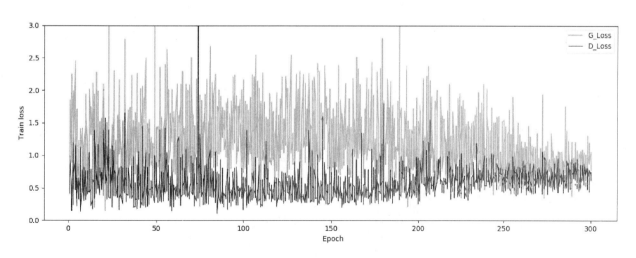

图 5　生成对抗网络损失变化（来源：作者自绘）

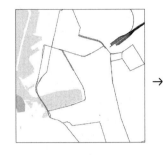

图 6　全新城市布局生成（来源：作者自绘）

另外，本实验还将已有基地信息利用神经网络进行城市街区的生成，并将合成街区与现有街区进行相似性对比。分别选用英国曼彻斯特市政厅附近区域（图7）和法国尼斯Jardin Thiole公园附近区域（图8）进行输入对比。

两者都有效处理了合成街区与基地信息之间的关系：对道路信息进行了合理避让，模拟出城市间的公共绿地，输入的绿地边缘有部分建筑侵蚀。在合成城区与现有城区的比较中可以发现，合成街区基本保持了与现有街区相似的城市形态和轴线关系，但模拟出

的公共绿地位置与现有街区中的略有不同，小部分建筑功能高度发生变化。曼彻斯特区域的合成街区相比于尼斯区域的合成街区，与现有街区相似度更高，说明曼彻斯特区域更加符合欧洲城市的一般性规律。

通过对生成结果进行分析，可发现机器通过对560个城市样本进行学习后，有效地总结了城市中建筑形态、功能与道路、水域、绿地之间的关系。同时，也证明经过有效训练，生成对抗网络模型能够在有限时间内，根据用地条件及周边环境迅速生成符合要求的城市布局方案。

4　总结与展望

本次实验基本完成了基于生成对抗网络的城市肌理生成，进而证明了机器学习是城市设计中的有效工具。通过对于数据的收集及处理，机器进行一般性规律总结，进而控制生成结果的合理性。这种基于经验主义的设计生成可以避免因个体经验带来的偶然性。

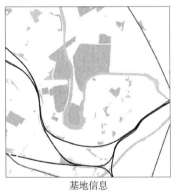

基地信息　　　　　　　　　　现有城区　　　　　　　　　　合成城区

图 7　曼彻斯特区域（来源：作者自绘）

基地信息　　　　　　　　　　现有城区　　　　　　　　　　合成城区

图 8　尼斯区域（来源：作者自绘）

　　基于生成对抗网络的自动设计工具可以帮助在早期设计阶段释放城市设计师的沉重负荷，快速为城市设计任务提供设计解决方案的预览。作为一项试验性设计，这项设计对城市中主要影响因素进行了有效收集并进行了处理，但仍有不足之处，在之后的实验中将把数据的进一步整理和成果神话作为之后的研究方向。这次基于生成对抗网络的城市生成为算法生成设计带来了新的思路，将进一步启发人工智能与建筑学科的交叉应用。随着机器学习技术的飞速发展，人机协作的工作方法也将为建筑学设计领域注入全新的动力。

参考文献

[1] 清华大学人工智能研究院，清华-中国工程院知识智能联合研究中心. 人工智能发展报告（2011-2020）[R]. 北京：清华大学，2021.

[2] Goodfellow I J，Pouget-Abadie J，Mirza M，et al. Generative Adversarial Networks[J]. arXiv preprint arXiv：1406.2661，2014.

[3] Mirza M, Osindero S. Conditional Generative Adversarial Nets[J]. arXiv preprint arXiv：1411.1784，2014.

[4] Gauthier J. Conditional generative adversarial nets for convolutional face generation，2015.

[5] Shen J，Liu C，Ren Y，et al. Machine Learning Assisted Urban Filling[J]. 2020.

[6]（美）索耶 R.创造性：人类创新的科学[M]. 师保国，译. 上海：华东师范大学出版社，2013：103-104.

[7] 蔡陈翼，李飚，卢德格尔·霍夫施塔特. 神经网络导向的形态分析与设计决策支持方法探索[J]. 建筑学报，2020（10）：102-107.

出入口设置影响下居住街坊人群疏散机制研究[①]

王燕语[1]　范乐[2]　Yuan FANG[3]　李欣[4]

作者单位
1. 西南交通大学建筑学院
2. 中国建筑科学研究院有限公司科技发展研究院，通讯作者
3. Western Kentucky University
4. 广州市住宅建筑设计院有限公司北京分公司

摘要： 本研究从我国封闭式居住街坊规划现状出发，探讨出入口设置差异引发的人群疏散特征变化机制。针对我国居住街坊出入口设置情况开展调研，总结制约街坊居民疏散安全的空间要素，同时以出入口数量、位置为变量建立对比组实验模型。通过分析人群疏散事件中各规划形式的总体疏散时间、拥堵特征和出入口全时程人流量，阐述居住街坊出入口设置对人群疏散行为的作用机制，为保障居住街坊安全疏散与适灾性设计提供了理论支撑与量化依据。

关键词： 居住街坊；人群疏散；出入口设置

Abstract: Based on the current situation of closed neighborhood block planning in China, this study discusses the change mechanism of crowd evacuation characteristics caused by the difference of exit settings of neighborhood block. This paper investigates the setting of exits of neighborhood block in China, summarizes the spatial elements restricting the evacuation safety of neighborhood residents, and establishes the experimental comparison group with the number and location of exits as variables. By analyzing the overall evacuation time, the characteristics of congestion area and the exit full-time evacuee flow rateof the simulation experiments of each comparison group in the crowd evacuation event, this paper expounds the influence mechanism of the setting of the exit of the neighborhood block on the crowd evacuation behavior, which provides theoretical support and quantitative basis for ensuring the safe evacuation and disaster adaptability design of the neighborhood block.

Keywords: Neighborhood Block; Crowd Evacuation; Setting of Exits

由于中国多年来大街区、疏路网的规划实践，以及封闭式居住模式引导，形成了大量尺度较大、人口集中、封闭管理的居住街坊[1][2]。面对大规模人群疏散事件，居住街坊层级的避难人群行为模式成为城市安全疏散中的第一环。现有针对城市规划形态的安全疏散研究多关注于大尺度空间、长距离疏散影响下的避难情况[3]-[5]，较少针对街坊尺度空间规划形态进行人群疏散行为专项研究。对于封闭式居住街坊，出入口设置成为居民进入城市道路的唯一连接，因此有必要探讨出入口设置情况对居住街坊避难人群行为的制约机制。

本研究对封闭式居住街坊出入口设置情况进行了规划形式调研，通过设计人群疏散模拟对比组实验方案，从出入口数量、位置两方面分析了居住街坊规划形式对人群疏散效率的影响机制，为城市更新视角下的居住街坊安全保障提供了数据支持。

1 调研数据采集及空间模型建立

1.1 典型形式调研

现有已建成住区多采用《城市居住区规划设计规范》GB 50180-93为设计及建设依据，根据该规范的住区人口及人均用地控制指标，可估算城市道路围合地块面积为10公顷，地块边长约为330米[6]。研究以出入口设置为唯一变量，不考虑街坊尺度及建筑布局形式对人群疏散产生的潜在影响，在一定容差范围内，对我国东北地区74例街坊尺度为（300～350）米×（300～350）米、采用行列式建筑布局、贯

① 基金项目：中央高校基本科研业务费-科技创新项目（项目编号：2682021CX100）。

穿式路网的居住街坊样本进行了出入口设置情况调研。调研所需信息通过可视化城市图像获得[7]，利用Baidu Map卫星图像及Open Street Map获得相关地理信息数据，同时借助Baidu Map中所提供的测量工具提取场地的空间数据。

调研样本中部分出入口存在遮蔽和阻隔现象，无法满足灾时居民避难需求，因此在典型形式归纳时仅对日常可使用出入口进行标记。调研共获得7类出入口布置形式，出入口数量在2~12处的区间内，设置位置主要分为集中布置和均衡布置两种类型（表

1）。其中形式二、五、七出入口在街坊四条边线上均衡布置；形式一、三、六出入口集中布置于街坊场地两端，形式六虽然在四条边线上均设置出入口，但多数出入口位于南、北两侧，认定为集中式布置。

1.2 空间模型建立

依据城市肌理建立简化模型可以有效减少不必要的冗余信息对研究结果的影响[8]。因此在模拟中根据调研所得的七种典型形式结合相关设计规范对建筑布局形式之外的相关参数进行设定。为保障出入口设置

出入口设置形式 表1

（来源：作者自绘）

为典型形式唯一变量，街坊尺度均按照300米×300米设置。将街坊内主要道路依照小区路面设定为6米，次要道路宽度设定为3米[9]。出入口宽度按照能够开启的最大宽度设定为3米。

2 疏散模拟实验

在城市中一旦能够引发人群疏散的灾害发生，居民以各自住所为起点转移到避难空间以寻求庇护[10]。由于本研究中的街坊以封闭型居住环境为主，因此居民首先通过街坊内部路网，经由街坊出入口进入城市路网并继续前往避难空间。

研究采用疏散模拟平台Pathfinder模拟疏散行为发生时，居民从各自住宅通过单元楼梯进入街坊内部场地，再经由街区内部路网逃离街坊的过程。模拟以最短时间作为衡量标准进行路径选择，避免以最短路径为寻路算法导致的道路单一问题。疏散过程中人群最高行进速度为1.4米/秒，行进速度跟随人群密度变化[11]。

在人口设置方面，所有典型形式将采用相同人口数量，避免人口差异对模拟结果带来的影响。研究根据《城市居住规划设计规范》GB 50180-93以建筑气候区划Ⅰ、中高层建筑人均占地面积为标准，设置街坊内人均用地面积为14平方米/人，将300米×300

米街坊范围内居民人数设置为6428人。

3 实验结果分析

研究通过疏散模拟实验获得七类规划形式的整体疏散时间、全局拥堵情况及疏散全时程出入口人流量，

分析出入口数量、位置影响下居住街坊安全疏散变化机制。分析中南、北方向划分以表1中指北针方向为基准。

3.1 疏散时间

随着出入口数量的增加，疏散时间逐渐减少的趋势显著（图1）。其中，出入口数量为2处时，疏

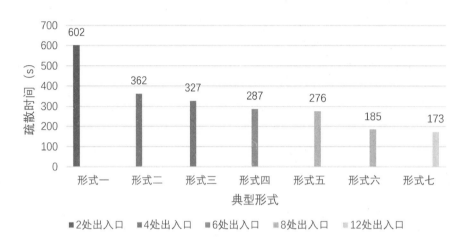

图1 总疏散时间（来源：作者自绘）

散时间高达602秒。当出入口数量增加至12处时，疏散时间下降幅度达到71.3%。在出入口数量相同的情况下，集中布局出入口疏散时间优于均衡布局出入口（形式二＞形式三，形式五＞形式六）。

3.2 拥堵情况

1. 出入口拥堵时间

出入口拥堵时间变化情况与整体疏散时间变化趋势基本相符，随着出入口数量的增加，出入口平均拥堵时间逐渐减少（图2）。当出入口数量仅为2处时，拥堵时间长达552秒，造成大量人群在出入口区域聚集，拥堵区域由出入口延伸至内部道路形成了长距离拥堵路段。当出入口数量增加至8处时，出现了无拥堵出入口（形式五）。虽然形式七设置的出入口数量达到了12处，但其中8处仍然出现了一分钟以上的拥堵。另外，形式一、形式三出入口位置集中于街坊南、北两侧，出入口拥堵情况相对均衡。其余形式位于街坊东、西两侧的出入口拥堵时间均少于其他出入口。

2. 街坊拥堵点分布

街坊疏散人群累计路径及拥堵点分布情况如表2所示。从拥堵点数量上来看，形式一～形式四拥堵

点总数较高，有着出入口拥堵时间长，场地内道路交叉口拥堵点多的特点。形式五～形式七拥堵点主要集中于出入口区域，街坊内鲜少出现拥堵情况。出入口数量的增加缓解了街坊内部避难人群高密度行进的现象，有效降低了疏散过程中的潜在踩踏危险。

3.3 人流量

在本研究街坊空间模型及模拟实验条件下，人流量变化呈现持续高人流量、多波峰人流量和低饱和人流量三种情况（表3）。持续高人流量出入口多出现于街坊南、北两侧，该类出入口在疏散初期人群抵达后持续维持6人/秒的人流量直至疏散过程结束，形式一、形式三清晰的表明了这一现象。多波峰人流量出入口多位于街坊东、西两侧，人流量在疏散初期快速达到峰值，但疏散人群并未持续抵达，导致人流量逐渐回落。随后，积压于南、北两侧出入口的人群改变疏散路线，致使街坊东、西两侧出入口人流量回升再次达到波峰。随着出入口数量的增加，形式五、形式七位于东西两侧的部分出入口人流量回落后仅呈现小幅度波动，为低饱和人流量出入口。

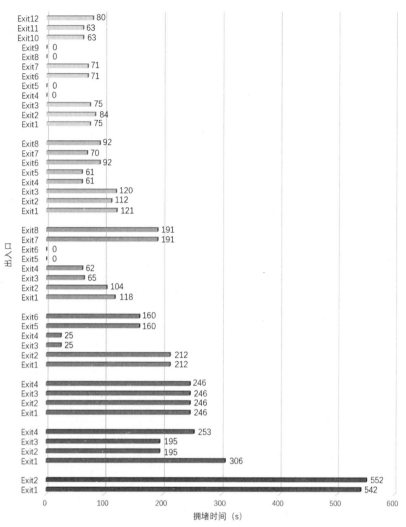

图 2 各出入口拥堵时间（来源：作者自绘）

人群疏散累计路径及拥堵点分布情况 表2

形式一		形式二		形式三		形式四	
拥堵点数量		拥堵点数量		拥堵点数量		拥堵点数量	
出入口	街坊内	出入口	街坊内	出入口	街坊内	出入口	街坊内
2	18	4	12	4	12	6	12

续表

形式五		形式六		形式七	
拥堵点数量		拥堵点数量		拥堵点数量	
出入口	街坊内	出入口	街坊内	出入口	街坊内
6	2	8	0	8	0

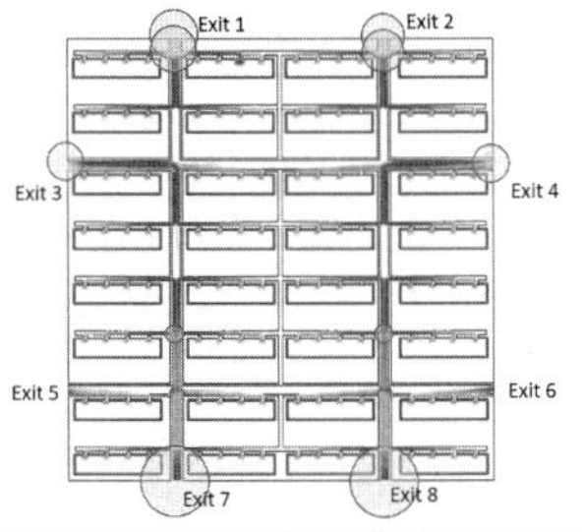

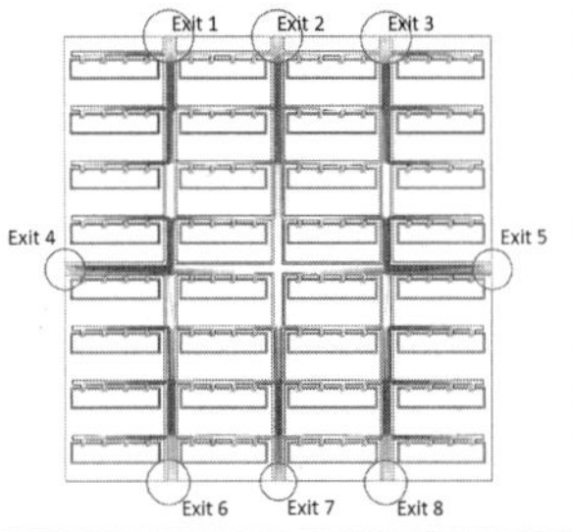

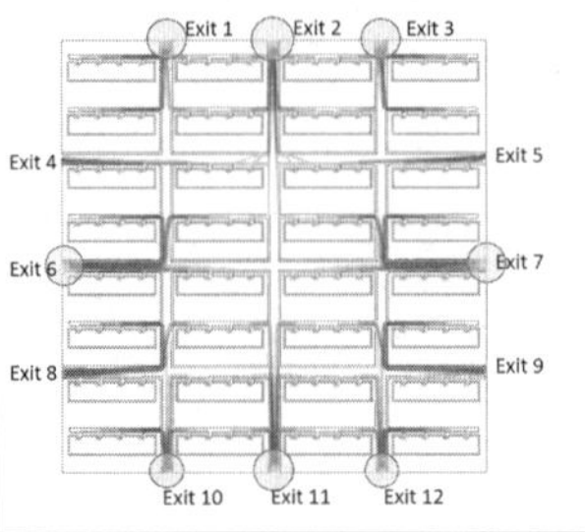

（来源：作者自绘）

居住街坊出入口疏散过程人流量　　　　　　　　　　表3

形式一		形式二		形式三	
持续高人流量	Exit1/2	持续高人流量	Exit1/2	持续高人流量	Exit1/2/3/4
多波峰人流量	无	多波峰人流量	Exit3/4	多波峰人流量	无
低饱和人流量	无	低饱和人流量	无	低饱和人流量	无

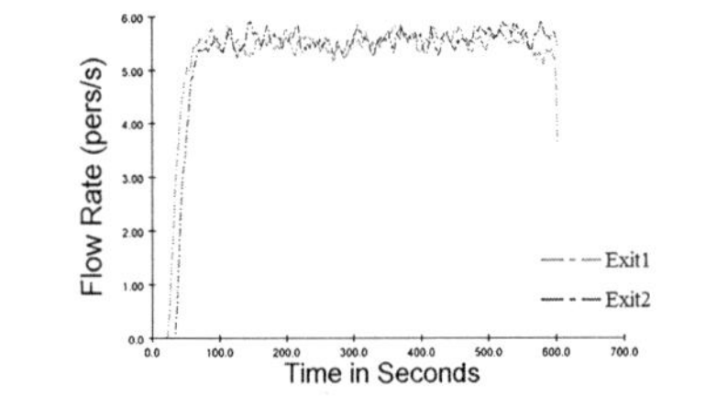

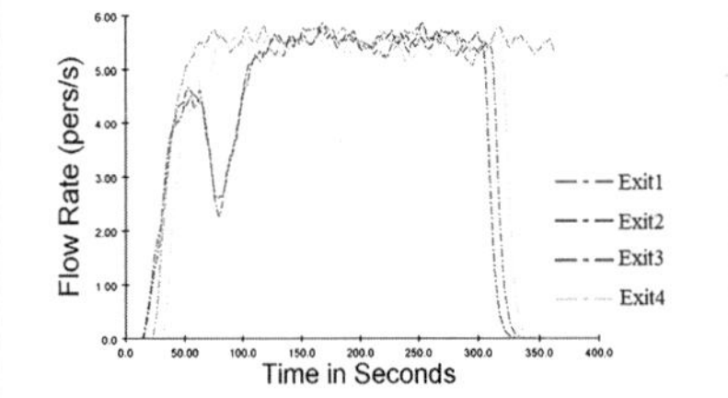

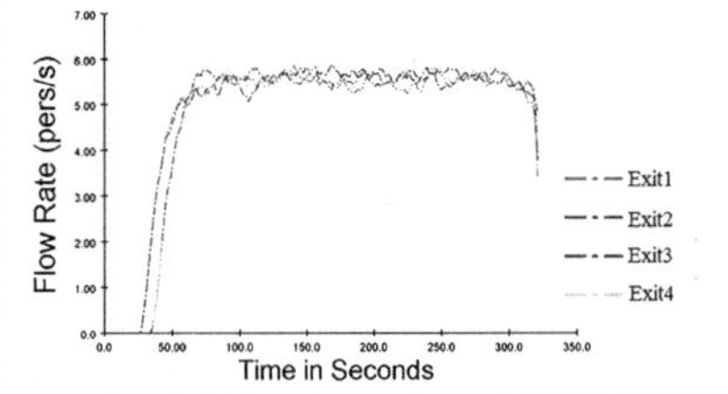

形式四		形式五		形式六	
持续高人流量	Exit1/2/5/6	持续高人流量	Exit1/2/7/8	持续高人流量	Exit1/2/3/6/7/8
多波峰人流量	Exit3/4	多波峰人流量	Exit3/4	多波峰人流量	Exit4/5
低饱和人流量	无	低饱和人流量	Exit5/6	低饱和人流量	无

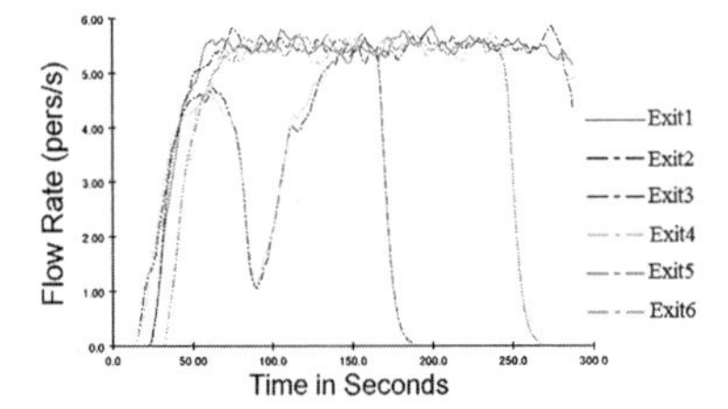

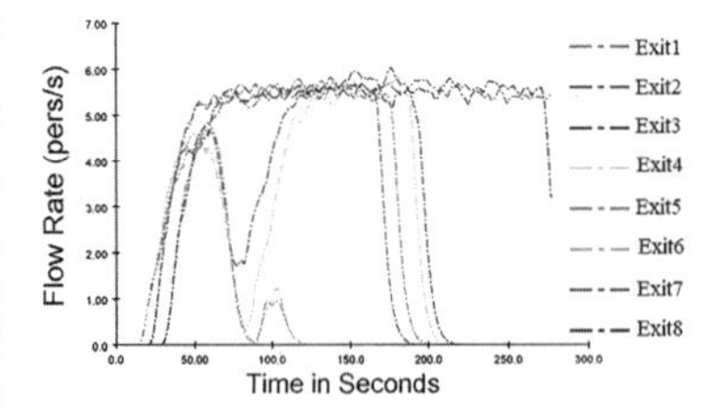

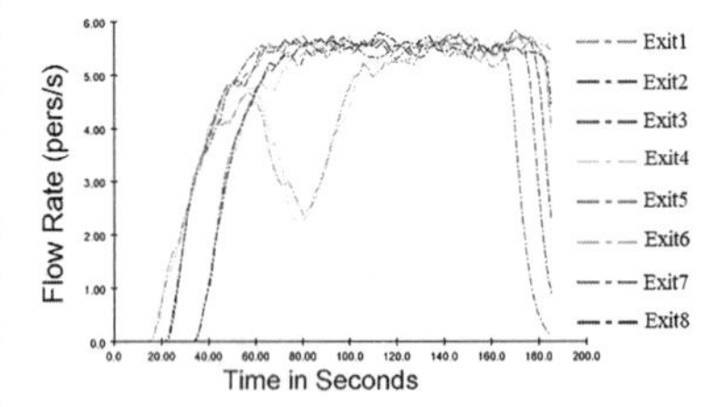

形式七	
持续高人流量	Exit1/2/3/10/11/12
多波峰人流量	Exit6/7
低饱和人流量	Exit4/5/8/9

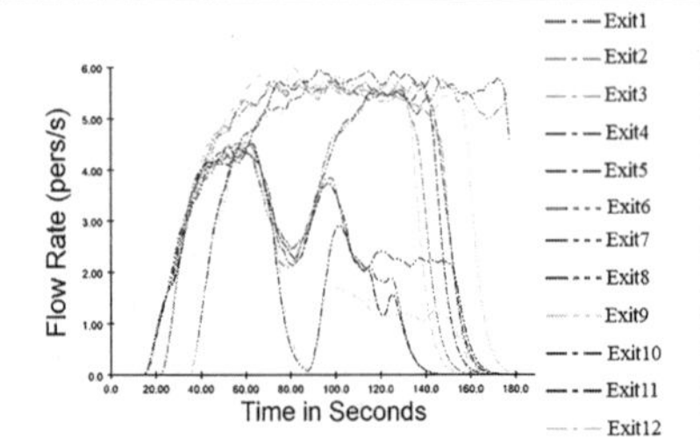

（来源：作者自绘）

4 影响机制分析

4.1 出入口数量

对于居住街坊层级的人群疏散，适当增设出入口能够有效分担避难人群疏散压力，从而减少整体疏散时间。另一方面，在出入口数量过少的情况下，街坊内住宅人流不断向单一通道交汇，不仅会增加出入口疏散压力，也会造成场地内道路交叉口拥堵现象加重。因此，设置多个街坊出入口虽然伴随着出入口拥堵点数量增加，但出入口拥堵时间显著减少，街坊内部拥堵情况大幅度减缓，起到了提高疏散效率、维护疏散过程安全的作用。

4.2 出入口位置

以表1所示指北针方向为基准进行规律分析。当建筑为南北朝向布置时，人群选择与南、北两侧出入口相连的贯穿式道路进行逃生，疏散距离较短。因而导致疏散初期大部分居民倾向于选择位于街坊南、北两侧的出入口进行逃生，该类出入口在疏散过程中持续保持高人流量。而位于东、西两侧的出入口由于疏散距离相对较长，选择人群较少，人流量波动显著，未达到最大利用率。因此，针对该研究获取的街坊典型规划形式，在出入口数量相同的情况下，出入口集中布置于街坊南、北两侧的规划形式相较于出入口在街坊四边均衡布置的规划形式更有利于减少疏散时间（如形式二与形式三对比）。

另一方面，位于南、北两侧的出入口由于长时间保持拥堵状态，部分位于队列末端的人群改道选择东、西两侧出入口进行疏散，导致该类出入口人流量波动、出现多个人流量波峰。利用这一现象对拥堵出入口积压人群进行合理引导，及时掌握出入口人流量动态信息，能够有效缓解拥堵出入口疏散压力，增加街坊出入口使用的均衡性。

5 结语

根据出入口设置影响下的居住街坊人群疏散机制，在设计实践中不仅需要满足规范要求，还需要结合实际疏散需求进行出入口数量及位置设定。同时加强对街坊居民的疏散信息普及，避免疏散过程中由于习惯性行为而产生的出入口选择过于集中的现象。另外，如何增加疏散模拟实验与真实疏散事件的贴合程度，通过应急手段实现对人群疏散行为的正确引导等都是在未来研究中亟待解决的关键问题。

参考文献

[1] 何奥. "小街区，密路网"空间模式路网结构的分形特征研究[D]. 重庆：重庆大学，2018.

[2] 袁野. 城市住区的边界问题研究[D]. 北京：清华大学，2010.

[3] Matthieu Péroche, Frédéric Léone, Gutton R J. An accessibility graph-based model to optimize tsunami evacuation sites and routes in Martinique, France[J]. Advances in Geosciences, 2013, 38（38）：1-8.

[4] álvarez Gonzalo, Marco Q, León Jorge, et al. Identification and classification of urban micro-vulnerabilities in tsunami evacuation routes for the city of Iquique, Chile[J]. Natural Hazards and Earth System Sciences, 2018, 18（7）：2027-2039.

[5] Jorge León, March A. An urban form response to disaster vulnerability: Improving tsunami evacuation in Iquique, Chile[J]. Environment & Planning B Planning & Design, 2016, 43（5）：págs. 826-847.

[6] 郑轲予. 疏散安全角度下基于街区化考虑的城市住区空间优化[D]. 天津：天津大学，2017.

[7] Rode, Philipp, Keim, et al. Cities and energy: urban morphology and residential heat-energy demand. [J]. Environment & Planning B: Planning & Design, 2014.

[8] Chao Y, Ng E, Norford L K. Improving air quality in high-density cities by understanding the relationship between air pollutant dispersion and urban morphologies[J]. Building & Environment, 2014, 71（jan.）：245-258.

[9] 国家技术监督局，中华人民共和国建设部. 城市居住区规划设计规范GB 50180-93[S]. 中国建筑工业出版社，2016.

[10] 王燕语，孙澄，范乐. 居住区人群安全疏散信息模型建构与应用研究[J]. 新建筑，2019（02）：76-79.

[11] Smith R A. Density, velocity and flow relationships for closely packed crowds[J]. Safety Science, 1995, 18（4）：321-327.

日照时长导向的高层住区形态多目标优化研究

张泽[①]　吴正旺[②]

作者单位
华侨大学建筑学院

摘要：日照时长对住宅节能有重要影响，在设计前期通过优化建筑布局延长住宅日照时长是节能减排的有效手段之一。本文基于 Grasshopper 平台插件 WallaceiX 和 Ladybug Tools，提出一种以首层日照时长及其均好性为导向的高层住区布局多目标优化方法，并以厦门某模拟地块为例进行多目标优化，分析并筛选较优解。结果表明，设计初期应用该方法优化住区形态能取得更高总体日照时长及其均好率，同时容积率最大。但此方法需要楼型平面预设计，在优化时产生大量无效解，且伴随输入参数增多优化时间激增，仍有改进余地。

关键词：高层住区；日照时长；多目标优化；WallaceiX；Ladybug Tools

Abstract: Sunlight duration has an important impact on residential energy efficiency. Extending the sunlight duration time of residential buildings by optimizing the building layout in the early design stage is one of the most effective means to save energy and reduce carbon emissions. This paper proposes a multi-objective optimization method for high-rise residential quarter layout based on plugins of Grasshopper platform- WallaceiX and Ladybug Tools. The method is aimed to maximize the first floors' sunlight duration time and its uniformity. A simulated plot in Xiamen is taken as an example for multi-objective optimization. After the optimization, the solutions are analyzed and the better one is selected. The results show that the proposed method can achieve higher overall sunlight duration and its uniformity rate and maximize floor area ratio in the early design phase. However, the proposed method has its drawbacks. This method requires pre-design of the building plan. The algorithm generates a lot of invalid solutions during the optimization. The optimization time increases dramatically with the quantity increase of input parameters. According to the above, there is still room for improvement in the proposed method.

Keywords: High-rise Residential Quarter; Sunlight Duration Time; Multi-objective Optimization; WallaceiX; Ladybug Tools

1 前言

改革开放以来，我国城市化进程随经济发展加速进行，同时土地资源愈发紧张，城市开始立体化发展，作为建筑类型主体的居住建筑成为典型，高层住区开始大量涌现。而在高层住区规划中，日照是至关重要的因素，直接决定项目是否可继续深化。据统计，2018年全国建筑全寿命周期碳排放总量为49.3亿吨CO_2，占全国能源碳排放的比重为51.2%[4]。因此在设计前期规划阶段通过调整布局实现日照时长最大化，为住户在白昼提供良好光环境，可有效减少白昼期间照明导致的碳排放，为双碳目标做出贡献。

设计实践中，调整住区布局以满足日照要求也是高层住区规划设计重点。传统工作模式如图1所示，该工作模式十分依赖设计师主观经验，设计时凭借经验在多个指标中寻求平衡，方案生成后使用日照分析软件对方案进行检验，这类设计试错过程漫长枯燥，充满指标计算等重复工作，且所使用软件分散，数据在多个软件之间传输，无法形成连续高效的工作流；不同变量组合形成海量方案，设计师难以全面考虑；且在设计时多以满足日照最低标准为主，其他评价指标如住户日照均好性以及全局日照时长最大化则因计算复杂，在设计时难以兼顾；因此这种工作模式无法在短时间内获得针对多个指标的最优方案。基于上述

① 张泽：华侨大学建筑学院，硕士研究生，邮箱：805405959@qq.com。
② 吴正旺：华侨大学建筑学院，建筑系主任，教授，博导，北京市教学名师，闽江学者，同济大学建筑学工学博士，清华大学建筑学院博士后，国家一级注册建筑师，研究方向：生态规划与设计。邮箱：wuzhengwang@126.com，联系电话：15810580193。

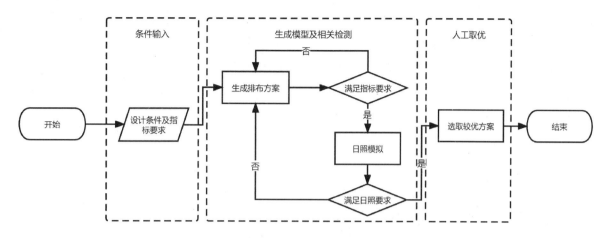

图 1　传统模式住区形态设计工作流程（来源：作者自绘）

原因，生成式设计研究成为近年的趋势，此类研究成果投入使用可提高前期设计阶段的工作效率，优化建筑性能，减少碳排放。

随着计算机技术、建筑性能模拟软件和人工智能的发展，国内外已有不少研究者针对住区布局优化进行了研究，实现方法大体分为三类：智能代理类、遗传/退火算法类和人工智能类。智能代理类：吉国华等使用Netlogo智能代理系统探索了多对象模拟的住区优化，并实现了容积率建筑密度等边界条件的约束[5]。李飚等利用highFAR智能代理系统对住区布局进行优化，通过简化的形体，计算投射的日照小于2小时阴影区进行计算[1][6]。袁烽通过RhinoGH的python提出智能代理实现风环境导向的建筑群群平面生成与优化[2]。遗传算法类：高菲基于Geco与GH插件Galapagos的退火算法实现日照导向的单因素优化[13]，刘可等以Galapagos的遗传算法引擎实现建筑节能最优化的住区形态优化[7]。人工智能在多个例子中被证明是最有潜质的，小库科技团队（Xcool）提供依托人工智能技术的建筑总平面图设计服务[8]。邓巧明等通过生成对抗网络（GAN）实现校园总平布局生成式设计，所生成总平布局比普通神经网络的更好[9]。

上述三类优化方法随研究进展逐步从院校中走向设计师工作台前，智能代理和人工智能因其较高的代码需求，建筑产业在短时间难以出现低代码应用，遗传与退火算法因其易用性而成为首选，但多数相关优化研究关注单目标优化，而在真实设计场景下，设计问题的优化目标往往是多个相互矛盾、难以量化的指标，因而在该方面相对缺乏研究。故本研究基于

Grasshopper平台，运用多目标遗传算法优化插件WallaceiX[10]与建筑性能模拟插件LadybugTools[3]为技术手段，提出一种以日照时长为导向的高层住区形态多目标优化方法，并结合模拟地块对优化结果进行实验与分析，以检验该方法的优化能力。借助此类方法，设计师可在前期设计科学、高效完成住区形态设计工作，并可在此基础上接入其他建筑性能模拟工具进行能量、通风、微气候模拟，进一步优化建筑整体布局、建筑性能，减少碳排放。

2　优化实验设置

2.1　总体思路

通常，住区设计问题可转化为组合优化问题：在给定场地内，单体平面种类确定，通过控制楼栋的位置、朝向和层数使住区整体布局在满足规范的前提下，首层日照时长、日照时长均好性、建筑容积率最优。因住户对居住品质即面宽资源需求上升，由此带来建筑主要朝向立面的日照时长因遮挡导致分布不匀的问题，在建筑首层中段尤其严重，因此该实验特别引入首层日照时长均好性这一指标。

如图 2 所示，该优化流程主要由五部分构成，分别是基础计算及变量转换，生成方案，约束计算，日照模拟，遗传算法取优。基础计算及变量转换部分通过对输入的地块面积、建筑基底面积基与容积率和建筑密度进行计算，并使用Galapagos进行优化，得出各类型平面的最大数量以及平均建筑层数，作为优

化取值的参考,并将设计问题所涉及变量转换为机器可读的参数;生成方案部分指生成由位置、朝向、层数控制的住区模型;约束计算则按照《厦门市城乡规划管理技术规定》设计住宅建筑周边禁入区之间的关系以及建筑与红线关系,并进行计算和判断;日照模拟部分运用Ladybug Tools插件,对测试面日照时长

进行分析,生成相应日照时长数值,结合其他语句判断方案是否满足日照时长;遗传算法取优部分为通过WallaceiX进行遗传算法的开停以及通过算法自动调整输入模型各项参数,遗传进化并达到优化,最终利用其工具进行筛选。

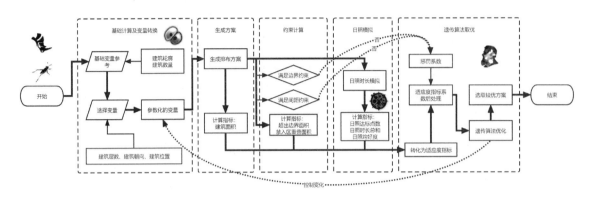

图2 以日照时长为导向的住区形态多目标优化系统工作流程(来源:作者自绘)

2.2 工作流程

1. 基础计算

该实验模拟不规则地块,设定一块位于厦门的梯形模拟住区用地,四边均临街,长边200米,短边约164米,高度200米,面积约36417平方米,为二类居住用地。以地块形心为原点建立直角坐标系将场地参数化,东西为X轴,南北为Y轴。根据《厦门市城乡规划管理技术规定》退线,此处按规范上限即建筑高度>60米进行退线,南北向退线18米,东西退15米得到建筑红线(图3)。

在建筑红线内布置两种类型的大面宽住宅建筑平面:"板式"54米×15米,"点式"32米×15米,均简化为矩形。根据规范,高层住区需满足2.9容积率、20%建筑密度,故最大建筑面积为105608.6平方米,最大建筑投影面积为7283.3平方米,预计平均层数为14.5层。利用Galapagos对两种类型平面数量配比进行优化,最终得到点式5栋、板式6栋,出于减小建筑密度目的,改为3栋点式、4栋板式,共计7栋建筑。在该步骤中,生成结果仅考虑面积最大化,在实际设计中该结果仅供设计师参考(图4)。

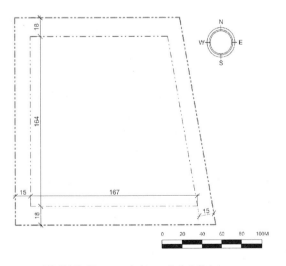

图3 模拟地块总平面图(来源:作者自绘)

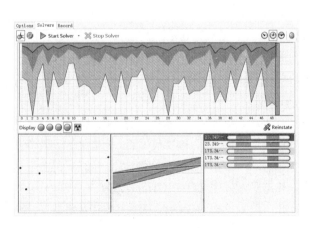

图4 Glapagos优化完毕界面,所选值为最优解(来源:作者自绘)

2. 模型参数设计

该优化实验中，需要将自然语言描述的变量转变为程序理解的参数，即根据问题设计变量：楼栋位置、楼栋旋转角度、楼栋层数。楼栋位置由平面投影的形心作为基准点，并以用地红线形心为原点的坐标值表示；同理旋转角度旋转轴基准点也为平面投影之形心，逆时针为正，顺时针为负，默认角度为0°，楼栋层数则直接以数字表示。

为了提高程序运算效率，对连续变量进行离散化处理以缩小搜索空间范围。楼栋位置坐标范围为x方向$-82 \sim 82$，y方向$-81 \sim 81$，步长为1；楼栋旋转角度为$-45° \sim 45°$旋转轴心在建筑基底面形心处，步长为1°；层数变化区间为6层～26层，步长同样为1，层高固定为3米。

3. 建筑模型生成

通过对两类建筑坐标操作基因皿各自随机生成4个范围内的数字组成中心点坐标，同时以此为中心点生成建筑单体，从而实现由基因皿控制建筑位置；通过操作曲线角度基因皿完成建筑朝向设置；对楼层基因皿设置，完成各楼栋层数设置。对所有基因皿做100%随机化处理获得初步方案，生成建筑群体模型，具备输入的位置、朝向、高度等信息。

4. 约束条件设计

计算机生成的方案存在大量的建筑重合、相交等问题，因此需引入约束机制，并生成相应的惩罚系数，进而对方案进行筛选，明确遗传算法的优化方向，减少无效方案生成，提升运算效率。该优化中设定有两约束条件：建筑红线约束和间距约束。

1）建筑红线约束，生成的建筑需全部位于建筑红线内，将此约束条件转化为程序可理解语言：计建筑红线面积为S，建筑红线和建筑投影轮廓求并集之后，求其面积S_1，如果$S_1-S=0$则无建筑出建筑红线，输出实际数值；若$S_1-S>0$则有建筑出建筑红线，输出惩罚系数至各适应度指标。

2）间距约束则根据《厦门市城乡规划管理技术规定》，选取其中最大的间距要求，即高层住宅建筑高度小于或等于60m，南北向平行布置时最小间距不应小于28米，山墙面最小间距不应小于13米。转化为参数化语言，即在每栋住宅单体底面向周围拓展出前后14米，左右6.5米的禁入区（图5），单个禁入区的面积为S_i，对这些面积求和，记为$\sum_{i=1}^{7} S_i$；对方案中的7栋住宅的禁入区求并集，同时记面积之和为S。如果$\sum_{i=1}^{7} S_i-S=0$，则无禁入区交叠，方案有效，输出实际数值，如果$\sum_{i=1}^{7} S_i-S>0$，则表明有禁入区交叠，导致并集后面积小于各楼禁入区面积之和，输出惩罚系数至各适应度指标。

只有同时满足红线和间距约束的方案才会输出正常系数。若方案仅满足其中一项约束要求，根据优

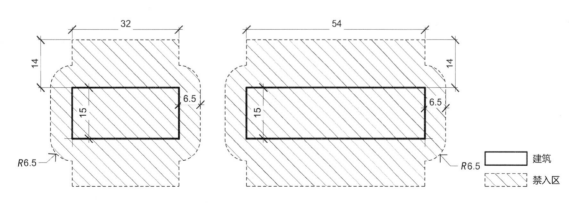

图5 禁入区图示（来源：作者自绘）

化引擎特点输出惩罚系数相乘使适应度指标数值比实际数值更高，进而促使算法向较小值方向优化。约束条件的惩罚输出应为可变系数而非一定值，例如笔者在最初设置约束条件惩罚为：只要出现超出红线方案或建筑间距不满足要求方案，则通过判断语句强制输出为1替换实际数值。优化时如图6产生大量无效方案，且在较长优化时间内适应度指标在固定值之间振荡，无法产生优化，浪费大量算力。

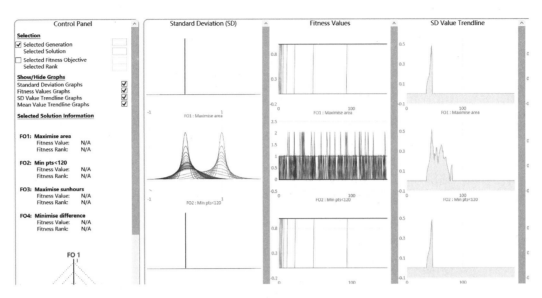

图6 设置惩罚为定值优化过程图示，适应度指标在固定值之间震荡（来源：作者自绘）

5. 日照计算

根据《城市居住区规划设计标准》GB 50180-2018要求，住宅建筑底层窗台大寒日有效日照时间不少于2小时[12]。借助Ladybug Tools插件，在每栋建筑单体南面标高0.900+0.450米的窗台处生成通长，宽度2米的采样面用于日照分析通长，该实验简化周边条件，并未设置外部建筑遮挡，全部为地块内部建筑间的自遮挡，通过插件的日照时长计算，可测得各采样点当日有效日照小于2小时点位数量，总体日照时长，日照时长均好性等指标。日照模拟的气候日选择为1月20日即大寒日，有效日照时间为8：00~16：00，共计8h（图7）。

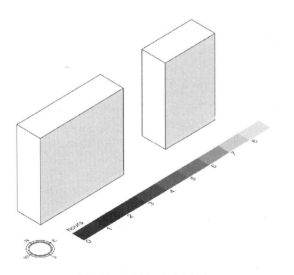

图7 日照采样点图示（来源：作者自绘）

6. 适应度指标设计及多目标优化

本优化实验中设置6个目标适应性指标，分别为：不满足日照标准测点数量、日照总时长、日照时长均好性、总体建筑面积、是否有建筑超出建筑红线、是否有建筑不满建筑间距要求。需要将自然语言转变为引擎可识别的参数。根据WallaceiX的特性，引擎使各适应性指标最小化，故取最大值的适应性指标需要取倒数后输入引擎，反之则可直接输入。

"是否满足日照标准"转义为检测日照时长小于2小时测点数量；日照时长转变为南向墙面1.35米高度处采样点日照时长之和的倒数；建筑面积——因用地面积固定，此处转为规划最大建筑面积与建筑面积之差代替；日照均好性——转变为各采样面日照时长最低值与均值之比，再与1求差。是否有建筑越过建筑红线与是否有建筑不满足建筑间距要求前文已叙述。

将住区各建筑的位置、层数、旋转角度输入WallaceiX的基因接口作为自变量，将上述6适应性目标作为优化目标，并对遗传算法进行设定：优化总体共进行400次迭代，每代50个结果，其余设定遵循默认设定，初始变量种子设定为1。点击开始按钮遗传算法随即启动进行优化，由WallaceiX自动调整基因皿中的参数形成建筑布局形式，并会由相应定义输出适应度指标值，并将相关结果和数据记录在内存中，方便后续分析时调出，优化目标为适应度指标值最小，引擎会向各个指标最优方向进行运算模拟，并在满足迭代次数后自动停止，借助内置工具进行筛选。

3 分析讨论

3.1 整体变化特征

优化整体呈现收敛态势，本次优化运行约2.5小时，产生50×400共计20000个表现型，如图8所示，各适应性指标变化曲线整体呈现波动下降趋势，且标准差值也趋近于其最小值，大多数适应度指标从起始至400代优化过程中，其标准差快速下降，并进入稳定状态，几乎无波动，趋于收敛。FO5（超出建筑红线面积）总体变化趋势与其他适应度变化趋势有所不同，在起始样本至200代优化过程中振荡，之后在振荡中趋于收敛。且标准差图中FO5蓝色波峰曲线较"窄"，且蓝色曲线峰值较红色曲线峰值左移动，表明该指标在优化中逐渐收敛。综上，在进行400代迭代后，优化呈现收敛稳定的趋势，进行选优可获得较优解。

3.2 选取最优解

使用帕累托前沿寻找全局最优解所在解集，在此类多目标优化问题中，存在一定数量帕累托最优解。如果目标函数在值上不能改进而不降低其他一些目标值，则解决方案称为帕累托最优，在解空间中由这些点构成的边界为帕累托前沿。故选取帕累托前沿上的解作为较优解，因在优化中所有适应性指标的权重一致，所以需要在这些较优解中，根据设计者心目中各指标的优先度，对这些解进行二次筛选。运用此方法共计输出50个较优解，全部为第400代，如图9所示。

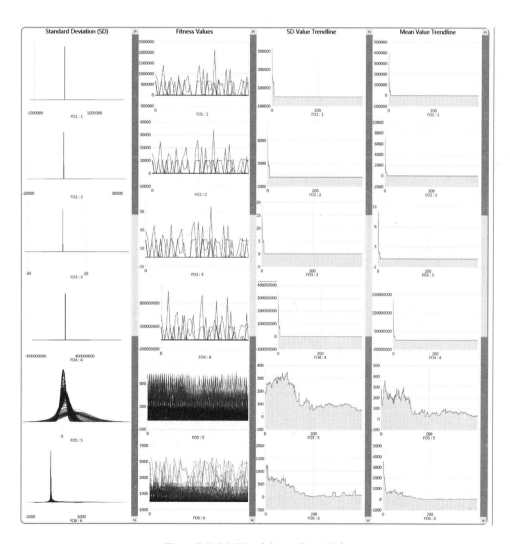

图 8 优化分析图示（来源：作者自绘）

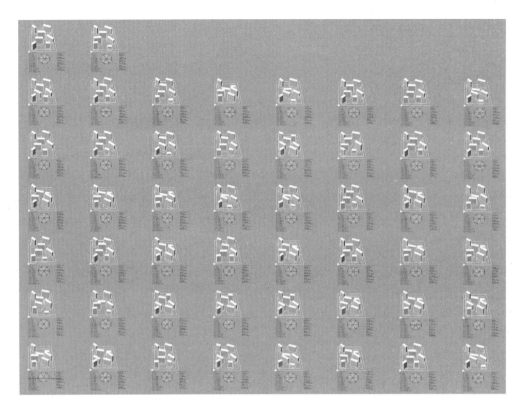

图 9　输出较优解（来源：作者自绘）

使用钻石图分析工具对其进行分析，钻石图反映各适应性指标距离钻石图中点之距离，则指标越靠近中心点其综合指标越优异。通过对该6项适应性指标综合比对，自解集中选取最优解，如图10所示，编号为Gen399 Ind8解的各项适应性指标综合最小，即日照不足测点数量为0；日照时长均好度0.498837；日照时长之和为860；建筑面积为105600平方米（最大为105608平方米）；超出建筑红线面积与禁区重合面积均为0，综上该解为最优解，在满足各项约束条件同时，容积率最大化，并尽可能实现首层日照时长均好度最大。且该方案中，各楼栋旋转角度不同，层数不同，这样的布局难以通过传统手段取得。

4　结束语

4.1　该算法的优势

实验中，优化结果表明，通过算法调整各项输入参数可显著影响建筑日照的各个方面，并在设计前期进行住区形态设计时即可获得较好的干预效果，相较

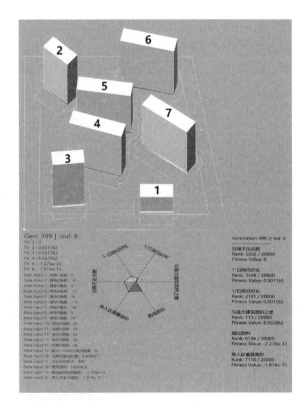

图 10　最优解图示（来源：作者自绘）

于传统方式，更科学高效。

通过多目标优化，建筑群体多项指标得到有效提升，在传统设计模式下，建筑师往往只能在考虑形态的同时考虑日照是否达到最低要求，忽略日照时长、均好性等其他目标，该实验实现了多项指标的总体提升，设计师几乎不可能考虑多个相互影响变量的设计问题并在诸多组合中寻求最优解，遗传算法则可做到——突破人脑力与经验限制寻求最优解，这类设计决策过程与设计师思考过程类似，而它仅受到约束条件的限制，没有人类认知的局限，可以不知疲倦穷举，甚至能找到反直觉的优秀解决方案。

以日照时长为导向的多目标优化算法在住区形态设计中展现出较强的潜力，在本文中，由于算力和时间有限，故选取三个形态变量并进行较粗糙颗粒度优化，亦取在高容积率下得较好的首层日照时长及其均好性。在未来的住区形态设计中，设计师可根据设计要求，加入更多变量进行住区的自动生成及优化，并辅以相应的建筑性能模拟进行检验，取得更为全面的节能效果。

4.2　现阶段此算法的不足

在该实验中，基础计算的流程与后部流程断开，且生成的楼座数量配比仅作参考值，实际判断仍旧需要建筑师的经验。多处参数依旧需要设计师进行手动设置，较为繁琐。前期需要进行楼型预设计，无法根据输入条件生成适当的平面图，并存在因楼型选择不当带来的经济损失的潜在风险。

采用遗传算法求解，由于存在多个基因皿的不同取值及组合，势必出现大量无效布局的情况，且参数数量越多，出现此类情况概率越大，导致计算机在此类布局上浪费算力。在设计师对设计问题构造不清晰，导致参数范围过大时，所浪费的时间将会更多。文献显示，当建筑栋数增加，消耗时间从1.5小时上升至60小时，甚至不能保证有最优解[11]。在本实验中，解空间中有约2.3×10^{52}个解，故该方法虽然对于设计师友好且简单有效，但是依旧较为耗时。

4.3　研究展望

本实验作为规划层面的案例，填补了实践中节能设计更关注单体，时常忽略布局的空白，为广大实践者们提供一个住宅布局设计原型。我国虽然已经进入存量时代，城市化进程依旧在稳步推进，因而新建住房的节能减排依旧需要在研究之中引起重视，在设计初期优化住区形态依旧有十分广阔的市场。通过设计规划最大化利用太阳能，仍是节能首选，如果可以推而广之，则可以节省数量巨大的碳排放量，为双碳目标做出贡献。

参考文献

[1] Biao L. A GENERATIVE TOOL BASE ON MULTI-AGENT SYSTEM 335 A GENERATIVE TOOL BASE ON MULTI-AGENT SYSTEM Subtitle：Algorithm of "High-FAR" and Its Computer Programming [C]. 2008.

[2] 姚佳伟，黄辰宇，袁烽. 基于多智能体系统的环境性能化建筑群形态生成设计方法研究：2020年全国建筑院系建筑数字技术教学与研究学术研讨会，中国湖南长沙[C]. 北京：中国建筑工业出版社，2020.

[3] Pak M，Smith A，Gill G. Ladybug: a Parametric Environmental Plugin for Grasshopper to Help Designers Create an Environmentally-conscious Design [C]. 2013.

[4] 中国建筑能耗研究报告2020[J]. 建筑节能（中英文），2021，49（02）：1-6.

[5] 刘慧杰，吉国华. 基于多主体模拟的日照约束下的居住建筑自动分布实验[J]. 建筑学报，2009（S1）：12-16.

[6] 李飚，钱敬平. highFAR建筑设计生成方法探索[J]. 新建筑，2011（03）：99-103.

[7] 刘可，徐小东，王伟. 以节能为导向的住区形态布局及自动寻优方法研究[J]. 工业建筑，2021，51（08）：1-10.

[8] 何宛余. 竞争、并存与共赢——智能设计工具与人类设计师的关系[J]. 景观设计学，2019，7（02）：76-83.

[9] 邓巧明，林文强，刘宇波，等. 基于生成对抗网络的校园总平布局生成式设计探索——以小学校园为例[J]. 世界建筑，2021（09）：115-119.

[10] Makki M，Showkatbakhsh M，Tabony A，et al. Evolutionary algorithms for generating urban morphology: Variations and multiple objectives[J]. International Journal of Architectural Computing，2019，17（1）：5-35.

[11] 李慧星，张然，冯国会，等. 严寒地区近零能耗建筑与常规建筑空调能耗模拟对比分析[J]. 建筑节能，2015，43（06）：10-12.

[12] GB 50180-2018城市居住区规划设计标准[S].

[13] 高菲. 基于日照影响的高层住宅自动布局[D]. 南京：南京大学，2014.

山水型城市天际线计算性设计研究
——以福建省木兰溪山水片区为例

张陆琛[1]　申洪浩[2]　孙晓鲲[3]

作者单位
1. 哈尔滨工业大学建筑学院 哈尔滨工业大学寒地城乡人居环境科学与技术工业和信息化部重点实验室　2. 北京清华同衡规划设计研究院有限公司　3. 中国矿业大学（北京）

摘要： 生态文明建设理念指导下，山水型城市要"看得见山、望得见水"，合理控制城市的建筑高度和天际线形态尤为重要。而从建设投入产出角度出发，天际线设计导控下的土地开发强度又强烈影响着城市建设的可持续性。本文基于计算性设计思维，整合经济、生态、美学多维要素，提出山水型城市天际线设计方法，以福建省木兰溪两岸片区为例，选取重要视线战略点进行高度限制模拟，将片区开发成本和出让收益比值挂接到网格化地块上，再通过地标打造、山水通廊预留等美学设计方法对天际线进行修正，为山水型城市天际线科学化、精细化设计提供技术方法支持。

关键词： 城市天际线；计算性设计；山水型城市；城市设计

Abstract: Under the guidance of the concept of ecological civilization construction, mountain-river city should "see mountains and water", and it is particularly important to reasonably control the building height and skyline shape of the city. However, from the perspective of construction input-output, the land development intensity under the guidance of skyline design strongly affects the sustainability of urban construction. This paper implements the computational design thinking, integrates the multi-dimensional elements of economy, ecology and aesthetics, and puts forward the design method of landscape city skyline. Taking the areas on both sides of Mulan River in Fujian Province as an example, this paper selects important strategic points for high restriction simulation, links the development cost and transfer income ratio of the area to the grid plot, and then creates and landscape corridor reservation and other aesthetic design methods modify the skyline, so as to provide technical method support for the scientific and fine design of skyline in mountain-river city.

Keywords: Urban Skyline; Computational Design; Mountain-RiverCity; Urban Design

1　引言

过去几十年，国内以经济发展为主导的快速城镇化带来了城市的高强度开发建设，导致众多城市空间结构面临失序的问题。特别是对于山水资源丰富的山水型城市，人工环境的肆意介入经常使其临山、滨水区域陷入生态环境危机，无限制的开发侵占更使得原本依山傍水的城市美学意象消失殆尽。

中央对山水型城市的可持续发展高度重视，对城市高品质建设提出了更高要求，习近平总书记提出了"两山论"，并对城市治理做出"科学化、精细化、智能化"的更高要求，指引广大城市建设工作者们积极思考山水型城市建设中的科学方法。其中，城市天际线作为城市风貌、空间品质的重要载体，成为城市设计中三维空间的研究重点，研究融合"经济—生态—美学"三维指标数据，以计算性设计思维进行山水型城市建筑高度的量化控制研究，以期为中国山水型城市建设在城市天际线管控方面提供参考思路。

2　山水型城市天际线设计方法

2.1　国内外城市天际线设计方法简析

1. 城市天际线设计的一般原则

城市天际线设计的主要目的在于对城市风貌的保护与空间品质的提升，同时从开发建设的角度考虑还需要保障土地开发投入产出动态平衡的目标。城市天际线设计的一般原则可以归纳为：其一是保护城市整体风貌，其中包括保护城市中重要的自然景观如山体、湖泊等，保护城市中重要的文化景观如历史街区、历史建筑、文物等；其二是提升城市空间品质，如视觉感知中，优化城市三维空间的起伏变化，在体验感中，改善城市微气候室外环境等；其三是保证土地开发投入产出动态平衡，城市天际线设计与建筑高度控制密切相关，进而影响土地开发的经济效益，目前中国城市建设仍需将投入产出动态平衡作为重要的指标，以保证工程项目在推进中有内核驱动力。

2. 城市天际线设计的研究方法

城市天际线相关研究出现于20世纪末，发达国家工业化、城镇化进程发展较早，促使其对于天际线的关注和研究起步较早，随着中国城镇化迅速发展，国内近20年对天际线相关研究的关注显著升高，且在国外理论经验基础之上进一步发展、成熟。

早期的天际线设计以定性的直观感知进行，建筑、规划研究学者根据自身感受与经验对城市天际线进行设计和管控。随着定量研究的广泛普及和计算机技术的快速发展，逐渐发展形成了视觉量化分析指导下的天际线设计方法以及基于GIS平台的多因子叠加分析方法等，此外，东南大学杨俊宴教授还提出了综合考虑多元要素的城市高度控制方法体系（表1）。

城市天际线设计的主要方法 表1

研究方法	考虑要素	原则	经典案例
定性判断	美学要素	使具有象征性的城市地标（教堂、市政大厅等）形成具有城市特色风貌的轮廓线	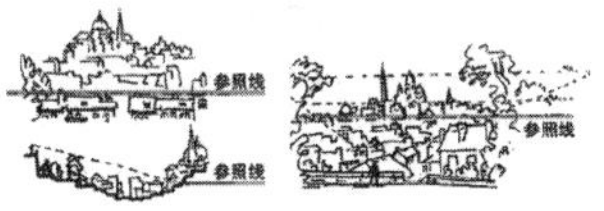 德国天际线轮廓控制
视觉量化分析	美学要素	统筹考虑视线遮挡、观测背景保护等因素，通过计算几何关系进而进行天际线设计	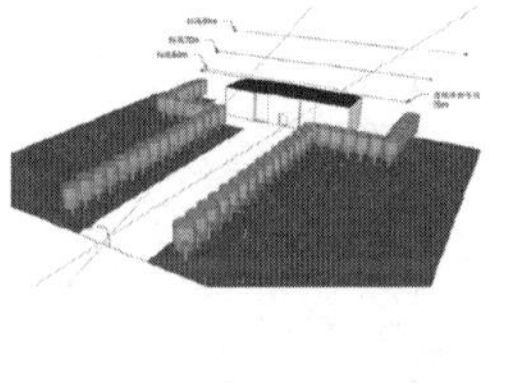 法国巴黎采用"纺锤形"高度形态控制
GIS辅助分析	美学要素	基于GIS技术模拟城市天际线，通过模拟结果进行比较分析，进而实现对天际线设计的辅助、优化	 上海北外滩地区天际线形态量化评价
综合分析	生态要素、经济要素、美学要素、政策要素、安全要素	兼顾多维度要素，将城市天际线设计与城市发展的其他方面对接，保证技术方法的科学性和可操作性	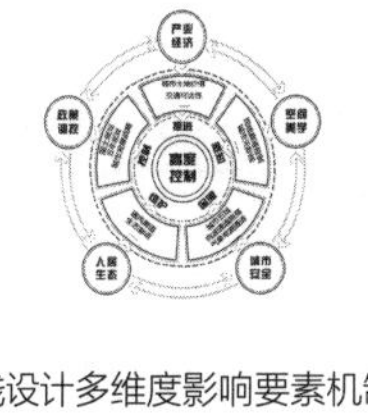 天际线设计多维度影响要素机制模型

2.2 中国山水型城市天际线设计的影响要素

在中国城市发展现状的实际背景下，按照城市天际线设计的一般原则，本文认为中国山水型城市天际线设计应从经济、生态、美学三维度进行综合考量。

1. 经济维度要素

经济发展目前仍是城市发展建设的重要核心目标，拆迁安置、设施投入等产生大量的经济成本，开发建设在经济投入产出的评估决定了城市建设的可持续性，因此不考虑经济投入和效益产出的建设必将造成城市发展失衡且难以持续。城市天际线设计中考虑经济维度要素，主要是基于"前期投入成本-土地出让收益-开发建设强度"的连动关系，考虑经济维度要素是支撑这一动态平衡的关键。

2. 生态维度要素

生态维度要素是新时代中国城市发展中必须考虑的重要指标，2013中央城镇化工作会议中指出，"要让城市融入大自然，让居民望得见山、看得见水、记得住乡愁；要把城市放在大自然中，把绿水青山留给城市居民"。对于"绿水青山"资源丰富的山水型城市，更要严格遵循决策层提出的方针政策，在天际线设计中保证城市的"显山露水"。

3. 美学维度要素

美学维度要素是天际线设计的出发点，更是建设"人民城市"中的重要体现。对于滨水区域，空间上应尽量保证其开阔性，需要对高层建筑进行较为严格的控制；对于山体周边，纵向空间上不宜遮挡山脊，且天际线应与自然山体轮廓相呼应。如作为山水

资源型城市的香港为了保护维多利亚港两岸自然山体天际线，制定了《城市设计指引》，提出建议在维多利亚港两岸设立一个20%～30%的山景不受建筑物遮挡的视线范围，设计多个眺望点，并规划6条视线廊道。

2.3 中国山水型城市天际线设计的技术路径

山水型城市天际线设计以系统性思维和计算性思维为方法论，以期提出的技术方法满足科学、精细的城市发展要求，统筹考虑社会、经济、生态等多维度要素，构建以经济和生态双要素耦合影响下的片区建设高度量化评估模式，再通过基于美学要素的天际线优化实现山水片区的天际线设计技术路径（图1）。

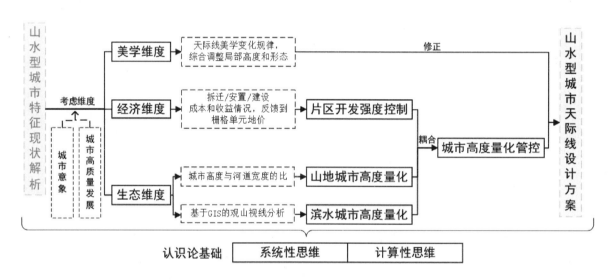

图1 山水型城市天际线设计的技术路径（来源：作者自绘）

3 福建省木兰溪山水片区天际线计算性设计研究

3.1 福建省木兰溪山水片区概况

本文案例中的山水型片区位于福建省某市中心城区西门户，地处贯穿中心城区木兰溪的城郊起始段，居于两山夹一水的山水区域南岸。片区中部由省道横贯连接东部中心城区和西部乡镇，南北由一条城市快速路纵跨木兰溪联系南北两岸（图2）。在片区的开发建设的过程中，面临开发强度控制和投入产出平衡的两方面冲突。在山水格局的生态品质要求下，片区

的建设需要合理控制建设高度，构建山水城和谐的天际线，以规避片区开发建设对于山体的遮挡和对滨水空间高品质的破坏。在投入产出的经济平衡要求下，需要满足片区开发强度的需求，以保证在资金层面开发建设的可持续性。

3.2 基于经济与生态耦合计算作用下的片区建设高度控制

1. 经济视角下的片区开发强度控制

投入产出资金动态平衡作用下的片区开发强度保障经济层面建设的可持续性，基于GIS平台将地块

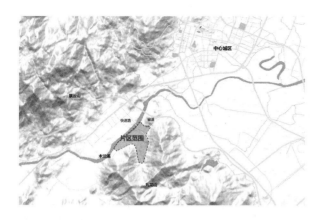

图2 研究案例片区区位（来源：作者自绘）

业态功能导向的开发强度指标映射到空间上，以实现经济视角下的片区开发强度的控制。片区开发的主体为地方政府和城投公司，关注土地出让收益和征拆与平整投入二者之间的经济动态平衡，同步覆盖产业和设施的片区前期基础投入，形成"筑巢引凤"式的片区开发建设路径。本文以业态功能引导下的居住、商业和商务等国有土地出作为产出收益，以现状拆迁安置、土地平整和设施建设等作为投入成本，继而以影响产出收益的容积率作为投入产出动态平衡的空间控制指标。以片区前期办提供的数据为投入测算依据，汇总直接投入的拆迁补偿、市政与公服设施建设为主体，同步考虑前期融资、物业政府补贴等因素作为片区整体前期投入。以基准地价和周边土地近期出让单价为收益测算依据，在不考虑产业用地土地出让收益的前提下，汇总包括国有土地出让、停车位销售、税收收入等因素作为片区整体收益。在经济动态平衡的影响下，可出让的规划用地面积约为40公顷，可出让规划建筑面积总量约为88万平方米，片区的可出让地块平均容积率为2.3。其中，可出让居住用地平均容积率为2.5，商业用地平均容积率为2.1，商务用地平均容积率为2.1，此外根据安置房所需的建筑规模测算，安置所需居住用地平均容积率为2.1。

业态功能导向下的地块建筑高度直接反应开发强度，通过GIS平台将建筑高度映射到50米×50米的网格空间上，实现经济视角下的片区出让地块建设高度空间空间分布。根据业态功能设计片区主要有居住、商务和商业三类功能用地，统筹平均容积率、《城市居住区规划设计标准》GB50180-2018以及业态类型，取居住用地建筑密度为22%，商业

用地建筑密度为45%、商务用地建筑密度为45%。因此，片区内出让的居住用地平均高度为12层，安置所需居住用地为10层，商业用地平均高度为4层，商务用地平均高度为5层。根据不同类型建筑平均层高计算地块的建筑高度控制，通过ARCMAP将片区用地规划方案进行矢量化处理，赋以每个出让地块平均建筑高度的控制属性。利用ARCMAP中的Create Fishnet结合Spatial Join工具将地块的平均建筑高度属性附在每个网格单元上，形成经济视角下的50米×50米精度的开发强度控制（图3）。

图例

规划范围
0-18m
19-27m
28-36m
37-45m

图3 经济视角下的片区开发强度控制（来源：作者自绘）

2. 生态视角下的片区建设高度控制

在"看得见山、望得见水"的生态文明理念指导下，片区整体建设满足重要眺望点可以看到山体的1/3山脊线的管控要求，同时保障滨水区域低强度开发建设的空间高品质。选取片区4个重要观山眺望点：从中心城区进入该片区的滨溪路东端、从溪北进入该片区的跨溪大桥、从东部城郊进入该片区的滨溪路西端，以及片区内部滨溪路中点。利用片区及周边区域的地形高程DEM数据，通过ARCGIS平台模拟基于天际线的三维障碍面，形成片区建设高度的空间分布。首先，在ARCMAP中加载片区及周边范围的DEM，输入具有高程属性的4个重要观山

眺望点；其次，启用3D Analyst Tools中的skyline工具，以4个重要观山眺望点作为观察点，以山体的2/3山脊线作为可以观察到的山体高程控制线，输出重要观山眺望点环视看得到的三维天际线skyline。启动3D Analyst Tools中的skyline barrier工具，将数据skyline转化为由天际线和观察点组成的多面体矢量数据天际线障碍面；再次，通过天际线障碍面skyline barrier获取具有高程属性的栅格数据，减去DEM高程数据得到4个重要观山眺望点的片区建设高度控制（图4）；最后，按照生态优先原则，通过4个高程控制面栅格叠加取小计算，生成生态视角下的片区建设高度控制空间分布（图5）。

3. 双因子影响下的地块高度量化控制评估

基于经济和生态因子耦合影响下的地块高度具有可实施性，通过专家、规划编制人员和开发主体的多方协定，权重叠加得到综合的地块高度量化评估。经济导向下的建筑高度控制度过于均衡，局部地块遮挡住了观山的视线，同时也不利于滨水空间高品质的塑造。生态导向下的建筑高度控制过于理想，开发强度不能维持片区经济层面开发建设的可持续性。因此，专家和片区开发主体共同商定片区的开发以生态优先为原则，选取权重叠加的比例为生态：经济=6.5：3.5。在ARCMAP中利用栅格计算器工具，获得经济生态耦合影响下的50m×50m的高度控制图（图6）。

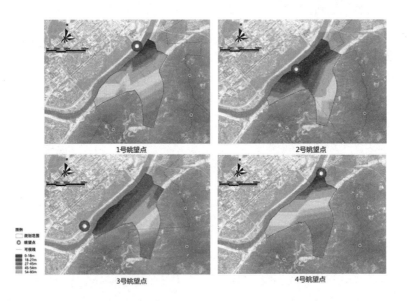

图4 四个战略眺望点建筑高度控制（来源：作者自绘）

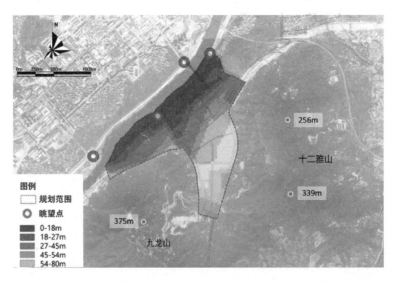

图5 生态视角下的片区建设高度控制（来源：作者自绘）

4. 兼顾美学因子的片区天际线修正

基于美学因子优化片区界面、廊道、轴线、节点的设计，构建城随山势、景随岸行的片区天际线。严格保护山—水—城关系，顺应山体与河流的走势构建三级特色界面。滨水一侧的街区天际线严格按照计算评估的结果以不超过18m的高度进行控制，同时以传承地域风貌的建筑风格和承载商业和公服功能的界面空间来凸显地域文化特征。中部则是展现城市现代气息的界面，片区门户和重要的战略点位置则突破计算评估的结果，部署标志型公共建筑承担片区的地标功能。同步顺应背景的山体态势，以展现片区的自然生态界面（图7）。为保持城市与自然协调的山水格局，合理的预留景观轴线将山体景观渗透到组团内部，构建一条南北贯穿的山水生态廊道，建设滨水区域与山体景观互动的视线通廊（图8）。

综合双因子计算评估与美学修正的成果，构建主次有别、错落有致、舒缓有序的片区整天天际线。片区地标建筑控制在90米以下，滨水界面的一侧街区控制在18米以下，形成南北纵向由滨水向山体层层升高天际线（图9）。平行于滨水和山体的界面则顺应山势和水体，天际线保持滨水西侧低、临山一侧高的态势，同步呼应预留的重要的山水通廊，形成在山水通廊两侧逐渐升高的天际线（图10）。

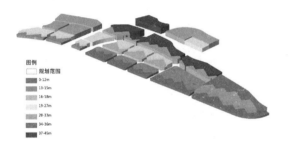

图6 双因子耦合建筑高度控制透视图（来源：作者自绘）

图7 多元界面控制分析图（来源：作者自绘）

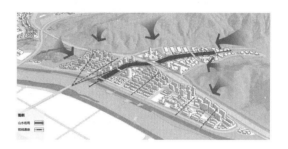

图8 山水格局构建分析图（来源：作者自绘）

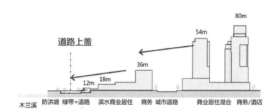

图9 片区南北纵向天际线控制分析图（来源：作者自绘）

4 结语

城市天际线是城市风貌特征的重要表达，其内涵更是生态文明建设、人居环境改善的体现。不同于发达国家，中国城市建设发展仍然处于活跃期，对中国山水型城市天际线设计的高水平要求是新时期研究者、实践者必须肩负的重要责任。本文从山水型城市

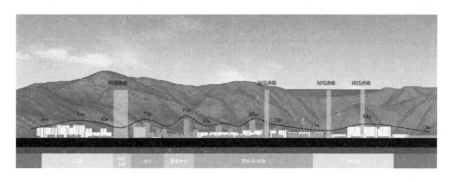

图10 片区东西横向天际线控制分析图（来源：作者自绘）

的显著特点出发，以科学性、精细化、可操作性为主要原则，以计算性设计思维为基础方法论，探讨了一种整合经济、生态、美学要素的山水型城市天际线设计方法，希望能为山水型城市高水平城市设计实践提供有益借鉴。

参考文献

[1] 孙澄，韩昀松，任惠. 面向人工智能的建筑计算性设计研究[J]. 建筑学报，2018（09）：98-104.

[2] 林隽. 面向管理的城市设计导控实践研究[D]. 广州：华南理工大学，2015.

[3] 钮心毅，李凯克. 基于视觉影响的城市天际线定量分析方法[J]. 城市规划学刊，2013（03）：99-105.

[4] 杨俊宴，史宜. 总体城市设计中的高度形态控制方法与途径[J]. 城市规划学刊，2015（06）.

一种基于最小外接矩形的快速获取城市图底关系优化方法

尚晓伟 刘奕莎

作者单位
西南科技大学

摘要： 如何快速获取城市图底关系是建筑设计和城市设计中的重要问题，然而传统的人工绘制图底关系方法速度慢且成本高，因此本文基于深度学习提出一种利用最小外接矩形优化的快速获取图底关系方法。与传统方法相比，该优化方法提高了利用谷歌地球等开源遥感影像平台自动获取图底关系的精度和效率，能够快速便捷地为建筑和城市设计提供数据支持。

关键词： 图底关系；深度学习；城市设计；最小外接矩形

Abstract: How to obtain urban figure-ground quickly is an important problem in architectural and urban design. The traditional manual drawing method is slow and costly, so this paper proposes a fast method to obtain figure-ground using minimum outer rectangle optimization based on deep learning.Compared with traditional methods, this optimization method improves the accuracy and efficiency of automatically acquiring figure-ground using open-sourcesatellite image platforms such as Google Earth, which can quickly and easily provide data support for architectural and urban design.

Keywords: Figure-ground; Deep Learning; Urban Design; Minimum Bounding Rectangle

1 绪论

图底关系一直是城市设计与建筑设计初始阶段的重要内容，现代主义之后又作为格式塔心理学在建筑与城市领域的重要实践，帮助设计师们对城市信息进行高度抽象和简化，图底关系也就此成为快速认知城市空间结构与空间特质的重要手段[1]。然而获取图底关系却一直较为困难，缺乏高效精准且成本低廉的方法。传统的人工绘制图底关系图纸是一项劳动密集型工作，首先需要在描图纸上细致描绘每一栋建筑物的轮廓边界，再利用不透明的墨水逐一填涂，工序繁琐，效率低下，这种古老的技术手段也因此被形象地称作"黑色平面图（blackink）"[2]。

计算机辅助绘制图底关系方法在20世纪90年代末已基本成熟，新方法虽然提升了效率，但仍旧是一项劳动密集型工作。例如威尼斯建筑大学（Università IUAV di Venezia）建筑学院需要动员全院学生在拿破仑和奥匈帝国时期的大型地图集基础上描绘图底关系图；Koetter Kim & Associates公司伦敦分部也需要利用大量实习生在英国国土测量局的图纸上描绘图底关系图纸[1]；巴特莱特建筑学院（The Bartlett）和苏格兰建筑与设计协会（Architecture and Design Scotland）等12所设计学院甚至联合开发了"城市技能门户网站（The Urban Skills Portal）"，帮助普通市民快速学习绘制图底关系的基本技术，以参与到繁琐和重复的专业图底关系绘制中[3]。

除绘制方法自身以外，想要准确便捷获取城市图底关系的另一个关键是专业机构的测绘数据或运转良好的城市信息管理系统，但正在快速城市化的大多数发展中国家作为当下建筑与城市设计业务最繁忙的地区，往往并不具备上述条件。设计人员为了获取无法直接查询的图底关系技术资料，除费时费力地利用人工描绘专业测绘地图外，从遥感影像中获取城市图底关系已成为常见方法。然而当设计对象范围较小时，人工绘制或许是可行的，但倘若涉及大范围的城市区域，这一方法就将消耗惊人的人力和时间成本。因此面对大范围城市图底关系获取，从效率和成本出发，有必要引入自动快速获取城市图底关系技术。

2 基于最小外接矩形优化的 U-Net 获取图底关系方法

目前相对主流的自动获取图底关系方法主要有三类：①基于区域分割的获取方法，即首先利用监督学习或非监督学习对数据集进行初步分类，再根据建筑几何形状、形体系数与比例尺度等获取最终的建筑轮廓信息[4]。②利用相关专业知识辅助的获取方法，即根据遥感影像中建筑的阴影、结构、比例、尺度等专业特征辅助获取建筑轮廓信息，该类方法能够有效提升自动获取城市图底关系的精确度[5]。③基于边缘和角点检测匹配的获取方法，即利用边缘检测算法获取建筑轮廓后，再根据建筑空间特质对获取的边缘进行分组和筛选以便重建轮廓信息，实现对城市图底关系

的获取[6]。

当下主流的自动获取图底关系方法面临着共同问题，即对遥感影像的精度要求很高，不仅如此，为了提高获取精度往往还需要LiDAR、DSM或多光谱信息等多种数据源加以辅助[7]。然而获取高精度遥感信息和多光谱信息并非易事，尤其是在快速城市化的新兴发展中国家。如何在有限资源条件下快速、高效获取高精度城市图底关系成为当下亟待解决的问题。

据此本文提出一种基于U-Net神经网络自动获取图底关系优化方法，该方法不依赖高精度遥感影像信息或多光谱卫星图像信息，仅利用谷歌地球等开放地图平台，实现高效、快捷、低成本的获取城市图底关系数据，且相对面积误差值仅为3%左右。该方法具体分为三个步骤（图1）：①准备数据集；②利用处理好的数据集训练模型；③测试与评估模型性能。

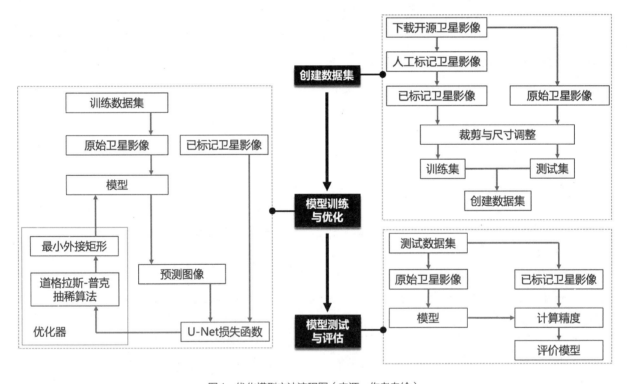

图1 优化模型方法流程图（来源：作者自绘）

2.1 准备数据集

选择四川成都作为数据采集对象，该区域以平原为主，主要建筑类型为居住建筑、商业建筑和工业建筑。通过谷歌地球获取315张尺寸为512pixel×512pixel，分辨率为0.3M的遥感影像，并人工

对原始遥感影像进行标注。其中252张（80%）作为训练集，63张（20%）作为测试集，并以此打包建立数据集。选定上述尺寸遥感影像构建数据集的主要目的是降低训练负载，但尽可能多地保留图像有效信息，避免切割建筑影像对训练产生干扰。本次实验环境为i7-10700处理器，32GB DDR4-3000内存，

NVIDIA RTX 2080 8G显卡，CUDA10.0加速库，并基于TensorFlow实现。

2.2 模型训练与优化

本方法的模型结构基于U-Net神经网络优化实现，U-Net神经网络是弗莱堡大学（Universität Freiburg）的Olaf Ronneberger以全卷积神经网络（FCN）为基础开发，并在医学领域得到广泛应用的神经网络模型[8]。模型结构如图2所示，遥感影像

信息从输入端输入U-Net后，经一系列卷积运算在输出端输出为建筑概率的位图信息。

原始遥感影像经过U-Net神经网络直接训练后获取的二值化图像，可以提取绝大多数城市图底关系所需的建筑轮廓特征信息，但在某些建筑屋顶与周边环境颜色材质相近或建筑物体型系数较大、阴影复杂程度较高的区域，图底关系绘制完成度较低。建筑轮廓锯齿化严重，建筑错分问题比较突出，部分建筑信息内部还会呈现细小孔洞，详见图5。

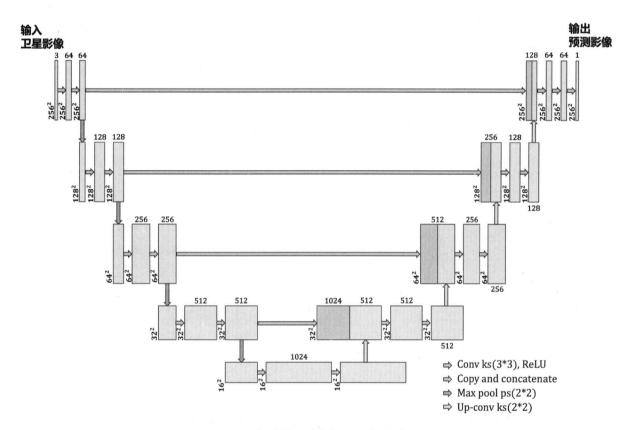

图2 模型结构示意（来源：参考文献）

据此本文提出首先利用道格拉斯-普克抽稀算法（Douglas - Peucker algorithm）对二值化图像中的建筑轮廓线进行优化，删除部分边界冗余点，并对剩余关键点进行多边形拟合处理[10]。即把待处理轮廓曲线的首末点连成一条直线，计算所有中间点与该直线的距离，并找出最大距离值d-max，用d-max与抽稀阈值D-Threshold相比较，若d-max＜D-Threshold，这条曲线上的中间点全部舍去，若d-max≥D-Threshold，则以该点为界，把曲线分为两部分，对这两部分曲线重复上述过程，直至所

有的点都被处理完成，最后依次连接各个分割点形成的折线就是优化后的新轮廓，图解过程如图3所示。经多次实验，D-Threshold设置为0.0002能够有效抽稀冗余点位，同时保持图形的基本准确。

随后利用轮廓检测函数提取抽稀后的多边形拟合轮廓，采用Sklansky算法获取边界点集的凸包[12]。并根据旋转卡壳算法（Rotating Calipers）生成最小面积外接矩形，即选取凸多边形的4个定点构造4条切线，并由此确定2个卡壳集合，如果其中1条或2条与一边重合，则记录并保存4条切线确定的矩

形面积，随后顺时针旋转切线直至与多边形一边重合，再次计算该矩形面积，多次重复，直至切线旋转超过90°为止，统计并输出面积最小的外接矩形（图4）。

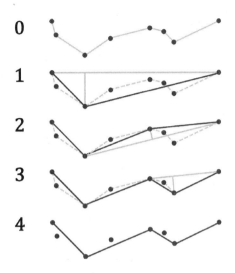

图3 道格拉斯－普克抽稀算法示意图（来源：参考文献[11]）

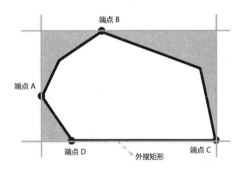

图4 最小外接矩形示意图（来源：作者自绘）

最后根据建筑面积、比例和拟合多边形定点数对拟合出来的最小外接矩形进行筛选和优化，得到贴近遥感影像的真实数据。实现对U-Net神经网络在后处理过程中的最小外接矩形优化，该优化方法能有效提升基于开源卫星图源的城市图底关系自动获取精度。

2.3 测试与评估模型性能

选取数据集中预留的63张（20%）测试集遥感影像对构建的优化模型进行测试，通过优化方法预测的城市图底关系图与人工标定图纸的对比结果如图5所示，可以直观发现该优化方法在缺乏高精度遥感影像的支撑下，仍旧可以保持对复杂环境信息条件下的建筑物轮廓信息有效识别和高精度预测。

测试完成后利用混淆矩阵（confusion matrix）中F_1score和相对面积误差来综合评定模型性能[13]。F_1score（公式3）是综合反应预测准确度的常见评价标准，获取F_1score首先需要精确度（$precision_k$，公式1）和召回率（$recall_k$，公式2），精确率指样本中预测正确样本数在被预测为正确样本的比例，召回率值预测正确的样本数在标定正确样本中的比例。其中TP（True Positive）表示预测正确样本数，FP（False Positive）表示错将其他类预测为目标类的样本数，FN（False Negative）表示错将目标类预测为其他类的样本数。

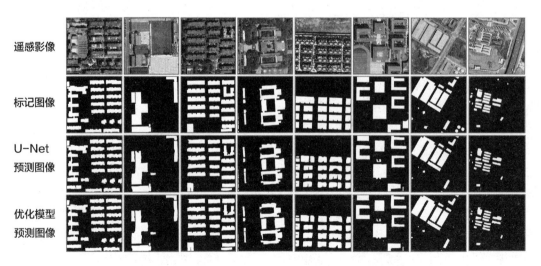

图5 优化模型与U-Net预测结果对比（来源：作者自绘）

$$precision_k = \frac{TP}{TP+FP} \quad (1)$$

$$recall_k = \frac{TP}{TP+FN} \quad (2)$$

$$F_1 score = \frac{2 \times precision_k \times recall_k}{precision_k+recall_k} \quad (3)$$

$F_1 score$能够衡量模型预测精确度，但对建筑设计和城市设计应用而言，相对面积误差则更能代表获取的城市图底关系是否可用。相对面积误差Rea（Relative error area，公式4）即测试集中所有真实建筑面积与预测建筑面积差的绝对值与真实建筑面积的比值，其中，RBA（Real floor area）为真实标注建筑面积，PFA（Projected floor area）为预测建筑面积。

$$Rea = \frac{\sum_{i=1}^{n} \frac{|RBA-RFA|}{RFA}}{n} \quad (4)$$

经测试集测试后，基于最小外接矩形优化后模型与U-Net预测对比评价如图6和图7所示，本文所采用的优化方法在仅利用谷歌地球开源遥感影像资源，不使用多光谱卫星影像的条件下，便可以有效提取平原地区城市建筑轮廓信息并绘制城市图底关系图纸。评价指标中$F_1 score$准确度达到86.69%，而在对建筑设计和城市设计专业人士更加重要的相对误差面积指标中，优化模型与U-Net相比能够将误差值从5.96%降低至3.02%，可有效提升自动获取城市图底关系图纸的实用度。

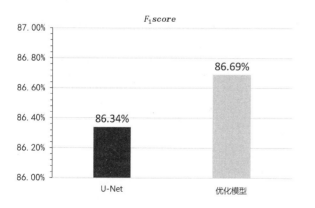

图6 优化模型与U-Net的$F_1 score$值对比（来源：作者自绘）

3 总结与展望

本文在现有深度学习获取城市图底关系方法基础上，提出一种先利用道格拉斯-普克抽稀算法获取凸多边形，进而使用旋转卡壳算法获取最小外接矩形的优化方法，实现基于开源遥感影像信息即可快速获取大范围城市图底关系的新方法。与现有方法相比，该优化方法不需要专业高精度遥感影像和多光谱卫星影像数据，能够在极短时间内快速获取大范围的城市图底关系（100平方公里的城市图底关系预测运行时间小于3分钟），且准确率较高，$F_1 score$值高于86%，相对面积误差在3%左右。

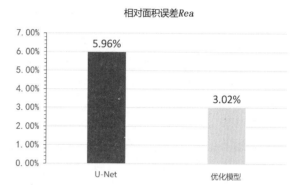

图7 优化模型与U-Net的相对面积误差Rea值对比（来源：作者自绘）

然而该优化方法虽已取得部分成果，但仍存在两方面的问题，首先由于训练数据集数量有限且类型较为单一，虽然在相似类型的遥感影像信息中可以达到较高的预测精度，但在建筑类型和地形风貌完全不同的地区预测准确度则有所下降；其次该方法是在深度学习获取建筑轮廓信息的后处理过程中采用最小外接矩形算法进行优化，虽然对城市中绝大多数建筑轮廓信息适用，但在获取建筑体型系数较大的建筑轮廓信息时效果有限。这两方面的问题也将作为本文未来继续研究的方向，即一方面构建种类更为丰富且数量更大的数据集，另一方面寻找其他合理的优化手段解决体型系数较大的建筑轮廓信息识别难题。

参考文献

[1] Hebbert M. Figure-ground: history and practice of a planning technique[J]. Town Planning Review，2016，87（6）：705 - 728.

[2] Millea N. Street Mapping: An A to Z of Urban

Cartography[M]. Oxford: Bodleian Library, University of Oxford, 2005.

[3] UCL. Urban Graphics 1: The City Footprint[EB/OL]. Short courses. 2019-07-31/2022-01-24. https://www.ucl.ac.uk/short-courses/search-courses/urban-graphics-1-city-footprint.

[4] 严岩. 高空间分辨率遥感影像建筑物提取研究综述[J]. 数字技术与应用, 2012（07）: 75-76+78.

[5] Sohn G-H. Extraction of buildings from high-resolution satellite data and airborne Lidar[D]. Doctoral thesis, University of London, University of London, 2004.

[6] Kim T, Muller J-P. Development of a graph-based approach for building detection[J]. Image and Vision Computing, 1999, 17（1）: 3-14.

[7] Li C, Bai H. High Resolution Remote Sensing Image Classification Based on Deep Learning U-Net Model[A]. 2021 International Conference on Management Science and Software Engineering（ICMSSE）[C]. 2021: 22-26.

[8] Ronneberger O, Fischer P, Brox T. U-Net: Convolutional Networks for Biomedical Image Segmentation[A]. N. Navab, J. Hornegger, W.M. Wells, et al. Medical Image Computing and Computer-Assisted Intervention - MICCAI 2015[C]. Cham: Springer International Publishing, 2015: 234-241.

[9] Sun C and H. A Rapid Building Density Survey Method Based on Improved Unet[A]. D. Holzer, W. Nakapan, A. Globa, I. Koh (eds.), RE: Anthropocene, Design in the Age of Humans - Proceedings of the 25th CAADRIA Conference - Volume 2, Chulalongkorn University, Bangkok, Thailand, 5-6 August 2020, pp. 649-658[C]. CUMINCAD, 2020.

[10] Saalfeld A. Topologically Consistent Line Simplification with the Douglas-Peucker Algorithm[J]. Cartography and Geographic Information Science, Taylor & Francis, 1999, 26（1）: 7-18.

[11] Douglas D H, Peucker T K. Algorithms for the reduction of the number of points required to represent a digitized line or its caricature[J]. Cartographica: The International Journal for Geographic Information and Geovisualization, University of Toronto Press, 1973, 10（2）:112-122.

[12] Klee V, Laskowski M C. Finding the smallest triangles containing a given convex polygon[J]. Journal of Algorithms, 1985, 6（3）:359-375.

[13] Markoulidakis I, Rallis I, Georgoulas I, et al. Multiclass Confusion Matrix Reduction Method and Its Application on Net Promoter Score Classification Problem[J]. Technologies, Multidisciplinary Digital Publishing Institute, 2021, 9（4）: 81.

基于"时间—行为"人因体验的城市地标街区活力提升方法研究①

王雪霏 严欣 陈芷祺 彭聪

作者单位
广州大学

摘要： 本文通过有效时间节点拟建，结合人因感知评测的相关信号采集技术，从使用人群数量、活动属性及停留位置等层面获取有效数据，探究特定时间范围内文化地标街区可达路径中主体活动空间分布情况，以及影响景观关注度的相关成分，建立情感地图，为提升城市地标街区行为设定及空间活力认同提供研究方法。

Abstract: Based on the simulation of effective time nodes and collection technology of the related signals of human factor cognitive evaluation, valid data (like the population of the major activity subjects, activity attributes and places where they stay) is obtained to explore the spatial distribution of the subjects in cultural landmarks within a specific time period and relevant contents affecting attention of the subject to make an emotional map. Methods for improving the behavior setting and spatial vitality identification of urban landmark blocks are put forward.

关键词： 时间；行为；地标街区；人因体验；活力提升

Keywords: Time; Behavior; Landmark Blocks; Human Factor Experience; Vitality Enhancing

1 背景

城市地标街区作为对一座城市或某一区域社会文化的隐喻和精神内涵的彰显，其所产生的社会效应可以看作是对城市形象内质的提升、对城市可参与性的强化以及对城市文化宣传的推崇。1977年颁布的《马丘比丘宪章》在对历史街区生活文化的探究中，优先强调街区的保护与持续需要依托人居环境、行为习性和社会属性的协同关系进行[1]，可见，对人群生活行为方式的基本尊重已成为对街区文化和风貌延续的基本条件[2]，大众作为使用者应参与到地标街区更新改造中[3]。目前，城市地标街区从复兴与活力构建方面，在固有的提倡保护与更新共同进行的发展背景下，开始提出"微循环式保护与更新"[4]与"活力点"[5]的概念。根据对路径修复、形态重构和功能置换三种维度的剖析探究[6]，在强调保留街区现状信息内容的同时，分析其发展过程中所呈现的规律性和周期性条件，发现空间格局、建筑现状和行为网络等要素将对街区活力构成影响[7]。从而提出城市地标街区活力更新的立场和态度，以确保街区建成环境、风貌和功能的持续进行是现阶段我国地标街区发展的核心策略。由此，在当前城市街区规划领域内，对于空间区域的实景感知逐渐成为人使用空间、体验功能的核心要点。作为具有地标作用的城市街区，对其景观活力的强化提升除了路径可达或功能需求的满足之外，人在有效时间内，因行为体验而产生的对街区舒适度和可参与度的认同感值得被研究者所关注。

综上所述，城市地标街区已经从一个对空间形态的固有判别，转向为更为复杂的时间体验和空间行为的议题，其更新开始倾向于对街区活力的复原和延续[8]，通过人的使用行为根据其对相关印象因素的量化评判来探究目标街区的可持续度和参与行为[9]，从而获取活力价值需求。目前，在街区环境行为体验过程中，将居民或游客繁琐复杂的情绪语言以较为精准的数据信息方式传递出来确实还存在一定的难度和误差。在我们前期对空间认知的研究，可以发现人对于同一场景的感受会随

① 广州市科技厅，市（校）联合项目，202102010438，基于可定期轨迹的标志性景观时效价值认同评价机制研究——以广州市为例。

时间的推移而改变，时域的不同、心境的差异，会造成人对事物认知态度的分离化[10]。自身喜好、经验及文化背景也激发了人在感知空间过程中的主观选择，影响真实感受。在此状态下，文章借助神经网络、生物信号等相关技术的发展，通过人因技术的时段式测试，获取情绪数据，找寻影响行为体验的热度元素，尝试能够依据视知行为验证实时情绪的研究方法，从而有针对性地提出影响城市地标街区活力的主体因素。

2 时间推演状态解析

2.1 视知行为的介入

综合国内外对于景观时间问题的研究，可以发现对时间发展路径的追踪成为学者们研究城市街区的主要手段。众多研究在侧重于对现代城市中地标问题时间观察的同时，开始从人的意识行为层面关注地标街区在空间建构过程中所将需要的时间模式和时间特性，认为人需要在穿行中完成对城市特定地点的认知，在强调时间变迁对视景变化影响[11]的同时，发现城市地标街区在人的视感知体验过程中所应建立的时间关系。由此可见，街区演化问题在时间研究中形成了推波助澜的作用，对于时间意义的探讨也更加深入，倾向于分析街区中心点状要素所承载的时间表述功能，以及将节点装置置入地标街区环境空间系统内，分析其在时间的演进中对此街区发展的影响，借此建构体验与时间的诸多关联。

时段模式的行为应用对比   表1

拟建时段划分	初始时段行为（时间节点1）	承转时段行为（时间节点2）	之后时段行为（时间节点3）
可定期模式的时段状态	·过去的现在，具有事实性，表示已经存在（曾在） ·一种回忆状态 ·原生印记的形成 ·奠基于将在	·当下的现在，具有沉淀性，表示正在进行（当前） ·一种无所去留状态 ·此刻印象的保持 ·植根于当前	·未来的现在，具有持续性，表示有所期待（将在） ·一种期盼状态 ·新生事实的绽放 ·延续于曾在
城市地标街区的时段状态	·历经不同时段、思潮或事件萌生而成 ·具有认同感且有助于城市发展 ·具有文脉积淀意义 ·突显诞生性	·融合原生印记激发环境新貌，创造场所精神 ·具有表达性、突出性和引导性 ·具有文化研究意义 ·突显展示性	·依托新生信息功能，扩大能用价值 ·具有潜在性、内聚力和时代感 ·具有功能提升意义 ·突显延续性
视知情绪的时段效价	·低兴奋度阶段 ·通过第一视感直接认知获得一种先入为主的情绪态度，显示一级情绪唤醒度 ·表达个体的独显意识 ·呈现直观性	·中兴奋度阶段 ·通过主感认知形成对个体领域的内涵体验，获得一种认同肯定的情感态度。显示二级情绪唤醒度 ·表达个体与街区的共融意识 ·呈现主动性	·高兴奋度阶段 ·通过细节认同经验激发个体存在的崭新意义，获得一种超越升华的情感态度。显示三级情绪唤醒度 ·表达个体对街区的期盼意识 ·呈现持恒性

2.2 城市地标街区的时段推演

对于城市地标街区而言，其作为城市系统"活"的组成部分，作为对不同时期、不同思潮文化的价值认可，具有较为典型的生命周期现象，这不仅仅是街区建成环境与建筑的年限体现，更是一种社会活力的呈现。城市地标街区从"形成-被熟知-更新提升"的时间进程中具备诞生、展示与再生的存在特性，这种循序繁衍的体验价值和意义同样展示出一种可定期化的生命存在结构，需要以一种非固态的流动时间观念，综合对多元类型的社会活动的发生频率、人群密度和环境可持续性，依据"可定期时间"的三种结构体系[11]，拟设立地标街区空间的初始时段状态、承转时段状态和之后时段状态。根据个人使用行为在不同时段对地标街区空间同质内容的领会与感受（表1），依据自身经验与文化认同，完成对空间信息内容或细节的再加工，以获得情绪效价，探究整合我国城市地标街区共性化的时效活力周期。

3 视知行为情绪测度方法

就目前研究状况来看，对于景观空间可视知化信息的研究已经有了一个较为成熟的系统。城市地标街区介于物质空间与非物质空间的体验集合，若从空间构型与空间视觉辨识的显著性方面进行研究，将建立更多的研究可能性。根据时段节点的设置，将空间形体要素的视知识别性与参与者的主观直接感受进行关联，完成视知情绪采集，获取激发有效情绪的热力点及对应因素，对地标街区活力特性分析更具研究意义。

3.1　既有情绪识别形式的局限性

长期以来，人们感知街区、评定空间活力值主要通过视听感受以最为直接的方式进行。当人在体验某一空间的同时，其所产生的视知感觉刺激着人的中枢神经，形成放射性的识别要素，转换为信息传递出来，从而完成对空间环境的认知和解读。而在早期研究阶段，比较主流且直观的获取空间认知感受的方法主要借助于质性分析。通过观察者评价[12]、叙事陈述[13]等调查方法采集人对景的主观描述信息，虽在建成街区内随机访谈常驻者或来访人群，根据问卷结果筛选有效信息；或采用图片评分法，选取街区环境分段照片，依照李克特梯度量表（Likert Scale），根据视觉心理完成对不同空间节点、细节的美景度与舒适度评分，对采集指标进行量化，完成信度与效度检验，获得情绪信息。两种方法虽然可行并具有研究意义，但调查过程忽略了视觉之外的感官体验，仅处于静态化、单一化的视觉观感，而非动态游憩过程中的视知进行探索，虽然可以通过被测试者获得较为直接的情绪信息感受，但是基于从众心理，调查结果通常会存在一定的主观性和随从性。介于此，在对于城市地标街区所提倡的环境行为体验促进功能提升的景观需求中，需要引入更为精准的情绪测评方法与信息技术手段，从而获取可带动使用行为的空间因素，建立地标街区活力提升机制。

3.2　视知信息情绪识别监测方法及应用

认知神经学相关研究表明，感官神经系统调节着人的情绪体验，当人在受到外界刺激的情况下产生的情绪信息会通过系列的生理反应所呈现，并体现在行为上，其中包括一些轻微的、弱于自觉的知觉信息[14]。在视知体验现有研究中，有学者发现结合皮电与脑电技术的操作可对多元数据同步采集，一些毫秒级

（ms）时间差值内形成的空间环境响应可以精准地传输于神经采集传感器中，有助于更清晰地识别行为体验中产生的情绪源。德国学者本杰明·伯格纳等人利用皮电传感设备完成对埃及亚历山大港沿岸步道的实景行为测试，用于分析城市街道环境压力因素的产生。英国学者彼得·阿斯皮纳尔等人将机器学习与脑电数据相整合，完成脑电信息采集，用于实时捕捉行人穿越不同城市街区的环境体验情绪，获取影响情绪焦虑的环境因素。可见，随着人因智能与交互科学的研究发展和技术创新，智能穿戴生理记录设备作为人因传感的主要测量工具，已具备较高的检测敏感度与精细度。

因此，对比于既有研究中的情绪识别方式，采用神经生理的视知信息采集更具有检测真实度。环境适用范围层面，神经生理信息采集对于场地的辨识度更直接，既能应用于整体街区的环境，也能应用于个体特征明显的节点空间。行为追踪效度层面，神经生理信息采集通过多种系统整合的"人—机—环境"同步记录，以360度的数据检测进行心理、情绪和行为的同步采集，可最大限度提升被测试者对街区细节的认知行为。实验操作可行度层面，神经生理信息采集测试操作借助云平台技术支撑，可以兼容广泛数据来源的整合，便捷连通脑电、眼动、皮电和心电等生理行为的多类型数据采集，方便实验快捷高效、缜密严谨地完成，提升多方面测试成本。

3.3　城市地标街区环境体验测试

本测试的目的在于通过对城市地标街区实景路线中设立时间内行为信息数据的获取，验证人因视知现状与预期规划需求的拟合度与差异性。在目前对设计规划后期行为验证中，虽然采用回访或问卷的形式进行评价回应，分析设立路线、场景与实际行为需求的结合度，但是仅呈现于表层描述，缺乏实验数据验证其结论有效性。并且，一般的表述性数据常带有主观意识，影响实际行为判断。于此，本测试拟计划在城市某地标街区中，通过完成"拟建时段"中指定线路的人群行为采集，根据有效生理信号数据获得情感维度，进行筛选与整合，整合不同时段内的视知情绪反应，将脑电（EEG）、皮电（EDA）和心电（ECG）等数据信息在街区预期规划路线内进行相应落点并融合，验证原有设计路线的有效性和差异

点，最终判断影响情绪敏感度的街区空间节点或个体要素。以期形成对城市地标街区环境体验模糊性的系统解析，为迎合地标街区活力提升需求的未来设计提供因素参考和相应的信息保障。

1. 测试路径设计

本次实验选取广州市荔湾区恩宁路永庆坊文化街区为研究场地，以开展基于视知信息识别的人因情绪反应测度实验。永庆坊文化街区位于西关片区，西北临近西关培正小学，东北临近宝华路，西南临近恩宁路，面积约为13.2公顷。街区保持西关住区风貌特色，拥有文物建筑及近代不同阶段

的特色建筑，是典型的极具岭南文化特色的城市地标街区。为保证测试数据采集过程不受气候变化影响，测试时间选取于秋季少雨时节，在气温舒适、晴朗的天气状况下进行，并设立三个有效时段（2021年9月14日～9月19日，10:00～12:00，14:00～16:00，18:00～20:00）。为保证获取数据的有效性，测试设置统一体验路径，测试区域面积约为4.76公顷。路线涵盖永庆坊一期、永庆坊二期滨河与粤博段、永庆坊二期示范段相关区域，并在不告知被测试者的情况下预设8个有效停留点，观察被试者到达此区域反应（图1）。

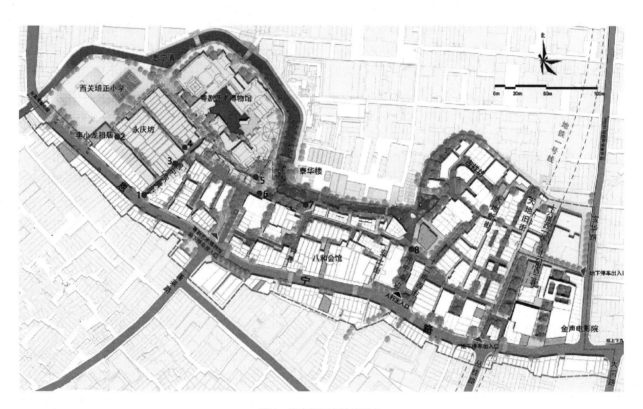

图1 拟定街区有效停留点

2. 测试数据获取

既往情绪测度研究表明，为保证测试数据信度与效度的检验可行，行为研究测试体验人数需高于30人以上[15]。因此，本测试为加强不同人群特征对此地标街区情绪认知与辨识度，召集了35位不同性别，年龄在20～40岁之间的市民参与此项测试。基于可穿戴脑电设备的操作有限性，故将测试分为两种模式进行，第一种模式被试人员佩戴脑电测量、生理记录与眼动追踪装置（脑电组），第二种模式被试人员仅

佩戴生理记录装置（生理组）。

本次测试主要采用ErgoLab智能穿戴人因生理记录仪，按照测试预设时段，分批完成测试相关流程（表2）。其中，在各时段测试过程中，脑电组的被试者头部佩戴脑电测量装置和眼动追踪装置，手指、手臂与耳部被佩戴生理记录装置；生理组的被试者手指、手臂与耳部被佩戴生理记录装置。两组人员均需听取注意事项并了解测试内容与规划路径，并于阶梯休息区静置休息10分钟后开始依照规定路线完

成行走体验测试。测试不做规定停留点，可按照个人兴趣选取停留点，停留时长不宜超过5分钟，依照被试者个人体验情况不同，单次测试路线时间为20～30分钟。测试全程同步记录脑电、皮电、心率和脉搏等数据，因测试过程中的环境干扰因素与检测误差，个别测试数据出现偏差，最终可用于情绪分析的数据共30份。

　　3. 测试结果生成与比对

　　通过测试发现，借助脑电、眼动和生理数据分析功能模块进行数据处理分析，可以较全面的识别被试者在街区体验中所产生的情绪感受和等级测度，反映出被试者的情绪效价被时间与空间共同影响。我们通过ErgoLab人机环境同步云平台进行体验数据的同步记录与分析，利用生理功能模块采集并分析参与者

的情绪唤醒情况，同步导出并分析脑电（EEG）、皮电（EDA）、平均心率（HR）和心电信号（ECG）和脉搏信号（PPG）等相关参数指标，获取数据信息（图2）。并且通过对ECG和PPG的信号计算转化获取了心率变异性（HRV）值，确定时间紧迫感和愉悦情绪对HRV信号的影响，从而追踪并获取被试者在不同时段的同一街区场景中对空间路径或节点要素的关注情况，完成个体情绪等级识别。在此基础上，我们将已导出的测试数据利用Matlab软件进行处理，完成对数据的基础降噪和消除刺激伪迹等工作，在计算生成过程中获取有效时段内的情绪评价值，结合坐标完成位置落点，导入GIS完成数据融合，构建具有时空特性的情感轨迹热力地图（图2）。

				人因测试流程示意				表2

测试准备	测试适应	测试体验	测试结束
流程/注意事项讲解	阶梯休息区静置	记录脑电/皮电数据	摘取设备
佩戴ErgoLab智能人因生理记录装置	调节情绪	依照个人行为习惯进行规划路线体验	描述情绪状态
检验装置数据	行走适应	兴趣节点停留5分钟	引导离场

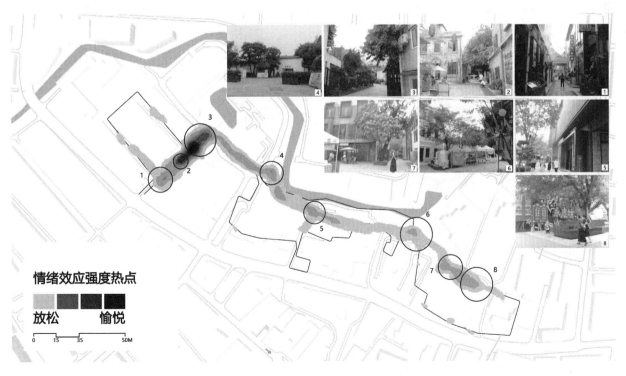

情绪效应强度热点

放松　　　愉悦

0　　15　　35　　　50M

图2　情感轨迹热力地图

以脑电数据为例，通过对追踪影像的监测可以发现，街区环境的变化或特定节点的出现会激发大脑活动的实时变化，产生较强的情绪波动（图3）。根据比对不同被试者的脑电数据，可以发现，平直单一、机理变化较弱的街区形态不易引起人的情绪反应，呈现无变化、较为平静的行为体验；当空旷的街区空间内突然出现某一植被、绿化节点或水景元素，检测数据会略有波动，人的情绪反应会受到影响，呈现较强的活跃情绪（例如被试者在一棵结有果实的香蕉树前

会进行短暂停留并观察）；同时，当装饰性元素、细节性符号等一些趣味性强的景观要素出现在街区空间中，检测数据会频繁波动，人的情绪反应会被激发，呈现较强的愉悦情绪和积极反应（例如有灯笼装饰的永庆大街、永庆二巷内较多人休憩的室外阶梯）。另外，比对不同时段内被试者对同一场景的情绪数据和访谈描述，可以发现，上午时段和晚间时段人在街区体验中所产生的情绪反应呈现较为愉悦的状态，下午时段中人的情绪反应会有短时性的焦躁、紧张感。

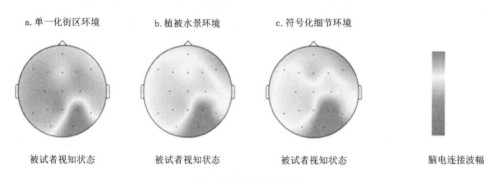

图3　脑电情绪认知示意

4　结论

城市地标街区特性鲜明、形式多元，且具有延展性的活力发展属性，在城市主体景观中作为一种特定存在要素，深刻地影响着各城市群中人与人、人与景、人与建筑的互动关系，是独具特性的城市空间类型。本研究通过人因感知测试完成人对城市地标街区的情绪识别，并借助相关技术绘制街区情感地图，探析街区预期规划节点设置与实际体验需求的拟合度。同时，将时间期效递进与情绪反应衍化进行释析比对，发现时间因素和时段选择会引发地标街区体验中的情绪变化。这些技术在捕捉情绪紧张源和热力点的同时，为城市地标街区的环境场景与空间的营造提升提供了参考依据，可以在情绪实时响应中有针对性地提出面向个性化环境需求的应时策略，创造具有正向情绪、弱化负面情绪的低压力街区环境。

参考文献

[1] 丁沃沃. 再读《马丘比丘宪章》——对城市化进程中建筑学的思考[J]. 建筑师，2014，(004):18-26.

[2] Edited by Roger Kain. Planning for Conservation. Mansell，London，1981:45-52.

[3] Davidoff P. Advocacy and Urslism in Planning[J]. International Journal of Social Science，1965: 21-27.

[4] 宋晓龙，黄艳. "微循环式"保护与更新——北京南北长街历史街区保护规划的理论和方法[J]. 城市规划，2000（11）：59-64.

[5] 路天. 活力营造视角下的历史地区功能空间复兴探讨[D]. 南京：东南大学，2016.

[6] 叶露，王亮，王畅. 历史文化街区的"微更新"——南京老门东三条营地块设计研究[J].建筑学报，2017（04）：82-86.

[7] 钟行明.历史文化街区的活力复兴——以济南芙蓉街历史文化街区为例[J].现代城市研究，2011，26（01）：44-48.

[8] (英)史蒂文·蒂耶斯德尔，(英)蒂姆·希思，(土)塔内尔·厄奇.城市历史街区的复兴[M].北京：中国建筑工业出版社，2006.

[9] Tetsuharu Oba,Hiroyuki Iseki. Transportation Impacts on Cityscape Preservation: Spatial Distribution and Attributes of Surface Parking Lots in the Historic Central

Districts[J]. Journal of Urban Planning and Development，2020，146(2).

[10] 王雪霏，刘松茯，冯珊.可定期状态下标志性景观情感态度的审美时效性探究[J]. 建筑学报，2014（S02）：44-48.

[11]（英）戈登·卡伦. 简明城镇景观设计[M]. 王珏译.北京: 中国建筑工业出版社，2009：51.

[12] Ekman，P.，Freisen，W. V.，&Ancoli，S.（1980）. Facial signs of emotional experience. Journal of Personality and Social Psychology，39（6），1125-1134.

[13] Lengen，C.（2015）. The effects of colours, shapes and boundaries of landscapes on perception, emotion and mentalising processes promoting health and well-being. Health & Place，（35），166-177.

[14] Michael S. Gazzaniga, Richard B. Ivry, George R. Mangun. 认知神经科学[M]. 周晓林，高定国译. 北京: 中国轻工业出版社，2011.

[15] Guo，S.，Zhao，N.，Zhang，J.，Xue，T.，Liu，P.，Xu，S.，& Xu，D. Landscape visual quality assessment based on eye movement: College student eye-tracking experiments on tourism landscape pictures. Resources Science，2017. 39（6）.

专题 4　乡村营建与城市更新

非"世遗"土楼的活化利用策略研究
——以漳州市南靖县梅林村"镜楼"改造设计为例

刘颖喆　朱柯桢　吴磊

作者单位
厦门大学建筑与土木工程学院

摘要： "世遗"评定给非"世遗"土楼保护带来极大的价值偏颇，在城镇化、旅游产业快速发展的进程中，非"世遗"土楼普遍存在旧危、空壳化问题。本文以漳州市南靖县梅林村镜楼改造为例，从探索非"世遗"土楼的改造策略出发，从环境在地、历史原真、功能复合、场所文化四个方面改造活化镜楼，为非"世遗"土楼的活化利用提供可借鉴的思路。

关键词： 非"世遗"；土楼；策略；活化利用

Abstract: World heritage assessment has brought great value bias to the protection of non-world heritage earth buildings. In the process of urbanization and the rapid development of the tourism industry, non-world heritage earth buildings generally have problems of old danger and empty shells. This article takes the reconstruction of the mirror building in Meilin Village, Nanjing County, Zhangzhou City as an example. Starting from the exploration of the transformation strategy of the non-world heritage building, this paper proposes the design idea of "fusion + reproduction + composite + spirit" to transform the revitalization of the mirror building into a non-world heritage building. The activation and utilization of it provides a way to learn from.

Keywords: Non-"World Heritage";Earth Building; Strategy;Activation and Utilization

2021年7月16日，福州市承办第44届世界遗产大会，福建文化旅游产业和文化遗产保护发展事业蓬勃发展。客家土楼以其神奇的聚落环境、特有的空间形式、绝妙的防卫系统和独特的建造技术作为保护开发的重中之重[①]。自2008年"六群四楼"等46座福建土楼被列入联合国《世界文化遗产名录》，"世遗"土楼被重点保护和开发旅游。但其数量仅占福建土楼总数的1.5%，现尚存数量巨大的非"世遗"土楼[②]，其在日常使用、经济、文化等方面蕴含了极大的潜在价值。但因年久失修、政府疏忽、认知缺失等原因，非"世遗"土楼普遍存在旧危、空壳化等问题。因此，本文以漳州市南靖县梅林村"镜楼"为例，研究非"世遗"土楼的保护与活化利用策略。

1 非"世遗"土楼概述

所谓非"世遗"土楼，是指未被联合国教科文组织和世界遗产委员会确认的，但却拥有极大历史文化价值、自然生态价值的遗产[③]。

1.1 "世遗"评定引发的价值偏颇

世界文化遗产评定引发了极大的价值偏颇，针对"世遗"土楼，现有法规《福建省"福建土楼"文化遗产保护管理办法》规定遵循不改变其原状的原则，保持原有材料、传统结构和历史原貌[④]。在开发政策方面，《福建省"福建土楼"世界文化遗产保护条例》中规定开发应当与福建土楼的历史和文化属性相协调[⑤]，发展旅游业与文化产业，引导当地产业商业

① 黄汉民. 倾听"福建土楼"的呼唤[J]. 建筑创作，2006（09）：58-67.
② 沈惠文. 致力非"世遗"土楼保护[J]. 政协天地，2016（09）：36-37.
③ 苏威微，郑诗莹，耿志博，陈顺和. 非"世遗"活化：多中心介入古竹土楼群落区再生策略[J]. 南方园艺，2021，32（02）：38-44.
④ 林珍，林翔. 旅游开发背景下的土楼内部空间功能演变分析——以福建永定洪坑村为例[J]. 小城镇建设，2021，39（01）：56-63+99.
⑤ 福建省"福建土楼"文化遗产保护管理办法[Z]. 福建日报，2006-09-15（006）.

化转型。

而针对非"世遗"土楼，除在《中华人民共和国文物保护法》中有规定保护发展方向外，大量的普通土楼并未制定任何保护政策及措施，缺乏政府主导。当地村民对土楼的价值认同缺失，多数非"世遗"土楼成为村民心中衰败、贫穷、落后的象征。部分非"世遗"土楼仍承载着居住功能，但由于缺乏有效的规划条件指引和政策资金扶持，仅是片面的、无序地修补，记忆与文化的传承受阻。

1.2 非"世遗"土楼的价值探索

1. 非"世遗"土楼的历史价值

每一座藏在村庄里的非"世遗"土楼都存有其独特的故事，可称之为"土的史书"，见证了村庄的发展和历史的变迁。与"世遗"土楼相较，其所承载的历史价值并无高下之分。且大量的非"世遗"土楼建筑结构精美，亦见证了当地当时的经济条件、建造技艺和历史底蕴。

2. 非"世遗"土楼的文化价值

同"世遗"土楼一致，非"世遗"土楼整体布局及单体形式均与自然和谐共生，强调天、地、人的阴阳调和，形态工整，独具一格，形成了具有烘托作用的乡村特色风貌。为加大申遗成功率，46座土楼被打包作为整体申遗。若仅存"世遗"土楼，全无非"世遗"土楼的身影，则福建土楼文化的整体性及感染力将会腰斩，失去属于客家特色的民俗文化及儒家文化的载体。

3. 非"世遗"土楼的当代使用价值

当前政策着重原状保护"世遗"土楼和文物土楼，在保证外观完整的情况下进行内部装修或相应改造[②]。唯物辩证地看待，非"世遗"土楼有其别样价值，即拥有更大程度的改造权限，可更好地与当代的多样性功能需求相适应，可成为乡村振兴实践优良的载体，充分利用其使用价值，创造更多的可能性。

1.3 非"世遗"土楼面临的现实困境

在快速城镇化的历史进程中，土楼赖以生存的环境本身正在消失，传统村落的特色与活力正在消失，有发展为"千村一面"的趋势。客家土楼之所以奇特，与其所在的人文环境和地理环境密不可分。土楼目前缺乏相应的保护政策，城市景观及建筑风格强势介入，导致大量乡村失去地域特色与文化。

随着农村人口流失，大量的土楼无人居住，逐渐走向破败，普遍破损较为严重，夯土墙体破损、坍塌，木质构件糟朽、腐蚀。部分还在使用的土楼在进行修复的时候，没有统一的协调、设计，村民个人用水泥、砌砖等材料填补墙面破损，水泥或块砖与黄土两种材质被粗鲁地融合在了一起，给土楼带来了二次破坏。

土楼的防御功能在当下社会已不复存在，居住功能也慢慢弱化，与之相适应的传统农业的生产生活方式也已跟不上时代的发展。土楼的基础设施也有其时代的局限性，洗浴、如厕、照明等都不能满足现代人们的正常生活需求。

乡村空壳化导致了地缘关系发生割裂，且农村中小学的"撤点并校"政策，使得大量乡村中小学被集中到集镇[①]，村庄教育功能丧失、教育风气衰落，以耕读传家为核心的文化记忆正慢慢淡去，宗族宗法秩序也已消失。

2 非"世遗"土楼的改造原则

2.1 环境在地性

土楼在建造时往往不会固守单一的经典样式，会根据地形做出灵活的变化，适应所处的特定环境，强调建筑、人和环境协调的"风水术"，力求达到天人合一的境界，以期达到美景天成的境界[②]。因此非"世遗"土楼的活化利用不应破坏与天、地、自然的关系，与环境有机地融合在一起。

2.2 历史原真性

1964年《威尼斯宪章》提到，"一座文物建筑不可以从它所见证的历史和它所产生的环境中分离出来"[③]。一段历史以来土楼一直在新陈代谢，在一个原型上进行演变，其自身保留了各个时代的证明，这是建筑遗产最真实的体现。故活化利用时无需完全复原，一刀切地按原貌修缮，反而是不尊重当下的历史，破坏了历史原真性。

① 王杰，洪佩，朱志伟.乡村振兴的空间之维——基于福建土楼修缮的案例[J].华中农业大学学报（社会科学版），2021（04）：146-154+185.
② 杨思声，王珊，梁楚虞.土楼遗产拓展认识及其深化对待[J].新建筑，2018（05）：139-143.
③ 徐雁飞，王磊.论文物建筑保护中的"真实性"——读《威尼斯宪章》《奈良真实性文件》和《北京文件》[J].建筑学报，2011（S1）：85-87.

2.3 功能复合性

机械同质的居住功能、单一的目标对象不利于营造长时间的空间活力。引入灵活多变的功能组合以及为更多元的人群提供功能空间，才能完成非"世遗"土楼的现代转型。立足新的功能要求，结合现代生活的需求进行更新，承载多样性活动持续发生，让传统的空间重获活力。

2.4 场所文化性

当前一些资本炒作对土楼文化资源的快餐式利用是以打造网红建筑为出发点，把非"世遗"土楼资源打造成无法深入推敲的网红文旅产品，这将非"世遗"土楼变得面目全非。活化利用时应着重延续土楼的耕读文化内涵，融入当代价值，打造有居民认同感的精神场所，激励社会各方加入保护工作，才是非"世遗"土楼可持续发展的基础。

3 以"镜楼"改造设计为例

"镜楼"位于梅林镇梅林村，在梅林镇政府附近，现已无人居住。该楼门楼有近400平方空地延伸，右侧紧邻"怀忍楼"，左侧为竹林。该楼建于1716年，由华侨捐资建成，由南朝北，背山面溪，于卵石高台之上，为中西结合的别墅式土楼，较有特色。现该楼大门空缺，一楼有主厅，左右各一间房，以前曾倒塌，有新的砖头建筑修补。该楼整体比例小巧敦厚，别有一番情趣，二楼在中厅开了圆窗，三楼设出挑走廊，视野开阔。建筑本身破损严重（图1），可从现场痕迹推测，西侧与东侧原有房屋已坍塌，现做菜地使用。

图1 "镜楼"现状（来源：作者自摄）

3.1 环境在地：修复本地环境，消隐地下空间

设计中尊重建筑实体和周边环境，充分保留河流以及山体的空间细节，以保护性、在地性为导则。建筑主体开敞而通透，坐北朝南，由南至北逐级抬高。南侧临河面设置主入口，与防洪石墙融合，拾级而上。西侧依怀仁楼，新建夯土工艺墙体，与传统土楼相协调。东侧现有古木银杏一颗及竹林一片，置入次入口及地下展厅入口，积极地与环境相融合。

参照传统土楼的格局，修复再生镜楼前废弃的田地，围合出具有向心性的庭院，于中心设水井，增强中轴线的仪式感。于古木一侧设立次轴线，开放式的地下入口增加了场地的开放性，将吸引游客及当地村民入内观展，在保护现存建筑的语境下增强该村庄文化中心的公共性（图2）。保证各空间独立运营，提升土楼界面的开放度。

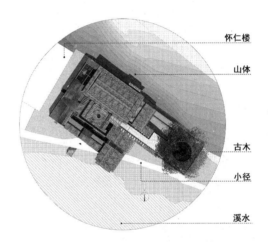

怀仁楼

山体

古木

小径

溪水

图2 "镜楼"改造后平面图（来源：作者自绘）

3.2 历史原真：复原建筑秩序，表现空间组织

依据聚落环境的传统风貌来塑造建筑造型，以五凤楼为原型，屋顶层层叠落、高挑，高低错落，围合出庭院空间，整体建筑布局规整，古朴庄重，主次分明，和谐统一（图3）。在保护镜楼主体结构及外貌完整性的基础上进行改造及加建设计，保持现存建筑及传统土楼场地营造的空间氛围，尊重土楼的生活印记及审美价值并于加建部分中表现出来，赋予时代特色。

图3 "镜楼"改造后效果图（来源：作者自绘）

保留夯土及木构材料的细节，将土楼拆解为墙体空间、木构空间，将柱子从墙体中释放出来，在视觉上具有独立感的柱子和屋架成为空间组织的重要组成部分（图4）。木结构不仅在建筑中有传递荷载的作用，其作为空间组织的组成要素，传达的旧建筑秩序与新的空间组织互相交融，在夯土墙与钢材的对比下，触发使用者感知建筑内蕴含的时间痕迹。通过置入新的空间、家具、文化艺术装置等，来促成传统文化理念与现代生活方式之间的和谐交融（图5）。

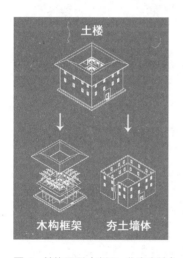

图4 结构原型（来源：作者自绘）

图5 负一层入口处（来源：作者自绘）

3.3 功能复合：改善固有尺度，置入复合业态

将现有建筑主体改造为满足现代功能需求的展览、游憩、饮茶、社交等空间，从功能上对土楼空间进行重新梳理，居住单元被分割为界面封闭的小尺度空间，不满足公共空间的基本需求。因而将过于局促的房间隔墙拆除，整合小单元成开放的聚合空间，置换不符合现代需求的居住功能。将镜楼打造为集文化展览、纪念品商店、茶室、办公于一体的乡村文化中心（图6）。复合的业态将会吸引多元的使用人群，保证镜楼的可持续运营和发展。

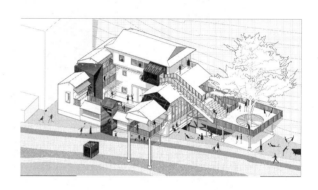

图6 不同业态分布图（来源：作者自绘）

在业态规划上，建筑主体现存体量较小，根据有利的地形条件，在庭院向下挖一层，将地下一层打造作历史展厅，以水井为中心，通过展示历史文化展品，加强文化氛围营造；建筑一层用作接待及纪念品售卖；二层改造为休闲茶室，提供居民与游客共享的社交环境，枕山面水的环境为洽谈聚会提供了场所；三层更新为多功能室，与"瞭望"室相结合，提供不同的空间类型，满足不同人群在不同时段的使用需求。

3.4 场所文化：营造生活场景，重塑民众记忆

还原土楼的生活场景及文化氛围，甄选有代表性的土楼生活节点，以当代的建筑语言还原在改造设计中（表1），深入挖掘土楼文化内涵，传承耕读正道，在展览科普及现代生产生活中延续土楼的场所精神。再现是一种策略也是一种效果呈现，场地和原有建筑空间经过营造后呈现出既符合新功能使用又最大

程度保持原有韵味的空间效果。重塑民众于此土楼中的记忆，奠定土楼内的空间文化氛围，与现存的建筑相映成趣。

4 结语

在乡村振兴和旅游开发的大背景下，数量庞大的非"世遗"土楼面临着保护与活化利用的问题。首先应补充完善相关的法律法规引导，增强社会各界对非"世遗"土楼的认可，不断吸纳各类人才进入乡村，多方介入共同保护土楼的使用价值、文化价值和历史价值，制定科学的活化利用策略；其次仅依靠政府和专家的力量也是不够的，应激发村民的文化自信，引导村民自发组织参与，才有可能继承这笔宝贵的财富。

文化元素说明　　　　　　　　　　表1

名称	廊道	甬道	水井	门窗	门楼	瞭望塔
原型						
特征描述	土楼的环形廊道四通八达贯穿全楼，作水平交通	为抵御匪患，必要之时，可从地下甬道及时撤离	村民世代守护水井，依井生活，井是记忆的载体	土楼的窗户一般置于三层之上，予以白色的边框	入口门楼营造了象征"儒家文化"的宗族尊卑秩序	土楼的最高层四角设立瞭望塔，以及时观察敌情
改造后						
特征描述	于建筑中打通环形的通廊，并置入局部放大节点	于地下一层还原，临江处置以观景窗观赏溪景	庭院中心重设水井，唤起土楼人民的联想与感知	以框型门窗为原型，设计新型门窗穿插于建筑中	以生土材质重建门楼，强化中轴线的准备秩序感	赋予瞭望塔以现代功能，做室外茶室，社交平台

（来源：作者自绘）

参考文献

[1] 黄汉民. 倾听"福建土楼"的呼唤[J]. 建筑创作，2006（09）：58-67.

[2] 沈惠文. 致力非"世遗"土楼保护[J]. 政协天地，2016（09）：36-37.

[3] 苏威微，郑诗莹，耿志博，陈顺和. 非"世遗"活化：多中心介入古竹土楼群落区再生策略[J]. 南方园艺，2021，32（02）：38-44.

[4] 林珍，林翔. 旅游开发背景下的土楼内部空间功能演变分析——以福建永定洪坑村为例[J]. 小城镇建设，2021，39（01）：56-63+99.

[5] 福建省"福建土楼"文化遗产保护管理办法[Z]. 福建日报，2006-09-15（006）.

[6] 王杰，洪佩，朱志伟. 乡村振兴的空间之维——基于福建土楼修缮的案例[J]. 华中农业大学学报（社会科学版），2021（04）：146-154+185.

[7] 杨思声，王珊，梁楚虞. 土楼遗产拓展认识及其深化对待[J]. 新建筑，2018（05）：139-143.

[8] 徐雁飞，王磊. 论文物建筑保护中的"真实性"——读《威尼斯宪章》《奈良真实性文件》和《北京文件》[J]. 建筑学报，2011（S1）：85-87.

乡村营建背景下土家族建筑聚落遗产的保护与更新设计
——以湖北恩施州彭家寨乡村营建为例

周梓璇 鲁曦冉 姚崇怀

作者单位
华中农业大学园艺林学学院

摘要： 以土家族聚落为代表的武陵山乡村建筑文化遗产有悠久的实践历史，近年来随着乡村旅游开发的兴起，从过去动态的生活场景向动静结合的参与型展览场所转变。本文通过湖北彭家寨土家族国家保护建筑群的乡村改造项目，梳理土家族乡村建筑遗产保护理念，从概念框架、改造类型和管理探讨土家族建筑群落改造，结合中国乡村建筑遗产总结出以"多元价值"为本、以"当地居民"为基、以"可持续发展"为框架、以"展示参与"为领的经验启示。

关键词： 乡村营建；少数民族建筑遗产；土家族；乡村振兴

Abstract：The cultural heritage of rural architectural landscape represented by The Tujia settlement in Wuling Mountain has a long practice history. In recent years, with the rise of rural tourism development, it has changed from a dynamic life scene in the past to a sustainable place of dynamic and dynamic participation exhibition. Through the rural renovation project of the Tujia National protected architectural complex in Pengjiazhai, Hubei Province, this paper sorts out the conservation concept of the tujia rural architectural community heritage, and discusses the renovation concept of the Tujia architectural community from the conceptual framework, renovation type and management guarantee. Combined with the Chinese rural architectural heritage, this paper summarizes the experience and enlightenment based on "multiple values", "local residents", "sustainable development" as the framework, and "exhibition and participation" as the lead.

Keywords：Rural Construction; Ethnic Minority Architectural Heritage; Tujia Nationality; Rural Revitalization

乡村振兴是重要的发展战略，其中少数民族聚集的乡村部落是具有其典型民族地域性生态特征、文化特征和经济特征三位一体的综合代表，具有保护、展示和发展的多元性需求。近代中国乡村随着旅游业的发展，乡村建设偏向于政府支持的公众开放式参观，重在地域经济发展与文脉保护，但受益人群主要为外来游客；自乡村振兴战略提出以来乡村发展出现可持续视角下的生活场域的打造，根据村民的期望和不满，有针对意义地对村落遗产进行改造，包括大众文化视角下乡村遗产的利用和针对本地居民的生活复兴意义，但总体来讲仍存在许多问题，如生活与展示空间割裂、技术性支持应变不足、场所记忆特色不突出等。

本文以2021年恩施州政府主导的大健康产业"十三五"规划为背景，以宣恩县彭家寨土家族国家历史保护建筑群落的保护与更新建设为架构，探讨旅游开发背景下的少数民族村落可持续发展。

1 项目背景

1.1 研究区域概况

恩施土家族苗族自治州位于湖北省西南，背靠神农架，为亚热带季风性山地湿润气候。土家族为恩施州境内历史悠久的土著民族，本项目中土家族古村落彭家寨地处恩施州宣恩县西南部（图1）。

1.2 土家族村落彭家寨建筑群落的特征

彭家寨北靠观音山南向龙潭河，布局依山势而建，建筑鳞次栉比，村东以"岔儿沟"为界，河上建有木板铁索桥与河岸相连，视野开阔。彭家寨土家族群落顺应客观自然条件形成背山面水的村落格局，呈现出与山体、水体极大的依存关系。据村口石碑记载，彭家寨建筑群落建于清朝末期，寨中建筑形式为干栏式吊脚楼，白檐飞翘为当地土家族建筑特有形式，其底部架空，底部较为潮湿，用于杂物堆放和

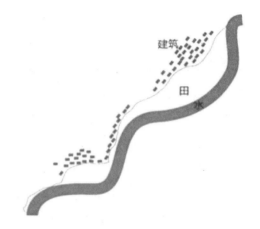

图1　恩施彭家寨村落建筑形态（来源：网络及作者自绘）

牲畜养殖，上部为土家人起居生活场所。这样的建筑形式有利于通风透气和排水排涝，并且可以有效利用山势。

　　彭家寨建筑以井院式栏杆建筑为主，柱枋紧密相衔，柱梁承重。院中以板石铺地，鹅卵石铺路，建筑之间以板石铺路，板石下有疏水沟，汇入村边"岔儿沟"。彭家寨建筑平面布局紧凑，就地取材，木石为主，因地制宜，营造技艺充分发挥土家族木结构中抬梁式的优点，以榫卯结构连接，具有实用性、民族性和技术性，充分展现出少数民族的审美和创造性，对土家族文化的研究具有重要意义。

1.3　土家族村落彭家寨现状问题

1. 技术性支持应变不足

　　彭家寨的建筑空间排布以历史遗留的木石建筑为主，保留了较为原始的土家族风貌，受乡村建设活动和水环境影响较大，虽然在建造过程中充分考虑了排水防潮，但不可避免地遭受到腐蚀的侵害。建筑背阴出木墙潮湿，部分出现腐朽情况，此外木建筑存在防火性差、采光弱等问题，使其在现代技术的冲击下被土家族人遗弃。现彭家寨人以现代建筑方法建造建筑，新旧建筑在颜色、选材、体块上均差异较大，导致古村落建筑风貌失衡，破坏了整体性特征，此外缺乏专业性指导导致过程中具有历史文化的建筑被破坏（图2）。

2. 生活与展示空间割裂

　　彭家寨中均为土家族人，仍保留本地土家族生活习性和农耕风格。外来参观活动为寨中住民带来旅游方面收益的同时，也影响了场所居民的日常起居。生活其中和外来参观的人类活动仅立足于表面的商业性互动，总体来讲泾渭分明，缺

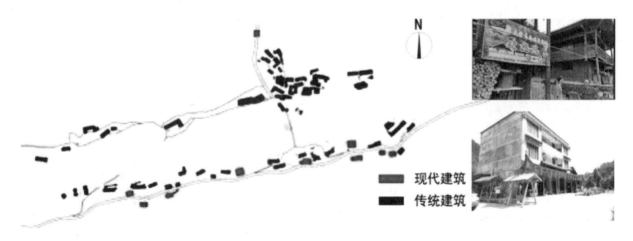

图2　恩施彭家寨建筑分析（来源：作者自绘）

乏参与感。

3．场所记忆特色不突出

国家历史保护村落彭家寨的历史文脉是土家族古村落空间发展的重点。彭家寨景色秀美，山野空间丰富但建筑空间受限于经济，私人宅院空间外只有两个较小的公共开放空间，且平台构成单一，仅能满足村民日常生活，但不足以应对当前古村落经济建设发展需求。此外旅游发展注重于空间经济建设效果，忽视互动参与等方面，导致古村落建筑环境浮于表面发展，少数民族历史文脉场所记忆未被发掘，致使古村落旅游竞争力降低。

1.4 宣恩县沙道沟镇整合改造项目

针对国务院提出的《关于促进健康服务业的若干意见》，恩施州提出了发展大健康产业"十三五"发展规划，以此推进恩施州经济社会发展。规划中提出打造彭家寨土家六寨文化旅游区。

宣恩县沙道沟镇整合改造项目以彭家寨为龙头发展民俗民居旅游，修复两河口历史老街建筑和风貌，建设高桥坪半岛度假村，对汪家寨、磨家山、彭家寨、板栗坪、曾家寨等原始吊脚楼建筑进行抢救性保护，建设龙潭河及滨水景观带（图3）。

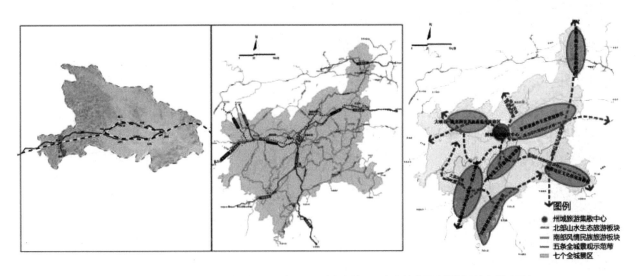

图3 恩施土家族彭家寨六寨规划示意（来源：北京大地风景文化旅游景观规划设计有限公司）

2 乡村营建理念与原则

乡村建设的内涵在于救济乡村和创造文化。对于少数民族遗留村落的重点应该在于保留和传承文化。因此不应局限于建设本身，其目的是为了经济的发展、生态修复和活力的唤醒，因此要构建完备的乡村再更新网络。彭家寨乡村营建是通过旅游开发为目的实现可持续发展，对主要以建筑修复和综合建设手段等方法对空间元素、区域景观和生态环境进行技术优化和结构性提醒，以此满足生活在其中的人的生活需求，消除场域内的存在的外来影响胁迫和内在需求胁迫，改善建筑环境，提高经济效益（图4）。

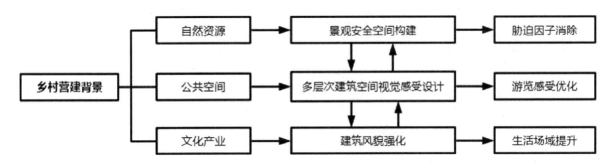

图4 乡村营建视角下土家族古村落保护与开发发展框架（来源：作者自绘）

2.1 彭家寨自然资源分析

项目实地调研中运用生态学的调查方法和评估生态群落的发展动态、稳定性和结构性特征，结果显示，彭家寨地处武陵山区，农田肌理较为统一整齐，林地类型丰富，但山林出现群落种类单一、秋色叶缺乏、乔灌草断层的现象，导致彭家寨生态群落中未能形成较高质量的风景林。

2.2 彭家寨公共空间环境分析

在农村居民大量流失的情况下，土家族古村落彭家寨公共空间现存在诸多问题。第一，观音山两山夹一水，村落于山水之间，由于城乡衰败，导致空间的使用强度和建设质量发生退化；第二，交通与村落之间缺少缓冲过渡空间；第三，旅游为背景的乡村营建的公共空间设计中，平台广场承载多样功能，不仅是村民农耕处理、休闲娱乐等场所，也是开展对外公共活动、举办重大节庆的平台。村落配套设施缺失，不能满足居民和游客需求。

2.3 彭家寨文化产业分析

彭家寨文脉以土家族为主，衍生出特有的农耕、民俗、节日和饮食文化。节日方面例如春季有庆祝牛王生辰的"牛王节"和祭祀"婆婆神"的嫁毛虫节，

此外还有"女儿会""尝新节""赶年节""舍巴节"等；土家族特有的民俗体现在其舞蹈、音乐和手工艺；土家族特色茶文化和硒酒文化来源已久，成为当地特色并衍生出特殊的农耕文化。

3 恩施州国家级古建筑群落的乡村营建设计

以生态基地和特质要素为依托，设计中注意尊重土地和自然，注重环境生态，注重循环农业、创意农业、少数民族体验，遵循生态理念，建立以田居融合和旅游发展为导向的田园综合体。

3.1 景观安全空间构建

根据前期调研和竖向分析，彭家寨水环境在不同时期会形成不同景观，考虑到不同时期的雨洪影响，构建彭家寨水环境景观安全格局缓冲带。第一，缓坡入水技术手段加强龙潭河绿色生态廊道下垫面入渗能力；第二，采用耐水淹低层次植物群落，具有良好的生态缓冲能力和抗干扰能力，作为一年一度丰水期淹没的关键性补充区域作为一级高度台阶；第三，建筑材料上选用就地取材的本地木石材料，木石材料对于洪水具有一定的自我协调修复能力，在不干扰生态完整性的同时，建设具有缓冲活化作用的公共空间（图5）。

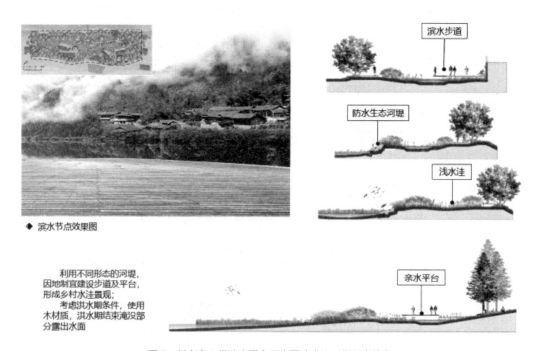

◆ 滨水节点效果图

利用不同形态的河堤，因地制宜建设步道及平台，形成乡村水洼景观。考虑洪水期条件，使用木材质，洪水期结束淹没部分露出水面。

图5 彭家寨三级滨水平台示意图（来源：作者自绘）

3.2　多层次建筑空间视觉感受设计

通过三维视线分析对不同高度层次的空间视线进行视域和构造视线设计，彭家寨视线分析分为四个层次。海拔586米以下构成第一个层次，在此层次可以形成仰视效果，根据环境优势和建筑空间复合视觉感受，在此层建设两个静态休憩的建筑平台，建筑物的外形遵循简洁、美观、体现标志性等原则，可以亲近水面，视线开阔；海拔593～586米为第二层次，再次层次可以形成平视效果，建设步道休息中转若干建筑平台，这些平台由于山林植物遮挡视线，因此需要周边花境打造弥补，以乡土植物花卉为主，不影响视野开阔度和有视觉冲击力为设计重点，使参与者形成栖身山林的感觉；612～602米是建筑群主要分布地带，此处视野开阔是主要活动平台，建筑物高度均不高于3层，从与可见景物之间的高差和视距的比值来看，基本可以保证以舒适的视角观赏可见景物，形成平视效果；海拔612米初为与道路相连的一级入口平台，此处远眺观音山和彭家寨土家族村落，根据高差设计下行楼梯步道，步道有五个平面供休息远眺，是最佳的观赏地点（图6）。

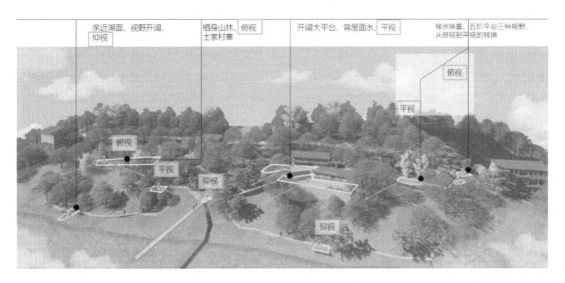

图6　彭家寨乡村营建视觉引导示意图（来源：作者自绘）

3.3　生活场域优化提升

高低错落的建筑空间是游览者在游览过程中最能直接感受彭家寨土家族文化意境的传统空间，通过族人世代的生活场域，游览者可直接观赏或参与公共活动并且得到文化感知反馈。在乡村营建中要注意商业化旅游趋势和原住民生活需用的协调。

彭家寨建筑群主要通过居民建筑外墙与建筑屋顶的修补、院落空间的提升、小体量休憩服务建筑的增加为表现方式强化土家族建筑风貌特征。新建建筑屋顶为屋顶花园或观赏平台，能够减少对古村落原环境风貌的影响。各个建筑以三级道路串联，形成多个游线。同时增设建筑小品和休息座椅，种植乡土植物花境，打造一个集散步、玩耍、运动于一体的多样化场所，满足居民和游客的需求（图7）。

4　结语

历史保护建筑、土家族文脉和乡村振兴是土家族古村落彭家寨乡村营建的重要元素，更是其可持续发展的新动能。本文从分析彭家寨古村落建筑空间环境的现存问题入手，以乡村营建的视角，系统性地对设计区域的自然资源、公共空间环境和文化产业进行分析，针对现状问题和现有基础从景观安全空间构建、地坪层次建筑空间视觉感受设计和建筑风貌的强化三个方面介绍了彭家寨乡村的保护和更新设计思路，以期解决土家族古村落彭家寨技术性支持应变不足、生活和展示空间割裂，以及场所记忆特色不突出等一系列问题。本设计可为少数民族村落乡村营建活动的设计提供参考思路。

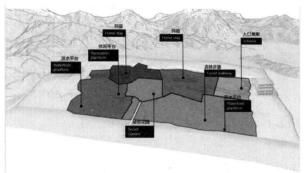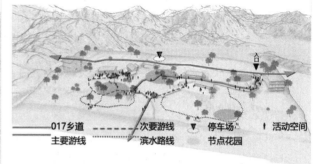

图 7　彭家寨乡村营建结构与线路引导（来源：作者自绘）

参考文献

[1] 王青青，林婧，赵伟光.传承与创新——青岛潍县路19号里院改造概念设计[J].建筑与文化，2021（10）：217-218

[2] 廖民玲，梁宏明.广场舞兴起背景下的中老年人户外体育活动空间环境设计理论探析[J].环境工程，2021，39（11）：231.

[3] 饶显龙，喻敏，何田恬，楼凌云，包志毅.基于群落生态学原理的风景林景观更新策略研究——以深圳市仙湖植物园为例[J].中国园林，2018（8）.

[4] 赵彦，卫丽亚，李海红.山体绿道景观空间复合视觉感受设计引导探索——以泉州市山体绿道示范段为例[J].中国园林，2021，37（S2）：6-10.

[5] 文博，王叶.乡村振兴的建筑路径探析——南京市溧水区傅家边农业科技园的营建启示[J].建筑与文化，2021（10）：221-223.

[6] 徐小东，吴奕帆，沈宇驰，董竞瑶.从传统建造到工业化制造——乡村振兴背景下的乡村建造工艺与技术路径[J].南方建筑，2019（02）：110-115.

[7] 赵亚琛，曾坚.景观格局优化视角下水环境生态空间适应性发展研究——以大运河沿线台儿庄古镇为例[J].中国园林，2021，37（05）：62-67.

[8] 易灿，张智，王文奎，肖晓萍.福建地区自然保护区内的生态修复探索与实践——以福建闽清黄楮林自然保护区石潭溪片区生态修复项目为例[J].中国园林，2021，37（09）：89-94.

[9] 唐程.浅谈当代恩施土家族建筑地域性表达[J].中外建筑，2019（09）：34-35.

[10] 贾佳，荆忠伟，李文.基于区域差异化视角的资源型城市绿色基础设施网络构建与优化——以大庆市主城区为例[J].中国园林，2021，37（09）：77-82.

[11] 李越群，朱艳莉，周建华.新农村建设中地域性景观的营造[J].西南农业大学学报（社会科学版），2009，7（01）：86-89.

[12] 赵佳辉.乡村景观与建筑一体化主导下的建筑空间设计与研究——以抚州市南丰县洽湾村为例[J].建筑科学，2021，37（09）：189.

[13] 文博，王叶.乡村振兴的建筑路径探析——南京市溧水区傅家边农业科技园的营建启示[J].建筑与文化，2021（10）：221-223.

[14] 陈阳. 少数民族贫困地区乡村适宜性营建途径初探——以四川省凉山彝族地区为例[C]//面向高质量发展的空间治理——2020中国城市规划年会论文集（16乡村规划），2021：1206-1213.

[15] 陈祎，徐煜辉. 社区花园视角下重庆乡村社区营建研究——以长寿区秀才湾农民新村为例[C]//面向高质量发展的空间治理——2021中国城市规划年会论文集（16乡村规划），2021：179-187.

[16] 周子杰.乡村振兴背景下山地传统村落生态营建的整体性研究——以贵定喇亚村为例[C]//面向高质量发展的空间治理——2021中国城市规划年会论文集（15山地城乡规划），2021：236-248.

[17] 金晖. 土家族建筑中的"造境"——以湖北省宣恩彭家寨为例[C]//2012年中国艺术人类学年会暨国际学术研讨会论文集（第三部分），2012：154-157.

[18] 肖念."乡村振兴战略"背景下荆楚地区田园建筑营建策略研究[D].荆州：长江大学，2019.

[19] 马秋野. 旅游开发背景下湘西土家族传统民居保护与更新设计研究[D].北京：北京服装学院，2019.

煤改电背景下东北严寒地区乡村住宅空间演变调查与分析
——以哈尔滨市近郊乡村为例

薛名辉[1] 黄睿[1] 张皓楠[1] 廖紫妍[1] 冷晓煦[1] 汪子渲[1] 李佳[2]

作者单位
1. 哈尔滨工业大学建筑学院　　2. 东北农业大学艺术学院

摘要： 基于煤改电及其相关政策背景，对东北严寒地区典型乡村住宅空间进行实地调研及测绘，并与村民进行问卷与访谈互动，试图从中梳理出乡村住宅采暖方案改变下的乡村生活空间演变，并进一步挖掘其对村民居住状态与生活模式的影响，思考在能源改革与乡村传统文化保育的双重因素下的住宅空间可持续性与灵活性的改进策略。

关键词： 煤改电；严寒地区；乡村住宅；空间演变

Abstract: Based on the background of coal to electricity and related policies, this paper conducts field investigation and mapping on typical rural houses in the severe cold area of Northeast China, and interacts with villagers through questionnaires and interviews, trying to sort out the evolution of rural living space under the change of rural residential heating scheme, and further explore its impact on Villagers' living state and living mode. Considering the improvement strategy of residential space sustainability and flexibility under the dual factors of energy reform and rural traditional culture conservation.

Keywords: Coal To Electricity, Severe Cold Areas, Rural Housing, Spatial Evolution

中国的乡村地域广阔，人口众多。乡村住宅空间具有悠久的发展演进历史，是乡村地域发展的空间基础，是乡村发展的缩影，也是人地关系的映射[1]。作为乡村居民居住、就业、消费和休闲等日常活动空间组合而成的空间聚合体，乡村住宅空间内承载了村民日常生活的各种行为，需要将其放置在社会变迁的整体脉络下来诠释[2]。

传统北方乡村在冬季供暖时普遍使用以薪柴和燃煤为主要能源的火炕、土暖气，近年来，为保护生态环境、建设美丽中国，北方各省逐渐在乡村展开"煤改电"工程。2013年国务院发布《大气污染防治行动计划》，提出要加快推进"煤改电"工程建设；2016年国家发展改革委指出要在农村地区大力推广以电代煤；2018年国务院发布的《关于实施乡村振兴战略的意见》中对北方农村"煤改电"提出了要求；在黑龙江省，2017年《黑龙江省大气污染防治条例》中提出要逐步实施"煤改电"；2018年要求加快农村"煤改电"电网升级改造；2021年黑龙江政府也强调要因地制宜实施煤改电等清洁供暖项目。

"煤改电"工程是建设美丽乡村的重要举措，会对乡村生活带来较为重要的影响，它不仅改变了乡村原有建筑能源结构，也促进了传统乡村住宅空间和村民生活模式等方面的演变。

1 东北严寒地区乡村住宅空间调查设计

1.1 采暖原理分析

东北地区，传统的采暖方案即燃烧能源直接供热，如火炕、土暖气、锅炉等，这类方案对生活空间影响较大。它作为一类空间元素，占据部分空间，赋予该空间特有使用意义并影响人的生活方式，它的存在也影响其他功能空间的秩序，在历史演进过程中逐渐形成一类文化传统。

较为先进的采暖方式是利用电能供热，以空气源热泵和蓄热式采暖为代表。该类设备大多以水为媒介进行热量的交换，总体上对空间的影响较小，操作更便捷，对环境污染较小（表1）。

各采暖方式及其对乡村住宅空间的影响 表1

	较原始采暖方案			较先进电采暖方案	
	火炕	土暖气	锅炉	空气源热泵	蓄热式采暖
供暖方式					
主要能源	柴/煤	煤	煤/天然气	电能	
供暖原理	燃料燃烧产生的热烟气通过炕间墙烘热石板，再从烟口排出	锅炉中的热水通过管道进入房间内的散热片，再通过管道回流到进水口	热水从集中供暖炉通过管道进入房间内的散热片，再回流到供暖进水口	压缩机将电能转化为热能，热水通过地暖管散发热量，提高房间的温度	利用夜间的低谷电将水升温，存储在保温水箱中，需要时释放热能
室内固有实体	火炕石板、灶台、烟口（火墙）	管道、暖气片、烟口（或专门设备间）	管道、暖气片（窗台）	水箱、室内空调、地暖	蓄热式电暖器
对空间的影响	1.平面上，厨房与卧室必须相连且炕只能安置在房间一角；2.立面上，会出现烟囱元素；3.基面抬升形成炕上空间	1.平面上，需安排设备间或存放处；2.空间上，管道、暖气片等占据一部分靠墙位置；3.立面上，会出现烟囱元素	影响较小，空间上，需安放暖气管道和暖气片，但位置在建筑设计时已经固定，较规律	1.空间上，进门处天花板会被室内空调占据；2.技术上由于地暖存在，楼板变厚	影响较小，空间上，需安放蓄热式电暖器，但其形体较为规则、无其他连接实体、可移动
对生活的影响	需要专门烧炕，较费时、劳累	需要专门烧煤，较费时、劳累	无需专门打理，也无需自行管理设备	无需专门打理，但需要自行管理设备	方便控制，可以随时加热或冷却

（来源：自绘）

1.2 调研村落选择

在调研的村落选择方面，着眼于最具寒地典型特征的黑龙江省，将调研目标锁定在以下三个村落，即位于哈尔滨市尚志市的青山村和位于哈尔滨城郊的孟家乡与小罗村。原因如下：

采暖方案具有代表性： 孟家乡的大部分村民仍用煤取暖，青山村已全村进行煤改电，小罗村则已全村改用生物质能集中供热。

气候具有相似性： 三个村落的地理位置较为相近，纬度均在北纬43°～46°之间，冬季平均气温均在-18℃左右，最低气温可达-30℃以下。

经济条件具有相似性：孟家乡、小罗村因靠近市区，发展较为迅速，具有一定城镇化特征，而青山村毗邻亚布力滑雪场，受旅游经济带动较为富庶，以上两点相似性保证了其采暖方式有可比性。

基于以上原因，在现场调查前通过网络数据收集了当地居民的家庭人数及结构、家庭产业分布等，期望现场调查中能够进一步针对煤改电前后的生活模式、空间改变以及政策实施后带来的具体影响进行对比。

1.3 问卷及访谈设计

现场调查的目标确定为：在了解煤改电政策施行后，村民的生活如何变化，并进一步发掘生活空间优化与改造的机遇。同时考虑到当地村民受教育程度，采用访谈问答的形式；在问题设计上，根据每家每户的具体情况，以开放式问题为主，同时进行引导式问答，尽可能地将村民的答案与本研究侧重点结合在一起。另外针对一些需要具体回答的问题设计了相应具体选项，并将选项控制在三个以内，方便数据的统计和实地的采访。

2 东北严寒地区乡村住宅空间调查结果

2.1 三村农宅现状

本研究中共走访了三个村落的15户人家，分别绘制了详细的图纸，并整理出六份有代表性的调研测绘图表作具体分析（表2、表3）。

六栋乡村住宅基本情况统计表　　　　　　　　　　表2

调查对象	呼兰市郊孟家乡 1#住宅	呼兰市郊孟家乡 2#住宅	亚布力青山村 3#住宅	亚布力青山村 4#住宅	双井街道小罗村 5#住宅	双井街道小罗村 6#住宅
原建年份	2009年	2000年左右	2009年	1990年代	2014年	2015年
家庭人口	2（+3）	1（+2）	1（+n）	1（+3）	2	1（+3）
家庭产业	种地+打工	种地+开店	农家乐	种地	收租+打工	无业
原采暖方式	煤锅炉	煤锅炉	煤锅炉	煤锅炉	煤锅炉	煤锅炉
现采暖方式	煤锅炉	蓄热式采暖	空气源热泵	空气源热泵	秸秆集中供热	秸秆集中供热
住宅面积（平方米）	79.2	52.5	81.9	86.2	80.0	115.6

六栋乡村住宅中采暖方式及其对住宅空间的影响　　　　　　　　　　表3

调研住宅	住宅平面立面测绘图	图像记录
1#住宅 呼兰市郊孟家乡		煤炉及堆煤处　　　乡村住宅鲜有的独立客厅
2#住宅 呼兰市郊孟家乡		现有蓄热式采暖设备　　　原有煤炉设备，现堆放在后院里
3#住宅 亚布力青山村		老旧的管道和火炕　　　空气源热泵设备
4#住宅 亚布力青山村		传统大锅灶　　　住宅外部加建的棚架

调研住宅	住宅平面立面测绘图	图像记录	
5#住宅 双井街道小罗村	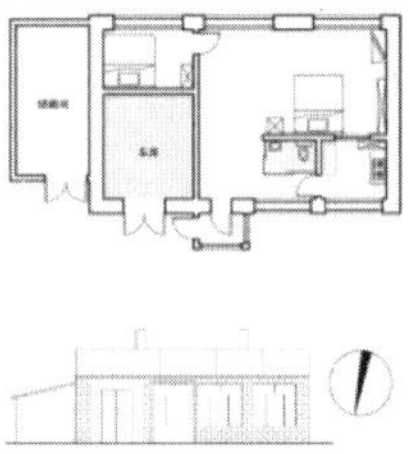	 原来放煤炉的地方，现在摆了小餐桌	 后院内的闲置空间
6#住宅 双井街道小罗村	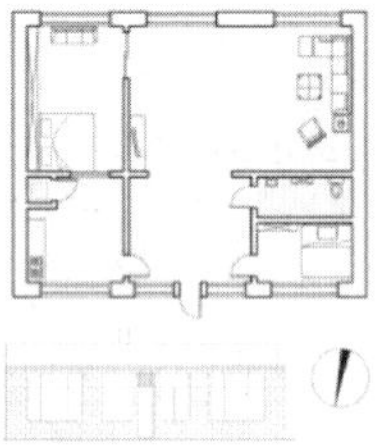	 原来放煤炉的地方，现用来储物	 大双层窗户，中间可置物

（来源：自绘、自摄）

1. 孟家乡

呼兰市郊孟家乡在村委大楼的示范作用下，部分村民进行了煤改电采用蓄热式电暖器。其中，张先生（2号受访者）家的蓄热式电锅炉悬挂在墙上，大大地节省了曾经堆煤的空间；还未经煤改电的李女士（1号受访者）家中仍有堆放煤的储藏空间，烧炕和做饭也有着鲜明的供热区域，国家再出台更好的补贴政策将是她今后煤改电的关键。

2. 青山村

隶属滑雪胜地亚布力的青山村是黑龙江煤改电的先行村，全村居民已全部配备空气源热泵。村民自建房的围护设施保暖方式很有特色，并在入口处形成了过渡空间：如用透明亚克力板或玻璃撑起"阳光房"；以弯曲的铁丝形成拱形，将塑料薄膜铺于其上。

3. 小罗村

呼兰区双井街道小罗村500余户人家已经全部改成采用生物质能集中供暖。笔者入村访谈时将近四月中旬，室内温度仍达20℃，这里的村民生活富足，室内的布置和装修风格都与众不同。王大爷（7号受访者）家中布满绿植，曾经烧煤的位置已经被餐桌椅取代；罗奶奶（8号受访者）独自居住在很大的房子，家中曾堆煤的地方变成了一个不小的储藏室，对炕情有独钟的她保留着原有的生活方式，且罗奶奶家采用了双层窗户以减少冬季屋内的热损耗。

2.2 村民对于住宅空间的使用诉求

基于在三村进行的详细访谈，整理出了村民对于煤改电后居住空间的诉求。总体而言，煤改电不仅减除了住宅中一些赘余设备空间，还解放了居民们烧煤采暖的时间，更丰富的空间、更多样的生活方式，正在等待未来的设计者与使用者一同探索。村民们的空间使用诉求归纳如下：

1. 保留乡村住宅空间传统特色

绝大多数受访者对传统农村生活有所眷恋，认为应当保留东北传统"炕"的形式，这不仅迎合了村民固有生活习惯，也保留了东北乡村的文脉。但基于绿色低碳原则，笔者认为未来乡村住宅可以使用体验感与火炕类似的电炕，如孟家乡2#住宅所示。

基于对小罗村7#、8#住宅受访者的访谈，笔者认识到乡村住宅发展不应与城市趋同化，在更新供暖方式，室内温度较原有空间舒适、均匀的情况下，可以增加种植绿植的阳光房，以满足村民们足不出户即可享受田园乐趣的诉求。

2. 重新利用原有储煤空间

原有储煤空间的解放为生活空间的灵活运用提供了更多的机会，2#、4#、7#、8#住宅供暖方式改变后，村民们都做出了自发调整，2#受访者在原有煤炉处增加了桌椅，作为用餐空间，7#受访者将原有储煤空间作为其他储物空间等，这些调整方法都值得学习借鉴。另外，村民们普遍认为，如果在住宅建设之初，便把这些空间纳入规划，而不是进行临时调整，使用效果会有更进一步的提升。

3. 灵活使用非常住的住宅空间

随着城乡人口流动的加快，乡村住宅居住人口的变化也成了常态，如4号受访者仅在旅游季节居住在乡村住宅中、8号受访者为独居老人，子女仅偶尔探望等。由于流动人口的增加，采暖方式与住宅空间的灵活性变得更加值得关注，空气源热泵在时间灵活性上有着绝对的优势，不仅可以控制开关，还能够调整温度，应该在未来农宅建设中给予更多的推广。另外，多功能空间的引入也是一项值得关注的议题，厅卧两用空间、多用异型家具等也应当成为乡村住宅的趋势。

4. 降低住宅建设与维护成本

受访者们普遍关注采暖成本问题。在严寒地区，冬季采暖成本一直是村民年花销中占比很大的一部分，受访者们普遍反映，煤改电后年均采暖成本有所降低，青山村户均降低1/5左右，小罗村由于有企业补贴，户均降低1/2左右。如果能通过合理的空间设计，使得采暖成本进一步降低，无疑是一件有利于民生福祉的大事，笔者建议可以通过改善外墙材料、减少散热面积、减少热桥、令有较高采暖需求的房间位于住宅中部等措施，进一步降低供热成本。

3　调查结果分析与空间演进趋势

乡村住宅现状和居民诉求的调查分析，很明显地体现出煤改电以后居民生活和建筑空间产生的诸多积极变化，而这些变化也体现了未来乡村住宅空间的演进趋势：

3.1　乡村住宅绿色化

电力供暖相比燃煤效果更好，且对比锅炉与炕，水平方向温度分布均匀，使得乡村住宅呈现出绿色环保的特征。而如果为了保护传统"炕"文化，也可用电炕代替火炕，并重新利用原来的堆煤空间，增加配套家具设施。

3.2　住宅空间灵活化

在煤改电政策实施前，无论是火炕还是土暖气，都会对居住空间造成限制，比如设施的占地空间、煤的存放位置等。煤改电后，蓄热式电暖器与生物质能集中供暖等新型设备不仅占地面积大大减小，也不需要特定的安置空间，更不需要卧室、厨房等房间紧邻布置，空间的灵活性大大增加，也更利于环保，减少碳排放。

3.3　过渡空间丰富化

由于烧煤时空间温度分布不均，故住宅主入口处往往需要通过塑料薄膜、二层门等设置保暖过渡空间；使用电力供暖设施后类似的气候过渡空间可依据情况需要设置，并更多考虑美观性与实用性，如增加阳光房，形成植物种植空间等。

3.4　采光效应加强化

煤改电后，在双层窗的基础上，村民往往会选择开高窗、开长窗，这在增加采光面积的同时也会对建筑立面产生影响。而如果从根本的住宅平面布局"原型"出发，一种"双阳卧"的空间模式将成为未来的主流，即住宅内的两间卧室都朝向南侧，并在两卧室中间的空间布置客厅，在北侧区域布置功能性用房（如厨房、卫生间、仓储等）（图1）。这样的平面布局方式对于寒冷季节较长的哈尔滨乃至东北地区，更加有利于营造温暖光线充足的起居环境，而且更合理地利用了村民的居住空间。不仅有利于农户家中采光和采暖的需求，从宏观角度出发也可以便于整个村子管线的排布与安装，便于全村的管理。

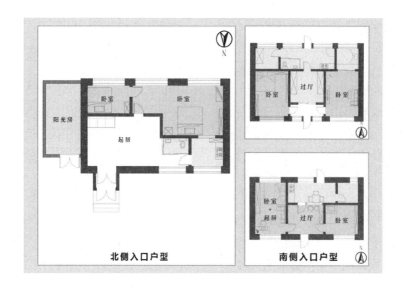

图1 严寒地区乡村双阳卧户型模式（来源：作者自绘）

4 结语

煤改电，作为一项"双碳"战略下的能源改革措施，直接改变了住宅室内的辅助空间布局，并通过对村民的生产、生活方式的转变也间接促进了住宅室内主要空间的变化。本研究虽仅以典型的三个严寒地区村落为样本开展调查，但相信随着这一能源改革措施的进一步深化，相应地乡村住宅空间会向着更为灵活、舒适、环保的方向演变，这将是一个过程，也是一次美好的期待。

参考文献

[1] 高丽，李红波，张小林.中国乡村生活空间研究溯源及展望[J].地理科学进展：2020，39（04）：660.

[2] 余斌，卢燕，曾菊新，朱媛媛.乡村生活空间研究进展及展望[J].地理科学，2017，37（03）：375-385.

[3] 房静静.空间变迁与地方性重建——基于乡村振兴战略的文本分析[J].中国矿业大学学报（社会科学版），2020，22（06）：104-114.

美丽乡村背景下的传统村落"裸房"整治策略研究
——以福建省闽侯县六垱村为例

宋晋[1] 谭立峰[2] 张玉坤[2] 邢浩[2]

作者单位
1. 天津大学建筑学院，通讯作者　　2. 天津大学建筑学院

摘要：以福建省为实现美丽乡村、改善村容村貌而大力推动的"裸房"整治项目为例，通过多方资料收集与多种技术手段运用分析村落建筑风貌，结合当地传统文化和自然环境，充分参考村民意愿，有针对性地提出建筑用色规范、公共空间营造和立面细部美化方案，并从村落长期发展考虑，以"裸房"整治为契机，依托有利区位、地域特色和农业产业优势，将其规划为集生态养老、生态养生和农事体验于一体的综合性示范村，为传统村落的保护利用与乡村振兴提供参考。

关键词：传统村落；"裸房"整治；建筑风貌；生态养老；美丽乡村

Abstract: Taking the "bare house" renovation project promoted by Fujian Province to achieve a beautiful countryside and improve the appearance of the village as an example, through multi-party data collection and the use of a variety of technical means to analyze the architectural scape of the village, combined with the local traditional culture and natural environment, and with full reference to the wishes of the villagers, targeted architectural color specifications, public space construction and facade detail beautification schemes are put forward. Considering the long-term development of the village, taking the "bare house" renovation as an opportunity and relying on the favorable location, regional characteristics and agricultural industry advantages, it is planned to be a comprehensive demonstration village integrating ecological pension, ecological health preservation and agricultural experience, so as to provide reference for the protection and utilization of traditional villages and rural revitalization.

Keywords: Traditional Village; "Bare House" Renovation; Architectural Scape; Ecological Pension; Beautiful Countryside

"裸房"具体指代外立面红砖裸露，未经砂浆抹面、涂料粉刷、瓷砖贴面装饰或经乡镇（街道）认定的仅部分外墙有水泥砂浆抹面的建筑，与传统村落内普遍存在的色彩杂乱、比例失调、风格各异的仿欧式建筑，共同破坏了乡村地域文脉，对村容村貌造成了严重影响。究其出现原因，表面上是由于村民经济收入或审美差异，加之房屋多为累年不断修建，缺乏统一的规划设计，导致立面部分呈现"裸露"的状态，更深层的原因在于随着宗族观念和传统秩序的解体，村落空心化严重，缺乏有效的激活与更新手段，加之受到外来风格影响，本土建筑进退失据，价值与文化认同缺失。显然单纯涂脂抹粉式的"美化运动"并无助于改变其日渐凋敝的现状，唯有转变发展观念，根植于地方传统文脉、区域特征优势与村民现实需求，以"裸房"立面整治为契机，调动各方力量，改善人居环境，实现转型发展，打造具有地域特色、生态宜居的美丽乡村。

1 项目背景

为贯彻落实党的十九大报告中提出的"开展人居环境整治行动，为人民创造良好生产生活环境"的目标任务，福建省福州市提出以传统村落"裸房"整治为重点的人居环境改善工作，争取用3年时间全面整治市域范围内的"裸房"，规范农村建房管理，改善村容村貌，打造"一村一景"，提升村落整体形象，并探索建立长效管理机制，建设美丽乡村，助力乡村全面振兴。项目地点位于第一批9个村镇（街道）裸房整治试点之一的闽侯县荆溪镇六垱村（又名六墩村），距县城10公里，距福州市区23公里，是典型的城郊融合型村落[1]（图1）。全村土地面积6225亩，农田1236亩，下辖上洪坑、下洪坑、王大坑、白箬坑、龙岩、仙坂、下洋七个自然村，现有人口1137人（图2）。

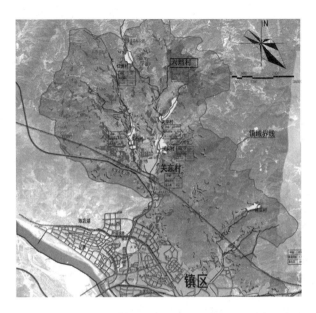

图1　项目在闽侯县、荆溪镇的位置（来源：根据上位规划图改绘）

图2　六圳村航拍图（来源：作者自摄）

2　现状调研

通过走访相关部门，收集基础资料，进行村落建筑信息采集、人工地面测绘、无人机航拍及制图等工作，了解六圳村现状。同时，采访各利益相关对象，充分考虑各方意见，获得关于"裸房"整治的具体期望与建议。

资料收集：与福州市、闽侯县城建规划部门充分沟通，获取上位规划，作为"裸房"整治的基本依据。查阅古籍、县志、研究报告等文献资料，掌握六圳村的历史沿革、民风民俗、产业、基础设施等信息。

走访调研：分为对村镇干部和普通村民（外出打工与本村常住）调研两种，通过基本信息采集和问卷调查的形式，获得对六圳村"裸房"整治建议及后续发展诉求，做到有的放矢，兼顾短期效果和长期可持续发展需要，为后续规划设计提供依据。

无人机测绘：利用无人机航拍与建模技术，对六圳村进行实景化三维建模，最终结果可以清晰呈现村落内外的地形地貌特征、公共空间分布和各建筑"裸房"立面细节，精度可达厘米级，为后续规划设计提供了精细可靠的基础数据支撑[2]。

3　六圳村建筑分析

获取各类基础数据和三维模型之后，对六圳村进行地理区位、上位规划、坡向坡度、土地利用、道路交通、公共服务设施分布等方面的分析。在此基础上，对村落内现状建筑性质、层数、产权、建筑质量、结构、风貌等进行分析，为下一步的"裸房"整治与村庄布局规划提供依据。

3.1　用地分区、建筑层数、建筑性质与产权

1. 用地分区

六坮村建筑基本位于主要村道一侧或两侧，呈现为东、西两个倒"U"形片区，由处于全村中心位置的村委会、商铺、小学等公共建筑与活动场所相连接（图3）。其中，西区以1990年前后村民自建房为主，房屋质量普遍较好，但立面风格各异，较为杂乱，东区历史建筑较多，包括金沙洋镜等几栋百年历史的夯土结构古厝建筑。由于受到山体、溪流、陡坡等自然地物影响，东、西两区又可进一步划分为规模不等的建筑组团，新老风格混杂、色彩多样。村内农田分布相对分散，以种植柑橘、竹子和水稻为主，除在东区比较集中外，其余均零散分布于各家房前屋后，对村落环境起到了一定美化作用。

2. 建筑层数

六坮村现有房屋建筑72栋，基本为一至三层的低层建筑，其中二层建筑60栋，三层建筑8栋。最高

的建筑为2010年前后新建的2栋四层建筑。另外，还有大量一层左右的临时性建构筑物，零散分布于村落之中，无明显规律可循。

3. 建筑性质与产权

通过对村内房屋进行建筑性质划分和建筑产权确认，可知大多数建筑为居住性建筑，约占95%，且均为村民私有。商住两用建筑3栋（底层商铺上层居住），也为私有。1栋行政办公建筑、1栋医疗卫生建筑、2栋文化娱乐建筑（大礼堂，已废弃）、1栋教育建筑（六坮村小学）、1处宗祠和1处寺庙，以上均属于全村公有（图4）。

3.2　建筑质量与建筑风貌

1. 建筑质量分析

六坮村建筑结构以砖混结构和土木结构为主，砖混结构建筑建成时间长短不一，质量也参差不齐，普遍不能承受太大外加荷载，故在立面整治中需要注意避免新建结构影响房屋稳定性。土木结构建筑大部分年代久远，但主体结构普遍保存较好，仅门、窗、栏杆等细部构件朽坏严重。另据统计，全村有18.9%的建筑目前已无人居住，处于长期空置状态。

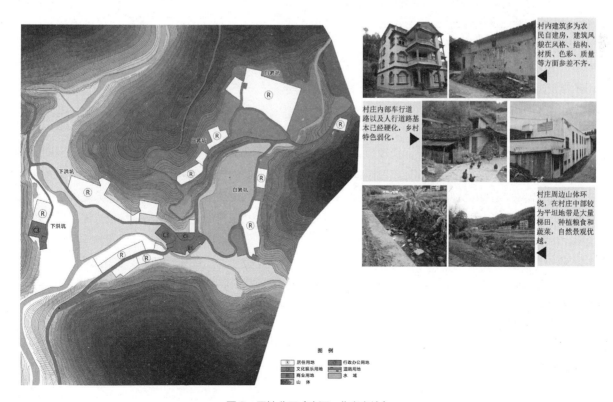

图 3　用地分区（来源：作者自绘）

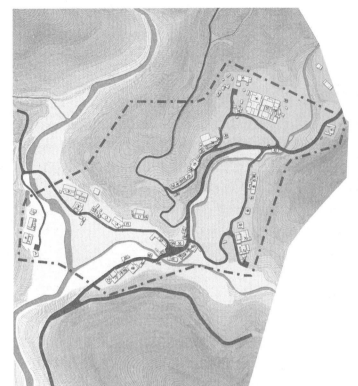

建筑编号	所有权	建筑编号	所有权	建筑编号	所有权
1	私有	25	公有	49	私有
2	私有	26	私有	50	私有
3	私有	27	私有	51	私有
4	私有	28	私有	52	私有
5	公有	29	私有	53	私有
6	私有	30	私有	54	私有
7	私有	31	私有	55	公有
8	私有	32	私有	56	私有
9	私有	33	私有	57	私有
10	私有	34	私有	58	私有
11	私有	35	私有	59	私有
12	私有	36	私有	60	私有
13	私有	37	私有	61	私有
14	私有	38	私有	62	私有
15	私有	39	私有	63	公有
16	私有	40	私有	64	私有
17	私有	41	私有	65	私有
18	私有	42	私有	66	私有
19	私有	43	私有	67	私有
20	私有	44	私有	68	私有
21	私有	45	私有	69	私有
22	私有	46	私有	70	私有
23	私有	47	私有	71	私有
24	私有	48	私有	72	私有

图4 建筑产权（来源：作者自绘）

2. 建筑风貌评价

六岂村房屋建筑立面以夯土、红砖、青砖、水泥砂浆抹面为主，新建建筑则主要以瓷砖贴面。其中，土坯建筑20余栋，红砖与水泥抹面建筑12栋，瓷砖贴面建筑30余栋。建筑屋顶形式平、坡均有，传统建筑多为坡顶，新建建筑多为平顶。根据建筑立面材料与建筑结构、质量等方面的差异，可将六岂村建筑划分为四个等级。

A类建筑：传统夯土立面建筑，年代较久远（部分古厝建于清末民初，距今200～100年），具有较高的历史文化价值，建筑外观保存较好，风格古朴，细节考究，尤其屋面形式、封火山墙形态地域性特征明显[3]。立面局部存在朽坏、脱落现象，影响视觉效果，是风貌保护的重点对象；

B类建筑：近10年内建成的建筑，多为整体或临街立面铺贴面砖，风格以仿欧式为主，但色彩、纹理、质感各异，手法杂糅，与传统建筑风貌冲突明显；

C类建筑：裸露红砖、青砖或仅水泥砂浆抹灰的建筑，处于未完工的状态，立面效果差，缺乏细部，对村落风貌破坏严重，同时居住质量也难以满足需

要，是"裸房"整治的重点对象；

D类建筑：临时性建构筑物，如厕所、家禽饲养棚架等，外观简陋、施工粗糙，建筑结构与门窗残破，影响村容村貌，应予拆除处理。

3.3 村镇干部与村民意愿调查

为了体现主体意识，实现公众参与，团队分别对普通村民和村镇干部发放了包含"裸房"整治意向、公共配套服务设施需求、美丽乡村规划建设期望等问题的调研问卷。对问卷结果进行分析，可以发现村民对美化房屋建筑、改善村容村貌等方面的意愿比较明显，公共服务设施及人居环境情况方面，普遍满意度不高，但对具体的整治措施和发展方向意见不一。村镇干部除了对"裸房"整治较为关注外，更在意于如何挖掘地方特色，以整治带动全村致富，避免与周边村落在乡村旅游、观光农业等方面产生同质化竞争。

4 "裸房"整治策略与村庄规划布局

结合六岂村建筑分析和对村民、村镇干部意愿调查，团队有针对性地提出远、近两期整治策略，在

优先满足"裸房"整治要求，提升村落建筑风貌统一性、美观性，结合村庄规划布局，兼顾未来发展需求，使美丽乡村建设长久的惠及全体村民，实现传统村落人居环境的可持续发展。

4.1　"裸房"整治与环境美化

六垱村建筑建设年代跨度较大，立面风格、形式多样，难以用统一的形式语言进行规范。因此，应坚持"具体问题具体分析"，遵循适用、经济、绿色、美观的设计原则，体现传统文脉和地方建筑特色的同时，有针对性地提出适合不同风貌类型"裸房"的立面参考范例和细部推荐样式（表1）。同时，在派出驻村团队，帮助村民结合自身经济情况，在适度规范的前提下自主发挥，力求整体风貌统一多样、变化有序。

"裸房"分类整治策略　　　　　　表1

	立面主要材料	整治策略	参考手法
A类建筑	夯土	重点保护与修缮	1.土房本体整修，破损处修补；2.辅房整治，形式统一
B类建筑	面砖	整体保留、局部提升	1.侧立面涂料粉刷；2.主立面装饰细部（窗、阳台）
C类建筑	红砖及水泥砂浆抹面	菜单化整治改造	1.局部增建；2.裸面粉刷；3.立面装饰（窗、阳台）；4.屋顶改造（平改坡）
D类建筑	临时性建筑（禽舍、厕所）	适当增减	1.拆除违章建筑；2.新建符合生态标准的禽舍、厕所等

（来源：作者自绘）

1. 建筑用色规范

参考《福州市城市总体规划（2012-2020）》中对福州建筑代表色的规定，结合六垱村传统民居立面夯土颜色，团队提出以木黄（土黄）作为"裸房"整治中的建筑主色调（占比75%）同时，结合周边自然环境基底，以灰蓝色为辅助色，以灰白、砖红为点缀色，通过调节几种颜色的面积、比例、位置，确保新老建筑在整体用色和谐统一的基础上，又能给建筑外观带来"和而不同"的个性。

2. 公共空间营造

对村中几处重要的公共活动广场和街巷进行空间梳理与界面美化，注意体现材料质感、纹理、色彩的统一与对比，整饬有碍观瞻的临时性建构筑物，局

部空间打通，对房屋破旧、建筑密度过大的区域进行"透气性"处理，为村民提供更多的休闲活动场所。将六垱村附近的自然山水景观引入村落内部，打造贯通内外的景观视廊[4]（图5、图6）。

图5　广场空间营造（来源：团队成员自绘）

图6　街巷空间营造（来源：团队成员自绘）

3. 立面细部处理

屋顶：当地传统民居多为坡屋顶，有精巧的檐口设计，而新建建筑多为平顶，两者风貌冲突明显。因此，在考虑屋面结构荷载的前提下，对部分新建建筑进行平改坡处理，以闽东风格屋顶（两坡加"马鞍墙"）为主，四坡为辅[5]，山墙面可以轻质格栅处理，实现新老建筑风貌统一。同时，仿照传统民居，在建筑山墙面添加由独立结构支撑锚固的披檐，提高细节丰富度（图7）。

门窗：结合房屋布局特点，为其添加经过简化设计的仿传统式样门斗，采用竹木传统斗拱、披檐、小青瓦和花窗的组合形式，体现地域建筑风貌。参考当地传统民居在窗洞口上另置小檐的做法，整修新建建筑窗框，添加白色窗套和窗檐，增加新老建筑细部整体性。

图 7　六垱村"裸房"整治案例分析（来源：团队成员自绘）

墙体：对墙体进行涂料、面砖等外部装饰，按照用色规范的要求进行配色处理，对建筑中的不同材质进行统一化处理，注意冷暖、虚实搭配，体现立面材料的真实质感与纹理。应特别注意壁柱、女儿墙、圈梁、过梁等建筑形体转折关键部位的用色处理，体现建筑的体量感和几何逻辑。

沿街立面：通过为临街建筑添加院墙、花台、石材勒脚的方式统一街道界面。设置绿篱、竹篱及由天然石板、卵石、青砖等铺砌的透水地面，形成连贯一致的空间体验。同时，对影响视觉效果的位置做遮挡处理，确保临街立面整洁、风格协调、特色鲜明。

4.2　村庄规划布局方案

结合六垱城郊融合型村落的特点和村内房屋保存较好但空置率高的现实情况，在尊重原有村落布局形态、资源禀赋、自然与文化环境的前提下，尝试以"裸房"整治带动六垱村功能布局与产业业态调整优化，发展生态观光农业和养老产业[6]，将其打造为集生态养老、生态养生和农事体验于一体的乡村振兴示范村。规划提出"一轴两线三心六区"的功能结构，营造"村在山边长、水从村边过"的山、水、林、田、村和谐共融的总体布局（图8、图9）。

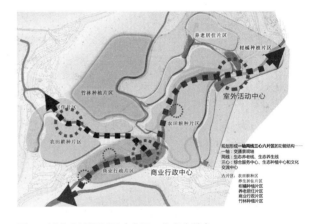

图 8　村庄功能规划图（来源：作者自绘）

图 9　六垱村规划鸟瞰图（来源：团队成员自绘）

"一轴"：指穿越六垱村的主要过境道路，沿途布置广场、停车场、餐饮等公共休息空间，形成沟通联系六垱下辖7个自然村的主要发展轴线，并以其为纽带，带动周边村落协同发展。

"两线"：其中一条为生态养老线，从村口沿主干路向东北方向延伸，随地势平缓抬升，视线逐渐开敞、山水景色宜人，非常适合老年人养老居住。可通过租赁、置换空置房屋，进行适老化改造，形成供城乡老年人居住、活动的区域，并可结合附近较为集中的耕地，为老年人提供参与农事活动的休闲空间；另一条为生态养生线，从村口向西北方向沿至云林禅寺附近，此区环境安静、曲径通幽、竹林茂密，尤其人文气氛浓厚，适合开展养生、研学、民宿等活动，营造"一静一动"两种空间氛围和场所环境。

"三心"：一是综合服务中心，以六垱村村民服务综合楼、村委办公综合楼等几处公共建筑为核心，可将其改造为供游客和村民共同使用的文化、服务、商业中心；二是生态种植中心，主要位于生态养老线上，由三片养老居住组区围合，可对其进行简单整修，梳理溪水流向，设置滨水步道和廊桥，充分考虑无障碍设计，以供老年人使用为主，形成休闲运动和农事活动中心；三是文化交流中心，位于生态养生线上，可结合村庄入口开敞空间设置展览、文创、餐饮等交流活动场所，结合周边优美的自然景色，为游客提供聚会、商务、洽谈等相关服务。

"六区"：结合六垱村所处的地形地貌和农田、植被情况，规划形成生态养老、生态养生、柑橘种植、水稻种植、竹林休闲、文化商业服务共六个各具特色的功能片区，为游客和村民提供舒适宜人的生产、生活空间。

5 结语

通过剖析实际参与的"裸房"整治项目，文章梳理了在面对风格杂糅、新老建筑并存的传统村落风貌

规划设计的思路与方法，并为村庄的后续发展提供了可能的方向。同时应该看到的是，仅通过建筑美化手段并不足以解决传统村落日渐凋敝的现实，仍然需要转变发展思路、创新体制机制、引入内生动力、维护村民意愿，使传统村落不仅成为寄托乡愁、保留传统文化的场所符号，也成为推动城乡融合发展、实现共同富裕的助推器。

致谢：特别感谢村领导王绍国、王加灯的帮助和驻村团队成员李松洋、姜一琳、林惠玲的工作。

参考文献

[1] 李裕瑞，卜长利，曹智，等. 面向乡村振兴战略的村庄分类方法与实证研究[J]. 自然资源学报，2020，35（02）：243-256.

[2] 贾博雅，张玉坤，李严. 浅析美丽乡村背景下的传统村落拆改规划设计策略——以福建省长乐区塘屿村为例[A].中国建筑学会.2020中国建筑学会学术年会论文集[C].北京：中国建筑工业出版社，2020：6.

[3] 吴任平，谢虹禹，季宏. "长板椽筑"：闽东传统民居中的夯土特色研究[J]. 建筑与文化，2019（01）：237-239.

[4] 郑鹏海. 新常态背景下乡村建筑场所营造策略研究[D]. 福州：福州大学，2016.

[5] 李一超，关瑞明. 福州市闽侯县溪源寨的建筑特色研究[J]. 华中建筑，2020，38（08）：104-108.

[6] 李晨，赵海云. 生态文明视角下乡村休闲养老精神需求研究——以靖安县中源客家避暑小镇为例[J]. 城市发展研究，2020（1）：5.

苏北农村家庭结构与农房全生命周期设计研究

胡诚[1] 胡晓宁[2] 龚恺[3]

作者单位
1. 同济大学建筑设计研究院（集团）有限公司
2. 威海市公共资源交易中心乳山分中心　　3. 东南大学建筑学院

摘要： 中国城市化进程的发展对农村人口流动和农村家庭结构产生了较大的影响。苏北地区城市化率较低，农村家庭结构周期性波动较大，文章结合全国人口普查数据统计分析和苏北乡村实地调研，运用空间可变理论研究，对苏北农房全生命周期进行研究设计，为苏北农房的适应性设计提供参考。

关键词： 苏北农房；农村家庭结构；全生命周期设计；空间可变理论

Abstract: The development of China's urbanization process has had a great impact on rural population mobility and rural family structure. The urbanization rate in Northern Jiangsu is low, and the rural family structure fluctuates greatly periodically. Combined with the statistical analysis of the national census data, combined with the field survey of rural areas in Northern Jiangsu, this paper studies and designs the whole life cycle of rural houses in Northern Jiangsu by using the spatial variable theory, so as to provide reference for the adaptive design of rural houses in Northern Jiangsu.

Keywords: Rural House in Northern Jiangsu; Rural Family Structure; Life Cycle Design; Spatial Variable Theory

传统意义上的苏北地区位于长江以北的江苏北部，以平原为主。苏北地区经济发展较江苏其他地区相对落后，苏北地区人口流出率较高，乡村问题（诸如空心村、空巢老人和留守儿童等问题）较为突出；同时该地区近年来乡村建设较传统乡村建设布局呈现出建设规模大、风格多样、空置率高等特点。全生命周期农房设计研究旨在研究苏北地区农村家庭结构周期变化同农房居住需求对空间变化要求之间的关系，同时结合苏北传统乡村和农房空间布局特点，依托开放建筑理论和空间可变理论，进行新时期背景下的空间可变农房设计研究，为美丽宜居乡村建设提供一定参考。

1 苏北乡村现状

1.1 政策指导

《国家乡村振兴战略规划（2018-2022年）》中提出农村集约用地和延续乡村肌理的倡议："乡村生活空间是以农村居民点为主体，坚持节约集约用地，遵循乡村传统肌理和格局。"；在《2017年江苏省农村宅基地管理办法》提出对农房建设用的集约化要求。本文结合从国家到地方关于乡村发展的政策背景，对新时期农房设计提出的地域特色、解决农村空心村和农房集约化设计等要求进行基于建筑全生命周期的空间可变农宅设计研究。

1.2 农村家庭结构变化

通过对第七次人口普查中农村家庭结构①变化趋势进行分析，对比2020和2000年，农村家庭结构中直系家庭部分比例升高，对比2020年中，城乡家庭结构组成成分，农村直系家庭比例比城市更高。从人口流动角度分析，对比2020年和2000年家庭成员长期外出对家庭结构的影响可以发现：在2020年中家庭组成中有人外出之和所占比例远大于2000年，在2020年同年份的对比中农村家庭组成中有成员长期外出比例远大于城市。从计划生育政策影响分析，

---

① 核心家庭：夫妇二人组成，或夫妇（或夫妇一方）和未婚子女组成的家庭；直系家庭：夫妇（或父母、父母一方）和已婚子女和孙子女组成的家庭；复合家庭：夫妇（或父母、父母一方）与两个及以上已婚子女组成的家庭；残缺家庭：未婚兄弟姐妹组成的家庭。

分析不同时期50岁组妇女所生活的家庭类型可以发现，农村直系家庭占比42.17%，远高于城市占比25.45%。从农村人口老龄化程度分析，分析65岁及以上老人居住方式可以发现：在2020年中直系家庭占比50.66%，高于城市中41.45%。同2000年之前对比，发现直系家庭比例有所下降，同时核心家庭比例有所上升，可能由于生活水平及医疗水平的上升使得核心家庭时期得以延长（图1）。

直系家庭占全部家庭类别的比例（%）

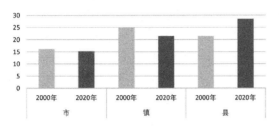

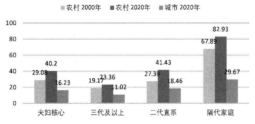

家庭长期外出人口与家庭结构（%）

2020年50岁组妇女所处直系家庭类型（%）

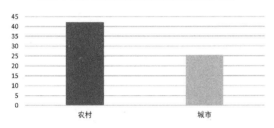

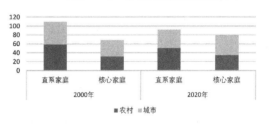

2000年及2020年65岁老人所处家庭类型（%）

图1 全国人口普查数据统计分析（来源：作者自绘）

因此，乡村直系家庭比例依旧维持较高比例；核心家庭维持时间增长，夫妻双方及未婚子女所组成家庭的维持时间增长；这对住宅居住空间和乡村住宅空间功能类型的变化提出了要求。

1.3 苏北农房现状分析

村落布局。苏北地区地势平坦，河网较中国北方地区多，是影响村落结构的自然因素之一；同时地处温带季风气候区，冬季受北风较强，苏北地区传统农房多成围合和半围合形态。

农房演变。苏北农房多包含院门空间、院落空间、入口空间、室内居住空间、储藏空间等。院门空间通常同院落空间结合设置，同时院门通常设置于南向或偏南向，如无封闭院落，通常通过房屋体量形成半围合南向空间形态。房屋布局有"一"字形、"L"形、"田"字形等布局形态，通过院落或建筑体量的布局，应对冬季寒冷的北风，以适应苏北地区的气候特点。苏北地区农房院落的变换形式，在原本围合和半围合形态的基础上进行功能的集聚，逐渐整合为一个整体；同时院落功能在此过程中逐渐从其联系建筑各部分功能的作用，而转变为功能单一的景观休憩或储存空间。由于建造材料和结构的变化（从土木到砖木、砖混、框架等），从并列开间布局转变为住宅进深逐渐加大。在原本三到四开间并置布局的基础上在增大后的进深方向上进行空间分割（图2）。[1]

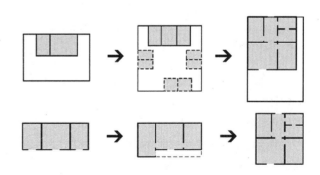

图2 苏北农房院落及室内布局演变（来源：作者自绘）

2 空间可变理论研究

空间可变理论研究对家庭结构周期性变化对农房提出的适应性设计有较显著的意义。随着家庭结构的周期性变化，人们对农房居住空间提出了不同的要求，而结合空间可变理论，通过对家庭结构不同阶段的综合考虑，利用可变空间、活动式家具、灵活隔断等实现对居住空间的功能布置。

2.1　开放建筑理论

开放式建筑产生前，人们对住宅的个性化需求主要通过拆除重建来实现。同时代的建筑师也不断在对开放建筑理论进行探索：1927年柯布西耶的维森霍夫住宅展中多米诺&雪铁龙住宅是对"可变"与"不变"二元分化设计理念的讨论；汉斯·迈耶提出了

"使当下设计空间具有长远的适应性和包容性，减少住宅在寿命周期内的改变"；开放建筑理论的提出是在1950年代-1960年代，SAR体系住宅是具有代表性的开放式建筑理论与实践。第一阶段（1960年代初到1980年代初）：大范围的民族迁徙，逐步壮大的中产阶级和宏观家庭结构的变化，促使个性化需求被普遍认可，开放建筑理论在欧洲逐步推广。第二阶段（1980年代中期到1990年代初）：对市场个性化的需求，开放式建筑技术朝更高的适应性发展。第三阶段（1990年代末至今）：开放式住宅显现出实用化、集约化和理性化特点（表1）。

开放住宅发展阶段及技术特点　　　　　　　　　　　　　　　表1

时期	第一阶段 （1960s-1980s）	第二阶段 （1980s-1990s）	第三阶段 （1990s至今）
代表案例	a metron architect （瑞典，1966）	a free plan rental （日本，1985）	新田住宅 （日本，2006）
技术特点	（1）以预先设计好的家庭变化模式为基础，将套型布局限定在几种典型变化中；（2）设置固定厨卫空间及其竖向设备管井；（3）采用扁柱、短肢剪力墙等结构形式充当部分内部隔墙体；（4）采用平坦无阻的天花板	（1）套型变化由几种典型变化转变为无限的自由变化；（2）厨卫空间被安排到边角位置，或配合其他房间布局做配合性修改；（3）降板、架空楼板、双层楼板等干法构造方式开始被采用；（4）管线布置在双层楼板和天花板内，无需穿梁	（1）部分套内分隔墙体被重新固定下来，缩小改造范围；（2）部分填充墙采用开合自由的推拉模式或可拆装模式；（3）厨卫模块重新成为固定空间，不参与套型布局调整；（4）填充体内不含管线设备，避免隔墙拆解移动中内部管线的纠葛，同时减少隔墙和管线破坏

（来源：作者自绘）

开放空间理论经过不同阶段的发展，其理论核心思想在于建筑本身和空间是客观存在且相对持久的，但是人们对建筑功能的需求在不断变化，而建筑空间可以满足建筑功能变化的需求，最终使得空间更加具有灵活性和更长的生命周期。

SAR体系实现住宅的可变性设计理论逐步发展为SI支撑体和填充体住宅建设理论和CSI中国的支撑体住宅理论。[2]1976年，哈布瑞肯提出了著名的"层

次（Level）理论"[①]，其将城市和建筑分为城市肌理（Urban Tissue）、建筑支撑体（Support）和建筑填充体（Infill）三个层次，分别由政府部门、开发商和使用者进行决策。开放建筑有其自身优势：①结构支撑体稳定而长寿：其结构主体可与功能填充体分离；②填充体易拆卸和更新、灵活可变：建筑的内部功能主要由建筑内外墙体、地板、吊顶、设备等构件构成；③大空间可以灵活实现功能重组：开

---

① 层次（Level）理论，开放建筑理论的缘起，是由原美国麻省理工学院建筑系主任哈布（John Habraken）于20世纪60年代提出的，称之为"支撑体"理论。

放建筑的空间具有易操作性。

2.2 空间可变住宅研究

空间可变住宅研究主要关注三种针对性的操作方法。扩建式：一次设计，分阶段实施；装配式：居住空间模式单元布置；改造式：功能房间预设计，预留可变改造空间（表2）。

空间可变住宅类型及操作方法 表2

类型	扩建式	装配式	改造式
典型平面及案例	坝上生长住宅	居住空间单元模数	空间可变因子
操作方式及特点	一次设计分阶段实施：设计第一阶段以三口之家为基本的生活单元；随着家庭生活水平的提高和家庭结构变化对空间变化的需求，可在宅基地内预留空间按原本设计进行第二阶段建设，如有进一步需要可继续进行第三阶段建设。[3]	对组成居室部分的空间进行功能模块的参数化提取，对住宅空间模块进行划分，可分为主室模块、卧房模块、灶房模块等；对各种模块进行空间尺寸的优化进而继续分类，划分成更为基本的空间模块：支撑模块、设备模块、装饰模块等。[4]	空间可变住宅中功能区是承载住宅功能的主要区域，原则上实用空间、公共空间、辅助空间三者组合。通常主要是布置实用空间（卧室、书房等）和公共空间（进深和开间都要大于实用空间）。[5]

（来源：作者自绘）

3 全生命周期农房设计研究

3.1 家庭生命周期对可变农房的设计要求

对第七次全国人口普查的相关数据进行分析，可以得到农村家庭结构循环表，将表格中的不同时期大致归类为三种对空间模式的需求，即成长时期、活动时期和安定时期（图3）。成长时期家庭成员较少且变换频率较大，因此在保留更多可变空间的同时布置适宜功能变化的活动空间。活动时期家庭成员变化较为频繁，家庭人员的增长对居住空间有更多的要求，且所需存储空间增多。安定时期家庭成员趋于稳定，由于孩子的长大，家庭成员可能会暂时性减少，对居家功能性要求可能会提高。苏北地区农房需要空间对作物加工及囤积，但随着城市化进程的发展，农房的使用需求既有维持现状也有向城市住宅特性发展的趋势。从农村新建农房来看，农房形态已经逐步现代化，但依旧保留空地及较为宽广的露台和较多的储物空间，因此在新建农房的设计中既考虑农民对于原本生活习惯所需要的使用空间，又考虑到他们对新建

住宅新的使用方式是十分必要的。苏北地区农村生活较为淳朴，以农作和休憩占主导地位，住宅室内空间布置简单，以主要功能性空间为主。

3.2 空间可变设计原则

在进深和面宽方向同时置入可变空间，使得公共空间和实用空间之间可以实现相互变换，最终实现空间适应性设计的概念，例如：储藏同面宽方向的可变空间组合形成新的卧室。可变空间的设计遵循以下几个原则：①将功能性质进行分类：可变功能和不变功能。不变功能为厨卫等辅助空间，可变功能为实用空间（卧室）和公共空间（起居室），实现两者之间的相互转换。②在进深和面宽两个方向上设置可变空间，实现功能在两个方向上的变换。③可变空间的设计结合可变墙和活动式隔断等形式：可变墙的设置要少而实用，真正需要变换的是：客厅、起居室、次卧室、餐厅等，即可变墙安装方便，划分出的两个空间都为实用空间或公共空间；可变墙可以进行灵活布置并考虑附加功能的设置，诸如和储藏功能、照明、家电等的结合（图4）。

■ 农村家庭生命周期循环表

年龄（岁）	主人年龄阶层	家庭循环阶段	家庭形式	子女情况	时间（年）
≤25	成长时期	成长阶段	单身同父母居住		0
25-27	活动时期	成家阶段	结婚同父母居	暂无子女	1-3
28-30		养育阶段	基础型	婴儿时期	2
31-34				学龄前儿童	4
35-40	教育阶段	发展型		学龄期儿童	6
42-46	安定时期	成熟阶段		青春期、教育期儿童	6
47-52				青春期、就学或就业	6
53-74		瓦解阶段	缩减型	子女婚后同居	6-15
≥75	老年阶段	缩减型		有/无老伴、子女同居	6-20

■ 适应农村家庭生命周期的可变农房

可变宅主要适应家庭生命周期变换中的三个阶段：

1、成长时期（该时期家庭成员较少，且变换频率较大，因此保留更多可变空间的同时布置适宜于功能变化的活动空间。）

2、活动阶段（该时期家庭成员变化较为频繁，家庭人员的增长对居住空间有更多的要求。同时要求存储空间的增多。）

3、安定时期（该时期家庭成员趋于稳定，由于孩子的长大，人员可能会暂时性减少，对居家功能性要求会提高。）

图3　村家庭结构及组成（来源：作者自绘）

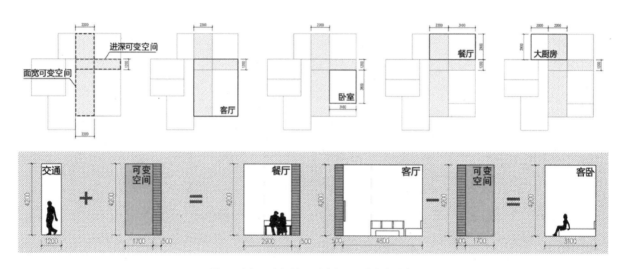

图4　空间可变设计原则（来源：作者自绘）

3.3　空间可变住宅设计

结合空间可变理论和相关人口数据的总结分析，对农村家庭生命周期变化中三个主要阶段：成长时期、活动时期、安定时期进行设计。①进深和面宽同时置入可变空间，实现不同使用功能之间的相互转化；②对可变墙及活动隔断进行灵活布置，实现建筑空间的灵活变换；③可变和固定存储空间设计满足农房丰富的存储功能需要，充分利用农房垂直高度上的变化和坡屋顶空间；④考虑农房的生产生活功能，设置露台及前后院；⑤同传统村落肌理和布局相结合，充分考虑农房单元之间的组合形式。

本文以苏北农房竞赛实践为例进行农房空间可变性设计，以成长时期的农村家庭结构为原型设计户型，在此基础上结合空间可变的设计要求和原则，转化成家庭活动时期、稳定时期的户型（表3）。

可变空间住宅设计　　　　　　　　　　　　　　　　表3

户型配置	三卧室大客厅大餐厅	五卧室大厨房带餐厅	四卧室大可定大厨房
户型平面	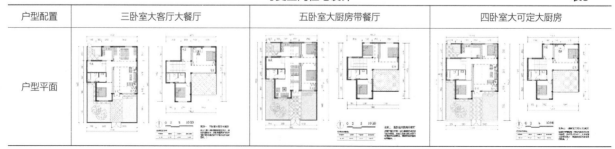		

续表

适用阶段	成长时期	活动时期	稳定时期
适用需求	家庭成员较少且对空间的变换频率较高，因此保留更多可变空间的同时布置适宜于功能变换的活动空间	家庭成员变换较为频繁，家庭人员的增长对居住空间有更多的要求，同时对储物空间的要求增加	家庭结构趋于稳定，由于孩子的长大，人员可能会暂时性减少，对居家功能性要求有一定程度的提高
用地面积	167.6平方米		
建筑面积	172.4平方米		

（来源：作者自绘）

4 结语

通过对苏北乡村和农房的调研，结合开放建筑理论和空间可变理论，从建筑适应性设计的角度出发，满足应对在苏北农村家庭结构周期性变化过程中的家庭结构的空间使用需求变化，空间可变的农房设计有助于延长建筑的生命周期，降低建筑的更新重建所造成的资源浪费；为新时期美丽宜居乡村建设提供较高品质的农房，为缓解农村发展过程中出现的农房空置率高等问题提供解决方案。苏北农房的全生命周期设计研究结合国家政策、苏北乡村肌理、农村生活习惯和新的住宅使用空间要求，将乡村发展的政策、经济和社会背景同农房设计统筹考虑，使设计有较高的现实意义。

参考文献

[1] 周博生. 苏北地区农村居住空间的发展演变研究[D].吉林：吉林建筑大学，2017.

[2] 黄杰，周静敏.基于开放建筑理论的建筑灵活性表达[J].城市住宅，2016，23（06）：32-36.

[3] 李庆红，耿潇潇，徐长家，张芳.可生长的坝上生态民居——河北省新农村民居建筑设计竞赛一等奖方案回顾[J].建筑学报，2010（08）：17-19.

[4] 于天怡. PCa装配式住宅体系与多样化设计探索[D].大连：大连理工大学，2015.

[5] 袁大顺.空间可变住宅设计研究[D].天津：天津大学，2008.

基于地域文化的乡镇空间提升探索
——以潜江市竹根滩镇为例

郭海旭 [①]　程杰 [②]　彭然 [③]

作者单位
武汉工程大学土木工程与建筑学院

摘要：近年来国家多部门密集发文支持城镇的老旧小区改造，此外党的十九大报告也明确提出要举全党全社会之力推动乡村振兴工作。对此本文以湖北省潜江市竹根滩镇的空间提升实践为例，探索了以地域文化留存为前提的乡镇整体性改造设计手法，其主要为提取当地的传统文化元素并将其抽象为适应当代审美的建筑符号语言，然后将其运用于乡镇建筑的外立面整理与景观提升设计。

关键词：地域文化；乡镇；空间提升；立面改造；景观设计

Abstract: In recent years, many departments of the state have issued intensive documents to support the transformation of old residential areas in cities and towns. In addition, the report of the 19th National Congress of the Communist Party of China also clearly proposed to use the power of the whole Party and society to promote rural revitalization. In this regard, taking the space promotion practice of Zhugentan Town, Qianjiang City, Hubei Province as an example, this paper explores the township overall transformation design method based on the preservation of regional culture, which mainly extracts the local traditional cultural elements and abstracts them into the architectural symbol language suitable for contemporary aesthetics, and then applies them to the facade arrangement and landscape promotion design of township buildings.

Keywords: Regional Culture; Villages and Towns; Space Improvement; Facade Reconstruction; Landscape Design

1 引言

自十九大报告提出乡村振兴战略以来，我国各地乡镇纷纷开始了"美丽乡村"建设，随着乡镇建设热度的增加，许多文化元素也被考虑到了改造设计当中，但是由于一些成功案例的产生导致人们纷纷效仿，甚至把一些本不属于自己本土文化的设计也应用到了当地的改造设计中，造成了文化元素滥用，没有考虑到与当地乡镇风貌相融合，导致本属于同一文化片区的乡镇却出现了各式各样的建筑风格，杂乱无章，缺乏整体性。而导致大多数乡镇只会照搬模仿的原因更多的是缺乏对地域文化的认知与研究，从而提炼不出属于当地的文化元素符号，使得乡镇文化特色缺失，传统文化无法延续。

此外，当下的乡镇聚落，许多为了扩大基地范围开始私自改造扩建，这样的做法不仅破坏了乡镇原有

的秩序，加上一些村民为了节约成本，缺乏相关专业知识等原因，自建房的质量相对较差。同时，一些城市里的建筑拆迁过程中产生的旧建筑材料等也流向了乡镇进行二次利用。这样建造的房屋，其安全性也难以保证。更有甚者，自建房的选点总是参差不齐、随意选点、盲目建房，从不考虑长远发展，这样往往造成了"只见新房不见新村"。不仅没有使农民的居住环境得到改善，反而增加了水、电、路、通信等基础设施的建设成本，例如部分村民因不愿意侵占原有宅基地，另择新址兴建房屋，导致旧房闲置、土地浪费的现象。这些都严重影响了乡镇聚落的经济、文化的发展，使得建筑与环境之间出现严重的乱象。

2 地域文化元素的提取与运用

本文以湖北省潜江市竹根滩镇的整体提升改造

---

① 郭海旭，武汉工程大学土木工程与建筑学院，硕士研究生。
② 程杰，武汉工程大学土木工程与建筑学院，硕士研究生。
③ 彭然，通讯作者，武汉工程大学土木工程与建筑学院，副教授，硕士生导师。

工程为例，探索基于地域文化的乡镇空间提升策略。竹根滩镇地处湖北省中南部，江汉平原腹地，其东与仙桃市接壤，北与天门市隔江相望，是潜江、仙桃、天门三个省直管市的交界处和主要的物资集散中心（图1）。

在这样的背景下，竹根滩镇的建筑立面形式借助现代材料和传统元素，既能满足施工的经济性，又能很好地融合地域文脉，这对于地方经济的发展和地域文化传承都具有非常重要的意义。

竹根滩地处江汉平原，风景优美自然资源丰富，拥有许多的物质性元素。例如竹根滩因水边生有竹子而得名竹根滩镇，而汉江作为"母亲河"哺育了这片土地，汉江水与水边生长的竹都体现了该镇的本土植被与地理特征，这些特征作为物质性元素中的自然乡土元素，构成了一个乡村独特的地域特色，是乡镇改造的过程中应首先尊重的基础，不应轻易被改变。

竹根滩还有着众多的非物质文化元素，如潜江木雕、潜江锣鼓、江汉平原皮影戏等，我们可以将之提取应用。通过对竹根滩镇自然元素的呼应，以及传统文化元素的抽象，建筑师把它们融入自己的改造理念与意识。这既是对江汉人民的高度致敬，更是传达出对博大精深的传统潜江地域文化可持续发展的设计理念。

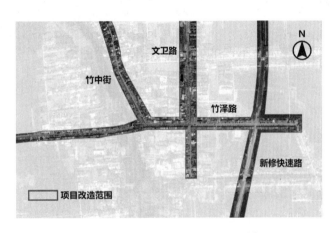

图1　项目区位分析（来源：作者自绘）

3　空间提升设计实践

3.1　建筑立面的改造与提升

基于前期对竹根滩镇地域文化的研究，运用拓扑学和符号学等方法，对建筑立面的地域化设计进行多样化的探索。在建筑色彩上位于主街的竹泽路中建筑采用灰褐色与黄褐色进行搭配，其中灰褐色取自建筑中的竹构件颜色，寓意竹根滩镇因竹而得名，该两种颜色的相互搭配能够显著提升主街整体品质，营造一种较为暖色的环境，烘托竹泽路主街繁华热闹的氛围。次街的文卫路与竹中街建筑采用砖红色与黄褐色进行搭配，砖红色象征对当地红色文化的传承，与空调格栅皮影戏一同代表了对传统文化的继承与发扬，黄褐色则与主街相呼应，保持环境的整体暖色调（图2）。

首先，在设计的过程中我们选取了认同感较强，具有地域文化特色的潜江锣鼓、竹子、汉水与皮影戏作为设计元素。因考虑到项目地点有三条街道（主街和两条次街），分别设计了三种具有不同文化元素的空调格栅，使得乡镇的居民走在不同的街道上可以感受到不同的文化特色所带来的氛围，同时也增加了街道空间的趣味性。

作为主街，是全镇人流较多的街道，其空调格栅设计应当选取当地最具代表性的元素来体现地域文化特色，而潜江锣鼓在当地人心中具有不可撼动的地位，因此以锣鼓为基础提炼其颜色和纹理等元素运用到空调格栅设计当中（图3左）。

为了与主街相呼应，次街的空调格栅在色彩搭配上保持与主街一致，在文化元素上采用了皮影戏、竹与汉水。竹中街空调栅格图案选用潜江皮影抽象出的人物造型，四角吸取戏台边角元素，与当地文化相呼应，在材质方面增加了透明的亚克力材质置于空调格栅两侧使其在造型上更加富有层次感与设计感（图
3中）。文卫路空调栅格则选用汉水与竹条元素，以竹条的韵律排列形成水波图案，将汉水与竹有机结合（图3右）。

图 2 主街与次街立面改造效果图比较（来源：作者自绘）

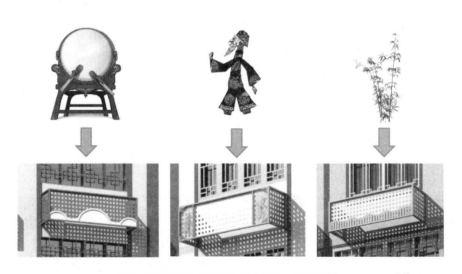

图 3 空调格栅文化元素提炼（来源：作者自绘）

其次，在对实地考察中现有建筑的立面研究和分析发现，单纯的墙体粉刷和加装简单构件不足以充分体现其地域的文化特色，立面元素也太过单一。而运用现代设计手法将文化元素应用到窗框的设计中不仅可以丰富立面，也能起到防盗的作用。窗框设计上，提取了潜江木雕作为文化元素，通过对木雕纹理的抽象，唤起人们对于这一古老传统的记忆。

3.2 景观节点的提升与设计

竹根滩镇是典型的中国式传统乡镇，多条水渠及水渠两侧道路将乡村分成多个组，每个组之间是耕地，用于种植各种作物。组内房屋前后是居民自家种植的蔬菜瓜果等，由此划分而来的"房前屋后"地块是景观营造的重点和难点。

在遵循生态性、乡土性、多样性、经济性原则的基础上，结合竹根滩镇环境美化、风貌协调、文化激活、产业发展的发展诉求，提出解决方案。首先拆除违建、废弃房屋，将杂物统一收置摆放，屋顶统一喷青黑色漆，房屋墙面统一刷白，后绘以不同题材的宣传彩绘。远观是"青瓦白墙"，近看是多姿多彩的田园风光，在提升村容村貌的同时，给居民的生活增添了更多乐趣。

之后，对水渠两岸进行了整体提升，完善安全护

栏和夜间照明，保证通行的安全与便捷；沿河步道两侧种植冠幅广、遮阴好的乔木树种，提供凉爽舒适的滨水步行空间；在驳岸近路一侧设计连续的设施带，在步行区和水体之间形成缓冲区域，综合布局行道树、休憩座椅、绿化带、标识牌、照明、栏杆等环境设施（图4）。

在河道整治中，通过河道清淤、设置护坡和驳岸方桩，添加景观休闲步道和优化岸边景观等方式，增强环境整体质量，为当地居民提供休闲场所，也能够改善道路沿途景观视感。植被色彩以绿色为主，重要节点及观赏界面引入色花色叶树种作点缀，生活型河涌以乔木为主，形成阴凉舒适的滨水步行空间，自然式河涌及水塘需综合乔灌草进行搭配，岸线乔木以列植为主，局部区域采用丛植、孤植的种植模式（图5）。

另全镇被247国道贯穿，多个村内组道与国道相交，由国道串联的空置地块是理想的景观布置场所，可供居民游览、休憩、举办日常集会活动和获知宣传公告消息等。在这多个广场中，不仅从动静分区上进行了划分，还从视线渗透、休憩停留等方面进行了综合考虑。在内部采用湖北地区传统园林、传统建筑的常用材料（青砖、瓦片、陶瓷等）对环境设施进行设计，提炼村庄特色元素形成抽象的文化符号，皮影戏景墙取自潜江皮影戏中的人物形象，将当地非物质文化遗产作为对外宣传名片，马头墙造景设计形式采用湖北民居屋檐形式，与竹泽路立面改造形式相呼应，竹元素文化墙景墙中装饰主要构件采用竹根滩当地毛竹，体现地域特色，强化村庄传统文化韵味；在外部与河道景观相连接呼应，将"房前屋后"、河道、广场形成一个统一的整体（图6）。

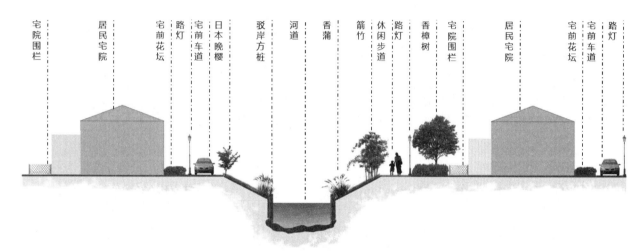

图4　水渠整治断面（来源：作者自绘）

图5　水渠整治后效果（来源：作者自绘）

图6　景观广场分析（来源：作者自绘）

4 结论

本文从地域文化元素的提取和运用出发，将文化元素抽象化，对立面改造中构件的选取、构件样式的来源提出新的方向，同时为景观设计中的空间构建分区、植被选取、景观小品营造等提供参考。在美丽乡村如火如荼的建设过程中，发挥乡村地域文化元素的大优势，能抓住重要的战略机遇，但改造的同时也伴随着一些现实问题的产生。如空调格栅的设置，能将杂乱的空调外机变得整齐统一，却增加了移机成本；将店招从大小、材质、颜色进行重新规划，整体感觉干净利落，却丧失了商业区该有的商业氛围和生活气息等问题，有待学者们进一步研究与思考。

参考文献

[1] 黄真.乡镇聚落更新的本土性表达研究[D].重庆：重庆大学，2016.

[2] 唐文胜，向柯宇.地域文化融合下基于结构逻辑的大跨空间形式生成——呼和浩特汽车客运东枢纽站设计[J].建筑学报，2019（10）：98-102.

[3] 陈宁静，张坤.乡村风貌规划设计中乡土元素的运用研究[J].中外建筑，2021（02）：121-124.

[4] 彭一刚.传统村镇聚落景观分析[M].北京：中国建筑工业出版社，1994.

[5] 张良皋.武陵土家[M].上海：三联书店，2002.

[6] 李先奎.四川民居[M].北京：中国建筑工业出版社，2009.

[7] 阮仪三.中国历史文化名城保护与规划[M].上海：同济大学出版社，1995.

[8] 吴晓勤.世界文化遗产——皖南古村落规划保护方案保护方法研究[M].北京：中国建筑工业出版社，2002.

[9] 陈全国.社会主义新农村建设丛书[M].郑州：大象出版社，2006.

[10] 汪晓敏.现代村镇规划与建筑设计[M].南京：东南大学出版社，2007.

[11] 王云才.乡村旅游规划原理与方法[M].北京：科学出版社，2006.

[12] 顾晓洁，杨健.浅谈地域文化在建筑设计中呈现的表象与精神[J].四川建筑，2016，36（02）：69-70+73.

城市更新中的城市设计策略思考
——以成都市彭州龙兴寺城市更新项目为例

郭晟楠

作者单位
北京市建筑设计研究院有限公司

摘要：新常态下，我国城市的发展模式正在逐渐从以扩张为主的增量增长模式转向以更新为主的存量发展模式，城市更新逐渐常态化。城市设计作为一种设计方法，可以在不同的工作层次推进城市更新。本文以成都龙兴寺城市更新项目为例，探讨城市设计如何采用相应的设计策略来推动城市更新项目的落实。

关键词：城市更新；城市设计；建筑设计

Abstract: Under the new normal, the development model of my country's cities is gradually shifting from an expansion-based incremental growth model to a renewal-based stock development model, and urban renewal is gradually normalized. Urban design as a design method can advance urban renewal at different levels of work. This paper takes the Chengdu Longxing Temple urban renewal project as an example, and discusses how urban design adopts corresponding design strategies to promote the implementation of urban renewal projects.

Keywords: Urban Renewal; Urban Design; Architectural Design

1 城市设计的基本含义

城市设计在最新公布的《国土空间规划城市设计指南》中其基本含义为：城市设计是营造美好人居环境和宜人空间场所的重要理念与方法，通过对人居环境多层级空间特征的系统辨识，多尺度要素内容的统筹协调，以及对自然、文化保护与发展的整体认识，运用设计思维，借助形态组织和环境营造方法，依托规划传导和政策推动，实现国土空间整体布局的结构优化，生态系统的健康持续，历史文脉的传承发展，功能组织的活力有序，风貌特色的引导控制，公共空间的系统建设，达成美好人居环境和宜人空间场所的积极塑造。[①]

由此定义，城市设计可以有效应对城市更新中老城区复杂的社会环境，以及不同主体、不同社会角色，对城市更新的不同诉求。并且在不同的层次中表达的状态也有所不同：从城市整体层面是生态修复和城市修补，在区段层面是有机更新，在社区层面则体现为微更新。

2 成都彭州龙兴寺城市更新项目的特点与问题

2017年我们团队接到成都市彭州城市更新项目，从项目研究开始，随着项目的深入，到2019年项目更名为彭州龙兴寺城市更新项目，项目的范围也由整个彭州老城，聚焦城市中心的龙兴寺片区。龙兴寺片区多年来一直没有进行城市更新的主要原因：①区域的位置及龙兴寺本身在彭州人心中的地位都是很重要的；②区域内拆迁、产权情况复杂，项目落实需要涉及的内容也十分复杂；③彭州土地价格过低，项目很难收益平衡。

2.1 龙兴寺城市更新项目对于彭州的重要意义

彭州市位于成都西控区域，自古由于土地肥沃是成都非常富裕的地区。但近年来由于汶川地震，彭州同样受灾很严重，引入了石化项目，使得大家对彭州良好生态环境也产生了疑惑，彭州的城市形象、城市品牌一落千丈。彭州政府除了改善调整彭州的经济结

---

① 《国土空间规划城市设计指南》（TD/T 1065-2021）。

构，同样需要一至两个关系民生的品牌项目，重建彭州文化品牌、城市自豪感（图1）。

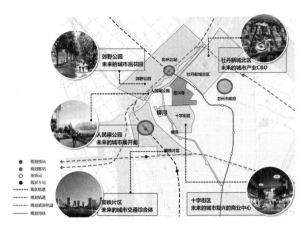

图1 项目区位及彭州其他城市更新项目（来源：龙兴寺城市更新项目）

龙兴寺自身在彭州发展中作为彭州人心目中重要的标志物，其周边区域自古以来就是彭州重要的产品交易区域，是老城区人气最旺的区域。龙兴寺片区的更新对于彭州整个城市的复兴，起着巨大的作用。由于其重要的意义，所以龙兴寺片区的更新主体为政府。

2.2 龙兴寺城市更新项目的复杂性

龙兴寺片区位于彭州旧城中心，虽然周围有一定的空地，但是作为建成区还是具有产权复杂、人口复杂、道路混乱、公共空间缺乏、基础设施不足等老城区的通病。并且龙兴寺作为文物建筑，还要考虑其视觉廊道，高度控制以及新建建筑形式与龙兴寺建筑的关系。区域内还有很多保护古木，主要以三级为主，建议保留，需要考虑建筑与古树相互呼应设计。

3 城市设计在项目中扮演的角色

由于龙兴寺项目的重要性和复杂性，而城市设计具有比较灵活、形象化的特点，并且通过导则可以引导和控制设计内容落实在控制性详细规划中的优点，使其成为整个项目推进的沟通工具及实施保障。

3.1 立体思考城市空间的桥梁

从城市核心区的公共空间功能需求入手，配置相应规模和功能的城市公共建筑、商业建筑。在龙兴寺片区城市设计中，我们将使用频率相对较低或目的性较强的公共空间——书店、展览馆、艺术馆、市民活动中心，都放在商业建筑的三层以上。突破了传统土地产权边界的框框，将公共建筑与商业建筑立体混合设置。其具备以下特点：第一，城市设计目标基于但不止步于土地利用规划，而是将其拓展到空间利用规划，通过对地区特色和活力有重大影响的空间资源分析，实现空间价值的最大化和公益化；第二，不局限在遵循基于街道和街坊为组合形态下的空间秩序，而是在三维城市空间中整合了多元空间要素，创造了新的空间组织模式，公共空间与私人空间或是"功能空间"和"公共领域"得以融合和互动（图2）。

图2 立体空间城市设计——公共空间+商业空间（来源：龙兴寺城市更新项目）

3.2 项目推进的沟通工具

城市设计作为控制性原则文件，在打造整体形象和空间上起着至关重要的作用。随着项目进程，逐渐发现城市设计的作用远不止控制城市空间和建筑形象，而更像一个综合实施方案和各专业的使用说明书。

在项目推进过程中，涉及10多个政府部门、各个不同层级的参会人员，大家对项目的理解和需要解决的问题都不同，所以在会议最开始都是城市设计理念和成果的宣讲，这更加让参会人员了解城市所面临的问题，以及最终的设计目标及远景，并且通过三维的形式让大家有感性的认知。

4 城市设计的策略和方法

针对彭州龙兴寺片区的问题，城市设计提出四大设计策略，期望有效提升城市形象，解决老城区的城市问题，实现城市的有机更新。

4.1 保留传统文脉，强调文化内涵

整个城市设计强调"塑心"，这个塑造的核心就是龙兴寺。围绕龙兴寺周边打造了南北两个广场，东公园、西禅院。将主要的公共空间都围绕龙兴寺打造。并且我们尽可能地保留了延秀街和龙兴街原本的空间结构，并选择性地保留了一些有特点的老建筑，例如火神庙、三合院等。虽然这些老建筑状态老旧也不怎么精致，但穿插在商业街中给这个区域带来一些历史和文化的气息。政府一直非常支持我们保留这个区域的一些老旧建筑和树木，并称之为"彭州的记忆"（图3）。

4.2 增加公共文化设施，打造城市客厅

我们在片区中采取了大小公建策略，就是公共建筑分为两类，一类是服务于整个城市功能面积较大的公建，另一类是服务于区域穿插于商业建筑之间面积较小的公建。这样设计有三个好处：一是避免了单独为每一个公建单独设置用地，节约了城市中心土地；二是商业整体是国有平台公司整体持有，在管理上这些小公建可以与商业建筑交叉混合使用统一管理。小公建在需要时也可以承办商业活动，减小了政府运营公共建筑财务压力的同时也避免了公共建筑使用效率不高的问题；三是在平台公司贷款时可以与其他商业一起算以商业产权进行抵押，提高贷款额度。我们把城市急需的，使用效率高的一些公建功能先按照需求布置进去，并独立划分功能用地，例如：美术馆，彭州有2万多件展品没有空间展出；市民活动中心，政府在几年前就希望建设但没有合适用地。剩下的部分公建面积要求不大且使用率不是这么高的公建，例如区域图书馆、木雕艺术中心等，就不再单独划分功能用地，而是一起布置在商业用地中，并不专门分类，而以配套要求的形式在控股条件中注明。在形式上为了与商业区分，我们将这些公建设计成飘浮在商业街的顶上的独立空间。在我们按照这个思路设计的大公建包括美术馆4500平方米、市民活动中心7395平方米、望塔集市6768平方米等，小公建包括刘邓潘纪念馆510平方米、小型图书馆710平方米、木雕艺术中心945平方米（图4）。

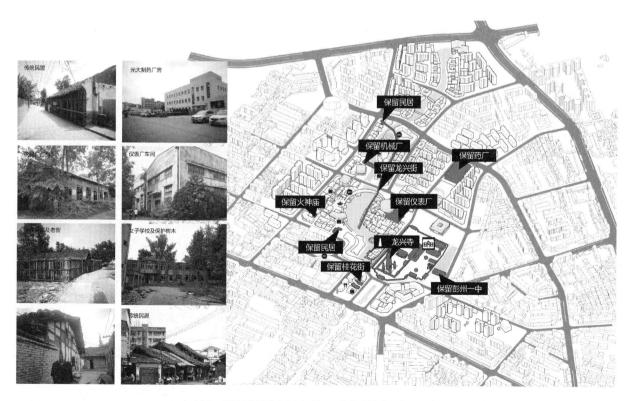

图3 历史建筑分布图（来源：龙兴寺城市更新项目）

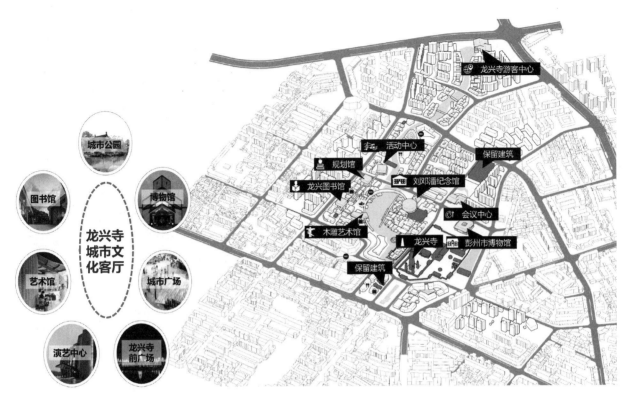

图 4　公共建筑的分布图（来源：龙兴寺城市更新项目）

4.3　营造公园城市环境，提升区域公共服务设施

打造景观水系，将北侧人民渠与南侧城市商业区十字街区串联起来。并将重要的公共建筑都布置在景观水系周边，为市民打造了一条公共活动的休闲流线，也补充了区域所需要的社区服务、老年服务等公共配套。商业升级提升，打造活力的商业街，使得整个区域的商业业态更加丰富。最重要的是我们异地重建了区域的菜市场。龙兴寺周边的市集是整个区域居民生活的重要保障，我们不希望由于整个区域的提升，把市场移出整个片区，所以在区域的东南角重建了望塔市集，并且通过与商管的协商，希望可以保证一些路边摊的形式，整体把控，还是一个充满生活气息的公共空间，不要过分绅士化（图5）。

4.4　达到区域自给自足，有机更新

整个片区我们增补文化、公共建筑，打造城市客厅，提升市民的文化自信，丰富市民生活；打造公共活动空间，水系绿化公园，为市民提供公共活

动空间；提升街道品质，完成公共配套，提升整个片区品质。这些部分都需要政府大量的投资，所以我们在城市设计中，也预留了部分住宅用地，通过容积率、高度、建筑风貌、建筑色彩方面的控制保证其附和整体片区的风貌，做一部分的资金平衡。

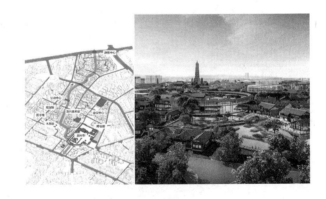

图 5　水系与公共建筑
（来源：龙兴寺城市更新项目）

商业的植入是真正能够实现业态更新换代，保持片区活力的要素。彭州本身的商业基础并不好，零售型商业多以临街店铺为主，餐饮和零售业

在整个成都区域排名靠后，而且近年来，新建商业综合体陆续开业，其中有3.5万平方米于2019年年底刚刚开业"望蜀里"和10万平方米计划2021年初开业的万达商业综合体，它们不管是规划还是业态都跟龙兴寺项目是竞争关系。我们在确定零售商业面积的时候就面临着一个两难的境地：过高的零售商业面积无法保证龙兴寺的整体商业品质，也给后期招商和运营造成较大的困难；过低的商业面积又无法形成足够的商业氛围和店铺数，在跟其他商业体竞争的时候处于劣势。针对这个商业量的确定问题，政府、平台公司和商管单位都不敢轻易地下判断，只能又请戴德梁行做了一个较为详细的市场调研。它们的报告认为这个项目的消费群体在短期内仍然为本地居民，且餐饮应该是项目的主要业态，不应该盲目对标太古里、宽窄巷子等项目。我们结合商业设计团队的商业街的布局方案，调整了商业街长度、面宽、品牌数量等问题，并与商管公司反复沟通，确定了零售商业的面积为3.8万平方米，并将业态配比定为：零售/餐饮/服务配套/休闲娱乐为4/4/1/1。这200多个店铺中首次进入彭州品牌为15%，国内连锁品牌为45%，彭州本地品牌为40%。根据地块的商业总容量（用地面积*商业容积率），减去公共建筑和市政配套的面积，核心地块的商业建筑面积为5.1万平方米，其中零售商业为3.8万平方米，由国有平台公司自持统一招商经营，剩下1.3万平方米作为可售型商业帮助项目资金回流。

通过商业、居住、文化服务用地互相平衡，也做到政府、商家、居民等多种利益的平衡。项目通过自我更新，资金运转等多种手段，使得项目不会成为政府投资巨大的形象工程，而是可以自我有机更新，提升城市形象，提升居民品质，增加彭州人民幸福感的民生项目（图6）。

效果图展示

图6　水系与公共建筑（来源：龙兴寺城市更新项目）

5 结语

中国城市发展进入存量时代，城市设计的主要任务越来越多地转为城市已建成空间的改善与提升。本文在城市更新理念的视角下，针对彭州中心城区的问题，运用城市设计手法，从城市的文化脉络、开放空间、城市空间的立体使用、公共配套、公共建筑、用地结构、资金、用地平衡等方面探究可实施的老城区更新策略。

最后，谈一下我对于城市更新中的城市设计最需要注意的三个方面：

1. 扩大城市设计的研究范围。如龙兴寺城市更新一样，我们其实首先是从整个彭州老城市中入手，龙兴寺周边是重点的设计内容。从宏观的角度入手，再聚焦到中观角度来设计，对地块的定位会更加准确。并且从宏观的角度，我们也更多地去梳理土地资源，对于城市更新项目来说，土地资源是至关重要的，并且在后期拆迁范围划定以及资金平衡方面都起到了决定性的作用。

2. 开发策略与资金平衡。城市更新从根本上说是城市资源再分配的一个过程，如何平衡政府、开发商、市民各方的利益，城市设计就需要从研究范围到拆迁范围；从城市功能的确定到具体建筑体量；从用地开发模式，到从政府角度、开发商角度多次经济测算，找到一条可以把美好蓝图真正落到实处的路径。

并且我们更多地关注整个项目要真的可以建起来并且运营起来，真正达到当初设计的目的，解决城市问题。

3. 城市设计导则控制。为了城市设计能够真正地控制到位，仅仅落实到控规是远远不够的，对于核心区必须要进行详细的城市设计导则编制。这需要细致到建筑体量、高度、功能、形态、具体落位，建筑公共空间的位置、规模、空间特点，地下开发的功能、层数、停车数量等更微观的角度详细控制地块，将在城市设计中的策略和设计思考最终落实到地块中。

参考文献

[1] 段进.城市设计与城市更新[J].2020/2021中国城市规划年会，2021（09），1-2.

[2] 唐莲，丁沃沃.基于传统街区更新的城市设计[J].西部人居环境学刊，2017，32（04）：7-12.

[3] 阳建强，杜雁，王引，段进，李江，杨贵庆，杨利，王嘉，袁奇峰，张广汉，朱荣远，王唯山，陈为邦.城市更新与功能提升[J].城市规划，2016，40（01）：99-106.

[4] 杨震.城市设计与城市更新：英国经验及其对中国的镜鉴[J].城市规划学刊，2016（01）：88-98.

城市更新中应对突发公共卫生事件的空间活力与影响因素研究
——以哈尔滨中心城区为例

于思彤 李玲玲 陈薄旭

作者单位
哈尔滨工业大学建筑学院 寒地城乡人居环境科学与技术工业和信息化部重点实验室

摘要： 文章以哈尔滨中心城区为例，利用多源数据的实时优势分析疫情防控下人群活动的变化规律，同时结合业态 POI 数据进行相关性分析，挖掘城市空间活力变化规律与影响机制，以期为城市更新设计中提高城市应对公共卫生安全的能力提供参考。

关键词： 疫情防控，城市更新，城市空间活力，开源数据

Abstract: Facing the intermittent rebound of the epidemic, the government adopted prevention and control policies，which affected residents' real time activities.This paper takes the partial area of central Harbin as a study case to analyse the regulation of change of residents' real time activities based on multiple source data and investigate correlation analysis with POI facilities to have a depth study on the regulation of change and influence mechanisms of urban spatial vitality to provide references for improving the ability of the city to respond to Public Health Event in urban renewal design.

Keywords: Epidemic Prevention；Urban Renewal；Urban Spatial Vitality；Multiple Big Data

1 引言

　　城市活力是城市场所提供给使用者多样化使用机会的能力，也是确保城市在更新中具有旺盛生命力和促进城市功能生存发展的保证，城市活力高必然带来城市空间中人群高密度聚集。在2021年9～10月期间，黑龙江省哈尔滨市再一次遭遇了疫情的侵袭，导致居民出行活动受限，由此对疫情中城市空间活力变化与影响因素进行分析是十分必要的，可以为城市更新中提高其应对公共卫生事件的能力提供参考[1]。

　　近年来，大量的城市更新都开始倡导营造城市空间活力，但是传统的城市规划中通常是设计师依据城市经济发展水平、当地建筑风格以及人口数量等静态数据做定性分析，缺少人群实时活动规律这种能直接反映城市空间活力的依据[2]。随着信息技术的发展，人群需求及时空活力已经可以被精准捕捉[3]，其中基于LBS（Location Based Service，LBS）即地理位置数据展开的服务，因其数量庞大且可以提供实时定位，能较为准确地反映城市空间中人群分布与活动强度，使得越来越多的学者将其纳入到城市规划的研

究之中[4]。

　　本文在前人的研究之上，将基于LBS系统下的两项服务相结合，分别是百度热力图所反映的动态数据及业态POI所反映的静态数据[5]，对疫情中哈尔滨中心城区城市空间活力变化规律进行归纳总结；同时将二者进行相关性分析，旨在通过统计学量化分析疫情防控下哈尔滨城市空间活力变化及影响机制，以期为城市更新中空间活力改善提供实证依据。

2 数据特征与技术方法

2.1 数据特征

　　百度热力图是将智能手机用户访问具有定位功能的百度系软件时所携带的位置信息进行聚类，从而得出在不同空间、时间的人群分布情况及活动强度，计算结果用不同的颜色和亮度表示出来，结果具有动态、连续、易识别的特征，可以较好地反映一个区域内人群时空变化及分布特征[4]。

　　POI（Point Of Interest）为兴趣点，是基于

LBS系统而展开的最核心的服务，代表真实地理实体的点状数据，其包含经纬度、地址、名称及类别等信息，具有数量庞大、覆盖面广、易于获取等多个优点。在百度地图等开源平台，可以获取某一区域完整的POI数据，包含城市的方方面面，有利于进行城市活力的研究[6]。

2.2　技术方法

对于城市空间活力分析与影响机制的研究主要分为以下三部分：

1. 城市人群动态变化

为了精准反映出城市人群整体动态变化情况，需要对全天热力图中不同热力度区域的总面积变化进行分析。本文采用热力度表示人口聚集情况，将不同颜色的区域用自然间断分类法分为七类[4]，分别用数字1～7表示，其中数字越大表示该区域人群越密集，反之则代表人群越稀疏；其中将热力度为6～7的区域称为城市高热区，将热力度为4～5的区域称为城市次热区。

在GIS中将一天的热力图数据进行栅格转面操作，后利用属性表计算法求得每一个热力度对应区域面积的总和，得出结果中重点关注全天高热区及次热区总面积变化情况。

2. 城市活力空间分布情况

为了进一步发现人群在城市中分布的空间特征，需要在上一步的基础上对高热区的地理位置分布进行考察。利用GIS工具在研究区域内建立50米×50米的渔网，分别对每个渔网单元的整日平均热力值及标准差进行计算。平均值为6～7的单元为城市高活力区，平均值为4～5的单元为城市次活力区[5]；标准差高的为城市单一功能区，该区域内人群聚集度变化幅度较大；平均值高但标准差低的为城市复合功能区，该区域内人群聚集度整体偏高且变化幅度较小。

3. 城市空间活力影响因素测度

城市空间活力的影响因素有很多，其中新城市主义规划理念中提到：通过主动规划控制土地功能来使其形态布局更加完善，从而激活城市空间活力[7]。因此本文重点考虑土地功能的密度和混合度对城市空间活力的影响。传统的土地数据往往不能准确表征实际情况[3]，随着定位技术的发展，业态POI数据为精细化度量土地使用功能布局提供了技术支持。本研究通过阅读相关文献，筛选出与城市活力最息息相关的三大类

POI数据分别为娱乐设施、交通设施及配套设施[5]。最后，通过GIS地理信息系统计算POI密度与混合度，将这两个数值与表征城市空间活力的数据相关联，从而分析出城市土地功能对城市空间活力的影响程度。

3　哈尔滨中心城区案例探索研究

选取哈尔滨局部中心城区约60平方千米的地块作为研究范围（图1）。为了结果能准确反映出疫情中居民时空动态特征，选取了整个疫情发展中期阶段2021年9月25日～10月1日，利用爬虫工具截取热力图共240张；采集百度地图开源平台2021年业态POI数据共计8646个，其中包括停车场业态共2521个，美食、金融、教育培训、商务大厦、医疗及住宿业态共3716个，休闲娱乐、购物、旅游业态共2409个。利用两份重要基础数据展开疫情下哈尔滨中心城区空间活力变化规律的研究。

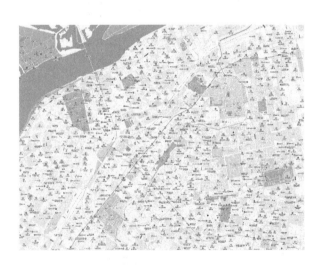

图1　研究范围（来源：网络）

3.1　疫情中哈尔滨中心城区人群动态变化特征

城市居民的活动在很大程度上呈现出周期变化规律，同时休息日和工作日的人群分布具有一定差异性[1]，因此本文选取一周中9月26日（周日）及9月27日（周一）为重点分析对象（图2）。

1. 休息日人群动态变化

从图3可以看出，在休息日7：30～22：00的时间段内，哈尔滨中心城区高热区和次热区的面积随时间

变化有着明显的波动，大体呈现出早、晚面积小，上午、下午面积大。对两条曲线分别进行考察可以发现：①城市高热区面积在7：30～11：00处于激增状态，在11：30时达到了一天中高热区面积的峰值，也就是这一时刻人群最为聚集。之后开始迅速下降至13：00，13：00～18：00有五个小时的稳定期，期间也有两次小范围浮动，18：00之后开始呈持续下降趋势，到20点之后基本保持稳定。②城市次热区的面积在上午7：30～9：30呈急速上升状态，之后基本维持不变直至17：00，有长达八小时的稳定期，直至下午五点出现全天次热区面积的峰值，之后开始逐步下降。

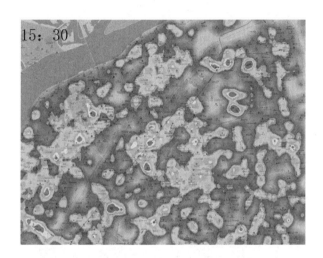

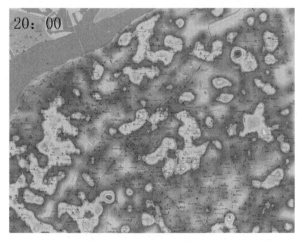

图2 部分热力图（来源：作者自绘）

由此可以推测出，休息日人群晚上22：00的活动强度高于早上7：30的活动强度，人群的活动强度在午餐（11：30）出现峰值之后开始迅速下降，意味着疫情期间人们在休息日外出就餐之后不会选择出现在商业区这种比较集中的区域，可能分散到城市中各个小型休闲

空间进行放松，到18：00之后高热区面积迅速下降意味着人们开始陆续返回家中，人群集聚程度逐步降低。同时可以从图4看出休息日高热区面积处于峰值时（11：30），人群主要集中在23处，包括学校、商场、住宅、写字楼等地，尤其是具有复合性质的地块中。

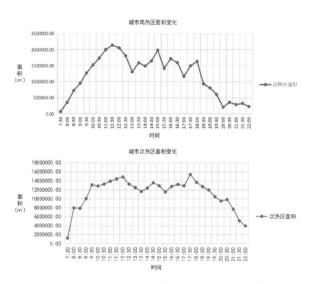

图3 休息日城市高、次热区面积变化（来源：作者自绘）

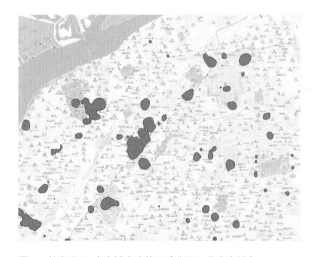

图4 休息日11点半城市高热区（来源：作者自绘）

2. 工作日人群动态变化

从图5可以看出周一7：30～11：30期间高热区和次热区面积增长很快，尤其是高热区面积。通过数据曲线还可以看出来，高热区的面积在大约11：30达到一天中的峰值且相比于休息日峰值更高，反映出在工作日期间人群从居住区向城市中商务办公区、商业区聚集的过程。之后高热区面积迅速下降直到13：00后才缓慢增长，由此可以看出在午休时间，人群从城市中集中工作的区域分散到餐饮区域再逐渐返回到集中工作区域的

过程。16：30之后，高热区面积整体处于下降趋势，人们开始向各个居住区分散。在16：30之后的下降过程中，并无明显增长，可以推断出疫情中，人们下班之后并不会再次集中到商圈等休闲场所。

整体看来工作日高热区和次热区的面积是高于休息日的，由此反映出疫情期间人们还是减少了不必要的出门频率。同时根据图6可以看出工作日高热区面积达到峰值时（11：30），人群大多数聚集的场所与休息日相比有明显区别的是增加了玛克威鞋贸城、金龙商厦、金蟾商厦批发城片区、革新综合市场、宣化街122号院片区、安隆街、安发街、安升街及新阳路包围的地块，哈达友谊农贸市场，可以看出增加的区域都是一些小商品批发的片区，这些片区的商铺可能迫于生计，即使在疫情期间也会营业。

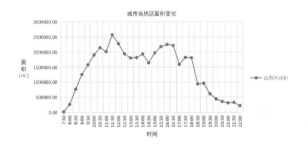

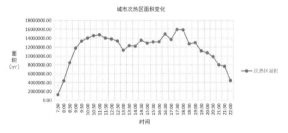

图 5　工作日城市高、次热区面积变化（来源：作者自绘）

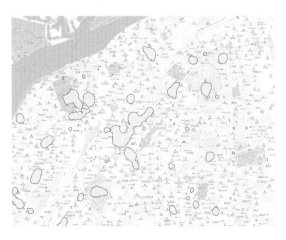

图 6　工作日 11 点半城市高热区（来源：作者自绘）

3.2　疫情中哈尔滨中心城区活力空间分布特征

通过3.1的分析我们已经得出疫情中哈尔滨中心城区人群动态变化情况，为了进一步发现城市活力空间分布特征，需要对高热区的地理位置分布进行考察。利用GIS工具将研究范围划分成50米×50米的单元，按照公式1的计算方法及2.2中的描述识别出城市高活力区；利用整日热力度标准差识别出城市单一功能区及混合功能区。

$$\overline{H_i} = \sum H_{ix}/30$$

公式1　整日平均热力度计算方法

$\overline{H_i}$：单元i的整日平均热力度。H_{ix}：单元i在x点时刻的热力度；x=1，2，3，…，30；i=1，2，3，…，n。

1. 休息日城市高活力区分布情况

如图7，经过整日平均热力值的计算，对12处较明显的高热区进行地理位置命名，从左至右依次为康安路哈尔滨武警总队医院片区、康安路大发市场片区、新阳路凯旋城片区、哈尔滨工业大学片区、哈尔滨市第一医院片区、南马路金都大厦片区、东大直街松雷商业片区、哈尔滨医科大学附属第一医院片区、南通大街百盛购物中心片区、哈尔滨工程大学片区、黑龙江工程学院片区、珠江路鑫马国际财富中心片区。可以看出疫情中城市中热力核心区基本都分布在学校、医院、商业区及写字楼附近。

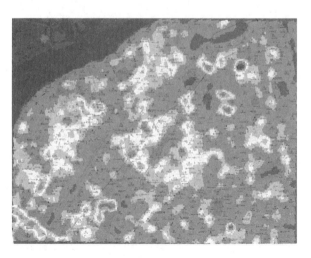

图 7　休息日平均热力图（来源：作者自绘）

2. 工作日城市高活力区分布情况

如图8，工作日整个研究区域相比于休息日增加了金龙商厦、金蟾商厦批发城片区。其中哈工程校区中两处不连续高热区合并成一个高热区，休息日盟科观邸和文化家园两处不连续高热区，在工作日时合并成一个高热区。

可以看到在工作日高热区的面积更大，人群聚集度呈现出更集中的状态。从高热区的城市功能分析，首先可以看出工作日商务办公区热度在疫情期间几乎和休息日持平，可以推测出一部分人群在疫情期间选择了居家办公模式；其次一些已经发展成熟的商圈如远大购物中心、百盛购物中心对人群的聚集能力还是较强；最后可以看出疫情期间红十字中心医院、哈尔滨第一医院、哈尔滨医科大学附属第一医院、黑龙江总工会医院在工作日都处于高活力状态。

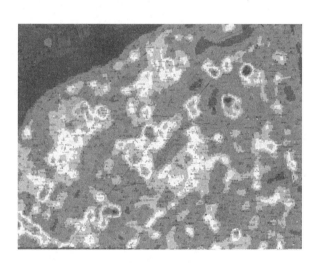

图 8 工作日平均热力图（来源：作者自绘）

3. 城市单一功能区

如图9，整个研究范围之内标准差相对较高的区域有4个，分别是大商新一百购物广场片区、美乐上城及透笼国际商品城片区、远大购物中心及哈尔秋林国际购物中心、名优城及南极冷鲜城片区、船舶电子大世界及船舶大厦片区。经整理发现这些区域均为集中发展商业的片区，表现为早晚热力度低，当到了上午和下午时，人们从城市中其他空间聚集于此，热力度就比较高，造成了较大热力度差异。

4. 城市混合功能区

本文将全天热力平均值前50%但标准差低于0.6的区域称作城市混合功能区，经过识别如图10所示，其中特征最为明显的有滨江凤凰城与南新小区交界处、安顺街79号小区、紫金城、鑫马国际财富中心，经观察得出这些区域周边配套齐全，已经形成成熟的复合功能区，能满足人们一天中所有基本需求，人群聚集度全天都呈现较高状态且变化幅度较小。

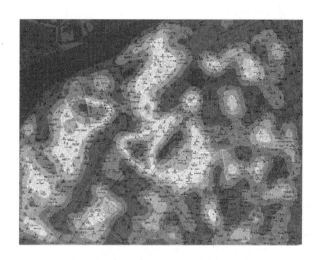

图 9 标准差较高区域（来源：作者自绘）

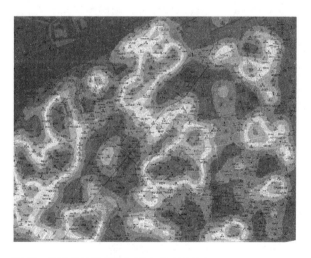

图 10 标准差较低区域（来源：作者自绘）

3.3 疫情中哈尔滨中心城区活力空间影响因素

根据问卷《基于 AHP 城市活力空间影响因素测度专家打分表》，可以得出各个 POI 权重如下（表1）。考虑到结果的量性分析，将上文提到的 50 米 ×50 米的渔网进行合并，计算每 300 米 ×300 米渔网单元中的业态 POI 密度以及混合度。

业态POI权重　　　　　　表1

目标层	准则层	权重值	指标层	条件权重	归一权重
城市活力	娱乐	0.62	休闲娱乐	0.59	0.37
			购物	0.29	0.18
			旅游	0.12	0.07
	交通	0.27	停车场	1	0.27
	配套	0.11	餐饮	0.40	0.04
			金融	0.23	0.03
			教育培训	0.15	0.02
			商务大厦	0.10	0.01
			医疗服务	0.09	0.01
			酒店住宿	0.05	0.01

（来源：作者自绘）

将新的渔网分别与不同种类POI进行相交得到每个渔网中不同种类POI的数量，将不同种类POI的数量与对应的权重相乘，由于每个渔网面积大小相等，所以得到的数量值可以用来代表每个渔网中POI密度的相对大小。同时采用Hill Numbers生物多样性指数中的Simpson指数来衡量每个渔网单元中POI业态的混合度情况，这个方法是目前度量土地混合使用最全面的方法[8]，它能够从土地使用的丰富度、无序性及聚集度三个方面来衡量土地使用程度[9]。最后将每个渔网中的POI密度、混合度与热力平均值、热力标准差分别进行空间链接，利用SPSS计算其相关性。由此可以测量出业态设施分布密度和混合度对城市空间活力的影响程度。

1. POI密度与城市空间活力的关系

从表2可以看出区域平均热力值与POI相对密度值呈显著正向相关（相关系数为0.387），从表3看出配套设施的密度值与平均热力值相关性最强（相关系数为0.480），娱乐设施的密度值与平均热力值相关性最弱（相关系数为0.244）。由此可以推测，土地使用功能越密集，城市空间活力越高，且在疫情中配套设施的密度相比于娱乐设施成为影响城市空间活力的主要因素。

POI相对密度值与全天平均热力值相关性

POI相对密度值		表2
全天平均热力值	皮尔逊相关性	.387**
	Sig.（双尾）	.000

**.在0.01级别（双尾），相关性显著
（来源：作者自绘）

各设施相对密度值与全天平均热力值相关性　　表3

	娱乐设施相对密度值	交通设施相对密度值	配套设施相对密度值
全天平均热力值 皮尔逊相关性	.244**	.443**	.480**
Sig.（双尾）	.000	.000	.000

**.在0.01级别（双尾），相关性显著
（来源：作者自绘）

2. POI混合度与城市空间活力的关系

根据相关文献得知Hill Numbers的统一公式2，它能从多个维度表达混合度[9]。本研究选取Hill Numbers生物多样性之数种的Gini-Simpson Concentration指数（q=2）来度量哈尔滨中心城区的POI土地混合分布情况[8]（公式3），分别计算300米×300米渔网中POI混合度。将得到的结果导入SPSS软件与相应渔网中的热力平均值进行相关性分析得到表4，可以看出渔网内POI混合度与对应的全天平均热力度呈正相关（相关系数为0.270），即使用功能混合度越高的区域，其空间活力也越高。

$$D=\left(\sum_{i=1}^{n} P_i^{q}\right)^{1/(1-q)} \qquad D=1/\left(\sum_{i=1}^{n} P_i^{2}\right)$$
公式2　　　　　　　公式3

D表示多样性，n表示POI种类的数量，P_i表示第i种POI相对多样性，可以是面积比或数量比等，参数q为级数，它反映了多样性指数对物种的敏感度。

POI混合度与全天平均热力值相关性　　表4

全天平均热力值	皮尔逊相关性	.270**
	Sig.（双尾）	.000

**.在0.01级别（双尾），相关性显著
（来源：作者自绘）

4　结论与讨论

随着大数据的发展，城市更新中也越来越追求运用更精准的数据来说明城市中存在的一些问题。本文作为运用多源大数据及GIS进行城市活力空间分析的尝试与探索，以疫情下哈尔滨中心区域为典例，从城市人群动态变化情况、城市空间活力分布情况、城市活力空间影响因素测度三方面进行研究得到如下结论：

注重区域职住平衡体系的构建：从城市人群动态变化情况看出人群经历了从相对分散——相对集

中——进一步集中——相对分散的动态变化特征。理解为上午人们从分散的居住区向集中的工作区域聚集，下班后又返回到分散的居住区的行为过程。同时观察到在疫情期间，休息日的整体时空活力是低于工作日的，但是一些农贸、批发市场等场所人群聚集度相较于工作日高一些，可以理解为人群在疫情期间会适当减少不必要的外出，但是不可避免会去采购生活必需品。通过以上两点可以推测在未来城市更新中考虑到提高城市应对大型公共卫生事件的能力，首先要适当构建区域内职住平衡体系，减少人们通勤距离及规模会有效缓解疫情防控压力；其次，要考虑在这个体系中匹配相应的配套设施，可以满足人们日常需求，使得该区域在公共卫生事件发生时可以相对独立。

注重区域混合配套设施的构建：从城市活力空间影响因素测度中可以看出疫情中配套设施密度对人群聚集度影响最高，其次是交通设施，最后才是娱乐设施。全天活力均较高的城市空间往往具备多种类型的混合业态，如医疗、学校、办公、金融等功能，因此可以推测，经过上述区域职住平衡体系的构建之后，要注重区域内配套设施的混合构建，这样在遭遇大型公共卫生事件时依旧可以保持城市空间的活力。

由于获取的数据与研究时间所限制，本文仍存在一些不足：其中对城市活力的分析主要来自百度热力图数据。由于百度热力图数据是利用百度相关产品定位数据聚集的结果，因此每个时间段热力值的高低只与使用百度相关产品的人数多少有关，老人和小孩的数据在百度热力图里就很少体现；另外本研究只是分析了业态POI与城市空间活力的相关性，还有更多的影响因素比如道路网密度、建筑混合度等与城市空间活力的相关性分析有待进一步考证。

参考文献

[1] 陈保禄，简单，沈丹凤，禹莎.新型冠状病毒肺炎疫情下以人的需求为导向的规划思考[J].规划师，2020，36（05）：85-88.

[2] 王德，钟炜菁，谢栋灿，叶晖.手机信令数据在城市建成环境评价中的应用——以上海市宝山区为例[J].城市规划学刊，2015（05）：82-90.

[3] 咸荣昊，杨航，王思玲，谢琪熠，王亚军.基于百度POI数据的城市公园绿地评估与规划研究[J].中国园林，2018，34（03）：32-37.

[4] 吴志强，叶锺楠.基于百度地图热力图的城市空间结构研究——以上海中心城区为例[J].城市规划，2016，40（04）：33-40.

[5] 张程远，张淦，周海瑶.基于多元大数据的城市活力空间分析与影响机制研究——以杭州中心城区为例[J].建筑与文化，2017（09）：183-187.

[6] 秦诗文，杨俊宴，冯雅茹，颜帅.基于多源数据的城市公园时空活力与影响因素测度——以南京为例[J].中国园林，2021，37（01）：68-73.

[7] 郑权一，赵晓龙，金梦潇，刘笑冰.基于POI混合度的城市公园体力活动类型多样性研究——以深圳市福田区为例[J].规划师，2020，36（13）：78-86.

[8] 叶宇，庄宇.新区空间形态与活力的演化假说：基于街道可达性、建筑密度和形态以及功能混合度的整合分析[J].国际城市规划，2017，32（02）：43-49.

[9] ERIK LOUW，FRANK BRUINSMA. From mixed to multiple land use[J]. Journal of housing and the built environment, 2006, 21（1）: 1-13.

广州滨水工业遗存再利用园区的日常性品质评析

庄少庞[1]　洪叶[1]　高坤铎[2]

作者单位
1. 华南理工大学建筑学院　　2. 中国联合工程有限公司

摘要： 滨水工业遗存在存量优化的背景下回归公众视线，其遗存空间与滨水空间的复合价值对更新实践提出了产业转型升级、提高公共生活质量的双重任务。引入日常性三要素的研究框架对广州城区四个典型的滨水工业遗存再利用园区中公共空间使用状况进行剖析，提出提升滨水工业遗存再利用中公共空间日常活力的相关建议。

关键词： 城市更新；空间品质；公共空间；日常性

Abstract: Under the background of optimizing the stock, waterfront industrial remains returns to the public sight. The composite value of its relic space and waterfront space puts forward the dual tasks of industrial transformation and upgrading and improving the quality of public life for the renewal practice. This paper introduces the research framework of three elements of everydayness to analyzes the use of public space in four typical waterfront industrial remains reuse parks in Guangzhou City, and puts forward relevant suggestions to improve the daily vitality of public space.

Keywords: Urban Renewal; Space Quality; Public Space; Everydayness

后工业社会，工业水岸因产业结构调整成为城市边缘空间[1]，而居民生活水平的提高对滨水空间回归日常提出了更高要求。近年来城市更新从大尺度整体翻新转向渐进式、小规模微更新，将空间更新建立于日常生活的基础之上，回应居民日常需求，尊重城市集体记忆，重视修补城市公共生活空间，塑造人性化交往场所。工业遗存再利用不再以经济价值为唯一导向，更注重社会、经济、文化等多元价值的复合实现。在此背景下，滨水工业遗存再利用即是将"非日常"工业空间转化为日常活动空间，其目标实现更多依赖于公共空间塑造。

1 基于日常性的公共空间品质研究框架

1.1 遗存再利用语境下日常性三要素

日常性源于日常生活，西方思想家赫勒认为日常生活具有重复性、经验性、习惯性和实用性[2]。汪原教授对日常性与日常生活的概念进行了辨析，提出日常性强调日常生活中同质化、重复性及碎片化的特征[3]；章明在工业遗产更新实践项目中将日常性概念引入，提出日常性介入的公共开放体系是新的发展方向[4]。在

遗存更新领域，日常性首先意味着公共性，包括权属上的开放性与使用者的多元性，其次还意味着时间上的持续性，包括使用的频繁性与发展的渐进性[5]。研究多以主体、事件、空间为基本要素，主体主导事件发生，多元化的事件赋予空间特征，空间得以吸引更广泛的主体并承载新的事件，公共空间活力的激发有赖于三者构成良性循环（图1）。

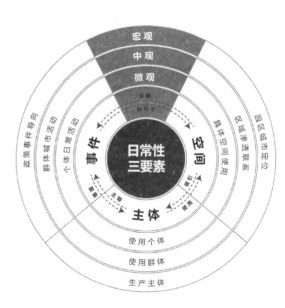

图1　日常性要素（来源：作者自绘）

1.2 研究案例的选取

广州滨水工业遗存再利用有文创产业园、商业综合开发、博物展览馆、城市公园四种类型[6]，文创产业园与商业综合开发类占比最多。研究选取信义会馆、太古仓、琶醍、BIG艺术园为调查对象（图2）。信义会馆为更新文创园的早期代表，太古仓与琶醍为商业综合开发类的中期案例，BIG艺术园是近年吸引力较高的商业与文创结合的园区。四个园区使用状态较为稳定，在时间维度上可体现广州滨水工业遗存再利用中公共空间塑造的发展变化。

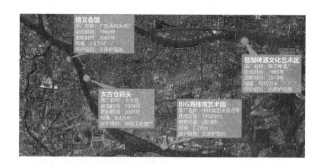

图2 案例概况（来源：作者整理自绘）

1.3 研究的重点与方法

使用主体与事件的多元化与频繁性是滨水工业遗存再利用中公共空间日常性的主要外部表现，公共空间的物质环境塑造与更新利用的限制条件则是日常性能否实现的关键因素。因此，基于空间、主体、事件三要素可构建起公共空间日常性品质的研究框架（表1），通过对园内外空间、使用主体与事件的观察总结，归纳物质环境更新塑造与日常运营使用中存在的问题。

公共空间日常性品质研究框架　表1

要素	研究内容	关注重点	研究方法
空间	区位与环境	城市区域联动性 园区可达性	定量与 定性分析
	公共空间	空间形态与尺度 区域融合渗透关系	
主体	人群年龄	使用主体构成	问卷调查 统计分析 访谈
	到访目的	空间使用频率 发生事件类型	
	使用评价	历史文化延续现状 空间塑造的反馈评价	

续表

要素	研究内容	关注重点	研究方法
事件	日常事件	园内功能设置 日常活动的丰富度	直接观察 行为地图 时间间隔拍照
	非日常事件	城市性公共活动的影响力	

（来源：作者整理自绘）

2 广州滨水工业遗存再利用园区的典例分析

2.1 空间层面：物质环境塑造现状

广州滨水工业遗存整体沿珠江呈带状片段式分布，但各区域分布零散，且城市滨水空间与工业空间的更新不同步导致不同区位现状与环境存在较大差异[7]；滨水空间形态以带状居多，面状形态作为补充，各园区进深层次不一。

1. 区位与环境

区位环境涉及周边地块布局与道路交通现状，研究城市区域联动性与园区可达性是关注重点。四个园区公共交通均较为便利，可达性以琶醍最佳，信义会馆还依托附近多个码头与珠江两岸各公共休闲区有便捷联系。BIG艺术园周边以工业园、文创园及批发市场为主，市政基础设施条件相对较差，其他园区周边城市功能相对成熟，信义会馆与太古仓周边以居住区为主，琶醍东侧为琶洲国际会展中心，周边多数地块为商务办公、酒店购物等功能。

2. 公共空间分类研究

四个园区的公共空间依据滨水空间至城市腹地的进深层次分类梳理，可划分为滨水空间、内部联系空间与边界过渡空间（表2）。

信义会馆的公共空间具有较明显的内外区分，滨水空间是滨江步道的组成部分，属于城市级共享空间，内部联系空间与边界过渡空间主要服务于园内企业人员，公共性相对有限。太古仓的滨水空间由沿江道路与T型码头垂直相连组成，边界过渡空间除南侧小型广场外以带状街道为主，入口广场通过建筑间通道与滨水空间联通，渗透性较高。琶醍的滨水空间具有垂直特征，首层与园区空间被电车轨道分隔，二层露台临江，景观视野开阔，边界过渡空间与内部联系空间以首层活动为主。BIG艺术园的滨水空间保存完整，边界过渡空间呈线性特征，内部联系空间主要为园区街道，配合广场形成了层次清晰、层层渗透、形态尺度丰富的空间系统。

园区公共空间分类   表2

	滨水空间	边界过渡空间	内部联系空间
信义会馆			
	具有较高的公共性与开放性，垂直层面分城市道路与亲水平台两个标高，局部放大平台成为活动节点	沿长堤街侧主界面设有入口广场，其他界面较为封闭，南北侧出入口仅供通行，缺乏停留空间	内部由"两横一纵"的主次道路构成，主街道因停车位占据缺乏停留场所，次街道相对隐蔽公共性有限
太古仓			
	沿江区域和码头端部增设装配式建筑不同码头公共空间分别设置有景观打卡点	除滨水界面外各边界均与城市区域直接连通，南侧保留了塔状工业构筑，广场多数时间处于闲置状态	由7栋仓库间形成的6条通廊构成，通廊垂直于滨水空间主街道，具有良好的视线穿透性
琶醍			
	电车轨道隔断了滨江步道与园区首层，关联性较弱，二层滨水区域多为营业空间，南侧主要为公共露台	四周界面均与城市区域直接连通，西侧为主入口，南北侧各设有出入口，东侧与啤酒博物馆区域连通	园区内以东西向主街道为空间主轴，与两条南北向街道串联起各个餐饮店铺与集散和文化广场
BIG艺术园			
	沿江步道总长约170米，滨水广场为园内主要公共空间，功能细化为沿江步道区、运动区与休憩区	仅北侧界面与周边区域直接联通，且建筑外立面具有较高的辨识度，与园内区域形成良好的渗透关联	由4条街道相互连通，构成园区主要人行交通网络的同时提供了多个线性、点状的活动场所

（来源：作者整理自绘）

2.2 主体层面：使用人群构成与认知评价

研究以问卷方式收集各园区使用主体的基本情况，四个园区共发放问卷200份，收回有效问卷170份。问卷对到访人群的年龄、到访目的等使用情况及偏好进行了了解，通过数据统计归纳使用主体对园区的认知评价情况，并结合访谈与观察，对公共空间使用效果进行客观分析。

除信义会馆外，其他园区公共空间使用主体以到访频率不确定的游客为主，保持相对稳定到访频率的附近居民占比较少，各园区对30岁以下的年轻人更具吸引力，仅信义会馆与BIG艺术园40岁以上到访人群占比超过10%。新近改造的BIG艺术园与其他三者相比，业态功能更加复合化，公共空间的塑造融入了运动及休憩类共享服务功能，使用主体构成比例较其他园区均衡（图3）。

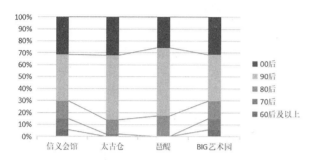

图3 年龄构成统计图（来源：作者整理自绘）

各园区到访目的均以拍照打卡、欣赏江景和散步闲逛为主，但信义会馆的产业定位以办公为主，园内到访者多为工作人员，其他活动主要发生于滨江区域。太古仓和琶醍的使用主体相近，以消费性目的为主，园区内用餐聚会的人数占比较高，BIG艺术园因

功能定位复合化，园区活动更加多元，以体验性目的为主（图4）。

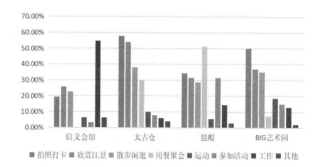

图4 到访目的统计图（来源：作者整理自绘）

园区吸引力的主要来源为滨水环境与旧建筑改造，历史文化氛围及商业功能的塑造也是重要影响因素。在各园区的使用评价表中，太古仓和琶醍园区的整体环境设计和建筑观感及使用获得较高评价，但对滨水区活动体验的评价均存在差异，空间体验及环境品质仍有待优化提升。信义会馆约半数调研对象都给出一般的评价，其中历史文化氛围评价相对低。BIG艺术园整体环境设计的评价差异较大，说明仍有较大的优化空间（图5）。

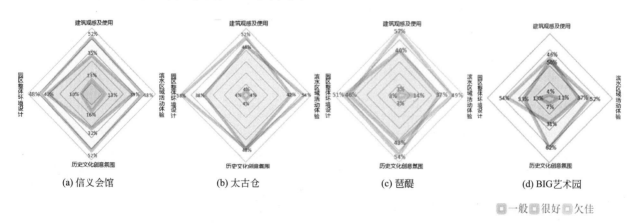

(a) 信义会馆　　　(b) 太古仓　　　(c) 琶醍　　　(d) BIG艺术园

图5 各园区使用评价图（来源：作者整理自绘）

2.3 事件层面：日常与非日常事件

从日常与非日常事件发生的状态分析，产业办公类为主的信义会馆与商业、休闲为主的其他各园有明显差异，后三者则相对接近。

1. 日常事件

信义会馆商业服务类占比低，公共设施较为缺乏，停留场所少且分散，且近年来较少举办公共活动。园内以散步、聊天、打电话等日常活动为主，主要发生于入口广场、街道以及树下空间，范围小且时长短。滨水空间分为两个标高，方便不同使用人群且活动事件较为多元，包括步行骑行以及倚座观望、社交等停留活动，亲水平台较高的安全性吸引了较多家庭休闲活动（图6）。

(a) 功能分布图

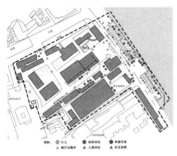

(b) 日常活动状态

图6　信义会馆园区功能与日常活动分布图
（来源：作者整理自绘）

BIG艺术园涵盖了办公、休闲商业、运动、居住等功能类型，园内日常活动分布密度相对均匀。美观的街道立面、适宜的街道尺度、公共服务设施与景观小品的结合吸引了人群停留，产生了休憩、聊天和拍照等各种社交行为；滨江广场以篮球场为中心，有滑板、骑行、儿童嬉戏等活动，在滨江步道散步、拍照的人群呈线性分布；内部联系空间也有较多点状聚集的停留活动。

2. 非日常事件

琶醍因园内公共设施相对缺乏，日常活动类型单一，以通行为主。在营业与非营业时段使用人群对比强烈，但公共空间对演出、市集等开放体验活动承载力较高，非日常事件举办较频繁，仅2020下半年举办活动约16场。园内广场街道在活动时一改平时的萧条景象，成为人群主要聚集区域（图7）。BIG艺术园2020下半年也举办了19场公共活动，园区空间活力与吸引力不断发展，推动了园区知名度的提升。

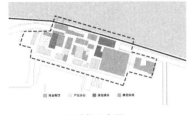

(a) 功能分布图

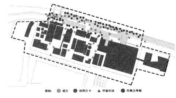

(b) 日常营业状态

(c) 举办活动状态

图7　琶醍园区功能与日常、非日常活动分布图（来源：作者整理自绘）

3　广州滨水工业遗存园区公共空间的日常性品质优化

3.1　优化主体构成，实现社会公共价值

使用主体构成比例失衡的主要根源在于各园区仍以服务消费性群体为主，公共空间塑造侧重促进物质、体验性消费，虽紧邻居民区但都未建立起良好的互动关系，未能真正成为城市日常共享空间。

遗存园区的滨水空间作为城市公共景观资源，对社会各阶层的活动需求应予以回应，为居民提供开放共享的活动场所，实现社会公共价值。一方面，各

园区公共空间需要塑造空间的开放、可达属性，与周边区域渗透联系，引导城市居民使用园区各类公共空间；另一方面，园内功能设置宜兼顾经济利益与公众利益，从空间生产环节推进社会正义，满足弱势群体的公共活动诉求[8]。

3.2　鼓励多元活动，推进水岸持续发展

各园区之间不仅场所活力存在差异，同一园区内不同区域与时段的场所活力也具有较大差异。园区发生事件的类型与频率是场所活力的重要体现，与空间塑造及使用具有紧密关联。

1. 日常活动类型有限

遗存园区以商业消费功能为主，可容纳的活动

类型极其有限，园内公共空间缺乏多元亲民的生活功能。琶醍与太古仓的滨水区域为餐饮功能挤占，可容纳活动类型单一，限制了多元活动的发生；信义会馆与BIG艺术园的滨水区域因提供了停留性共享场所，活动类型相对多元，但未与遗存空间或周边区域形成紧密的渗透联系，带动城市滨水空间活动的作用受限。

2. 空间使用频率不一

各园区由于区位与发展定位限制，滨水空间与周边区域的渗透联系各异，场所活力呈现较大差异。信义会馆因内部空间部分被挤占，限制了多样活动的可容纳性，而滨江岸线因园区定位及道路隔断降低了园内的开放度与公共性，仅滨江步道场所活力较高；琶醍依托珠江黄金岸线，首层滨江步道较有活力，但二层露台充当商业餐饮场地，非营业时段场所活力有限，其他公共空间也仅在举办城市性活动时活力较高

（表3）；太古仓除滨水空间外以通行为主，南广场也仅在举办活动时场所活力上升；BIG艺术园则通过公共空间的界面设计与点状停留场所叠加，提升了园区的整体活力。

滨水空间是园区的核心公共空间，对多样日常活动的容纳与激发有积极作用，是遗存园区回归公共生活、成为城市日常游憩系统一环的关键。现阶段，可通过各类公共空间的系统梳理，拓展城市带状滨水空间的宽度与层次，使园区与城市建立起紧密的渗透联系。空间功能的设置应提高日常属性，通过多元亲民功能的引入、不同类型城市性活动的举办，吸引人群积极到访园区，推动多元水岸生活的复兴。此外公共空间塑造是持续性的动态完善过程，应具备顺应居民日常活动需求变化的能力，通过适当的"留白"，预留发展空间，同时激发使用者日常使用的灵活性与创造力[9]。

琶醍园内非日常活动　　　　　　　　表3

	日常状态	活动状态	
创意文化广场			
露台公共区域			

（来源：作者自摄）

3.3　提升场所气质，增强园区可识别性

各园区虽然较好地保留了遗存园区的整体布局与工业构筑，但场所景观塑造多凭借商业化的符号标志吸引眼球，园区特色较为欠缺。历史信息的展示方式雷同，其标志性与吸引力在各类打卡点的堆砌下难以获得关注。其次，园区公共空间缺少对日晒、多雨地方气候的回应，尤其是开敞滨水空间的气候适应性

设计有待提升，除信义会馆凭借茂盛植被形成天然遮阴外，仅琶醍凭借滨江露台形成了一些半室外公共空间，而太古仓与BIG艺术园的公共过渡性停留场所对气候适应性较弱。

遗存更新园区独特场所气质的塑造可避免千园一面与同质化发展危机，增强园区可识别性，使更新园区成为城市历史文化面貌的展示窗口之一[10]。这可从场地、地方、地域三个层面实现：场地层面强调关注

工业历史特征，通过对遗存园区内工业遗存的甄别、保护与利用，建立现代空间与遗存场地的对话，保存并延续居民集体记忆；地方层面可结合城市特色，赋予公共空间新的区域文化景观特征，重建遗存园区的地方关联，强化居民的认同感与归属感；地域层面主要包括对气候予以回应，对本地居民生活习俗习惯予以关注，立足于实际使用需求，补充与优化公共空间的细节设计。

4 总结

综上述对广州滨水工业遗存再利用的公共空间日常性品质分析，可得到以下启示：①使用主体构成比例的优化是实现再利用园区社会公共价值的长远目标之一，需要通过事件与空间层面的具体操作实现；②事件层面侧重于改善场所活力差异显著的现状问题，通过水、城关联的强化，多元亲民功能与场地的塑造，提升空间使用效率，鼓励多元事件发生；③空间层面着重塑造场所的地方气质，避免后续发展过度商业化，通过增强园区可识别性，提升空间吸引力，为发展注入活力。由于调研区域及时间的限制，尚存在一定片面性与不足，有待完善补充。

参考文献

[1] 杨明.走出异托邦——滨水工业建筑遗产更新案例设计策略解析[J].城市建筑，2017（22）：30-34.

[2]（匈）阿格尼丝·赫勒.日常生活[M].衣俊卿译.重庆：重庆出版社.2010：3.

[3] 日常生活与建筑——2014新建筑论坛（春季）研讨[J].新建筑，2014（06）：40-43.

[4] 章明，孙嘉龙.显性的日常上海黄浦江水岸码头与都市滨水空间[J].时代建筑，2017（04）：44-47.

[5] 马荣军.日常性城市遗产概念辨析[J].华中建筑，2015，33（01）：27-31.

[6] 贾超.广州工业建筑遗产研究[D].广州：华南理工大学，2017.

[7] 张弘. 广州中心城区滨水旧工业区更新研究[D].广州：华南理工大学，2019.

[8] 王雪，青木信夫，徐苏斌.转型时期历史工业街区士绅化的动力机制——以天津为例[J].新建筑，2020（02）：102-106.

[9] 庄少庞，高坤铎，王静，钟冠球.滨水工业遗存的城市性重构与地方性塑造——东莞鳒鱼洲更新方法摘要[J].南方建筑，2021（05）：30-37.

[10] 孙俊桥，田钦佩.基于空间叙事建构的建筑历史遗产活化保护研究[J].新建筑，2020（05）：83-88.

基于共同体营造的社区微更新规划设计分析框架探索
——以上海市 KJ 社区 CH 街区为例[①]

李晴 李梓铭 陈功达

作者单位
同济大学城市规划系

摘要：借鉴社会学家滕尼斯的共同体定义，推导出基于共同体营造的社区微更新规划设计分析框架，包括关联性的三个维度：在地性、互动性和参与性，每个维度包含相应的子要素。然后，以上海市徐汇区 KJ 街道 CH 街区微更新为例，从塑造在地性、激发互动性和参与式行动等三个层面展开分析，阐释基于共同体营造的社区微更新规划设计从传统的物质性空间设计拓展到行为策划和参与式设计，促进共同体的价值认同。

关键词：共同体；社区微更新；在地性；参与性

Abstract: The purpose of community micro-renewal is not only to beautify the environment and improve urban functions, but also to treat the renewal design itself as a catalytic event. Referring to the definition of communality by sociologist Tönnies, this paper deduces the analytical framework of community micro-renewal planning and design based on communality construction, including three dimensions: locality, interaction and participation, and each dimension contains corresponding sub-elements. Locality refers to the characteristic micro-local space that is rooted in a certain place. Interactivity refers to the daily and festive interaction between community members. Participation refers to the cooperation among community members for the common aims and interests. Locality, interactivity and participation are interrelated. Locality is the material media of interactivity and participation, interactivity is the activating content of place, and participation is the instrumental means to achieve effective locality and interactivity. Then, taking the micro-renewal design of CH Block, KJ Street, Xuhui District in Shanghai as an example, the paper analyzes from three dimensions of shaping locality, stimulating interaction and participatory action, and explains that planning and design expand from the traditional physical one to the behavior program and the participatory design, integrating the local knowledge of residents and the professional knowledge of planners in order to create places fitting residents demands, enhance residents' sense of cohesion through participatory actions, and promote the identification of the communal value.

Keywords: Communality; Community Micro-renewal;Locality; Participation

2015年9月，国家主席习近平在纽约联合国总部出席第七十届联合国大会一般性辩论时发表重要讲话，提出构建以合作共赢为核心的新型国际关系，打造人类命运共同体。之后在国际会议上，习近平主席多次提到构建人类命运共同体。人类命运共同体的理念彰显了中国智慧，表达了求同存异、开放包容的哲思，寻求人类合作与可持续发展的共同利益和共同价值。人类命运共同体的概念在社区层面亦会体现出来，因为社区共同体是社会共同体的基本单元。当前我国许多城市尝试构建"三驾马车"、党建引领的"1+3+X"基层治理模式，这将有助于打造社区共同体。同时，也应该看到不少社区居民"孤立化"和"原子化"的现象也非常明显，如何将这些游离的居民组织起来，参与到社区集体活动之中，是实现社区共同体的一个重大挑战，而社区微更新实践是实现社区共同体和迎接这种挑战的一个重要抓手。

目前社区微更新规划设计结合社区治理的研究已有部分文献，如探索政府、使用者和专业人士等多元主体在社区更新营造中的具体参与形式和运作机制（徐磊青等，2017），探讨以街道、居委会为主导的社区空间微更新机制（尹若冰，2019），基于"精细化"治理背景下的二元思辨，提出精细化治理时代的城市设计运作思路（唐燕，2020），基于社区花园，提出参与式空间微更新和微治理的策略（刘悦来等，2019）。黄耀福等（2015）强调共同缔造

① 基金项目：国家社会科学基金面上项目"旧城微更新中居民参与机制优化研究"（批准号19BSH018）。

工作坊，构筑政府、公众、规划师和社团等多元主体互动的平台，协商共治，制定符合多方愿景的规划方案。这些文献为共同体的研究铺垫了良好的基础，但重点偏向治理机制和治理模式，对共同体导向的社区微更新规划设计理论研究目前仍较少，如何基于共同体营造开展社区微更新规划设计，目前的方法论路径尚不明确，需要开展相关研究。下文将基于社区共同体的概念演绎，提出基于共同体营造的社区微更新规划设计分析框架，然后，上海市徐汇区KJ街道CH街区微更新为例展开分析，最后探讨基于共同体营造社区微更新规划设计的特征和意义。

1 基于共同体营造的社区微更新规划设计分析框架

共同体的字面意思是人们在全体认同的条件下结成人人有责、人人尽责和人人享有的集体。共同体的英文一般翻译为community，实际上这并不准确。社会学上的community一词源自德国社会学家滕尼斯（Ferdinand Tönnies）的德文Gemeinschaft，community一般译作社区，但是目前所谓的社区形式众多，含义不一，而Gemeinschaft意指生活在特定区域、相互分工与合作和共同价值观的共同体。1887年，滕尼斯出版《Gemeinschaft（共同体）和Gesellschaft（社会）》一书，副标题是"公社（Communal）与社会作为历史社会的形态"，他认为共同体与社会是处于两极的两种典型社会类型（type），一般的社会实体（如各种不同形态的社区）处于两极之间。

从滕尼斯的共同体定义，可以推导出与共同体关联的社区微更新规划设计的三个维度：在地性、互动性和参与性，由此可以建构基于共同体营造的社区微更新规划设计分析框架。在地性是指根植于某个地点、具有特征性的微地方性空间场所，包括意象性、合用性和安全性等要素。意象性指场所空间具有一定独特性特征；合用性表示方便居民的日常使用；安全性要求儿童和老人使用安全。互动性指社区成员之间的交流与互动，包括居民的日常性行为和节庆性行为等要素，日常性行为指微场所空间方便居民的必要性、自发性和社会性行为；节庆性行为指设计与使用管理结合，策划满足居民需求的节庆事件，通过轻松娱乐的方式形成集体性互

动，增进居民的邻里关系、社会资本和归属感。参与性指社区成员之间为了某些共同目标和利益的合作和行动，促进形成共同价值观，包括包容性、行动性和持续性等要素，包容性是不同文化程度和收入水平的利益相关人的共同参与，行动性是居民主动作为、甚至占据主角的参与行为，持续性指微更新过程中居民的全过程参与，通过赋能、行动和反思等参与行动，在项目启动、意见咨询、方案讨论和深化、项目实施和项目维护等过程中扮演重要角色。在地性、互动性和参与性三者相互关联，在地性是互动性和参与性的物质性载体，互动性是场所的活化性内容，参与性是实现有效的在地性和互动性的工具性手段（图1）。

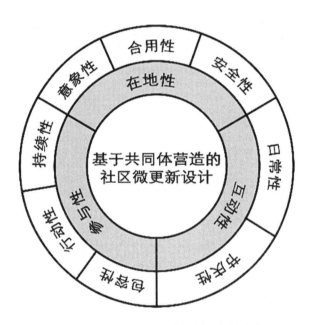

图1 基于共同体营造的社区微更新规划设计分析框架
（来源：自绘）

2 上海市徐汇区 KJ 街道 CH 街区微更新设计案例分析

CH街区位于上海市徐汇区KJ街道中部，主要是20世纪80年代中期建设的数个工人新村小街坊，以及3所学校和1所菜场，街区的老年人和孩子较多。像许多老旧小区一样，CH街区也面临社区公共空间狭小、活动设施老旧等问题。为此，同济大学城市规划系的一组老师和学生、一个第三社会组织与居民一起，展开了基于共同体营造的社区微更新规划设计，下文从塑造在地性、激发互动性和参与式行动等三个层次展开分析。

2.1　塑造在地性

CH街区内的老旧小区建造年代较早，小区内的绿植花卉、休憩座椅、纳凉亭台、照明灯具和健身设施等早已老旧衰败，且居民反映设施不实用、不耐用。早期建造时没有考虑到无障碍设计，台阶较多且夜间缺乏照明，对老人和孩子有较大的安全隐患。公共空间不够美观、没有特色，小区文化性不强，缺少文化展示设施，不能满足居民的精神文化追求。

例如，CH街区内CS坊的中心花园，仅在靠近围墙一侧放置有低矮的灯具，台阶、绿地、树丛、健身设施区都没有相应的照明设施。到了夜间，老人难以看到台阶和休憩座椅，儿童容易摔下台阶或撞到健身设施。不仅如此，夜间的树丛较为杂乱，整个空间氛围阴暗，让人感到不适。由此，居民提出新增中心花园灯具的"点亮工程"提案。在第一轮设计方案中，为解决居民提出的问题和诉求，规划师提出了营造花园氛围、照亮活动场地、改善安全隐患和增加无障碍设施的想法。通过参与式工作坊，居民和街道办工作人员与规划设计团队共同讨论，提出了部分修改建议，进一步降低灯具对周边居民楼反光的影响，考量灯具位置的安全和延长灯具寿命。在取得共识的条件下，规划设计团队深化方案，采用淡黄色照灯照射树丛、浅蓝色灯点缀草地，营造广场温暖的艺术氛围。根据CS坊绿色社区的定位，结合对社区大门"假山"等景观元素的观察，规划设计团队选择石头、树木等造型灯具，以"山水"为意象塑造花园的识别性和独特性。之后，规划设计团队和居民对艺术性、易识别性、实用性、耐用性和安全性等方面进行了交流和细节设计，共同完成CS坊花园的"点亮工程"设计，构筑出CS花园的场所感。如采用条形灯带，照亮台阶、休憩座椅，减少现存的安全隐患，在选用灯具时选择没有棱角的灯具，防止老人或孩子磕绊新灯具，减少可能发生的安全隐患。考虑灯具的实用性，根据功能选择不同亮度的照明灯具，照树的氛围灯无需太亮、照明运动场地的探照灯则需要较为明亮。同时还选择耐用的灯具，选用可储能的太阳能灯具以及防水灯带，减少布置电线的成本，选择易固定的防水灯具，防止挪动和积水浸泡带来的损失，延长灯具的使用寿命。通过沟通，点

亮工程得以顺利实施。这个微小更新虽然造价低廉，造型朴实，没有"花俏"的设计，但是由于居民自己的想法得到认可和实施，居民表达了很高的认可度和满意度。

2.2　激发互动性

CH街区的居民们普遍有着较高的文化素质和精神文化追求，除了日常的买菜、散步和聊天等活动之外，还组织起舞蹈队、记者团、话剧团等居民文艺社团，开展文化活动，居民们渴望有更多的文化活动和文化展示空间。然而，老旧小区的公共空间较为狭小，难以提供专门的活动场地。因此，社区公共空间的形态需要同时承载居民的日常休闲和社团文化生活，既满足多种日常活动，也能够举办多种节庆活动。

CH街区的CH坊中心有一个小型的思源广场，2007年习总书记曾视察过，广场上举办过社区运动会。2019年经过整修，新增了休憩廊亭和硬化铺装，成为小区老人闲坐聊天、儿童嬉戏玩耍和家长闲谈聚会的好去处。然而，广场空间似乎有些单调，平日里文化氛围不够浓厚。为此，规划设计团队观察和记录了居民日常使用思源广场的时间和活动内容，通过访谈了解到居民关于广场的使用功能和场景设想。居民提出除游憩之外，思源广场还应该反映CH坊的文化特质，在节庆期间配合空间使用场景，展示CH坊的文化品位，营造节日氛围。依托在地工作坊和线上工作坊，规划设计团队与居民一起讨论和规划居民如何观看文化展板、展示装置如何更换、如何装点廊亭空间和表演场景的设置等内容。廊亭顶部的悬挂装置，既可以在平时用来悬挂装饰物，如幼儿园小朋友的彩绘、老人们的绘画和书法、中小学生小型的艺术装置等（图2），也可以在节庆时期悬挂活动的装饰物，如灯笼、灯谜等，晚上增加夜间照明。规划设计团队和居民思维碰撞，共同"畅想"思源广场的新增功能和活动场景，这让居民对这个空间充满了期待，"它以后可以办一场灯会！""小孩可以在彩虹底下滑滑板！"。虽然设计"动作"不大，通过活动策划，满足居民日常和节庆两种不同的诉求，思源广场将极大地焕发活力，成为居民多功能的户外生活"客厅"。

图2 日常活动场景示意（来源：设计团队杨辰颖、陈功达绘制）

2.3 参与式行动

社区微更新项目作为一个事件，会涉及不同年龄、文化程度和兴趣爱好的居民主体，因此，需要一定程度上的包容性和参与性，才能满足居民的差异性诉求。依居民参与的"权利"层次，谢里·安斯坦（Sherry Arnstein，1969年）将其分为八级阶梯，从低到高依次为：操纵、治疗、告知、咨询、展示、合作、权力转移和公民控制。参与式行动要求的等级较高，不仅仅是告知、咨询、展示，而是要与居民一起合作，共同推进项目的方案和实施，甚至可以直达权力转移和居民控制，由居民做主决策，规划设计团队仅起到辅助作用。参与式行动很重要，通过工作坊的形式，居民可以从规划设计团队处获得专业性知识，而规划设计团队也能从工作坊居民获得居民的日常生活经验、社区的空间环境与社会行为之间的关系和其他地方性知识，增强社区微更新项目设计的实效

性和可实施性。

CH街区的CF坊围墙外侧有一处折线形的微小三角形空间，是无人管理的消极空间，一些"菜贩子"私自占领这块领地，在此兜售蔬菜，不仅会占据人行道，影响行人行走，还在街角留下许多残余垃圾，影响环境卫生。规划设计团队依托参与式行动，按照意见征询、方案决策、项目建造和项目维护四个阶段，与街道办和居民共同推进项目实施。

在意见征询阶段，规划设计团队了解到CF坊居民对这一空间有较强的改造意愿，将消极空间改造为小花圃，进行美化和生态化处理。

在方案决策阶段，开展线上工作坊（图3），规划设计团队将多场景选择的方案意向图向居民公示（图4），了解居民意见和偏好。小花圃的改造要素可拆分为花圃平面、围墙美化、踏步改造及附加构件等四类，规划设计团队分类依次展示各设计要素的设计意向图，居民、居委、街道办和物业分别选择中意的设计意向、提出选择理由、并对方案提出改进意见。在讨论中，造价是重要的选择要素，同时在"七嘴八舌"多轮子"争执"交流后，确定方案的大体方向。例如：墙面采用墙绘还是立体绿化，是否改造地形，选择何类植物种植，路径使用石阶汀步还是白砂，逐一讨论细化，促进了方案的精细化设计内容。在交流过程中，居民逐渐不适应和沉默变成各抒己见，分享自己对场地的感受和经验，慢慢建立起对这片花圃改造的信心和期待。

图3 居民参与线上工作坊（来源：设计团队）

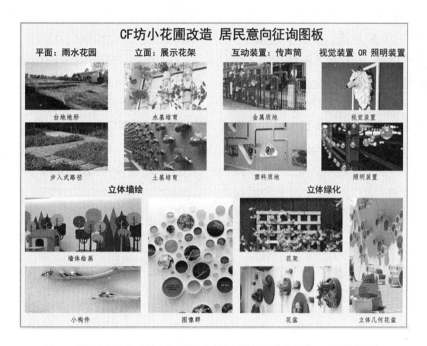

图4 居民意见征询决策参与图板（来源：设计团队陈功达、万思萌绘制）

在项目建造阶段，居民占据参与主导。在墙体美化上，居民确定墙绘主体和内容，小区的孩子们为主体进行勾画和填色；花圃中的立体花架由居民利用自家的老旧家具、废弃物品进行DIY处理刷漆后搭到墙上；花圃可以由居民自己栽种植物，或由孩子DIY花园景观，规划设计团队对栽培和美化进行指导。

在项目维护阶段，提出居民领养立体绿化土培植物，结合街区有较多学校的特点，可与周边小学合作，结合小学科学课程中植物课程，由小学生认养维护植物，增加空间的科普教育和社会价值，使得这个空间不断更新完善。

3 结语

社区微更新涉及社区内外诸多利益群体，在当前探索社区治理现代化的时期，社区微更新的目的不仅仅是改善环境美观，提升城市功能，而且社区微更新本身也是一种具有催化效应的事件，通过相关利益群体多方参与，激发社区活力，增强居民的归属感和社会凝聚力，促进形成共同体，实现更大的社会效益。构筑共同体是一个很大的话题，在社区层面，本文主要借鉴德国社会学家滕尼斯关于Gemeinschaft的定义，意指生活在特定区域、相互分工与合作和共同价

值观的共同体，由此推导出基于共同体营造的社区微更新规划设计分析框架，包括相互关联的三个维度：在地性、互动性和参与性。在地性维度包含意象性、合用性和安全性等要素，互动性维度包含居民的日常性行为和节庆性行为等要素，参与性维度包含包容性、行动性和持续性等要素。从上海市徐汇区KJ街道CH街区微更新设计的具体案例分析来看，在地性需要是根植于某个地点，基于居民的需求，塑造具有特征性、实用和安全的微地方性空间场所；互动性需要凭借居民日常性和节庆性活动策划，通过空间场所载体，提升社会资本；参与性是实现前两者的重要工具和手段。相对更新设计的传统方法，参与式行动要求设计流程和设计内容更为复杂，设计师不仅仅是告知、咨询、展示成果给相关利益群体，而是要与后者一起合作，通过工作坊的形式，设计师获得地方性经验和知识，居民了解专业性知识，共同推进项目，甚至可以是居民做主决策，设计师仅起到辅助作用，居民因此将获得更强的价值感和归属感，更认同更新后的空间，在维护上将更具有可持续性。

由于社区微更新项目参与式行动涉及多个利益主体，一般的规划设计团队可能会缺乏这方面的专业能力，这样可以与第三社会组织合作，就像本案一样，第三社会组织在社区居民、规划设计团队、街

道办和物业公司之间积极沟通，搭建共同交流的平台，助推项目推进和深入。然而，第三社会组织能够起到一定的中介性作用，但这远远不够，规划设计师需要转变传统规划设计的方法论，适应参与式行动的设计方法，从而使得社区微更新实施项目更为合用，又能促进居民之间更多的交流，培育社区的社会资本和居民的内生动力，推进共构社区共同体。尽管本研究主要涉及微小户外空间的改造，但是其方法论也可用于更大范围社区更新项目的规划设计。当然，这涉及社区的参与性机制，需要进一步展开探索。

（指导老师：李晴、章雯吉，设计团队的主要成员：李梓铭、陈功达、杨辰颖、万思萌、武威）

参考文献

[1] 徐磊青，宋海娜，黄舒晴. 创新社会治理背景下的社区微更新实践与思考——以408研究小组的两则实践案例为例[J]. 城乡规划，2017，（004）：43-51.

[2] 尹若冰. 北京核心区社区空间微更新的共同体营造实践研究——以D街道交通稳静化街区改造为例[J]. 建筑技艺，2019（11）.

[3] 唐燕.共同体营造时代的城市设计运作——基于二元思辨[J].城市规划，2020，44（2）：20-26.

[4] 王林，薛鸣华. 基于共同体营造的街道城市设计以上海徐汇衡山路——复兴路历史文化风貌区为例[J]. 时代建筑，2021（1）：56-61.

[5] 刘悦来，寇怀云.上海社区花园参与式空间微更新微治理策略探索[J]. 中国园林，2019（12）.

基于居民参与的城市危旧住宅成套化改造探索
——以北京核心区某典型老旧小区为例

郭崧[1] 施海茵[1] 程晓青[2]

作者单位
1. 清华大学建筑学院
2. 清华大学建筑学院，通讯作者

摘要： 本文以北京市城市核心区某典型老旧小区更新项目为例，关注城市核心区危旧住宅成套化改造与公共设施提升问题。通过文献梳理、实地调查和居民访谈，形成了居民参与的互动式设计方法，提出了集约化、模块化、装配化的更新策略。在具体项目中，从适变户型设计和共享公共空间两方面出发，通过可变模块、完善套型、布局优化、景观丰富，从户内与户外两方面回应了老旧小区改造的共享与更新问题。

关键词： 居民参与；危旧住宅；老旧小区；成套化改造；装配式住宅

Abstract: Taking the renewal project ofa typical old community in the core area of Beijing as an example, this paper focuses on the integrated reconstruction and the improvement of public facilities of dilapidated houses in urban core areas. Through literature review, site surveys, and residents' interviews, the interactive design methods of residents' participation are formed, and the renewal strategies of intensification, modularization and assembly are put forward.In the project, from the two aspects of adaptable house types and shared public space, variable modules, improved apartment types, optimized layout and multi-layer landscape respond to the sharing and regeneration indoors and outdoors.

Keywords: Residents' Participation, Dilapidated Houses, Old Communities, Integrated Reconstruction, Assembly Technology

1 引言：城市核心区危旧住宅成套化改造的挑战

习近平总书记在十九大报告中提出"打造共建共治共享的社会治理格局"[①]。老旧小区居住环境提升和建筑品质改善正是当前建设领域的重要课题[②]，也是我国城市更新的重点。2020年《关于全面推进城镇老旧小区改造工作的指导意见》明确指出："到2022年，基本形成城镇老旧小区改造制度框架、政策体系和工作机制；到'十四五'期末，结合各地实际，力争基本完成2000年底前建成的需改造城镇老旧小区改造任务。"[③]尝试将居民参与拓展到从调研至深化设计的各个阶段，是开展老旧小区改造的必需，也是实现"共建共治共享"[③]的必经之路。

本文以北京市城市核心区某典型老旧小区作为研究对象（图1）。小区院内为6栋5层砖混结构简易楼，总建筑面积约1.5万平方米（图2）。该老旧小区面临颇多特征性改造难点：

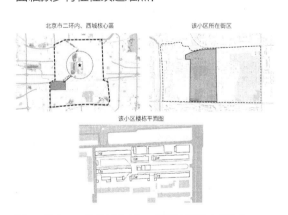

图1 该小区区位分析（来源：地图底图引自网络）

---
① 新华社.习近平：决胜全面建成小康社会 夺取新时代中国特色社会主义伟大胜利——在中国共产党第十九次全国代表大会上的报告[EB/OL]. http://www.gov.cn/zhuanti/2017-10/27/content_5234876.htm，2017-10-27.
② 程晓青，金爽. "城市微更新"的社区课堂——老旧小区改造中的互动式教学启示[J]. 城市建筑，2018（25）：59-61.
③ 国务院办公厅. 国务院办公厅关于全面推进城镇老旧小区改造工作的指导意见.http：//www.gov.cn/zhengce/content/2020-07/20/content_5528320.htm，2020-07-20.

图2 该老旧小区六栋非成套住宅建筑现状（来源：作者自摄）

1）社会结构复杂：居住状态各异，居民参与很难开展；

2）资源条件有限：用地局促，户均面积极小；

3）居住环境破败：建筑外观与性能均严重受损，无独用厨卫的非成套住宅模式落后；

4）更新技术困难：部分结构构件破坏，安全度很低。改建在技术上存在困难，经济成本也可能反而

比拆除重建更高；

2020年9月～12月，课题组在街道办事处及小区居委会支持下开展更新研究，对小区进行整体重新规划设计。虽然方案尚未投入建造，但研究基于核心区控规要求，从设计流程和策略方面进行了探索，在面积、成本有限制的情况下，为城市核心区危旧住宅改造和公共设施提升实践提出了有推广意义的策略。

2 研究方法：了解真实需求，开展共同设计

研究采用"多方征询，多轮互动"方式（图3），与居民及居委会、街道持续性沟通，明确项目定位、锁定研究重点，了解居民真实居住状态和需求，开展共同设计，提供多种方案。

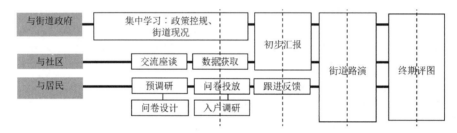

图3 互动式设计过程（来源：作者自绘）

2.1 相关文献梳理

研究对相关政策及规范进行了专题梳理（表1），确定本方案设计的基本原则为户数不增加，居

住面积不减少[①]。同时综合规范要求对小区规划及户型设计的控制性指标进行推导。对比小区现状短板，确定研究关注点为：完善住宅套型、补充公服设施、维系社群关系。

专题文献梳理　　　　表1

专题类型	参考文献	指导作用
城市设计视角下的项目定位	《北京城市总体规划（2016年-2035年）》 《首都功能核心区控制性详细规划（街区层面）（2018-2035年）》 《北京街道更新治理城市设计导则（2018年）》	确定项目属性和城市定位
北京老旧小区综合整治政策	《老旧小区综合整治工作方案（2018-2020年）》 《关于开展危旧楼房改建试点工作的意见》	确定改造基本原则和价值判断
居住区规划设计	《城市居住区规划设计规范（2018年）》 《车库建筑设计规范（2015年）》《汽车库、修车库、停车场设计防火规范（2014年）》 《城市绿地设计规范（2016年）》	计算小区规划设计指标
住宅设计	《住宅设计规范（2020年）》《民用建筑设计统一标准（2019年）》《建筑设计防火规范（2018年）》 《公共租赁住房建设与评价标准（2016年）》《北京市公共租赁住房建设技术导则（2010年）》《北京市共有产权住房规划设计宜居建设导则（试行）（2017年）》 《北京市保障性住房规划建筑设计指导性图集（2011年）》	计算住宅及户型设计指标

（来源：作者自绘）

---

① "户数不增加"意为原则上居民户数比现状不增加，为改善居民居住条件，具备条件的可适当增加建筑规模。"居住面积不减少"在简易楼等非成套住宅按照成套住宅设计时，可适当增加居民厨房、卫浴面积，重点解决建筑使用功能提升问题。以优化建筑质量与性能，保障安全问题为基础，适当考虑人性化、美观、美好生活的需求。

2.2 居民意愿调研

社区更新的成败关键在于能否取得居民的认可。研究通过预调研、问卷投放、入户访谈及现场测绘，了解当前居民生活中亟待解决的问题和需求，从而更好地推动方案的落地和深化。

1. 调研设计

（1）预调研　通过资料收集，了解居民日常行为特点。在正式调研前先行前往小区，通过分时观察统计，对小区公共空间的使用情况进行预调研，为之后制定问卷及访谈问题打下基础。

（2）问卷调研及入户访谈　问卷内容分为四个板块（表2），投放时由访问者对受访者进行一对一访谈后当面填写，尽可能对问题逐一进行交流，帮助受访者理解问卷内容、澄清含糊回答。

（3）现场测绘　老旧小区建造年代早，规划及建筑设计图纸信息匮乏，往往只能从街道政府或社区管理部门获取到基本资料。调研中也对社区外部及住宅户内空间进行了测绘工作（图4），以完善并更新项目环境基本信息，为其后的改造设计提供较

问卷结构和问题设置		表2
问卷结构	主要调研项目	调研对象
第一部分 个人及家庭信息	• 小区人口构成，居住状态 • 区分调研目标人群	该小区内六栋非成套住宅的居民及周围居民
第二部分 公共空间使用情况	• 居民生活轨迹，活动内容 • 公共设施、交通出行及停车需求	
第三部分 户内居住条件	• 家庭结构，户内空间面积分配及使用情况 • 居住困难及需求	该小区内六栋非成套住宅的居民
第四部分 居民改造意愿	• 改造意愿与预期改造效果 • 其他需求及建议	

（来源：作者自绘）

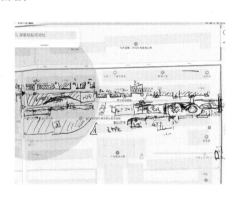 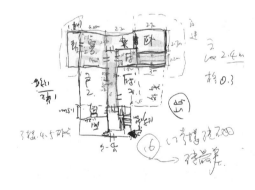

图4　测绘住区及户型草图（来源：作者自绘）

为精准的研究依据。

2. 调研结果：居民生活亟需解决的几大问题

根据调研了解到小区突出特点和居民重点需求：

（1）小区突出特点

• 老龄化特征明显：小区约有7成住户为60岁以上老年人[①]；

• 车位严重不足：小区及附近社区地面车位共314个，白天居民停车约389辆[②]。杂物堆放使大部分规划停车位废弃或空置，加剧道路拥堵。

• 配套设施匮乏：小区内本身有一定数量的菜场、餐厅、理发等服务设施，但普遍比较陈旧；小区公共空间及服务设施短板问题是改造痛点。

（2）居民重点需求

• 要求完善公共服务设施

◆ 增加公共空间：希望疏通道路、增加休息娱乐场地；

◆ 补足配套设施：呼吁增加养老、文娱设施。

• 要求完善住栋和套型设计

---

① 该小区居委会提供信息。

② 地面车位及停车数据为2019年清华大学建筑学院"城市微更新"研究生设计课程组代福博、陈晓眉调研所得。

◆便捷住栋交通：现状上下楼难、无电梯；

◆完善户内空间：现状卧室数不足、普遍没有起居室；厨卫不在套内。

2.3 互动设计

在基于居民需求得到初步方案后，到小区附近路演，布置展板展示作品，通过积木等演示工具介绍设计理念，发放折页请社区工作者及居民对社区规划和户型方案进行选择（图5）。同时提供模数网格和可选模块菜单，指导居民根据自身家庭结构和实际居住状况，自己设计户型，并可对菜单中尚未包含的模块和功能提出需求。居民们通过互动交流理解了方案思路，肯定了设计方向，表达了希望厨卫成套化的心愿，甚至有细心居民对户型的适老化设计提出了建议，对方案继续深化起到了很好的效果（图6）。

图5 展板和居民填写后收回的折页（来源：作者自摄）

图6 路演居民讨论现场（来源：作者自摄）

3 设计成果：集约需求下的社区更新策略

研究在设计成果上从适变户型设计和共享公共空间两方面出发，提炼出适用于城市核心区老旧小区改造的户内与户外设计策略。

3.1 应对面积小人口多的问题——极限条件下的DIY模块化套型

小区住户人均用地与建筑面积极小，且收入水平差异大，居民老龄化比重高，需要应对家庭结构代谢可能带来的问题。研究参考开放建筑理论，将建筑理解为结构骨架与模块填充[①]，设计多种高效功能模块，并可通过模块选择组合反向输出多样化户型，为户型按住户需求灵活变化提供了可能。

研究以建立分级模数体系为前提：建筑空间以各分户空间净尺寸为基准，采用300毫米为基本模数，以30毫米为调整尺寸应对隔墙界面带来的小范围调整；家具等部品则采用30毫米为基本模数[②]。由此可将建筑空间与家具部品统一在相互匹配的网格中。同时，还注意满足各项功能标准。参考保障房相关规范[③]，按户配置独用的厨卫空间，对居室面积进行严格控制，确保厨房使用面积不小于4平方米，卫生间使用面积不小于3平方米。

运用模块化思想和模数化网格体系，对功能模块进行集约化和精细化设计，使方案得以在有限的面积内满足居住功能，并形成门厅、厨房、卫浴、收纳等多个具有复合功能的特征空间[④]。

在户型层面，可将空间理解为必需空间和可变空间两类。必需空间包括卧室、起居室、厨卫，满足基本功能需求；可变空间如餐厅、书房、客房、收纳，可视作人们对生活质量要求提高的产物[⑤]。

由于住宅规范要求和有限的面积条件，模块的组合方式必然受到一定规则制约，此时需首先保证必需空间的质量，在条件许可情况下结合住户需求尽可能置入可变空间：

起居空间及卧室一般要求满足采光和通风，因此厨卫及可变空间必须紧凑布置，尽量减少走廊空间，确保居室宽敞；同时厨房开窗需求及卫生间干湿分离需求也需得到保证[⑥]。

在此基础上，套内尽可能增加可灵活分割或开放的空间，例如采用推拉门或家具隔墙。如条件许可，

---

① 见文末参考文献[5]~[11]。
② 见文末参考文献[12]~[14]。
③ 见文末参考文献[15]、[16]。
④ 褚波，刘东卫，冯凡.公共租赁住房工业化设计与建造初探——北京众美SI住宅试点项目的绿色集成技术实践[J].建设科技，2014（20）：56-61.
⑤ 诸梦杰，周静敏.1＋N宅——开放建筑体系下的可变住宅设计[J].建筑技艺，2018（7）：90-97.
⑥ 见文末参考文献[19]、[20]。

可设有门厅，方便换鞋收纳；如面积有限，可通过集成的小型鞋柜、收纳柜等尽可能增加收纳空间，满足分离储藏的需求[1]。

不同模块基于原则进行灵活变换组合，可以定制出多样化和高适应性的多种套型。设计根据该小区居民特点，考虑家庭结构代谢变化[2]，提供了五种典型户型作为参考（图7）：

如现在小区内居住面积不足最为突出的三代之家，可选择主次卧搭配的户型，其充分考虑适老化和多代际居住需求，之后随孩子成长，还可增设家具隔墙，分隔卧室；三口之家可选择集约两居室，随父母及子女年龄的变化，更新可变模块，增加收纳空间。夫妻或独居老人则可选经济小户型，通过整合家具提供流畅、开放的完整空间。[3]

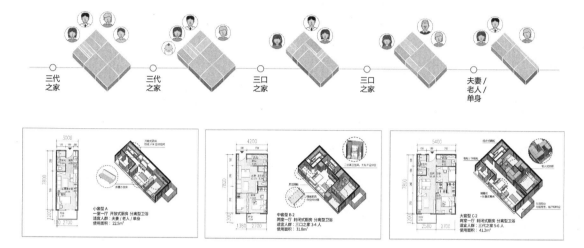

图 7　典型户型设计（来源：作者自绘）

3.2　应对公服严重不足的问题——有限资源的充分最大化利用

研究基于居民活动需求，对社区进行重新规划设计。形成连贯通畅的社区室外空间的同时，也进行了公共设施提升，形成了共享的公共空间设计策略。

1. 共建共享补足社区资源

方案将保障房主要布局在场地内侧，将具有景观和商业潜力、与相邻社区距离较近的临街界面留给低层公共设施。地下一层也与首层界面结合布置物业管理等功能，同时，还见缝插针置入模块作为老人日间照料中心、托幼中心等服务设施（图8），便于照料不便下楼的老年人和孩童。楼梯底层可结合通行需求，结合公共空间塑造社区入口形象。

设计后，社区内物业管理、菜场、餐厅的面积可增加约45%，且界面丰富，对于城市空间和社区内部的关系更加开放，空间品质极大提升。方案还通过

合理利用小区地下空间，在地下二层布置停车场。设计后如采用立体停车技术可停机动车约450辆，并在地上规划一定数量停车位，在满足现状小区居民白天停车需求的同时，还可适当共享停车资源，以补充周边社区停车位不足的短板。

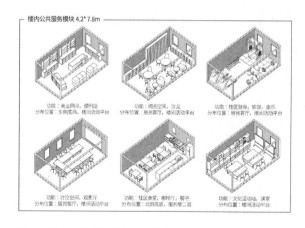

图 8　楼内公共空间模块设计（来源：作者自绘）

---

① 见文末参考文献[21]、[22]。
② 见文末参考文献[21]、[23]。
③ 陈光，盛珏，孙亚军，等.集合住宅可变空间的工业化技术创新[J].住区，2020（03）：123-133.

在补足小区内部需求、吸引周边社区居民的同时，也回应了城市需要，可为城市公共空间的活力做出贡献，获得了社区管理人员和居民的一致肯定。

2. 优化交通流线实现社区安全

针对居民提出的改善机动车通行对公共空间干扰的愿望，方案还重新梳理了小区交通体系，采用人车分流设计。在平面布局上进行分区，机动车道、地下车库出入口均布置在社区外围，与城市道路联系紧密且对社区生活影响较小。小区内部则规划自然交叉的步行网络，连接公共设施和住宅各单元入口。在竖向层面分离居民日常入户流线和外来人群访问游览流线。通过连廊实现居民二层入户，其他人群则从街道一侧进入公共设施，彼此流线不交叉，保障小区安全。[①]

3. 充分利用建筑界面形成交往空间

一位因行动不便已数年没有下楼的居民"不下楼就能去外面看看，和老朋友聊天"的愿望十分动人，探索充分利用建筑界面形成与自然渗透的交往空间，可灵活满足不同类型的社区需求（图9），让居住与自然关系更为紧密。如在楼栋之间结合退台屋顶花园，置入放大连廊，可增强社区联系，促进邻里交往；在楼体中部可空出部分柱跨，根据居民需求作为半室外空间、楼间花园等。

图9　街道界面设计（来源：作者自绘）

在场地层面，基于项目用地东西狭长、南北进深

紧凑的特点，还可在社区内部构建东西向展开的空间骨架，以健身步道为主题，将长约200米的公共空间串联在一起：在社区菜市场、餐厅处打造以闲坐小憩为主题的枯山水庭院，可布置外摆、茶座。在步行通达性较好的中部结合竖向设计布置健身、儿童游乐设施，增强活力。在靠近老年人日间照料中心、儿童托管中心的区域设计浅水、亲水阶梯等疗愈性景观。

4　讨论：老旧小区改造中如何开展居民参与设计

老旧小区改造中常面临群体与个体利益、建筑师与居民立场的矛盾，需要研究使居民的真实需求被表达、接收和反馈的方法。

（1）需求征集："打开话匣"，形成网络

与居民中的"关键人物"保持沟通，由其辐射周围居民，可一定程度避免"吃闭门羹"。后续与其建立长期互动关系，有助于持续性地共同探讨设计。

如一位热心居民经常组织社区文体活动，在居民中很有亲和力。由她带领进行入户访谈，居民更容易说出真实想法。她也会起到帮助询问，推荐调研对象，关联其他关键人物的作用，从而逐渐打开局面，形成辐射社区大部分居民的沟通网络。

（2）需求甄别：平等讨论，以理服人

社区路演过程中使居民分小桌就座，形成沟通交流、带动发言的氛围，也使居民在表达需求时会考虑到其他人的利益和需要，一定程度上促使群体需要与个体诉求达成相互制约和平衡。

在与居民沟通前，充分调研项目背景，梳理现行住宅规范和政策。访谈交流时，面对部分居民提出的在经济和空间上不具可行性的意见，可以规范指标为依据，从专业的角度以理服人。同时也可以引导居民关注到现实问题，并思考如何解决问题，推动社区建设和治理。

（3）设计反馈：真诚友善，通俗易懂

在与居民沟通方案的过程中以尊重和客观为基础，以便于居民理解为目的。

合理控制方案复杂度，采用通俗易懂的表达方

① 刘东卫，许彦淳，陈晔，等. 公共租赁住房的可持续建设模式及设计方法研究——众美地产·北京大兴项目设计实践[J]. 住宅产业，2011（08）：19-21.

式，如多用效果图、漫画、多媒体展示设计理念和成果；字体清晰放大，强调关键信息，方便老年居民观看；并表明调研目的旨在课题探索，希望从建筑学专业的角度进行研究性设计，通过友善的社交技巧建立居民的信任感[①]。

5 结语

城市核心区危旧住宅成套化改造是当前城市更新的重要议题，也是社区治理的重要载体。希望在更新中引入居民参与的互动式设计方法，能够在策略层面为形成居民"共建共治共享"[②]的社区治理新格局提供经验。

研究尚存在局限，如居民对拆改问题本身较为敏感，在课题有限的研究时间内难以进行全面调查。目前因研究性设计优势，可以进行一定数量入户调研、问卷投放，已经比较不易。后续可考虑结合研究推进，进一步引入社会学等跨学科方法，与居民及街道持续性地互动。

在阶段评图中，有居民代表动情地说："我们太希望能够尽快参与到、享受到幸福的居住环境了。"建筑师不再是从方案到建造的完全主导者，居民有机会、有权利参与到方案的生成与深化过程中。在未来一个阶段的城市更新中，在物质空间治理转向社会治理的导向下，这种角色转变的探索还将继续下去。[③]

参考文献

[1] 新华社.习近平：决胜全面建成小康社会 夺取新时代中国特色社会主义伟大胜利——在中国共产党第十九次全国代表大会上的报告[EB/OL]. http://www.gov.cn/zhuanti/2017-10/27/content_5234876.htm，2017-10-27.

[2] 程晓青，金爽."城市微更新"的社区课堂——老旧小区改造中的互动式教学启示[J]. 城市建筑，2018（25）：59-61.

[3] 国务院办公厅. 国务院办公厅关于全面推进城镇老旧小区改造工作的指导意见.http://www.gov.cn/zhengce/content/2020-07/20/content_5528320.htm，2020-07-20.

[4] 北京市住房和城乡建设委. 北京市住房和城乡建设委员会 北京市规划和自然资源委员会 北京市发展和改革委员会 北京市财政局关于开展危旧楼房改建试点工作的意见. http://zjw.beijing.gov.cn/bjjs/xxgk/fgwj3/qtwj/zfbzltz/10822256/index.shtml，2020-07-01.

[5] 诸梦杰，周静敏. 1+N宅——开放建筑体系下的可变住宅设计[J]. 建筑技艺，2018（7）：90-97.

[6] 宁冠龙，刘建龙，黎志豪，等. 开放建筑理论与装配式建筑设计的契合研究[J]. 建筑热能通风空调，2019，38（09）：43-46.

[7] 陈光，盛珏，孙亚军，等. 集合住宅可变空间的工业化技术创新[J]. 住区，2020（03）：123-133.

[8] 刘东卫. SI住宅与住房建设模式——理论·方法·案例[M]. 北京：中国建筑工业出版社，2016.

[9] 刘东卫. SI住宅与住房建设模式——体系·技术·图解[M]. 北京：中国建筑工业出版社，2016.

[10] 王茜雯. 基于开放建筑理论的保障性住房户型灵活性研究[D]. 广州：华南理工大学，2018.

[11] 陈喆. 保障性住房的规划与设计[M].北京：化学工业出版社，2014.

[12] 李桦. 住宅产业化的模块化设计原理及方法研究[J]. 建筑技艺，2014（06）：82-87.

[13] 李桦，宋兵，张文丽. 北京市公租房室内标准化和产业化体系研究[J].建筑学报，2013（04）：92-99.

[14] 李桦. 住宅设计的二级模数系统及其运用[J]. 建筑学报，2015（S1）：237-241.

[15] 北京市规划和自然资源委员会. 住宅设计规范DB11/1740-2020[S].北京：中国建筑工业出版社，2020.

[16] 北京市住房和城乡建设委员会.公共租赁住房建设与评价标准DB11/T 1365-2016 [S].北京：中国建筑工业出版社，2016

---

① 程晓青，金爽."城市微更新"的社区课堂——老旧小区改造中的互动式教学启示[J]. 城市建筑，2018（25）：59-61.
② 新华社.习近平：决胜全面建成小康社会 夺取新时代中国特色社会主义伟大胜利——在中国共产党第十九次全国代表大会上的报告[EB/OL]. http://www.gov.cn/zhuanti/2017-10/27/content_5234876.htm，2017-10-27.
③ 致谢：在本文写作过程中，得到了小区居民的积极配合和参与，小区居委会及街道办事处给予了大量支持和配合。本文部分调研工作和清华大学建筑学院"城市微更新"课题组成员共同完成。

[17] 李桦，徐娜. 从设计到技术——CSC-1#实验宅总体设计与技术实践[J]. 城市住宅，2019，v.26；No.296（10）：112-117.

[18] 褚波，刘东卫，冯凡. 公共租赁住房工业化设计与建造初探——北京众美SI住宅试点项目的绿色集成技术实践[J]. 建设科技，2014（20）：56-61.

[19] 北京市住房和城乡建设委员会. 北京市保障性住房规划建筑设计指导性图集[S].北京：中国计划出版社，2011.

[20] 北京市住房和城乡建设委员会. 北京市公共租赁住房标准设计图集（一）[S].北京：中国计划出版社，2011.

[21] 赵泽宏. 北京市保障性住房套型及套内空间精细化设计研究[D]. 北京：北京建筑工程学院，2012.

[22] 周燕珉. 住宅精细化设计[M]. 北京：中国建筑工业出版社，2008.

[23] 周燕珉，林婧怡，李广龙. 公租房套型标准化设计探讨——北京市公租房样板间的设计实践[J]. 城市住宅，2014（10）：41-46.

[24] 刘东卫，许彦淳，陈晔，等. 公共租赁住房的可持续建设模式及设计方法研究——众美地产·北京大兴项目设计实践[J]. 住宅产业，2011（08）：19-21.

山地城市更新中老旧社区公共空间适老化微更新策略
——以重庆市黄桷坪某社区广场为例

蒲玥潼

作者单位
重庆大学

摘要：我国的老旧社区普遍存在基础服务设施不足、老龄化严重、经济条件较差的问题，是我国城市更新中的重点和难点，山地城市的老旧社区中还存在用地紧张、无障碍设施不足的问题。本文以特定案例作为研究对象，以PSPL法和IPA法为研究方法，在实地调研的基础上，分析了现有的公共空间使用状况，并针对山地城市老旧社区公共空间微更新提出了适老化策略与建议。

关键词：城市更新；适老化；微更新；IPA；PSPL

Abstract: The problems of insufficient basic service facilities, serious aging and poor economic conditions generally exist in the old communities in China, which are the key and difficult points in the urban renewal of China. In the old communities in mountain cities, there are also problems of land shortage and lack of barrier-free facilities.In this paper, specific cases are taken as the research object, PSPL method and IPA method are used as research methods, and on the basis of field research, the existing public space use situation is analyzed, and the aging appropriate strategies and suggestions are put forward for the micro-renewal of the public space in the old communities in mountain cities.

Keywords: Urban Renewal; Optimal Aging; Micro Updates; IPA; PSPL

1 引言

老龄化是我国人口发展不可逆转的趋势，第七次全国人口普查显示，中国60岁以上老年人口已达到2.6亿，占总人口比例18.7%。其中重庆市以21.87%的比例在各城市中排名第五，远高于全国平均水平。且与上海等城市相比，重庆的老龄化具有发展速度快、空巢老人多、向城市聚集的特点[①]。

受到地形条件影响，重庆老旧社区的公共空间布局多具有紧凑性、高密度、容量不足的特征，以及存在公共空间城市配套设施不足的问题。小型的社区广场作为当地居民唯一的休闲空间，与当地居民关系非常密切。尤其是老年居民，空闲时间多，娱乐方式少，出远门不够便利，家附近的社区广场于他们而言是主要的活动空间和聚集场所。所以，重庆市老旧社区适老化研究与改造迫在眉睫，而社区广场和当地日常生活关系密切，是旧城更新中重要的切入点，因此将老旧社区的社区广场作为调研对象更能体现居民的相关需求。

2 调查研究

2.1 调研对象

本次调研场地位于重庆市九龙坡区黄桷坪正街黄桷花园小区内，该小区为开放式小区，节点广场周边300米内有多个学校、菜市场及一家医院（图1），紧靠场地有公交车站、大型超市和菜市场，周边建筑均为上住下商的居民楼（图2），是典型的老旧社区公共空间，人流密集，周边居民中有大量老年人，具有研究代表性。该广场整体为围合型，边界为景观花池和底层商业，中间为开放的硬质铺地广场，广场西侧有约半米的高差，场地内的家具沿四边布置。（图3）

2.2 研究方法

根据前期实地走访和文献查阅，本次研究采用PSPL法和IPA法进行调研与分析。

PSPL法全称为"公共空间—公共生活"调研

---

① 吴岩. 重庆城市社区适老公共空间环境研究[D]. 重庆：重庆大学，2015.

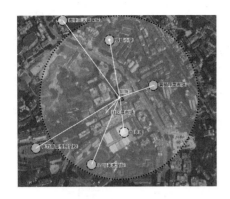

图1 场地区位分析
（来源：百度地图及作者自绘）

图2 场地周边分析
（来源：百度地图及作者自绘）

图3 场地平面分析
（来源：作者自绘）

法。它由扬·盖尔提出，旨在通过有效地了解和掌握人们在公共空间中的活动和行为特点，以定性与定量结合的分析成果，为公共空间的设计与改造提供依据，从而达到创造高品质公共空间、满足市民开展公共生活的需要[1]，本文采用的具体操作方法有问卷调查、地图标记、现场计数、实地观察法。

IPA分析法全称为"重要性—绩效表现分析"。它的原理是在收集了评价者的重视程度分值和满意程度分值后，通过四个象限的划分以做分析。该方法在公共空间上主要用于历史街区更新策略，校园公共空间优化策略和老城区综合公园的改造更新等方面[2]，是针对公共空间分析较好的研究方法。由于国外研究已证明，公共空间环境的可达性、邻近性、适用性、舒适性、安全性、便利性等直接关系到公共空间环境的品质，影响着老年人的日常活动与生活质量[3]，因此在问卷的制定上，结合前期实地观察和访谈，本文将评价指标分为场地要素、景观要素、设施要素及安全要素四大类，并细化为16个小的评价指标（表1）。

老城区小型社区广场适老化评价指标 表1

评价要素	评价因子	因子描述
场地要素	可达性高	到达该场地的时间和难易程度
	动静分区	运动和休憩的区域是否有区分
	铺装防滑	场地内的铺装是否防滑
	停车管理	场地内的车辆管理

续表

评价要素	评价因子	因子描述
景观要素	植物景观富有观赏性	植物景观是否有观赏性
	夏季遮阳效果好	夏季是否能提供阴凉处
	冬季日照充足	冬季是否能接收足够的阳光
	场地卫生条件	场地是否洁净
设施要素	休息设施	是否有充足且适宜的凳子等
	运动设施	是否有充足且适宜的运动器材等
	照明设施	夜间是否能提供相应的活动照明
	日常管理维护	垃圾桶、快递箱等设施是否充足且有管理
安全要素	家具适老化	凳子、健身器材等是否适合老年人使用
	场地无障碍	场地是否做到腿脚不便的老年人可使用
	标识系统明显	不明显的台阶处是否设置警示
	安全防护措施	梯步、高差处是否设置安全防护措施

（来源：作者自绘）

2.3 PSPL分析

1. 问卷调查结果分析

本文的问卷设计主要包括了基本情况调查和重要性-满意度评价量表。问卷共收回34份（图4），样本的男女数量持平，各选项占比最大的分别是60～69岁、初中及以下、每周来3～5次、每次停留10-30分钟、休憩性活动，整体满意度较高。

① 赵春丽，杨滨章，刘岱宗. PSPL调研法：城市公共空间和公共生活质量的评价方法——扬·盖尔城市公共空间设计理论与方法探析（3）[J]. 中国园林，2012，28（9）：5.
② 彭英，王敏. 基于IPA分析法的老城区综合公园使用者主观评价研究——以宁国市宁阳公园为例[J]. 中国城市林业，2016，14（6）：4.
③ 吴岩. 重庆城市社区适老公共空间环境研究[D]. 重庆：重庆大学，2015.

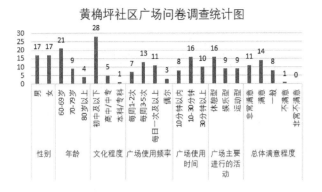

图4 问卷调查统计图（来源：作者自绘）

2. 老年人活动分布

调研分别选取周末和工作日早上8：30～夜间20：30老城片区户外活动较集中的时间段，并使用活动注记法对老年人活动类型、轨迹和人数进行了记录，取样时间间隔为2小时一次，笔者将此次调研的活动类型划分为通过、工作、休息、交往娱乐、商铺外可互动型消费五类整理成表2、表3进行以下分析。不同时段的共性：每个时段通过性人数最多，交往娱乐的人数其次，工作人数最少。场地中交往娱乐的老人往往选择在广场边缘用健身器材或打牌的方式进行消遣，也有老人选择在场地中进行摆摊、扫地、摘菜等工作，但出现的频次较低。无论工作日还是周末，上午10：30和下午16：30及晚上20：30时段的人流量最大。不同时段的差异：工作日场地出现的人数和活动性更为丰富，工作日由于很多老人要接送小孩上下学，场地中会出现更多的活动和人群。上午10：30较其他时间是场地中人群最密集的时候，可见附近老人多于该时间出门社交或休闲。与商业广场不同，夜间广场人群活力并不是最高的，该社区依然以日间活动为主。

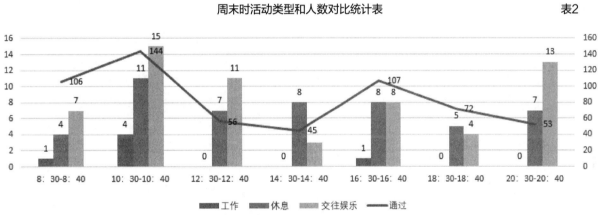

（来源：作者自绘）

3. 老年人活动类型

杨·盖尔将活动分为三个大类：必要性活动、自发性活动与社会性活动[①]。笔者对黄桷坪节点广场老年人的活动类型进行了汇总（表4），发现必要性活动在场地中出现的频次较高，自发性和社会性活动一般，而大部分停留在场地内的人，与场地及场地中的其他人互动性不足，这表示场地品质还有很高的提升空间。盖尔认为，即使是有很多人在街道上行走也并不意味着步行街具有较高的品质，而只有当其中的很多人在步行街上停留时才能说明这座城市具有较高的品质[②]。因此我们要把更多的必要性活动转化为自发性活动和社会性活动，这样才能让人们对场地产生归属感。

老年人活动类型及出现频次　　　表4

	活动类型	活动出现频次	
必要性活动	路过	高	……
	吃饭	较低	··
	摆摊	高	……
自发性活动	散步	低	·
	打盹	低	·
	闲坐	一般	···
	清理蔬菜	低	·
	使用健身器材	一般	···
社会性活动	交谈	较高	……
	带小孩玩耍	一般	···
	打牌	低	·
	跳舞	低	·

（来源：作者自绘）

4. 实地观察与访谈

笔者在场地中进行了采访与观察，发现场地中还存在以下现状问题：①健身器材受到老人欢迎，但由于有大量小朋友玩耍，真正能使用的老人并不多。②场地的休息座椅在调查中使用率非常高，但由于长椅数量较少，不少老人直接坐在冰凉的石材花池边，对老年人的身体健康十分不利。③场地存在高差但并没有无障碍设施，高差处理方式为台阶但每一级高度不一，部分台阶甚至超过了200毫米。而不少坐轮椅、

挂拐杖、需要人搀扶的老人对于此类台阶使用非常不便（图5），很容易造成人员摔倒、受伤的情况。④场地虽有垃圾箱，但笔者发现场地中存在大量乱扔垃圾、随地吐痰的现象。除了使用人群自身素质问题，垃圾箱离活动位置较远也会导致行动不便的老人生出惰性而随手乱扔。⑤场地夜间存在一定活动，但灯光较为灰暗，整体照度不够（图6），会对活动人群造成一定的困扰，尤其是视觉能力不断退化的老人。

图5　场地中腿脚不便的老人与高度不一的台阶（来源：作者拍摄）

图6　场地灯光布置昏暗（来源：作者拍摄）

5. PSPL分析小结

通过以上分析，场地虽然有很高的人气，相应的座椅、健身设施都已具备，但仍存在不少问题，特别是针对老年人而言，无障碍问题、家具布置问题、自

① （丹麦）扬·盖尔·交往与空间[M].何人可译.北京：中国建筑工业出版社，2002.
② 赵春丽，杨滨章，刘岱宗.PSPL调研法：城市公共空间和公共生活质量的评价方法——扬·盖尔城市公共空间设计理论与方法探析（3）[J].中国园林，2012，28（9）：5.

发性和互动性活动不足的问题、场地归属感缺失是当前亟待解决的紧迫问题。

2.4　IPA 分析

1. 信度分析

本次问卷使用问卷星进行统计，评价指标采用李克特量表设计，从非常不xx到非常xx分别计1~5分，在正式分析前对结果使用SPSSAU在线进行了信度分析（表5），α系数均大于0.6，即为可接受的问卷。

山地城市小型社区广场问卷信度分析表　　　表5

项目	Cronbach Alpha	项数
重要性	0.882	16
满意度	0.611	16

（来源：作者自绘）

2. 重要性评价分析

在表6中，n表示问卷调查有效数量，我们将问卷调查中的各要素的重视度进行了排序。其中重要性最高的为可达性高（3.941），其次为休息设施（3.853），场地无障碍（3.788）和安全防护措施（3.706）。山地城市中，爬坡上坎的情况非常多，而大部分老年人身体都会出现不同程度的机能退化，因此方便到达场地以及在场地中能好好休息对他们来说最为重要。重要性最低的则是标识系统明显（3.065），运动设施（3.141）和照明设施（3.206）以及植物景观富有观赏性（3.235）。

3. 满意度评价分析

与重要性处理方法一致，从表7中可以看到，其中满意度最高的是冬季日照充足（3.681）和夏季遮阳效果好（3.500），可达性高（3.588）和铺装防滑（3.294）。而满意度较低的是安全防护措施（2.353）和场地无障碍（2.324），以及场地卫生条件（2.618）和停车管理（2.676）。

山地城市小型社区广场重要性评价分析表　　　　　　表6

		评价指标	重要性（I）			
			n	平均数	标准差	排序
1	场地要素	可达性高	34	3.941	0.937	1
2		动静分区	34	3.447	0.912	11
3		铺装防滑	34	3.676	1.156	6
4		停车管理	34	3.529	1.091	9
5	景观要素	植物景观富有观赏性	34	3.235	0.909	13
6		夏季遮阳效果好	34	3.676	1.049	7
7		冬季日照充足	34	3.694	1.023	5
8		场地卫生条件	34	3.641	0.802	8
9	设施要素	休息设施	34	3.853	1.004	2
10		运动设施	34	3.141	1.187	15
11		照明设施	34	3.206	0.719	14
12		日常管理维护	34	3.471	0.947	10
13	安全要素	家具适老化	34	3.382	0.768	12
14		场地无障碍	34	3.788	1.088	3
15		标识系统明显	34	3.065	0.885	16
16		安全防护措施	34	3.706	1.176	4
		总平均数	34	3.528	0.978	

（来源：作者自绘）

山地城市小型社区广场满意度评价分析表　　　　　　　　　　表7

	评价指标		满意度（R）			
			n	平均数	标准差	排序
1	场地要素	可达性高	34	3.588	1.115	2
2		动静分区	34	2.882	0.832	11
3		铺装防滑	34	3.294	0.749	4
4		停车管理	34	2.676	0.865	13
5	景观要素	植物景观富有观赏性	34	3.147	0.772	6
6		夏季遮阳效果好	34	3.500	1.144	3
7		冬季日照充足	34	3.618	0.940	1
8		场地卫生条件	34	2.618	0.908	14
9	设施要素	休息设施	34	3.000	0.767	8
10		运动设施	34	3.059	0.765	7
11		照明设施	34	2.971	0.891	9
12		日常管理维护	34	2.912	0.658	10
13	安全要素	家具适老化	34	3.235	0.689	5
14		场地无障碍	34	2.324	1.104	16
15		标识系统明显	34	2.882	0.867	12
16		安全防护措施	34	2.353	0.904	15
		总平均数	34	3.004	0.873	

（来源：作者自绘）

4. IPA四象限图分析

本文使用SPSS软件对场地的重要性—满意度进行了IPA四象限分析（图7），右上角的A象限是继续保持区，包括了可达性高和铺装防滑，夏季遮阳效果好和冬季日照充足。左上角的B象限是供给过渡区，包括植物景观富有观赏性，运动设施和家具适老化。左下角的C象限是优先顺序较低区，包括动静分区，照明设施，日常管理维护和标识系统明显。右下角的D象限是继续改善的区域，其中包括了停车管理，场地卫生条件，休息设施，场地无障碍和安全防护措施。

5. IPA分析小结

从上文的分析中，我们可以得知老年人对该社区广场各要素的评价和看法。停车管理、场地卫生条件、休息设施、场地无障碍和安全防护措施均为场地中亟待解决的问题。而动静分区、照明设施、日常管理维护和标识系统明显为可适当优化的问题。

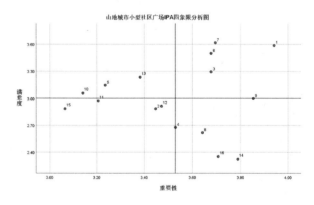

图7　山地城市小型社区广场 IPA 四象限分析图
（来源：作者自绘）

3　适老化微更新策略

通过上文的分析，笔者将各个需要改善的问题综合为无障碍设施、空间层级、家具布置、场地管理四个方面，分别提出适老化更新策略和建议。

3.1　增加无障碍设施

在调查中，无障碍与安全问题是老人最重视也最不满意的问题，原始场地中的四个入口都有高差，对腿脚不便特别是轮椅老人来说，需要外人的协助才能进入场地，建议应该进行以下改善：①对于小的高差，可设置三坡坡道（图8），对于大的高差，应规整台阶踏步高度并在台阶上设置警示条，同时增设残疾人坡道，使场地真正实现无障碍出入（图9）。②在场地中设置监控和紧急求助按钮，防止老人在此出现意外，由于老人视力衰弱，相应的设施字体都应放大处理。

图8　小高差的无障碍处理方式，左图为原始状态，右图为微更新后的状态（来源：左图作者拍摄，右图作者自绘）

图9　大高差的无障碍处理方式，左图为原始状态，右图为微更新后的状态（来源：左图作者拍摄，右图作者自绘）

3.2　划分场地空间

环境心理学家在研究人类行为与环境的关系上，提出"空间层级"的概念，将空间区分为私密、半私密、半公共与公共空间四种领域层级[1]。好的空间划分，能促进老年人参与社交活动，增加空间归属感，因此笔者认为可以根据前期的人流分析将场地划分为三个层级（图10）。①私密空间：杨·盖尔在《人性

化的城市》中提到人们喜欢边界化的区域，因为边界可以使我们能够完全看出在空间中发生的任何事情，并且背后不会处于令人不悦的惊吓的危险之中[2]。老人尤其喜欢背靠结实的墙去看热闹，所以在场地中选取了通过人群较少且背靠堡坎或高墙的位置作为私密空间，在此安置桌椅长凳提供给老人闲坐。②半私密半开放空间：将店前空间划分为半私密半开放空间，在店门以外的位置增设可移动桌椅，提供给老人闲聊、打牌下棋的场所，也增加店外人气、加强互动。③开放空间：将大块完整空间流出来，提供给老人健身、跳舞，也便于让闲坐的老人看热闹。

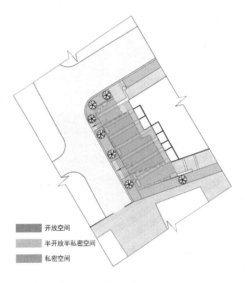

开放空间
半开放半私密空间
私密空间

图10　空间划分（来源：作者自绘）

3.3　整改家具布置

前期调研中发现场地中的家具布置方式和数量均不适用于老人，大多老人在场地中难以找到舒适的休憩场所。①桌椅设置：在私密和半私密区域都应设置桌椅及放置物品的台面，并宜配置电源，方便老人打牌下棋。座椅应该相应设计靠背和扶手，便于老年人的倚靠和起立撑扶。同时座椅边要留出轮椅空间，可以让使用轮椅的老年人参与到交谈中[3]。②雨棚整改：建筑底层部分的品质对城市的总体吸引力是至关重要的[4]，场地中目前的底商造型简陋且混乱，可对

① 杨镇瑞.场所意义：原居安老与老人住宅台湾双连社区福利园区空间设计解析[J].时代建筑，2012（6）：6.
② （丹麦）扬·盖尔.人性化的城市[M].欧阳文，徐哲文译.中国建筑工业出版社，2010.
③ 周燕珉，刘佳燕.居住区户外环境的适老化设计[J].建筑学报，2013（3）：5.
④ 杨镇瑞.场所意义：原居安老与老人住宅台湾双连社区福利园区空间设计解析[J].时代建筑，2012（6）：6.

建筑立面进行简易改造，统一修整雨棚。同时底商附近被划定为半开放半私密的休闲区，增设了桌椅，合适的雨棚设置也能增加区域的限定感，也增加了建筑立面的整体性和延续性（图11）。③花池整改：原始场地中大部分老人都坐在冰冷的石质花台上，对他们的身体健康极其不利，应增设镂空木制座板，既能防雨防滑，也不伤害老人身体（图12）。

图11 统一雨棚及增加休闲桌椅
（来源：左图作者拍摄，右图作者自绘）

图12 冰冷的石质花坛可增设木制座板
（来源：左图作者拍摄，右图作者自绘）

3.4 优化场地管理

场地为开放式社区广场，归属于社区管理，因此部分管理问题应有社区牵头解决。①场地中时不时会有摩托车穿过，因此需要在摩托车常入的入口处设置警告标志牌阻止车辆穿行，同时由社区下发相关安全教育及警示文件。②场地只有东北角一处垃圾桶，过于靠边，致使场地中垃圾遍地，可以结合座椅布置部分可移动垃圾箱方便老人使用，并对居民进行卫生讲座，以维护场地卫生条件。

4 总结

本文通过特定案例论述了山地城市旧城更新中公共空间适老化改善的过程，首先根据文献查阅、实地调研和数据分析发现场地问题，将其归纳为无障碍设施、空间层级、家具布置、场地管理四个方面，其中最亟待改善的就是无障碍与安全问题，再通过设计手法模拟解决这些问题，希望以此提供一些山地城市更新中老旧社区公共空间适老化微更新的策略。

参考文献

[1] 赵春丽，杨滨章，刘岱宗. PSPL调研法：城市公共空间和公共生活质量的评价方法——扬·盖尔城市公共空间设计理论与方法探析（3）[J]. 中国园林，2012，28（9）：5.

[2] 彭英，王敏. 基于IPA分析法的老城区综合公园使用者主观评价研究——以宁国市宁阳公园为例[J]. 中国城市林业，2016，14（6）：4.

[3] 杨镇瑞. 场所意义：原居安老与老人住宅 台湾双连社区福利园区空间设计解析[J]. 时代建筑，2012（6）：6.

[4] 周燕珉，刘佳燕. 居住区户外环境的适老化设计[J]. 建筑学报，2013（3）：5.

[5] （丹麦）扬·盖尔.交往与空间[M].何人可译.中国建筑工业出版社，2002.

[6] （丹麦）扬·盖尔. 人性化的城市[M].欧阳文，徐哲文译.中国建筑工业出版社，2010.

[7] 吴岩. 重庆城市社区适老公共空间环境研究[D].重庆：重庆大学，2015.

[8] 张熙凌. 城市口袋公园老年群体满意度评价及优化策略研究[D].重庆：西南大学，2020.

基于 POI 大数据对城市绿地分析与布局更新的探索

覃立伟 [①]　宗文可　张荣鹏 [②]　林成楷

作者单位
湖南大学建筑与规划学院

摘要： 在大数据背景下的城市规划，使得城市公园绿地规划能够更为有效地实现社会公平和体现范围内人群的游憩需求，从而能够有效减少城市公园规划中的"空间失配"问题。本文基于分析兴趣点（POI）其本身所具有的属性，将 POI 数据与地理分析软件 GIS 平台进行联动，以此进行城市公园绿地的合理性分析与更新探索。为了能够有效评估现有城市公园绿地布局合理性以及更长远的规划策略，本文提出游憩需求这一评价指标用以评价公园服务范围内的承载压力和人群对于公园的活动强度，并在此基础上对城市公园绿地进行优化调整，为城市公园绿地的规划提供一种新的思考路径与计算模型。本文最后以长沙市为例对方案的可行性进行了验证，并通过 GIS 平台数据处理后可视化展示其优化结果。

关键词： 城市公园绿地；POI 数据；GIS 平台；游憩需求

Abstract: Urban planning making use of big data enables urban park green space planning to more effectively achieve social equity and reflect the recreational needs of people within the scope, and thus reduce the "spatial mismatch" problem in urban park planning. Based on the analysis of POI attributes, this study developed a method by coupling the POI data and the GIS geographic analysis software, and conducted rationality analysis and update exploration of urban park green space. In order to evaluate the rationality of the existing urban park green space layout and the longer-term planning strategy, this study developed a new evaluation index of recreation demand which can evaluate the bearing pressure within the park's service area and the activity intensity of the crowd. The index was further used to guide the optimization and adjustment of urban park green space. Finally, the paper conducted a case study using Changsha City to illustrate the feasibility of the scheme and visualize its optimization results.

Keywords: Urban Park Green Space; POI Data; GIS Platform; Recreational Demand

1 引言

城市绿地公园是城市形象的重要组成部分。随着城市的不断发展与蔓延，城市公园绿地特别是老城区公园绿地的更新面临着新的要求。城市公园绿地作为一个生命体，其更新也应遵循事物可持续性的发展规律，必须"瞻前顾后"，谋求长期发展。城市公园绿地有机更新在面临短期更新和长远规划的矛盾时，应坚持以长远规划为前提，为未来公园绿地的长久发展打好基础、创造条件、留有余地，切实做到"既满足当代人的需求，又不对后代人满足其需求的能力构成危害"[1]。

对于过去在城市公园的规则制定大多出于主观意识而忽视了其服务片区公民的需求大小，例如建设部《城市绿化规划建设指标的规定》中规定了人均绿地面积，城市绿化覆盖率和城市绿地率三项指标，但对于分区规划或者控制性规划则很少进行，使得规划管理人员在实施规划方案时由于面对尺度较大的城市，总体比例又很小的总图无法进行严格控制管理[2]。这也直接导致公共绿地资源分布与常住人口分布之间存在一定的"空间失配"，也就是公共绿地资源分布的地域公平和社会公平并不一致[3]。

随着大数据的不断发展，其应用领域不断拓展，POI（point of information）是其中一类比较有应有前景的数据类型，可将其运用于城市公园绿地的更新研究中。POI 包括了四类信息：名称，类别，坐标，分类，同时 POI 由于其易获取性、数量大、准确性高

① 覃立伟，男，湖南大学建筑与规划学院在读硕士研究生，877427673@qq.com。
② 张荣鹏，通讯作者，男，湖南大学建筑与规划学院教授，博士生导师，主要研究方向为建筑节能技术和建筑系统建模与仿真，zhangrongpeng@hnu.edu.cn。

等特点。通过将其数据整理分类后能够有效分析各产业的集聚情况进而可以让城市规划者对整个城市产业业态等空间进行合理有效的布局。施歌等运用POI数据，结合KED模型对上海市城市中心体系进行识别[4]；陈蔚珊等利用POI识别出广州市零售商业热点与其业态集聚特征，有助于提高政府部门与零售业选址前期研究的客观性与科学性[5]；戚荣昊等通过POI数据建立服务压力模型并在其基础上对城市绿地的规划布局进行优化调整[6]。除此之外运用其他大数据类型如微博签到数据，李方正等通过微博签到大数据分析北京市公园使用分析，在其基础上对绿地系统的规划设计提供建议[7]。

在城市规划领域中，将智慧城市把信息技术充分运用到城市的各个领域，可大大提升城镇化质量，提升城市化管理水平与改善市民的生活质量。该研究是在POI大数据的基础上，通过地理分析平台ARC GIS联动，通过现状公园以及周边服务范围内市民游憩需求，建立一套分析模型以及在分析现状的基础之上提出一套行之有效的解决方案，为城市设计中的城市公园绿地布局提供可行的分析方法与规划思路。

2　研究区域与数据来源

长沙市位于中国华中地区，地处湖南省东部偏北区域，是全国重要的粮食生产基地，长江中游城市群和长江经济带重要的节点城市。全市的土地总面积总共为11819平方千米，其中建成面积为567.32平方千米。由于长沙市主要经济活动在中心城区以及提取数据多在中心城区，故本文研究范围选择在长沙中心城区进行展开。

本文所采用的数据来源于高德地图开放平台。POI数据是由网络点子地图提供的API接口查询下载的兴趣点，根据初步数据提供并清洗后有效POI数据为26846条（图1）。为有效地反映人口活动强度以及对于公园绿地的需求程度，需要挑选合适的影响因子。通过查阅相关文献［8］，选取公交车密度、文化娱乐设施、办公设施、大型公共设施、居住区五个影响因子，通过绘制泰森多边形确定公园的服务边界以及采用核密度指数来反映人口活动强度。

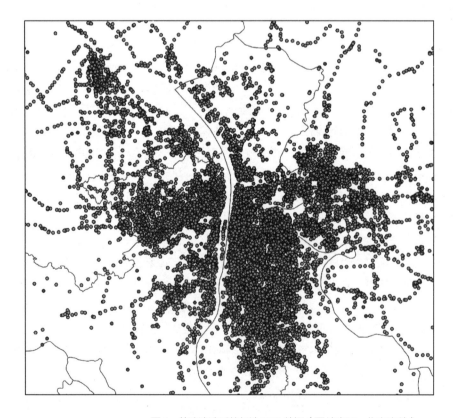

图例

—— 长沙市县界

图1　筛选清洗后的长沙 POI 数据（图片来源：作者自绘）

3 研究思路

3.1 对公园服务范围进行划分

为了能够准确体现出公园的服务范围，需要对于长沙市城市绿地公园进行筛选出大中小型公园。由于大中型公园无法用一个点进行代替，此方法选取了大中型公园的入口作为控制点，小型公园由于其体量相对于片区过小，故小型公园采用一个点进行代替。根据所选出的控制点计算出泰森多边形计算其各个公园的服务范围。由于大中型公园出入口作为控制点所计算的泰森多边形包括其公园内部范围，故需要排除其本身内部公园所包括的范围，仅需计算其外部形成的泰森多边形，此即公园的服务范围。

3.2 对服务范围内市民游憩需求进行评价

不同城市空间人群对于城市公园绿地的需求不一，为了客观反映城市公园绿地服务范围内市民对于其需求程度，这里提出了新的评价指标即游憩需求。因范围内人群对于公园的出行与范围内的人群活力相关联，同时由于公园的类型多样且有效活动面积不一从而影响人群出行选择，故采用公园以外的客观城市活动空间作为判断依据。为了有效反应范围内人群的活动强度，通过查阅相关文献 [8] 首先选取五个影响因素：公交车站点、文化娱乐设施、办公设施、大型公共设施、居住区用以建立范围内人群活动强度评价因子。通过五个影响因素的POI数目总和除以其服务范围面积得到其范围内市民游憩需求指标并划分为五个等级，等级越高代表其服务范围内市民游憩需求越大。

3.3 城市公园绿地增设布局可行性模型建立

通过GIS软件对于五个影响因素进行核密度分析。由于城市不同空间核密度不同，城市现有公园绿地影响范围不同，进行核密度分析可以选取核密度波谷区域进行城市公园绿地的增设以及空间的更新。因此，通过实地调研与地图服务平台进行分析判断其位置合理性。

3.4 城市公园绿地增设布局优化模型建立

对城市现有公园绿地系统进行优化。由于城市公

园绿地布局需考虑经济利益与社会效益。选择核密度波谷区域，此区域多经济价值相较于波峰区域较小，开发难度低，对现有周边环境影响较小，故优先选择。公园游憩需求等级图的处理判断不同城市空间对于公园绿地增设的必要性。城市公园绿地增设点优先考虑游憩需求等级较高区域（4、5级）并尽量选择泰森多边形边界处以达到最大社会服务效益。之后，将核密度分析图与游憩需求等级图相叠加进行分析，尽量选择在游憩需求等级需求较高区域泰森多边形边界与核密度波谷位置以达到经济效益与社会效益的二者优化的协调统一。

4 以长沙市为例进行城市公园绿地布局的优化策略探索

以长沙市中心城区为个例进行研究。研究利用POI数据包括地理信息与属性信息这一基本特征，采集长沙市中心城区与人群活动相关POI数据，并利用地理分析软件对公园现状以及公园周边人群活动强度进行分析，然后利用分析模型对长沙市公园绿地进行规划布局优化。评价包括两部分：城市公园服务范围以及服务范围内人群游憩需求评价。为了更准确地评价，由于城市公园服务范围与公园可达性有直接关系[9]，故将长沙市公园由面积分为大中小三类，大型公园服务范围由公园出入口作为控制点进行泰森多边形绘制确定服务范围，由于中小型公园由于体量相对于中心城区较小便由中心点作为控制点绘制泰森多边形作为其服务范围。之后，人群游憩需求选择与人群活动相关影响因素POI数量与公园服务范围的比值进行计算。

优化部分使用核密度分析方法去选取核密度波谷位置。波谷位置由于其POI密度小，更新的成本低从而优先选择。为使新增公园经济效益最大，新增公园位置理想位置为核密度波谷与泰森多边形边界处。

4.1 长沙市公园绿地服务范围划分与游憩需求评价

公园服务范围与服务范围游憩压力评价结果如下图2～图4所示，图中等级越高表示游憩需求越大。从下图可以看出，发现小型公园服务范围内游憩需

求等级高的区域较少，多为一级二级游憩需求，游憩需求较高区域多集中在湘江以东地区，这也显示市中心区城市绿地供给不足；中型与大型公园游憩需求等级较高地区较少，图上也可以看出有部分区域城市公园绿地供给不足。小型公园游憩需求高等级区域多集中在黄兴路和五一广场附近，主要由于长沙早期发展以芙蓉中路为轴线，五一广场为中心先行发展，这也导致了市中心绿地供给让位于城市经济发展。利用POI数据和GIS平台分析工具进行分析，可知中小型公园的配置部分区域配置不合理，而大型公园由出入口作为控制点进行服务范围绘制，其划分区域范围较小且由于城市活力分布不一，游憩需求等级分布合理且没有级别很高的区域，故后续公园绿地增设以中小型公园游憩需求作为出发点进行规划更新探索。

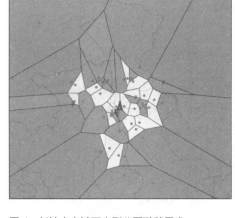

图4 长沙中心城区小型公园游憩需求
（图片来源：作者自绘）

4.2 长沙市公园绿地布局优化

根据长沙市现有公园服务范围与游憩需求评价分析，现需要在其基础上，在游憩需求等级较大地区增设公园以达到资源的合理利用与满足市民的游憩需求。将公交车站、文化娱乐设施、办公设施、大型公共设施、居住区五类数据POI进行核密度分析集聚优先选择波谷区域进行城市公园绿地的增设。将核密度分析图形与游憩需求等级图进行叠加分析，为使增设城市公园绿地社会效用最大且开发成本最低，优先选择在波谷与泰森多边形边界处进行增设。由于考虑其实际可实施性，基于上述方法，经过优化调整，建议新增小型公园5处，中型公园6处。主要增加在游憩需求等级4、5级区域。（图5~图7）

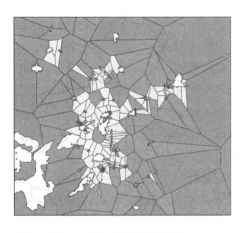

图2 长沙中心城区大型公园游憩需求
（图片来源：作者自绘）

5 结果与讨论

为了有效客观地反映城市公民对于城市绿地的需求，本文设计了一套计算模型帮助城市规划师对城市公园绿地进行更为合理的配置与分析。本文通过GIS与POI大数据二者联动，研究城市目前所存在的问题与其可行性，并从实际出发，从社会公平与正义出发为准则进行城市新增公园绿地的合理选址并使其资源利用的最大化。

研究创新主要包括：POI数据的选择与提取；评价指标游憩需求的提出；城市新增绿地规划可行性分析；城市新绿地系统优化模型的提出。

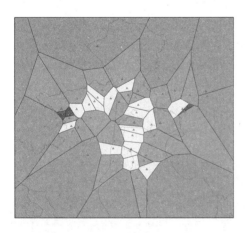

图3 长沙中心城区中型公园游憩需求
（图片来源：作者自绘）

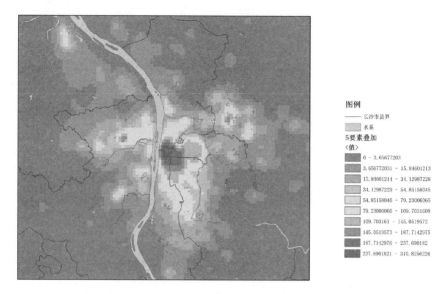

图5 五要素POI核密度图（图片来源：作者自绘）

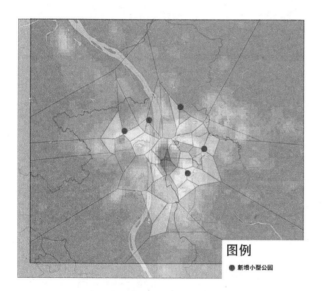

图6 长沙建议新增小型公园（图片来源：作者自绘）

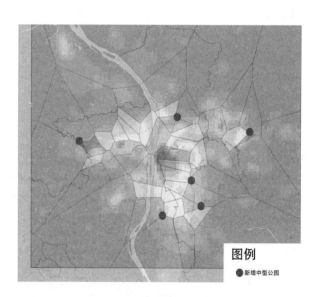

图7 长沙建议新增中型公园（图片来源：作者自绘）

1. POI数据的选择与提取：POI具有客观性与数据庞大且覆盖面广。因此选取的合适POI类型对于此研究至关重要。研究创新点在于选择市民对于游憩公园的选择要素联系紧密的POI类型并通过GIS平台加以分析。使得数据能够客观且准确的可视化呈现，使得研究具有科学性与合理性。

2. 评价指标游憩需求的提出：城市中人群对于公园的选择往往趋向于空间距离最近。将大型公园的入口，中小型公园的中心作为泰森多边形控制点能够有效反应公园的服务范围。在其服务范围内对于公园的游憩需求与范围内人群的活动强度正相关，即相同面积服务范围内，人群活动强度越大对

于游憩需求程度越高。通过建立游憩需求这一评价指标与计算模型能够有效应映城市公园绿地配比与布局的合理性。

3. 城市新增绿地规划可行性分析：通过核密度分析法去反映城市经济活动以及人口活动强度。核密度指数较低区域往往经济活力不强，人口活动强度不大，故能有效降低开发成本以及大量减少对周围环境的影响。

4. 城市新绿地系统优化模型的提出：游憩需求用以判断表示不同城市空间人群对于城市公园绿地增设的必要性。核密度分析可很好的甄别城市公园绿地增设对社会影响的程度。两种模型叠加分析能够科学

合理的对现有城市公园绿地进行分析与更新，从而达到资源的最高效使用。

本文以长沙市为例去验证研究方法的合理性，通过POI大数据与GIS平台联动有效反应市民游憩需求并通过核密度分析去进一步优化城市公园绿地布局，进行新增公园绿地的合理性分析。较为客观的符合居民的游憩，生活习惯，城市绿地资源的最大化利用的可能。研究基于现有的面状公园，通过理论模型进行分析。对于公园的质量以及其内容的分析不足，市民选择的公园往往也与其内容相挂钩。在后续的研究中也将更进一步从公园内部出发去进行更加行而有效的合理性配置。

参考文献

[1] 刘源，王浩.城市公园绿地有机更新的思考[J].中国园林，2014（12）：87-90.

[2] 刘缤谊，姜允芳.论中国城市绿地系统规划的误区与对策[J].城市规划，2002，26（2）：76-80.

[3] 唐子来，顾姝.上海市中心城区公共绿地分布的社会绩效评价：从地域公平到社会公平[J].城乡规划研究，2015（2）：48-56.

[4] 施歌，江南，姚恋秋.基于GIS和兴趣点（POI）数据的城市中心体系识别方法研究——以上海市为例[J].现代测绘，2017，40（6）：27-30.

[5] 陈蔚珊，柳林，梁育填.基于POI数据的广州零售商业中心热点识别与业态集聚特征分析[J].地理研究，2016，35（4）：703-716.

[6] 戚荣昊，杨航，王思玲等.基于百度POI数据的城市公园绿地评估与规划研究[J].中国园林，2018，34（3）：32-37.

[7] 李方正，董莎莎，李雄等.北京市中心城绿地使用空间分布研究——基于大数据的实证分析[J].中国园林，2014，32（9）：122-128.

[8] 俞孔坚，段铁武，李迪华.景观可达性作为衡量城市绿地系统功能指标的评价方法与案例[J].城市规划，1999（8）：8-11，43.

[9] Giuseppe Borruso.Network Density Estimation：A GIS Approach for Analysing Point Patterns in a Network Space[J].Transactions in GIS：TG，2008，12（3）：377-402.

Exploring the Housing Supply Strategy for Low-income Urban Households Against the Backdrop of Urban Regeneration:

A Case Study of Xi'an

LV Tingxiao   LIU Jiaping

Company: School of Architecture, Xi'an University of Architecture and Technology, China

Abstract: Low-income urban households confront the issue of unaffordable houses and inferior living conditions. Nowadays, the ongoing process of urban regeneration caused a sharp reduction of poor housing, and replaced with superior but unaffordable apartments for low-income people who are often engaged in service sectors such as logistics, cleaning and takeout delivery. As a result, they have to move to suburban districts, far from their workplace in the downtown area.As an indispensable part of the city, these people deserve a decent quality of life and affordable housing. In this case, it is necessary to develop strategies to ensure housing supply for them.Against the backdrop of urban regeneration, the idea of sharing city and housing filtering theory offered perspectives.Firstly, the paper reviewed the concepts and definitions of sharing city and housing filtering. With the successful experiences of Seoul, Amsterdam and San Francisco, the keys to solving the residential problems are the spirit of the sharing and the power of the community. Besides, scholars discovered that housing filtering is a useful tool to recycle the expensive houses and make them affordable for low-income people as the houses become aged. Secondly, by comparing the condition and demands of low-income householdsand housing product supplies in Xi'an, it is shown that only a few impoverished families can benefit from the indemnificatory housing policy, and the number of social housing is small, which also neglected some particular demands of special groups. Thirdly, the paper put forward three strategies as a solution: ① increasing the number and variety of indemnificatory housing; ② encouraging resource sharing, preventing residential segregation and implementing partial regeneration instead of destruction; ③ subsidizing the vulnerable group and conducting humanistic investigations.To conclude, low-income families' rights to live in the city are undoubted. What the city regenerators need to do is to create safe and affordable living conditions for the group with the value of sharing and humanistic care.

Keywords: Indemnificatory Housing; Urban Regeneration; Sharing City; Housing Filtering

1 Introduction

"Each urban resident is able to obtain their own houses" is an old saying that described an ideal image of housing conditions in the city. Behind the utopia, there is a simple but necessary concept: providing different housing types for different urban residents within limited resources. An efficient housing supply strategy makes it possible for the city to fertilize the culture, develop the economy, and ensure citizens' self-esteem.

When it comes to the issue of dwelling, the balance of demands and housing supply under different factors is the precondition. In China, many cities are conducting urban regeneration projects, in order to improve the quality and surroundings of the community, especially for low-income people, and thus to relieve the social differences and conflicts. However, it seems that urban regeneration brought a new challenge for the disadvantaged groups: superior apartment buildings took the place of old and dingy urban villages, but the house rental and price became far above the cost that the original residents could afford, so they have to move to another shabby and cheap house that is far from the inner city. In other words，the housing conditions and life quality of low-income families were not enhanced. Even worse，they have to endure prolonged commuting time and extra transportation fees，which is obviously the opposite side of the purpose of urbanization（Dong and Liu，2021）and the spirit of community.The solution points to a feasible housing supply strategy for low-income families，in order that everyone can afford a suitable house in the city and have an appropriate dwelling quality.

The definition of sharing city varies from scholars to scholars，but most city researchers agree that the city is a shared place for every citizen underlining community，citizenship，human interaction and where social capital takes place and generates（Agyeman et al.，2013；Calzada and Cobo，2015；Khan and Zaman，2018）. Housing filtering is a classical economic theory that refers tohigh-income families moving into new market-rate housing and leaving behind older housing stock for low-income families，which revived old and vacant houses for fortune-challenged people（Baer and Williamson，1988）. With the thought of sharing and house filtering，this paper focuses on the housing supply strategy for low-income urban families.

2　Relevant Concepts

To deal with low-income families' housing problem against the backdrop of urban regeneration，it is inevitable to discuss the concepts and definitions of sharing city and housing filtering. The spirit of sharing and the power of community are the main points to go through.

2.1　Sharing city

Sharing city has diverse interpretations and explanations summarized from existing sharing city practices，but there is no homogenous global discourse or definition around it. Still，most scholars affirmed the importance of government and economy as the propellant and driving factor，and that social equality must be sustained. According to various definitions drown by city researchers（Agyeman et al.，2013；Patrycja，2014；Cohen B. and Munoz P，2016；Sinning，2017），sharing city is establishing a sharing ecosystem and embracing it as an integral part of the economy. The emergence of sharing city came with the rise of sharing economy all over the world. Many cities aim at becoming a sharing city in the future. Take *Sharing Cities Alliance* as an example：there have been 80 cities across Asia，Africa，Europe，North America[①] as members of the organization so far. They conduct research and practices，and set "sharing city" as the core strategy for the development of the city.

Seoul is the first one that announced to be "a sharing city". Sharing City Seoul（2012）is a plan on a city level for the sake of solving social and urban issues through sharing. Like most megacities，Seoul is confronted with social isolation，diminishing community spirit，welfare decrease，environmental pollution and economic slowdown（CC Korea，2017）. The policy is founded on an innovative，public-private partnership model to remit challenges mentioned above. Academicians approved the Seoul model and promoted it to other cities（Agyeman et al.，2013；Harald，2013）. During the project，mixed-generation house sharing is encouraged and 324 houses in total are built to settle families who have difficulty in

---

① Find full lists of members at：https：//www.sharingcitiesalliance.com.

housing, especially the fortune-challenged groups, and improve their quality of life. Amsterdam promoted the sharing city project in 2015 and became the first sharing city in Europe. The mayor and city executive council announced "Action Plan Sharing Economy" to provide more opportunities and space, which encouraged enterprises and platforms to boost sharing economy. Local low-income people have more job opportunities and housing allowances as a result. San Francisco is another case highlighting the role of sharing city. Two giants of the sharing economy, Airbnb and Uber, were founded in 2007 and 2009 in San Francisco. The city established "The Sharing Economy Working Group" in 2012, the first organization committed to studying sharing economy and providing policy support. Besides, San Francisco Community Land Trust (SFCLT), a local NGO works toward creating permanent affordable housing for low-to-moderate-income people through community ownership of the land. It preserves ownership of the land and isolates the house from the land, and makes the units affordable in perpetuity. In China, more and more industries adopt the way of sharing, such as bike sharing and power bank sharing. Due to the costly houses in the metropolis, some youth sharing communities sprang up as a solution to the housing problem. Co-housing and co-living could effectively use the limited resources, reduce the burden from rent, and strengthen the sense of community (Cohen and Morris, 2005).

The cases above show that sharing city aims to increase the efficiency of how people use resources, guarantee the citizens entitled to an equal right to live healthily, and propel a fair and inclusive society. Sinning (2017) noticed residential problems in the sharing city, and pointed out that sharing could decrease the construction land use and bring low-income groups affordable houses. It is a trend that authorities apply the thought of sharing city to solve the problem of housing supply for low-income families.

2.2　Housing filtering theory

In the housing market, a very limited number of houses were built originally for low-income groups. Instead, most houses were constructed and sold to people who have a middle and upper level of earning. As their house becoming aged and new house available in the market, households with high income moved into a "better" community, and the old houses they formerly occupied became cheap enough for lower-income consumers to buy or rent. And so on, different types of houses would filter constantly downwards until people with the lowest purchasing capacity to buy the house, until the house falls into disuse. The "housing filtering" process was addressed firstly by Ratcliff in 1953. After that, Lowry (1960) argued that house filtering showed the change of house value over time in the position of a given housing unit in the community as a whole. It is natural in a balanced housing market and usual in developed countries. What should be noticed is the house itself rather than the dweller inside, although the dweller may alter frequently. A dwelling unit may be filtered several times due to aging of the old houses and lure from new houses.

In the 1970s, economists and sociologists applied quantitative research on housing filter phenomenon with the method of mathematical model. Sweeney (1974) paid attention to housing differentiation between different classes and composed countermeasures. He studied the housing filtering model and drew three conclusions: （1）if the number of low-end house falls down, the price of house for people with middle and lower income will rise. To avoid hurting the disadvantaged groups, the government should grant housing subsidy or optimize the income structure of citizens; （2）the housing subsidy policy could support certain people, but those individuals who were exterior to the scope of policy would suffer a benefit loss and living quality decrease, so these individuals should be concerned as well; （3）in order to reduce the housing price, it is not effective for the government to subsidize the real estate developer. The best way is to build many new houses and increase the housing supply, so that the price will drop. Sweeney's research investigated the comprehensive interactions between people with different incomes and various house types.

Other authors studied further on the housing filtering phenomenon and indemnificatory housing policy. Ohls（1975）analyzed how public houses influence the housing filtering process by means of a computer model, and claimed that with the intervention of public house policy, the number of newly-built private houses would decrease and then the houses filtered to sub-market would be less. Laferrere（1975）also utilized the computer simulation to examine the cost. He pointed out that the ratio of house use will be more efficient and economical if the government provides housing allowance to middle-and-low-income households instead of constructing new houses for low-income families. Braid（1997）modified Sweeney's model and made it more practical to the real market. According to the collected data including income, population, commuting cost and aging rate of different houses, he used the model to calculate the residential density, construction border, filter border, geographical border and so on.

In recent decades, academics developed new trends of housing filtering phenomenon in western countries and linked the model to vulnerable people such as low-income families and homeless group （Quigley, 2000; Nordvik, 2001）. Turner （2008） investigated the market of vacant house and its working mechanism, and suggested a mobile residential pattern in the context of global financial crisis, because many people lost their occupations and cannot repay the loans. The opinions and models mentioned above were widely accepted by western countries and became the reference of social housing policy. It is worth learning in the Chinese market when it comes to considering the housing problem of low-income families.

When implementing housing filtering, it is vital to avoid another phenomenon emerging in society: residential segregation. The residential segregation is the result of people with similar income level living together and composing a community that excludes other classes, so it sorts the population into different neighborhood contexts and reshapes the living environment. As time goes by, old houses are filtered to low-income groups and formed low-income community, while middle-and-high-income families settle in upmarket neighborhoods. Rex （1974） believed that housing has an important impact on the formation of class and conflicts between classes. Residences in the city with different quality belong to different classes, which is not only determined by economic factors, but also the result of market mechanism and bureaucratic system. The national and private investment in urban housing contributed to the rise of the housing market. People who own different houses formed different "housing classes": first, those who buy their own houses and live in the most satisfactory areas; second, those who buy such houses through mortgage loans; third, those who own residences by mortgage loans but locate in less desirable areas; fourth, people live in houses rented by the government; fifth, people rent a private house. From Rex's perspective, the distinct residences will lead to conflicts and struggles, and the core point is whether they could obtain the purchase qualification and loan approval.

The initiative idea of sharing city and housing filtering is totally against residential segregation. An inclusive and harmonious city where various groups co-live, create social wealth, and consume the resource together is the target and essential responsibility for contemporary architects.

3 Status Quo: Demands and Supplies in the Housing Market—in the Case of Xi'an

This section will investigate the demands of low-income households in the city and housing product supplies in the market. Xi'an is a large city in western China with 10.2 million permanent population (7.6 million in urban), and it is neither a megacity nor a small city, so it is suitable to choose Xi'an as an example.

3.1 Low-income families and their demands

The bureau of Civic Affairs of Xi'an (2021) defined low-income families as: every family member' income is lower than 1.5 times of local subsistence allowance standard but higher than the standard. Transient workers, floating population, city migrants and disabled individuals composed the main part of the low-

income group. In Xi'an, the subsistence allowance standard is 740 yuan per person per month, so the earning of low-income people is 741-1110 yuan per month and 8880-13, 320 yuan per year (11, 100 yuan as the average). It is difficult for them to purchase their own house in the city.

According to Xi'an Statistical Yearbook 2020, the number of low-income households is about 547, 000. Middle-and-low-income individuals account for 23.66% of the urban population. It is a mass dwelling group. Xi'an Municipal Bureau of Statistics (XAMBS) posted housing conditions of urban households (2019) (see Figure 1~Figure 3). The average floor area per person is 34.8 m². The percentage of urban families living in apartment is 79.7%.35.2% of urban families live in commercial housing, 17.5% of families live in private housing through housing reform, while 14.8% and 15.2% of residents live in rental housing and self-establish housing respectively. Most buildings are constructed of reinforced concrete soil (63.8%) and brick and concrete material (35.6%).

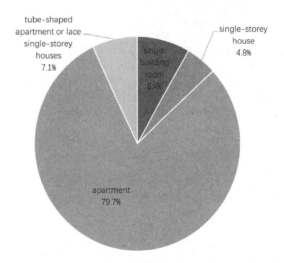

Figure 1　Housing Conditions of Urban Households in Xi'an by Living Space Style (2019)
(Source of Figure 1: Xi'an Municipal Bureau of Statistics, 2020)

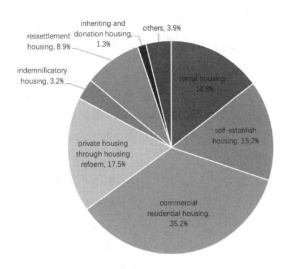

Figure 2　Housing Conditions of Urban Households in Xi'an by Source of Housing（2019）
（Source of Figure 2：Xi'an Municipal Bureau of Statistics，2020）

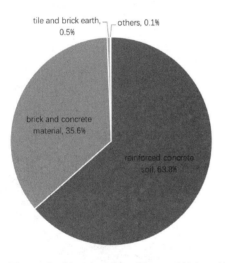

Figure 3　Housing Conditions of Urban Households in Xi'an by main construction materials（2019）
（Source of Figure 3：Xi'an Municipal Bureau of Statistics，2020）

The results illustrate that the average housing condition is adequate，but special housing demands of low-income people should be considered. For example，some low-income people suffer long-term disease or disability，so it is essential to install accessible facilities in their houses； some low-income households with many generations have to live in a small house，so a big house with more rooms but a remote location is acceptable for them. Apart from an

affordable cost，enough space，distinctive facilities，educational and medical resources are fundamental factors in terms of public housing issues.

3.2　Housing market and product supplies

In China，there are six types of housing on the supply side constituting a tiered housing market：low-rent housing，public rental housing，resettlement housing，affordable housing，policy-based commercial housing，and commercial housing. Figure 4 illustrates the filtering process of six types of housing in China sorted by price，and residential groups whose income can cover the price of corresponding houses. For low-income households，their earnings can hardly afford to buy a house，so they often rent a low-price house，live in an inherited house or resettlement housing due to land requisition. Very few of them purchase commercial housing. Since resettlement housing is rarely affected by the market volatility，this section will select low-rent housing，public rental housing and affordable housing for deeper analysis.

Low-rent housing（廉租房）is funded or built by the government and rented to low-income tenants at a price much lower than the market rate. Public rental housing（公租房）are government subsidized houses in which landlords or real estate developers are paid by the government to offer reduced rents to low-income tenants such as newly-employed workers，newly-graduates and migrant workers. According to Bureau of Housing and Urban-Rural Development of Xi'an（BHUDXA），Xi'an has established the low-rent housing policy since 2004 and launched public rental housing in 2010. In 2014，the government integrated the operation of low-

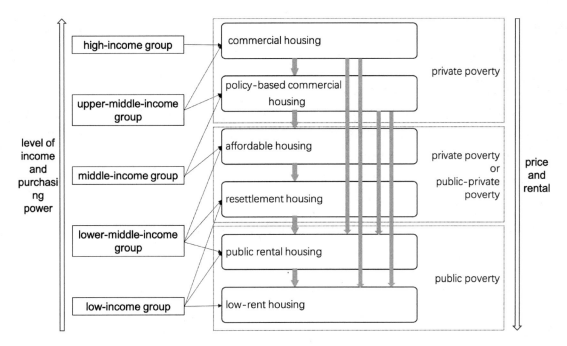

Figure 4　Housing Filtering and Residents in the Chinese Market（Source：Drawn by the author）

rent housing into public housing，providing it at a lower rent than the market level to a certain extent for talents working in the city，such as college graduates，middle-income and low-income families with housing difficulties（find details in Table 1）. The size of one public rental housing unit must be less than 60m² and the amount accounts for about 20% of the housing supply（BHUDXA，2019；2021）.The housing system offers houses through multiple sources，supports housing through multiple channels，and encourages both rental and purchase. Up to now，the city has implemented a total of 12.76 million m² of public rental housing（218，000 units）and allocated 8.04 million m²of public rental housing（151，000 units）. Besides，47，000 households received rent subsidies with 220 million yuan.

Affordable housing（经济适用房）is based on the policy to restrict its construction standard，unit size and price. Its price rangs from 50% to 80% of the commercial housing with similar quality in the same land lot. The ownership is divided into government-owned and consumer-owned property. Policy-based commercial housing（限价商品房）has a lower price than commercial housing because of the government's interference，which depends on the location，floor area ratio，building density，greening rate，etc. In 2018，the Xi'an government integrated affordable housing and policy-based commercial housing into joint-ownership housing（共有产权房），a kind of public-private property. The average size of joint-ownership housing units is 90 m²and the largest dwelling space is no more than 140m²，while the number should account for about 20% of the housing supply（BHUDXA，2019）. As for commercial housing，Xi'an Statistical Book 2020 indicates that the floor space of residential buildings is 21.55 millionm²，and the average price is about 15，000 yuan per square meter，far beyond the purchasing capacity of low-income families. Furthermore，selling price indices of new commodity residential house and second hand residential buildings in 2019 are 121.1 and 108.8 respectively（XAMBS，2020），the rising price puts lots of pressure on consumers.

3.3 Comparison and Findings

Continual urban regeneration projects eliminated urban villages and other self-built low-price residence for low-income households, so indemnificatory housing is their final choice. However, there is a misalignment between the housing supply and demand sides, which should trigger the attention of governors, urban regenerators and architects. Table 1 demonstrates the comparison of the supply of indemnificatory housing in the market and residential demands of low-income households, from which several problems can be found.

Indemnificatory Housing Supply and Demands of Low-income Families　　　Table1

Supply			Demand	
item	indemnificatory housing		item	low-income families
	public housing	joint-ownership housing		
number of housing (2019)	29, 407 (218, 000 in total)	3849 (155, 000 in total)	number of households (2019)	about 547, 000
unit price	2.89 yuan/m² – 90% of rent in the market	7500-12000 yuan/m² (50%-80% of commercial housing)	monthly income	741-1110 yuan per person
total price	2100 – yuan per year	877, 500 yuan in average	yearly income	8880-13320 yuan per person
size	≤60m²	≤144m², 90 m² in average	average floor area needed by a family	97.44 m²
ownership	government	government and private	average number of resident population (the number of rooms needed in a house)	2.8
target residents	lower-middle-income household, low-income household, migrant worker, new college graduate	local families have no house but have a rigid demand of housing	occupations	migrant worker, temporary worker, the unemployed, the disabled

(Source: The table is organized by the author basing on the data from Bureau of Housing and Urban-Rural Development of Xi'an, Bureau of Civic Affairs of Xi'an, Xi'an Municipal Bureau of Statistics, Xi'an Statistical Yearbook 2020.)

Firstly, the low-income group can hardly afford a private-ownership housing unit. It may take decades for the family to earn enough money to purchase a joint-ownership housing, not to mention a commercial housing that is a self-owned property, even if they have a rigid demand for residence. Therefore, renting public housing is the main solution for low-income people. Secondly, the number of public housing demanded by the low-income households is large.The current amount of housing can hardly fulfill the number of low-income families. Besides, the condition as a low-income family is declared by the person, and many people do not report their incomes to the government, so the number of low-income households is underestimated. Thirdly, some characteristics of public housing such as size, appearance, infrastructure, and location are less-desired. Fourthly, public housing is only available to people who have local *hukou*, residence permit or social insurance. The threshold prevents plenty of temporary workers, migrant workers from rural areas, employees without social insurance and other unqualified applicants. Hence, it is obligatory to promote some practical and feasible housing supply strategies.

4. Strategy

4.1 Increasing the number and variety of indemnificatory housing

Increasing the number of indemnificatory housing especially public housing is the first and foremost priority. On one hand, the construction of new indemnificatory housing is expected to accelerate. Persistent housing supply tends to reduce the housing prices, particularly over the long-run (Mast, 2019). The central government proclaimed the regulation to impel the housing reformation. It aims to match between different families with different house types, and ensure a vast majority of low-income families live in applicable houses. Xi'an municipal government announced that 12, 000 public housings and 18, 400 joint-ownership housings are planned to bebuild (Xi'an Daily, 2021), but there is still a disparity with the quantity required. It is a long-term program to construct public housing and community.

On the other hand, housing filtering is a valid method to increase housing affordability. As a matter of fact, many commercial housing and private housing are idle in the market. The government could subsidize the owner, rent the house and then release low-income tenants at a price lower than market rate. The reuse of vacant houses is good for an economical society and house price control. Higher-priced housing occupants move into more expensive units, and over time as the new houses depreciate and become cheaper, so that lower-income families

can afford second-hand apartments.

While increasing the number, enhancing the variety of indemnificatory housing is also crucial. The governors should consider the different requirements of each low-income family type and offer particular housing to certain residents. For mixed-generation families, they need a big house and many rooms, but the location may be remote; for physically disabled individuals, patients and elderly people, housing with accessible facilities, alarming system and nursing service is important, but the other conditions may be slightly poor; for long distance commuters, a house located near the work place is convenient, but the size may be smaller. In these cases, one or two essential factors must be guaranteed, and other subordinate housing elements could be postponed with limited resources.

4.2 Valuing the power of sharing and participation

Since the indemnificatory housings has a relatively low price in the market, some characteristics such as size, appearance, infrastructure, or location may be scarce. In this circumstance, the power of sharing and the idea of sharing city could play a role. When it comes to constructing the housing for low-income families, it is wrong to build a low-price house separately or isolated from other communities. For one thing, the low-income residents could utilize the infrastructures of others when they live nearby. Facilities required by the vulnerable should be shared with commercial housing districts, e.g. parking lots, green space, public square, nursery center, etc. For another, sharing could avoid residential segregation and prevent social discrimination and conflicts. The government of Xi'an has implemented the regulation that new commercial housing projects must scheme at least 5% of the residential building areas for public housing （BHUDXA, 2018）. The action demolished the pricing threshold for the fortune-challenged group. In these co-housing communities, people with different income levels can live together equally and it is healthy for the development of both the individual and the society.

At the same time, urban regeneration does not mean a total dismantlement of run-down houses but a house upgrade or a tailored reform, so that the traditional city slice and historic landscape could be reserved. The participation of residents and community should participate in. For instance, communities with poor hygiene could attach frequently cleaning service and improve the cleaning equipment with official allowance; for low-priced houses having a heating problem, it is obligated to reinforce the thermal insulation layer and install heating ducts; for deformed and cramped houses, architects could provide professional design and rebuild advice, and the government should strengthen the safety guide and grant regeneration subsidy.

4.3　Subsidizing the vulnerable group with humanistic care

Although the government constantly grants housing subsiding, most funds are received by the real estate developers or city builders rather than the residents with housing difficulty. As a result, subsidizing the low-income families directly can actually help them to live in a better place. For the constructers, it is rational to reduce or exempt the tax as an incentive. As for the low-income families, subsidies could be issued as housing accumulating funds, low-interest loans, or issued to their housing accounts. Migrant people without local authentication but have rigid housing demands

should be paid attention in particular. These measures can assure social housing welfare and prevent an unfair distribution at the source.

Disadvantaged persons in the low-income family require extra support. The authority is expected to take more care and provide additional imbursement to the vulnerable individuals in the low-income families such as the disabled, the unemployed, the elderly and children. Regular visiting and enquiring their special demands about housing is encouraged. Besides, social research and fieldworks with humanistic care are vital before an urban regeneration project, because an exhaustive investigation on the conditions of low-income households could contribute to a helpful and tailored solution for their housing troubles.

5　Conclusion

China and many countries are experiencing a large scale of urban regeneration, in which low-income families are challenged in terms of housing. With the concepts of sharing and housing filtering, the disadvantaged group will benefit from the city with the others. The city will be an inclusive and united place as well.

In the sharing city, the resources could be consumed efficiently. The successful sharing city projects in Seoul, Amsterdam and San Francisco demonstrates its rationality and advantages in solving living problems. Housing filtering means new and expensive houses will be passed to residents with low income level as the building becomes old and depreciated. It is an economical method for low-income families to reuse their houses.

With the analysis of housing supply in the market and low-income consumers' condition, situations such as unaffordable commercial housing, lack of public housing, incomplete policy make it difficult for low-income people to live healthily and comfortable. To remit the predicament, there are three strategies: (1) increasing the number and variety of indemnificatory housing; (2) encouraging resource sharing, preventing residential segregation and partly regenerating instead of destruction; (3) subsidizing the vulnerable group and conducting humanistic investigations. As for future research, examination and verification of the strategies, or empirical study of the improvement of indemnificatory housing projects could be further explored.

Reference

[1] Agyeman, J., McLaren, D., & Schaefer-Borrego. (2013). *Sharing cities: A Case for Truly Smart and Sustainable Cities*[M]. Cambridge, MA: The MIT Press.

[2] Baer, W. C. and Williamson, C. B. The Filtering of Households and Housing Units[J]. *Journal of Planning Literature*. 1988, 3 (2): 127-152.

[3] Braid, R.M. and Arnott, R. J. A filtering model with steady-state housing[J]. *Reginal Science and Urban Economics*. 1997, 27 (4-5): 515-546.

[4] Bureau of Civic Affairs of Xi'an[EB/OL]. Available at: http://mzj.xa.gov.cn/mzzx/tzgg/606298d8f8fd1c207301700b.html.2022-01-29.

[5] Bureau of Housing and Urban-Rural Development of Xi'an[EB/OL]. Available at: https://zjj.xa.gov.cn; http://tjj.xa.gov.cn/tjnj/2020/zk/indexce.htm. 2022-01-29.

[6] Calzada, I., and Cobo, C. (2015). Unplugging: Deconstructing the smart city[J]. *Journal of Urban Technology*, 22 (1), 23-43.

[7] Cohen R. and Morris B. (2005) *Sustainable Community: Learning from the Cohousing Mode*[M]. Bloomington, Canada: Trafford Publishing.

[8] Cohen B, and Munoz P. Sharing cities and sustainable consumption and production: towards an integrated framework[J]. *Journal of Cleaner Production*, 2016, vol.134: 87-97.

[9] Creative Commons Korea. Sharing City Seoul: Solving Social and Urban Issues Through Sharing[J]. *Landscape Architecture Frontiers*, 2017, 5 (03): 52-59.

[10] Dong, X., & Liu, J. (2021). The "Stubborn Disease" of Urban Renewal and Its Countermeasures[J]. *City Planning Review*, 45 (5), 56-60.

[11] Harald, H. Sharing Economy: A Potential New Pathway to Sustainability[J]. *Ecological Perspectives for Science and Society*. 2013, Vol.22, 228-231.

[12] Khan, S., & Zaman, A. (2018). Future cities: Conceptualizing the future based on a criticalexamination of existing notions of cities[J]. *Cities*, 72, 212-225.

[13] Lichfield, D. (1992). *Urban Regeneration for the 1990's*[M]. London: London Planning Advisory Committee.

[14] Lowry, I. S. Filtering and Housing Standards: A Conceptual Analysis[J]. *Land Economics*, 1960, 36 (4): 362-370.

[15] Mast, E. (2019). *The Effect of New Luxury Housing on Regional Housing Affordability*. W.E. Upjohn Institute for Employment Research[EB/OL]. Available at: https://www.dropbox.com/NewLucuryHousing.pdf. 2022-01-13.

[16] Nordvik, V. Moving Costs and the dynamics of housing demand[J]. *Housing Studies*.2001, 38 (3): 519-523.

[17] Ohls, J. Public policy toward low-income housing and filtering in housing markets[J]. *Journal of Urban Economics*, 1975 (2): 144-171.

[18] Patrycja, D. The Rise of the Sharing City: Examining Origins and Futures of Urban Sharing[D]. *Iiiee Master Thesis*, 2014, (22): 1-74.

[19] Quigley, J.M., Raphael, S. (2000). *The Economics of Homelessness: The Evidence from North America*[M]. University of California Press: Oakland, CA, USA.

[20] Rex, J. and Moore, R. (1967). *Race,*

Community, and Conflict: A Study of Sparkbrook[M]. New York: Oxford University Press.

[21] Sinning, H. Affordable Housing and Sharing Cities – Future Challenges for Spatial Development and Planning in Europe[J]. *Disp*, 53（2）: 88-89.

[22] Sweeney, J.L. A commodity hierarchy model of the rental housing market[J]. *Journal of Urban Economics*, 1974, vol.1, 288-323.

[23] Turner, L.M. Who gets what and why? Vacancy chains in Stockholm' housing market[J]. *European Journal of Housing Policy*, 2008（I）: 1-19.

[24] Xi'an Daily. *Xi'an 2021 Affordable Housing work implementation plan is issued*[EB/OL]. Available at: http://www.xa.gov.cn/gk/zcfg/zcjd/zjjd/605ab61ff8fd1c2073000c16.html. 2022-01-24.

[25] Xi'an Municipal Bureau of Statistics & NBS Survey Office in Xi'an. *Xi'an Statistical Yearbook 2020*[M]. Beijing: China Statistical Press, 2020.

专题 5　低碳建筑与生态环境

基于低碳城市目标的山地城市设计策略与方法
——以万州江湾新城城市设计竞赛为例 ①

陈维予[1]　靳桥[1]　乔欣[1]　卢峰[2]

作者单位
1. 重庆大学建筑规划设计研究总院有限公司　　2. 重庆大学建筑城规学院

摘要：日益突出的人地关系矛盾已成为当前制约我国山地城市发展的主要因素。面对山地城市形态所具有的多维立体性、生态敏感性与技术复杂性等地域性特征，山地城市设计需要以低碳城市建设为目标，从自然限定要素、交通空间整合、城市空间三维集约利用等方面探索实践应对复杂环境条件的特定城市设计策略与动态控制机制，以充分整合、发挥山地城市的资源优势，引导山地城市形态与自然生态环境有机协调发展。

关键词：山地城市；低碳城市；紧凑城市模式；城市设计；资源整合

Abstract: The increasingly prominent contradiction between man and land has become the main factor restricting the development of mountain cities in China. Facing the multi-dimensional, ecological sensitivity, technological complexity and other regional characteristics of mountain city form, theurban design of mountain city needs to take the low-carbon city as the goal, explore and practice specific urban design strategies and dynamic control mechanisms to deal with complex environmental conditions from the aspects of natural limiting factors, traffic space integration and three-dimensional intensive utilization of urban space, To fully integrate and give full play to the resource advantages of mountain cities and guide the organic and coordinated development of mountain city form and natural ecological environment.

Keyword: Mountain Cities; Low Carbon City; Compact City Model; Urban Design; Resource Integration

1 山地城市发展挑战及城市设计研究与实践意义

长期以来，多中心、组团式紧凑发展，是山地城市适应特定山地条件的主要发展模式。近10年来，随着城市开发强度不断增大，呈现出高密度的城市历史肌理区域与高强度的点状再开发区域相互交织、城市轮廓线由簇群状的"图底关系"向自然与人工形态间插的方向转变等特点。城市设计作为整合山地城市土地与空间资源、缓解人地矛盾的主要手段，其对城市有机发展的引导与控制作用日趋凸显。而在新的国土空间规划编制体系下，如何以低碳城市为发展目标构建与生态环境和谐共生、紧凑、节地、高效的山地城市形态，是当前山地城市发展亟待解决的关键问题。

当前山地城市发展主要面临以下几个方面的挑战：

（1）间插式的高强度开发模式以及大街区的综合体开发模式，显著改变了原有的以小街区、多层次竖向步行交通、复合功能为主要特征的山地城市肌理，导致城市空间形态碎片化与城市公共空间活力不足[1]。

（2）交通问题成为山地城市发展的主要瓶颈；受自然条件阻隔，山地城市普遍存在路网密度低、连通性差等结构性问题，城市开发容量的不断提升又加剧了这一矛盾；为解决交通问题而建设的高架道路设施和滨江快速干道，对城市整体景观和城市公共空间产生了巨大的负面影响。

（3）城市滨水空间开发失控，普遍存在城市形态与功能相对单一、可达性差、开放性不足、与城市腹地缺少联系等问题，滨水岸线的人工化构建所带来的消落带景观问题一直未得到有效解决，没有形成山水城融为一体的城市空间与景观格局。

综上所述，土地资源不足、城市公共空间低效、

① 基金支持：基于低碳城市目标的生态山地城市设计理论与方法研究，重庆市自然科学基金面上项目（cstc2021jcyj-msxmX0768）；山地城市既存环境城市形态研究与多层次城市设计体系构建——以重庆为例，国家自然科学基金面上项目（52078069）。

城市亲水性差、生态环境恶化等已成为制约我国山地城市发展的主要因素，因此，当前山地城市设计研究与实践的主要目标，一是如何将自然生态要素保护与高效土地利用有机结合起来；二是如何将城市设计成果与国土空间规划以及以土地利用为核心的控制性详细规划有机结合起来。

2 基于低碳目标的山地城市设计策略

2000年以来，面对全球变暖这一重大挑战，低碳城市建设成为全球城市发展的核心议题，近年来我国提出的碳达峰、碳中和目标，需要彻底转变当前我国城市以机动交通为核心的粗放发展模式。动态、复杂的山地城市发展需求，客观上要求山地城市设计应以重大城市发展问题为导向，以构建紧凑高效利用土地的低碳生态城市为目标，持续拓展现有的设计理论和方法，同时探索山地城市空间发展引导新机制。

现有的山地城市空间形态控制机制和城市设计方法，未将生态、人文、经济要素作为城市空间形态发展的重要限制条件加以深入研究，因此，在面对复杂山地背景下的众多特殊问题时，许多城市设计成果仍然不能走出单纯形体塑造的局限性，从而削弱了城市设计研究的实际应用价值[2]。另一方面，传统的二维城市发展模式，导致许多山地城市通过挖山、填沟等技术手段来获取城市发展用地，不仅带来了更大的生态与地灾隐患，而且还造成城市空间使用效率低、对水平机动交通依赖性强、城市形态与自然山地环境严重对立等难以克服的弊病。为此，需要从山地生态环境保护和城市资源整合的角度，重新建构以低碳、生态为目标的山地城市设计理论框架与设计实践体系，以真正发挥城市设计在山地城市有机生长过程中的协调、整合与长期引导作用。

2.1 强化自然要素山地城市形态生成过程中的约束作用

山地环境中山体、水体等重要的自然限定因素，具有强烈的地域自然地理属性和生态属性，对山地城市空间肌理的发展与形成具有决定性的作用。因此，保持自然地景在山地城市整体轮廓中的景观框架作用和对城市空间形态发展的生态限定作用，是延续山地城市与自然环境相互依存的城市文脉、提升山地城

市自身景观优势的基本前提[3]。在具体城市设计实践中，应结合非建设用地规划，构建城市总体和区域性层面的、网络化的山地生态绿地与景观系统，强化城市背景山体与滨水区域在景观视线与步行连接上的通畅性[4]，充分挖掘自然山体与滨水岸线作为城市公共开放空间的潜力，以消解城市巨量开发与公共景观空间不足之间的巨大矛盾。

（1）结合城市地质灾害评估，明确山地城市发展的生态边界，根据自然山地生态要素特征，划分不同的保护层次，并提出相应的划分标准、控制策略与建筑群体立体组合模式；特别是针对地形条件复杂、对城市景观敏感度高的山地城市区域，应尽可能保护和突出其自然特征。

（2）运用城市空间三维数字模型和剖面视域控制分析方法，绘制山地城市空间发展的高度控制区与密度分布区，以防止高强度开发行为破坏山地城市的自然山水格局的完整性，强化滨水重要景观节点与城市周边山体景观的相互可视性。

2.2 构建以紧凑城市形态为核心的多维城市空间利用模式

结构紧凑、功能混合、以步行为主要联系手段的高密度、高容量的土地利用模式，是山地城市解决日益凸显的人地矛盾的必然选择。为此，山地城市应针对当前所面临的土地资源紧缺、城市空间利用率较低等问题，依托原有的城市格局，充分挖掘城市用地、自然环境和历史文化等方面的潜力，通过在自然资源保护、土地资源高效利用、强化城市空间活力等方面的综合实践探索，创造出适应新型经济发展需求的城市空间新格局。

（1）从分析山地城市的肌理演变入手，研究山地城市空间形态的历史传承性与可变性；重点探讨适应自然山地形态的城市公共空间模式、原有城市肌理在新的发展需求下的尺度控制与网络化建设、传统城市空间与建筑形态在新的发展背景下的功能替换与再造等。

（2）基于不同坡度、坡向条件的城市建筑开发强度的定性与定量分析、建筑群体组合模式研究、建筑节地策略研究、建筑基层接地模式研究。

（3）与地形条件高度契合的TOD模式运用将对山地城市空间结构产生深远影响；受山地地理条件限制，山地城市空间沿公共交通主轴高密度集聚

发展，是其与生态环境协调发展的节地型城市发展模式的必然选择；未来山地城市形态将会与大运量的公共轨道交通形成更加密切的联系，并在重要的公共交通节点上形成高度聚集的立体城市形态。山地城市的地形起伏，为构筑空中、地面、半地下、地下四个层次的立体交通转换系统提供了有利的物质基础条件。

（4）垂直步行体系建构的设计策略与方法研究；重新认识山地垂直交通体系所具有的高效、节地、节省投资、有利生态保护等优点，强化其在山地城市空间结构中的竖向连接与整合作用，并使之成为体现山地城市地域特色的空间形态之一。

3 设计实践探索——万州江湾新城山地城市设计

3.1 万州江湾新城本底分析

万州地处长江上游、三峡库区腹心，是成渝地区双城经济圈联结长江中上游经济带的中心城市，是长江上游生态优先、绿色发展示范区与全国性综合交通物流枢纽。江湾新城位于万州创新生态城东部，铁峰山与长江之间，万州北站以东，设计研究范围约66平方公里，具有突出的滨江与邻近高铁枢纽的区位优势（图1）。

图1　万州江湾新城区位图
（来源：万州江湾新城城市设计文本）

江湾新城所在都历山片区为5条纵向沟谷，呈现"两山夹一槽"的地形特征，高程主要在500米以上，最高点约630米；北侧铁峰山国家森林公园高程约400~1200米，是三峡库区生态屏障的重要组成部分（图2）。但现状用地以碎片化开发建设为主，空间布局零散，城市整体景观较杂乱，亟待整治。

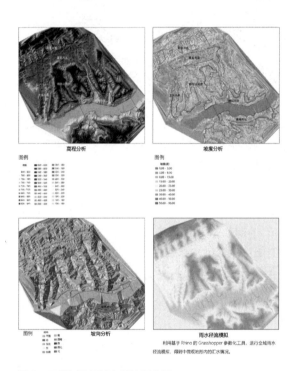

图2　万州江湾新城自然格局分析
（来源：万州江湾新城城市设计文本）

万州历史悠久、文化厚重，"上束巴蜀，下扼夔巫"，因"万川毕汇"而得名，是渝东北地区山水城市的典型代表。江湾新城内有赵尚辅墓、诗仙太白酿酒老窖池、万师校训碑、万师六角亭、大公报印刷厂、陈家花园石刻群、塘角桔园等区级文保单位。塘角片区西侧有市级文保单位洄澜塔与区级文保单位文峰塔，称"翠屏双塔"，为古"万州八景"之一（图3）。

3.2 江湾新城城市设计策略

基于江湾新城独特的自然本底和深厚的人文底蕴，设计方案提出紧紧围绕国家"双碳"重大战略目标，将江湾新城作为长江沿江经济带探索低碳智慧城市新模式与生态产业链的重要试验区和示范区，以及探索生态、紧凑、节地的山地城市建设新技术、新方法的重要创新实践平台（图4）。

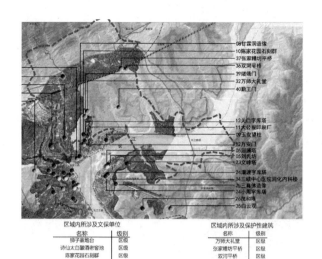

图3 万州江湾新城历史文化资源分布情况
（来源：万州江湾新城城市设计文本）

图4 万州江湾新城城市设计总平面图
（来源：万州江湾新城城市设计文本）

（1）策略一：立足自身资源禀赋，践行低碳发展模式，激发产业升级动力

依托优越的自然基础条件和交通区位优势，按照"生态产业化、产业生态化"的产业转型升级原则，探索绿色发展新路径；构建以碳中和、智慧城市为核心的科技创新中心，发展经济新动能；同时围绕山地城乡一体化发展目标，构建高附加值的生态产业链。

（2）策略二：延续山水文化，优化空间布局，塑造新城山水城市特色

继承发扬自然山水历史文化，塑造山水城相融、自然特征凸显的新城风貌与城市开放空间，并依托城

市公共空间体系构建高水平、多层级的公共服务设施体系。

（3）策略三：构建紧凑、高效、节地的立体城市空间，提升人居环境品质

依托高效公共交通体系，探索山地城市TOD发展新模式，构建多种交通形式无缝连接、以慢行系统和城市生活空间为核心的城市中心区。

3.3 总体城市设计要点

（1）以自然要素为依托塑造山水城市总体空间结构及形态

为了构建山水为形、城缀其中的特色城市空间形态，在设计过程中，明确了不同位置城市背景山体轮廓线的主次关系和城市主要眺望节点的景观视廊与视域，在此基础上，通过叠加在GIS系统上的城市空间三维数字模型和城市景观剖面视域控制线分析，划分与城市背景山脊轮廓线相呼应的城市建设区天际轮廓线控制分区（图5），明确城市风貌重点管控区域和不同分区管控要求；另一方面，结合非建设用地规划、地质灾害评估和垂直交通体系建设，通过打造垂直等高线的多节点、网络化、立体化的自然山水绿色空间体系，强化城市腹地与滨水区域在景观与步行连接上的通畅性，在滨水区域结合绿道建设，形成滨江公园带，打造最具活力的滨江亲水生活空间和自然岸线（图6）。为了提高城市公共空间的共享价值，方案提出利用地形起伏营造开放共享的公共空间，结合快速路下穿组织带状公园，利用广场、底层架空等公共空间体系缝合城市空间裂缝，促进共享交流（图7）。

（2）以多维、立体、高效交通体系为骨架构建产城融合的功能结构及用地布局

在江湾新城建设区域内，沪蓉高速从其北部穿过，恩广高速通过驷马长江大桥连接长江两岸，构成其主要对外通道。外部快速干道在提升江湾新城交通优势的同时，也对其城市空间产生了明显的切割影响，导致快速干道两侧的城市用地的交通连接较困难。面对复杂的山地地形条件，如何提升城市区域内部交通与外部交通的联系，同时减少外部快速交通对城市公共空间的切割影响，如何减少山地机动交通体系建设对自然地貌的破坏和占用，是山地城市设计需要解决的关键问题。

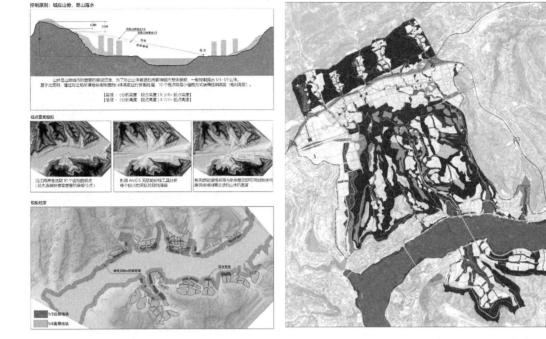

图 5　与自然山脊轮廓线呼应的城市天际轮廓线分析
与控制分区（来源：万州江湾新城城市设计文本）

图 6　构建多层次、以自然景观为核心的立体生态网络体系
（来源：万州江湾新城城市设计文本）

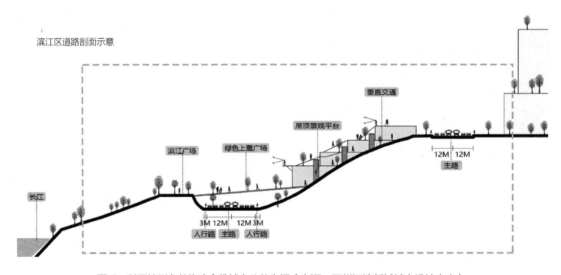

图 7　利用地形条件构建多维城市公共空间（来源：万州江湾新城城市设计文本）

　　首先，为了减少日常通勤出行带来的通勤交通压力，在设计中提出了基于职住平衡理念、功能高度复合的"产业社区"概念，以及基于生活圈理念的服务设施体系构建策略；同时以线性的大运量公共交通体系串联不同的产业社区和生活社区，促进内外交通体系和各类交通模式之间实现无缝换乘，并依托公共交通枢纽进行TOD高强度开发，实现城市土地的紧凑、高效利用，引导城市低碳出行（图8）。

　　其次，面对相对高差较大、坡度较陡的区域，在设计中没有采用惯常的水平机动交通组织模式，而是构建了兼具日常交通、景观与旅游观光功能的索道、缆车、登山步道等特色垂直交通体系，既减少了山地道路建设对自然场地的破坏，又以不到原有交通模式1/10的用地，形成了具有很强山地体验性的立体快捷交通体系（图9）。

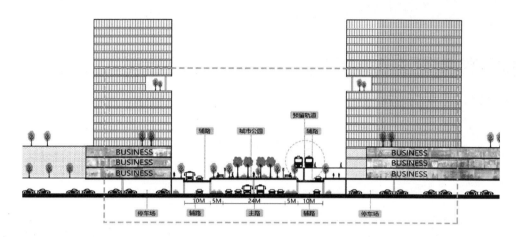

图 8　以产业社区为核心探索立体换乘的城市 TOD 建设模式（来源：万州江湾新城城市设计文本）

图 9　建设具有山地特色的立体复合交通体系
（来源：万州江湾新城城市设计文本）

4　结语

当代山地城市发展所面临的诸多新的挑战，也促使山地城市设计研究与实践需要摆脱以土地利用和水平交通为主导的惯有设计思维，按照生态优先的原则，探索更具时代意义和在地性特征的城市设计理论与方法。

（1）以问题为导向拓展山地城市设计的研究视野与实践范畴

将低碳发展与整合山地城市资源作为城市设计的核心目标，摆脱了传统城市设计以形态研究与制度研究为核心的设计思路，在山地这一特殊背景下，将城市设计理论与实践同城市生态安全、景观多样性、经济与产业可持续发展等更广泛而深刻的山地城市发展问题联系起来，使城市设计不仅是一种控制城市形态有序发展的技术与管理手段，更是有效整合各种山地城市资源的开放平台。

（2）围绕低碳城市目标不断探索以生态、紧凑城市为核心的山地城市设计新路径

将城市设计方法与紧凑城市研究相结合，通过建筑学—城市规划—景观—技术四位一体的设计策略，实现城市物质形态与其所处自然地理形态、经济形态、人文形态的协调有序发展；同时，以紧凑城市模式建设为目标，将山地城市空间资源的更新与整合，作为提升城市发展活力、促进城市产业与经济转型的重要契机与实践平台，创造节地、节能、高效率、地域特色突出的紧凑山地城市模式及其相应的空间格局。

参考文献

[1] 卢峰，徐煜辉，董世永.西部山地城市设计策略探讨——以重庆市主城区为例[J].时代建筑，2006，（4）：42-45.

[2] 康彤曦，马希旻，蒋笛，董海峰.重庆区县重点地区城市设计实施评估总结及改进策略[J].规划师，2019，35（06）：27-31.

[3] 卢峰.生态视野下的山地城市设计研究[J].南方建筑，2013，（2）：48-52.

[4] 卢峰，徐煜辉.重塑山地滨水城市的景观要素——以重庆市为例[J].中国园林，2006，（6）：61-64.

迈向碳中和之高密度城市未来工作空间
跨专业设计策略探索

梁文杰[1] 潘迪勤[1] Carolina Sanchez Salan[1] 殷实[2] 任超[2]

作者单位
1. 吕元祥建筑师事务所　　2. 香港大学建筑学院

摘要：本论文对高密度城市碳中和高层商业建筑的跨专业一体化设计策略进行探索。以国际性"迈向净零"构思比赛获奖设计作品"Treehouse"为例，从整体系统角度探讨碳中和跨专业设计的价值、解决方案和所面临的挑战。Treehouse 是专为响应城市垂直微气候、极端气候、数字颠覆和新工作方式而设计的高度可调适工作空间。设计流程揭示了富于目的性、整体性和参与性的设计策略如何产生可调适解决方案，以应对用户期望、成本、供应链准备和法规壁垒方面的挑战。

关键词：碳中和；跨专业设计；高层建筑；垂直微气候；可调适设计

Abstract: This paper explores the use of transdisciplinary integrated design for a carbon neutral high-rise commercial building in a high-density built environment. We discuss the value, solutions and challenges of transdisciplinary design for carbon neutral workplaces from a holistic systemic approach, exploring the design process for "Treehouse", the winning design in the "Future Building" category at the internationally-acclaimed Advancing Net Zero Ideas Competition. Treehouse was designed as a highly adaptable future workplace for the climate generation that responds to complex, inter-linked socio-environmental sub-systems: the urban vertical microclimate, more frequent extreme climate events, digital disruption and new ways of working, and diverse occupant behaviours and expectations of liveability towards carbon neutrality. The design process sheds light on how purposeful, holistic and participatory design can lead to adaptable and eco-effective solutions that address challenges regarding user expectations, cost, supply chain readiness, and regulatory barriers.

Keywords: Carbon Neutral; Transdisciplinary Design; High Rise Building; Vertical Microclimate; Adaptable Design

1 背景

1.1 气候变化与建筑

政府间气候变化专门委员会预估的最乐观温室气体排放情景（SSP1-1.9）描述了一个到2050年温室气体排放量达净零的世界[1]，这是唯一符合《巴黎协定》将全球变暖控制在比工业化前水平高1.55℃左右的目标的情景。在该情景下，极端天气将更常见，但世界得以规避气候变化的最严重影响。

全球建筑物产生的二氧化碳排放量占全球年排放量的近40%[2]。2019年，中国的二氧化碳排放量超过所有发达国家的总和，约占全球总量的27%[3]。中国建筑业规模也是全球最大，中国建筑业的二氧化碳排放量约占全国总排放量的50%[4]，其中材料和施工产生的隐含碳约占28%，运营碳约占22%。这一切凸显了中国建筑业脱碳以实现未来共同净零的紧迫性

和重要性。

1.2 办公大楼脱碳

在中国，公共和商业建筑约占建筑业运营能耗的30%，而办公大楼能源使用在该次级行业中占了30%的主要份额[5]。众多的办公大楼开发商和业主都认同减少能源使用、碳排放、用水消耗和废物产生可节省公用事业费和维修费用、提升建筑健康度和租户满意度，还能提高资产整体价值[6]。

但办公大楼深度脱碳要求透彻调查研究城市、气候、科技、社会、法规和经济方面的机遇和挑战，横跨许多专业。例如，有效的被动式低能耗建筑设计必须与城市规划相结合，并以对城市气候的深入了解为基础[7]。不断推陈出新的新兴建筑科技有助实现极高环境质量[8]、典范性资源使用效益和高效建筑管理[9]。数字颠覆加速新工作方式演变[10]。更严格的能源法规和标准即将出台，同时能源和排放基准将

提高，建筑系统将更新换代，就地可再生能源目标将升级。深度脱碳成本考虑将要求严格评估如何通过一体化建筑设计来优化性能、如何进行能源和碳定价以及供应链准备程度如何等。

1.3 绿色建筑议会迈向净零构思比赛

"迈向净零"（Advancing Net Zero）是世界绿色建筑委员会（World Green Building Council）的全球性项目，旨在促进到2050年加速实现净零碳建筑达100%，到2030年将新建筑、基础设施和翻修建筑的隐含碳至少减少40%。绿色建筑议会在2021年举办了首届国际性"迈向净零"构思比赛，旨在发掘适用于亚热带高密度城市碳中和高层办公大楼的设计构思和解决方案[11]。

1.4 Treehouse

"Treehouse"是该比赛"未来建筑"组别获奖作品，采用由吕元祥建筑师事务所主导的跨专业设计策略（图1）。设计团队由建筑师、机电设备与管道工程师、结构工程师、气候工程师、可持续发展工程师、智能建筑分析工程师和服务提供商以及工料测量师组成。该建筑设计为220米高的甲级办公大楼，地盘面积约为4238平方米，总楼面面积约为94144平方米。该设计专门应对亚热带气候中高湿度、高温度、混合用途的高密度城区。运营的能源使用强度和前期碳估计分别为51千瓦时/平方米/年和每平方米建筑楼面的隐含碳为342千克二氧化碳当量，总碳排放比正常基准低74%。

图1 迈向净零构思比赛获奖设计作品 Treehouse（来源：吕元祥建筑师事务所）

2 碳中和与迈向净零

2.1 定义和框架（图2）

净零排放是温室气体排放量与从大气中永久性去除的温室气体量之间达成平衡。碳中和是指通过可交易的碳积分来达成温室气体排放、减排和抵消之间的平衡。[12]

EN 15978：2011[13]标准对建筑项目的全生命周期碳排放评价作出了规定。全生命周期碳排放评价应从概念设计阶段开始，在设计、采购、施工和竣工后等阶段循序进行。本论文参考该标准，着重研究前期碳（产品和施工阶段的隐含碳）和运营碳，建筑设计对其起着重要作用。[A1~A3]产品阶段涉及来自原

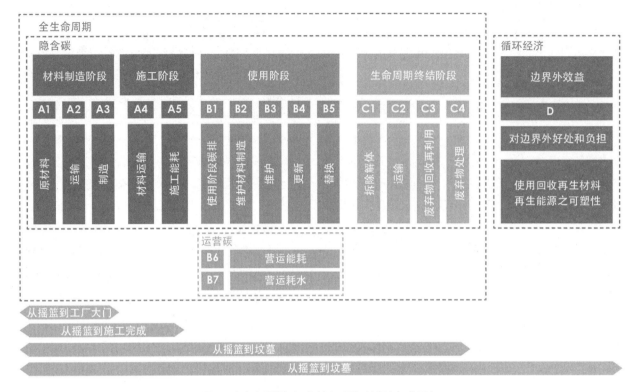

图2 全生命周期框架（来源：爱尔兰国家标准局）

材料供应、运输和制造的碳排放。[A4、A5]施工过程阶段涉及将材料和零部件从工厂大门运输至项目地盘并将其组装至建筑中这一阶段的相关排放。[B6]运营能源使用包括建筑法规规定的所有能源使用，涵盖供暖、空调、通风、照明、建筑集成系统（电梯、安全、安保和通信设施）和辅助系统。

建筑专业人员需齐心协力应对艰巨复杂的办公大楼深度脱碳挑战。这要求多个专业从早期设计阶段开始共同参与，策略旨在从不同专业的角度对复杂系统建立更深入的共识，以开发整体性解决方案[14]。这超越了"多专业设计"，多专业设计的主要目标是从不同专业中汲取知识，但会保持在一个专业领域内。跨专业设计不仅从某一专业的角度观照另一专业，将多个专业之间的联系合成为协调一致的整体，还将自然科学、社会科学和建筑科学整合至人文环境中，跨越其各自边界。

3 高密度城市未来工作空间

Treehouse提供了一种新型工作空间，作为垂直微气候、新工作方式和多样化人类行为等社会环境子系统问题的综合解决方案。

3.1 应对城市热岛效应和极端气候

城市热岛效应（Urban Heat Island）是高密度城市面临的最严峻环境问题之一。我们开展了室外气候工程研究，发现温度每升高1℃，商业建筑的年降温能耗将增加3%[15]，而建筑渗透性将风引向行人层面、构建绿地/水体/凉爽物料及提供足够的树荫或冠层遮阴是缓解城市热岛效应的有效策略。

通风对行人层面的热舒适性和污染疏散至关重要。与建筑规范相比，Treehouse的可渗透元素，如架空平台、大壁阶和人行天桥，可使低区域渗透率从20%提高至35.3%（北向），更将地盘北侧的风能利用率从15%提高至45%。

树冠大、树干短、树荫浓密的树木在阳光充足的夏季可更有效降低行人层面的白昼平均温度，而露天空地上的温度最多可高5.1℃[16]。拟议在Treehouse周边建设城市林地和人工湿地，以减少公共区域的辐射得热，创造荫凉舒适的环境（图3）。

图 3　城市林地（来源：吕元祥建筑师事务所）

Treehouse的城市绿色冠层采用乙烯-四氟乙烯（ETFE）遮阳膜和木结构，和周边的绿地融为一体，遮盖了该地盘40%的露天区域，提供凉爽舒适的室外空间和全天候保护。城市林地和高架连接桥上方的冠层则有助于营造进入Treehouse通道的亲生物感。微气候模拟评估验证了城市冠层能有效使普通夏日的温热感达到可接受程度。在模拟中，生理等效温度（PET）受体被放置在3个地点（Pn、Pc和Ps）。Pn、Pc和Ps分别代表放置于北侧人行通道、城市绿色冠层下和城市林地内无遮蔽空间的受体。在整个模拟测试期间，发现冠层下和林地内地点气温相近，而北侧通道气温数据略高。模拟生理等效温度表明，城市绿色冠层有助于全天将室外热舒适性保持在可接受的温热感范围内。而其余两个地点的受体则显示生理等效温度超出可接受范围，中午至下午尤其如此（图4）。

与世界其他地方一样，中国很多高密度城市正在经历更频繁、更极端的降水事件。我们的摩天大楼绿化和透水式铺装在极端降雨事件期间会将雨水输送至地下和地下室、雨水花园和人工湿地等地面上的模块式蓄水箱和透水毡中。根据Kasmin等人的研究[17, 18]，降雨过程中屋顶绿化的主要水文机制是植被对雨水的截留、滴灌、底层截留和排水层存蓄[19, 20]。同一流程也适用于垂直绿化，尤其是在雨季面临风力驱动降雨的绿化。此外，植被可减缓径流，尤其是在底层达到饱和阶段前[21, 22]。

3.2　应对垂直微气候

深入了解城市垂直微气候对高密度城市碳中和建筑设计具有重要意义。我们发现不同区域垂直微气候的变化，风和光照环境每隔约60米有显著差异。建筑设计应应对此类垂直微气候变化，以实现热舒适性，有效利用资源，减少隐含碳（图5）。

拟议每隔9层楼面建造一座空中花园，可作为通风廊，增加纵向中低微气候区背风侧空气流通（模拟结果显示空气流通量增加9%～15%），从而缓解城市热岛效应（图6）。

Treehouse设计的绿化总覆盖率在城市高密度环境下达到典范性的137%，林木覆盖率达34.1%，可改善不同垂直区域的微气候，说明有可能在狭小紧凑的城市地盘内进行立体绿化、实现高绿化率（图7）。

建筑形式响应不同垂直区域各异的阳光辐照度和通风情况。研究发现高层建筑上层和中层区域严

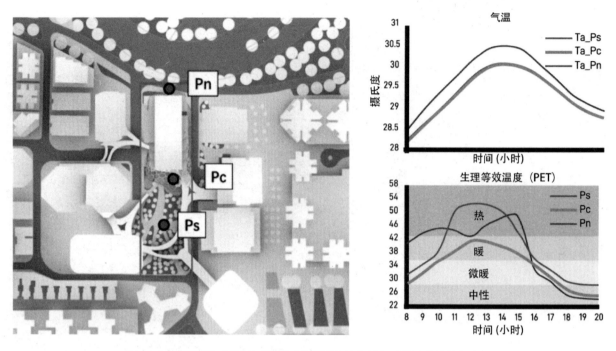

图 4　生理等效温度（PET）受体地点及模拟结果（来源：香港大学建筑学院）

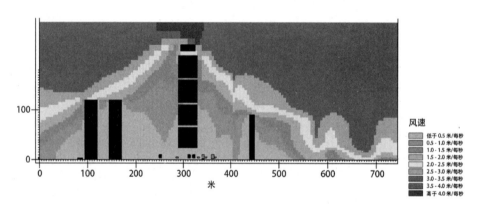

图 5　东西轴向风环境模拟（来源：香港大学建筑学院）

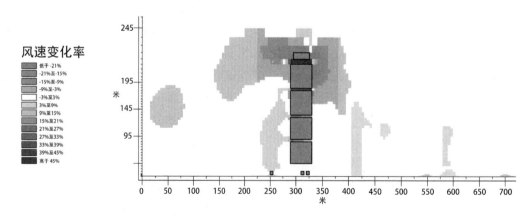

图 6　东西轴向风速变化对比（来源：香港大学建筑学院）

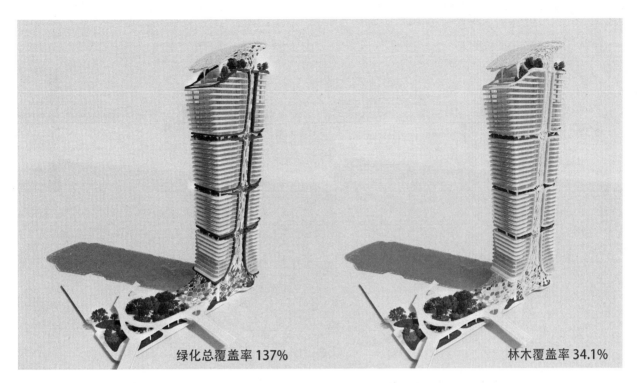

绿化总覆盖率 137%　　　　　　　　　　　　　　林木覆盖率 34.1%

图 7　地盘绿地和林木覆盖率示意图（来源：吕元祥建筑师事务所）

重暴露在太阳得热下，而下层区域则更多被周围建筑遮阳，通风较差。拟议采用倾斜的南向外墙，配合以下措施实现协同增效作用：有效的自遮阳，扩大屋顶面积以供安装光伏电池板，以及减少下层区域建筑体量以改善通风环境。但从结构工程的角度来看，支撑大倾角所需的悬臂会导致实体结构的隐含碳排放量较高。经过几次设计迭代，团队议定将塔楼上层区域倾斜5度，以实现与垂直外墙相比阳光辐照度降低19.2%，从而使能源使用强度（EUI）降低4千瓦时/平方米（图8）。

就地可再生能源是碳中和建筑设计须考虑的最重要策略之一。自遮阳建筑体量可扩大上层覆盖率，为在屋顶上安装光伏电池板提供更大面积，令日光辐照量最大的位置的光伏覆盖率最大化。最高三层的楼板也梯级性后退，令光伏电池板可根据位置纬度和天空条件创建最佳南向倾角。

建筑外墙的太阳能捕获潜力也得到最大限度发挥。安装在外墙上的光伏电池板暴露在日照强度约为0.5~0.8Sun的情况下，大部分时间可能无法有效运行。为了解决这一问题，我们团队拟议将一种新兴的薄膜轻质技术，钙钛矿型光伏板集成至外遮阳构件，这种轻质薄膜在低日照强度（<1Sun）下发电效率更高。研究表明，750纳米厚的钙钛矿型光伏在0.5~0.6Sun日照强度下可达到20%的发电效率，或在标准测试条件下可达到与单晶硅光伏相同的发电效率（图9）。

3.3　利用日光和视野，同时控制太阳得热和眩光

商业建筑的窗墙比通常较高，安装玻璃区域是传热薄弱环节。另一方面，控制太阳得热和眩光有时可能会导致视野的可视透明度和日光透射率降低。Treehouse尝试优化日光和视野，同时控制太阳得热和眩光。超过1.5米进深的外遮阳构件和倾斜玻璃与水平日光反射器配合使用，可将能源使用强度降低7千瓦时/平方米，并使天然采光性能达到优良水平［低、中、上层区域的空间日照自足指数（sDA）分别约为69%、72%和83%］。sDA用于评估日照充足度，以每年365天、每天10小时照度超过300勒克斯的办公室楼层面积的百分比表示。sDA约为70%可视为良好，在高密度的紧凑城市环境中尤其如此。总体年日照曝光量（ASE）分析显示，南、北外墙附近眩光控制很好，但东、西周边区域附近会出现眩光。由于周边建筑遮阳，研究发现ASE比上层楼

图 8　南向建筑外墙日光辐照度模拟（基本情况和拟议设计）（来源：吕元祥建筑师事务所）

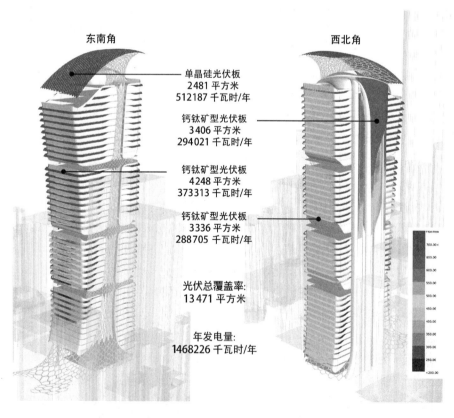

图 9　光伏覆层位置及其性能模拟（来源：吕元祥建筑师事务所）

面更低。可能产生眩光的区域主要在距东、西外墙0.5~1.8米范围内。在未安装日光反射器的楼层也进行了模拟。结果表明，与安装反射器的区域相比，sDA减小2%，分布更不均匀；ASE增加2%，主要集中在南外墙；东、西外墙的采光性能则保持不变。这证明反射器有效。

倾斜的玻璃连同超过1.5米进深的外遮阳构件可有效阻挡所有日光直射，因而无须采用自重较重、隐含碳排放量高和可见光透射率较低的三层玻璃。采用双层玻璃（Uf：1.7瓦特/平方米开尔文、Ug：1.0瓦特/平方米开尔文、SHGC：0.26、TVL：0.5），气密度小于21瓦特/平方米开尔文。占用传感器和发

光二极光（LED）照明与昼夜节律同步，为办公区域提供一般照明，并辅之以LED工作灯（图10~图13）。

3.4 力求实现高层建筑全生命周期超低碳排放

高层建筑通常会消耗大量隐含碳。结构、空间和建筑服务系统设计也高度相关，需一体化构思以实现高性能和低碳排放。团队对Treehouse结构元素的设计进行了仔细研究，对横向稳定结构设计的各种基准方案（中央核心、核心与框架、核心与钢质外伸支架和带式桁架、外骨架等）与侧芯备选方案进行了比

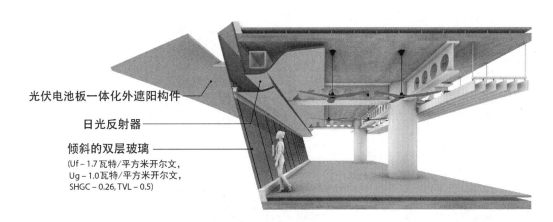

图10 一体化外墙系统截面示意图（来源：吕元祥建筑师事务所）

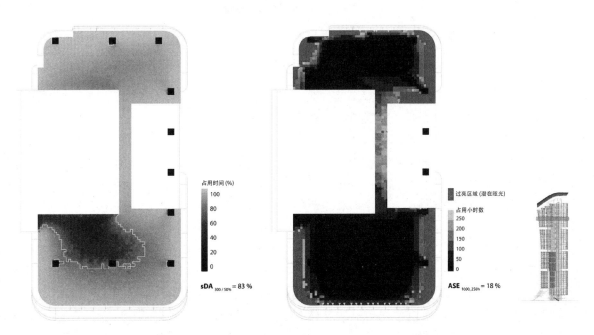

图11 日照 sDA 和 ASE 模拟 装有日光反射器的上层楼面（来源：Transsolar KlimaEngineering）

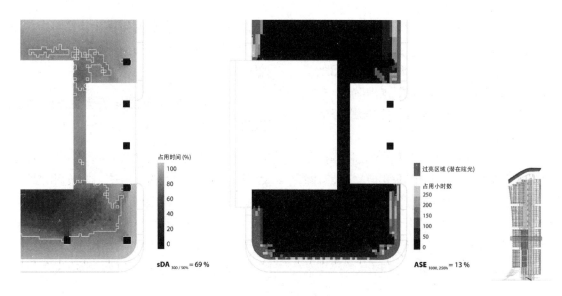

图 12 日照 sDA 和 ASE 模拟 装有日光反射器的下层楼面（来源：Transsolar KlimaEngineering）

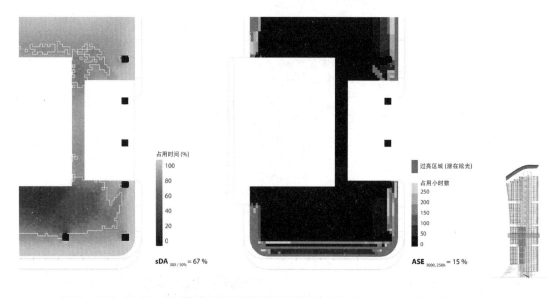

图 13 日照 sDA 和 ASE 模拟 无日光反射板的下层楼面（来源：Transsolar KlimaEngineering）

较。侧芯备选方案可实现高性价比、高能效的自由冷却，减少管道，从而降低能耗。西向侧芯可为租户空间提供太阳能热缓冲，上层和中层区域尤其如此。研究发现，采用强化侧芯可避免使用隐含碳密集型外伸支架、带式桁架和外骨架结构。为了实现节能和碳减排，团队决定采用西向侧芯方案。

3.5 混合办公设计

在后疫情时代，人们对弹性、工作条件和生活平衡的新期望不容忽视。混合办公模式受大部分员工和企业领导人欢迎[23]。未来采用混合办公室日常工作人口会随着团队协作性工作的需求变化，需要可调适

的租户和业主空间。为了实现这种混合办公模式，团队提出了可调适的第三空间——楼高三层的空中共享中庭（Sky Common）概念。美观的1.5米宽活动步梯连接电梯停靠站，连接各种由业主管控、共享的休闲、正式、社交、运动或专用空间。大楼的四个空中花园提供完全自然通风和植被覆盖的半室外环境，是专为用户而设的运动区，设有如慢跑步道、攀岩墙和健身器材等设施。高端会议设备、预订系统和自动消毒系统都已安装就位，仅限按需启动，以最大限度减少能耗和资源分配。

空中共享中庭这一空间与建筑概念可与先进的自适应MEP工程和智能分析系统协同发挥作用。在减

少降温能耗后，插塞载荷变得更加重要。为了消除办公空间内计算机的热负荷，团队拟议采用配有虚拟桌面基础设施（Virtual Desktop Infrastructure）的边缘数据中心。虚拟桌面基础设施让Treehouse中任何地方的用户都能实现无缝数字连接。用户可在空中共享中庭现场或通过智能手机应用程式App登记入驻自己想要的工作空间，或要求虚拟礼宾系统寻找同事进行协作性团队工作，或根据自己的个人舒适偏好匹配工作空间。这一切均由物联网基础设施驱动，部署了先进的室内定位技术。虚拟桌面基础设施可与位于大楼内的边缘数据中心协同工作，将对设备产生的显热进行更高效降温。这可减少占用空间内的降温负荷。能源使用强度估计会减少12千瓦时/平方米（图14）。

传统的个人计算机桌面布置需要进行贯穿整座大楼的大量铜质竖向立管IT布线。据估计，这一解决方案将可大幅减少部署在大楼中的铜质IT布线数量，减幅约为40吨。精炼铜极其耗能且碳排放量大，而大楼内重量减轻将令大楼结构更轻、隐含碳量更少。

3.6 适应多样化人类行为

工作空间设计旨在实现基于自适应舒适性和混合通风的较高热舒适性。我们团队观察到，高温气候地带办公室设计传统常用的变风量空调（Variable Air Volume System）系统通常严格控制气温波动，置

身其中者往往感觉太冷，这主要是由于除湿控制了冷水温度。我们对自然通风、辐射降温、置换通风降温、变风量空调和吊扇等不同的通风、除湿和空间降温策略进行了评估，其中辐射降温最节能，所伴随的结露风险可通过以下措施来克服：高温降温；分离通风、除湿和降温；及密闭外墙。我们考虑过置换空调，但在仔细研究与吊扇的配合后，发现吊扇引发的向下气流在置换降温中不能很好地发挥作用。我们采用吊扇协同辐射降温，节能效果较好。通过排除置换降温，我们还显著增加了净空。

3.7 混合通风

办公空间是全空调化空间，但我们通过分配周边区域（办公空间的约50%）将空间划分，每层楼面都有一台非中央空调机组将温度调为29℃。湿度调控在10克/千克。吊扇将驱动周边区域的空气流动（平均速度为0.8米/秒），确保热舒适性较高，并可进行个性化舒适性调控。通过风扇驱动空气流动，空间可达到良好的热舒适性［预计90%的占用空间的平均热感觉指数（Predicted Mean Vote）为±0.5］，性价比高，能耗低，并可避免在温湿度范围扩大时过冷。由于采用自适应舒适和混合通风策略，估计能源使用强度会减少5千瓦时/平方米（图15、图16）。

图14 空中共享中庭使活动性工作空间概念成为现实（来源：吕元祥建筑师事务所）

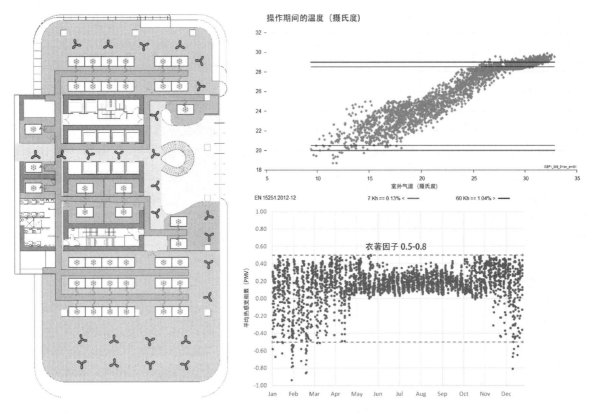

图 15　混合通风示意图及自适应舒适性模拟（来源：吕元祥建筑师事务所（左） Transsolar KlimaEngineering（右））

图 16　办公空间的混合通风策略与热舒适性（来源：吕元祥建筑师事务所）

3.8 高温空调系统

侧芯布局可实现显热和潜热控制系统分离，这意味着冷水机组无须产出足够低温的冷水来除湿。冷水机组可以在高得多的冷水温度下运行，因此可降低获得足够降温能力所需的制冷剂饱和温度。能耗模拟表明，由于性能系数（COP）较高的冷水机的冷水温度设置较高，能源使用强度降幅达5千瓦时/平方米。

当冷水供水温度为16℃、回水温度为23℃时，冷水机组性能系数本身在冬季部分负荷时可高达17，在夏季满负荷时可高达8。这与供水温度为7℃和回水温度为12℃的典型冷水设计的性能系数分别为12和5形成鲜明对比。对于拟议设计，冷水机单独的平均性能系数约为12.6，若包括水泵和冷却塔在内，在正常气象年的性能系数将约为7.24。

较高供水温度与经辐射降温的天花板兼容，不会导致冷凝问题。相反，高温冷冻水系统可能难以保持足够的制冷剂饱和温度以在冬季安全运行，但这可利用相变储热来补救。

3.9 以用户为本的粒度化环境调控可平衡热舒适性和能耗

员工在办公室内的位置可能会对其工作绩效产生很大影响，这归因于以下因素：空气质量、热和声音舒适性、视觉敏锐度、感知的工作效率以及能否接触到亲生物性元素。基于超宽带（Ultra Wide Band）技术的高精度实时定位解决方案（Real Time Location Systems），精确度至少可达10厘米，能以低功耗和高粒度的方式向物联网管理系统提供位置、移动和人员计数信息，可增加用户对热度和照明水平的调控，寻求在热舒适性和能耗优化之间达成平衡。

每个用户都可根据偏好和工作区域调节温度和照明。室内环境质量参数传感器持续监测（每个数据5分钟），并对每个传感器的位置进行实时数据分析。将为室内空间提供参数变化值，以便设施管理团队能评估环境变化，在楼宇运行期间做出适当调整（图17）。

3.10 重新连通人与自然

亲生物性设计通过将自然纳入城市结构，迎合了我们对自然与生俱来的亲和感。其设计要素必须与整个空间相联系、互补和融合。亲生物性设计可以减轻压力，提振情绪和自尊，加快疾病康复，增强认知技能，提升工作效率高达20%，并减少缺勤达15%[24]。

Treehouse设计包含了许多亲生物设计的重要

图17 办公空间内的温度梯度策略（来源：吕元祥建筑师事务所）

元素，包括本文前面描述的"城市绿色冠层"以及通过空中共享中庭和空中花园促进高空活跃生活。电梯大堂和公共走廊均自然通风，最大限度利用迎风外墙作为通风进气口，并进行了计算流体动力学模拟，以确保其在舒适范围内。结果表明，高层区域走廊和电梯大堂内风速在0.5～2米/秒之间（Vr=1.0时风速=3米/秒）。我们从模拟结果中得到启发，这佐证了我们对垂直微气候区的观察结果，针对不同的垂直气候区应采用不同的响应性设计，以避免过量风进入公共区域，尤其是刮大风或台风期间；东外墙上的自动操作百叶窗则能阻挡高空气流。拟议在空间内安装吊扇辅助通风，以确保极端天气下的热舒适性（图18、图19）。

图18　为活跃生活和门户前亲生命性体验而设的空中共享中庭和空中花园区（来源：吕元祥建筑师事务所）

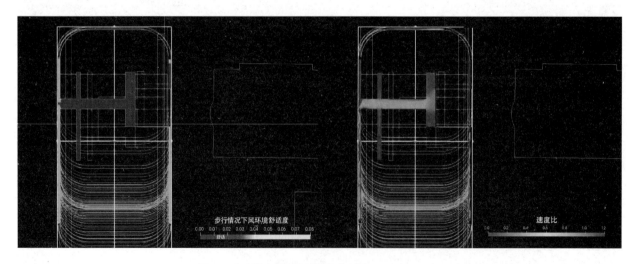

图19　空中共享中庭通风模拟（来源：CUNDALL）

4　挑战

4.1　跨专业设计

跨专业设计需以共同价值观和一致目标为中心，在不同专业之间进行真诚沟通和开明互鉴。在Treehouse这一个案中，团队对自然性策略、未来工作中的互动性和灵活性以及以用户为本在碳中和建筑设计中的价值的共识是成功的专业设计流程的要素。作为跨专业设计团队的领导者，我们有责任组建一支由敬业成员组成的团队，他们具有互补的技能和知识、灵活的适应能力以及创新的勇气和动力。随着团队对问题的深入理解和共识的建立以及一致价值观的形成，跨专业设计将逐步发展。跨专业设计要求开展大量设计、花费更多时间在设计早期阶段进行知识交流和基于证据的构思评估。

4.2　迈向净零策略路线图

亚热带城市面临着三重挑战：湿热气候、城市高密度环境和高层建筑模式，让迈向净零极具挑战。对于典型的商业建筑项目来说，高性价比的碳捕获技术仍遥不可及。未来几十年，新兴技术会推动新旧建筑大幅碳减排达到更先进水平，但迈向净零的市场转型、供应链准备和专业能力仍应加速。碳中和设计策略应评估其对环境/社会/经济的潜在正面影响与成本/技术/监管文化挑战。速胜性减排策略会面临低到中度挑战。典范性策略将产生较大影响，但亦需克服可控的挑战。前瞻性策略显示出令人钦佩的减排水平，但需要行业、研究机构和当局做出进一步努力以逾越壁垒。Treehouse是一个致力于实现可调适设计的实例——这是面向未来的建筑的关键，其设计宗旨是在建筑设计、施工和运营的摇篮阶段采用速成的典范性碳中和战略，并能够在建筑周期后期阶段经济高效地适应远见性策略。更深一层的是，不同专业之间的创新设计和协作肯定会为克服这一挑战带来希望。

5　结论

跨专业设计可有效解决碳中和设计等复杂问题。Treehouse成功和创新地减少高层建筑在高密度和湿热的城市气候中的隐含碳和运营碳排放。人类行为是影响消费和碳中和的因素之一，而跨专业设计策略有助于深入了解"气候世代"的人类行为和创建整体性碳中和解决方案。Treehouse跨专业设计流程成功的基要因素包括：具有一致的价值观和目标的互补互信团队；基于证据的前载型跨专业设计流程和评估；完整的愿景；执行以交互性、灵活性为重、以用户为本的一体化设计的能力。

参考文献

[1] Masson-Delmotte V，Zhai P，Pirani A，et al. Climate Change 2021：The Physical Science Basis. Contribution of Working Group I to the Sixth Assessment Report of the Intergovernmental Panel on Climate Change [M]. Geneva：IPCC，2021.

[2] United Nations Environment Programme. 2019 Global Status Report for Buildings and Construction：Towards a Zero-Emissions，Efficient and Resilient Buildings and Construction Sector [EB/OL]. 2019. https：//www.unenvironment.org/resources/publication/2019-global-status-report-buildings-and-construction-sector（2022-2-7）.

[3] Larsen K，Pitt H，Grant M，et al. China's Greenhouse gas emissions exceeded the developed world for the first time in 2019 [EB/OL]. https：//rhg.com/research/chinas-emissions-surpass-developed-countries/. 2021-5-6.

[4] China Association of Building Energy Efficiency. China Building Energy Research Report [R]. China：China Association of Building Energy Efficiency，2020.

[5] Building Energy Research Centre of Tsinghua University. China Building Energy Use 2018 [R]. China：Building Energy Research Centre of Tsinghua University，2018.

[6] Urban Land Institute.Decarbonizing the Built Environment：10 Principles for Climate Mitigation Policies [M]. Washington：Urban Land Institute，2020.

[7] Liu S，Kwok Y T，Lau K K L，et al. Effectiveness of passive design strategies in responding to future climate change for residential buildings in hot and humid Hong

Kong [J]. Energy and Buildings，2020，228：110469.

[8] Hanafi W H H. Bio-algae：a study of an interactive facade for commercial buildings in populated cities [J]. Journal of Engineering and Applied Science，2021，68（1）：1-16.

[9] Kumar A，Sharma S，Goyal N，et al. Secure and energy-efficient smart building architecture with emerging technology IoT [J]. Computer Communications，2021，176：207-217.

[10] Attaran M，Attaran S，Kirkland D. The need for digital workplace：increasing workforce productivity in the information age [J]. International Journal of Enterprise Information Systems（IJEIS）.2019，15（1）：1-23.

[11] Hong Kong Green Building Council. Advancing Net Zero Ideas Competition [EB/OL]，https：// anzideascompetition.hkgbc.org.hk/. 2021/5/6.

[12] United Nations：Pleadge [EB/OL]. https：//unfccc. int/sites/default/files/resource/CNN%20Pledge%20 template_0.pdf.2021/5/6.

[13] National Standards Authority of Ireland. BS EN 15978：2011 Sustainability of construction works. Assessment of environmental performance of buildings. Calculation method [S]. Ireland：NSAI，2011.

[14] Chou W H，Wong J. From a disciplinary to an interdisciplinary design research：developing an integrative approach for design [J]. International Journal of Art & Design Education，2015，34（2）：206-223.

[15] Fung W Y，Lam K S，Hung W T，et al. Impact of urban temperature on energy consumption of Hong Kong [J]. Energy，2006，31（14）：2623-2637.

[16] Kong L，Lau K K L，Yuan C，et al. Regulation of Outdoor Thermal Comfort by Trees in Hong Kong [J]. Sustainable Cities and Society，2017，31：12-25.

[17] Kasmin H，Stovin V，De-Ville S. Evaluation of green roof hydrilogical performance in a Malaysian Context [Z]. Malaysia：NRE & DID，2014.

[18] Stovin V. The potential of green roofs to manage urban stormwater [J]. Water and Environment Journal，2010，24（3）：192-199.

[19] Lundholm J，Williams N. E ects of Vegetation on Green Roof Ecosystem Services. [C] // *Sutton R K. Green Roof Ecosystems*，Switzerland：Springer，2015：211-231.

[20] Schroll E，Lambrinos J，Righetti T，et al. The role of vegetation in regulating stormwater runo from green roofs in a winter rainfall climate [J]. Ecol. Eng.，2011，37（4），595-600.

[21] Sutton R. Introduction to Green Roof Ecosystems [C] // *Sutton R K. Green Roof Ecosystems*，Switzerland：Springer，2015：1-25.

[22] Kok K H，Sidek L M，Zainalabidin M R. Evaluation of Green Roof as Green Technology for Urban Stormwater Quantity and Quality Controls [Z]. Malaysia：NRE & DID，2014.

[23] Microsoft Corporation. The Next Great Disruption is Hybrid Work‐Are We Ready? [EB/OL]. https：//www. microsoft.com/en-us/worklab/work-trend-index/hybrid-work. 2021-3-22.

[24] Romm J J，Browning W D. Greening the Building and the Bottom Line [M]. Colorado：Rocky Mountain Institute，1994.

夏热冬暖地区既有公共建筑近零能耗改造实践
——以深圳国际低碳城改造项目为例①

王骞¹　于天赤²　张时聪¹　吕燕捷¹　郑懿²　杨芯岩¹

作者单位
1. 建科环能科技有限公司　　2. 建学建筑与工程设计所有限公司

摘要： 本文以深圳国际低碳城项目改造为例，探索了夏热冬暖地区既有公共建筑改造近零能耗建筑技术路线和关键技术要点。项目采用性能化设计的改造方法，通过被动式设计、主动式设计和可再生能源的应用，完成夏热冬暖地区首个场馆类建筑近零能耗改造，为夏热冬暖地区同类型既有公共建筑的近零能耗改造提供参考。

关键词： 夏热冬暖地区；近零能耗建筑；既有建筑改造

Abstract: Taking the Shenzhen International Low-carbon City as an example, this paper explores the technical route and key technologies of transforming existing public buildings into nearly zero energy buildings in hot summer and warm winter zones. The project adopts the renovation method of performance-based design, through passive design, active design and the application of renewable energy, to create the first venue building nearly zero energy renovation in hot summer and warm winter zone. The project provides reference for the nearly zero energy renovation of the same type of existing public buildings in hot summer and warm winter zone.

Keywords: Hot Summers and Warm Winter Zone; Nearly Zero Energy Buildings; Renovation of Existing Buildingss

1　引言

2020年9月，国家主席习近平在第七十五届联合国大会一般性辩论上发表重要讲话。习近平主席提出："中国将提高国家自主贡献力度，采取更加有力的政策和措施，二氧化碳排放力争于2030年前达到峰值，努力争取2060年前实现碳中和。"[1]2021年11月，国务院印发《2030年前碳达峰行动方案》，城乡建设碳达峰行动作为"碳达峰十大行动"之一，"加快更新建筑节能、市政基础设施等标准，提高节能降碳要求。加强适用于不同气候区、不同建筑类型的节能低碳技术研发和推广，推动超低/近零能耗建筑、低碳建筑规模化发展"列入了重点实施工作任务之中[2]。

本文通过对夏热冬暖地区气候特点的分析，以深圳国际低碳城为例，根据项目改造特点，结合近零能耗建筑、低碳建筑技术的发展，探索近零能耗建筑在既有公共建筑改造的实现途径，确定影响零碳排放区建设的关键技术，为同类型既有公共建筑践行《2030年前碳达峰行动方案》提供参考。

2　项目概况

国际低碳城作为深圳的东北门户，是与惠州、东莞等粤港澳大湾区城市联动的重要枢纽，片区覆盖高速公路、地铁及城际轨道线。因其优越的生态环境和区位优势，被规划为深圳市重点发展区域，2012年底正式启动国际低碳城建设。

2021年4月，为推动更多国家级低碳产业、新能源研究机构在低碳城落户，经过对国际低碳城项目现场踏勘和项目方案分析，确定了项目通过改造实现近零能耗建筑的目标。项目由4栋多层建筑和其连廊组成，建筑包括低碳城展厅（A馆）、低碳国际会议馆（B馆）、低碳建筑技术交易馆（C馆），集装箱四合院（D馆），总占地面积8.6万m²，总建筑面积2.93万m²（图1）。

① 基金项目："十三五"国家重点研发计划项目"蓄能技术在近零能耗社区中的优化配置与需求响应研究"（2019YFC0193100）。

图1　园区改造前后实景图（来源：网络）

3　改造目标及技术路线（图2）

近零能耗建筑的评价目标是建筑整体性能化的指标，且影响建筑节能效果的因素较多，因此，应以项目所在地区气候特征为引导进行建筑方案和能源系统的设计改造（图3）：

（1）方案改造设计。根据现有围护结构热工性能和使用情况，结合气候特征分析，确立了项目被动式技术的应用范围和改造内容。经能耗强度和经济性

分析，对幕墙系统进行拆除，对原有的屋面、外墙进行隔热处理。

（2）性能化设计。通过性能化设计方法优化围护结构隔热、遮阳等关键性能参数，控制建筑自身供冷需求；结合不同的机电系统方案、可再生能源应用方案和设计运行与控制策略等，确认关键设备改造的性能参数要求。

（3）优化运行策略。根据计算结果和项目运行工况以《近零能耗建筑技术标准》GB/T 51350-

图2　深圳国际低碳城改造路线图（来源：作者自绘）

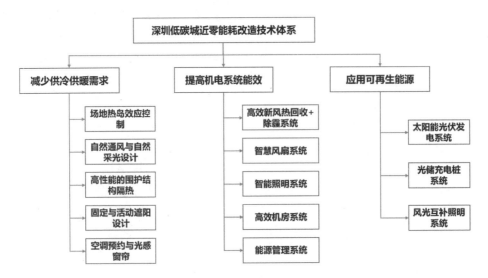

图3　深圳国际低碳城近零能耗改造技术方案（来源：作者自绘）

2019[3]为依据，最终确定满足能耗和碳排放目标的设计改造方案，其中展厅（A馆）、会议馆（B馆）可再生能源产量≥建筑年终端能源消耗量，满足零能耗公共建筑要求；交易厅（C馆）满足近零能耗公共建筑要求的目标。

本次节能改造以《深圳市大型公共建筑能耗监测情况报告（2020年度）》[4]中深圳市龙岗区公共建筑用电指标为参考对象，结合项目实际情况，量化分析改造后的节能潜力。

对于园区碳排放，以《深圳市近零碳排放区试点建设实施方案》[5]中人均碳排放与近零碳排放建筑试点碳排放控制指标为参考，评估改造后的碳排放水平。

4　关键技术

4.1　建筑方案优化设计

1. 场地热岛效应控制

项目所处自然环境条件优越，在充分了解当地的气象条件、自然资源的前提下，改造设计阶段通过合理布置绿化、采用浅色外饰面以及垂直绿化等措施，实现以气候特征为引导的被动式设计。通过夏季风环境模拟分析发现场地内夏季通风良好，有效地降低热岛强度并改善垫面的温度，控制了场地微环境（图4、图5）。

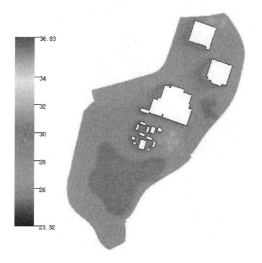

图4　夏季人行高度处 12：00 温度云图
（来源：作者自绘）

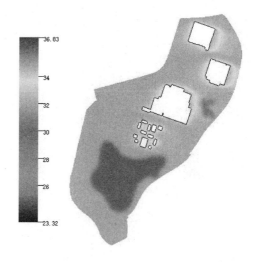

图5　夏季人行高度处 18：00 温度云图（来源：作者自绘）

2. 高性能围护结构隔热

夏热冬暖地区建筑热工设计原则上必须充分满足夏季防热要求，对冬季保温一般不做要求[6]。经分析，项目原有围护结构屋面、外墙、外窗热工性能均存在未达到《深圳市超低能耗建筑技术导则》[7]和《近零能耗建筑技术标准》GB/T 51350-2019技术要求情况。同时，由于项目运维时间和停运状态过长，外立面出现破坏严重。综上，对项目低碳城展厅（A馆）、低碳国际会议馆（B馆）、低碳建筑技术交易馆（C馆）共三个场馆进行了围护结构的集中拆除更换。

由于项目围护结构主要由玻璃幕墙组成，在进行围护结构热工性能提升时，设定了屋面、外墙热工性能满足标准要求，玻璃幕墙热工参数进行性能化分析的原则。以低碳城展厅（A馆）为研究对象，进行了玻璃幕墙热工参数寻优。从图6可以看出，在低碳城展厅（A馆）项目玻璃幕墙热工参数确定中，一方面要满足标准中控制指标推荐值K≤3.5W/（m² · K）和目标值K≤2.8W/（m² · K）的要求，另一方面根据寻优结果发现K=2.5W/（m² · K）时，项目全年累计冷负荷达到最低值。综上，项目采用6mm中空Low-E+12mm空气+6mm透明铝合金框幕墙系统，K=2.47W/（m² · K）。

3. 多形式建筑遮阳

建筑室内负荷与建筑围护结构相关，而建筑围护结构中由外窗引起的冷负荷占比较大，采取有效的遮阳措施，降低外窗太阳辐射形成的建筑空调负荷，是实现夏热冬暖地区夏季建筑节能的有效方法之一。

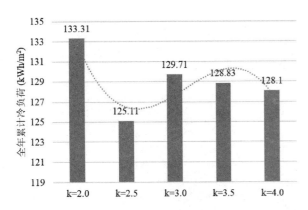

图6 低碳城展厅（A馆）玻璃幕墙热工性能寻优（来源：作者绘制）

因此，本项目采用多种形式的遮阳系统，包括生态连廊遮阳、项目立面绿化遮阳等，最大限度地减少太阳得热。

生态连廊的设计一方面解决三个场馆间的交通问题，另一方面生态连廊位于三个单体建筑西侧，有效地减少了太阳西晒产生的日照影响，为建筑遮阳提供条件。因此，在改造方案中保留了原有的生态连廊主体结构，仅对立面和楼面铺装进行了更新改造。同时，为解决项目西晒问题，结合立面效果，对原有的绿植墙面进行了更新和部分拆除。在项目东向、西向立面增设了灰绿色穿孔铝板，穿孔率为30%。为了更大面积接收太阳光照，A馆西侧立面采用双玻单晶硅组件光电百叶，有效降低太阳能辐射（图7）。

4.2 机电系统能效提升

1. 冷机能效提升

依靠建筑方案阶段优化设计，可以有效降低夏季冷负荷和能量需求，但仅通过加强围护结构性能和遮阳性能，仍有人员负荷、新风负荷、照明和设备电气负荷导致系统的制冷需求。因此，高效的建筑机电系统是进一步降低建筑使用能耗的必要手段。因项目原有设备使用年限长久、维护保养工作并未及时跟进以及改造后项目原有功能分区的变化，改造方案确定了对原有冷机进行拆除，并更换为高能效的磁悬浮水冷变频离心机组的方案，具体能效指标见表1。

2. 自然通风与机械风扇组合

由于项目建筑功能是主要以展厅、会议为主的场馆类建筑，存在多个高大空间布局，功能属性包含了入门大堂、走廊、会议室外休息区域及部分开敞式多功能室区域。该类功能区域存在部分时间、部分负荷、间歇性运行的空调运行特点，因此项目在此类功能区域采用了自然通风与慢速风扇系统结合的公共区域室内环境控制策略。当室外温度≤28℃，相对湿度≤75%时，进行开窗自然通风与机械风扇结合、夜间自然通风的运行模式，控制夏季空调能耗。经测算，会议馆（B馆）空调年运行能耗降低幅度达5%，交易厅（C馆）空调年运行能耗降低约2%（图8）。

(a) 生态连廊遮阳   (b) 项目立面改造

图7 建筑外遮阳改造后实景图（来源：作者拍摄）

建筑冷机能效提升选型   表1

所选设备类型	制冷量kW	制冷功率kW	改造前能效COP	改造后能效COP
磁悬浮水冷变频离心机	633	111.7	5.49	5.67
磁悬浮水冷变频离心机	515.4	73.29	6.20	7.03
磁悬浮水冷变频离心机	857.4	113.2	6.20	7.57

4.3　可再生能源与储能系统应用

为最大幅度降低化石能源消耗，实现近零和零能耗目标，项目采用启发式算法，将含有储热、储电、蓄冷、光伏、光热的多元储能耦合至能源系统，对储能设备的配置及运行策略进行协同优化。并将两阶段协同优化理论应用深圳国际低碳城会展中心，确定该能源系统安装1MW光伏、2MWh储能，相应配备5台智能储能控制器、1950个智能光伏优化器等。

建筑本体采用400V用户侧并网系统，总装机容量1080.54kWp，共安装常规边框组件1937块，双玻单晶硅组件432件。利用支撑结构采用钢结构及彩钢瓦，将光伏板安装至展厅（A馆）、会议馆（B馆）、交易厅（C馆）三个展馆屋顶。同时，在展厅（A馆）西立面采用BIPV可再生能源系统，设置双玻单晶硅组件光电百叶，在提供清洁能源的同时，也形成了外立面遮阳系统，起到降低建筑能耗作用。经测算，通过建筑本体可再生能源应用，建筑本体年总发电量达127.9万kWh，能够在满足展厅（A馆）、会议馆（B馆）全年运营用电的基础上，并为交易厅（C馆）提供高比例的可再生能源供电（图9）。

(a) 自然通风结合机械风扇

(b) 高大空间布局实景图

图 8　项目公区改造后实景图（来源：作者拍摄）

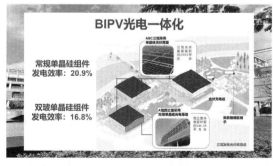

(a) 光伏发电示意图

(b) 展厅(A馆)西立面

图 9　建筑本体可再生能源光伏发电示意及展厅（A馆）西立面（来源：作者绘制）

5 建筑能耗及园区碳排放强度

5.1 单体建筑能耗

通过采用兼顾储能配置、系统特性优化和可再生能源最大化利用的运行方案，以达到充分消纳周边可再生能源的目的，项目最终实现低碳城展厅（A馆）建筑综合节能率196.47%、会议馆（B馆）建筑综合节能率134.11%、交易馆（C馆）建筑综合节能率达75.39%，分别达到零能耗和近零能耗指标。

其中，展厅（A馆）单位建筑面积净用电量−44.24kWh/（m^2a）；会议馆（B馆）单位建筑面积净用电量−8.68kWh/（m^2a）；交易馆（C馆）单位建筑面积净用电量29.96kWh/（m^2a）。A馆、B馆及C馆的建筑单体平均用电指标8.08kWh/（m^2a），相比2020年深圳市龙岗区公共建筑用电指标89.5kWh/（m^2a），能耗强度下降91%（图10）。

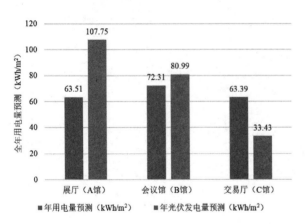

图10 深圳低碳城园区年运行能耗强度预测（来源：作者绘制）

5.2 园区碳排放强度

为评估项目改造后对园区降低碳排放的影响作用，采用《广东省市县（区）级温室气体清单编制指南（试行）》[8]推荐各能源对应碳排放因子，计算得出园区年运行碳排放量。园区碳排放量包括展厅（A馆）、会议馆（B馆）、交易馆（C馆）、集装箱四合院（D馆）及其连廊运行碳排放、生活垃圾碳排放和水资源碳排放。如图11所示，通过在设计阶段被动式设计、主动式设计，

园区碳排放1008.82tCO_2，其中建筑运行碳排放754.63tCO_2，占比74.80%；园区其他设备运行碳排放7.58tCO_2，占比0.75%；园区生活垃圾碳排放211.20tCO_2，占比20.94%；园区水资源运行碳排放35.41tCO_2，占比3.51%。

结合可再生能源的设计优化、运维阶段行为习惯和节能减排管理等措施，实现了园区年运行综合碳排放量401.94tCO_2，单位用地面积碳排放强度为4.64$kgCO_2$/（m^2a），人均碳排放强度为146$kgCO_2$/人·年。围绕建筑本体碳排放测算，A、B、C馆平均单位建筑面积碳排放强度为3.65$kgCO_2$/（m^2a），满足了《深圳市近零碳排放区试点建设实施方案》[8]中近零碳排放建筑试点项目单位建筑面积碳排放量54$kgCO_2$/（m^2a）以下的控制目标（图11）。

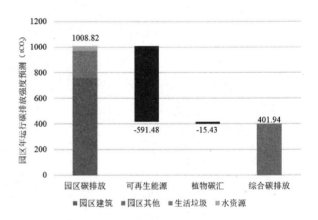

图11 深圳低碳城园区年运行碳排放强度预测
（来源：作者绘制）

6 结论

（1）本项目园区中建筑通过动式、主动式以及可再生能源的多种创新技术进行优化集成与示范改造，获取了中国建筑节能协会颁发的零能耗建筑（A馆+B馆）与近零能耗建筑（C馆）设计认证，为项目节能减排运行管理提供了有力支持，为夏热冬暖地区同类型既有公共建筑的近零能耗改造提供参考；

（2）园区A馆、B馆及C馆的建筑单体平均能耗强度8.08kWh/（m^2a），相比2020年深圳市龙岗区公共建筑用电指标89.5kWh/（m^2a）[4]，能耗强度下降91%；

（3）通过可再生能源应用，可实现单位建筑面

积碳排放强度3.65 kgCO$_2$/（m^{2}a），园区单位用地面积碳排放强度4.64 kgCO$_2$/（m^{2}a），园区人均碳排放146kgCO$_2$/人·年。其中，单位建筑面积碳排放强度较《深圳市近零碳排放区试点建设实施方案》中近零碳排放建筑试点项目54kgCO$_2$/（m^{2}a）的控制目标降低93%，园区人均碳排放较《实施方案》中650 kgCO$_2$/人的控制目标降低77%。

参考文献

[1] 人民网.习近平系列重要讲话数据库[DB/OL].http://jhsjk.people.cn/.2021-02-02.

[2] 中华人民共和国中央人民政府.国务院关于印发2030年前碳达峰行动方案的通知国发〔2021〕23号[DB/OL].http://www.gov.cn/zhengce/content/2021-10-26/content_5644984.htm.2021-10-24.

[3] 中华人民共和国住房和城乡建设部.近零能耗建筑技术标准GB/T 51350-2019 [S].北京：中国建筑工业出版社，2019.

[4] 深圳市住房和建设局.深圳市大型公共建筑能耗监测情况报告（2020年度）[EB/OL]http://zjj.sz.gov.cn/gkmlpt/index.

[5] 深圳市人民政府.深圳市近零碳排放区试点建设实施方案[EB/OL].http://www.sz.gov.cn/attachment/0/915/915348/9350300.pdf.

[6] 中华人民共和国住房和城乡建设部.民用建筑热工设计规范GB 50176-2016 [S].北京：中国建筑工业出版社，2016.

[7] 深圳市住房和建设局.深圳市超低能耗建筑技术导则[EB/OL]http://zjj.sz.gov.cn/gkmlpt/index.

[8] 广东省生态环境厅.广东省市县（区）温室气体清单编制指南（试行）[EB/OL].http://gdee.gd.gov.cn/shbtwj/content/post_3019513.html.

桂林风景建筑空间分布及选址规律研究（1950s ～ 1990s）①

杨璇[1] 冀晶娟[2] 卢天佑[1] 郭穗仪[2]

作者单位
1. 桂林理工大学旅游与风景园林学院
2. 桂林理工大学土木与建筑工程学院

摘要： 桂林风景建筑依托喀斯特地貌营建，同山水共生共融，展现出具有鲜明地域特质的营构智慧经验。当前成果多以定性分析、个案解读为主，缺乏建立在大样本量基础上的定量研究，对于风景建筑的分布特征与选址规律的认知尚显不足。基于方志分析、现场踏勘等方法，借助 ArcGIS 平台，探究 20 世纪 50 ～ 90 年代桂林风景建筑的空间分布及选址规律。结果表明：风景建筑于老城区重要山体上具有集群现象，同时具有"近水性"现象，总体呈现"坐山近水"的空间分布特征；在高程、坡度、坡向三个地形相关性因子影响下，风景建筑选址规律表现为"高低兼有，各得所长""陡坡为主，易得奇观""方位无拘，得景为佳"。研究对于风景建筑的地域性创作具有积极指导意义。

关键词： 风景建筑；空间分布；选址；桂林

Abstract: Guilin landscape buildingswere built on karst landform, and coexists with the landscape, showing the experience of construction wisdom with distinct regional characteristics. Current researches of landscape buildings, which are mainly based on qualitative analysis and the discussion of typical cases, be short of quantitative analysis of many data samples,lacking of cognition of the distribution characteristics and site selection regularities. With the help of ArcGIS platform, the spatial distribution and site selection of Guilin landscape buildings from 1950s to 1990s are explored by the methods of local chronicles analysis and site survey. The cluster phenomenon and the feature of ' near water ' of the material mountains in the old urban area are showed, and the spatial distribution characteristics of ' Be situated at the foot of a hill and beside a stream ' are presented.Affected by the three topographic correlation factors of elevation, slope and aspect, the site selection regularities of Guilin landscape buildings are shown as follows: "Buildings were built at high and low terrain, and each had its own advantages"; "Building sites were mainly located on steep slopes, and it was easy to obtain wonders"; "The site selection of buildings was not restricted by orientation, and the best site could be viewed with scenery".The result will be useful for providing positive guiding significance for the regional creation of landscape buildings in the future.

Keywords: landscape building; spatial distribution; site selection; Guilin

桂林是典型的喀斯特地貌，山水秀甲天下，风景建筑特色鲜明。纵观历史长河，历代人们充分利用喀斯特地区之优势，依托真山真水展开风景建筑实践，风景建筑得以充分汲取山水之特色，同山水共生共融，展现出鲜明的营构智慧经验。有关桂林风景建筑的研究成果已较为丰硕，20世纪70年代，尚阔就总结了50～70年代诸多风景建筑的择址、构形、用材等方面的创作规律[1]；20世纪90年代，刘寿保择取了唐宋时期具有代表性的风景建筑，对其选址特征以及营景特色进行了探究[2-3]；21世纪后，康红涛[4]、龙良初[5]、翁子添[6]等人分别选取了20世纪的典型案例，从建筑选址、构形等层面进行了深入解读。然而，当前成果多以定性分析、个案解读为主，缺乏建立在大样本量基础上的定量研究，桂林风景建筑空间特征、选址规律尚未得到全面与客观地诠释。本文以20世纪50～90年代桂林老城区中的风景建筑为研究对象，通过查阅《桂林市志》[7]、实地调研，明确其空间位置信息，借助ArcGIS平台，以定量分析的方式，探究风景建筑与自然山水的依适关系，揭示其在区域山水环境下的空间分布与选址规律。研究对于风景建筑的地域性创作具有积极指导意义。

① 本研究受到以下项目资助：国家社会科学基金项目（编号21XSH018）、广西哲学社会科学规划研究课题（批准号21FMZ039）、广西旅游产业研究院研究生科研创新基金项目(编号LYCY2021-28)。

1 研究对象与方法

1.1 研究对象及范围

20世纪50～90年代，桂林风景建筑迎来了新中国成立以来第一次建设高潮，国内诸多大师云集桂林，如梁思成、杨廷宝、张开济、杨鸿勋、莫伯治、尚阔、何镜堂等先生，他们通过登高涉远、在地体察以寻找"天造地设之巧"，结合时代特征与地域特色，在桂林的灵山秀水间展开了一系列风景建筑创作，这些建筑多分布于桂林老城区中的山水风景佳处，其选址独到、体量合宜、形式新颖，尤与桂林山水相得益彰，被赞为山水之"眉目"，展现出较高的艺术与审美价值。同时，其中不少风景建筑经由桂林市政府确定为历史建筑，能在一定程度上反映出历史风貌和地方特色。因此，20世纪50～90年代的桂林风景建筑作为一批极具代表性的地域性建筑，具有极高的研究价值。通过查阅《桂林市志》并结合实地调研，确定了47个数据样本。同时，根据47个风景建筑的分布而确定研究范围（图1），即北至阳江北端、南至斗鸡山、西至侯山、东至七星山。

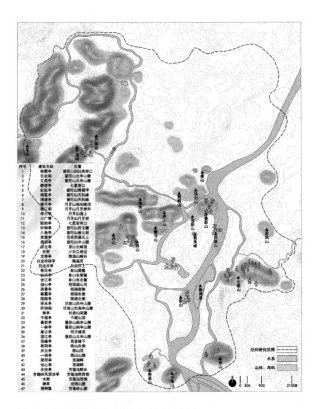

图1 研究空间范围（来源：作者自绘）

1.2 研究方法

1. 核密度估计法

核密度估计法（Kernel Density Estimation）是一种非参数密度估计方法。它假设地理事件可以发生在空间的任一地点，但是在不同的位置上所发生的概率不同；点密集的区域事件发生的概率高，点稀疏的地方事件发生的概率就低[8]。该分析方法用于计算点状要素在周围邻域的密度，可显示出空间点较为集中的地方。因此，利用核密度估计法，可直观反映风景建筑在区域山水环境中的空间集聚特征。

2. 叠置分析法

叠置分析是将同一地区的两组或两组以上的要素进行叠置，产生新的特征的分析方法[9]。本文将风景建筑的位置信息与数字高程地图（DEM）、坡度、坡向等空间数据在ArcGIS中进行叠加分析，可直观呈现出风景建筑分布与高程、坡度、坡向要素之间的相互关系，以揭示风景建筑在基址选择方面的规律性特征。

2 风景建筑空间分布特征

桂林是一座典型的山水城市，城市择中而建，其四周分布着得天独厚的山水资源，张鸣凤《桂胜》"其胜以山计者，曰独秀、漓、雉、南溪、伏波之类，凡十有八。以川计者，曰漓江、阳江、南溪、弹丸、訾家洲之类，不一而足。宋代刘克庄曾一语"千山环野立，一水抱城流"道出桂林城市山水格局之精髓。风景建筑营建于如此独特的山水格局中，呈现怎样的分布特征？将47个风景建筑的位置信息与山水关系数字地图进行叠加，借助ArcGIS空间分析工具，以便分析其在区域山水环境中的分布特质。

从风景建筑与山体的关系来看，风景建筑集群分布于独秀峰外扩3千米范围内的自然山体之上（图2）。如城东七星山建有栖霞亭、玄武阁、文昌亭、碧虚亭、纪忠亭、摘星亭等16个，城西隐山与西山建有西峰亭、朝阳亭、庆云亭、一俏亭、怡心亭6个，城中叠彩山与伏波山，建有于越亭、叠彩亭、一拳亭、癸水亭、听涛阁等8个，城南象山建有会江亭、季风亭、纵目亭3个，总共占比70.2%。从独秀峰外扩3千米～5千米范围内，风景建筑的集群分布现象减少，仅于芦笛岩集聚度较高，建有丰收亭、水榭、碑亭等5处。

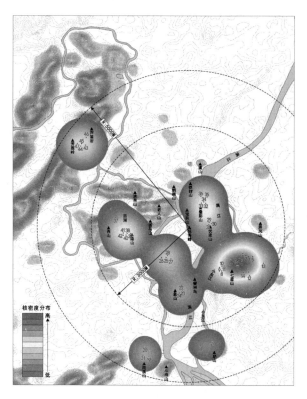

图2 风景建筑所处山体核密度分析（来源：作者自绘）

从风景建筑与水体的关系来看，风景建筑呈现"近水性"分布特征（图3），即相距水系愈近之

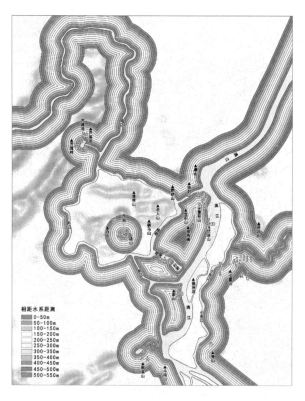

图3 风景建筑沿水系分布距离分析（来源：作者自绘）

处，建筑分布愈多。距离水系0~50米区间建有襟江阁、伴月亭、湖心亭、朝霞亭等20个，占比42.5%；50~100米区间建有小广寒、芙蓉亭、会江亭等7个，占比14.8%；100~150米区间建有栖霞亭、纪忠亭、揽月亭等6个，占比12.7%；150~200米区间建有玄武阁、文昌亭、穿北亭等5个，占比10.6%；200~250米区间建有碧虚亭、拥翠亭、龙脊亭等4个，占比8.5%。

综上，风景建筑总体呈现"坐山近水"的空间分布特征，以七星山、叠彩山、西山、芦笛岩、伏波山以及象山等自然山体与水系的相交面为显，折射出山水相接之处是风景建筑的理想分布地、聚集地。

3 风景建筑选址规律

"园地惟山林最胜，地势自有高低，有曲有深、有峻有悬，有平有坦，自成天然之趣，不烦人事之工"，计成《园冶·相地篇》[10]指出山地地形变化最为丰富，是园址的理想所在。桂林风景建筑的择址恰与这一原则相符：47处风景建筑中有39处直接选址于山体之上，其余8处也选址于毗邻山体之处。那么，桂林风景建筑的基址选择与山地地形呈现怎样的依适关系？其中，高程、坡度、坡向是风景建筑的地形相关性中最主要的影响因子，下文从高程、坡度、坡向三个方面来剖析风景建筑的选址规律。

3.1 高低兼有，各得所长

通过将47个风景建筑位置信息与高程分析图进行叠合（图4），结果显示：134~174米区间内，数量为28，占比59.6%；174~214米区间，数量为10，占比21.3%；214~254米区间，数量为7，占比14.9%；254~294米区间，数量为2，占比4.2%；高程294米以上无风景建筑分布（表1）。其中，桂林主城区的绝大部分山体的海拔恰是在134~294米区间内，可见无论地势高低，皆有风景建筑的分布。

综合考虑风景建筑的高程分布特征以及每座山体的实际高度，再根据风景建筑在山体具体部位来看，其基址类型可归纳为山麓基址、山腰基址、山顶基址。47个风景建筑中，位于山麓基址23处、山腰基

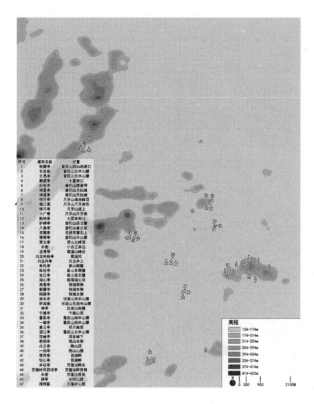

图4　风景建筑所处高程分布图（来源：作者自绘）

风景建筑所处高程数量统计表　　　　表1

高程区间（米）	134～174	174～214	214～254	254～294	294以上
建筑数量（个）	28	10	7	2	–
占比	59.6%	21.3%	14.9	4.2%	–

（来源：作者自绘）

址17处、山顶基址7处。而位于不同基址的风景建筑之营造也各有特色。其一，位于山麓基址的风景建筑多靠山面水，符合"负阴抱阳"的布局形式，一方面能巧妙利用山体作为建筑背景，另一方面能充分利用水体增加建筑灵动之感。如芦笛岩水榭以芳莲岭作为背景，以芳莲池作为前景，自身成为中景，三者构成一幅优美的山水图景。其二，多数位于山腰基址的风景建筑契合"了望—庇护"理论[11]，满足自我保护的同时可以观察周边环境，一方面巧妙倚靠山石、岩洞等形成安全、舒适的驻足空间，另一方面朝向开阔空间，可达到视野开阔、观赏风景的目的。如碧虚亭位于七星岩洞口处，其一侧依靠七星岩，同山岩有机融

合，形成良好的"庇护"空间，而另一侧凌空于陡坡之上，具有良好的观景视野，突出"了望"特点。其三，位于山顶基址的风景建筑通常盘踞于峰顶，一方面具有"标胜概""壮山势"之作用，另一方面形成"四望空间"[12]以尽收城市景致。如位于天玑峰顶的摘星亭、天权峰顶的博望亭、瑶光峰顶的揽月亭，以及明月峰顶的拿云亭等，既作为山景极佳点缀以丰富所在山峰的立体轮廓，又是极目千里、收揽胜景的绝佳场所。

3.2　陡坡为主，易得奇观

通过将47个风景建筑位置信息与坡度分析图进行叠合（图5），结果表明：坡度0°～5°区间的风景建筑8个；坡度5°～10°区间7个；坡度10°～15°区间6个；坡度15°～20°区间3个；坡度20°～30°区间7个；坡度30°～40°区间9个；坡度40°～50°区间4个；坡度50°～60°区间2个；坡度60°～70°区间1个（表2）。其中，择址于15°坡度以上（陡坡）①的风景建筑数量多达32个，占比68%。究其原因，陡坡、峭壁上构景，虽地形狭窄、营建困难，但因险景难得，易于创造奇观。这类风景建筑以怎样的形式适应陡坡地形？其一，体量较小、功能简单的风景建筑通常以架空形式凌驾于陡坡之上。如建于七星岩南出口的豁然亭便是典型一例。由于七星岩南岩口狭小且岩壁凹凸不平，岩口处即为一约60°斜坡，豁然亭以半亭架空之形式契合这一地形特征。建筑一侧依岩壁营建，同岩洞有机融合，另一侧以石墙支撑，架空于陡坡之上。其二，体量稍大的风景建筑则顺应地势建设台基以矗立于峭壁之上。伏波山听涛阁是背依断崖而建的半山楼阁，总建筑面积约为305平方米，由于其体量较之一般风景建筑稍大，加之基址狭窄、险峭，使得这座楼阁的建设极为不易，而设计者巧妙利用山崖上的石坎建起二层台基，为楼阁营建提供了良好支撑平台。自漓江东岸望向听涛阁，建筑与峭壁衔接非常自然，如同地形中生长出来一般，呈现出"依岩凿险，结构凌虚"之胜景。此外，在面对陡峭山坡时，风景建筑还通常以长边平行于等高线布局以此适应地形。如芦笛岩接待室，择址于芳莲岭山腰约40°陡坡上，其一

① 参照（美）诺曼·K·布思《风景园林设计要素》，本文将≥15°的斜坡界定为陡坡。

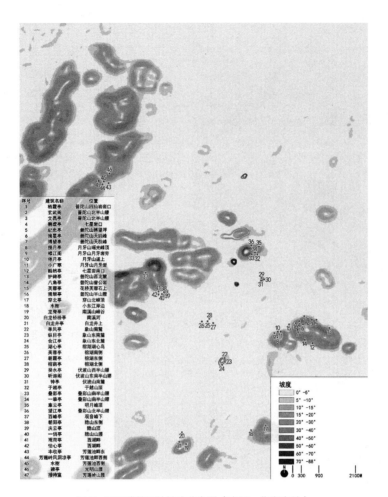

图5　风景建筑所处坡度分布图（来源：作者自绘）

风景建筑所处坡度数量统计表									表2
坡度区间（°）	0~5	5~10	10~15	15~20	20~30	30~40	40~50	50~60	60~70	70~88
建筑数量（个）	8	7	6	3	7	9	4	2	1	–
占比	17.0%	14.9%	12.7%	6.3%	14.9%	19.1%	8.5%	4.2%	2.4%	–

（来源：作者自绘）

层、二层沿等高线作横向布局，建筑既适应了地形条件而建设，与自然景色浑然一体，同时获得最大占地面积以满足功能布置需求。

3.3　方位无拘，得景为佳

通过将47个风景建筑位置信息与坡向分析图进行叠合（图6），结果表明：0°～22.5°与337.5°～360°区间（北坡）分别分布6个与3个；22.5°～67.5°区间（东北坡）分布6个；67.5°～112.5°区间（东坡）分布2个；112.5°～157.5°区间（东南坡）分布8个；157.5°～202.5°（南坡）分布5个；202.5°～247.5°（西南坡）分布4个；247.5°～292.5°区间（西坡）分布3个；292.5°～337.5°区间（西北坡）分布10个（表3）。可见，建筑于各个方位皆有分布。

建筑布局通常讲究"坐北朝南"，但从诸多风景建筑的分布朝向情况来看并非如此，计成在《园冶》提出，"园基不拘方向""先乎取景""构园无格，借景有因"等构园原则，同理，就风景建筑而言，其

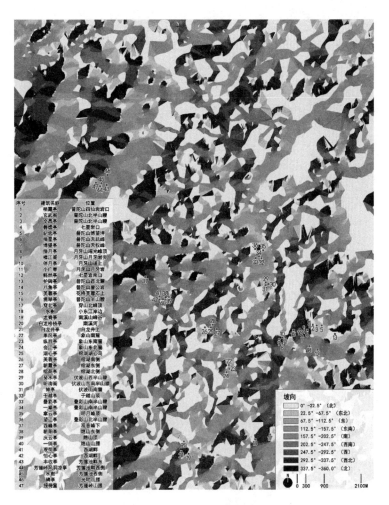

图6 风景建筑所处坡向分布图（来源：作者自绘）

风景建筑所处坡向数量统计表　　　　　　　　　　　　　　　　　表3

坡向区间（°）	0～22.5	22.5～67.5	67.5～112.5	112.5～157.5	157.5～202.5	202.5～247.5	247.5～292.5	292.5～337.5	337.5～360.0
方向	北	东北	东	东南	南	西南	西	西北	北
建筑数量（个）	6	6	2	8	5	4	3	10	3
占比	12.8%	12.8%	4.2%	17.1%	10.6%	8.5%	6.4%	21.2%	6.4%

（来源：作者自绘）

基址朝向也多以得景为佳，不受方位所拘。如癸水亭坐落于伏波山半山西坡，凭借基址视野开阔之优势，其视域范围覆盖了城北、城西诸多景致（图7）。癸水亭北面可望叠彩山诸峰，并与其上于越亭、叠彩亭、一拳亭等形成对景（图8）；西面可望独秀峰、靖江王城等，同时有骝马山、老人山等作为远景（图9）。又如拿云亭，坐落于叠彩山明月峰顶北坡，是收揽全城景致的绝佳场所，因此被赞为"拿云揽胜"。以拿云亭为区域揽胜核心，四望之下，北面之

虞山、铁峰山、鹦鹉山，西面之骝马山、老人山、西山，南面之独秀峰、伏波山、象山、穿山、南溪山、斗鸡山，以及东面之屏风山、七星山等自然形胜，皆尽收眼底，同时"两江四湖"、訾洲岛、伏龙洲等湖塘水系与水中浮岛等诸多景致，皆蓄于一亭，可谓"登极眺瞰，目极无遗"。还有碧虚亭、摘星亭、揽月亭、襟江阁、芙蓉亭、拥翠亭等分别位于七星山各峰西北坡向，登临其上，皆可收到不同景致，由此形成良好的观景体验。

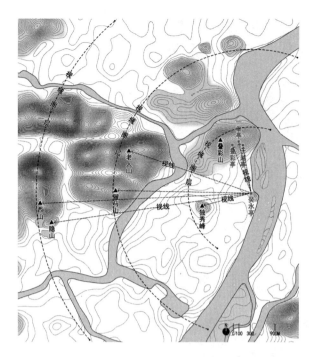

图 7　癸水亭视域范围（来源：作者自绘）

图 8　癸水亭北望所见景致（来源：作者自摄）

图 9　癸水亭西望所见景致（来源：作者自摄）

4　结语

　　桂林是典型的山水城市，"千山环野立，一水抱城流"是其城市山水格局的真实写照，此般独特的城市山水格局孕育了特色鲜明的风景建筑。风景建筑依乎山形水势而分布，并以合理布局镶嵌于城市山水格局之中。一方面，其选址独到、体量合宜，营建于山水风景佳处，起到点化自然山水之作用，形成桂林山水之"眉目"，从而进一步增强了桂林作为历史文化名城的人文特质。另一方面，其多被营建于城市山水格局中的关键位置，作为山水与城市间的"锚固点"，加强了城市与山水在空间形态层面的联系。风景建筑既作为桂林城重要的自然历史人文资源，也作为桂林城市山水格局中的关键建筑，对其展开研究，对于保护、强化城市山水格局具有积极意义，并为桂林建设山水城市提供理论借鉴。

参考文献

[1] 桂林市建筑设计室.桂林风景建筑[M].北京：中国建筑工业出版社，1982.

[2] 刘寿保.唐代桂林山水园林史论[J].社会科学家，1991（3）：70-76.

[3] 刘寿保.宋代桂林山水园林景观论[J].社会科学家，1992（3）：88-92.

[4] 康红涛.园林之法——芦笛岩水榭设计探析[J].西安建筑科技大学学报（社会科学版），2019，38（05）：20-25.

[5] 龙良初，黎睿.桂林建筑创作的理论研究和实践探索[J].建设科技，2016（16）：71-74.

[6] 翁子添."花间隐榭，水际安亭"——基于华南植物园水榭和桂林芦笛岩水榭的营境分析[J].广东园林，2020，42（01）：31-35.

[7] 颜邦英，桂林市地方志编纂委员会.桂林市志·中[M].北京：中华书局，1997.

[8] 佟玉权.基于GIS的中国传统村落空间分异研究[J].人文地理，2014，29（4）：44-51.

[9] 吴风华.地理信息系统基础[M].武汉：武汉大学出版社，2014：106.

[10] 计成.园冶[M].北京：中国建筑工业出版社，1988.

[11] 郑姗.基于"了望—庇护"理论的景观空间布局研究[D].上海：同济大学，2009.

[12] 王树声，李小龙，蒋苑.四望：一种自然山水环境的体察寻胜方式[J].城市规划，2017，41（05）：125-126.

专题 6　绿色建筑与宜居城市

高新技术自主产研基地规划设计中绿色节能技术的融入与实现
——以北京合众思壮卫星导航产业基地为例

张赞讴　薛冲

作者单位
建设综合勘察研究设计院有限公司

摘要： 本文基于我国当前的绿色建筑与建筑节能技术发展要求，从提高能耗系统效率和开发利用可再生能源两方面入手，探索了绿色节能技术在高新技术自主产研基地规划设计中的具体应用途径。以北京合众思壮卫星导航产业基地为例，进一步提出了包括建筑单体节能、建筑设备节能和建筑节水技术等多方面的规划设计方法，以期为高新技术自主产研基地规划设计中有效采用绿色节能关键技术提供参考。

关键词： 绿色节能；高新技术自主产研基地；技术；规划设计

Abstract: This paper is based on the requirements of Chinese current development for green buildings and building energy-saving technologies, which could pay more attention to improving the efficiency of energy consumption systems and developing and utilizing renewable energy. The paper explores the specific application of green energy-saving technologies in the planning and design of high-tech independent production and research bases. With the Beijing Uni-Strong Satellite Navigation Industrial Base as an example, it proposes a variety of methods in planning and design, including energy saving of single building, energy saving of building equipment and water saving technology of building, in order to provide reference in the adopting effectively green energy saving in the planning and design of high-tech independent production and research bases.

Keywords: Green Energy Saving; High-tech Independent Production and Research Base;Technology; Planning and Design

节约能源是我国能源政策的重要组成部分。在我国，建筑能耗与工业能耗和交通能耗共同构成了三大能耗来源。其中，建筑在建造和使用过程中所消耗的能源约占我国全社会总能耗的四分之一，当考虑建筑材料在生产过程中所消耗的能源时，该比例可超过47%[1]。高新技术企业的所产生和使用的是人类社会现阶段最先进的科研成果和技术，其生产理念必须是环境友好，与所在城市和谐共生的。在高新技术自主产研基地项目的规划设计中，应尽量采用先进的节能技术及高性能的节能设备，本着节约能源、充分利用能源的目的，在满足正常办公及生产的条件下，尽量减少能源的不必要损耗，实现能源的充分利用与经济效益的最大化。

1　高新技术自主产研基地规划设计与绿色节能技术应用

1.1　绿色建筑与建筑节能技术发展要求

"十三五"以来，我国在建筑节能和绿色建筑等领域全面推进。2017年，住房和城乡建设部在《国民经济和社会发展第十三个五年规划纲要》和《住房城乡建设事业"十三五"规划纲要》等文件的基础上制定了《建筑节能与绿色建筑发展"十三五"规划》，指导了"十三五"时期我国建筑节能与绿色建筑事业的全局性和综合性发展[2]。在此基础上，全国各省市也出台了相应的产业发展规划，给高新技术产业带来重大发展机遇。近年来，北京市在建筑绿色节能技术领域经过长期发展，已经明显改善了居民的居住和工作条件，并为达成全市的节能减排目标做出了重要贡献[3]。然而，随着京津冀协同发展、北京中关村科学城、怀柔科学城、未来科学城、北京经济技术开发区的"三城一区"建设要求和《北京城市总体规划（2016年-2035年）》发布等新形势出现，以城市总体规划为指引，以创新为核心的高新技术自主产研基地规划设计必将对北京市未来的绿色建筑发展和建筑节能工作提出更高的要求。

作为一区的北京经济技术开发区，就在其"新城规划"（《亦庄新城规划（国土空间规划）（2017-2035年）》）中明确提出"建设具有全球影响力的创新型产业集群和科技服务中心"的功能定位[4]。对于要"建设宜业宜居的绿色城区"的具体要求而言，北京经济开发区还于2019年发布了《北京经济技术开发区工业建筑设计指引》（简称"指引"），并在"指引"中提出要"将发展绿色建筑作为建设绿色城区的主要抓手"[5]。而其中，发展工业建筑节能技术作为落实工业节能减排、推广绿色工业建筑、构建园区良好生产生活环境的重要突破口之一，还是促进高新技术自主产研基地与所在城市环境和空间融合，实现企业和城市可持续发展的重要保障。

1.2 绿色节能技术在高新技术自主产研基地规划设计中的具体应用

建筑节能指在建筑的规划设计、使用和改造过程中，通过提升能源利用效率，实现有限资源的充分利用和能源的最低消耗，以获取最大限度的经济与社会效益。通常，建筑的使用能耗会包括电器、照明、采暖等各方面的能耗，建筑节能措施通常包括建筑单体结构节能和运营设备节能两个方面。因此，针对建筑的绿色节能措施往往从提高能耗系统效率和开发利用可再生能源两方面入手。

高新技术自主产研基地是由高新技术企业自主投资、自主建设、自主运营的生产和科研基地，作为高新技术企业发展的重要平台和基础设施，其所产生和使用的是人类社会现阶段最先进的科研成果和技术，其规划设计理念必须是环境友好，与所在城市和谐共生的。因此，在高新技术自主产研基地的规划设计过程中，应以低消耗、低能耗、高效率为标准，基于产

研基地全生命周期的分析结果，结合基地不同工艺特点和要求，采用绿色设计理念，利用经济合理的节地、节材、节能和节水技术手段，最大限度地减少初次资源的开采、利用可再生能源、减少污染和废弃物的排放。

受外部环境条件的影响，在高新技术自主产研基地建筑规划设计过程中，首先应对建筑朝向和布局等环节进行针对性设计，这是建筑节能的基础[6]。而建筑围护结构的热工性能也是控制建筑能耗的重要因素，特别对于高新技术自主产研基地建筑这类公共建筑来说，改变其建筑围护结构的节能潜力极高。建筑围护结构包括建筑的窗、外墙、屋面和门等，为增强建筑节能，其所用材料应具有较高的热阻、较好的热稳定性。此外，高新技术自主产研基地依托新技术与新方法，尤为注重将节能、环保、可持续发展的建筑设备及电气设计技术运用到项目的规划设计中。提高现代建筑电气节能设计的有效方法包括建筑供配电节能设计、照明节能设计和空调节能设计等。通过完善、应用围护结构保温隔热技术，提高采暖系统的效率，利用可再生能源和清洁能源等绿色节能技术手段，能够实现高新技术自主产研基地建筑节能的目的。

此外，雨水是一种最根本、最直接、最经济的水资源，是自然界水循环系统中的重要环节，对调节、补充地区水资源和改善及保护生态环境起着极为关键的作用。城市雨水合理利用可以有效改善区域生态环境、涵养地下水、减轻城市防洪和排水系统压力，并有利于保持城市河湖水环境，有着显著的社会效益和经济效益。因此，在高新技术自主产研基地建筑规划设计过程中，还应最大限度地节约水资源，合理利用和控制雨水。如可在产研基地使用中水或其他类型的再生水，进行冲厕、冷却塔补水和绿化用水的补充等。

2 节能关键技术措施在合众思壮卫星导航产业基地设计中的实践

2.1 项目概况

合众思壮科技股份有限公司卫星导航产业基地位于北京经济技术开发区东区F2F3地块和F2M2地

块，总体建设规模10.18平方米。项目用地为四边形，最大长度南北约180米，东西约268米，规划用地面积37077平方米。东侧为排干渠西路，北侧为规划科创十二街，南侧和西侧为其他企业用地（图1）。项目拟建为北京合众思壮科技股份有限公

司卫星导航产业基地，包括研发区、生厂区和综合区，主要从事研发生产卫星导航定位产品。整体流程包括软件及硬件的生产研发、试验、销售与工程服务，工艺包含补焊、功能测试、装配、老化测试及出厂验收合格后包装。

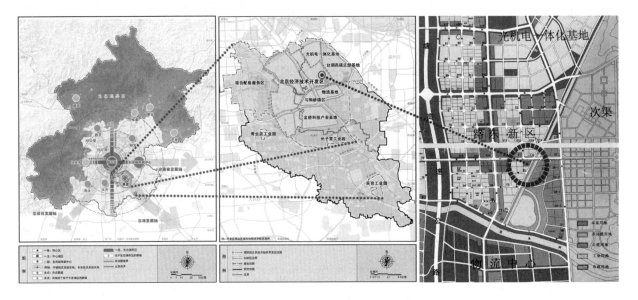

图1　规划目区基地项位图（来源：网络）

2.2　建筑单体节能

1. 基于建筑总平面布置的节能技术措施

北京地处华北平原北部，属北温带半湿润大陆性季风气候，其夏季高温多雨多东南风，冬季寒冷干燥多西北风，春秋短促。建筑气候区划上属于ⅡA区，即寒冷A区，要求建筑物除冬季保温、防寒、防冻外还兼顾夏季防热。园区主要规划为南北两个区域，北区主要为企业研发区，包括GIS研发楼、测量研发楼、PND研发楼、物联网配套楼和GNSS研发楼，主要功能为企业的研发、办公及配套服务。南区综合区及厂区，综合区内含有科技试验管和综合试验楼。

在产业基地建筑总平面设计阶段，以充分利用自然通风为前提，通过合理的总平面布局，首先确保避免大面积围护结构外表面朝向冬季主导风向，减少冬季迎风面的门窗及其他孔洞，防止大量的冷风渗入。其次，结合主入口设计绿化景观，通过在南侧或东南侧留出较开阔的室外空间，结合城市主景观排干渠西路一侧，于建筑群中央设置大面积绿化，为夏季主导风向能够吹向建筑创造条件。另外，充分利用树木绿

化及有关地形地貌形成的导风作用，创造园区内良好的风环境，为建筑通风提供条件，充分发挥植物蒸腾吸热和水面蒸发吸热作用，使区内空气温度降低，以达到节能和兼顾创造良好区内环境的目的（图2）。

2. 基于建筑单体设节能技术措施

针对个单体建筑的建筑平面设计，主要采用了以下措施，以增强建筑的节能效果：①建筑平面采用简洁的矩形平面以及8.4米×8.4米的标准化柱网，布局紧凑，在灵活地满足研发办公需求的同时减少冬季建筑的热损失。②建筑开口部位的位置尽可能使得室内空气场均匀布置，力求风能吹过房间中的主要使用空间。③设置可调节通风的构造，利用中庭、楼梯等增加建筑内部的开口面积，并利用这些开口引导气流，组织自然通风。并将电梯、楼梯、管道井、机房等布置在建筑物的西侧，以有效阻挡日照。④根据生产工艺对各功能房间的温度、湿度不同要求，合理确定生产工艺用房的朝向和布局。在满足生产工艺条件下，优化工艺布置，设备运行区靠近空调机房布置，以节省能耗，合理的确定生产环境参数以利节能（图3）。

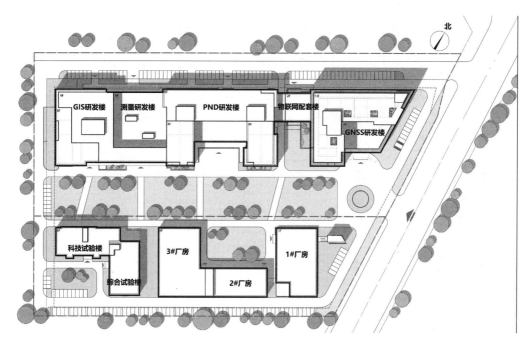

图2 合众思壮卫星导航产业基地总平面图（来源：作者自绘）

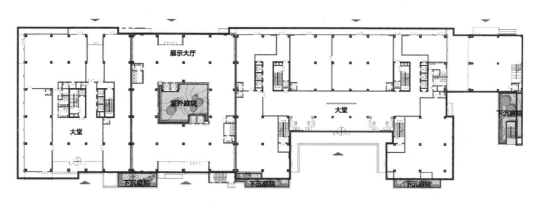

图3 合众思壮卫星导航产业基地北区首层平面图（来源：作者自绘）

3. 基于建筑围护结构的节能技术措施

为充分发挥建筑围护结构的节能潜力，建筑外墙及屋面保暖采用保温及防火性能良好的岩棉板，并处理好冷热桥及变形缝等部位的做法，以达到节能的目的。建筑物的外门和外窗也是冬季冷风渗透及夏季阳光入射的主要通道，针对建筑外门窗的节能设计，采用隔热性能良好的断桥铝合金双层玻璃窗，另将窗墙比控制在适当的水平。针对建筑屋顶，在建筑重点位置的顶层等局部空间结合绿化景观设计了屋顶绿化，以降低屋顶表面温度，降低顶层空调能耗（图4）。

2.3 建筑设备节能

1. 电气节能技术措施

针对电气节能，设计人员首先对变压器的位置进行了合理的选择，力求使其处于负荷中心，从而最大限度减少配电距离，降低电缆的线路耗损，节省材料、减少能耗。每两台同电压等级变压器之间设有联络母线，并适当加大联络母线的输送容量，以满足变压器经济运行的要求。此外全部使用低耗损节能型电力变压器及高效电动机，以减少变压器的损耗。在低压配电系统设功率因数自动补偿装置以减少无功损耗。主干线路按照经济电流合理性选择电缆截面，降低线路损耗。

严格控制各场所照明功率密度值，选用效率高、利用系数高、配光合理、保持率高的灯具，在保证照明质量的前提下，优先采用效率在70%以上的开启式灯具和高效节能的照明光源。根据使用特点分区控制灯光，并在走廊、楼梯等人员短暂停留的公共场所

图 4 合众思壮卫星导航产业基地研发楼顶层平面图 (来源: 作者自绘)

采用触摸声光控节电开关以降低能耗。在地下室等空间或设计窗井采用光导管利用自然光。将北区的地下停车库局部挖空,同地上景观庭院相结合,不仅使地下车库增加了采光通风,还减少了照明灯具的使用,贯彻了绿色节能理念。此外,针对道路照明和户外照明设计还考虑了下列节能措施,包括: ①厂区道路照明采用高效,长寿命的高压钠灯或金属卤化物灯; ②道路照明采用光电控制器控制,以节约能源等。

2. 空调节能技术措施

溴化锂直燃机组相对其他制冷机组具有耗电少、振动小、噪声低的特点,可一机多用实现夏季制冷与冬季制热,能够节省机房面积与投资,且此机组制冷剂采用水溶液,对臭氧层无破坏作用,有利于环境保护。本项目采用了溴化锂直燃机组(冷热型)提供冷源热,在夏季为空调系统提供 7/12℃的冷冻水,在冬季提供 60/50℃的采暖热水,取得了良好的使用和节能效果。

空调系统形式根据建筑功能选择,北区单体采用风盘+新风的集中空调系统,冬季供热、夏季制冷,末端采用风机盘管便于控制和调节,并在室内局部区域设置了带热回收功能的新风系统,在改善室内空气质量的同时节约建筑能耗。南区单体根据具体生产工艺,采用了不同的空调与新风形式。

2.4 建筑节水技术

1. 选用节能节水的供水系统及配件

本项目给水采用无负压变频给水设备,没有中间水箱,避免了水质二次污染,同时可以充分利用市政水压以节约能源。全部使用国家有关部门认可、推广的节能产品和用水器具,所有龙头均选用陶瓷芯节水龙头,给水管道及附件选用优质产品以减少跑、冒、滴、漏。项目设置中水系统,供绿化、空调冷却塔补水、冲厕使用,其中,蹲式大便器冲水选用延时自闭冲洗阀,座式大便器水箱选用6升水箱(两用节水型),小便器冲水选用自闭式冲洗阀,以节约水资源。

2. 合理利用和控制雨水

本项目雨水系统采用加强下渗补充地下水的利用措施。根据场地标高及建筑情况,竖向规划采用建筑物相对标高>硬化地面>绿化>排水口的方式,将雨水收集至绿地。在绿地设渗井和渗沟增加雨水下渗量,通过对屋面雨水、硬化路面雨水和停车场雨水进行收集和加强下渗,以节约水资源,并减少雨水的洪峰流量,降低市政雨水管网的压力。

3　结语

《中华人民共和国国民经济和社会发展第十四个五年规划和2035年远景目标纲要》明确提出，要"支持北京、上海、粤港澳大湾区形成国际科技创新中心，建设北京怀柔、上海张江、大湾区、安徽合肥综合性国家科学中心，支持有条件的地方建设区域科技创新中心。强化国家自主创新示范区、高新技术产业开发区、经济技术开发区等创新功能[7]"。当前，全国上下正按照国家产业规划和发展要求，加快转变经济发展方式，推进中国特色新型工业化进程，推动节能减排，以积极应对日趋激烈的国际竞争和气候变化及环境污染等挑战，促进经济长期平稳较快发展。因此，高新技术自主产研基地作为高新技术企业发展的重要平台和基础设施，其规划设计服务不仅具有巨大的数量方面的需求，而且还肩负着节能降耗、绿色环保和提升园区及城市品质等质量方面的要求。

本文从提高能耗系统效率和开发利用可再生能源两方面入手，探讨了绿色节能技术在高新技术自主产研基地规划设计中的有效应用途径，并以北京合众思壮卫星导航产业基地为例，探讨了节能关键技术措施在高新技术自主产研基地规划设计过程中，落实在建筑单体节能、建筑设备节能和建筑节水技术等层面的具体的实践途径。根据建成效果和业主使用反馈，园区建成后，不仅能够节地节能，还为城市提供了沿街绿化景观。以本文中的案例为基础，探索了绿色节能技术在高新技术自主产研基地规划设计中的融入与实现方法，以期为我国创新型国家建设过程中更多的科技型创新空间绿色、节能、可持续的规划设计提供参考。

参考文献

[1] 赵东来，胡春雨，柏德胜，李武峰.我国建筑节能技术现状与发展趋势[J].建筑节能，2015，43（03）：116-121.

[2] 中华人民共和国住房和城乡建设部.《住房城乡建设部关于印发建筑节能与绿色建筑发展"十三五"规划的通知》[EB/OL]. [2017/3/1]. http：//www.mohurd.gov.cn/wjfb/201703/t20170314_230978.html.

[3] 周浩，林波荣，刘菁，刘加根，余娟，刘沛，乔渊，李超.基于专家评分的绿色建筑与建筑节能发展关键技术探讨[J].建筑节能，2019，47（06）：139-145.

[4] 北京经济技术开发区.《亦庄新城规划（国土空间规划）（2017年—2035年）》成果予以公布[EB/OL]. [2019/12/11]. http：//kfqgw.beijing.gov.cn/zwgk/ghjh/fzgh/202003/t20200306_1681320.html.

[5] 北京经济技术开发区.《北京经济技术开发区工业建筑设计指引》[EB/OL]. [2019/1/8]. http：//kfqgw.beijing.gov.cn/zwgk/zcfg/zcwj/201905/t20190508_83611.html.

[6] 张海滨，王立雄.建筑节能设计因素影响分析[J].建筑节能，2016，44（01）：45-49.

[7] 新华网.《（两会受权发布）中华人民共和国国民经济和社会发展第十四个五年规划和2035年远景目标纲要》[EB/OL]. [2021/3/12]. http：//www.xinhuanet.com/2021-03/13/c_1127205564_3.htm.

寒冷地区山地居住建筑可持续设计策略研究
——以 2019 台达杯国际太阳能建筑设计竞赛一等奖作品"摘·星辰"为例①

徐涵¹ 欧达毅¹'² 张媛媛¹ 戴芙蓉³

作者单位
1. 华侨大学建筑学院
2. 华南理工大学亚热带建筑科学国家重点实验室，通讯作者
3. 中衡设计集团有限公司

摘要： 山地居住建筑的设计营造大多受限于严峻特殊的地形、气候等自然条件，其建筑形式、能源消耗、人居体验与一般类型的居住建筑有较大差异。为探讨寒冷地区山地居住建筑可持续设计策略，助力实现"碳中和"，本文以 2019 台达杯国际太阳能建筑设计竞赛一等奖作品"摘·星辰"为例，从规划布局、建构体系、被动式太阳能技术等角度研究其可实施性，为寒冷地区山地居住建筑的可持续设计提供借鉴与参考。

关键词： 寒冷地区；山地环境；居住建筑；主被动太阳能技术；钢结构体系

Abstract: The design and construction of residential buildings in mountainous areas are mostly limited by the severe and special topography, climate and other natural conditions, and their architectural forms, energy consumption and human living experience are quite different from those of general types of residential buildings. In order to explore the sustainable design strategies for mountain residential buildings in cold regionsto help achieve "carbon neutrality", this paper takes the first prize entry of the Delta Cup International Solar Architecture Design Competition 2019, "Pick-Star", as an example, and studies its feasibility from the perspectives of planning layout, construction system and passive solar technology, in order to provide a reference for the sustainable design of mountain residential buildings in cold regions. The project is a reference for the sustainable design of residential buildings in cold regions.

Keywords: Cold Regions; Mountainous Environments; Residential Buildings; Active-passive Solar Technology; Steel Structure System

　　"碳中和"是我国近年来应对全球变暖、节约资源、提升人居品质而推行实施的国家政策。对于建筑行业如何助力实现"碳中和"目标，薛峰、王清勤等[1]从新建建筑与既有建筑绿色改造两个方面探讨，贯彻《绿色建筑评价标准》，开展绿色人性化设计，提升室内环境质量。居住建筑能源消耗随着我国城市化进程和人民水平的提高呈持续增长趋势，与环境、经济、社会等因素息息相关[2]，其中山地居住建筑的能耗因其环境制约更为突出，在设计阶段实现山地居住建筑的可持续低碳乃至零碳发展尤为重要。目前我国学者对于零能耗建筑的研究已有一定的成果，黎欣航、王盛卫[3]等基于《近零能耗建筑技术标准》研究夏热冬暖地区与寒冷地区非住宅类建筑零能耗建筑在设计阶段的可行性，研究表明寒冷地区公共建筑需要更大的窗墙面积以及窗户面积。本文以2019台达杯国际太阳能建筑设计竞赛获奖作品"摘·星辰"为例，通过分析该项目在设计阶段所应用的规划布局手法、建构体系以及绿色节能建筑技术，总结分析寒冷地区山地居住建筑的可持续设计策略。

1 项目概况

1.1 区位背景

　　项目位于河北兴隆县暗夜公园，兴隆县地处河北省东北部，承德市南部，根据《民用建筑热工设计

---
① 基金项目：国家自然科学基金项目（51578252），福建省高校新世纪优秀人才支持计划（2017），福建省自然科学基金项目（2018J01070），福建省社会科学规划项目（FJ2021B075），亚热带建筑科学国家重点实验室开放课题（2022ZA02）。

规范》GB 501760-93所规定的我国气候区分区，项目基地属于寒冷地区，当地气候四季分明，雨热同期，夏季温暖湿润，冬季寒冷干燥。年平均气温在6.5℃～10.3℃之间，年平均降水量约为627毫米，多集中在七、八、九月份；年平均风速1.4米/秒，冬季多为西北季风，夏季为东南季风；年日照2768小时。总体来看，项目当地日照资源丰富，雨水资源较为短缺，气温条件较为严峻。

1.2 基地现状

暗夜公园是我国国家天文台参与打造的、以星空观测为主线、集观测和科普教育于一体的专业性星空主题乐园，公园入口以外有集中停车场解决外部交通，园内由一条外环路串联起景区入口、互动设施、星空驿站和天文台等主要设施。本项目是暗夜公园配套居住设施，为观星的游客、学者等提供休憩场所。项目用地位于公园中部山谷，用地坡度约为25%，基地内部植被茂密，景观优美。

2 结合山地自然环境的规划布局设计

2.1 寒冷地区传统民居营造特色

寒冷地区的居住建筑的营造受地域环境气候限制，其在建筑围合形式、外墙材料以及空间布局层面均有较为鲜明的特点[4]。一是建筑的御寒措施，北方寒冷地区纬度高，太阳高度角较小且冬季较南方更为漫长，围合式的合院建筑布局应运而生，建筑形式多为单层建筑，双坡屋顶，厚墙小窗；二是建筑的空间布局，建筑空间虚实结合，室内空间封闭，室外庭院空间宽敞，用于日常的活动交流。本项目方案设计继承融合传统民居的营造中地域性、人性化的设计原则，结合当代建筑设计理念与技术，构建绿色可持续发展的山地居住建筑。

2.2 建筑群体规划设计

项目基地位于山谷地势上，为适应山谷特殊的气候环境要求，创造适宜的室内外居住活动空间。首先利用Ecotect、Phoenics等软件对基地光照条件、风环境等室外物理环境进行仿真模拟（图1），根据模拟得到的自然环境数据以及基地不同功能区块需求的划分规划建筑群体的朝向与落点，居住建筑需要有私密性空间，同时保证建筑间的联系性，故本方案将居住建筑单体以合院的组团形式散布在基地山谷的南北两侧缓坡（图2），每个合院式组团在南向朝向围合出一个室外活动平台，类似于北方传统民居的庭院空间，阻挡冬季冷风，建筑间没有遮挡增加日照时间以提升组团内使用者的在室外平台上交流、观星等活动体验的舒适性。建筑组团与组团之间以多条廊道相连，与山谷入口布置的公共建筑共同形成"一轴两区多节点"的空间格局。建筑群体规划始终贯彻因地制宜的设计原则，顺应山地肌理，按等高线布置，融入山地自然环境，将山地的特殊的自然环境作为项目方案设计的独特优势。

2.3 建筑单体设计

在建筑单体设计中，主要是对居住空间与室外活动平台（图3、图4）构建的思考。方案综合考虑山地的自然环境以及建成后的稳定、安全以及舒适性，居住建筑单体均采用架空的设计手法，架空后的建筑单体一定程度上避免了春夏季节蚊虫对使用者的影响，开阔了观景视野，也减少了对山地基地原有环境的破坏。在建筑形制上，居住建筑单体设计运用模块化的设计理念，以方形网格为模块构建居住建筑内部空间平面。在建筑功能上，室内居住空间均以南向采光，保证冬季充足的日照时间。室外活动平台集观星、交流、休闲等功能于一体，以丰富多样的空间形式改善了居住空间建筑形式的单一性。

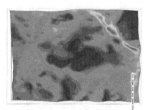

图1 项目基地四季风环境模拟结果（来源：由台达杯获奖作品团队提供）

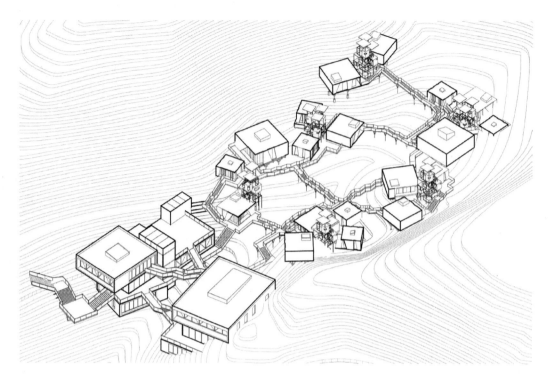

图 2　项目方案建筑群体规划布局（来源：由台达杯获奖作品团队提供）

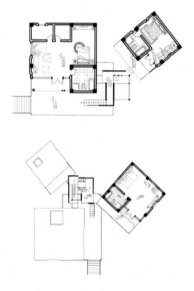

图 3　居住建筑室内平面
（来源：由台达杯获奖作品团队提供）

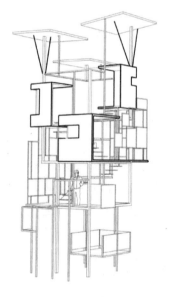

图 4　居住建筑室外活动平台立面
（来源：由台达杯获奖作品团队提供）

3　建筑结构体系设计

3.1　我国预制装配化发展

　　制约寒冷地区山地居住建筑可持续设计的主要因素是严峻多变的山地气候以及不便的交通运输条件。方案在设计之初就已考虑建筑全生命周期的绿色可持续设计，以预制装配式建造作为山地居住建筑施工实施的主要方式。预制装配式构造较传统现场浇筑等构造方式有着精确、高效的优点。我国对于预制装配式设计的研究已有一定的学术成果。国内一开始以混凝土结构为主，2014年《装配式混凝土结构技术规程》JGJ 1-2014正式颁布施行，进一步推进了我国预制装配式构造的进程[5]。钢结构多应用于工业厂房、住宅等单层或多层建筑[6]。但预制装配式建造也存在着预制构件连接质量、构件缺乏保护等问题，国内预制装配式建造的技术仍需不断推进。

3.2　钢结构体系设计选择

我国国内的装配式建筑构造以钢结构、木结构以及混凝土结构为主，对于寒冷地区山地建筑结构体系的选择，一方面需根据项目当地条件综合考虑建造与运输的难易程度，另一方面需考虑寒冷地区山地居住建筑面临的两大主要难题：冬季保温御寒以及山地建构的稳固安全性，方案综合对比国内主要的三种装配式建筑结构的抗压、抗震、防腐、防火、环保性能以及建造成本等特征（表1），根据项目山地的基地条件采取钢结构体系作为居住建筑的主要承重结构。钢结构居住建筑不仅在抗压、抗震等方面存在显著优势，其还有占地面积小、空间利用率高等优势，对于钢结构体系防火性能较差的问题，方案选择采取在轻型钢结构外包裹防火材料，增加防火材料层的措施。

三种装配式建筑结构特征对比[7]　　　　　　表1

结构特征	轻型钢结构	轻型木结构	混凝土结构
工业化程度	最高	高	高
抗压性能	高	一般	最高
抗震性能	很好（9度）	很好（9度）	一般（7度）
防腐性能	较好	差	好
防火性能	较差	差	好
环保性能	一般	最好	较好
建造成本	一般	最高	高

钢结构体系在项目施工阶段具有较好绿色环保性，一是对周边环境影响较小，并不会产生较大的水体污染、噪声污染。二是钢材的回收利用率高，节省资源与经济成本。方案因地制宜使用钢结构体系是助力实现零碳建筑，实现绿色可持续发展的重要举措，有着较强的可实施性。

4　可持续建筑节能技术应用

4.1　被动式建筑蓄热技术应用

对太阳能的利用是项目方案设计过程中不可或缺的一步。根据文献调研，我国对太阳能的利用与应用已十分成熟。鞠晓磊等综述了我国太阳能建筑的发展历程：从早期的被动式太阳能建筑到太阳能系统与建筑一体化，再到太阳能产品建材化阶段[8]。目前我国市面上已经出现真空光伏玻璃、FPR板光伏构件等建材化产品。方案在设计阶段所考虑的被动式是直接太阳能得热、特朗伯墙这两种被动式太阳能利用技术。直接太阳能得热通过控制建筑单体的朝向、间距以及窗墙比实现，根据学者对寒冷地区窗墙比能耗模拟研究（不考虑规范限值）在供暖季节最优窗

墙比在0.8时，采暖能耗最少[9]，但考虑到过大的窗墙比会影响建筑围护结构保暖，且《民用建筑热工设计规范》GB 50176-93中规定：居住建筑南向窗墙比不大于0.35，故方案居住建筑单体采用0.35的窗墙比。

特朗伯墙的原理是建筑南向墙面设置0.3~0.5米厚的混凝土集热墙，墙的向阳面涂深色涂层以加强吸热，墙的上下设置可开启的通风口[10]。太阳辐射通过墙体传导以及热空气对流的方式为室内供暖，冬夏两季通过调节通风口的开闭来调节室内温度。

4.2　冬夏两季主动式太阳能技术与建筑一体化设计

方案将主动式太阳能技术与建筑采暖、照明等建筑一体化结合，在居住建筑单体及其室外活动平台顶面布置可转角度的太阳能板，随着不同季节太阳高度角的变化，调整太阳能板的角度，最大程度利用太阳能资源。太阳辐射通过太阳能板一部分转化为电能，输入进室内变电器，储存箱用于室内照明等日常用电，一部分转化为热能，用于居住建筑室内管道制热。目前国内的主动式太阳能与建筑一体化技术已在逐步推进，集合成主动式太阳能设备间，总体智能化

控制，在减少占地面积的同时，进一步提升太阳能的转化效率。

5 结语

"碳中和"政策是我国未来很长一段时间的重点发展趋势，而绿色宜居低碳、零碳建筑也是建筑行业的发展目标。寒冷地区山地居住建筑目前仍需能耗问题，提升人居品质。本文以台达杯获奖竞赛作品为例来探讨分析寒冷地区山地居住建筑的规划布局策略，建构体系以及主被动太阳能技术应用的可实施性及难点问题。寒冷地区山地居住建筑的设计更应注重因地制宜的设计原则，利用山地的自然条件，顺应山地肌理。通过本方案中建筑布局与绿色节能技术的综合设计策略，希望为后续寒冷地区山地居住建筑的绿色可持续设计提供经验与思考。

参考文献

[1] 薛峰，王清勤，宋晔皓，等.碳中和目标下的绿色建筑[J].当代建筑，2021（09）：6-15.

[2] 董迎春.城镇居住建筑能耗影响因素的区域差异研究[D].北京：北京交通大学，2019.

[3] 黎航欣，王盛卫.《近零能耗建筑技术标准》下夏热冬暖地区及寒冷地区零能耗建筑的可行性研究[J].暖通空调，2022，52（01）：121-125，29.

[4] 刘驰扬.浅析传统北方民居建筑特色对当代民居设计的影响[J].美与时代（上），2013（06）：89-91.

[5] 牛禹潼.预制装配式建筑在北方地区乡村住宅应用可行性探究[D].青岛：青岛理工大学，2020.

[6] 凌志祥.建筑工业化下钢结构住宅产业化发展要点[J].四川水泥，2022（01）：39-40.

[7] 住房和城乡建设部住宅产业化促进中心.大力推广装配式建筑必读——制度·政策·国内外发展[z].中国建筑工业出版社.2016.

[8] 鞠晓磊，张磊."十二五"太阳能建筑重要成果与展望[J].太阳能，2016（05）：58-61.

[9] 郑清涛，荣中秋，罗多，等.可变窗墙比围护结构的设计及其在寒冷地区净零能耗建筑中的节能潜力分析[J].建设科技，2021（21）：56-62+73.

[10] 李久君.结合太阳能设计的北方农村住宅热舒适性应用研究[J].住宅科技，2013，33（04）：38-42.

基于绿建斯维尔软件的太原理工大学动力中心节能改造方案
——以绿色建筑设计竞赛作品为例

林成楷[1, 2] 王浩泽[2] 张聪[2] 袁驰科[1] 陈永莉[2]

作者单位
1. 湖南大学
2. 太原理工大学

摘要： 随着国家建设从增量市场转为存量市场，对建筑的节能性和生态性的要求也日益增加，大学校园里所存在的历史建筑的节能改造也开始受到越来越多的关注。本文介绍了参与绿色建筑设计竞赛的太原理工大学虎峪校区的动力中心的节能改造方案，以此作为其他同类项目的推广范例。该动力中心内的电气系统主要功能是监测和调控整个校区的供暖情况，主要包括各个供暖楼宇的给水、回水压力与温度。由于其老旧的建筑结构以及落后的保温措施，致使其夏、冬季的冷热负荷很高，使得建筑能耗较高，同时其内部设施也不适应现代人类的生活习惯，其改造是势在必行的。该动力中心的场地面积为6862平方米，建筑单体面积为1081平方米，共二层，无地下室。改造前场地面积为6862平方米，建筑单体面积为1066平方米，整个改造方案包括了从建筑本身的保温措施改造到内外空间和场地的微环境改造，此外增加了光伏玻璃幕墙和种植屋面以进一步降低建筑能耗，并利用PMV-PPD方法评估了室内热环境并确定合适的室内设计参数，以达到"以人为本"的改造目的，夏季采用雨水回收器+蒸发冷却器的组合搭配来满足夏季的供冷需求。

关键词： 建筑节能改造；建筑能耗；保温措施；以人为本

Abstract: With the national construction from the incremental market to the stock market, the energy saving and ecological requirements of buildings are increasing, and the energy saving transformation of historical buildings on campus has begun to receive more and more attention. This paper introduces the energy-saving renovation scheme of the power center of Huyu Campus of Taiyuan University of Technology participating in the green building design competition, as an example of other similar projects. The main function of the electrical system in the power center is to monitor the heating situation of the entire campus, including the water supply, return water pressure and temperature of each heating building. Due to its old building structure and backward thermal insulation measures, the cooling and heating loads in summer and winter are very high, which makes the building energy consumption high. At the same time, its internal facilities are not suitable for the living habits of modern human beings, and its transformation is imperative. The site area of the power center is 6862 m^2, the building area is 1081 m^2, a total of two floors, no basement. The field area before the transformation is 6862 m^2, and the single building area is 1066 m^2. The whole transformation scheme includes the transformation from the thermal insulation measures of the building itself to the microenvironment transformation of the internal and external space and site. In addition, the photovoltaic glass curtain wall and the planting roof are added to further reduce the energy consumption of the building. The PMV-PPD method is used to evaluate the indoor thermal environment and determine the appropriate interior design parameters to achieve the "people-friendly" transformation purpose. In summer, the combination of rainwater recycling device and evaporative cooler is used to meet the cooling demand in summer.

Keywords: Building Energy-saving Renovation; Building Energy Consumption; Thermal Insulation Measures; People-friendly

20世纪50年代到改革开放前的这一历史阶段，我国建筑业经历了向苏联进行全面学习的过程，在学习和消化相关技术后大规模兴建各类建筑以满足社会生产活动和日常生活的需求。改革开放后，社会经济发展水平得到飞速的提高，人们对室内环境品质和建筑内外环境的要求不断提高，既有的历史建筑由于使用时间较久，并且设计时间较早，已经出现老化、能

耗大等问题，同时建筑的环境品质相比于同类别新建的建筑有明显的不足，进行必要的节能改造和建筑更新工作是延续其使用功能的必要之举。

本文以太原理工大学虎裕校区动力中心这一典型的校园历史建筑作为改造对象，先对其进行了实地调研，记录场地环境数据并了解内外环境中所存在的问题。为满足绿色建筑设计竞赛的技术可行性和经济

可行性的要求，改造方案提出"以人为本"的改造原则，在尽量不破坏既有历史建筑的历史风貌的基础上，采取合理的保温改造措施和内外空间和场地的微环境改造技术，改善建筑的内外环境环境品质并保证其节能性，使得该历史建筑的使用功能能得以延续，符合新时代人居环境品质的要求。

1　项目背景与概况

太原理工大学虎峪校区动力中心（下简称为动力中心）位于太原市迎泽区，太原市属于温带大陆性季风气候区，位置为北纬37.90°、东经112.55°，全年主导风向为西北和偏北[1]。太原市所处位置在我国热工分区中属于寒冷地区，建筑对于冬季保温的需求较为突出，同时兼顾夏季隔热。2020年绿色建筑设计竞赛以校园建筑的绿色化改造作为竞赛主题，强调为校园内的人群提供一个既舒适又节能的工作和学习

环境，并且在整个改造过程要求尽量采用多样化和因地制宜的技术措施。围绕竞赛主题，并结合太原理工大学动力中心相关负责人的具体要求，以尽量保留其历史建筑信息和风貌为前提条件，通过实地数据收集和信息调查，结合相关文献调研，提出该动力中心的绿色及节能改造方案。

该中心现行的建筑立面图如图1所示，图中各数字的单位为毫米，建筑功能分区如图2和图3所示。建筑分为两层，大多数房间设计规划为办公室，二楼西南角位置有一个监控室。二楼与一楼的布局相近，南向靠近大门处正上方的区域作为阳台，西南角的三个办公室合并为一个大型办公室，作为监控室，用于校园片区供暖系统运行状况监测设备的安放。从以上现有的建筑布局来看，该建筑的主要功能为动力中心工作人员日常办公和热力网值班，在进行节能改造时，主要按照办公类型的建筑进行考虑，并兼顾室内外既有的设备系统，保证其继续发挥应用的作用。

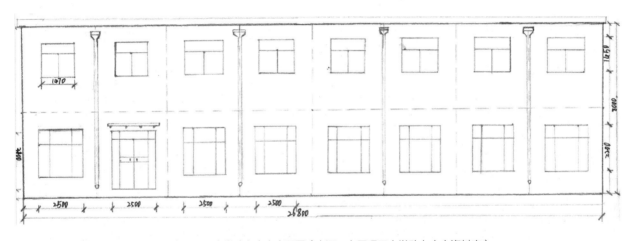

图1　太原理工大学动力中心立面图（来源：太原理工大学动力中心资料室）

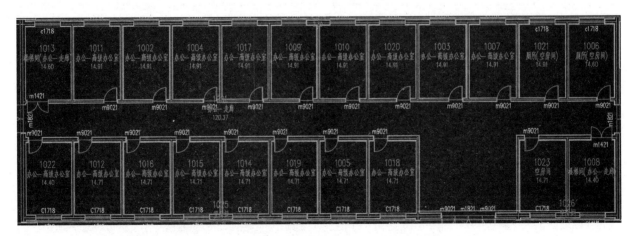

图2　太原理工大学动力中心一层平面图（来源：太原理工大学动力中心资料室）

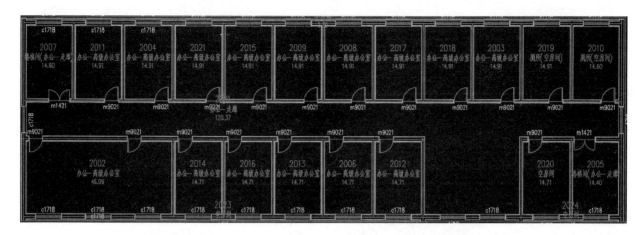

图3　太原理工大学动力中心二层平面图（来源：太原理工大学动力中心资料室）

2　场地改造措施与建筑改造措施

整个改造方案先从建筑周边区域开始进行。主要是对场地内的马路、自行车停车区、机动车厂区域进行重新划分，有效考虑动力中心平时的人流量和停车量状况，可较好缓解原有的功能用地不足和区域功能划分不明确的问题。图4～图6是通过建筑建模软件SketchUp展示出的场地改造后的效果图，分别是人工湖及周边绿植、重新划分的道路与功能区和动力中心周边绿植，图7为节能改造后的场地平面图。

图4　人工湖及周边绿植（来源：作者自绘）

图5　重新划分的道路与功能区（来源：作者自绘）

图6　动力中心周边绿植（来源：作者自绘）

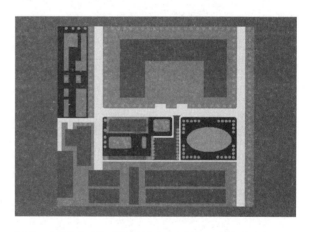

图7　动力中心改造后的场地平面图（来源：作者自绘）

由于动力中心的周围存在较大的开阔区域，故通过增加绿化和人工湖的方式进行场地改造。绿化和人工湖既能美化建筑外部环境，又能提供较好的生物多样性，还能调蓄建筑周边温度场和湿度场，起到有效的降噪效果。在道路边还设置配有光伏板系统的路灯，以利用昼间获取的太阳能进行夜间照明。同时动力中心的周围通过种植树木来调节建筑风场，释放负氧离子，并起到有效的夏季遮阳效果，以营造相对舒适且绿色环保的建筑微气候。在铺设人行道时使用了植草砖，并种在其周边植绿草和乔木；广场区域总共有三处，分别是动力中心所在的广场区域，左上区域的绿植公园，以及自行车停车区域右边的人工湖公园。动力中心所在的广场区域设置有乔灌草绿地，并加设了自行车棚以方便工作人员停放自行车。在进行以上的场地设计时，于动力中心屋顶设置了种植屋顶，并在东西两侧安置固定铁丝网以种植了爬山虎，以上措施起到降低通过屋面进入动力中心室内的冷热量的作用，同时也兼具降噪和营造良好屋面微气候环境的作用。

在对整体场地进行评价性设计时，除了考虑其生态性，还要考虑其热湿环境质量，其周边环境对动力中心能产生直接的影响。故利用斯维尔软件对场地总图区域设置建筑红线，计算场地建筑平均迎风面积、活动场地遮阳覆盖率和场地室外湿球黑球温度（表1）。经过斯维尔软件计算，本改造方案的平均迎风面积比为0.35，满足《城市居住区热环境设计标准》[2] JGJ 286-2013中平均迎风面积比≤0.85的要求。同时，不同的活动场地遮阳覆盖率计算也符合《城市居住区热环境设计标准》[2] JGJ 286-2013中的有关限值要求。《城市居住区热环境设计标准》[2]

JGJ 286-2013还要求最热季时期的居住区逐时湿球黑球温度不应大于33℃，通过斯维尔软件计算夏至日时的居住区逐时湿球黑球温度，得到如图8所示的夏至日逐时湿球黑球温度变化图，本改造进行的区域范围内的夏至日最大湿球黑球强度为29.6℃，符合不大于33℃的要求。

良好的室内采光不仅有利于人员工作，同时也能缩减照明器具的使用时间。现有动力中心房间的窗户尺寸为高1500毫米和宽900毫米，总面积为1.35平方米，而每个房间的使用面积为14.91平方米，可知原有房间的开窗的尺寸无法满足窗地比的要求，也无法满足房间的采光系数的要求。因此，一方面是为了满足房间的自然采光需求，另一方面也为减少建筑的冷热负荷量，利用斯维尔软件进行模拟计算，最终确定了房间窗户的高为1800毫米，宽为1700毫米，将窗面积增加到3.06平方米，既能有效提高各个房间的自然采光水平，也避免了过大的开窗面积所带来的冷热负荷增加过多。窗户的形状选用长矩形，有利于阳光进入房间的距离，增加房间远窗处的照度水平；同时窗户改用Low-E双层中空玻璃窗，中空处充入氩气，以替换掉现有使用的12A钢铝单框双玻璃窗，表2中显示了两类窗户相关物理参数的相关信息。

活动场地遮阳覆盖率计算表 表1

场地	遮阳面积（m²）	场地面积（m²）	遮阳覆盖率（%）	覆盖率限值（%）
广场	475.8	4965.9	10	10
人行道	798.0	2300.5	35	25
停车场	130.5	809.0	16	15

（来源：作者自绘）

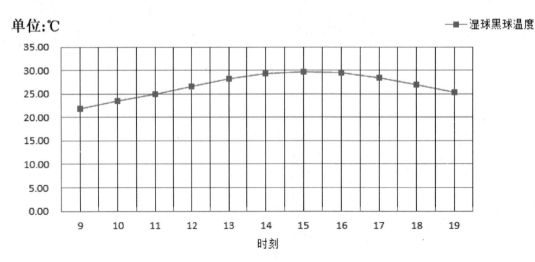

图8　夏至日逐时湿球黑球温度变化图（来源：作者自绘）

两类窗户的相关物理参数值　　　　　　　　　　　表2

序号	构造名称	构造编号	传热系数	太阳得热系数	可见光透射比	备注
1	下限+塑料窗框+双银Low-E中空玻璃+氩气厚度12毫米	18	1.51	0.16	0.8	
2	12A钢铝单框双玻窗（平均）	65	2.2	0.43	0.72	来源：《民用建筑热工设计规范》

（来源：作者自绘）

从图9和图10可见，在采光最不利的北向一层房间的照度水平较低，且光线进深很浅，几乎无法有效达到室内二分之一位置处，而一般办公室的照度需求为200lux，这就意味在不进行改造的前提下，只有靠近窗户区域有比较良好的自然采光水平，而房间中其他区域的自然采光水平较差；当进行窗户的改造后，房间的照度水平有较大幅度的提高，光线的进深较为深入，这样就能够较为灵活、有效地规划工作区域范围。有效的自然采光可以让工作人员有更加好的工作效率，同时，也能够节省为了补足照度水平而增加的照明设施的耗电量，兼具舒适性和节能性。经过斯维尔软件计算，在采用Low-E双层中空玻璃窗后，所有房间的自然采光水平都有了显著提升。在此基础上，对整个动力中心的人工照明系统进行改造，故采用LED智能照明系统[3]。该系统的照明灯具为矩形LED灯具，具有能耗小和照明均匀的优点，主要将灯具分别设置在各房间的顶板中央位置和走廊顶板位置，根据照度水平探测器和人员居留情况探测器控制各灯具的启闭。

通过借鉴其他类型建筑改造中的太阳房的设计理念，在动力中心的南向覆盖光伏玻璃幕墙，兼具节能性和艺术性。具体做法为从墙根处引出370毫米厚

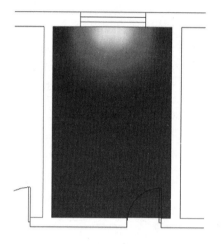

图10　改造后一层北向房间采光（来源：作者自绘）

度的外墙，以此为支撑框架来安装碲化镉光伏玻璃幕墙（以下简称光伏玻璃幕墙），并在该附加空间上部设置可启闭的自然通风口。由于光伏幕墙的厚度为60毫米，幕墙与原有外墙之间留有空气间隙。夏季光伏幕墙可有效吸收南向得热并产生清洁电力补充进动力中心自身供能系统，同时开启空间上部的自然通风，有效地通过自然通风的方式带出蓄积的热量，有效地降低动力中心的冷负荷；冬季时期则关闭自然通风口，使整个附加空间成为有效的蓄热空间，可降低动力中心的热负荷。需要说明，南向外窗的设置为内开形式，以防止与外部光伏幕墙产生碰撞，以确保光伏幕墙的使用时间达到出厂的寿命要求。图11即为建筑建模软件SketchUp展示出的南向光伏玻璃幕墙近景。

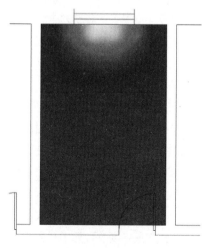

图9　改造前一层北向房间采光（来源：作者自绘）

图11　南向光伏玻璃幕墙近景（来源：作者自绘）

外保温结构体系构造和热物理参数　　　　　　　　　　　表3

材料名称	厚度δ（mm）	导热系数λ W/（m·K）	蓄热系数S W/（m²·K）	修正系数α	热阻R （m²·K）/W	热惰性指标 D=R*S
水泥抗裂砂浆	30	0.93	11.37	1	0.032	0.367
硬质聚氨酯泡沫塑料	70	0.027	0.36	1.2	2.16	0.933
黏土实心砖	370	0.81	10.551	1	0.457	4.82
白灰砂浆	20	0.81	10.75	1	0.025	0.265
各层之和	490	—	—	—	2.674	6.385
外表面太阳辐射吸收系数	0.75					
传热系数K=1/（0.16+ΣR）	0.35					
标准依据	《山西公共建筑节能设计标准》DBJ 04-241-2016第3.3.1条					
标准要求	K值应当符合上述标准表3.3.1-1~表3.3.1-3的要求（K≤0.45）					
结论	满足					

（来源：作者自绘）

控温墙体构造和热物理参数　　　　　　　　　　　表4

材料名称	厚度δ（mm）	导热系数λ W/（m·K）	蓄热系数S W/（m²·K）	修正系数α	热阻R （m²·K）/W	热惰性指标 D=R*S
水泥砂浆	20	0.93	11.37	1	0.022	0.245
黏土实心砖	240	0.81	10.551	1	0.296	3.126
硬质聚氨酯泡沫塑料	55	0.027	0.36	1.2	1.698	0.733
石膏板面层	12	0.33	5.28	1	0.036	0.192
各层之和	327	—	—	—	2.052	4.296
传热系数K=1/（0.22+ΣR）	0.44					
标准依据	《山西公共建筑节能设计标准》DBJ 04-241-2016第3.3.1条					
标准要求	K值应当符合上述标准表3.3.1-1~表3.3.1-3的要求（K≤1.50）					
结论	满足					

（来源：作者自绘）

除了加装光伏玻璃幕墙外，在节能改造当中还要重视各个朝向维护结构的改造和更新。外墙外保温是北方寒冷地区较为常见的围护结构保温方法，既能对建筑冷热桥处进行保温，同时还能减少主体维护结构所受的温度变形应力。由于原有的外保温构造已经逐步损坏，根据现有的《山西公共建筑节能设计标准》[4]DBJ 04-241-2016重新选用了外保温结构体系。除了对外保温构造进行重新设置，还重新设置了楼梯间和办公房间的控温墙体，通过减少户间传热量以减少邻近非空调采暖区域楼梯间的办公室冷热负荷。表3和表4分别是改造后的外保温结构体系和控温墙体的结构明细、热物理参数和经过斯维尔软件校验后的结果。

本文通过利用编制好的PMV计算表格对室内设计运行参数进行优化，要通过满足其热湿环境品质要求来确定室内热湿环境的具体设计参数。并且需要指出的是，本文的节能改造工作中，还与动力中心方面的管理人员进行商议，将二层会议室改为活动房间，作为值班文件、检修记录存档和维修器材的放置区域，其余房间的功能和改造前保持一致。

从图12可知，处于自由运行状态的北向房间的PMV在全年范围内变化剧烈；因此，如果不对环境加以调节，室内环境将完全不适宜工作人员进行办公，而斯维尔软件中的空调系统内置的默认参数经过先期验算，也无法完全满足热湿环境需求，因此利用编制好的PMV计算表格对室内设计环境参数进行优化来确定其具体值。该方法主要流程如下：先确定一个温度，然后寻找与之能匹配的湿度，依次进行数次软件验算，和斯维尔软件现有的高级办公室环境参数进行比对，以寻求既舒适又可进一步降低能耗的室内热湿环境设计参数，优化后的全年PMV变化如图13所示。本节能改造中所确定的热湿环境参数最终结果为，冬季：20℃，40%RH；夏季：25℃；25%RH。

经过优化后，基本在供暖季和供冷季满足合适的PMV-PPD区间，但仍存在着PMV不适宜的情况，这些时段为供暖期开始前一段与结束后一段，以及供冷季开始前一段与结束后一段；在这些情况下，一般采取局部加热装置或加装风扇来改善人员舒适度，而这部分设施分别设置在各个房间内，根据人员的停留情况进行使用。

空气龄是室内健康通风的常用评价指标之一，一般认为平均空气龄300秒内时室内通风效果良好[5]。在办公房间内，室内人员一般感觉到舒适的风速为0.25～1.0米/秒，一般把该风速范围占据的面积比例作为评价室内气流效果的主要技术指标。但空气

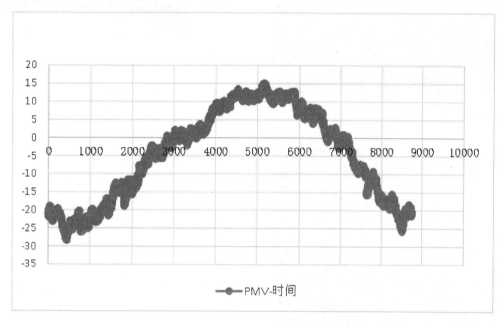

图12 调节前的 PMV- 时间图（来源：作者自绘）

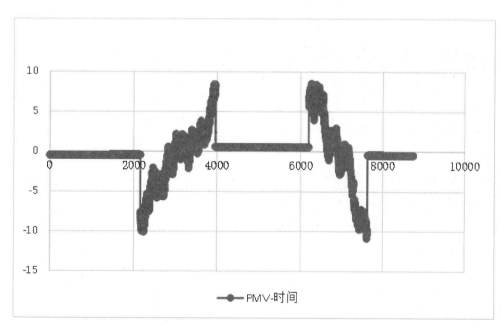

图13 调节后的 PMV- 时间图（来源：作者自绘）

龄也不能一直增加，在空调供暖季节，外界进风的引入可能会使得室内冷热负荷增加。本文进行节能改造前后的空气龄平面云图变化情况如图14~图17所示。

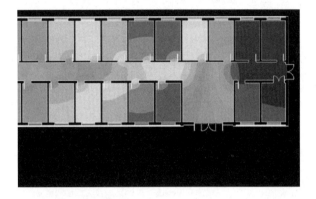

图14　改造前一楼空气龄分布（来源：作者自绘）

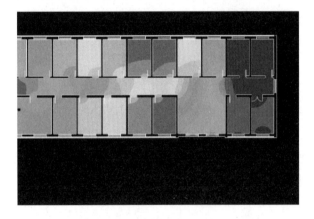

图15　改造前二楼空气龄分布（来源：作者自绘）

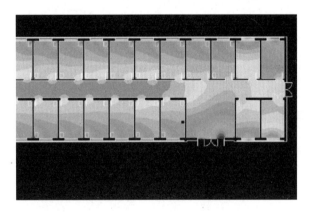

图16　改造后一楼空气龄分布（来源：作者自绘）

通过观察改造前空气龄的分布云图，可以发现，改造前的室内的空气龄普遍较长，各房间空气龄分布不均匀性大，且空气龄最大的地方存在于处于中间段

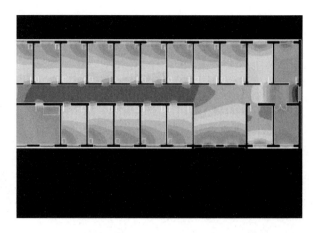

图17　改造后二楼空气龄分布（来源：作者自绘）

的4个办公房间，同时存在着较大范围的空气龄较低的区域；由于将动力中心内的楼梯间、走廊两端和各个房间的窗户都改为高为1800毫米，宽为1700毫米的Low-E双层中空玻璃，所以从改造后的空气龄分布图可以发现，室内改造后空气龄分布有明显的改善，均匀性得到提升，且流动死区的面积有效减少。第一层的空气龄峰值处在左端楼梯间与走廊交界区域；第二层的空气龄峰值处在中间段走廊区域，都为人员不常停留区域，因此本文的节能改造方案可以显著提高动力中心的室内环境的空气品质。

在整体改造进行前，动力中心已经装设有智能供暖系统，保证冬季供暖期间的室内环境品质符合要求；在此基础上，再进行夏季通风空调系统的节能改造。太原市夏季时期降雨较多，且动力中心靠近汾河，取水较为方便，故采用以雨水处理回用水配合市政供水的蒸发冷却空调系统，而且蒸发冷却产生的冷风有较好的亲自然性，也能增加办公室内人员的舒适性。

雨水收集和处理的主要流程为：在建筑外墙根下铺设散水层，设置有一定的坡度，在散水层尽头处将雨水收集至雨水回用处理系统的进入端，雨水回用的处理系统设置在动力中心附近的设备用房中。处理后的回用雨水可通过回用水收集箱进一步过滤处理，和处理后的市政供水一起作为蒸发冷却空调系统的水源。当蒸发冷却空调系统的水源达到最高限制值时，处理后的回用雨水与市政给水进入建筑后处过滤净化所产生的浓水进行处理后混合，作为厕所冲洗用水。该系统的流程如图18所示。该系统能在改善室内热湿环境的同时还能充分利用雨水资源，具有良好的节能

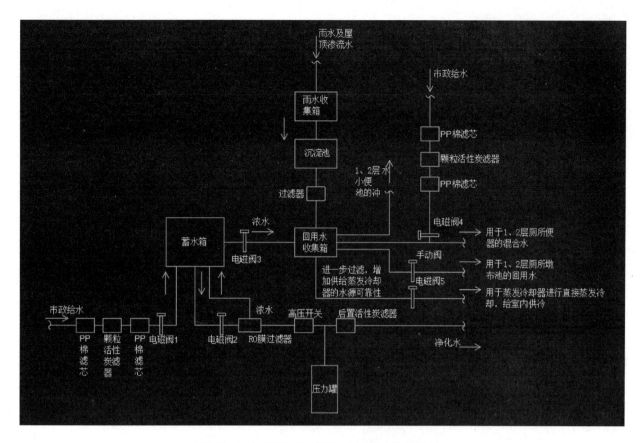

图 18 雨水回用系统设计流程图（来源：作者自绘）

效果。

3 节能改造效果与总结

　　建筑的冷热负荷是建筑能耗最主要的组成部分之一，减少建筑冷热负荷是节能改造的工作重点。改造前的冷热负荷指标较高，而且热负荷比冷负荷高出许多，这也侧面印证了太原地区的建筑能耗是以供暖为主的。综合动力中心调研期间其他方面的环境数据，因此本文节能改造的核心即是该书按室内自然采光环和减少冬季的热负荷，在以此为核心开展其他方面的节能改造。进行改造后建筑总的冷负荷从71055瓦降到57163瓦，而总的热负荷降从88019瓦降到59335瓦，节能改造效果较为显著，并且实现了内外环境的节能和更新目标。

　　从本文的节能改造项目可知，与新建的绿色建筑相比，既有建筑的绿色节能改造不仅仅是个系统工程，还需要进行整体性和合理性的把握，综合性地采用各类可行的节能改造措施；同时，还要注意进行有效的先期调研，并与建筑使用方进行密切的沟通，争取在双方都认可的前提条件下进行有效的节能改造。

参考文献

　[1] 张晴原，Joe Hung.中国建筑用标准气象数据库[M].北京：机械工业出版社，2004.

　[2] 中华人民共和国住房和城乡建设部.城市居住区热环境设计标准JGJ 286-2013[S].北京：中国建筑工业出版社，2016.

　[3] 姚其.民机驾驶舱LED照明工效研究[D].上海：复旦大学，2012.

　[4] 山西省住房和城乡建设厅.山西公共建筑节能设计标准DBJ 04-241-2016[S].太原：山西人民出版社，2016.

　[5] 龙淮定，武涌.建筑节能技术[M].北京：中国建筑工业出版社，2009.

寒地高密度中心街区室外热环境优化研究①

殷青　曹宇慧　周立军

作者单位
哈尔滨工业大学建筑学院
寒地城乡人居环境科学与技术工业和信息化部重点实验室（哈尔滨工业大学）

摘要：通过 Ladybug 软件，以寒地人群热舒适需求为目标，对寒地典型城市哈尔滨市高密度中心街区热环境进行实地测量以及数值模拟。针对寒地高密度中心街区的室外热环境问题，提出了一种基于参数化平台的室外热环境模拟方法，实现了模拟高效，有效地分析了室外热环境分布情况，从而提出寒地城市高密度中心街区空间形态的设计策略。研究结果为室外热环境的研究方法提供了新的参考。

关键词：室外热环境；参数化模拟；高密度中心街区；寒地

Abstract: In order to meet the needs of thermal comfort of people in cold area, the thermal environment of high-density central area in cold area was measured and simulated by Ladybug software. In view of the deterioration of outdoor thermal environment in cold area, this paper puts forward a simulation method of outdoor thermal environment based on parametric platform, which achieves high simulation efficiency, effectively analyzes the distribution of outdoor thermal environment, and puts forward the design strategy of high-density block space form in cold area. The results provide a new reference for the research methods of outdoor thermal environment.

Keywords: Outdoor Thermal Environment; Parametric Simulation; High-density Central Area; Cold Region

　　我国城市化的发展导致人口密集地区的热负荷和室外热应力不断增加，产生一系列与气候和环境相关的城市问题，如城市热岛效应、建筑能源消耗的增加等。城市设计理念逐步向宜居、生态、可持续的现代城市品质的新要求转变，城市气候适应性设计也逐渐成为城市建设主要考虑的因素之一。调研选择寒地某城市高密度中心街区进行，通过确定寒地热舒适指标 PET 评价尺度，提出模拟仿真实验的约束条件。并通过参数化平台构建室外热舒适模拟模型，探索城市空间形态要素与室外热环境的影响关系，提出能够改善微气候环境、提高室外热舒适度的城市空间形态要素的优化策略。

1　实地调查与测量

　　调查位于中国的东北部省会城市哈尔滨（45°41′N，126°37′E），位于严寒A区，其独特的气候特点对寒地居民的室外活动产生了极大的影响[1]。哈尔滨夏季总体温度不高，过渡季时间较短，而冬季的气温整体偏低，且持续时间较长，极端气温甚至会达到-30℃以下[2]。其极冷的室外热环境在很大程度上影响人们的正常户外活动，因此需对其室外热环境情况展开调查。

　　调查选取的具体地点为哈尔滨秋林商业街区，位于城市中心区，包括商业、办公、居住等功能。此街区容积率明显高于周边其他街区，且高层建筑居多，体现出了高度集聚的空间特征。实地调查于2020年夏季、秋季、冬季展开，共进行了20天热环境测试，并收集了2032份问卷。选取夏季、秋季的9：00～17：00以及冬季的10：00～16：00进行调研。通过将客观环境参数与受访者的主观行为与反应进行比较，评估人们的热舒适感受与客观环境的关系。根据每份问卷的时间对应的4个气象参数、代谢率与服装热阻，使用 Rayman 软件[3]即可计算出生理等效温度（PET）。

　　PET 作为评估室外热舒适水平的重要指标之

---
① 基金项目：国家自然科学基金：建筑能耗动态信息模拟和热工实验结合的寒地村镇绿色住宅设计研究（52078155）。

一，首先将调研期间的PET与每1℃PET的MTSV进行回归分析，其中每个PET区间内样本量不少于10个，得到相应数学模型如图1所示。当MTSV为[-0.5，0.5]时，所得PET范围被称为中性PET范围，代表普遍被人们接受的区间。根据回归曲线，可以得到中性PET范围为[12.95℃，20.93℃]。其次把热可接受范围被定义为至少80%的受试者认为温度在可接受范围内，即只有20%的用户认为该范围是不可接受的。对于每1℃PET区间内计算其不可接受的百分比，进行二项式拟合（图2）。得出80%的受试者可接受PET范围为[5.14℃，27.15℃]，这比中性PET[12.95℃，20.93℃]的值域更宽，说明寒地居民对室外热环境存在较强的心理与生理适应[13]，可接受的PET范围更大。通过实地测量的方式对寒地热评价指标PET进行修正，进一步精确了寒地城市高密度中心街区热环境的评价尺度。

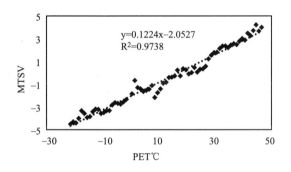

图1 PET与平均实际热感觉MTSV回归分析（来源：作者自绘）

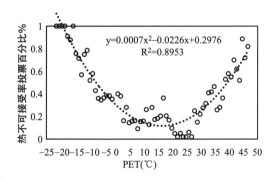

图2 PET与热不接受投票率的相关性分析（来源：作者自绘）

2 参数化模型构建

构建参数化模型前结合相关的设计规范，在对建筑体量进行简化和类型化，得出了寒地高密度街区的

抽象模型，该模型主要用于确定参数化模型控制变量的模拟实验。原型地块平面尺度确定为280米×400米，建筑密度为51.02%。在工况原型建构中将街区主要朝向设定为南北向，作为街区原始形态。同时为了方便研究和计算，结合实际情况设置商业体量层高为4米，高层塔楼的标准层为3米，街区的原始工况信息与模拟条件设置如下表1所示。

哈尔滨过渡季的气候条件较适于室外活动，而冬夏两季的室外热舒适度则较差，尤其是冬季的严寒气候。因此模拟实验主要针对哈尔滨的冬夏两季的极端气候时段进行，设定夏季模拟时间为7月16日，而冬季模拟日并非设置为深冬时期，其原因寒地在深冬时期室外温度达到最低水平且无法再通过增加衣物的方式应对室外严酷的气候。因此通过实测实验所呈现的PET计算数据，结合计算得出的全年热可接受PET范围[5.14℃，27.15℃]，确定冬季的模拟时间为10月25日。模拟实验设置距地面1.5米处作为PET的模拟分析界面，并以Dx=2米，Dy=2米，Dz=1.5米为单位进行均匀划分。

3 街区形态控制指标优化

寒地高密度中心街区形态控制指标的设计参量，主要应考虑街区建筑密度和容积率两个参量。在探究容积率与PET的模拟实验中，通过合理变化街区各建筑体量的层数进行形体变化；在探究建筑密度与PET的模拟实验中，通过合理变化各建筑体量的面阔和进深来调节建筑单层尺度，进而改变街区建筑密度。结合调研结果和建设规范等具体情况，规定容积率的值域范围设置为4～6，并形成容积率分别为4、4.4、4.8、5.2、5.6、6这6种街区设计方案。基于初始工况下将模拟建筑密度变量调整到40%～60%之间均匀分布，分别形成了密度为40.0%、44.0%、48.0%、52.0%、56.0%和60.0%的6组模拟方案。

3.1 容积率模拟结果

容积率对寒地高密度街区夏季PET影响实验结果显示，夏季容积率和街区平均PET呈负相关关系，且整体变化趋势随着容积率变大越来越小。6组方案逐时PET模拟结果显示，其逐时PET先变大后

寒地高密度中心区模拟模型信息汇总表　表1

寒地高密度中心区抽象模型基本信息		
秋林街区肌理图	初始模型平面尺度示意图	抽象模型基本信息
		用地面积　110400m²
		容积率　4.3
		建筑密度　51.02%
		建筑平均高度　29.16m
		建筑高度离散度　18.63
		商业单体层高　4m
		塔楼层高　3m
		塔楼标准层尺度　35m×30m

室外热舒适模拟边界条件设置		
	夏季	冬季
模拟时间段	07.16 9: 00-17: 00	10.25 10: 00-16: 00
网格划分	Dx=2m，Dy=2m，Dz=1.5m	Dx=2m，Dy=2m，Dz=1.5m
街道朝向	正南北方向	
建筑外墙传热系数	0.35W/（m²·K）	
屋面传热系数	0.25W/（m²·K）	
下垫面材质反射率	0.1	

室外热舒适性能评价目标设置		
	夏季	冬季
MTSV	[-1.67, 1.11]	数值最大
逐时PET	在[12.9, 28.6]占比最大	在[5.5, 19.1]占比最大
平均PET	平均PET数值最小	平均PET数值最大

（来源：作者自绘）

变小，随着容积率变大，逐时PET的变化幅度越来越小，说明了容积率对于室外热环境的影响在容积率增大至一定程度后，其影响逐渐微弱。根据中性PET区间为12.95℃～20.93℃，模拟结果表明，容积率在4.8～6之间均处于夏季 PET 最优区间。容积率对冬季 PET 的影响实验结果显示，冬季容积率和中心街区平均 PET 也呈负相关关系，但容积率的变化对寒地高密度街区冬季的影响更强烈。6组方案逐时PET模拟结果显示，根据全年热可接受PET范围5.1℃～27.1℃，容积率在4.0～5.2之间，逐时 PET 值大于5.1℃所占比例最大，可以达到冬季中心街区室外热舒适的可接受水平。

3.2　建筑密度模拟结果

建筑密度对夏季 PET 的影响实验结果显示，夏季建筑密度和平均PET大致呈反比关系，在建筑密度为48%～52%之间负相关影响最强。在6组方案的逐时PET模拟中，各组的逐时PET值均在14: 00达到了峰值，这与容积率模拟实验的总趋势是一致的，但整体上容积率对于热环境的影响强于建筑密度。结合中性PET区间12.95℃～20.93℃，建筑密度在52%～60%区间内，可以最大程度达到夏季中心街区室外热舒适水平。建筑密度对冬季PET的影响实验结果显示，平均PET在40%～44%区间随着建筑密度的增加而减小，在44%～60%区间随着建筑密度的增加而增大。根据6组方案逐时的 PET模拟结果，建筑密度的变化对室外热环境的影响在12: 00～14: 00之间并不强烈，而在其他时间段有较明显的差别。根据全年热可接受PET范围，发现建筑密度在56%～60%之间，热舒适水平达到可接受范围比例最大。通过对不同容积率和不同建筑密度下寒地高密度街区夏季和冬季的室外热环境模拟结果进行讨论分析，得到街区形态控制指标建议区间如表2所示。

街区形态控制指标建议区间　　表2

	夏季	冬季	综合考虑
容积率建议区间	4.8~6	4.0~5.2	4.8~5.2
建筑密度建议区间	52%~60%	56%~60%	56%~60%

（来源：作者自绘）

4 街道层峡形态优化

寒地高密度中心街区的街道层峡形态优化主要针对寒地城市高密度中心区的街道高宽比与街道朝向等参数进行解析。调查街区原始街道朝向为东南向，所以街道朝向采取南北向、东西向、西南向和东南向四种情况进行模拟。选取实地测试的A点（H/W=3.9）、B点（H/W=4.5）、C点（H/W=1.05），代表三种不同尺度的空间进行室外热舒适模拟，模拟中通过改变测试点街道宽度（10米、15米、20米、25米和30米）对街道高宽比H/W值进行改变。

4.1 街道朝向模拟结果

街道朝向对寒地高密度街区夏季PET影响实验结果显示，平均PET模拟值波动较大。当主街道朝向为E-W时，夏季平均PET最大，而当主街道朝向为NW-SE时，平均PET最小。综上，寒地高密度街区主街道朝向为E-W时，夏季的室外热舒适水平相对较差；主街道朝向为NW-SE时，室外热舒适水平相对较好。从4组方案整体来看，模拟值相差不大，波动趋势一致。故主街道朝向对于夏季室外热舒适水平影响较为微弱。

街道朝向对寒地中心街区冬季PET影响实验结果显示，四种朝向的平均PET模拟值区间为3.4℃~3.8℃，相较于夏季，其变化区间较大，说明街道朝向对于冬季街区热环境的影响强于夏季。在4组方案中，冬季室外热舒适水平最佳朝向是N-S，其次是NE-SW，而E-W朝向相对而言热舒适水平最低。4组方案的逐时PET模拟结果在10：00~12：00逐时模拟值波动较大，在13：00趋于一致，而后在14：00~16：00之间又呈现出较大的波动范围。整体而言，在上午主街道呈45°布局即NW-SE、NE-SW的热环境水平较优，而在下午N-S、E-S朝向街道热舒适水平较高。根据全年热可接受PET范围，街道朝向为NE-SW以及NW-SE的两种情况下，逐时PET在11：00超过5.1℃，而N-S街道在16：00热环境水平也在可接受范围内。综合考虑，主街道朝向冬季室外热舒适水平由高到低依次为NE-SW、NW-SE、N-S、E-S。

4.2 街道高宽比模拟结果

根据模拟结果，发现各点的平均PET在夏季和冬季均表现出不同的变化规律，其中三个点的平均PET大多数随着H/W的增大呈下降趋势，且夏季的变化幅度强于冬季，因此街道空间的室外热舒适水平应主要考虑夏季。

从A点来看，在H/W从2.6变化至5.2的过程中，夏季的平均PET随H/W增大有均匀减小的过程，而冬季基本无太大改变。当H/W增大至7.8时，整体趋势有较大改变。所以在高层塔楼和多层裙房形成的街道空间，H/W保持在3.9~5.2范围内，全年室外热舒适水平较高。从B点来看，夏季当H/W在3.975~7.95范围内，室外热舒适水平良好，而此时冬季平均PET基本无明显变化。所以对于受两个朝向影响的街道交叉口空间，H/W在3.975~7.95之间，全年热舒适水平较高。从C点来看，在两侧为多层建筑的街道峡谷，H/W在0.84~1.05之间，平均PET保持稳定的水平。综合以上从街道朝向和街道空间尺度两方面，对寒地高密度街区夏季和冬季的室外热环境模拟结果进行讨论分析，得到街道朝向建议方向和街道空间形态建议区间如表3、表4所示。

街道朝向建议方向　　表3

	夏季	冬季	综合考虑
建议朝向	NW-SE	NE-SW、NW-SE	NW-SE
不建议朝向	E-S	E-S	E-S

（来源：作者自绘）

街道空间形态建议区间　　表4

	高层街道空间	街道交叉口空间	多层街道空间
H/W	3.9~5.2	3.975~7.95	0.84~1.05

（来源：作者自绘）

5 建筑形态与布局形式优化

由于寒地高密度中心街区建筑平面形态大多是以点群式与围合式相结合为基础形成的，差异较小，因此主要探究不同高度建筑排布方式对室外热环境的影响。对于街区不同高度建筑排布方式分为"南高北低""北高南低""中间高四周低"和"中间低四周高"这四种排布情况。

不同高度布局方式对寒地高密度街区夏季PET的影响实验结果显示，夏季街区平均PET从"北高南低""南高北低""中间低四周高"至"中间高四周低"呈现依次减小的趋势。同时逐时模拟结果可以看到4组折线图变化幅度不明显。由此可见，夏季不同建筑高度布局方式对于室外热环境水平影响较小。而冬季PET的实验结果显示，冬季街区平均PET在"北高南低"布局中保持较高的水平，其次为"四周高中间低"式布局，说明在考虑布局方式对于冬季平均PET影响时，高层建筑适宜布局在地块的北侧，以保证整体地块所获得的太阳辐射维持在较高水平。同时较高的建筑分散布置在场地四周也会提高整体热舒适水平。依据全年热可接受PET范围，"北高南低"与"四周高中间低"式布局逐时PET值大于5.1℃的比例最大，可达到冬季最大化热舒适水平。综合以上对四种布局方式夏季和冬季的室外热环境模拟结果，进行讨论分析，得到不同布局方式下建筑高度标准差建议区间如表5所示。

不同布局方式下建筑高度标准差建议

	夏季	冬季	综合考虑
		区间	表5
布局方式	—	"北高南低" "四周高中间低"	"北高南低" "四周高中间低"

（来源：作者自绘）

6 结语

选取寒地高密度中心区作为研究对象，基于全年的室外物理环境监测数据，提出寒地中性PET范围与可接受PET范围。基于哈尔滨秋林街区实际案例，设定初始工况模型，对夏季与冬季的室外热环境进行控制变量模拟实验，从街区形态控制指标、街道层峡形态、建筑形态与布局形式三个层面进行研究，提出了寒地高密度中心区空间形态的室外热舒适优化设计策略。该方法能够更加有效地提升室外热环境舒适度，提高室外空间利用率。研究采用参数化建构模型，实现了室外热环境数值模拟的高效方法，为其他热环境的研究方法提供参考。

参考文献

[1] LENG H，LIANG S，YUAN Q，Outdoor thermal comfort and adaptive behaviors in the residential public open spaces of winter cities during the marginal season[J]. International Journal of Biometeorology，2020，64：217-229.

[2] JIN H，LIU S，KANG J，Gender differences in thermal comfort on pedestrian streets in cold and transitional seasons in severe cold regions in China[J]. Building and Environment，2020，168：106488.

[3] 雷永生. 严寒地区城市室外热舒适多维度评价研究[D]. 哈尔滨：哈尔滨工业大学，2019.

环境行为学视角下的医院入口空间设计探析
——以西南医院入口空间为例

吕英慧

作者单位
重庆大学建筑城规学院

摘要： 本研究以西南医院入口空间为例，采用环境行为学的三大理论，从环境行为学视角对西南医院入口空间的通用属性与拓展属性分别进行研究与评价。采用问卷调研法对医院入口空间的拓展属性进行研究，并对西南医院入口空间序列存在的问题进行总结，讨论不同群体对于医院入口空间的不同需要，为提升城市医院入口空间品质提出优化策略。

关键词： 序列；行为；医院；入口空间

Abstract: Taking the entrance space of Southwest Hospital as an example, this study uses three theories of environmental behavior to study and evaluate the general and extended attributes of the entrance space of Southwest Hospital from the perspective of environmental behavior. The questionnaire survey method is used to study the expansion attributes of the hospital entrance space, summarize the problems existing in the entrance space sequence of the Southwest Hospital, discuss the different needs of different groups for the hospital entrance space, and propose an optimization strategy for improving the quality of the urban hospital entrance space.

Keywords: Sequence; Behavior; Hospital; Entrance Space

医院的功能需求以及人员承载力发生变化，这也使得医院的规模高速扩张。医院规模的扩张间接导致医院入口功能复杂化，这使得人们对医院入口空间的记忆也越来越模糊。由于医疗建筑的新变化，确保医疗空间和谐共生地融入城市，保证医疗体系在整个城市空间中能够高效率地运作，成为决定医疗建筑设计是否成功的一个重要指标[1]。但是，目前国内缺乏对于大型医院整个入口序列详尽的空间评析，以环境行为学为切入点的讨论更是十分稀少。本文旨在探讨医院入口空间序列的同时，利用环境行为学的理论来分析人群需求及其相对应的空间属性。不仅弥补了相关领域的学术空白，而且有助于建筑师切实从使用者的角度出发去实施更加适宜的建筑设计策略。

1 环境行为学引入医院入口空间的研究框架梳理

1.1 环境行为学相关介绍

环境行为学是心理学中十分重要的组成部分，

相比于心理学100多年的发展史，环境行为学则是从20世纪60年代开始进入大众的视线，起步较晚[2]。环境行为学是研究人与周围各种大大小小的物质环境之间相互关系的科学[2]。它的主要研究内容是环境与人之间的关系，并在它的研究范畴内，二者被认为是一衣带水的关系。目前，环境行为学有三大理论，分别是：环境决定论、相互渗透论和相互作用论[3]。

以环境行为学的观点作为出发点，探究医院入口空间，更有助于我们深入思考和分析人的行为需求与其所对应的空间属性，帮助我们更全面地剖析医院入口空间设计的内在需求原理，以此探讨医院入口空间设计亟待改善的关键点。

1.2 框架的建立

在研究西南医院的入口空间时，运用环境行为学的理论，依次建立了研究框架（图1）。此框架将环境行为学的研究理论与西南医院入口空间属性的研究与评析结合起来，对西南医院入口空间序列的通用属性与拓展属性分别进行研究与评价。入口空间的通用

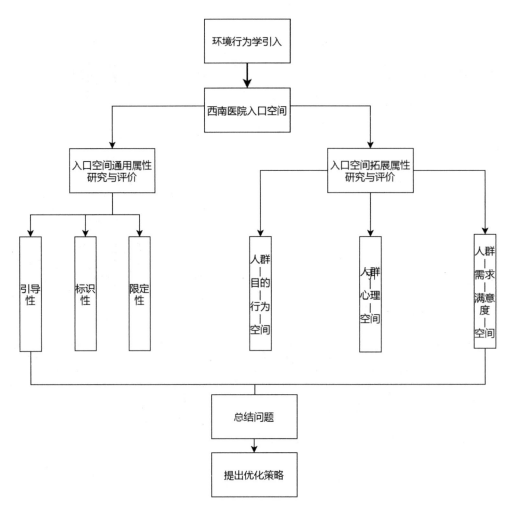

图1　基于环境行为学的西南医院入口空间的研究框架（来源：作者自绘）

属性包括引导性、标识性和限定性。对于医院入口空间的拓展属性，我们采用以下调研方式去研究。问卷调研的方式研究不同人群的空间需求和空间满意度，并研究其对应的空间属性。

2　沙坪坝区西南医院入口空间评析

2.1　西南医院入口空间初认知

空间元素：整个西南医院入口空间序列包含树池、花池、水池、台阶、展廊、路灯、座椅、坡道、车行道、人行道和保安亭等空间元素。对不同的空间元素进行深入调研，我们可以得出图2的结果。其中，不同的空间元素，对应人群的行为有很大差异。不同的空间元素对应的空间功能属性不同，具有引导性的有人行道、车行道、宣传栏、台阶和坡道；具有

标识性的有花池和路灯；具有限定性的有树池、水池和座椅。

空间结构：西南医院入口空间的轴线和节点都十分清晰，从入口标示牌到外科楼是一条横贯东西的主轴线。尤其是外科楼前的广场空间处，对称的广场形式和树池布局更突出了整个入口空间序列的主轴线。整个入口空间序列的节点有10个（图3），通过限定性的空间元素进行界定和划分，比如连续的花坛、树池、水池、路灯等。在轴线和节点联通之下，整个入口空间组成一个整齐有序的空间序列：开端、小高潮、发展、延伸、高潮和结尾（图4）。

2.2　空间的通用属性与拓展属性研究

1. 通用属性研究

入口空间的通用属性包含引导性、标识性和限定性。

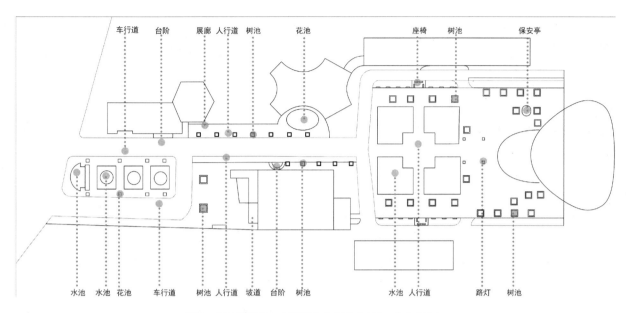

图 2　西南医院入口空间元素分布图（来源：作者自绘）

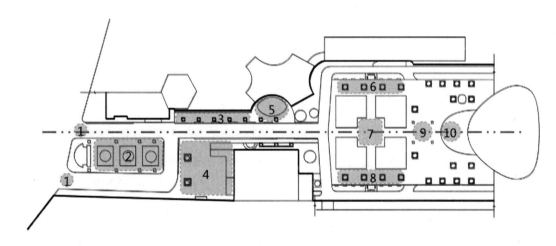

图 3　西南医院入口空间序列节点图（来源：作者自绘）

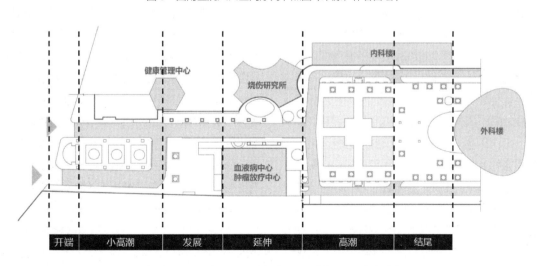

图 4　西南医院入口空间序列分段图（来源：作者自绘）

针对西南医院入口空间的引导性，我们采用观测的方法进行调研，先对某一时刻场地上人的行进方向进行统计，其中以场地的轴线作为纵向，垂直于轴线为横向。我们选取的观测对象是五组无明显行走障碍的成年人，每组二十人。观测要点：由于入口空间序列上行人的目的地选择存在较大的差异性，因此从每组的二十人中选择前往外科楼的人群进行其行进速度的观测。观测方法：1.对前往外科楼的人群进行分类，分为未发生明显停顿的人群以及出现明显停顿或绕路人群，分别统计数量。2.计算未发生明显停顿的人群的平均速度并与正常成年人行走的平均速度进行对比。将上述调研结果绘制成人流导向图，统计空间序列上路径与各节点人流导向变化速度表（表1和表2）。

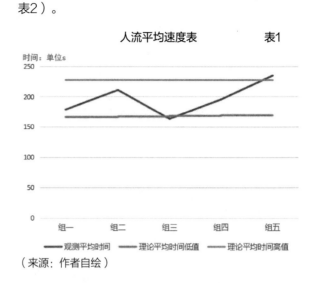

（来源：作者自绘）

不同行进方式人数与速度统计表　　　　　　　表2

组别	总数/人	前往外科楼的人数/人	未停顿人数/人	平均时间/s	停顿或绕路人数/人
第一组	20	12	10	178.45	2
第二组	20	14	14	210.85	0
第三组	20	11	8	163.27	3
第四组	20	15	11	195.32	4
第五组	20	8	8	234.58	0

（来源：作者自绘）

经过分析，我们得出结论：总体轴线序列上的人流导向以纵向为主，空间引导性整体表现为纵轴线方向，局部节点处横向人流增多，这是局部引导性增强的表现。各组对象平均速度变化不大，且都聚集在正常平均速度的区间之内，人流在空间序列上寻路的时间短，因而入口通达性强。基于以上对于空间序列引导性的研究，可以进一步细化分析两个部分：一个是轴线序列上的引导性和整个空间序列上的有序视点的引导性。首先，轴线序列上的引导性是通过路径引导和限定性要素引导来实现的。整个空间序列利用标识牌到外科楼之间一条东西贯通的直线路径来引导，并且在路径上设计花池、树池、水池、铺装进行强化。另外，空间序列上的有序视点是以医院的门口标识为起点，顺应其基地状况形成两条轴线，分别以两个广场为终点，形成医院入口空间的两条主要的人流引导方向。在入口标识处的主视域处可以清晰地看到轴线末端的外科楼的完整塔楼部分，沿着路径进入C视域便可以看到外科楼完整的裙房和塔楼，D视域在整个入口空间序列的末尾处，可以看到完整的建筑以及裙房的具体细节（图5）。整个建筑群的核心建筑——外科楼，始终在人的视域范围内，从而引导人群沿着道路继续向前行进。

针对入口空间序列的标识性，我们将标识物分为三类，分别是：景观标识、绿植标识和路牌标识。然后，对三类不同的标识物进行调研后总结每种标识物的特点和人在其中的行为特点。调研总结如下：1.人造景观标识的特点：居于轴线两侧，对入口空间序列起到辅助的作用。相对应的人的行为特点是：人与此类标识之间往往只进行视线互动，距离远，近距离接触少。2.绿植标识的特点：以群体阵列的方式出现以此来发挥其标志物的作用。相对应的人的行为特点是：人会与其进行肢体接触的互动或停驻，人与此类标识物的互动强。3.路牌标识的特点是在空间中直接发挥标识作用，多以文字或图形的方式进行信息的传递。相对应的人的行为特点是：此处的行人多表现为短暂的停留，并且有较为明显的人流、车流分流。

针对入口空间序列的限定性，归纳出五种类型：石墩子围合的限定、花坛围合的限定、树池围合的限

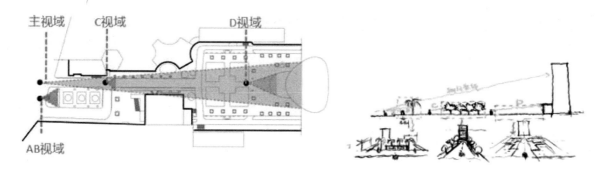

图 5　人群视域情况图（来源：重庆大学建筑城规学院李正东绘制）

定、水池围合的限定、座椅围合的限定[4]。人的行为特点：驻足停留进行观赏、休息、交谈、打电话，人与限定性空间的互动性强。

总结：西南医院入口空间的通用属性中，引导性和限定性好，实现了人与空间的积极互动。但是入口空间的标识性不够好，指示牌不足，且许多指示牌位置不合理，人远观不容易看清，近观又存在交通上的安全隐患。

2. 拓展属性研究

针对西南医院入口空间的拓展属性的研究，我们采用如下方式：问卷调研法。问卷调研法研究不同的人群的需求和满意度，并研究其对应的空间。这里我们采用的问卷为访谈式问卷，针对所研究的问题我们可以有以下三种问卷：节点满意度调研问卷、整体空间满意度问卷和空间需求问卷。本次调查问卷前两类采用SD语义差异量表问卷形式。即不满意记为-2，

较为不满记为-1，一般记为0，较为满意记为1，满意记为2。节点满意度调研是以半小时时间为平均时间段统计各个节点人群的数量以及不同人群类别、行为所占的百分比，并汇总数据计算各节点满意度（表3）。进行整体空间满意度调研时，并分别绘制出调研结果表（表4～表6）。

节点满意度调查表　　　　　表3

节点	人数统计	行为类型（百分比）			人群分类（百分比）			满意度
		通行	交流	休息	病患	探视者	医护	
1	552	100%	0	0	84.58%	9.06%	6.36%	-0.4
2	10	20%	70%	50%	90%	10%		0.3
3	364	76.92%	6.60%	16.48%	77.20%	13.74%	9.06%	1.5
4	256	57.81%	12.5%	29.69%	77.34%	9.38%	13.28%	1.2
5	238	74.37%	14.29%	11.54%	81.93%	3.78%	14.29%	0.1
6	213	57.75%	15.96%	26.29%	77.46%	13.15%	9.39%	1.4
7	664	98.19%	1.81%	0	74.55%	67.78%	18.67%	1.2
8	123	60.98%	18.70%	20.32%	72.36%	17.89%	9.76%	0.3
9	634	96.21%	2.05%	1.78%	73.66%	3.63%	22.71%	1.1
10	589	98.81%	0.68%	0.51%	69.95%	2.21%	27.84%	1.2

（来源：作者自绘）

节点满意度调研结果表　　　　　　　　　　　　　　　　　　　　　　表4

人群	人群需求	类型指标	语义差别量表评价指数
探视者	生理需求	空间的基础设施	1672
		空间的环境卫生	1469
		交通可达性	1.753
	安全需求	空间的安全性	1.074
		空间的秩序性	1.234
		空间的好适性	0.987
	社交需求	休息座椅数量	1236
		活动区域的大小	1.873
		活动区域舒适度	1.567
	尊重需求	空间尺度	1.023
	自我实现需求	植物的色彩组合	1.034
		植物配置	1.455
		活动空间的多样性	1345

（来源：作者自绘）

节点满意度调研结果表　　　　　　　　　　　　　　　　表5

人群	人群需求	类型指标	语义差别量表评价指数
医护	生理需求	空间的基础设施	1982
		空间的环境卫生	1.879
	安全需求	空间的秩序性	1.734
		空间的舒适性	1.865
	社交需求	活动区域的大小	1.976
		活动区域舒适度	1.867
	尊重需求	空间尺度	1.023；
		宣告栏布置	1.234.
	自我实现需求	植物的色彩相合	−0.986
		植物配置	1.155
		活动空间的多样性	1.045

（来源：作者自绘）

节点满意度调研结果表　　　　　　　　　　　　　　　　表6

人群	人群需求	类型指标	语义差别量表评价指数
病患	生理需求	空间的基础设施	1.232
		空间的环境卫生	1.889
	安全需求	空间的安全性	0.784
		空间的秩序性	0918
		空间的舒适性	0.843
	社交需求	休憩座椅数量	1556
		活动区域的大小	1.663
		活动区域舒适度	1023
	尊重需求	无障碍设施	1.789
		空间尺度	1.023
	自我实现需求	植物的色彩相合	0.576
		植物配置	−0.956
		活动空间的多样性	0.512

（来源：作者自绘）

2.3　问题总结

经过以上的调研研究与分析，我们总结出西南医院入口空间序列中拓展属性所存在的问题如下：1.首先，在入口空间的开端处的节点一（图3）存在外部道路窄、交通拥堵、噪声污染严重的问题，且作为入口空间序列的开端，却没有设置与城市之间的空间进行过渡。其次是入口空间序列的小高潮处的节点二（图3）单纯的大片景观，与两旁道路及人行区域较为割裂，整个小高潮空间私密性不足，人群的参与度过低。此外，烧伤研究所的入口空间——节点五（图

3）人流密集，而广场空间相对较小，导致人流拥堵。2.医院整体空间缺乏园艺疗养空间，植物色调组合不够丰富，植物搭配不够合理。3.序列空间中缺乏多人围桌的聊天空间、洗手空间和休闲娱乐空间。

3　西南医院入口空间优化策略

3.1　局部细节问题优化策略

首先是我们讨论医院缺乏必要的无障碍设施的问题。虽然入口空间在无障碍设计方面有所考虑，但

缺乏室内无障碍设施，仍需要改进。例如应该在坡道、台阶处设置无障碍扶手或者轮椅升降机。其次，针对局部人行道过窄的问题，拓宽道路是难以实现的，可以通过减少绿化带的方式。另外，针对快递车辆占用人行道的问题，可以从根本上解决，如采用投放快递柜和配送机器人的方式。此外，针对局部人行道打断、连续性不佳的问题，可将建筑入口台阶更改至侧面，保持人行道的连续性。最后，针对广场处喷泉妨碍人群行走的问题，可将中部喷泉出口取消或者改成更小的喷泉出口，以避免人在行走的过程中失足踩空。

3.2 节点问题优化策略

节点一（图3）：针对入口标识性不足、缓冲空间不够的问题，可以通过入口退广场、绿化隔断等措施，设置更大面积的入口缓冲空间，以隔绝噪声，缓解人流拥挤、人车混行现状。另外，在缓冲区域可以新建人行标识性的构筑物加以提示。

节点二与节点一（图3）：将两个节点一起考虑，做成一体化的入口缓冲序列空间，这样不仅可以解决节点二的公共性太强、利用率不高的问题，还可以使入口空间序列的开端变得丰富有层次。

节点五（图3）：针对其花坛利用率低、空间被植物遮挡、封闭感强、标识性不足的问题，可以采用优化花坛设计的策略。此外，为使该空间有更多的透光量，可以调整植被的搭配以及选择，避免全部使用透光性不良的植被修饰该空间。也可以通过增加地面标识设计的方式来增强引导性与空间体验感。

3.3 人群需求空间设计策略

多人围桌的聊天空间设计策略：在原设计中，设计师设置了大量座椅，但缺乏围桌供病友们交流或者消遣娱乐，在节点处增加围桌而坐的互动空间，同时兼具打牌、下棋、看书等功能。

洗手设施设计策略：原设计中没有设置室外洗手槽供人群使用，而在如今的"后疫情时代"，医院入口空间处必须要设置洗手槽，放置脚踏式的洗手槽更加合理。

园艺疗养空间设计策略：在原设计中，设计师设置的活动空间中有大量未使用的休憩座椅，造成了空间浪费，同时缺乏必要的健身设施和活动空间。因

此，可以在这些未被充分利用的空间处安置更多的体育锻炼器材或者供病患消遣休息的空间。为避免该空间与行走人流发生冲突，可以与座椅并置在人行道两侧。除此之外，医院入口空间植物很多都根据平面布局规则排列存在以下问题，使用树种单一，常绿乔木较多，缺乏景观界面的季节性变化；植物多以单株呈现，也缺乏立体层面的搭配，未形成近景与远景的有序过渡。单一树种又会使得景观界面色彩单一，易造成使用者的审美疲劳和乏味[5]。针对上述存在的问题我们提出以下优化策略供参考：在植物组合上借鉴常绿树种与开花类灌木保持1∶3的比例进行搭配，可以使植物景观丰富多彩又不显毫无章法[6]。

4 结语

本文基于环境行为学理论，分析并探讨了医院入口空间的相关属性。通过对人群、目的、行为和需求的调研，剖析了医院入口空间处人群的行为与心理特征，总结医院入口空间序列存在的问题，并针对局部细节、节点以及不同人群的需求空间所存在的问题提出相应的设计策略，为"后疫情时代"医院入口空间的设计提供更多的借鉴，也可以更好地帮助医疗建筑在新时代和谐共生地融入城市，保证医疗体系在整个城市空间中能够更加高效地运作。

参考文献

[1] 郝文静. 综合医院入口广场空间设计研究[D]. 北京：北京工业大学，2016.

[2] 李道增 . 环境行为学概论 [M]. 北京：清华大学出版社，1999：1-2.

[3] 王世福，覃小玲，邓昭华.环境行为学视角下城市滨水空间活力协调度研究[J/OL].热带地理：1-14，2021-09-21.

[4] 胡梦然，王哲. 医疗建筑外环境的设计及使用——以台中荣民总医院住院部为例[J]. 建筑学报，2018（S1）：192-196.

[5] 李战鹏.医院建筑户外疗愈景观设计策略研究[J].中国医院建筑与装备，2021，22（02）：39-41.

[6] 赫伯特.R.斯卡尔，张善峰.一个抚慰身心的场所：梅西癌症中心康复花园[J].中国园林，2015，31（01）：24-29.

基于 Python 数据分析的旧城街道人车路权调适研究
——以苏州观前街为例

朱瑶

作者单位
重庆大学建筑城规学院

摘要： 近年来日益增长的经济社会发展需求与有限的街道空间资源的矛盾引发了一系列街道更新问题，由于文化保护和开发限制，旧城街道的交通问题难以通过街道空间更新手段完全解决。针对旧城街道的特殊性，从人车路权调适的视角出发，以使用者需求的保障为核心，探究如何合理调适路权以指导街道更新改造。通过对观前街片区的深入调研，其路权分配存在街道定位模糊下的交通组织无序问题，运用 Python 工具辅助分析车辆数据，探索该片区车辆道路选择规律，并以此作为路权调适的依据，科学有效地平衡路权，形成因地制宜的规划更新策略，旨在为我国其他旧城街道的路权更新实践提供参考。

关键词： 旧城街道；路权调适；Python；数据分析

Abstract: In recent years, the contradiction between the increasing demand of economic and social development and the limited street space resources has led to a series of street renewal problems. Due to cultural protection and development restrictions, the traffic problems in old city streets are difficult to be completely solved by means of street space renewal. In view of the particularity of old city streets, from the perspective of right-of-way adjustment of people and vehicles, centering on the protection of users' needs, this paper explores how to adjust right-of-way reasonably to guide street renewal and reconstruction. Through the in-depth investigation of Guanqian Street area, the problem of traffic organization disorder exists in the distribution of right-of-way under the fuzzy street positioning. Using Python tools to assist the analysis of vehicle data, explore the law of vehicle road selection in this area. And take this law as the basis of right-of-way adjustment, balance right-of-way scientifically and effectively, form the planning renewal strategy according to local conditions, in order to provide reference for the practice of right-of-way renewal of other old city streets in China.

Keywords: Old City Streets; Right-of-way Adjustment; Python; Data Analysis

1 引言

当前，城市发展过程中街道拥堵、交通组织无序等问题普遍存在，产生日益增长的经济社会发展需求与有限的街道空间资源的矛盾。由于建设年代久远，老旧城区很难大尺度集中翻新改造以致矛盾日益突出，因此旧城街道成为大部分城市更新的重点和难点。然而，传统街道空间资源和建设模式的制约导致目前部分传统街区被推倒重建，并以压缩步行空间为代价，以致旧城街区中出现了越来越宽阔的机动车道，严重破坏了传统城市肌理，因此，盲目拓宽街道不是旧城街道更新的最优解。针对这一兼具普遍性与紧迫性的城市更新窘境，如何在尽可能保持传统城市风貌的前提下对旧城街道系统更新优化这一问题值得深思。

追根究底，矛盾的根源在于人车路权的争夺。

街道是人与城市发生关系的公共空间，但在实际更新中，街道的使用者往往被忽略[1]。合理分配路权，有利于人与车各行其道，和谐共存，提高人车通行效率，最大化利用现有街道资源，最小化破坏传统城市风貌。解决旧城街道路权问题是避免盲目更新的重要手段。

就路权分配而言，现状多数规划重点关注机动车出行需求，将街道资源向机动车倾斜，缺乏系统性调研与客观性分析，自上而下分配人行车行街道，导致局部形成无车通行的大马路和人车混行的窄街道等不平衡的街道困境。街道路权重分配是旧城街道更新的新出路，而此更新角度的重中之重就是要解决路权分配标准如何建立的问题。

考察既有街道路权研究，目前从城市公共空间更新角度对街道路权分配的研究尚少。就理论研究层面，李思其、李军[2]通过对阿布扎比和东京相关规划政策的梳理，提出基于路权平衡的街道设计中，应注重街道空间精细化设计，运用双重经济手段平衡路权，构建公众参与和多部门合作的管理体系。就实践研究层面，王中德、肖玉敬[3]对广州新河浦历史街区深入调研发现路权分配存在的问题，提出路权调试动态平衡、空间分区明确定位、道路断面慢行友好的街道路权分配策略。就专项研究层面，楚天舒[4]、袁蕾[5]、吴佳妮[6]分别从慢行路权有机分配、自行车专用路权配置、公交路权优先布局对城市街道路权重分配提出更新思考。

综上所述，现有街道路权更新具有自上而下调控，管理层面统筹，主观定性分析的特征。本次研究拟从数据分析角度，运用Python编写程序协助分析，探究现有街道资源下使用者实际通行规律，利用此规律对现有街道路权进行针对性合理化调整，以强化使用者需求的满足。

2 研究对象与研究方法

2.1 研究对象

观前街位于苏州古城中心区，东起临顿路，西至人民路，南抵干将路，北接因果巷，主街全长780米，面积约0.64平方公里（图1）。作为中国最具影响力的历史文化街区之一，观前街以商业开发、文化旅游、社区居住三大核心功能开发为主，是国内典型的老城街区模式，因而本文选取观前街片区街道作为研究对象。近年来，由于经济社会进步发展，观前街面临街道容量不足、质量不佳这一类具有普遍性的老城区发展问题，交通方面急需更新以适应片区发展，本文针对街道汽车拥堵、人车流线混乱的交通性问题

进行更新专项研究，从路权分配角度展开对旧城街道更新模式的思考。

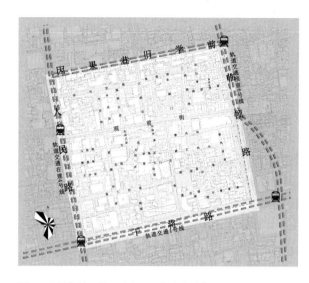

图1 观前街片区范围（来源：作者自绘）

2.2 研究方法

1. 实地调研统计，记录车牌号码

首先进行场地预调查，了解观前街片区主要车行出入口并作为数据统计的点位，而后通过记录4小时进出片区车辆车牌号，人工定点统计不同出入口车辆情况数据，为研究提供基础数据。

2. Python数据处理，追踪车辆路线

将统计车牌号整理合并后，通过Python技术编写数据处理程序，对调研数据进行清洗与分析，对进出场地的每一辆车进行进出口和停留时间的追踪，探究来访者对场地进出口选择规律，并依据此规律提出针对场地特殊性的街道路权分配策略（图2）。

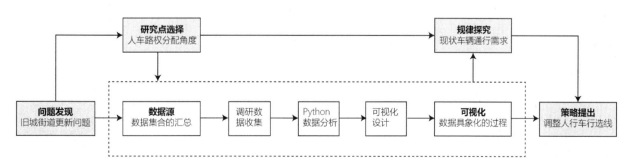

图2 研究框架（来源：作者自绘）

3 现状分析

3.1 出入口现状问题

从观前街的发展历史看,观前街的城市中心地位随着城市不断发展,其中心地位不断上升,并承担了经济、文化、居住等多方面的任务[7]。随着城市的不断扩张,周边地区开发建设的推进,建筑功能与业态发展日趋复杂,穿越街区的交通量猛增,部分街道已做出拓宽改良,但对车行空间容量的提升效果甚微,在高峰时段依旧存在拥堵不畅的现象,同时,在非高峰时段,拓宽所带来的尺度上的变化使得小尺度下的空间体验弱化、场所性不可修复这类旧城发展问题越发显著。

通过人群调查发现,目前观前街出行需求以步行、骑行等慢行交通方式为主,游客和居民对目前的步行道路质量满意程度不高,主要针对高峰时段车行占道的现象,可见路权分配失衡是制约街区慢行活动和文化体验的深层原因。

实地调研发现,场地出入口模式分为人行专用、人车混行、人车分行三种,其中人车混行的现象相对严重(图3)。究其原因,首先,建筑功能混合导致机动车、步行、骑行对街道的使用率不均衡,且在使用上有交叉,例如步行街与停车场的串联。其次,车行系统和慢行系统未成完整体系,在交叉口连续性被打断。最后,地上地下停车空间分布较为随机,机动车在找车位过程中易占道行驶。综合主客观因素,街道定位模糊下的交通组织无序问题成为观前街街道更新的重中之重。

3.2 出入口车辆统计

根据实地调研,已知三种出入口模式,其中,人车分行、人车混行模式的出入口是车辆流动的位置,应作为车辆计数的选点。由于观前街片区各车行出入口车辆流量各不相同,为了数据对整个片区研究的有效性和可研究性,最终计数选点舍弃预测数中车流量过小的出入口1个,舍弃通往居住区的出入口5个,舍弃通往独立地下车库的出入口2个,形成最终调研选点(图4)。

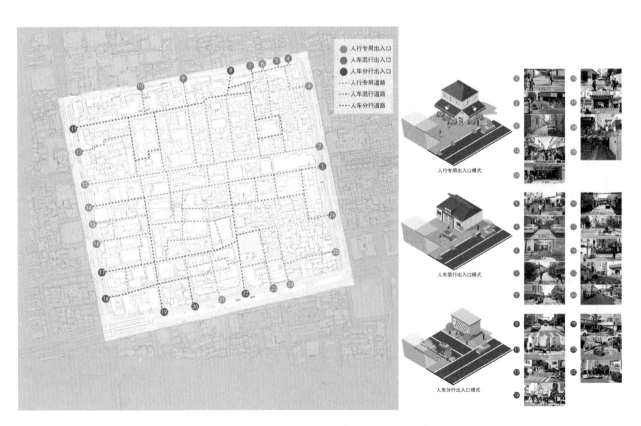

图3　街道人车使用模式现状(来源:作者自绘)

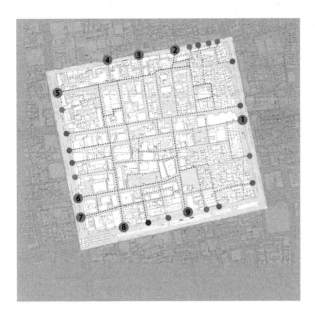

图4 车辆计数出入口点位（来源：作者自绘）

调研过程中，9个出入口同时进行长达4小时不间断的车辆计数，以10分钟为计数单位分别记录各时段进出车牌号。本次研究需找寻车辆通行流线的选择规律，以对现有车行道路进行精准定位，解决现有街道定位模糊下的交通组织无序问题，因此必须对所有车牌号进行进出口的追踪。针对这一庞大的试验数据库，传统分析统计法无法完成车辆追踪的工作，故借助Python工具编写程序对其进行分析。

3.3 出入口车辆追踪

1. 数据清洗

将调研记录的车牌号统计成Excel表格，并拆分成进入（Entrance.csv）和离开（Exit.csv）两个表格，用 Python 解析两个文件。车辆追踪分析前应进行数据清洗，排除只进未出或只出未进的车辆，排除因统计误差造成的同一车牌多次出现的数据（如同一车牌大于2次进入或大于2次离开），保证分析的车辆是以一进一出的形式出现。

经过清洗，一共有3033个不同的车牌号的车这段时间进入地段，其中834个车牌号有重复数据，多次进入该地段可能存在统计误差故将其排除不予分析，最终获得有效车辆数据2199条。核心代码如下（图5）：

```python
# 上为进入车辆车牌的有效数据统计
print("请稍等正在进行数据分析，请检查Entrance.csv和Exit.csv格式是否正确，并且将其与exe放在同一目录下")
Entr=open("Entrance.csv","rt")
Exit=open("Exit.csv","rt")
list1=Entr.readlines()
list2=Exit.readlines()
carnum={}    # 创建字典
listnew1=list()
listnew2=list()
for row in list1:
    row2=row.replace("\n","")
    row=row2.split(",")
    listnew1.append(row)      # 把所有车牌号放入一个列表
for row in listnew1:
    for line in row:
        if row.index(line)==0:
            continue
        if line=="":
            continue
        carnum[line]=carnum.get(line,0)+1    # 把列表中车牌号出现次数放在字典里{车牌号：车牌号出现次数}
carall=len(carnum)      # 记录有多少个不重复的车牌号
carmorethan1=0     # 存在重复的车牌号的数量
cargood=list()
for i in carnum.items():
    if i[1]!=1:
        carmorethan1+=1
    else:
        cargood.append(i[0])
answer="一共有{}个不同的车牌号的车这段时间进入地段，其中{}个车牌号有重复数据，多次进入该地段可能存在统计误差".format(carall,carmorethan1)
print(answer)
```

图5 数据清洗代码（来源：作者自绘）

2. 数据分析

数据清洗后，以车牌号为中间要素，将进入和离开两个列表中所有车牌与其出入口数据对应汇总成一个列表，形成包含车牌号、进口、进入时间、出口、离开时间的数据库。以10分钟为一个计时单位，同一时段进出默认为停留10分钟，以此设定为基础，根据进出时间段累计计算出各车牌停留时长。核心代码如下（图6）：

3. 数据可视化

为了更为清晰了解车辆通行道路选择的规律，需将车辆数据分析结果可视化展现。以不同进口的车辆为基础，绘制同一进口车辆对应不同出口车辆数统计图，根据片区街道调研所得的车行道路分布，连接进口出口，得出主要车辆流线如下（图7）：

```python
# 进出车牌时间通道表
chtime = {"15:00-15:10": 0, "15:10-15:20": 10, "15:20-15:30": 20, "15:30-15:40": 30, "15:40-15:50": 40, \
          "15:50-16:00": 50, \
          "16:00-16:10": 60, "16:10-16:20": 70, "16:20-16:30": 80, "16:30-16:40": 90, "16:40-16:50": 100, \
          "16:50-17:00": 110, \
          "17:00-17:10": 120, "17:10-17:20": 130, "17:20-17:30": 140, "17:30-17:40": 150, "17:40-17:50": 160, \
          "17:50-18:00": 170, \
          "18:00-18:10": 180, "18:10-18:20": 190, "18:20-18:30": 200, "18:30-18:40": 210, "18:40-18:50": 220, \
          "18:50-19:00": 230}
for row in list2:
    row2=row.replace("\n","")
    row=row2.split(",")
    listnew2.append(row)
def findout(info,time):
    global listnew2
    for row in listnew2:
        for line in row:
            if row.index(line) == 0:
                continue
            if line==info:
                if chtime[time]<=chtime[row[0]]:
                    infomation= (row.index(line),row[0])
                    listnew2[listnew2.index(row)][row.index(line)]=""
                    return infomation
    return "not find"
carinfo=list()
for row in listnew1:
    for line in row:
        if row.index(line)==0:
            continue
        if line!="":
            a=findout(line,row[0])
            if a!="not find":
                carsingleinfo=(line,row.index(line),row[0],a[0],a[1])
                carinfo.append(carsingleinfo)
def caltime(car):
    global chtime
    duration=chtime[car[4]]+10-chtime[car[2]]
    return  duration
# 写入csv文件
carcar=open("carinfo.csv","wt")
carcar.write("{}\n".format(answer))
for i in carinfo:
    carcar.write("{},{},{},{},{},{}\n".format(i[0],i[1],i[2],i[3],i[4],caltime(i)))
carcar.close()
print("已经输出为carinfo.csv文件，如果没有内容，请检查Entrance.csv和Exit.csv格式是否正确，并且将其与exe放在同一目录下")
print("注意所有车牌号前需要加上!")
print("按回车结束程序")
A=input()
```

图6　数据分析代码（来源：作者自绘）

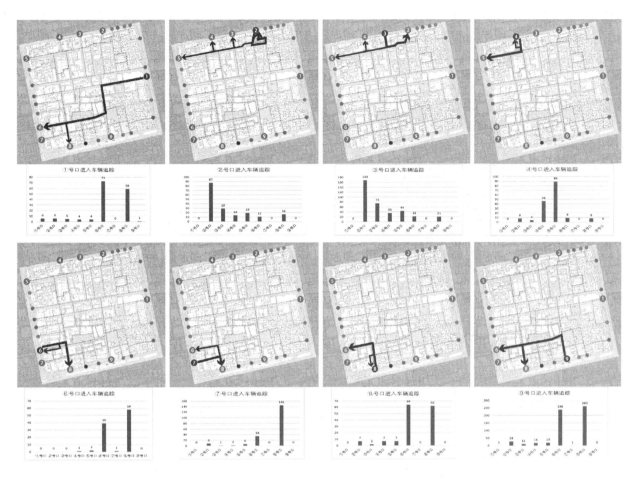

图7 不同进口对应的车辆主要流线（来源：作者自绘）

4 更新策略

4.1 规划车行道选线，平衡人车路权

针对老城街道更新的困境，在宏观层面上，提出了对观前街片区路权调试的首要策略是建立慢行交通为主导，车行道路成系统，人车路权有保障的街道网络系统，服务本地居民、商户的同时，实现居民与游客共享、商业与旅游并进。

基于上文对观前街片区街道现状人车使用规律的研究，结合街道自身条件，以车流通行量为基础规划车行道选线。同时结合街道沿线业态类型、文保建筑分布、居住区范围划定步行优先区，打造街道定位准确的街道网络（图8），缓解观前街片区现有人车路权争夺的问题，适应老城区更新的同时，对区域内的历史文化资源保护最大化。

在发展更新过程中，除了地面街道，观前街片区地下空间资源得以发展，现有地下空间丰富，以商

业、停车场功能为主，但地下人车流线混杂。通过对地下人车流线的统筹规划（图9），能进一步缓解地面交通压力。地下车行道选线依旧遵循出入口车行选择规律，串联流量较大的车行出入口和大型地下停车场，提升片区车行效率。地下人行道选线主要依据地下商业的位置，形成地面上下一体的步行体验流线。

路权的平衡不应该是一个绝对的概念，而是整体系统内的动态平衡，在规划设计中除了空间分配的调整，还要考虑路权在时间上的调试分配。针对人流量大的观前街、宫巷、九胜巷—太监弄—碧凤坊等路段在高峰时段实施机动车动态管制，采取临时禁行的措施，引导机动车从外环路行驶，减少过境车辆对步行游览体验的影响。

4.2 调配停车场位置，提高停车效率

车行道选线调整后，与之对应的停车系统应做出相应的布局更新。现有停车场主要分为地上、地下两种，且分布不均，未成完整体系。依据就近停车原

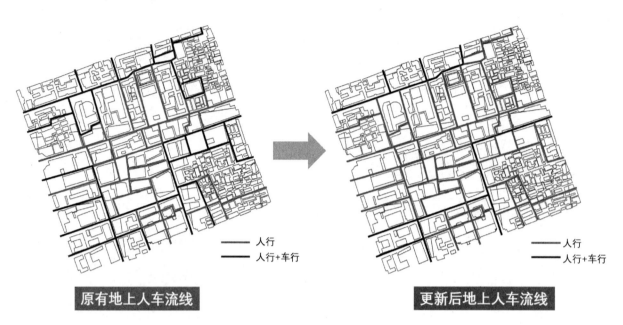

图 8　更新前后地上人车路权（来源：作者自绘）

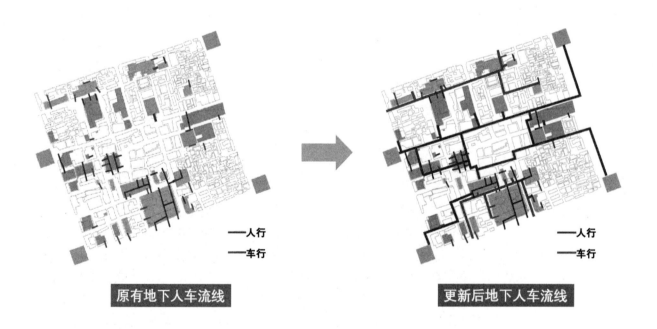

地下人车流线更新			
	原有	新增	总计
地下人行路线长度（m）	1291	3228	4519
地下车行路线长度（m）	484	1210	1694

图 9　更新前后地下人车路权（来源：作者自绘）

则、最小干预地上步行街道原则，对其地下停车空间做出如下更新（图10）。通过对街区现有地下停车空间资源的整合利用和布局调整，提高停车效率，保护老城区传统风貌。

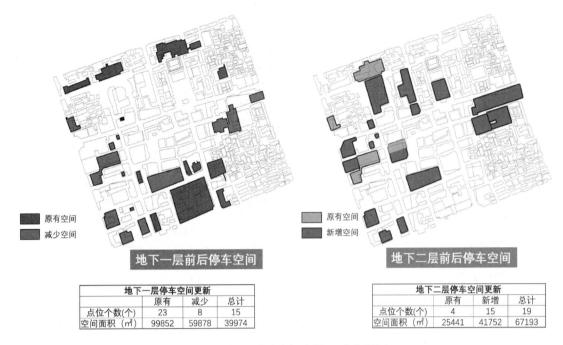

地下一层停车空间更新			
	原有	减少	总计
点位个数(个)	23	8	15
空间面积(㎡)	99852	59878	39974

地下二层停车空间更新			
	原有	新增	总计
点位个数(个)	4	15	19
空间面积(㎡)	25441	41752	67193

图10 更新前后停车空间（来源：作者自绘）

5 结语

旧城街道的更新是一个复杂的巨系统，现有研究与实践多从局部实体空间改造角度出发，缺乏地区整体及其周边环境的特异性研究，忽略对公众需求的理解和行为规律的探索，导致旧城更新千城一面。本次研究基于场地实际更新过程中空间局限性的考虑，通过现状深入调研和民众问卷调查，对街道问题进行总结，人车路权成为研究突破口，最终运用Python工具进行系列数据处理和可视化分析提出具体的对现有街道路权调适的核心策略。

通过理论与实践的研究，路权作为街道使用的内在机制应成为旧城街道更新的重要方面，其合理性分配需通过时间、空间、管理等多重手段共同对地区做出动态调适。本次研究主要在旧城街道更新角度的选择和调研数据处理上有一定的创新性，对路权更新原则的构建有一定的方法上的参考意义，但就如何对街道进一步量化评估以便验证更新合理性方面，还有待进一步研究。

参考文献

[1] 肖玉敬. 旧城街道路权调适规划策略研究[D]. 重庆：重庆大学，2018.

[2] 李思其，李军.基于路权平衡的城市街道设计的国际经验与启示——以阿布扎比和东京为例[J].包装世界，2016（05）：74-76.

[3] 王中德，肖玉敬. 城市街道路权调适策略探索——以广州新河浦历史街区慢行空间规划设计为例[C]//中国风景园林学会2017年会论文集.2017：78-84.

[4] 楚天舒.城市中心区慢行路权的有机分配研究——以上海市为例[J].上海城市规划，2021（03）：128-134.

[5] 袁蕾. 自行车专用路权配置及其评价[D]. 深圳：深圳大学，2019.

[6] 吴佳妮. 面向公交路权优先的道路网布局研究[D]. 福州：福建工程学院，2018.

[7] 夏天，张伟郁，卞铭尧.苏州观前街地区的更新发展策略探讨[J].住宅科技，2016，36（02）：55-58.

[8] 李欣，何子琦，张炜.从第21届国际数字景观大会展望数字风景园林技术研究热点和前沿[C]//中国风景园林学会2020年会论文集（下册）.2020：469-477.

基于 sDNA 模型的校园空间活力评价
——以九年一贯制学校为例

郭昊栩[1] 吴子超[2]

作者单位
1. 华南理工大学建筑学院，亚热带建筑科学国家重点实验室，华工理工大学建筑建筑设计研究院有限公司
2. 华南理工大学建筑学院

摘要： 如何有策略地激发校园空间活力是当下热点命题，涉及上位理念、中观设计和一线教学等多层面。对九年一贯制学校来说，如何合理链接小学与初中，实现"6 + 3 > 9"的整体效益迫在眉睫。sDNA 模型的引入可更准确评估校园人流分布，为校园空间活力评价提供客观依据。基于案例研究，以四所不同布局的九年一贯制学校为样本，分别测定接近度和穿行度，提出适应性设计策略。帮助建筑师从三维可视化视角解码不同布局下校园空间活力的分布潜力。

关键词： 三维空间网络分析（sDNA）；校园空间活力；定量评价；布局形态；九年一贯制学校

Abstract: How to strategically stimulate the vitality of campus space is a hot topic at present. It involves many aspects such as upper education, middle design practice and front-line teaching management. For the nine-year education schools, it is extremely urgent to link the primary school and junior middle school properly and achieve the overall benefits of "6+3 > 9". In this case, the introduction of Spatial Design Network Analysis (sDNA) provides the possibility of more accurate assessment of human distribution in campus. Through case study, the research measures the indexes of closeness and betweenness of four new nine-year schools with different layouts respectively, and then to propose the adaptive design strategy. It helps architects understand the distribution of campus spatial vitality in different layouts from a 3D visual perspective.

Keywords: Spatial Design Network Analysis (sDNA); Vitality of Campus Space; Quantitative Evaluation; Layout; Nine-year School

1 引言

很大程度上，校园空间活力并不是强调空间的动态感，而是在环境中激发思想和行为的可能性。与国外日益成熟的系统研究形成鲜明对照的是，国内关于校园公共空间活力的研究整体上处于起步阶段，萌生出不少以活跃为主题的新校园形式。校园空间活力的激发是涉及人文与教育、技术与艺术、心理需求与行为活动等多领域的复合命题。对其具体的设计策略、评价标准及评价方式，需要以实践为导向，因理念而异、因问题而异，因对象而异。[1][2]对基于我国九年义务教育制度而创办的九年一贯制学校[①]而言，办学机制面向如何激发"1+1 > 2"和"6 + 3 > 9"的校园空间活力。在这一特定对象下讨论校园空间活力，命题更具复杂性和典型性。

在设计实践层面，随着建设量的日益增多，许多学校对如何合理链接小学与初中、如何提升九年一贯制学校的组织效能缺乏指导思想和理论支撑。[3]或者以"一刀切"的方式将校园完全划分为小学和初中两个校区，既存在重复建设问题又隔离了人群；或者将小学和初中简单合并，未作细致地功能流线组织，产生相互干扰，并存在"大欺小，小误大"等问题，甚至引发校园霸凌。

在学术研究层面，以往对城市空间活力评价常采用PSPL调研法[4][5]、STIM法[6]、TOPSIS法[7]和构建星形模型[8]等主客观相结合的方法，对研究中的客观数据获取多通过实地调研法或非介入式观察法。而在中小学校园中，学生活动很大程度上受学校课程安排影响，且在面临问卷、访谈等调研形式时，其作答也存在很大的随机性，若仅依靠传统调研方式难以形

[①] 九年一贯制学校包括完全小学六个年级和初级中学三个年级，学生在完成小学阶段教育后可直接升入初中阶段，期间不间断、不选拔，实行统一的教学管理，确保素质教育在各个层级中得以落实，为小、初的有机衔接创造了条件，有利于九年义务教育成为一个连续、系统、整体。

成对校园空间活力的客观评价。

三维空间网络分析（sDNA）是以图论为基础的可达性指标分析方法，最开始应用于地理学及城市设计学科，通过建构垂直与水平向的活动路径形成三维空间网络，在ArcScene等三维环境中呈现。本研究拟将三维空间分析（sDNA）模型引入校园空间活力评价研究中，试图把校园活力的评价研究转换到可量化分析判断的层面，借此改善校园活力评价的信度和效度。

2　研究设计

2.1　研究方法

在GIS平台中，sDNA对距离、角度或方向的变化在 X、Y、Z轴上等同计算，不需要增加任何额外变量即可度量路径在垂直方向的差异，是对传统空间句法在三维视角的强化与补充。sDNA中最重要的两项可达性分析指标为接近度（Closeness）和穿行度（Betweenness），接近度描述的是某路径到计算范围内其他所有路径的难易程度，穿行度描述的是某路径在计算范围内被其他两路径之间的最短路径穿过的次数。计算公式如下：

$$C(x)= \sum_{y \in Rx} \frac{p(y)}{(x, y)} \qquad (1)$$

$$B(x)= \sum_{y \in N} \sum_{z \in Ry} P(z)OD(y, z, x) \qquad (2)$$

式（1）中，C为接近度指标，$p(y)$为计算范围半径R内节点y的权重；$d(x, y)$为节点x到节点y的最短距离；在式（2）中，B为穿行度指标，$OD(y, z, x)$为计算范围半径R内通过节点x的节点y与z之间最短距离。

近年来，三维空间网络分析（sDNA）技术在中微观城市设计等领域中得以验证。[9, 10]在英国卡迪夫市中心空间步行流量研究中，Cooper等学者借助sDNA技术和回归分析方法，将商店零售面积作为计算权重，探究不同时间下城市空间布局与步行流量的关系。刘吉祥与肖龙珠博士利用sDNA技术研究香港建成环境对步行通勤通学的影响，研究人群分布对空间行为的影响。[11]张灵珠博士利用sDNA技术，在香港中环地区多层级步行系统的研

究中，对室外步行网络模型与室内＋室外步行网络模型进行对比研究，借助穿行度指标，分析在高密度环境下多层级步行系统中的空间活力分部；[12]在上海浦东足球场周边地区的城市设计中，对不同方案的步行系统建立情境模型，对复杂人流可达性做出三维定量评价。[13]

对学校而言，校园空间活力与其规划布局形态模式客观上存在相关性，不同组构方式下，校园形成可达性与吸引力各异的空间路径，进而诱发不同性质的交往活动发生。接近度和穿行度这两个指标可分别对应学生在校园中的目的性步行活动与穿行性步行活动。接近度高的路径代表有更多的到达行为发生，更能吸引学生聚集，引发目的性交往活动；穿行度高的路径代表高的穿越性运动通道（Through-movement）潜力，易促进非目的性活动的发生。实际上，到达和穿行这两个行为是存在互相转换的，学生在到达某个空间的过程中可能穿过了其他空间，而穿过某些空间的过程中可能也完成了到达的动作，[14][15]这两种活动相互影响、密不可分，共同参与营造校园空间活力。

2.2　技术路线

研究首先对若干所新建九年一贯制学校进行建设指标整理与布局形态组构分析，归纳不同用地特征及开发强度下的校园组构模式，对每种模式各选取两个案例作为分析样本。借助sDNA技术，对不同样本分别建立抽象三维空间网络模型，模拟样本中学生复杂的人群流动情况，对接近度和穿行度两个三维可达性指标进行定量测度，并结合实际功能拟合分析，解码不同布局形态下校园空间活力的分布特点，提出适应性建议。

3　研究案例概况

九年一贯制学校的规划建设应在倡导教育资源有效整合的情况下，充分考虑场地特征、建设指标和舒适校园的统一，进行合理分区和高效的流线组织。笔者通过文献资料、设计图纸、档案文件、公示图档等途径搜集整理新建九年一贯制学校的相关资料，涉及珠三角、长三角、华东和华北等地，基

本可以描述近年来九年一贯制学校的建设现状，通过整理归纳其相关指标和布局模式，对其中若干典型案例归类汇总如图1和图2。综合分析可知，在用地宽松、场地狭长或恰好呈"U"字形的情况下，学校多采用相对独立型的组构方式；而在容积率较高、用地紧张的情况下，学校则多采用合并共享型的组构方式。

评价样本的选取考虑班级数、容积率和生均用地面积等指标相近，确保研究的信度与效度，在相对独立型布局的案例中选取上海某实验学校和山东济阳某学校分别为研究样本1和样本2；在合并共享型布局的案例中选取深圳某学校和浙江义乌某学校分别为研究样本3和样本4（表1）。

学校名称	上海桃李园实验学校	山东济阳新元学校	浙江湖州帕丁顿学校	南京石埠桥中心学校	深圳云海学校	浙江义乌新世纪外国语学校	深圳南山外国语学校科华学校	深圳华中师范大学附属龙园学校	三龙湾（潭州）九年一贯制学校
建成年份	2015 年	2018 年	2018 年	2019 年	2019 年	2019 年	2019 年	2018 年	—
容积率	0.62	0.52	0.62	0.65	1.01	1.4	1.52	1.66	1.38
班级数	57 班	84 班	72 班	36 班	36 班	72 班	60 班	72 班	84 班
建筑面积	35688 ㎡	46000 ㎡	50725 ㎡	29915 ㎡	30800 ㎡	85481 ㎡	54215 ㎡	52470 ㎡	85000 ㎡
生均建筑面积	14.62 ㎡	11.45 ㎡	14.09 ㎡	17.81 ㎡	18.33 ㎡	23.74 ㎡	18.08 ㎡	14.55 ㎡	21.79 ㎡
用地面积	57495 ㎡	89000 ㎡	82000 ㎡	45900 ㎡	30200 ㎡	61057 ㎡	35655 ㎡	31500 ㎡	61635 ㎡
生均用地面积	23.56 ㎡	22.14 ㎡	22.78 ㎡	27.32 ㎡	17.97 ㎡	16.96 ㎡	11.88 ㎡	8.75 ㎡	15.80 ㎡
校园格局	相对独立型	相对独立型	合并共享型	合并共享型	合并共享型	合并共享型	合并共享型	合并共享型	合并共享型

图1 新建九年一贯制学校典型案例指标整理（来源：作者自绘）

图2 新建九年一贯制学校典型案例布局模式整理（来源：作者自绘）

样本布局模式　　　　表1

相对独立型		合并共享型	
样本1 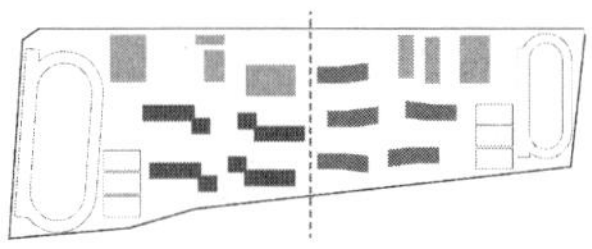	样本2 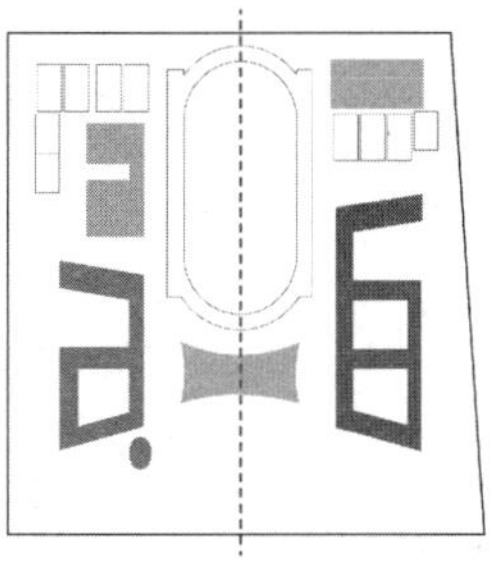	样本3 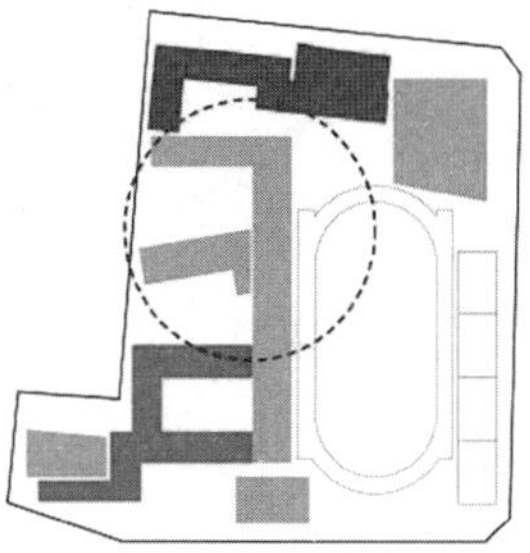	样本4 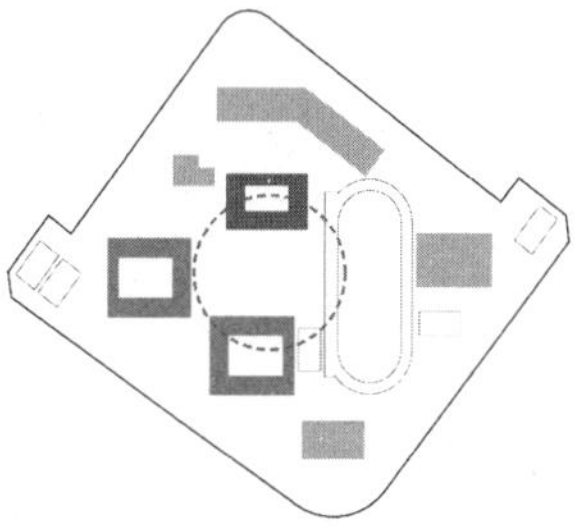

图例：■ 小学教学组团　■ 初中教学组团　■ 其他功能组团　□ 运动场

（来源：作者自绘）

4　三维空间网络分析

4.1　建立三维空间网络模型

在九年一贯制学校中，不同情境下学生活动范围分布是不同的。在教学情境下，由于小、初两学部学生在教学管理等方面存在一定差异，要求两学部可实现各自独立管理，此情境中学生的活动分布仅限于各学部内。而在放学情境下，学生活动将不局限于学部内，可到达校园核心区和运动场等公共空间，活动范围为整个校园。由此，本文主要探讨放学情境下的校园空间活力分布情况，依据相关设计图纸等资料，对整个校园建立抽象三维空间网络模型，设定计算分析半径为整个校园网络（Rn）（表2）。

在sDNA的度量方式中，传统欧几里得距离（米制距离）能够准确测量校园空间网络的实际步行距离，却无法顾及转弯、角度变化等几何因素。笔者考虑到校园中学生的实际步行距离与视线通达性均会对其行为活动产生影响，故引入新的复合距离度量法：Euclidean-Angular（米制+角度混合方式），以期能较为准确地描述学生可能的活动路径和及流量分布。

4.2　计算结果分析

1. 接近度

从表4中样本接近度的模拟结果来看，在相对独立型布局中，样本2因场地方正，小学部与初中部沿中轴对称布置，各功能组团分区明确，独立性高，接近度均值较高。在合并共享型布局中，样本4因场地中各功能组团相对集中的同时分区明确，交通组织独立高效，其接近度均值最高，而样本3因各功能由共享通廊串联，各建筑每层彼此联通，流线独立性较弱，其接近度均值最低。

在四个样本中，到达性步行潜力最高的空间大都聚集在宿舍区、行政办公和室内体育场馆区，此结果符合校园内的功能分区特点和学生的目的性活动规律。同时，各样本中的室外运动场区域与教学组团也具有较高的到达性步行潜力。在教学组团中，样本1的到达性步行潜力分布较不均匀，主要是因为其场地较为狭长，且教学楼均采取行列式布置，造成部分教学楼位于校园中部区域，其内部的水平交通可能会成为学生穿越校园的通道，在实际运营中需对此空间进一步划分限定或加以管理，确保独立性；样本2、样本3与样本4因校园用地较为方正，教学楼采用合院式布局，其到达性步行潜力分布较为均匀，且各学部教学楼中课室部分的到达性步行潜力较靠近核心区的连廊部分高，说明课室部分能吸引较多的目的性活动，放学后在课室自习的学生受干扰程度较低，连廊空间建立了学习区与校园核心区之间的联系，教学组团的整体功能分区更为合理（表3）。

2. 穿行度

如表5所示，从四个样本穿行度的模拟结果来看，穿过性步行潜力较大的空间大多聚集在各功能组团首层的联系路径上，其中两学部间的联系路径潜力最大：样本1中，划分小学与初中教学组团的校园中轴路径穿过性步行潜力最大，两组团内联系中轴的

四个样本案例三维活动路径建模 表2

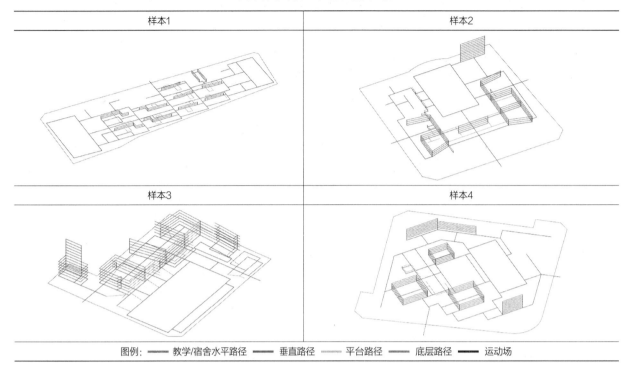

	样本1	样本2
	样本3	样本4

图例：—— 教学/宿舍水平路径 —— 垂直路径 —— 平台路径 —— 底层路径 —— 运动场

（来源：作者自绘）

样本接近度（MHD Rn）分布情况（颜色从暖至冷代表数值由大到小） 表3

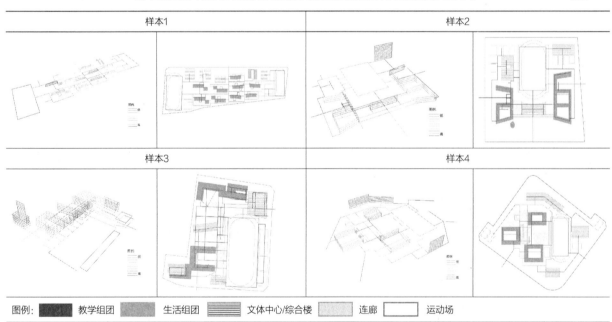

	样本1	样本2
	样本3	样本4

图例： ■ 教学组团 ■ 生活组团 ≡ 文体中心/综合楼 ▨ 连廊 □ 运动场

（来源：作者自绘）

接近度（MHD Rn）均值 表4

样本	样本1	样本2	样本3	样本4
接近度（MHD Rn）均值	171973	208780	152328	224179

（来源：作者自绘）

路径也有较高的穿过性步行潜力，且呈现距离越近潜力越大的趋势。样本2中，穿过性步行潜力最大的路径位于联系两学部的二层平台和通往田径场的中轴线上。样本3中，共享廊首二层区域即将两个学部与公共实验课室串联一体，又作为球场看台，有利于汇集大量穿过性潜力人流；初中部日常的上学流线由校园东北角进入后经过田径场与共享廊道，进入初中部庭院，也获得较高穿过性步行潜力。样本4中，小、初三栋教学楼各自成一体，其围合形成的校园核心空间结合首层连续的连廊灰空间设计有利于汇集大量穿过性潜力人流；田径场西侧看台的路径由于串联了各学部的宿舍楼、教学楼、校园核心区和田径场等功能，拥有较高穿过性步行潜力，是校园内穿过性步行活动

的重要衔接（表5）。

对四个样本的穿行度指标分别取均值，结果如表6所示，样本1和样本2的指标相对较低，样本4稍高，样本3的预测穿行性流量最占优势。传统的校园公共活动空间大多数仅在地面层，或只是简单的对廊道空间进行局部放大，组织形式较为单一，难以激发校园整体的空间活力。样本3中，共享廊将整个校园每层串联，形成校园立体交通体系，也围合构成多层次的公共活动空间，营造立体化校园；每个学部都有各自的庭院，利于各学部的日常教学活动流线组织，实现中小学流线互不干扰，以良性分区促进两学部空间的融合与渗透，以高穿行性潜力引导学生非目的性的交往行为。

样本穿行度（BtH Rn）分布情况（颜色从暖至冷代表数值由大到小）　　　　表5

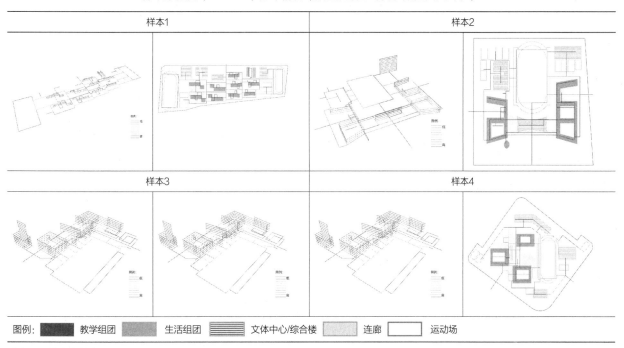

| 图例: | 教学组团 | 生活组团 | 文体中心/综合楼 | 连廊 | 运动场 |

（来源：作者自绘）

穿行度（BtH Rn）均值　　　　表6

样本	样本1	样本2	样本3	样本4
穿行度（BtH Rn）均值	1744	1746	2697	2273

（来源：作者自绘）

5　结语

L.V.贝塔朗菲（L.Von.Bertalanffy）在其系统论思想中曾提出："任何系统都是一个有机整体，它

不是各个部分的机械组合或简单相加，系统的整体性是各要素在孤立状态下所没有的新质。"九年一贯制学校以"育人为本、德育为先"为根本，强调教育资源整合，倡导素质教育。而当前，学校发展陷入瓶颈

期，走出困境需要"对症下药"。使用后评价作为控制论中一种反馈理念，其实证思维与反馈机制对解决上述问题具有技术优势。通过对样本学校空间活力分布的可视化定量评价，表明校园布局形态的组构模式与学生的聚集活动存在相关性。同时，作为一种合理性评价的反馈式介入方式，可为传统中小学建筑建成后评价及设计策划提供客观依据，让决策有据可寻，具备有效性及可推广性。[16]

可对研究中关键性建议总结如下：（1）当校园用地紧张或场地较为方正时，布局形态组构方式上建议采用合并共享型。小、初教学组团可采取合院模式，借助廊道空间串联校园核心区，减少教学功能互相干扰。（2）当校园用地相对宽松或场地较为狭长时，布局形态组构方式上建议采用相对独立型。小、初两学部应尽可能相邻布置，共同塑造校园核心轴线空间。若条件允许，田径场等运动场地可以根据不同年级的需求布置于场地两侧，利于各学部独立使用和管理，若只能布置于一侧，则应借助连廊系统，避免不同学部的流线直接穿越教学组团。（3）对于小、初两学部围合成的校园核心区应做重点设计，可通过设置多层次的平台空间，打造全天候风雨连廊，或结合功能需求因地制宜地丰富核心区空间形态，加强两学部间的联系，引导交往活动的发生，激活校园空间。

参考文献

[1] 郭昊栩，吴硕贤. 对建成环境的舒适性层次评价分析[J]. 南方建筑，2009（5）：33-35.

[2] 焦尔桐，刘伟波. 小学开放活动空间的基本量度与设计过程控制[J]. 新建筑，2020，193（6）：42-46.

[3] 张安强. 基于教育理念变革的普通小学校园空间形态研究[D]. 南京：东南大学，2018.

[4] 朱自洁，庄琪，段楷英，等. 基于PSPL调研法的儿童户外活动场所绩效评价——以南京老城区为例[J]. 建筑与文化，2019，184（7）：205-209.

[5] 杨慧，吴萍，邵鲁玉，等. 基于PSPL调研法的开放式大学校园公共空间活力评价——以山东建筑大学为例[J]. 景观设计，2020，97（1）：46-55.

[6] 严璐，阎涵，孙佩，等. 基于STIM的大学校园交往空间活力评价指标体系研究[J]. 内蒙古工业大学学报（自然科学版），2020，39（5）：386-394.

[7] 林世平，杨超. 基于有效空间载体的城市街道空间活力量化研究——以海口市生活型街道为例[J]. 四川师范大学学报（自然科学版），2022，45（1）：119-130.

[8] 张灵珠，晴安蓝，西德斯·卡卡尔，等. 立体化城市设计中公共空间的三维可达性评价——以香港太古坊为例[J]. 新建筑，2021，197（4）：48-54.

[9] 古恒宇，孟鑫，沈体雁，等. 基于sDNA模型的路网形态对广州市住宅价格的影响研究[J]. 现代城市研究，2018，（6）：2-8.

[10] 古恒宇，沈体雁，周麟，等. 基于GWR和sDNA模型的广州市路网形态对住宅价格影响的时空分析[J]. 经济地理，2018，38（3）：82-91.

[11] 刘吉祥，周江评，肖龙珠，等. 建成环境对步行通勤通学的影响——以中国香港为例[J]. 地理科学进展，2019，38（6）：807-817.

[12] 张灵珠，晴安蓝. 三维空间网络分析在高密度城市中心区步行系统中的应用——以香港中环地区为例[J]. 国际城市规划，2019，34（1）：46-53.

[13] 韩斯桁，陈泳，张灵珠. 三维空间网络分析对步行可达性的定量评价——上海浦东足球场周边地区城市设计为例[J]. 住宅科技，2021，41（4）：16-21，43.

[14] Lennie Scott-Webber. 非正式学习场所：常被遗忘但对学生非常重要；是时候做新的设计思考[J]. 住区，2015（2）：30-45.

[15] 珀金斯. 中小学建筑[M]. 舒平，许良，译. 北京：中国建筑工业出版社，2005.

[16] 郭昊栩，李茂. 居住保障性的户型体现——岭南保障性住房户型评价[J]. 建筑学报，2017（02）：63-68.

严寒地区过渡季节物理环境条件对活动密度影响研究
——以哈尔滨五个老旧小区社区公园为例[①]

张雅倩 朱逊 唐岳兴

作者单位
哈尔滨工业大学建筑学院 寒地城乡人居环境科学与技术工业和信息化部重点实验室

摘要： 由于严寒地区的气候条件限制，寒地城市户外活动开展困难，优化寒地城市过渡季节的物理环境状况是延长户外季节时间的重要手段。以哈尔滨老旧社区公园为调查对象，测试过渡季节社区公园物理环境数据，行为注记统计社区公园人群活动密度，旨在寻找热、湿、风、声四个物理环境因子与活动密度间的关联肌理。研究发现温度与声音是影响活动密度的主要因子，温度与活动密度显著正相关，声音和活动密度显著负相关。温度的提高有利于诱发高聚集度活动的发生。研究结果为社区公园物理环境营造提供参考依据。

关键词： 物理环境；人群密度；社区公园；过渡季节；老旧小区

Abstract: Due to the limitation of climatic conditions in severe cold regions, it is difficult to carry out outdoor activities in cold cities. Optimizing the physical environment in the transition season in cold cities is an important means to prolong the time of outdoor seasons. It is of great significance to promote outdoor activities and optimize the living environment in cold cities. In the transitional season range, this paper takes five typical old community parks in the cold city of Harbin as the survey objects. By testing the physical environment data of the community parks and behavioral annotations, the population activity density of the community parks is counted. The correlation texture between four physical environmental factors and activity density. The study found that temperature and sound are the main physical environmental factors that affect the density of crowd activities in community parks. There was a significant positive correlation between temperature and activity density, and a significant negative correlation between sound and activity density. The increase of temperature is beneficial to induce the occurrence of high aggregation activities. The research will scientifically and systematically analyze the wind, humidity, heat and other physical environment parameters of community parks and the density of crowd activities, so as to provide a reference for further research on community park microclimate construction.

Keyword: Physical Environment; Activity Density; Community Park; Transition Seasons; Old Communities

1 背景

寒地城市户外活动受气温制约严重，冬季恶劣气候条件使户外活动开展困难。对于寒地城市而言，春秋季城市气温升降变化快，人体冷暖感受变化剧烈，但仍有相当一部分居民在户外活动[1]。Li Shaogang在此基础上提出过渡季节的概念，认为寒地城市在冬季与户外季节之间存在过渡季节[2]。提升寒地城市过渡季节的气候舒适状况，有助于延长户外季节时间，进而提升寒地城市的宜居性。

新冠肺炎疫情的发生颠覆了居民生活习惯和社会交往方式，社区公园成为居民户外活动的主要承载空间[3]。寒地城市老旧小区居民人数较多且老龄化程度

较高，老年群体户外活动极大程度上受到物理环境的制约[4]，这对老旧小区社区公园的舒适度提出了更高的要求[5]。基于老旧小区居民对社区公园承载日常互动功能的强烈需求，探究影响社区公园活动聚集程度的物理环境条件，对提高群体的户外活动水平，提升老旧小区舒适性和宜居性具有重要现实意义。

城市物理环境包括湿热环境、光环境、风环境、声环境等[6]。现有关于物理环境和居民活动的研究，多集中探讨物理环境因子与活动人数、活动强度、活动持续时长等活动指标的关联性。何玲睿等分析总结了冬季微气候环境与老年人活动人数的规律关系，表明场地的湿度值越小，老年活动人群数量越大；当风速较小时，风环境与老年人群数量不存在明显相关关

---
① 国家自然科学基金青年项目（51908170）；黑龙江省哲学社会科学研究规划项目（21YSB127）。

系[7]。低温、通风的微气候特征可有效增加低、中等强度活动人次，延长活动时长，低风、低湿、高日照有利于诱发中等以上强度活动发生[8]。李天劼等研究了城市户外光风热环境对人群活动时长的影响，表明光要素是影响夏季期间人群驻留时长和行为的主要因素，照度与场地人群驻留时长呈线性负相关，较大的风速改善场地通风环境，从而吸引人群驻留[9]。整体来看，相关研究多以湿热环境为背景，缺少对风环境和声环境的探究。另外，研究多探究物理环境和人群活动时长、活动人数的关联，缺乏从环境行为现象学的角度，揭示不同物理环境下人群的活动选择，进一步明确物理环境要素与活动密度等活动指标的关联性。

2 研究设计

2.1 研究区域

研究选择寒地城市哈尔滨市的5个老旧小区社区公园作为研究区域。公园周边主要为老旧小区低层住宅建筑，道路为承担交通集散和服务功能作用的次干道。社区公园占地面积均为1.2公顷以内，绿化率依次递减，硬化率逐次递增，植物组团形式分别为灌草、乔灌草、乔草群落。本文按照植物覆盖度差异，将红旗社区公园、宣庆社区公园、地德里社区公园、北秀广场和永平社区公园5个样地依次编号为A~E（图1）。

2.2 研究方法

1. 实验流程

研究分为准备、注记、实测三个阶段。在准备阶段，预先拟定研究样地的测试点和测试路线，绘制记录样方平面。根据文献参考以及预实验实测结果，表明5m×5m的样方规格多为微气候变化较显著点和临界值点，因此采用5m×5m进行方格网划分。在实验阶段，首先利用行为注记记录观察社区公园环境中不同时间、空间下的行为差异，接着进行物理环境数据实测，最后整理实验数据结束实验。

针对哈尔滨寒地城市的气候特征，选择9月~10月气候过渡时间段进行实测，测试时间选择在晴朗少云的天气下进行，选取一天中相同的5个时段，7：00~8：00，9：00~10：00，14：00~

地点（编号）	红旗社区公园（A）	宣庆社区公园（B）	地德里社区公园（C）	北秀广场（D）	永平社区公园（E）
用地性质（建房年份）	居住用地 老旧小区（1994年）	居住用地 老旧小区（1995年）	居住用地 老旧小区（1995年）	居住+商业用地 老旧小区（1990年）	居住+商业用地老旧小区（2000年）
道路等级（宽度/m）	次干路（10m）	次干路（10m）	次干路（10m）	次干路（10m）+主干路（30m）	次干路（10m）
面积/hm²	1.2	1.07	0.76	1.2	1.02
硬质铺装面积/hm²	0.57	0.58	0.45	0.78	0.82
植物覆盖度/%	52.5	45.7	40.7	35	19.6
植物围合方式	植坛全面围合 灌+草	植物组团全面围合 乔+灌+草	植物组团全面围合 乔+草	植物组团三面围合 乔+灌+草	无围合
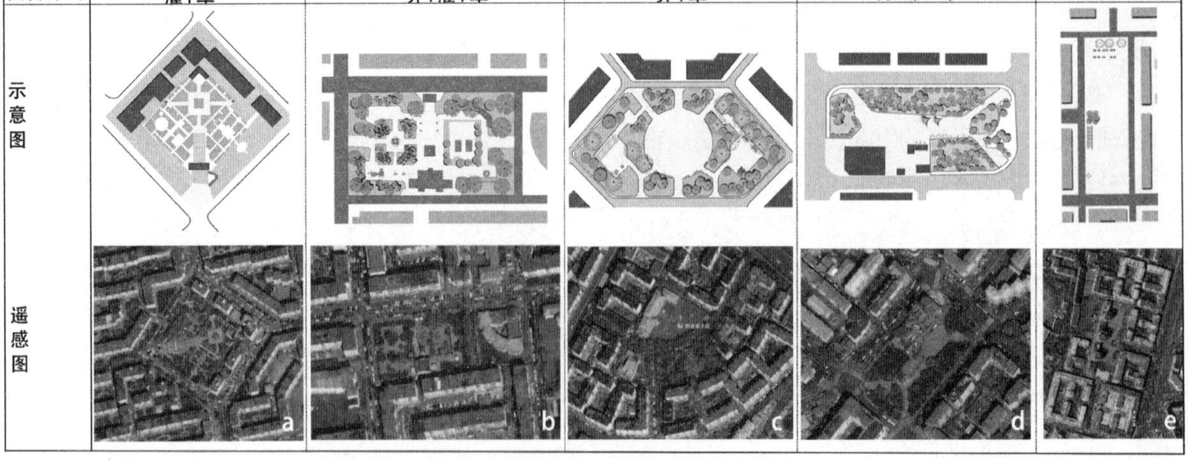 示意图					
遥感图	a	b	c	d	e

图1 哈尔滨老旧社区公园特征

15：00，16：00～17：00，18：00～19：00，对样地各个测试点的物理环境和行为活动数据进行测量。实验在A～E样地分别设置32、35、30、40、43个测试点，研究测量有效样方数据共1191个。

2．人群行为观测及活动密度计算

研究通过行动注记图测量计算人群密度。将社区公园中行人的位置标注在一个5m×5m的样方尺度绘制的平面上，并注明行为发生的时间。计算5分钟内单位样方的个体总数除以测量面积，得到人群密度的平均值，即每平方米的平均人数，单位为人/m²[10]。

3．物理环境数据采集

采用移动测量的方法进行数据采集，通过软件两步路记录测试轨迹并采集测试点的地理空间信息，手持微气候采集设备在预定轨迹路线均匀移动，到指定测试点快速记录其微气候属性数据。选择"之"字形实测路线，测试时间控制在30分钟内，以求在最短时间测量预定测试点减少异时误差。

测试采用Testo-415热线式微风速仪和VAISALA-便携式温度湿度计进行风速、温度、湿度的采集，Testo-415微风速仪可手持记录瞬时风数值，采用噪声分贝仪对环境的声环境数据进行采集。为确保仪器受到较小干扰，数据录入稳定，将测量仪器放置于高1.3米的移动置物架上，测量过程中保持匀速行驶，减少风速对测试结果的干扰。

3　结果

3.1　社区公园的物理环境测试结果

通过对社区公园以及对照组的热环境（空气温度）、湿环境（相对湿度）、风环境（风速）、声环境（音量）的实测数据进行统计分析和对比，描述性分析各社区公园对环境的降温增湿作用及其变化特点（表1）。

社区公园物理环境实测情况　　　　表1

编号/地点	温度/℃		湿度/RH（%）		风速m/s		音量/dB（A）	
	差值	平均值	差值	平均值	差值	平均值	差值	平均值
A红旗社区公园	9.4	14.35	33.9	50.8	1.51	0.27	31.8	53.1
B地德里社区公园	7.5	8.81	43.1	62.42	1.12	0.16	26.3	58.82
C宣庆社区公园	6.9	14.63	16.3	35.72	1.69	0.17	26.4	67.92
D北秀广场	14.9	19.05	38.8	53.2	1.02	0.18	28.4	61.17
E永平社区公园	11.8	7.52	14.9	31.37	1.69	0.26	27.3	68.03

1．温度实测结果

各社区公园与对照组平均气温的对比情况如图2所示，空气温度整体呈现出先上升后下降的日变化趋势，社区公园内部温度变化在6℃～15℃范围，对照组温度保持在6℃～21℃范围。根据实测情况将温度变化分为四个阶段，7：00～8：00属于初温阶段，9：00～11：00属于积温阶段，14：00～15：00属于高温阶段，15：00～18：00属于降温阶段。

由于植物覆盖度的差异，各社区公园降温效果不同。实测期间，样地受建筑阴影影响较小。植物覆盖度高的A、B、C样地温差较小，硬质率较高的D、E样地温差较大，可见植被对场地温度的调节作用明显。乔灌草植物群落丰富的B、D样地15：00～18：00的降温阶段的温度明显低于对照组。由于午

间光照增强，植物群落的降温作用加强，14：00左右的温差最大。

2．相对湿度实测结果

各社区公园与对照组相对湿度的对比情况如图3所示，整体呈现先下降后上升的日变化趋势，与平均温度呈现负相关性。各个社区公园相对湿度在一天的时段变化中呈现明显规律，整体变化趋势相似，上午时段和晚上时段的相对湿度普遍比下午的要高。上午湿度变化程度比下午大。湿度从7：00开始下降，10：00因为持续的光照，测试点湿度下降程度较大。下午湿度相对变化较小，14：00～15：00时间段后各湿度开始增加，15：00～17：00之后光照减少，湿度增加幅度较大。

乔灌草的植物组团搭配可以提高环境的降湿效

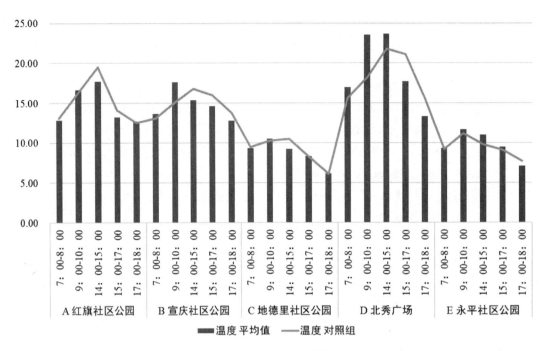

图2 社区公园测试组与对照组平均温度对比情况

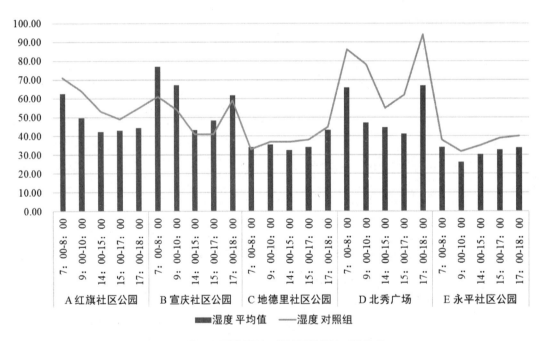

图3 社区公园测试组与对照组平均湿度对比情况

果。整体湿度变化保持在45%范围内，植物群落丰富、乔木植物较多的B、C样地受到植物环境的影响，平均湿度显著高于对照组平均湿度；A样地由于地被和灌木植物较多，虽然植被覆盖度较高，但平均湿度仍显著低于对照组平均湿度。D、E样地硬质面积较大，平均湿度显著低于对照组平均湿度。

3. 风速实测结果

哈尔滨社区公园风环境整体维持在0.21米/秒左右的风速，属于对人体舒适的气流速度0.3m/s范围内。在7：00~10：00时间段内，风速相对较高，波动较大，15：00~17：00时间段的风速基本相对稳定（图4）。

受风向和植物围合方式的影响，各社区公园风速变化规律差异性较大。A样地风速最高为1.7米/秒，其次是E样地平均风速达1.6米/秒。A样地植物群落较为单一，地被植坛对风的引导性和遮挡性较弱。C、D样地风速较低，波动较为平稳。C样地的乔木种植间形成通风廊道，场地内风速较为平稳。D样地被乔灌草植物群落三面围合，空间走向和主导西北风向一致有利于气流疏导，场地风速波动较小。

4. 声环境特征分析

不同公园的声音昼夜变化呈现一致性规律，白天分贝值较为平均且上午声音变化较为稳定。声音日变化曲线普遍呈"N"形，曲线从上午一直上升至14：00～15：00开始下降，在15：00～17：00时间段是声音分贝值最低的区间，之后开始回升。受人群活动影响，傍晚17：00～18：00时间段中声音分贝值最大，主要为机械声和人工声（图5）。

由于硬质空间比例限制人群活动，不同类型的社区公园中声音变化具体过程存在差异。硬质率最低的A样地分贝值最低为53.1dB（A）。以铺装活动场地为主的E样地声音分贝值最高为68.03dB（A），曲线呈现"W"形，在17：00～18：00时间段流动人群较多，以广场舞为主的机械声较高。

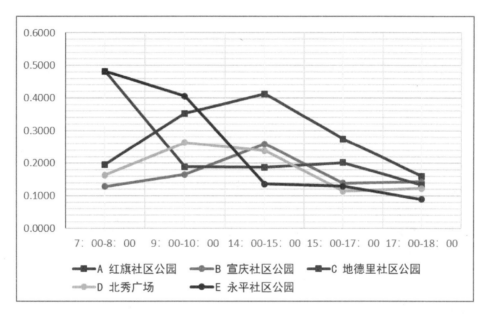

图4 社区公园风速变化趋势

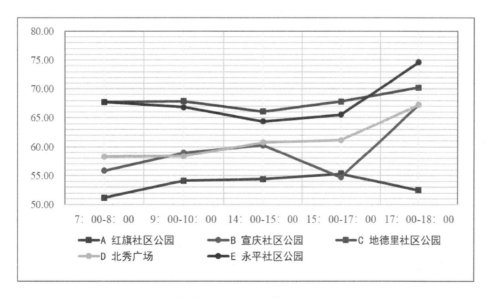

图5 社区公园声音变化趋势

3.2 社区公园物理环境与人群活动密度关系分析

利用相关性分析探究温度、湿度、风速、声音对活动密度不同程度的影响，使用Pearson相关系数去表示相关关系的强弱情况。研究表明温度与声音是影响社区公园人群活动密度的主要物理环境要素。Pearson相关性系数结果和显著性如表2所示，表明温度与活动密度有显著正相关关系，声音和活动密度之间有着显著的负相关关系，风速和湿度与活动密度无明显相关关系。

结合图6可知，早晚间温度值变化在5℃～20℃之间，湿度值在40%～60%区间内，活动密度相对较低；午间温差在10℃～30℃之间，活动密度普遍较高。风速在0.5米/秒之下，群体活动社交密度相应较高。人体对风速的感知程度具有差异性，一般来说最低感知限值大约在0.5米/秒。噪声级为30dB～40dB（A）属于比较安静的环境的低分贝区间，70dB（A）以上为高分贝区间，干扰活动谈话，精神不集中。晨间声音处于在50dB～70dB（A）区间，活动密度处于0.25-0.32人/平方米。下午声音处于40dB～60dB（A）区间，活动密度最高

物理环境指标和群体活动指标相关性分析					表2
		风速	温度	湿度	声音
活动密度	皮尔逊相关性	−0.012	0.327**	0.065	−0.361*
	Sig.（双尾）	0.796	0.000	0.315	0.000

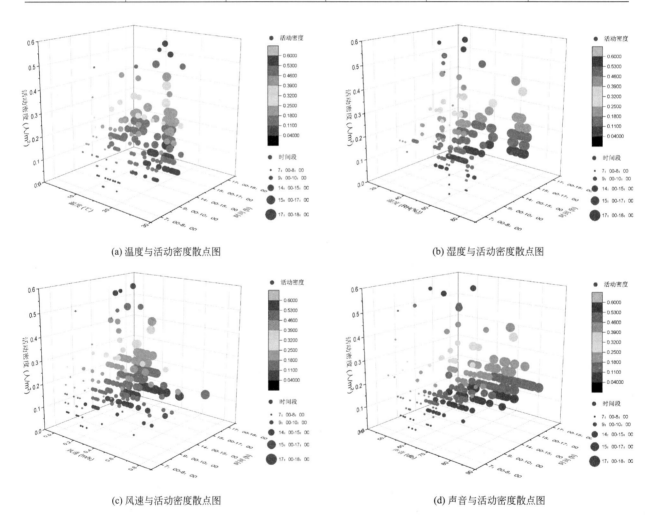

(a) 温度与活动密度散点图　　　(b) 湿度与活动密度散点图

(c) 风速与活动密度散点图　　　(d) 声音与活动密度散点图

时间：1=7：00～9：00，2=9：00～11：00，3=14：00～15：00，4=15：00～17：00，5=17：00～18：00
图6 社区公园物理环境与群体活动散点图

为0.32～0.53人/平方米。晚间声音分贝值（Ａ）普遍较高，处于在70dB～80dB（Ａ）区间，活动密度较低为0.11～0.32人/平方米，其中高分贝区间进行的活动主要是广场舞和太极操等，主要声源为广播录音机的机械声。

3.3　热环境与人群活动密度关系分析

聚集型活动对热环境的依赖性较强。上午和下午两个时间段内的主导活动为下棋打牌和聊天，活动聚集分布在温度较高的空间。B、C样地东部树荫下的石椅上有多组老年人打牌，外围有聊天、围观人群。C样地活动聚集在大冠幅疏层乔木围合的半封闭空间中，疏林树阵为活动营造了良好的湿热环境，支持人群逗留娱乐。相较来看，B样地西部乔灌草植物组团将场地完全覆盖，完全阻挡辐射通量降低了场地温

度，减少了驻足和停留人群。观察C样地聊天和晒太阳坐憩人群可见，活动空间随着太阳辐射和场地温度变化范围而迁移，但活动都分布在温度相对较高的边界空间（图7）。

3.4　声环境与人群活动密度关系

开敞活动空间的人群密度和声级密切相关。观察D、E样地的声级热力图和行为注记图可见，夜晚时段以广场舞为主导性活动，活动空间分布受到音响等传声设备影响，呈现出弥散式圈层模式。以音乐声源地为中心，参与广场舞活动的人群向心围合成活动缓冲区，围观人群在活动缓冲区外围。活动对场地需求较大，表现出中心化趋势，一般均匀分布在开敞的空间中心（图8）。

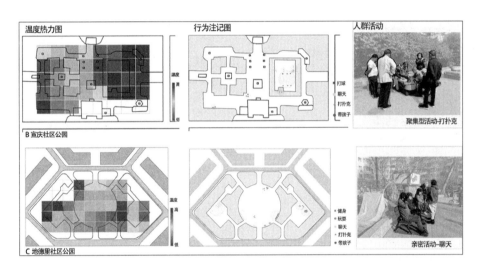

图 7　热环境和人群活动

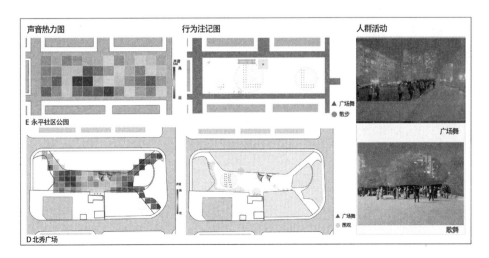

图 8　声环境和人群活动行为

4 结论与讨论

上述研究发现，温度与声音是影响社区公园人群活动密度的主要物理环境要素，温度与活动密度显著正相关，声音和活动密度具有显著负相关关系。温暖舒适的物理环境是过渡季节人群活动空间遴选的关键因素。

活动人居的聚集程度受到热环境的影响，温度的提高有利于诱发高聚集度活动的发生。植物组团的合理配置有助于营造舒适的热环境，合理控制林下植被绿量和冠层疏密程度，满足聊天、打牌等聚集型活动对温暖舒适条件的需求。大冠幅疏层乔木可以提供遮阴挡风环境，但高郁闭度的高大乔木冠层对温度具有一定的冷却阻挡作用，不适合于休闲聊天、健身等长周期静态休闲活动。

活动人群疏散程度受到活动性质和声源分布的影响。声环境与活动密度呈现显著负相关关联肌理，活动人群围绕声源呈现弥散式圈层模式。在开敞的活动空间，声音易于传播且难以阻隔，因此声音冲突成为社区公园活动空间使用过程中突出的矛盾之一。由于广场舞活动的集散程度受到传声设备等机械声源分布的影响，可以通过合理设置声源引导广场舞活动人群分布，控制人群活动密度减少活动冲突。

参考文献

[1] 冷红，蒋存妍. 严寒地区村镇老年群体冬季户外公共空间活动特征及规划启示[J]. 建筑学报，2015（09）：88-93.

[2] LI S. Users' Behaviour of Small urban spaces in winter and marginal Seasons[J]. Architecture and behaviour, 1994（1）：95-109.

[3] 骆天庆，傅玮芸，夏良驹. 基于分层需求的社区公园游憩服务构建——上海实例研究[J]. 中国园林，2017, 33（02）：113-117.

[4] 赵欣，缴中山，程英男. 寒地城市老旧小区户外空间环境质量提升策略——以长春市吉柴小区为例[J].规划师，2020, 36（S2）：58-63.

[5] 杨雪韬. 严寒地区适应老年人活动的住区外部空间环境研究[J]. 建筑与文化，2016（07）：176-177.

[6] 王晶懋，刘晖，宋菲菲，郭锋. 基于场地生境营造的城市风景园林小气候研究[J].中国园林，2018, 34（02）：18-23.

[7] 何玲睿，潘瑞，黄应蓉.城市公园微气候与老年人活动行为相关性研究——以昆明市洛龙公园为例[J].城市建筑，2020, 17（26）：121-126.

[8] 赵晓龙，卞晴，侯韫婧，等.寒地城市公园春季休闲体力活动水平与微气候热舒适关联研究[J].中国园林，2019, 35（04）：80-85.

[9] 李天劼，梅敏.基于参数化统计方法的夏季户外开敞空间小气候对人群行为活动影响初析[J].建筑与文化，2021（01）：76-78.

[10] Meng Q，Sun Y，Kang J. Effect of Temporary Open-Air Markets on the Sound Environment and Acoustic Perception Based on the Crowd Density Characteristics[J]. Science of The Total Environment, 2017, 601-602：1488-1495.

移动建筑提升城市防疫的社会观察与策略探讨
——以新冠疫情为例

欧雄全

作者单位
同济大学建筑与城市规划学院

摘要： 2019年底爆发的新冠疫情席卷全球，深刻影响了人类社会生活中的方方面面。移动建筑以其可移动和易于灵活部署的特性在全球抗击疫情的过程中发挥了重要作用，并在我国产生了不可忽视的社会影响。本文通过对移动建筑在抗击新冠疫情中的社会角色、行动与价值观察，探讨移动建筑提升城市防疫的适宜性与必要性，并提出了基于社会协同治理的思路倡议以及社会设计视角下的策略展望。

关键词： 移动建筑；可移动性；城市防疫；新冠；协同治理

Abstract: The outbreak of Covid-19 epidemic at the end of 2019 swept the world and profoundly affected all aspects of human social life. Mobile architecture has played an important role in the global fight against the epidemic because of its mobility and flexible deployment, and has a social impact that can't be ignored in our country. Based on the observation of thesocial roles, actions and values of Mobile architecture in fighting the epidemic situation of Covid-19, this paper discusses the suitability and necessity of Mobile architecture in promoting urban epidemic prevention. It also puts forward the ideas and suggestions based on the Synergetic Governanceand the implementation strategy from the perspective ofSocial Design.

Keywords: Mobile Architecture; Mobility; Urban Epidemic Prevention; Covid-19; Synergetic Governance

1 引言

世间万物皆移动，基于移动的游牧是人类最古老的生存方式，承载游牧生活的移动建筑（Mobile Architecture）也是人类社会的早期居所形式之一。随着社会趋向于稳定，静态的坚固永恒取代了移动的颠沛流离成为建筑形式的主流。如今，全球化时代下的流动社会已经到来，人流、物流、信息、文化、资本甚至疾病等在由实体与虚拟空间交织而成的多元多变场域中快速流动，移动建筑也以其灵活适应社会与环境变化的特性优势在当代日益动态多变的生活场景中体现出与日俱增的普遍性。[①]历史证明，每当社会发生动乱、灾难、疫情等突发公共危机（Public Crisis）时，移动建筑的可移动及可快速灵活部署的特性优势便会被进一步放大，其不仅作为一种应急的建筑类型或产品，也作为一种可抗衡变化的创新策略，在社会突发公共危机的应对上，体现着先进性与重要性。2019年末爆发的新冠疫情（Covid-19）席卷全球，给人类

社会造成了广泛而深刻地影响，以移动帐篷、方舱医院、活动箱体房、集装箱建筑、移动实验室、移动隔离舱等为代表的移动建筑在城市防疫（Urban epidemic prevention）过程中发挥了重大作用。新冠疫情在提供社会即时、同步地观察与思考移动建筑在抗疫中的角色、作用与价值同时，也凸显出我国在疫情常态化防控背景下亟需推动移动建筑作为一种创新思路和策略来提升城市防疫的重要性与紧迫性（图1）。

2 移动建筑在抗击新冠疫情过程中的社会角色、行动与价值观察

公共卫生（Public Health）和人类健康既是建设城市的源头，也是目标。历史上，人类社会曾经历过大量瘟疫、疾病的侵袭，城市防疫是社会应对突发公共卫生事件、创造健康宜居生活环境的关键一环。至今仍在全球肆虐的新冠疫情强力改变了人类社会形态及城市生活情境，病毒以气溶胶形式传播，甚至还

---

① 欧雄全，基于社会学视角的移动建筑思想与设计策略研究[D]. 上海：同济大学，2020：315.

可移动的野战医院   位于大型室内空间中的方舱医院   可移动的车载式生物实验室

可移动的临时帐篷医院   可移动的集装箱隔离病房   可移动的生物密闭方舱

图1 在新冠疫情中发挥重要应急作用的各类移动建筑（来源：网络）

会"通过附着于物品上，在人和人之间传播"（钟南山，2022），防控的难度和风险极大。我国抗击疫情主要采取了"对爆发地区阻断传播和基层联防联控"（钟南山，2020）的措施，通过"保持社交距离以及饱和式诊断"（张文宏，2020）达到防控病毒的目的。移动建筑以其灵活、易部署、可循环利用的特性在疫情阻断和隔离防控上体现出了重大价值，并以多元化的社会角色和行动介入全球各个城市的防疫工作，尤其在我国产生了不可忽视的社会影响——从国家政府的动员主导、军队企业高校和社会组织的助力实施到社会个体的出谋划策、日常创造，移动建筑成为应对这次突如其来的社会公共卫生事件的有效方式之一。①

2.1 "国家动员＋政府组织"——模块化移动应急医院

新冠疫情的爆发具有广泛性和突然性，面对海量激增的患者，如何在短时间内创造出更多安全、灵活的隔离、治疗空间是抗疫能否成功的关键因素之一。因此，我国充分发挥了"集中力量办大事"的制度优势，在国家动员和政府组织的行动模式下，建筑业内已广泛应用的模块化预制装配技术首先被考虑应用于建设移动应急医院，并得以迅速实施：比如武汉在短

短十几日内便利用模块化组装技术迅速搭建了火神山和雷神山医院，以缓解当地病床紧缺的燃眉之急；比如2003年就在非典疫情中发挥重要作用的北京小汤山医院同样由可移动的模块化箱体房快速搭建，并在2020年采用相同的技术形式进行了重建与升级，以支撑北京的抗疫战斗……此外，在"疫情常态化防控"②背景下，上海建设的金山防疫医院、广州建设的用于入境隔离的"国际客栈"等项目均采用政府主导下的模块化预制装配模式，可移动拆装的应急医院作为一种长效机制助力城市防疫（图2、图3）。

2.2 "军民融合＋平战转换"——方舱医院

模块化移动应急医院虽然是作为传染病医院来建造，但其基本构组逻辑却是源于军用的野战方舱医院。野战方舱医院又被称为军队战役卫勤支援系统（Army Application of Campaign Medical Support System，简称AACMSS），是"由模块化箱组装备组成，主要担负机动性的卫生应急救援任务，是具备各种基本医疗卫生功能（如紧急救治、外科处置、临床检验等）的环境平台"③。野战方舱医院由战地医院发展而来，具有数十年的历史④，其基

---

① 欧雄全，基于社会学视角的移动建筑思想与设计策略研究[D].上海：同济大学，2020：308.

② 2020年4月8日召开的中央政治局常委会会议上，习近平总书记强调我国要开展疫情常态化防控。

③ 郑晓东，陈宏光，刘树新等.战役卫勤快速支援系统方舱快速展开流程的研究[J].医疗卫生装备，2007，28（6）：46-47.

④ 野战方舱医院始于20世纪50年代，美军在朝鲜战争中研制出用于军事装备运输的方舱，在20世纪60年代发展为除运输方舱之外的电子、医疗、扩展、维修等多元化的方舱形式，野战医用方舱由美军率先在越战期间使用。进入20世纪70年代，我军开始引入外军的方舱装载体制，1982年中国第一台自主研发的军用方舱在空军第二研究所诞生，1995年我国成功研制了第一代方舱医院，是我军医疗方舱研制的雏形，达到了现场诊治功能。21世纪初期，我军在第一代方舱医院的基础上，研发了具有"三防"能力的第二代医疗支援保障方舱系统，大幅提升了现场救治能力。

火神山医院施工场景　　　　　　　　　雷神山医院施工场景

火神山医院完工后的全貌　　　　　　　雷神山医院完工后的全貌

图2　武汉火神山与雷神山医院的建设场景（来源：网络视频直播截图）

2020年为抗击新冠疫情而快速搭建的新小汤山医院

图3　北京小汤山医院（来源：网络）

本技术形式为"一个保障单元连接周围的病房单元，通过一系列不同功能的模块（如医疗、病房、技术保障单元等）快速组合而成"[1]，具有可移动运输和可拆卸扩展的特性，非常适合紧急状态下的即时使用和平战转换。例如西班牙AGRUHOC战役医院集团研发的野战方舱医院就可在数小时内快速建设为一座功能完善的大型医院。在新冠疫情中，可快速机动的野战方舱医院得到广泛应用，除了军队的直接支援外，一些企业也依据其技术形式和组构逻辑快速生产了可即时投入防疫的方舱医院。例如武汉在疫情暴发期间共建设了十几家方舱医院，这些医院具有建造快速、成本低、容量大（可接诊床位达上万张）、开放式、标准化等多方面的特性优势，对于抗击疫情发挥了重要的作用。受到我国的成功启示，世界各地也广泛建设了大量不同形式的方舱医院，这些医院或建于室内大型开敞空间（体育馆、会展中心等），或建于室外空旷的场地（广场、公园等），有效缓解了医疗资源受到严重挤压的紧张局面，并及时地满足了海量患者的救治需求。除了新冠疫情，我国在历次救灾行动中也都能发现方舱医院的身影，足以凸显其应对突发公共危机时的巨大社会价值（图4～图6）。

西班牙AGRUHOC战役医院集团-野战方舱医院

方舱医院的基本技术形式

图4　野战方舱医院的基本功能和技术形式（来源：网络）

---

① 马得勋. 军队野战方舱医院训练体系的构建研究[D]. 重庆：第三军医大学, 2015: 3-4.

图 5　Tecnodimension 设计的充气式野战方舱医院（来源：网络）

图 6　世界各地兴建的方舱医院（来源：网络）

2.3 "企业高校合作 + 社会组织参与"——防疫型移动建筑产品研发

除了政府主导的社会行动之外，一些企业、高校及社会组织也纷纷自主研发了一系列用于防疫的移动建筑产品。盈创建筑科技（上海）有限公司利用3D打印技术建造的可移动隔离屋，有效地支援了咸宁、黄石、日照等地的抗疫。该产品具有建造速度快、成本低、快速成型的优势，便于移动运输和即时使用。盈创后续还研发了一系列基于3D打印技术的防疫型移动建筑产品，并可进行个性定制：比如根据巴基斯坦热带沙漠气候研发的具有良好密闭性和隔热性能的移动隔离屋；比如为抗疫研发的移动测温检查消毒站、公交车站和负压隔离病房……这些产品在疫情之后可被改造他用或回收处理（转化为打印原料）。[①] 深圳华大基因公司则与同济大学设计创意学院、上海易托邦建筑科技公司合作研发了可快速搭建的"火眼"气膜实验室产品，并在世界各地支持了成百上千万次新冠病毒核酸检测。该产品针对病毒通过气溶胶传播的本质矛盾，采用医工结合和平疫转换的创新思路，在PVC双层气膜结构中同时施加正负压，创造了核酸检测所需要的负压环境。同时，产品

自身基于模块化设计建造和智能化运营管理，能够折叠拆装和现场简易搭建，能耗低且方便存储，并基于空运的形式实现各地的快速部署。在该产品的研发过程中，充分展现了企业、高校及社会组织的协同抗疫能量：同济设计创意学院整合同济大学的创新科技生态圈，协调供应商和服务商并行研发，在不断优化技术标准的同时也与华大基因推出了包含建筑、设备、试剂、管理等在内的整套移动检测方案体系……[②]（图7、图8）。

2.4 "设计师自主行动 + 平台开源"——移动建筑防疫方案的构想

除了社会有组织性的行动之外，本身作为社会主体之一的设计师们也在为抗击疫情集思广益。基于危机意识，许多设计师在疫情前的未来畅想中，就不缺乏对于移动医院的方案构思和讨论。鉴于疫情的严重性和持久性，世界各地的设计师纷纷出谋划策，设计了一系列用于隔离、救治和检测的移动建筑防疫方案：比如意大利建筑工作室Carlo Ratti Associati以可移动的集装箱作为载体设计了CURA临时重症舱[③]，用于感染患者的重症监护，并将该设计方案置于开源、非营利性框架中进行共享和深化研究；比如

3D打印移动房支援各地抗击疫情

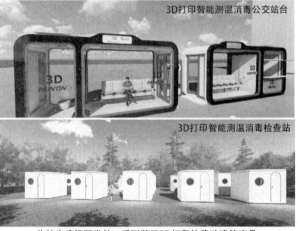
为抗击疫情研发的一系列基于3D打印的移动建筑产品

图 7　盈创公司研发的基于 3D 打印技术的防疫型移动建筑产品（来源：网络）

① 网络。
② 苏运升,陈堃,李若羽,王知然,尹烨,陈戊荣,李雯琪.火眼实验室（气膜版）[J].设计,2020,33(24):43-45.
③ CURA所有的必须医疗设备都可容纳在一个20英尺集装箱中，每个集装箱都配备了负压生物隔离装置，使舱内空气符合Covid-19感染隔离室的标准。每个单元可以独立运作，一个CURA舱可以容纳两名新冠重症监护患者所需的所有医疗设备，如呼吸机和静脉输液架等。多个重症舱单元之间可以通过充气走廊结构自由连接，并快速装配出不同形态的可以承载4~50个床位的组合空间。CURA重症舱有效利用集装箱快速安装、易于移动的特点，可通过不同的运输方式送至需要的地区，不仅可以安置在医院旁以扩容救治资源，也可以建立不同规模的野战医院形式。详见https://curapods.org/.

图8 "火眼"实验室（来源：《设计》杂志）

由美国的医疗行业人员和移动避难设计团队共同研发的JUPE健康单元护理单元[①]，为较偏远且不具备建设大体量方舱医院的地区提供可移动、可独立使用的ICU；比如Grimshaw工作室利用集装箱设计了可移动的核酸检测实验室；比如M-Rad工作室设计了基于车轮底盘和时尚外形的牵引式核酸检测实验室；比如Schmidt Hammer Lassen建筑事务所提出了直接将校车改造为核酸检测实验室的方案……尽管这些设计师的方案被付诸实践的并不多，但引发了社会的关注和讨论，并最终能够形成某些关键领域中的启发应用。例如在世界各地中投入使用的移动检测舱和实验室，就以快速灵活的形式提供了大量安全、健康且符合隐私规范的检测环境（图9~图12）。

图9 移动医院在许多设计师的未来构想中都有存在（来源：网络）

---

① Jupe单元以可移动底盘为基础，搭建成简易帐篷空间，便于快速运输和安装在需要的地方，其形式具有高度扩展性且造价低（仅为医院病房的1/30）。Jupe单元包括三种类型：JUPE REST提供给健康的人们，包括一个休息区和睡眠室，可用于医疗专业人员和微型自我隔离室，内部包括大号床或两张特大号双人床、Wi-Fi网络、空气监测等设施；JUPE CARE适用于非重症患者的隔离，除JUPE REST包含的设施外，增添呼吸机、卫生间、洗浴间等设施，以帮助患者更好的隔离以及康复；JUPE PLUS是与ICU医疗工作者共同设计的，是世界上第一个拥有微型电网功能的移动ICU。详见https://jupe.com/.

意大利建筑工作室Carlo Ratti Associati利用集装箱模块设计了CURA（Connected Units for Respiratory Ailments）临时重症舱

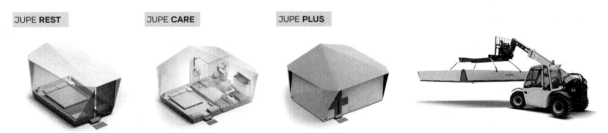

美国建筑团队设计的JUPE健康单元以可移动底盘为基础，可搭建成简易帐篷空间，便于快速运输和安装在需要的地方

图10 建筑师设计的移动重症隔离舱方案（来源：网络）

图11 众多建筑师设计了一系列移动检测实验室方案（来源：网络）

图12 世界各地采用的防疫检测移动舱（来源：网络）

3 移动建筑提升未来城市防疫的思路倡议

3.1 疫情常态化背景下的城市防疫是一个社会问题

在近年来的疫情防控中，卫生领域的专家们普遍认为新冠病毒可能将长期存在（钟南山，2020；张文宏，2021），因此我国今后的疫情防控趋向于精准化，一旦出现疫情，能够快速响应和迅速应对（国家卫健委，2022），既实施有效隔离，又不干扰日常生活（张文宏，2022）。因此在疫情常态化背景下，城市防疫不仅仅是一个空间或医学问题，更是一个社会问题。依靠"单纯的医学模式不能有效解决突发公共卫生事件所致的社会问题"[①]，而以社会工作介入的策略则可以"在事中和事后弥补突发公共卫生事件对各类场域形成的破坏"[②]。此外，我国近两年在公共卫生和城市防疫的相关研究中出现"应急管理系统、社会工作等更广泛学科领域"[③]，除了提倡建立"多元协同的应急医疗空间调配、联动和转换机制"[④]之外，也认为可探索"基于防御单元的预防和应对突发事件的空间体系、社会日常和应急状态下的平衡与转换机制以及编制防疫相关的专项法律制度"[⑤]，建立"多级联动的城市防疫体系"[⑥]和"由应急指挥协调、法律保障和专业技术系统"[⑦]构成的公共卫生体系。因此，未来的城市防疫需要社会不同主体、不同领域的协同参与，实现"应急的群防、群策与群控治理体系与常态的公众参与治理体系"[⑧]的融合。

① 花菊香.突发公共卫生事件的应对策略探讨——多部门合作模式的社会工作介入研究[J].学术论坛，2004（04）：162-166.
② 花菊香.突发公共卫生事件的社会工作介入时序研究[J].社会科学辑刊，2005（01）：36-41.
③ 马琪芮，郑祺，宋祎琳.公共卫生视角下的健康社区规划思考[J].建筑创作，2020（04）：210-215.
④ 张姗姗，刘艺，武悦.应对突发公共卫生事件的医院建筑协同更新[J].时代建筑，2020(04):99-103.
⑤ 段进，杨保军，周岚，张京祥，叶斌，罗海明，刘奇志，柴彦威，张文佳，叶裕民，李志刚，肖扬，陈宏胜，王承慧，武廷海，王兰，周素红，龙瀛，张松，段德罡，钱睿，周文竹，张帆，石邢，郑德高，杨涛，冷红，周江评，汪芳，曹康，张国华，杨宇振.规划提高城市免疫力——应对新型冠状病毒肺炎突发事件笔谈会[J].城市规划，2020，44（02）：115-136.
⑥ 马向明，陈洋，陈艳，李苑溪.面对突发疫情的城市防控空间单元体系构建——突发公共卫生事件下对健康城市的思考[J].南方建筑，2020（04）：6-13.
⑦ 张姗姗，张宏哲.防空突发性传染病的医疗建筑网络评价模型构建[J].华中建筑，2014（07）：21-25.
⑧ 段进，杨保军，周岚，张京祥，叶斌，罗海明，刘奇志，柴彦威，张文佳，叶裕民，李志刚，肖扬，陈宏胜，王承慧，武廷海，王兰，周素红，龙瀛，张松，段德罡，钱睿，周文竹，张帆，石邢，郑德高，杨涛，冷红，周江评，汪芳，曹康，张国华，杨宇振.规划提高城市免疫力——应对新型冠状病毒肺炎突发事件笔谈会[J].城市规划，2020，44（02）：115-136.

3.2 移动建筑介入城市防疫的社会性特征

移动建筑不仅是"可移动的建筑物"[①]，也是"能灵活应对和抗衡社会变化的建筑架构体系"[②]，"对环境变化体现出可适应性"[③]且具有"高效形式、轻质材料、灵活功能等特征"[④]。同时，移动建筑不仅是一种可移动、可应急的建筑类型，更是一种可应对社会危机变化的体系和策略，其核心价值在于"以经济适宜方式为解决社会问题和满足社会需求提供可持续、可灵活变化、可即时响应的方案"[⑤]。依据前文的社会观察，移动建筑介入城市防疫体系的社会性特征愈发明显与明晰，就是基于一种创新的社会化作用机制（不仅仅是功能或空间形式），依据防疫中的各类需求和变化去灵活调整与适应，并产生积极的社会效应与结果。移动建筑提升城市防疫必然是以移动空间为载体、社会行动主体共同作用的过程与结果，因此也最终指向了基于社会协同治理（Synergetic Governance）的理念思路。

3.3 基于社会协同治理理念的移动建筑提升城市防疫思路

协同治理是"协同学和社会治理的交叉"[⑥]。协同学意为"协调合作之学"[⑦]，协同治理则是一个"互动、协调的过程"[⑧]。治理的目的在于"最大限度地增进公共利益"[⑨]，因此协同治理作为"公共治理和社会管理创新的方向"[⑩]，在"倡导和引进多元化主体，与政府构建良好关系并保证其地位和职能"[⑪]的同时，强调"多中心治理模式并发挥多元治理主体之间的协同效应"[⑫]，利益相关者为解决共同的社会问题而"以适当方式进行互动和决策，并承担相应责任"[⑬]。基于此，笔者倡议可依据协同治理理念构建移动建筑的防疫应用思路，并可围绕其提升城市防疫的目标导向开展三个方面的工作：

一是构建社会多主体共建、共享、共治的移动建筑防疫体系；

二是完善基于政府主导与多方协同的移动建筑应急响应机制；

三是探索基于平疫转换与动态平衡的移动建筑公共服务模式。

4 移动建筑提升未来城市防疫的策略探讨

笔者曾在博士论文《基于社会学视角下的移动建筑思想与设计策略研究》中提出当代移动建筑应走向社会设计的观点，并以系统性、日常性和可适性策略为支撑。[⑭]移动建筑社会设计是"通过基于移动建筑形式或策略的设计以寻求解决社会问题、满足社会需求、回应社会变化的方案，并以移动建筑与社会的关系作为设计思考的起点和终点"[⑮]。因此，移动建筑提升城市防疫的策略可基于社会设计视角，围绕系统性、日常性和可适性进行探讨与展望。

4.1 基于系统性策略发展先进技术导向下的移动建筑产业体系

严格意义上讲，应急医院和方舱医院是否能算作移动建筑尚难定论（主要取决于将来是被拆除废弃还是循环使用），若用之即弃势必造成社会资源的浪费，且疫情反复时无法即时使用。因此，我国应建立

① 吴峰. 可移动建筑物的特点及设计原则[J]. 沈阳建筑工程学院学报, 2001, 17（3）：161-163.
② 尤纳·弗莱德曼. 尤纳·弗莱德曼：手稿与模型（1945-2015）[M]. 徐丹羽, 钱文逸, 梅方译. 上海：上海文化出版社, 2015：5.
③ 罗伯特·克罗恩伯格. 可适性：回应变化的建筑[M]. 朱蓉译. 武汉：华中科技大学出版社, 2012：175.
④ Robert Kronenburg. Transportable Environments: Theory, Context, Design and Technology[M]. London: Taylor & Francis e-Library, 2002：1-5.
⑤ 欧雄全, 基于社会学视角的移动建筑思想与设计策略研究[D]. 上海：同济大学, 2020：316-317.
⑥ 李汉卿. 协同治理理论探析[J]. 理论月刊, 2014（01）：138-142.
⑦ [德]赫尔曼·哈肯. 协同学——大自然构成的奥秘[M]. 凌复华, 译. 上海：上海译文出版社, 2005：5.
⑧ 徐嫣, 宋世明. 协同治理理论在中国的具体适用研究[J]. 天津社会科学, 2016（02）：74-78.
⑨ 俞可平. 全球治理引论[J]. 马克思主义与现实, 2002,（1）：22.
⑩ 燕继荣. 协同治理：社会管理创新之道——基于国家与社会关系的理论思考[J]. 中国行政管理, 2013（02）：58-61.
⑪ 黄思棉, 张燕华. 国内协同治理理论文献综述[J]. 武汉冶金管理干部学院学报, 2015, 25（03）：3-6.
⑫ 熊光清, 熊健坤. 多中心协同治理模式：一种具备操作性的治理方案[J]. 中国人民大学学报, 2018,32(03):145-152.
⑬ 田培杰. 协同治理概念考辨[J]. 上海大学学报（社会科学版）, 2014（01）：135-136.
⑭ 欧雄全, 基于社会学视角的移动建筑思想与设计策略研究[D]. 上海：同济大学, 2020：316-317.
⑮ 欧雄全, 基于社会学视角的移动建筑思想与设计策略研究[D]. 上海：同济大学, 2020：317-318.

系统化的移动建筑产业体系以支撑平疫转换模式下的社会需要，提供法律上的政策支撑和产业上的整体规划，并在"产业链上形成从策划到回收利用的完整闭环"①。除了传统的"模块化与集成化移动建筑设计方法"②之外，移动建筑产业体系的建立更应以先进技术为创新导向，基于"全生命周期信息的集成和管理"③，实现效率、成本和生态的平衡。在我国的抗疫过程中，盈创、华大基因研发的都是新技术形式下的移动建筑产品，但这毕竟只是社会局部的力量，真正要形成整体规模效应还需要国家层面的行动引领。

4.2　基于日常性策略研发适应于疫情常态化防控生活的移动建筑产品

在疫情常态化背景下，个人的社交距离和隔离空间成为日常生活中的重要议题。因此，日常生活中的个人防护空间也许将成为移动建筑中的新形式，将与个人生活关系更为紧密的移动建筑产品可以以开源的设计形式在社会上集思广益和共享回馈，并易于困难地区和弱势群体的自主建造。例如著名的充气式建筑设计公司PlastiqueFantastique就曾利用充气技术

形式设计了个人防护面罩iSphere和用于个人工作生活期间防护的移动隔离站MOBILE PPS。再比如土耳其著名家具品牌Nurus研发了可批量生产的可移动检测单元④，并以开源的形式为向全球所有需要移动检测的国家和地区免费提供设计方案和装配信息。此外在疫情常态化防控背景下，社会生活的恢复也将是重要议题。为了早日恢复经济，社会上也曾掀起过关于地摊经济的热点话题，一种自由的、自发的、自组织形式的移动商业模式将受到重视和支持，也必将产生各种适应于平疫转换、新奇时尚的移动商业建筑产品（图13、图14）。

4.3　基于可适性策略探索基于平战结合的移动医院模式与协同响应机制

尽管武汉在疫情期间以惊人的速度建立了火神山和雷神山医院，但毕竟还是无法像典型的移动建筑那样做到即时使用，军用的野战方舱医院在和平时期规模有限，基于战略需要也无法全部机动。因此从可适性策略视角来看，我国可尝试探索平战结合的移动医院模式与协同响应机制：可采用野战方舱医院的模

防护面罩iSphere

移动隔离站—— MOBILE PPS(Personal Protective Space)

图 13　Plastique Fantastique 设计的一系列防疫设施（来源：plastique-fantastique.de）

①　欧雄全，吴国欣. "都市牧歌"——城市移动居所模式探想[J]. 住宅科技,2019,39(09):9-14.
②　韩晨平. 可移动建筑设计理论与方法[M]. 北京：中国建筑工业出版社，2020：58-94.
③　丛勐. 由建造到设计——可移动建筑产品研发设计及过程管理方法[M]. 南京：东南大学出版社，2017：40-42.
④　该装置由金属和玻璃构成，能够以简单、迅速且经济的方式实现制造和组装。每个检测单元包含两个可交替使用的隔间，隔间的一侧用于进行检测，另一侧是专业医疗人员的工作区，拥有完全与外界隔离的安全环境。基于持续的消毒处理，每个单元均得以保持封闭且无菌的状态，确保每天可进行400次以上的检测。

块化组构技术形式，以车载式移动模块单元为空间载体，按照大规模的传染病医院功能进行组建；移动医院以国家（或战区）为单位进行部署，护理单元以省市为单位进行部署，模块单元则以医院为单位进行部署，单元之间易于转换；移动医院战时由军队征调机动，平时由各地方政府维护管理，疫情暴发时可由各地在数天内随人员、设备同步集结至目的地并投入使用；移动医院的部署平时由国家进行宏观调控，平衡各地医疗资源并支援困难地区，体现对于不同需求的动态适应能力（图15）。

图14 Nurus 设计的移动检测单元（来源：网络）

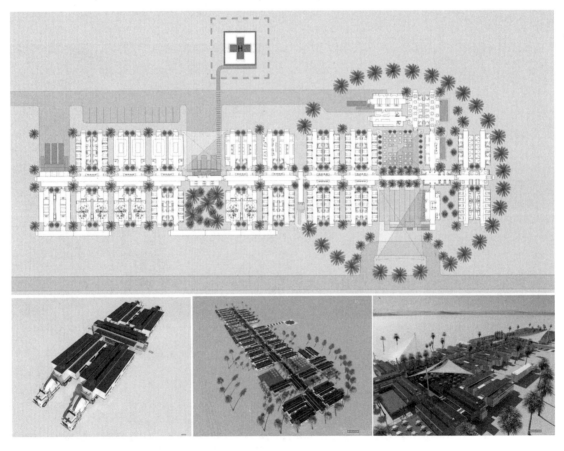

图15 由 Hord Coplan Macht + Spevco 团队设计的一种车载式模块化移动医院方案（来源：网络）

参考文献

[1] 欧雄全.基于社会学视角的移动建筑思想与设计策略研究[D].上海：同济大学，2020.

[2] 郑晓东，陈宏光，刘树新，等.战役卫勤快速支援系统方舱快速展开流程的研究[J].医疗卫生装备，2007，28（6）：46-47.

[3] 马得勋.军队野战方舱医院训练体系的构建研究[D].重庆：第三军医大学，2015.

[4] 苏运升，陈堃，李若羽，王知然，尹烨，陈戊荣，李雯琪.火眼实验室（气膜版）[J].设计，2020，33（24）：43-45.

[5] 花菊香.突发公共卫生事件的应对策略探讨——多部门合作模式的社会工作介入研究[J].学术论坛，2004（04）：162-166.

[6] 花菊香.突发公共卫生事件的社会工作介入时序研究[J].社会科学辑刊，2005（01）：36-41.

[7] 马琪芮，郑祺，宋祎琳.公共卫生视角下的健康社区规划思考[J].建筑创作，2020（04）：210-215.

[8] 张姗姗，刘艺，武悦.应对突发公共卫生事件的医院建筑协同更新[J].时代建筑，2020（04）：99-103.

[9] 段进，杨保军，周岚，张京祥，叶斌，罗海明，刘奇志，柴彦威，张文佳，叶裕民，李志刚，肖扬，陈宏胜，王承慧，武廷海，王兰，周素红，龙瀛，张松，段德罡，钱睿，周文竹，张帆，石邢，郑德高，杨涛，冷红，周江评，汪芳，曹康，张国华，杨宇振.规划提高城市免疫力——应对新型冠状病毒肺炎突发事件笔谈会[J].城市规划，2020，44（02）：115-136.

[10] 吴峰.可移动建筑物的特点及设计原则[J].沈阳建筑工程学院学报，2001，17（3）：161-163.

[11] 尤纳·弗莱德曼.尤纳·弗莱德曼：手稿与模型（1945-2015）[M].徐丹羽，钱文逸，梅方，译.上海：上海文化出版社，2015.

[12] Robert Kronenburg. Transportable Environments：Theory，Context，Design and Technology[M].London：Taylor & Francis e-Library，2002.

[13] 李汉卿.协同治理理论探析[J].理论月刊，2014（01）：138-142.

[14] 赫尔曼·哈肯.协同学——大自然构成的奥秘[M].凌复华，译.上海：上海译文出版社，2005：5

[15] 徐嫣，宋世明.协同治理理论在中国的具体适用研究[J].天津社会科学，2016（02）：74-78.

[16] 俞可平.全球治理引论[J].马克思主义与现实，2002，（1）：22

[17] 燕继荣.协同治理：社会管理创新之道——基于国家与社会关系的理论思考[J].中国行政管理，2013（02）：58-61.

[18] 黄思棉，张燕华.国内协同治理理论文献综述[J].武汉冶金管理干部学院学报，2015，25（03）：3-6.

[19] 熊光清，熊健坤.多中心协同治理模式：一种具备操作性的治理方案[J].中国人民大学学报，2018，32（03）：145-152.

[20] 田培杰.协同治理概念考辨[J].上海大学学报（社会科学版），2014（01）：135-136.

[21] 欧雄全，吴国欣."都市牧歌"——城市移动居所模式探想[J].住宅科技，2019，39（09）：9-14.

[22] 韩晨平.可移动建筑设计理论与方法[M].北京：中国建筑工业出版社，2020.

[23] 丛勐.由建造到设计——可移动建筑产品研发设计及过程管理方法[M].南京：东南大学出版社，2017.

专题 7　施工建造与工程管理

盐雾气候下建筑玻璃表面盐分沉积特性的实验研究

毛会军　孟庆林　汪俊松　任鹏

作者单位
华南理工大学建筑学院 亚热带建筑科学国家重点实验室

摘要： 本文以市场上常见的中空 Low-E 玻璃为研究对象，通过加速盐雾试验的方法使玻璃表面产生盐分沉积，探究了不同喷雾时间、盐水浓度与沉积特性之间的关系。结果表明，随着喷雾时间变长，玻璃表面的盐斑分布均匀性与密集程度均有所下降，但盐斑尺寸与喷雾时间呈现指数函数增长趋势，而表面单位面积沉积量与喷雾时间呈现对数函数关系；高盐水浓度下玻璃试件表面单位面积沉积量与喷雾时间仍呈现对数增长趋势，但高浓度对应的单位面积沉积量始终大于低浓度工况，其平均增大幅度约为 9.3%。

关键词： 建筑玻璃；加速盐雾实验；盐分沉积；喷雾时间；盐水浓度

Abstract: In this paper, the salt deposition on the hollow low-Eglass surface was firstly yielded by the method of accelerated salt spray test, and the relationship between spray time,salt concentration and deposition characteristics was explored. The results show that the distribution uniformity and density of salt spots on glass surface decrease as spray time increases, but the size of salt spots grows exponentially with increasing spray time. However, the deposition amount per unit area of glass surface increases logarithmically with a higher spray time.The deposition amount and spray time also show logarithmic growth even at high saline concentration, but the deposition amount at high saline concentration is always higher than that at low saline concentration, with an average increase of 9.3%.

Keywords: Building Glass; Accelerated Salt Spray Test; Salt Deposition; Spray Time; Saline Concentration

1 引言

我国大陆被渤海、黄海、东海、南海所包围，大陆海岸线长18000多公里，沿海共12个省区且跨越温带、亚热带和热带气候区，海域中分布着约7600个大小岛屿[1]。受海洋环境的影响，沿海地区和岛屿上的建筑围护结构除了承受着大陆地区常规的热湿压力外，还要遭受盐雾的侵蚀。建筑处于盐雾气候下，空气中所含的盐分，尤其是海洋性气溶胶，引起围护结构表面盐分的湿沉积或干沉积以及盐蚀破坏，导致其传热、传湿特性以及耐久性变化，建筑能耗居高不下，质量问题层出不穷[2]。

建筑外窗作为沟通室内外声、光、热环境的桥梁，虽然仅占建筑围护结构外表面面积的1/8~1/6，但其传热与空气渗透热损失之和却占围护结构总热损失的40%~50%[3]，是建筑整体传热的薄弱环节。建筑外窗的主要组成部分为玻璃和窗框，并且玻璃的面积比例较大，对整窗热工性能的影响较大。建筑玻璃处于沿海地区的盐雾气候下，其表面出现盐分湿沉积

或干沉积现象，表面换热特性与光热性能发生变化，导致其与处于内陆地区的常规气候下的热工性能存在差异，并影响能耗计算精度热舒适评价的合理性。相关研究表明，表面对流换热系数15%的不确定度可导致建筑物围护结构预测热流15%～20%的不确定度[4]，其取值差异可导致全年制冷能耗达到30%的偏差[5]。在夏热冬冷地区，太阳得热系数每减小0.01，建筑总能耗降低0.15%，外窗传热系数每减小0.1W/（$m^2 \cdot K$），建筑总能耗降低0.05%[6]。因此，研究建筑玻璃在盐雾沉积下的表面换热系数与光热性能参数变化规律，对于准确预测建筑在盐雾气候条件下的室内光热环境与建筑能耗具有重要意义。

为了明确上述规律，首要条件便是探究建筑玻璃在盐雾气候条件下的沉积特性，从而为研究表面换热系数与光热性能变化奠定基础。然而，国内外学者对建筑围护结构受盐分侵蚀的研究主要集中在其内部氯离子的传输过程，较少关注表面盐分沉积的情况。但大量文章指出[7-9]，在实际的盐雾或海洋环境中，建筑表层氯离子沉积过程表现出一定的规律性，随着环

境条件和暴露时间的变化而变化。具体而言，暴露时间越长，表层氯离子累积量越大，最后达到某个稳定值，并且暴露环境条件不同，该变化过程遵循函数规律亦有差异。

综上所述，本文以市场上常见的中空Low-E玻璃为研究对象，通过加速盐雾试验的方法使玻璃表面产生盐分沉积，探究不同喷雾时间、盐水浓度与沉积特性之间的关系，从而为未来研究建筑玻璃在盐雾气候下的表面换热系数与光热性能参数的变化规律奠定基础。

2　研究方法

2.1　实验材料

为了使实验结果具有代表性，选取市场上常见的6mm白玻+12mm空气+6mm Low-E玻璃（以下简称中空Low-E）。盐雾箱内部尺寸为900mm×600mm×400mm，但由于其内部还安装了喷盐雾装置和盐雾收集装置，因此试件尺寸定为300mm×300mm。为了便于后续开展不同工况的实验测试，购买了10块上述的玻璃试件，并通过电子天平测量了其质量分布。结果显示，由于双层玻璃边缘需通过密封胶进行密封，其质量具有一定的波动范围，幅度为9.8%。

2.2　实验仪器

本实验使用的BGD886/S复合盐雾试验箱由标格达精密仪器（广州）有限公司研发生产，该盐雾箱通过触摸屏设定并控制各种参数，将诸如盐雾腐蚀、湿度（高温高湿、低温低湿）、晾干（热干、风干）等多个测试进行组合，模拟多种循环腐蚀试验，其关键技术参数见表1。

仪器技术参数　　　　　　表1

名称	型号	物理参数	范围	精度
复合盐雾试验箱	BGD886/S	温度	0~85°C	±1°C
		相对湿度	20%~98%	0.1%
		盐雾沉降量	1~2 ml/h/80 cm²	——
		喷雾压力	70~170 kPa	——
电子天平	BW32KH	质量	0~32 kg	±0.1 g
钢直尺	SHINWA21575	尺寸	0~600 mm	±0.5 mm

（来源：作者自绘）

2.3　实验步骤

在正式实验之前，首先需要配置浓度为5%的NaCl溶液，将质量为50 g±5 g的高品质NaCl结晶（杂质总含量不应超过0.3%）溶解在蒸馏水或去离子水中，并利用1 L的容量瓶进行定容。

然后对试件进行预处理，首先按照表2对试件进行编号，接着用脱脂棉蘸无水乙醇擦拭试件表面以去掉油污与杂质等，用钢直尺测量试件表面尺寸并用电子天平对试件进行称重，获取其原始重量。

正式实验时，先将试件按照要求摆放在支架上，利用气压杆驱动箱盖闭合后在其与箱体的连接槽内加入适量水进行液封，防止盐雾逸出污染空气。然后在盐雾箱控制面板根据实验条件设置对应的参数，如"盐雾"过程的温度、相对湿度与持续时间等，并开始进行实验。

实验结束后，第一时间打开箱盖取出试件，其原因是停机后箱内相对湿度将不断升高，及时取出试件可避免其表面的盐分结晶吸湿。需要注意的是，打开箱盖前应利用小型水泵连接槽内用于液封的水抽干，否则箱盖开启时附着的水将掉落至试件表面并溶解部分盐结晶，使实验结果不准确。取出试件后，首先利用相机拍下表面盐分结晶形态，然后利用电子天平对其进行称重，用于后期的数据处理与分析，最后将其放入恒温恒湿箱内进行长期保存。

2.4　工况设置

由于国内外尚无针对玻璃试件表面盐雾沉积的

实验方法，因此参考《金属和合金的腐蚀循环暴露在盐雾、干和湿条件下的加速试验》GB/T 20854-2007[10]（以下简称"加速试验标准"），该试验方法包含了将试样循环暴露于"盐雾""干燥"和"高湿"环境，可提供暴露于与试验条件相类似的盐污染环境下材料的相关性能方面的有价值信息。然而，本实验仅需盐雾在玻璃表面产生盐分沉积，因此上述"高湿"（喷水雾）过程可以剔除，保留"盐雾"与"干燥"过程即可，并且不进行周期循环。

上述"盐雾"过程的参数设置为温度35℃±2℃，持续时间2 h，盐雾发生源则采用浓度为5%的NaCl溶液，与国内外中性盐雾试验（NSS）采用的盐溶液浓度相似[11]，并且相关实验表明，盐溶液浓度在5%左右时，加速效果最佳。而"干燥"过程中保持温度60℃±2℃、相对湿度小于30%，持续时间为4h。

为了探究喷雾时间与盐分沉积特性的关系，在加速试验标准[10]推荐的2h喷雾时间的基础上，依次进行了喷雾时间2~6h的实验对比。而其他条件则保持一致，干燥时间仍为4h，盐水浓度5%，试件水平摆放，如表2所示。

自然条件下玻璃表面盐分沉积特性除了与持续时间相关，盐雾浓度亦会对其沉积特性产生影响。因此，将盐雾发生源改为10%的NaCl溶液，喷雾时间由2 h均匀增大至6 h，其他条件不变，见表2中的工况A-6~A-10。

中空Low-E工况设置　　表2

工况编号	试件类型	喷雾时间	盐水浓度
A-0	中空Low-E	—	—
A-1	中空Low-E	2 h	5%
A-2	中空Low-E	3 h	5%
A-3	中空Low-E	4 h	5%
A-4	中空Low-E	5 h	5%
A-5	中空Low-E	6 h	5%
A-6	中空Low-E	2 h	10%
A-7	中空Low-E	3 h	10%
A-8	中空Low-E	4 h	10%
A-9	中空Low-E	5 h	10%
A-10	中空Low-E	6 h	10%

（来源：作者自绘）

2.5　数据处理

试件经过"盐雾"与"干燥"过程后，其表面将产生白色不透明的盐分沉积——盐斑[12]，为了表征盐斑的尺寸与分布情况，在试件表面均匀取9个点，测量对应测点上的盐斑尺寸。然而，通过钢直尺或游标卡尺直接测量盐斑尺寸的难度较大，且容易引入人为的偶然误差，因此，本文利用图像处理软件Adobe Photoshop CS6[13]（以下简称"PS"）对其进行间接测量。具体而言，首先将表面挂盐试件的照片导入PS中，通过"图像大小"查询试件长宽方向对应的像素大小，然后启用"标尺工具"测量9个测点上的盐斑像素大小，后者除以前者则为盐斑相对于玻璃试件的大小比例，最后将该比例与试件实际尺寸相乘得到各点盐斑的实际尺寸。

除盐斑尺寸外，试件单位面积盐分沉积量的计算步骤如下：

$$\Delta m = m_2 - m_1 \tag{1}$$

其中，Δm 为试件表面盐分沉积量，mg；m_1、m_2 分别为盐雾前后试件干燥状态下的质量，mg。

$$p = \frac{\Delta m}{A} \tag{2}$$

其中，p 为单位面积沉积量，mg/m^2；Δm 为试件表面盐分沉积量，mg；A 为试件表面积，m^2。

3　结果与讨论

3.1　喷雾时间与沉积特性的关系

玻璃表面的盐斑尺寸与分布会受到其与盐雾空气接触时间的影响，因此，通过喷雾时间这一参数来表征接触时间的长短。如图1所示，随着喷雾时间变长，玻璃表面的盐斑分布均匀性与密集程度均有所下降，但其尺寸存在明显的增长趋势，尤其是与喷雾时间2 h下的盐斑尺寸差异极大。

图2展示了盐斑尺寸随喷雾时间的变化规律，可以看出，随着喷雾时间变长，盐斑尺寸逐渐增大，开始增长较慢，随后增长较快。当喷雾时间较短时，盐斑尺寸分布均匀性较好，而在喷雾时间较长时，盐斑尺寸波动范围极大。其原因是当喷雾时间较短时，仅少量含盐雾滴附着在玻璃表面，聚合形成大液滴的概

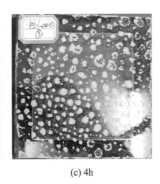

| (a) 2h | (b) 3h | (c) 4h | (d) 5h |

图 1　不同喷雾时间下玻璃表面盐分沉积情况（来源：作者自绘）

率较小。随着喷雾时间增长，雾滴附着量增大，单个液滴的尺寸不断增大，在表面张力和重力的共同作用下，相互独立的液滴将发生聚合现象[14]。因此，在液滴干燥后，盐斑尺寸也将变大。此外，聚合前液滴尺寸越大，聚合过程中其尺寸振荡频率越小，振幅越大，从而可以解释"喷雾时间变长导致盐斑尺寸波动程度增大"这一现象。

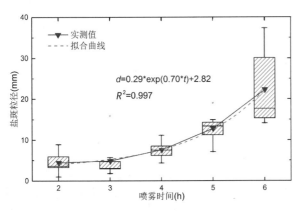

图 2　不同喷雾时间下玻璃表面盐斑尺寸分布
（来源：作者自绘）

此外，根据曲线拟合了上述两者的函数关系式，发现盐斑尺寸与喷雾时间呈现指数函数增长趋势，具体表达为

$$d=0.29\times e^{0.7t}+2.82 \qquad (3)$$

其中，d 为盐斑尺寸，mm；t 为喷雾时间，h。上述拟合公式的相关系数 R^2 高达 0.997，说明拟合效果良好。

作为本文重点关注的指标，玻璃试件表面单位面积沉积量随喷雾时间的变化规律如图3所示，可以看出，随着喷雾时间增加，单位面积沉积量呈现单调增加的趋势，但是该趋势放缓，意味着增长速率逐渐

减小。结合上述盐斑尺寸与分布密度的变化，可以发现，虽然盐斑覆盖区域面积占比降低，但其尺寸增加对沉积量带来的增益更为显著，从而导致单位面积沉积量呈现增长趋势。

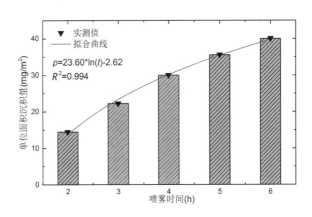

图 3　玻璃表面单位面积沉积量与喷雾时间的拟合曲线
（来源：作者自绘）

为了量化玻璃试件表面单位面积沉积量随喷雾时间的变化规律，利用OriginPro的非线性拟合功能拟合了两者的函数关系，发现对数函数拟合可使吻合度和精度较高，其表达式如下

$$p=23.60\times\ln t-2.62 \qquad (4)$$

其中，p 为单位面积沉积量，mg/m²；t 为喷雾时间，h。上述拟合公式的相关系数 R^2 高达 0.994，说明拟合效果良好。

试件表面单位面积沉积量与喷雾时间呈现对数函数关系的原因是随着喷雾时间变长，液滴不断附着在玻璃表面并聚合成大液滴，乃至形成连续的大面积液膜，而后由于表面张力与重力作用发生小位移的水平流动。若其不断生长，则存在流至玻璃表面以外区域的可能性，因此干燥之后表面沉积量无法保持匀速增

加。而在实际的大气环境中，即使周围环境含盐浓度较高，但雨水将在全年内无规律地反复冲刷建筑玻璃表面，因此沉积的盐分将无法长期保持并增长。

3.2 盐水浓度与沉积特性的关系

如图4所示，对比试件在不同盐水浓度（5%与10%）工况下的表面盐分沉积情况。可以看出，随着喷雾时间变长，2种盐水浓度下试件表面盐斑尺寸均呈现增大趋势，但在保持喷雾时间相同的前提下，10%盐水浓度工况对应的盐斑尺寸较大。此外，5%盐水浓度下盐斑分布密集程度随喷雾时间的增加而下降，而10%盐水浓度下其变化趋势则有所区别。当喷雾时间处于2~4h内，盐斑分布密集程度逐渐下降，而当喷雾时间大于4h后，盐斑分布反而变得密集。其原因可能是喷雾时间大于4h后，附着在试件表面的液滴数量较多并聚合成大液滴，而盐水浓度变大导致其表面张力增大[15]，不同液滴之间的作用力更强，存在进一步聚合的趋势，从而将大液滴之间的空隙填充。因此，待液滴干燥之后，盐斑分布变得异常密集，一方面导致玻璃表面粗糙度显著增大，影响其对流换热系数，另一方面则使得玻璃试件的透过率大幅衰减。

同理，图5展示了2种盐水浓度工况下盐斑尺寸随喷雾时间的变化规律，可以看出，随着喷雾时间变长，盐斑尺寸均逐渐增大，开始增长较慢，随后增长较快。然而，横向对比发现，10%盐水浓度工况下盐斑尺寸略大，在不同喷雾时间下其平均增大幅度约为9.3%。此外，除了喷雾时间6 h下5%盐水浓度工况对应的盐斑尺寸分布异常不均匀，盐水浓度差异并未使盐斑尺寸的分布均匀性发生较大变化。

如图6所示，根据曲线拟合了盐水浓度10%工况下盐斑尺寸与喷雾时间之间的函数关系式，可以发现其变化趋势与盐水浓度5%工况对应的公式（3）类似，仍呈现指数函数增长趋势，但各项系数存在较小差异，具体表达式为

$$d = 0.54 \times e^{0.63t} + 2.02 \qquad (5)$$

其中，d为盐斑尺寸，mm；t为喷雾时间，h。上述拟合公式的相关系数R^2高达0.998，说明拟合效果良好。

图7展示了2种盐水浓度下玻璃试件表面单位面积沉积量随喷雾时间的变化规律，随着喷雾时间增加，单位面积沉积量均单调增加且该趋势逐渐放缓。然而，由于盐水浓度增大，10%盐水浓度工况对应的单位面积沉积量始终大于低浓度工况，其原因主要是在相同喷雾时间的基础上，降落在试件表面的含盐液滴干燥后析出的盐分更多。

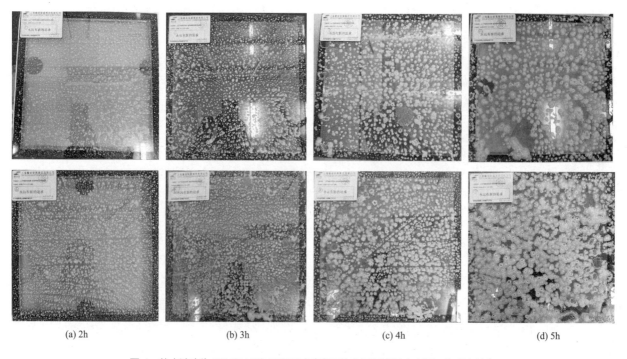

| (a) 2h | (b) 3h | (c) 4h | (d) 5h |

图4 盐水浓度为5%和10%工况下玻璃表面盐分沉积情况（来源：作者自绘）

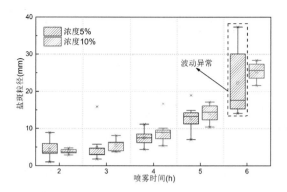

图 5 盐水浓度为 5% 和 10% 工况下玻璃表面盐斑尺寸随喷雾时间分布情况（来源：作者自绘）

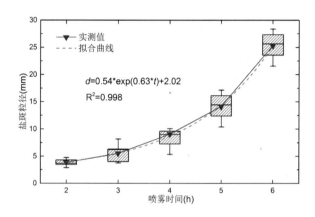

图 6 盐水浓度 10% 工况下不同喷雾时间下玻璃表面盐斑尺寸分布（来源：作者自绘）

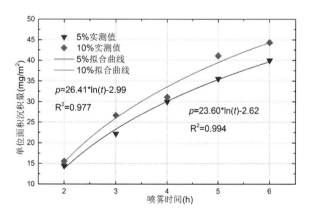

图 7 盐水浓度为 5% 和 10% 工况下玻璃表面单位面积沉积量与喷雾时间的拟合曲线（来源：作者自绘）

同理，为了量化 10% 盐水浓度下玻璃试件表面单位面积沉积量随喷雾时间的变化规律，拟合了两者的函数关系，其表达式如下

$$p = 26.41 \times \ln t - 2.99 \qquad (6)$$

其中，p 为单位面积沉积量，mg/m2；t 为喷雾时间，h。上述拟合公式的相关系数 R^2 高达 0.977，

说明拟合效果良好。

在表观上，增加盐水浓度使盐斑尺寸和单位面积沉积量增大，而在数学模型方面，对比公式（4）和（6），可以看出，其结果是各项系数均有所增大。此外，高盐水浓度下玻璃试件表面单位面积沉积量与喷雾时间仍呈现对数增长趋势，可以弥补低盐水浓度下数据量不足导致拟合函数不准确的缺陷，并进一步佐证以下结论：在实验条件下，玻璃试件表面单位面积沉积量与喷雾时间确实成对数函数关系。

4 结论

本文以市场上常见的中空 Low-E 为研究对象，通过加速盐雾试验的方法使玻璃表面产生盐分沉积，探究了不同喷雾时间、盐水浓度与沉积特性之间的关系，主要结论如下：

（1）随着喷雾时间变长，玻璃表面的盐斑分布均匀性与密集程度均有所下降，但盐斑尺寸与喷雾时间呈现指数函数增长趋势；

（2）随着喷雾时间增加，虽然盐斑覆盖区域面积占比降低，但其尺寸增加对沉积量带来的增益更为显著，从而导致表面单位面积沉积量与喷雾时间呈现对数函数关系；

（3）10% 盐水浓度对应的盐斑尺寸略大，相较于 5% 盐水浓度，其平均增大幅度约为 9.3%。高盐水浓度下玻璃试件表面单位面积沉积量与喷雾时间仍呈现对数增长趋势，但高浓度对应的单位面积沉积量始终大于低浓度工况。

参考文献

[1] 胡乔木. 中国大百科全书中国地理[M]. 北京：中国大百科全书出版社，1993.

[2] 孟庆林，李复翔，李琼. 基于毛细压力对数的 HAM 模型改进[J]. 华南理工大学学报（自然科学版），2020，48（09）：1-9.

[3] 杨辉，杨闯，郭兴忠，等. 建筑节能门窗及技术研究现状[J]. 新型建筑材料，2012，39（9）：84-89.

[4] N.E.Wijeysundera S.K.C.，S.E.G Jayamaha. Heat

Flow from Walls under Transient Rain Conditions[J]. Journal of Thermal Insulation and Building Enverlopes，1993，（17）：118-143.

[5] Mirsadeghi M.，Cóstola D.，Blocken B. et al. Review of external convective heat transfer coefficient models in building energy simulation programs：Implementation and uncertainty[J]. Applied Thermal Engineering，2013，56（1）：134-151.

[6] 黄倞，刘士清，唐小虎，等. 夏热冬冷地区办公建筑外窗热工性能及节能效果分析[J]. 建筑节能，2019，47（06）：88-92.

[7] Lehner P.，Kubzová M.，Křivý V. et al. Correlation between surface concentration of chloride ions and chloride deposition rate in concrete[J]. Construction and Building Materials，2022，320：126183.

[8] KY A.，JH A.，JS R. The importance of chloride content at the concrete surface in assessing the time to corrosion of steel in concrete structures[J]. Construction and Building Materials 2009，23（1）：239-245.

[9] W S.H.，CH L.，KiYA. Factors inurning chloride transport in concrete structures exposed to marine environments[J]. Cement&concrete composites，2008，30（2）：113-121.

[10] 金属和合金的腐蚀循环暴露在盐雾、干和湿条件下的加速试验GBT20854-2007 [S]. 北京：中国国家标准化管理委员会，2007.

[11] 刘军，邢锋，董必钦，等. 模拟盐雾氯离子在混凝土中的沉积特性研究[J]. 武汉理工大学学报，2011，33（01）：56-59.

[12] 陈宏友. 江苏沿海地区盐斑地的形成及其改良途径[J]. 江苏农业科学，1992，（01）：41-43.

[13] Adobe. Photoshop User Guide[M]. USA：Adobe Systems Incorporated，2021.

[14] 廖强，邢淑敏，王宏. 水平均质表面上液滴聚合过程的可视化实验研究[J]. 工程热物理学报，2006，（02）：319-321.

[15] 欧阳跃军. 无机盐溶液表面张力的影响研究[J]. 中国科技信息，2009，（22）：42-43.

设计—管理协同增效视角下的商业综合体外部空间公共性研究

蒋敏 [1, 2]　夏国藩 [3]　卢峰 [1, 2]

作者单位
1. 重庆大学建筑城规学院
2. 重庆大学山地城镇与新技术教育部重点实验室　　3. 北京市建筑设计研究院有限公司

摘要： 商业综合体常因经营模式和规模而专注内部空间营造，对面向城市的外部空间的公共性思考不足，从而未能充分发挥商业综合体在城市更新过程中的触媒作用。文章通过理论研究，明确了商业综合体外部空间的公共性价值，将空间公共性的核心维度总结为物质环境、管理维护和空间使用，进而从"设计—管理"协同增效的视角，结合实地调研与设计师访谈，总结了影响商业综合体外部空间公共性的设计与管理要素，为未来的研究提供理论参考。

关键词： 商业综合体；外部空间；公共性；设计—管理协同增效

Abstract: Due to the profit-oriented management mode and limited scale, the development of commercial complexes usually focuses on the internal space, while the external space which connects with the urban space lacks consideration of publicness; therefore, they are unable to exert their catalytic function during the process of urban renewal. This article elaborates on the public value of the external space of commercial complexes based on theoretical research, and put that the core dimensions of spatial publicness include physical environment, management and maintenance, and space use. Through field study and interview with architects, it further proposes analytical frameworks of design and management factors that influence the publicness of external space of commercial complexes in order to achieve the design-management-synergy, providing theoretical reference for future research.

Keywords: Commercial Complex, External Space, Publicness, Design-Management-Synergy

1 引言

我国商业综合体建设经历了30余年的高速发展，已成为改善城市服务水平、优化城市环境、提升城市活力的重要平台，当前逐步进入存量时代。2020年上半年开业的商业项目中，存量改造比例高达13%，是2019年6%的两倍之多[1]。由于商业综合体项目带有强烈的市场行为特征，当前关于商业存量优化的研究主要集中于业态升级、立面改造、动线优化、资产重组等方面[2]，而对公共空间的塑造和利用缺少深入的思考，致使其公共性价值尚未得到充分挖掘，难以形成积极的城市公共空间，具体表现为：综合体建筑强大的"内聚"效应导致其外部空间成为附属品[3]，被消极空间侵蚀、区隔[4]，空间驻留性不足；外部空间的维护管理薄弱，空间品质和活力难以维系。

党的十八大提出"创新、协调、绿色、开放、共享"五大发展理念，十九大针对新时期的中国社会进一步提出"共建、共治、共享"的社会治理新格局，其核心是通过人性化和精准化的公共服务，满足人民多样的需求[5]。商业综合体往往享有优越的地理位置，有着便捷的公共交通和良好的可达性，能够与城市公共空间体系紧密结合，为市民提供高品质的日常活动场所，是当前和未来促进城市公共生活的重要载体。充分挖掘商业综合体的公共性价值，优化其公共空间品质，不仅是提升城市品质的有效手段，更对新时代背景下拓展城市公共空间的内涵与外延、引导私人资本在创造经济效益的同时创造更多公共利益具有重要意义。

2 私有公共空间的公共性价值

公共性是城市公共空间的本质属性[6]，它描述城市公共空间实现公共性核心价值的能力和过程，即具有多样性的个体和群体在城市公共空间中通过公开而真实的社会交往来构建身份认同、进而结成精神共同体的过程[7]。西方城市研究对城市公共空间公共性的关注主要源于1990年代，随新自由主义兴起而不断发展的私有公共空间（Privately Owned Public Space）引发学者关注。就空间权属（在我国制度背景下主要指使用权的私有）的角度而言，商业综合体用地范围内的外部空间本质上是一种私有公共空间。空间的私有产权与公共利益的冲突是公共性研究的焦点。早期研究普遍认为私有化导致了"公共空间的终结""公共人的衰落"和"对公民权益的侵害"[8, 9]，但Chiodelli等论证了购物中心高度的可达性和包容性使它们不同于一般的公共空间的私有化[10]；De Magalhães等的研究表明私人介入公共空间管理并不一定会损害公共性[11]。国内学者也持相似观点，张庭伟等剖析了经济全球化背景下私有公共空间在未来城市公共空间建设中的发展方向[12]；江海燕等认为私有公共开放空间既不需增加建设指标，又能补充公有公共开放空间，是亟待优化的存量资源[13]。

同时，国内外的大量实证研究都充分肯定了私有公共空间在补充传统公共空间和发挥社会效益等方面的价值。Mantey对华沙郊区聚集场所的研究发现，在提升当地社会生活的包容性方面，私有公共空间可能比公有公共空间更为重要[14]；De Simone对智利圣地亚哥消费空间的研究表明，这些消费设施本质上是新自由主义背景下一种重新激活日常性的政治经济工具，为休闲、交流和娱乐提供了场所[15]；Wu等关于香港的实证研究表明，商业空间的大型活动有助于增强社区的社会交往和联系，从而提升社区参与度[16]；姚栋等对上海的商业综合体外部空间的研究发现，商业性活动与社会性活动相互促进，私有公共空间为高密度城市的社区居民交往与文化活动提供了新的可能[17]。

因此，商业综合体外部公共空间是城市更新进程中最具价值的私有空间类型之一，其公共性的拓展与深化，不仅有利于促进有意义的城市公共生活，也有利于提升商业综合体自身的品牌与经营价值。

3 空间公共性的核心维度

为提升商业综合体外部空间的公共性，首先应充分理解空间公共性的评价标准，并在此基础上综合现

场调研，明确其影响要素，为今后的公共空间更新完善提供依据。空间公共性是一个多维度概念，早期相关研究对公共性的评价主要关注空间的管理问题。社会学家Benn和Gaus使用可达性、管理机构和目标受益人来区分"公共"和"私有"，城市学家Akkar将"管理机构"拓展为"参与者"，指代管理机构、规划设计团队和使用者[18]。Kohn从产权、可达性和主体间性三个维度来考察城市空间的公共性[19]。De Magalhães主张将城市公共空间的公共性视为一个相对的、而非绝对的概念，认为判定空间公共性最本质的要素是：进入的权利、使用的权利，以及控制权或产权[20]。Németh和Schmidt从产权类型、管理方式和使用者三个维度研究城市公共空间的私有化问题[21]。受上述研究的影响，后续研究大多从产权、管理和使用的角度来研究空间公共性。2010年以来，建筑学领域对空间公共性评价的研究不断增强，先后补充了空间的形态和可达性对空间公共性的影响[22~24]。Mantey在上述评价模型的基础上，从使用者和活动的多样性、管理类型、自由度、空间与经济层面的可达性[25]。Lopes等人从城市生活、物质空间设计、人与人之间的联系和管理四个维度进一步细化了评价指标[26]。国内的相关研究中，徐磊青等认为公共性最低限度地包含：功能可见性、包容性和可达性[27]。王一名等从规划设计、管控和使用3个过程，总结了空间公共性的11个维度，包括：功能、城市尺度、建筑尺度、产权、代理人、利益、管理控制、规章制度、感知、可达性和使用者[28]。梁爽等从公共开放空间的可达程度、服务类型多样性、周边土地利用混合程度及空间分布公平性4个角度来测度和评价跨街区尺度的城市空间公共性[29]。

既有研究从物质环境、管理维护和行为感知三个维度总结了建成环境公共性的评价方法，是一种空间公共性现象表征的研究，而非空间公共性内在机制的研究。实际上，空间的物质环境和管理维护将直接影响使用者的空间使用（图1）。空间设计维度主要对应空间的设计过程，关注空间物质环境支持公共生活的能力；管理维护维度主要对应空间的运维过程，关注空间的权力关系和利益分配；空间使用维度主要对应空间的使用过程，它是空间公共性最为直观的呈现，重点关注空间中的使用者和他们开展的公共生活。

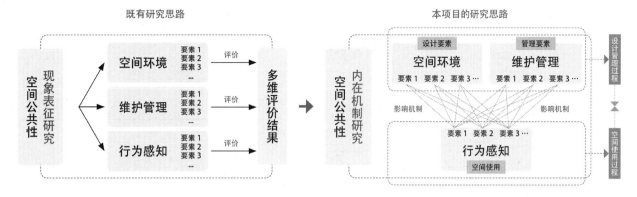

图1 空间公共性的内在作用机制（来源：作者绘制）

4 商业综合体外部空间公共性的影响要素

既有研究从物质环境、管理维护和空间使用三个方面对空间公共性展开了研究，为提升空间公共性提供了具体的思路：以提升空间使用为目标，改善空间的物质环境和管理运营是提升空间公共性有效的途径。为实现这一目的，需明确影响空间使用的设计要素和管理要素，并揭示其影响机理。本文结合实地调研、设计师访谈和相关研究成果，提出商业综合体外部空间公共性的影响因素，为今后的商业综合体设计与使用后评估评价提供初步的分析框架。

4.1 设计要素

商业综合体的外部空间根据空间形态特征可分为线性的商业步行街和面状的商业广场两类。商业步行街方面，徐磊青等对上海商业步行街的研究表明连续店面、密路网、绿化、可坐设施、高品质立面、历史建筑和舒适空间尺度有助于提升步行活动品质[30]。王宇洁等基于语义差别法对杭州商业街的研究表明街宽、人行道宽度、停车设施、底层界面透明度、绿化率、功能密度对空间感知有明显影响[31]。贺慧等结合网络开源数据与行为调研对武汉商业街的研究发现区位条件、店面密度、建筑密度和人行道长度与活动量有较强相关性[32]。张章等通过机器学习等方法对北京五道营胡同的研究表明商业界面透明度、过渡空间和建筑风格会影响游客的驻留行为[33]；孙良等运用语义差异法与眼动实验对步行商业街的研究表明平面形态的变化对空间感知影响最大[34]。商业广场方面，张灵珠等对上海中心城区轨交站域的实证研究表明轨交网

络构型是影响空间使用绩效的主要因素[35]；徐磊青等对上海轨交商业地块的研究表明空间可达性、界面透明度、业态复合度与停留活动强度明显正相关[36]，而公共空间室内外比、商业容积率和功能复合度与活动量明显正相关[4]；叶宇等用虚拟现实技术和穿戴式传感设备对亚洲代表性CBD低区公共空间的研究明确了影响社会效用的空间要素，如退界距离、覆盖高度和景观元素等[37]。

整理既有研究可以发现，影响空间使用的设计要素可以划分为"空间构型""空间界面"和"功能设施"三类（表1）。其中，空间构型主要反映外部空间的平面组合特征，识别主导性的室内外空间节点，侧重评价外部空间的空间可达性和视觉可见性。空间构型将影响使用者的空间形态感知，和他们在空间中的移动与停留活动。空间界面主要反映建筑界面的连续性、尺度划分、功能可见性和视觉丰富性，侧重评价外部空间与建筑外部边界的互动关系（图2），它将影响使用者对空间尺度、功能活动和空间氛围的感知。功能设施主要关注空间的设施配置和景观要素，包括功能的多样性、可停留性（图3）、步行和公共交通可达性（图4、图5）、舒适性和趣味性，预计与驻留行为和空间品质感知有关。

4.2 管理要素

相较于设计要素的研究，影响空间使用的管理要素及其影响机理的研究相对缺乏。本研究中，商业综合体的管理维护主要指商业综合体开业后的运营管理阶段的管理，这一阶段的根本目标是实现投资收益，主要的服务目标是确保消费者和经营商户满意，管理

影响商业综合体外部空间公共性的设计要素   表1

设计要素	评价指标	参考计算方式
空间构型	空间整合度	基于空间句法的轴线分析
	视觉整合度	基于空间句法的可视图分析
	建筑入口密度	入口数量/建筑边长
	建筑密度	首层面积/地块面积
	室内外节点空间面积比	室内节点空间面积/室外节点空间面积
空间界面	开敞度	开敞界面长度/建筑边长
	细分度	底层立面竖向分割线条数量/建筑边长
	底层界面透明度	i类界面×i类透明系数+ii类界面ii类透明系数+…
	视觉丰富度	视觉吸引要素（招牌、LED屏等）覆盖面积/裙房立面面积
功能设施	功能多样性	采用韦恩多样性指标对功能面积组成进行计算
	可坐设施覆盖率	可坐设施面积/外部空间面积
	免费可坐设施占比	免费可坐设施面积/可坐设施总面积
	灰空间密度	灰空间（含树荫、遮阳等）面积/外部空间面积
	外部空间绿化率	绿化用地面积/外部空间面积
	过街设施密度	过街设施（斑马线、天桥、地下通道等）数量/地块周长
	公交站点密度	公共交通站点数量/地块面积
	景观设施密度	景观设施（水景、雕塑等）覆盖面积/外部空间面积
	无障碍覆盖率	可无障碍通行的外部空间面积/外部空间面积

（来源：作者绘制）

图2　重庆新光天地丰富的建筑立面与外部空间充分互动（来源：北京市建筑设计研究院有限公司）

图 3　重庆新光天地充分利用外部空间丰富业态，提供多样的座椅设施（来源：北京市建筑设计研究院有限公司）

图 4　重庆新光天地全天候空中连廊提升空间的步行可达性（来源：北京市建筑设计研究院有限公司）

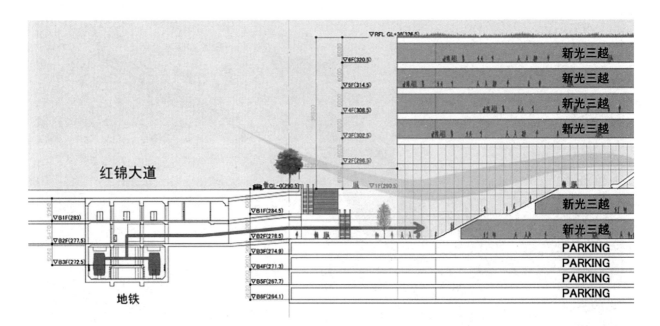

图 5　重庆新光天地公共交通系统与外部空间实现便利的步行接驳（来源：北京市建筑设计研究院有限公司）

影响商业综合体外部空间公共性的管理要素　　　　　　　　　　　　　　　表2

管理要素	评价指标	参考计算方式
责任主体	项目决策机制	参与主体（开发商、运营管理公司、政府、设计机构、公众等）多样性
	项目实施机制	项目资金来源（开发商、政府等）的多样性
	运营主体类型	参与主体（开发商、运营管理公司、租户等）多样性
	维护主体类型	参与主体（运营管理公司、物业公司、事业单位等）多样性
	管理主体类型	参与主体（业主、租户、行政机关、事业单位等）多样性
空间运营	业态丰富度	业态类型数量/地块面积
	目标客群多样性	地缘性居民、商旅客群、中青白领、学生等
	非商业功能配比	餐饮业态面积/地块面积
	商业大型活动	每季度举办商业大型活动的平均次数
	非商业大型活动	年度非商业大型活动次数/年度大型活动次数
管理维护	安保人员密度	安保人员数量/外部空间面积
	安保设施密度	安保设施数量/外部空间面积
	安保设施维护	破损的安保设施数量/设施总数量
	入口管控水平	闭锁的建筑入口数量/建筑入口总数量
	时间管控情况	每天的开放时长
	整洁度	可见垃圾地点数量/外部空间面积
	干净度	干净的免费座椅面积/免费座椅总面积
	景观设施破损率	破损的景观设施数量/设施总数量

（来源：作者绘制）

内容包括经营管理，经营环境管理和营销管理[38]。经营环境管理中的公共空间管理是本研究的主要关注点，主要指空间对使用者期望和需求的满足。在对私有公共空间公共性的研究中，Németh将空间的管理分为两大类：硬性／主动管理，包括法律和规定、监控和巡查，以及柔性／被动管理，包括设计与意象构建，准入限定和领域划分，侧重于空间管制对空间安全和空间利用的影响。

结合前文有关空间管理的讨论，本研究从"责任主体""空间运营"和"管控维护"三个方面研究空间的管理维护（表2）。其中，责任主体主要反映空间方案的策划、实施和运营过程中参与主体的多样性，它们直接影响空间的功能安排和设施配置能否满足多样人群的差异化需求，是否符合不同参与主体的利益诉求；空间运营主要反映业态丰富性、非商业性的业态占比与相关的活动策划，它们将直接影响外部空间的使用者和他们驻留活动的多样性；管控维护主要反映外部空间的管控方式和维护水平，关注空间的安全、秩序、整洁，以及相关设施的完好情况，它们将引导和规范人们在公共空间中的行为，同时也会在物质空间的基础上进一步限定人们对空间使用的可能性。

5 结语

商业综合体是改善城市功能和活力的重要载体，但常因经营模式而专注于内部空间的营造，外部空间缺乏有效的设计和管理，致使其公共性价值未得到充分挖掘，难以形成积极的城市界面、引发驻留活动，是亟待优化的存量资源。同时，由于空间的后期管理和城市整体发展的需求未能在设计过程中得到充分考虑，空间的设计和管理难以实现协同增效、空间的品质和活力难以维系。在电商不断发展，对实体零售空间产生空前冲击的当下，增加商业综合体的公共性，通过优化其外部空间来强化商业综合体与城市空间的联系与互动，创造丰富的公共空间，为市民提供多元的公共生活和高品质的空间体验，不仅可以为商业空间带来更多的活力与机遇，也将成为改善城市公共空间质量的重要途径。

本研究基于理论研究，明确了商业综合体外部空间的公共性价值，将空间公共性的核心维度总结为物质环境、管理维护和空间使用三个方面。在此基础上，从"设计—管理"协同增效的视角，提出了影响空间使用的设计要素和管理要素。今后的研究应当结合实地调研开展统计分析，进一步揭示影响空间公共性的设计—管理要素，并解析其作用机理，为改善商业综合体外部空间的公共性提供更为具体的理论支撑。另一方面，由于商业综合体外部空间的设计和管理涉及复杂的主体，包括开发商、运营管理公司、设计机构和多个政府部门，如何为上述主体提供有效的沟通机制和沟通平台，促成政府公共政策导向与开发主体经营效益趋向的统一，避免公共利益在博弈中遭到损害，引导私人资本在创造经济效益的同时创造更多社会效益，是未来研究的另一个重要议题。

参考文献

[1] 2021年中国商业地产的七大趋势[J]. 城市开发，2021（02）：30-32.

[2] 王连文. 基于存量时代轻资产模式下的商业建筑改造研究[D].杭州：浙江大学，2020.

[3] 孙彤宇. 从城市公共空间与建筑的耦合关系论城市公共空间的动态发展[J]. 城市规划学刊，2012（05）：82-91.

[4] 言语，徐磊青.地块公共空间供应系数与效用研究以上14个轨交地块为例[J].时代建筑，2017，（05）：80-87.

[5] 江海燕，胡峰，刘为，马源.私有公共空间的研究进展及其对附属绿地公共化的启示[J].城市发展研究，2020，27（11）：7-11.

[6] 徐磊青，言语. 公共空间的公共性评估模型评述[J]. 新建筑，2016（01）：4-9.

[7] JIANG M. Publicness of Urban Public Space under Chinese Market Economy Reform：A Case Study of Yuzhong District，Chongqing[D]. The University of Tokyo，2020.

[8] PUNTER J. The privatisation of the public realm[J]. Planning Practice & Research，1990，5（3）：9-16.

[9] MITCHELL D. The end of public space? People's park，definitions of the public，and democracy[J]. Annals of the Association of American Geographers，1995，85（1）：108-133.

[10] CHIODELLI F，MORONI S. Do malls contribute to the privatisation of public space and the erosion of

the public sphere? Reconsidering the role of shopping centres[J]. City, Culture and Society, 2015（1）: 35-42.

[11] DE MAGALHÃES C., & TRIGO, S. Contracting out publicness: The private management of the urban public realm and its implications[J]. Progress in Planning, 2017: 1-28.

[12] 张庭伟, 于洋.经济全球化时代下城市公共空间的开发与管理[J].城市规划学刊, 2010（05）: 1-14.

[13] 江海燕, 胡峰, 刘为, 马源. 私有公共空间的研究进展及其对附属绿地公共化的启示[J]. 城市发展研究, 2020, 27（11）: 7-11.

[14] MANTEY D. The "publicness" of suburban gathering places: The example of Podkowa Lesna（Warsaw urban region, Poland）[J].Cities, 2017, 60: 1-12.

[15] DE SIMONE, L. Retail urbanism: The neoliberalization of urban society by consumption in Santiago de Chile. In C. Boano, & F. Vergara-Perucich（Eds.）. Neoliberalism and urban development in Latin America: The case of Chile. London: Routledge.

[16] Wu, S., & Lo, S. Events as community function of shopping centers: A case study of Hong Kong. Cities, 2018: 130-140.

[17] 姚栋, 桑铖卓, 秦志宇.文化活动视角下商业综合体公共空间活力研究——基于瑞虹天地月亮湾室外广场的行为学调查[J].中国名城, 2020（11）: 19-25.

[18] AKKAR Z. The "publicness" of the 1990s public spaces in Britain with a special reference to Newcastle upon Tyne. Newcastle: The Doctoral dissertation of Newcastle University, 2003.

[19] KOHN M. Brave new neighborhoods: The privatization of public space[M]. New York: Routledge. 2004.

[20] DE MAGALHÃES C. Public Space and the Contracting-out of Publicness: A Framework for Analysis[J]. Journal of Urban Design, 2010, 15（4）: 559-574.

[21] NÉMETH J., SCHMIDT S. The privatization of public space: modeling and measuring publicness[J]. Environment and Planning B: Planning and Design, 2011, 38（1）: 5-23.

[22] VARNA G. Assessing the publicness of public places: towards a new model[D]. Glasgow: The Doctoral dissertation of University of Glasgow, 2011.

[23] LANGSTRAAT F., VAN MELIK R. Challenging the 'End of Public Space': A Comparative Analysis of Publicness in British and Dutch Urban Spaces[J]. Journal of Urban Design, 2013, 18（3）: 429-448.

[24] EKDI F. CJRACI H. Really public? Evaluating the publicness of public spaces in Istanbul by means of fuzzy logic modelling[J]. Journal of urban design, 2015, 20（5）: 658-676.

[25] MANTEY D. The "publicness" of suburban gathering places: The example of Podkowa Leśna（Warsaw urban region, Poland）[J].Cities, 2017, 60: 1-12.

[26] LOPES M, CRUZ S S, PINHO P. Publicness of Contemporary Urban Spaces: Comparative Study Between Porto and Newcastle[J]. Journal of Urban Planning and Development, 2020, 146（4）: 04020033.

[27] 徐磊青, 言语. 公共空间的公共性评估模型评述[J]. 新建筑, 2016（01）: 4-9.

[28] WANG Yiming, CHEN Jie. Does the rise of pseudo-public spaces lead to the "end of public space" in large Chinese cities? Evidence from Shanghai and Chongqing[J]. Urban Design International, 2018, 23（3）, 215-235.

[29] 梁爽, 高文秀. 深圳南山区城市公共开放空间公共性评价研究[J].规划师, 2019（9）: 52-56.

[30] 徐磊青, 施婧.步行活动品质与建成环境——以上海三条商业街为例[J].上海城市规划, 2017（01）: 17-24.

[31] 王宇洁, 仲利强, 刘灵芝, 张超, 贺文敏.大学校园周边学生商业街空间感知研究——以杭州为例[J].中国园林, 2018, 34（01）: 96-101.

[32] 贺慧, 陈艺, 林小武.基于开放数据的商业街道公共空间品质影响因素识别及评价研究——以武汉市楚河汉街和中山大道为例[J].城市建筑, 2018（06）: 26-34.

[33] 张章, 徐高峰, 李文越, 龙瀛, 曹哲静.历史街道微观建成环境对游客步行停驻行为的影响——以北京五道营胡同为例[J].建筑学报, 2019（03）: 96-102.

[34] 孙良, 宋静文, 滕思静, 郭兴琦.步行商业街界面形态

类型与感知量化研究[J].规划师，2020，36（13）：87-92.

[35] 张灵珠，庄宇，叶宇.面向轨道交通站域协同发展的交通可达与空间使用绩效关系评价——以上海中心城区为例[J].新建筑，2019（02）：114-118.

[36] 徐磊青，徐梦阳.地块开敞空间的布局效率与优化：以上海八个轨交商业地块为例[J].时代建筑，2017（05）：

74-79.

[37] 叶宇，周锡辉，王桢栋.高层建筑低区公共空间社会效用的定量测度与导控：以虚拟现实与生理传感技术为实现途径[J].时代建筑，2019（06）：152-159.

[38] 杨晶晶.基于BIM的商业综合体运营管理研究[D].哈尔滨：哈尔滨工业大学，2020.

走向信息化
——浅谈 Revit 平台下的正向 BIM 技术推广普及的限制与策略

王鲁丽　张林怡　张浩

作者单位
北京市建筑设计研究院有限公司

摘要： 信息化是智能化的基础。建筑行业的信息化程度远低于其他行业，我国的建筑行业信息化率更是落后于国际水平。BIM 技术作为建筑行业信息化的有效实现手段之一，其在我国的推广普及受到了极大制约。本文以 Revit 平台为例，阐述我国建筑行业 BIM 技术推广普及的限制因素，及 BIM 技术推广普及的策略。

关键词： BIM 技术；正向 BIM 设计；推广普及策略

Abstract: Informatization is the foundation of intellectualization. The informatization degree of the AEC (Architecture, Engineering and Construction) field is far lower than that of other industries, and the informatization rate of China's AEC filed lags behind the international level. BIM Technique, as one of the effective means to realize informatization in the AEC field, hasn't been well popularized in China. Taking Revit as an example, this paper expounds the restrictive factors and strategies of BIM Technique's popularization in China's AEC field.

Keywords: BIM; Poitive BIM Design;Popularization Strategies

1 概述

BIM，Building Information Model，即建筑信息模型，可以将各种建筑信息整合于一个三维模型信息数据库中，从建筑的设计、施工、运行直至建筑全寿命周期的终结，是实现建筑业企业生产管理标准化、信息化以及产业化的重要技术基础之一，有效提高工作效率、节省资源、降低成本、实现可持续发展。

2 "正向 BIM" 的产生

2.1 中美 BIM 设计现状对比

美国一直走在建筑信息化前列。根据McGraw Hill Construction的《北美 BIM商业价值评估报告（2007-2012）》（The Business Value of BIM in North America（2007-2012））显示，北美地区的BIM应用程度从2007年的17%上升到2012年的

70%（图1）；2012年施工企业的BIM应用达74%，超过建筑企业的BIM应用率（图2）。

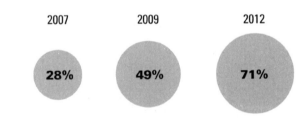

图1　北美 BIM 应用程度
（来源：McGraw-Hill Construction，2012）

我国的建筑业信息化发展仍处于初级阶段，2014年的BIM的应用率（应用BIM的项目在项目总量中的占比）远不及美国2012年的应用程度，超过60%项目采用BIM的企业不足10%（图3）。但我国与国外发展趋势类似的一点是，施工企业在BIM应用上超过设计企业，这也从侧面说明，BIM技术在工程设计及管理上具有巨大优势。在2020年广联达发布的《中国建筑业BIM应用现状分析中》，施工企

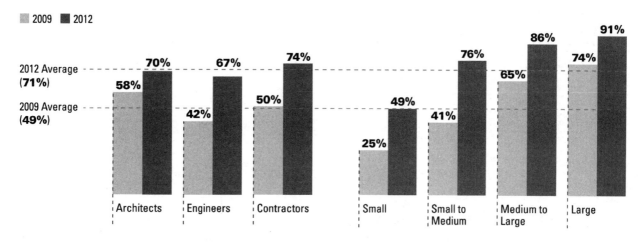

图2 建筑、工程、施工企业及小、中、大企业采用BIM情况（来源：McGraw-Hill Construction，2012）

■ 极高（超过60%）
■ 高（31%-60%）
▨ 中等（15%-30%）
▨ 低（不到15%）

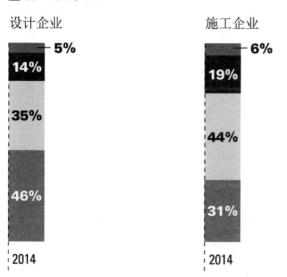

图3 BIM 在中国的应用率
（来源：Dodge Data & Analytics，2015）

业获取BIM 模型方式的数据表明，近八成的企业都会自行创建BIM 模型，从甲方或设计单位提供的BIM模型仅占8.87%（图4）。从设计到建设的整个项目周期来看，根据图纸进行"翻模"的方式并没有完全展现出BIM技术的优势。

2.2 我国设计单位 BIM 技术推广普及面临的制约

BIM软件是BIM技术的载体。以Revit这一主流BIM软件为例，它在我国设计单位的推广普及一直很缓慢，BIM技术自然也无法推广普及。作者通过与设计单位大量的各专业工程师交流，总结了三个主要制约因素。

1. 前期设置较多，操作复杂，效率降低

在Revit软件中，只有搭建完三维模型后，二维图纸才能初具规模。搭建模型前需要进行很多前期设置，如各层标高、构件尺寸等。同时，Revit软件在模型、图纸的管理与设置上都有大量的操作方式，对于习惯CAD十几个命令就能完成一整套图纸的工程师来说，繁冗的操作反而使得工作前期的效率降低，故在实际工作中很难主动选择Revit作为设计工具。

2. 依靠BIM团队，沟通成本高

我国能够熟练在Revit环境中建模、绘图、协作的设计团队很少。对于大部分的BIM项目，依然是设计团队使用CAD进行专业间的相互协作，然后由专门的BIM团队进行CAD图纸"翻模"，完全没有发挥BIM本身带来的优势，效率很低。对于早期就开始尝试BIM技术的设计团队而言，这种情况非常普遍，因此给设计单位工程师带来了"BIM技术使工作效率降低"这种直观感受，乃至到了谈"Revit"色变的程度，极大地阻碍了其推广普及。

3. 前期投入成本高

首先，Revit模型文件的流畅作业对计算机的配置提出了较高的要求，一个设计团队至少需要十几台高配置的计算机；其次，需要对设计团队进行专业的软件培训；最后，BIM团队的增加导致较高人工

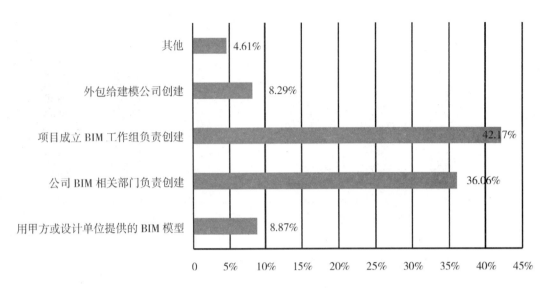

图4 我国施工企业获取 BIM 模型方式（来源：广联达科技股份有限公司，2020）

成本。

2.3 "正向 BIM"的产生

通过对以上因素的分析，造成BIM技术推广普及困难的根本原因是设计团队没有真正参与到BIM设计中，而是过度依赖BIM团队，导致"翻模"现象、沟通成本及分包费用增多等负面结果。这些负面结果又让更多的设计师拒绝BIM技术，形成恶性循环。

区别于"翻模"式BIM，"正向BIM"被特别提出。"正向"的本质是设计团队真正参与到BIM协同设计中，实现设计意图转化为三维模型再到图纸的正向工作流，从而使信息直接、连续的传递，提高设计效率。

3 走向信息化

要引导设计团队进行正向BIM设计，走向信息化，必须先打破制约BIM技术推广普及的三个主要因素，重点由以下五个方面入手。

3.1 设计单位的投资

首先设计单位需要对推广普及正向BIM有积极的鼓励措施，在生产工具、生产力和生产关系三个方面来引导设计团队主动进行正向BIM设计。例如，通过更换高配置的硬件设备、提供软件操作的培训指导、设置奖励机制鼓励进行正向BIM设计的项目等，给设计团队提供各方面的支持。

3.2 设计团队的转变

设计团队要想真正进行正向BIM设计，需要在思维方式、工作模式、工作周期、项目管理方式做出全面的转变，从CAD时代进化到BIM时代，以适应新的生成工具，发挥其最大价值。

1. 树立"先建模，后出图"的意识，跳出CAD短期效益，发挥BIM长期优势

相比于CAD快速直接出图，BIM增加了需花费大量时间的模型搭建步骤。当设计团队习惯于CAD时代的节奏和模式，就会在项目前期对BIM项目的进度产生焦虑；为了短期效益，很容易就转入过去熟悉的二维模式。但是这种"快速"只是表象，尤其是对于复杂的大型项目而言，二维图纸带来的设计盲区可能会造成后期设计"翻车"的情况，造成时间和人力成本上的巨大浪费。BIM的特点之一是图模一致，快速地暴露设计问题，在前期设计阶段也许需要时间较长，但越到后期越有优势（图5）。所以在项目周期的时间分配上，设计团队也需要进行调整，不要陷入CAD时代的旧有模式中。

2. 全专业进入三维实时协同模式，提高设计效率

建筑、结构、机电、给排水的所有构件都需要在三维空间中落位，各专业在同一个中心文件上实时协同及沟通，快速暴露设计问题的同时也能快速解决问题，减少甚至消除专业间相互提资次数及读图反馈时间，提高专业间设计沟通效率，更加高效地把控项目

① 全国建筑设计周期定额

② 作者某正向BIM设计项目周期

图5　建筑规模15Wm²的办公建筑全国建筑设计周期定额与同等规模正向BIM设计项目实际周期对比
（来源：《全国建筑设计周期定额（2016年版）》及作者项目数据整理）

设计质量。

3. 项目进行多维集成化管理，提高设计的完成度与精细度

将项目的设计优化、工程算量、人工时成本、图纸信息等集合在Revit平台进行统一管理。根据项目大小，这些内容可以在同一个文件中进行管理，也可以独立文件存在。由于其格式统一，能够相互链接，便于进行空间及数据的整合。提高设计的完成度和精细度，减少二维设计造成的盲区，使模型能够指导施工及后期运维，发挥正向BIM设计的最大价值。

3.3　设计团队与BIM团队的协作方式

设计团队初期做正向BIM不是一定要完全脱离BIM团队，一蹴而就。通过恰当的方式与BIM团队协作，设计团队能够从繁琐低效、重复性高的工作中解脱出来，进而专注于设计工作本身，更大程度地提高工作效率的同时，能够充分体会BIM设计的优势，建立对BIM设计的信心。作者根据已有的工程项目经验，总结出以下几个内容板块可以进行工作拆分：

1. 项目文件的初始建立、打印样式及CAD导出样式的设置

项目文件的初始建立需要大量的前期设置工作，如轴网、标高、各类型视图样板、各种系统构建加载等。文件各类图纸的打印样式、CAD导出样式等都需要进行设置以满足设计单位及业主对于图纸的要求。这些工作与核心设计工作关系较弱，但是作为

项目的基础，又不能忽视。将这部分内容交给BIM团队进行工作，提高项目文件的基础设置速度；设计团队也可以直接在已设置好的环境中搭建模型，专注于设计意图的实现；发挥双方各自优势，提高设计效率。

2. 族、特殊构件的建立

在设计过程中，各个系统都需要根据设计意图创建一些特定的二维或三维的族或者特定的构件，这部分需要较为复杂的软件操作步骤，所耗费时间较多，将这部分内容交由专业的BIM团队可快速完成，从而加快设计团队的设计进度。

3. 尺寸线的标注

每张图纸都需要有大量的尺寸线标注，工程量大，依靠人力将花费大量时间，对于设计周期来说是极不划算的。此外，尺寸线的绘制是在模型完成的基础上进行的，如果模型三维构件改变，尺寸线可能会发生变化甚至丢失。但是，由于有着信息模型的优势，BIM团队可通过编写脚本来完成对大部分图纸的自动化标注，极大程度地节省了人力（图6、图7）。

3.4　信息的连续传递及提取处理方式的更新

BIM模型集成了项目的所有数据，这些数据通过交互实现信息化，甚至智能化，减少项目传递过程中的格式转换与沟通成本，最大限度地发挥BIM的优势。

构件、空间等的数据都应该在Revit文件中进行提取，通过数据的筛选、分类以及公式的运算快速得到相关的明细表，便于进行工程算量、设计管理。同时，通过Revit的二次开发，能实现图纸自动化标注以及相关设计规范审查等功能。正是这些集成的数据，让我们通过BIM减少了原本低效的工作环节，提高整体工作效率。

3.5　资源库的形成

随着设计团队BIM项目经验的积累，工作方式的磨合，针对不同阶段、不同类型项目的资源库将会形成。其中，包含有常用的项目模板、视图样板、打印样式，常用的族，以及完成项目的模型、信息等，这些资源可以帮助更多的设计团队迅速转向BIM工作方

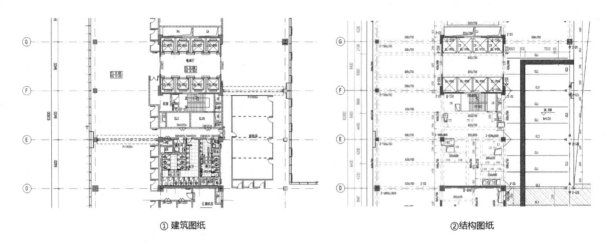

① 建筑图纸　　　　　　　　　　　　　②结构图纸

图6　在同一 BIM 文件中的建筑与结构图纸（来源：作者项目过程截屏）

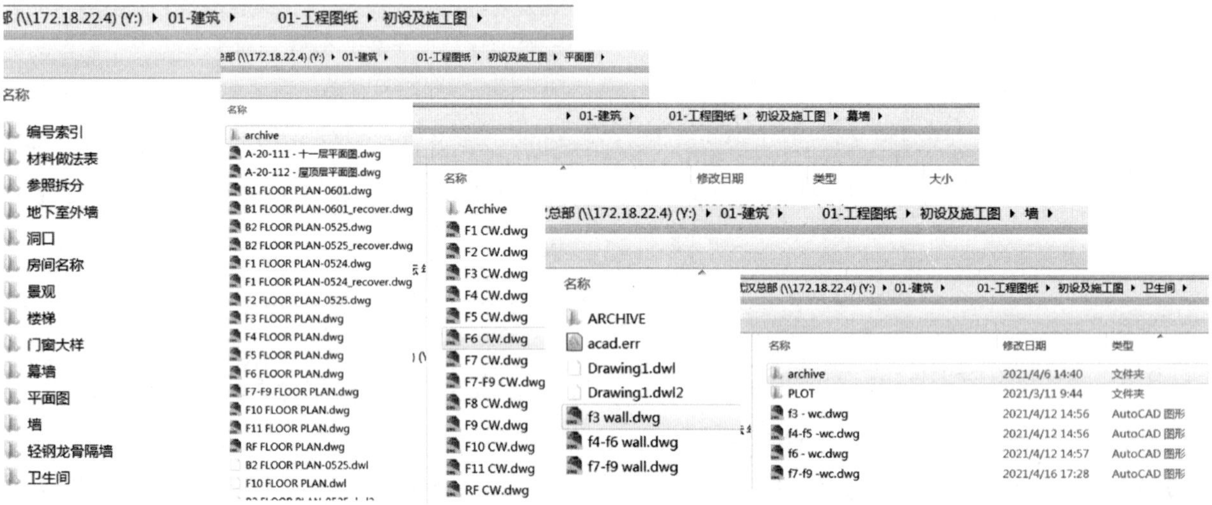

① CAD模式某办公项目建筑专业图纸管理

名称	修改日期	类型	大小
▶ 05-BIM ▶ 1.0-模型文件			
助(H)			
名称	修改日期	类型	大小
地形.rvt	2021/6/1 13:59	Revit Project	45,828 KB
MEP.rvt	2021/6/9 13:53	Revit Project	102,304 KB
AS.rvt	2021/12/28 15:53	Revit Project	457,408 KB

②BIM模式某办公项目全专业图纸管理

图7　CAD 模式与 BIM 模式工程图纸管理系统对比（来源：作者项目过程截屏）

式。随着时间的积累，设计团队也会更全面地掌握软件的操作方式，在概念设计到方案设计阶段可以独立进行BIM设计，由原先对BIM团队的依赖模式逐步转变为分工明确的协作模式。

4　总结

BIM技术从概念方案到施工图方案都具有很强的优势，同时，准确的三维模型能够很好地指导施工建设，避免二维设计时代的盲区导致的大量设计变更。整体而言，BIM技术极大地提高了项目的工作效率。同时，信息带来的价值不仅仅只体现在设计和施工阶段，更对建成后的运维管理提供了支持。此外，BIM信息的可传递性能够打通上下游产业链的信息转换过程，减少沟通成本，从而形成建筑行业的信息化生态链，最终实现建筑行业的信息化。在这个过程中，设计团队不能依赖BIM团队或者设计团队中一两个专职BIM设计师进行"翻模"，一定要主动进行BIM设计，成为BIM设计的主力。只有这样，整个建筑行业才能走向信息化。

参考文献

[1] McGraw-Hill Construction，The Business Value of BIM in North America：Multi-Year Trend Analysis and User Ratings （2007 - 2012）[EB/OL]. https：//proddrupalcontent.construction.com/s3fs-public/DCN_SMR/MHC_Business_Value_of_BIM_in_North_America_SmartMarket_Report.pdf. 2012 / 2022-01-31.

[2] Dodge Data & Analytics，The Business Value of BIM in China [EB/OL]. https：//proddrupalcontent.construction.com/s3fs-public/DCN_SMR/EN_Business_Value_of_BIM_In_China_SMR_2015_FINAL.pdf. 2015 / 2022-01-31.

[3] 广联达科技股份有限公司，中国建筑业BIM应用现状分析[J]. 建筑，2020（15）：4.

[4] 《中国建筑业BIM应用分析报告（2020）》编委会.《中国建筑业BIM应用分析报告（2020）》[M].北京：中国建筑工业出版社，2020.